名师讲坛

Java Web 开发实战经典
基础篇

（JSP、Servlet、Struts、Ajax）

李兴华　王月清　编著

清華大学出版社
北　京

内 容 简 介

本书用通俗易懂的语言和丰富多彩的实例，通过对 Ajax、JavaScript、HTML 等 Web 系统开发技术基础知识的讲解，并结合 MVC 设计模式的理念，详细讲述了使用 JSP 及 Struts 框架进行 Web 系统开发的相关技术。

全书分 4 部分共 17 章，内容包括 Java Web 开发简介，HTML、JavaScript 简介，XML 简介，Tomcat 服务器的安装及配置，JSP 基础语法，JSP 内置对象，JavaBean，文件上传，Servlet 程序开发，表达式语言，Tomcat 数据源，JSP 标签编程，JSP 标准标签库（JSTL），Ajax 开发技术，Struts 基础开发，Struts 常用标签库，Struts 高级开发。另外，附录中还介绍了实用工具、MyEclipse 开发工具和 HTTP 状态码及头信息。

本书所有知识均以实用性为主，讲解的是开发的核心内容，几乎全部用实例和代码讲解。

本书适合 Java Web 开发的入门者使用，也可以作为普通高校、应用型高校、部分高职院校等以实用性为主的在校大学生作为参考书。

图书在版编目（CIP）数据

名师讲坛——Java Web 开发实战经典基础篇（JSP、Servlet、Struts、Ajax）/李兴华，王月清编著.
—北京：清华大学出版社，2010.8（2023.2重印）

ISBN 978-7-302-23158-5

I. ①名… II. ①李… ②王… III. ①Java 语言-程序设计 IV. ①TP312

中国版本图书馆 CIP 数据核字（2010）第 122455 号

责任编辑：刘利民　张丽萍
版式设计：牛瑞瑞
责任校对：柴　燕　王　云
责任印制：朱雨萌

出版发行：清华大学出版社
网　　址：http://www.tup.com.cn，http://www.wqbook.com
地　　址：北京清华大学学研大厦 A 座　　**邮　　编**：100084
社 总 机：010-83470000　　**邮　　购**：010-62786544
投稿与读者服务：010-62776969，c-service@tup.tsinghua.edu.cn
质量反馈：010-62772015，zhiliang@tup.tsinghua.edu.cn

印 装 者：三河市铭诚印务有限公司
经　　销：全国新华书店
开　　本：185mm×260mm　　**印　　张**：35.5　　**字　　数**：819 千字
版　　次：2010 年 8 月第 1 版　　**印　　次**：2023 年 2 月第 22 次印刷
定　　价：89.80 元

产品编号：038738-02

前 言

Preface

“我们在用心做事，做最好的教育，做最好的图书！”

——北京魔乐科技教学总监　李兴华

“无独有偶，因为执着，所以专业！”

——中科软通CEO　王月清

本书起源

这本书是**北京魔乐科技（MLDN 软件实训中心）**继《名师讲坛——Java 开发实战经典》之后的又一扛鼎之作！

亲爱的读者朋友，感谢您独具慧眼选择了这本书，我们坚信：本书将向您充分展示出 Java 开发技术的神奇魅力，且将会带您快速、轻松地进入 Java Web 的开发领域。

这本书浸透了我们的心血。它最初来源于我们的讲义，后应出版社之邀，数易其稿，从开始创作整理到完稿，到最后的视频全部录制完成，一共历时 14 个月。当然在这 14 个月中，我还有繁重的教学及项目开发任务，但是无论教学还是开发中间，我们无时无刻不在惦记、验证、揣摩、记录与本书有关的内容。

希望用我们的学习、教学和开发经历、经验，启示后来的读者，少走弯路，能够在有限的时间内快速掌握一门技术。

记得若干年前，当 JSP 技术刚刚在中国兴起的时候，我们就迫切寻觅一本能很快掌握这门技术的书，当时是几乎每周都会向图书城跑一趟，用每个月省吃俭用的钱去买一些相关的书来学习，当把每一本书带回家的时候，心中的那份喜悦是无法用言语来表达的。但往往是因为晦涩的文字、解释不清的概念、调试不通的程序等一系列问题，让人感到技术似乎十分深奥，并一度怀疑我们是不是真的适合做这个行业。现在才知道，很多问题出在书上——很多书是一些不懂技术的人拼出来的，真有一种上当受骗的感觉！现在，经过多年的摸爬滚打，我们对这些技术已经很熟悉了，但回想当年的经历，还隐隐作痛。于是，就想用“心”写一本书，让每一位后来的读者不再为技术而吓到、而退却。因为，我们觉得技术并不难，但第一步——选书很关键，一本晦涩无比、不知所云而又故作深奥的书，很可能让人从此与该行业无缘，相反，一本好书好比是一个好的启蒙老师，可以轻松、愉快地把人带入一个专业的领域。

本书内容结构

本书共分为 5 个部分：Web 开发前奏、Web 基础开发、Web 高级开发、框架开发、附录。

本书的核心章节为：第 3 章～第 10 章，第 14 章、第 15 章、第 17 章。

本书循序渐进，每一部分的知识都是为后续内容进行服务的，学习步骤参考下图。

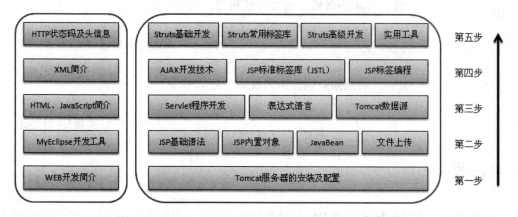

		步骤
HTTP状态码及头信息	Struts基础开发、Struts常用标签库、Struts高级开发、实用工具	第五步
XML简介	AJAX开发技术、JSP标准标签库（JSTL）、JSP标签编程	第四步
HTML、JavaScript简介	Servlet程序开发、表达式语言、Tomcat数据源	第三步
MyEclipse开发工具	JSP基础语法、JSP内置对象、JavaBean、文件上传	第二步
WEB开发简介	Tomcat服务器的安装及配置	第一步

学习步骤

上图中，对于整个 Web 学习应该分 5 步展开，每一步都有需掌握的核心知识，这些步骤和核心知识的对应关系下图所示。

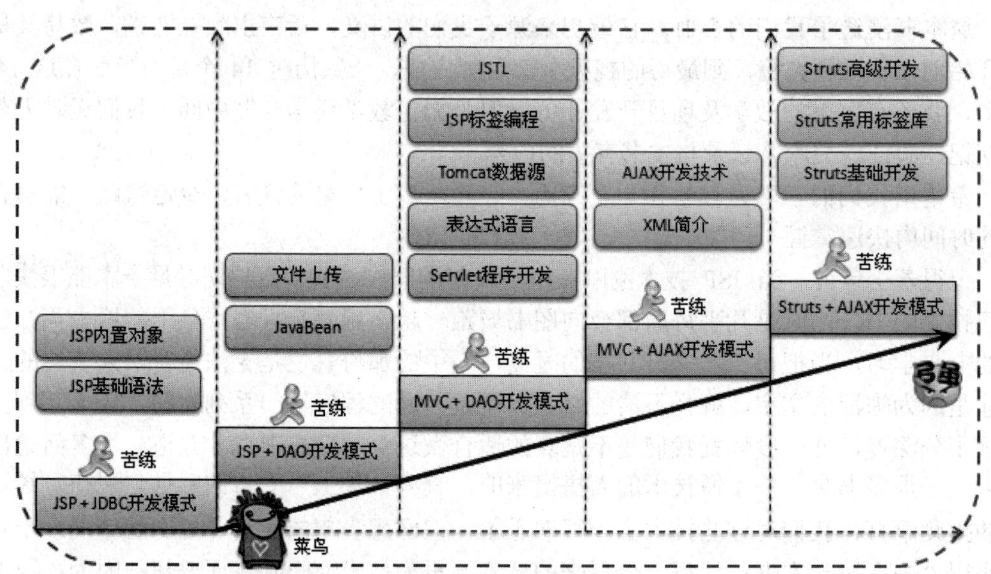

与学习步骤相对应的核心知识

在学习本书之前，建议读者一定要先掌握一些 Java 基础知识，我们推荐《名师讲坛——Java 开发实战经典》一书，因为这本书与本书内容有关联，而且要特别注意以下几点。

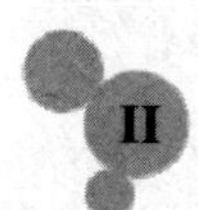

- ☑ 面向对象：理解类的设计原则，掌握抽象类和接口的使用。
- ☑ 类集框架：掌握集合框架的主要作用，并且可以灵活使用 Collection、Map、Iterator 等接口。
- ☑ Java IO：文件的输入输出操作，在文件上传章节中将会有重要作用。
- ☑ JDBC：Java Web 贯彻始终的技术，没有 JDBC 基本上 Java Web 也就将失去全部意义。

读者服务

本书提供了教学视频和实例中用到的源程序，读者可扫描图书封底的“文泉云盘”二维码，或登录清华大学出版社网站（www.tup.com.cn），在对应图书页面下查阅各类学习资源的获取方式。

本书作者

本书主要由李兴华、王月清执笔完成，还有其他人员参与了本书的文字整理、技术调试等工作，在此，谨向他们深表谢意，他们是：康丽华、董鸣楠、孙述龙、刘翳、张笑楠、刘刚、田弘冰、庞猛、刘桢媛、刘圣、李祺、孙浩、范金圣、周艳军、刘宏伟、徐明明、马云涛、李杰、张蕊、郭鸿喜、王四波、李金曼、张旭明、马宁、王续、石瑞、师铂弘、苏莹、张金旭、朱亚娜、李少龙、韩雷、朱红、吴海斌、郑京伟、张军、高林、樊庆冲、刘闵、王孝庆、汤敬宁、罗昆、崔岚、谢欢欢、堪雪莲、王继生、赵建军、张艳萍、吴亨、路继、苑建明和李超。

寄语读者——追求梦想，永不放弃！

本书是我们长达 5 年的经验的总结，它记录了教学和开发中的点点滴滴的经验和教训，也历经许多学生的检验，绝非滥竽充数之书！只要认真研读本书内容，就一定能够顺利跨入 Java Web 的大门。由于书中的内容基本都是原创，难免会有解释不到位的地方，希望读者朋友能提出宝贵意见，我们来共同交流。

最后，希望本书成为您的“启蒙老师”，引领您在软件开发的大道上越走越好！

李兴华　王月清

目 录

Contents

第 1 部分 Web 开发前奏

第 1 章 Java Web 开发简介 2
1.1 Web 发展历程 2
1.2 企业开发架构 6
1.3 Java EE 架构 7
1.4 Java EE 核心设计模式 10
1.5 Struts 开发框架 11
1.6 本章摘要 12

第 2 章 HTML、JavaScript 简介 13
视频讲解：1 小时 45 分钟
2.1 服务器与浏览器 13
2.2 HTML 简介 14
2.2.1 HTML 元素概览 14
2.2.2 创建显示 Web 页 16
2.2.3 创建表单 Web 页 19
2.3 JavaScript 简介 21
2.3.1 JavaScript 的基本语法 21
2.3.2 事件处理 29
2.3.3 window 对象 35
2.4 本章摘要 40
2.5 开发实战练习 40

第 3 章 XML 简介 41
视频讲解：2 小时 16 分钟
3.1 认识 XML 41
3.2 XML 解析 48
3.2.1 DOM 解析操作 48
3.2.2 SAX 解析操作 57
3.2.3 XML 解析的好帮手：JDOM 60
3.2.4 最出色的解析工具：DOM4J 64
3.3 使用 JavaScript 操作 DOM 67
3.4 本章摘要 72
3.5 开发实战练习（基于 Oracle 数据库） 73

第 4 章 Tomcat 服务器的安装及配置 75
视频讲解：1 小时 04 分钟
4.1 Web 容器简介 75
4.2 Tomcat 简介 76
4.3 Tomcat 服务器的下载及配置 77
4.3.1 Tomcat 下载 77
4.3.2 Tomcat 安装 77
4.3.3 服务器配置 80
4.4 编写第一个 JSP 文件 84
4.5 交互性 87
4.6 本章摘要 88

第 2 部分 Web 基础开发

第 5 章 JSP 基础语法 90
视频讲解：2 小时 11 分钟
5.1 JSP 注释 90
5.2 Scriptlet 91
5.2.1 第一种 Scriptlet：<%%> 91
5.2.2 第二种 Scriptlet：<%!%> 92

5.2.3 第三种 Scriptlet：<%=%>......93
5.3 scriptlet 标签......97
5.4 page 指令......97
5.4.1 设置页面的 MIME......98
5.4.2 设置文件编码......102
5.4.3 错误页的设置......103
5.4.4 数据库连接操作......105
5.5 包含指令......109
5.5.1 静态包含......109
5.5.2 动态包含......111
5.6 跳转指令......115
5.7 实例操作：用户登录程序实现（JSP+JDBC 实现）......116
5.7.1 创建数据库表......117
5.7.2 程序实现思路......117
5.7.3 程序实现......118
5.8 本章摘要......121
5.9 开发实战练习（基于 Oracle 数据库）......122

第 6 章 JSP 内置对象......123
视频讲解：3 小时 42 分钟
6.1 JSP 内置对象概览......123
6.2 4 种属性范围......124
6.2.1 page 属性范围（pageContext）......125
6.2.2 request 属性范围......127
6.2.3 session 属性范围......129
6.2.4 application 属性范围......131
6.2.5 深入研究 page 属性范围......133
6.3 request 对象......134
6.3.1 乱码解决......135
6.3.2 接收请求参数......137
6.3.3 显示全部的头信息......143
6.3.4 角色验证......144
6.3.5 其他操作......146
6.4 response 对象......147
6.4.1 设置头信息......148
6.4.2 页面跳转......150
6.4.3 操作 Cookie......152
6.5 session 对象......156
6.5.1 取得 Session Id......157
6.5.2 登录及注销......159
6.5.3 判断新用户......162
6.5.4 取得用户的操作时间......163
6.6 application 对象......164
6.6.1 取得虚拟目录对应的绝对路径......164
6.6.2 范例讲解：网站计数器......167
6.6.3 查看 application 范围的属性......169
6.7 Web 安全性及 config 对象......170
6.7.1 Web 安全性......170
6.7.2 config 对象......172
6.8 out 对象......173
6.9 pageContext 对象......174
6.10 本章摘要......176
6.11 开发实战练习（基于 Oracle 数据库）......177

第 7 章 JavaBean......184
视频讲解：2 小时 11 分钟
7.1 JavaBean 简介......184
7.2 在 JSP 中使用 JavaBean......186
7.2.1 Web 开发的标准目录结构......186
7.2.2 使用 JSP 的 page 指令导入所需要的 JavaBean......187
7.2.3 使用<jsp:useBean>指令......188
7.3 JavaBean 与表单......190
7.4 设置属性：<jsp:setProperty>......192
7.4.1 设置指定的属性......193
7.4.2 指定设置属性的参数......194
7.4.3 为属性设置具体内容......194
7.5 取得属性：<jsp:getProperty>......195
7.6 JavaBean 的保存范围......196
7.6.1 page 范围的 JavaBean......196
7.6.2 request 范围的 JavaBean......197
7.6.3 session 范围的 JavaBean......198
7.6.4 application 范围的 JavaBean......199
7.7 JavaBean 的删除......199
7.8 实例操作：注册验证......200

7.9 DAO 设计模式 204
7.9.1 DAO 设计模式简介 204
7.9.2 DAO 开发 206
7.9.3 JSP 调用 DAO 216
7.10 本章摘要 219
7.11 开发实战练习（基于 Oracle 数据库） 220

第 8 章　文件上传 225
视频讲解：1 小时 30 分钟
8.1 SmartUpload 上传组件 225
8.1.1 上传单个文件 226
8.1.2 混合表单 227
8.1.3 为上传文件自动命名 228
8.1.4 批量上传 231
8.2 FileUpload 232
8.2.1 使用 FileUpload 接收上传内容 234
8.2.2 保存上传内容 237
8.2.3 开发 FileUpload 组件的专属操作类 239
8.3 本章摘要 244
8.4 开发实战练习（基于 Oracle 数据库） 245

第 3 部分　Web 高级开发

第 9 章　Servlet 程序开发 250
视频讲解：4 小时 08 分钟
9.1 Servlet 简介 250
9.2 永远的“HelloWorld”：第一个 Servlet 程序 251
9.3 Servlet 与表单 255
9.4 Servlet 生命周期 257
9.5 取得初始化配置信息 261
9.6 取得其他内置对象 262
9.6.1 取得 HttpSession 实例 262
9.6.2 取得 ServletContext 实例 263
9.7 Servlet 跳转 265
9.7.1 客户端跳转 265
9.7.2 服务器端跳转 266
9.8 Web 开发模式：Mode I 与 Mode II 268
9.8.1 Mode I 268
9.8.2 Mode II：Model-View-Controller 269
9.9 实例操作：MVC 设计模式应用 271
9.10 过滤器 279
9.10.1 过滤器的基本概念 279
9.10.2 实现过滤器 280
9.10.3 过滤器的应用 283
9.11 监听器 285
9.11.1 对 application 监听 286
9.11.2 对 session 监听 289
9.11.3 对 request 监听 294
9.11.4 监听器实例——在线人员统计 297
9.12 本章摘要 300
9.13 开发实战练习（基于 Oracle 数据库） 300

第 10 章　表达式语言 307
视频讲解：1 小时 07 分钟
10.1 表达式语言简介 307
10.2 表达式语言的内置对象 308
10.2.1 访问 4 种属性范围的内容 309
10.2.2 调用内置对象操作 310
10.2.3 接收请求参数 311
10.3 集合操作 313
10.4 在 MVC 中应用表达式语言 315
10.5 运算符 320
10.6 本章摘要 324
10.7 开发实战练习（基于 Oracle 数据库） 324

第 11 章　Tomcat 数据源 328
视频讲解：23 分钟
11.1　数据源操作原理 328
11.2　在 Tomcat 中使用数据库连接池 329
11.3　查找数据源 331
11.4　本章摘要 333

第 12 章　JSP 标签编程 334
视频讲解：2 小时 04 分钟
12.1　标签编程简介 334
12.2　定义一个简单的标签——空标签 335
12.3　定义有属性的标签 338
12.4　TagSupport 类 341
12.5　定义有标签体的标签库 344
12.6　开发迭代标签 347
12.7　BodyTagSupport 类 350
12.8　TagExtraInfo 类和 VariableInfo 类 352
12.9　使用 BodyTagSupport 开发迭代输出 354
12.10　简单标签 357
12.11　DynamicAttributes 接口 363
12.12　本章摘要 365

第 13 章　JSP 标准标签库 366
视频讲解：2 小时 04 分钟
13.1　JSTL 简介 366
13.2　安装 JSTL 1.2 367
13.3　核心标签库 369
13.3.1　<c:out>标签 370
13.3.2　<c:set>标签 371
13.3.3　<c:remove>标签 373
13.3.4　<c:catch>标签 374
13.3.5　<c:if>标签 375
13.3.6　<c:choose>、<c:when>、<c:otherwise>标签 376
13.3.7　<c:forEach>标签 378
13.3.8　<c:forTokens>标签 381
13.3.9　<c:import>标签 382
13.3.10　<c:url>标签 383
13.3.11　<c:redirect>标签 384
13.4　国际化标签库 385
13.4.1　<fmt:setLocale>标签 386
13.4.2　<fmt:requestEncoding>标签 387
13.4.3　读取资源文件 388
13.4.4　数字格式化标签 391
13.4.5　日期时间格式化标签 394
13.4.6　设置时区 397
13.5　SQL 标签库 398
13.5.1　<sql:setDataSource>标签 398
13.5.2　数据库操作标签 399
13.5.3　事务处理 404
13.6　XML 标签库 405
13.6.1　XPath 简介 406
13.6.2　<x:parse>标签 407
13.6.3　<x:out>标签 407
13.6.4　<x:set>标签 408
13.6.5　<x:if>标签 409
13.6.6　<x:choose>、<x:when>、<x:otherwise>标签 410
13.6.7　<x:forEach>标签 412
13.7　函数标签库 413
13.8　本章摘要 415
13.9　开发实战练习（基于 Oracle 数据库） 415

第 14 章　Ajax 开发技术 417
视频讲解：1 小时 21 分钟
14.1　Ajax 技术简介 417
14.2　XMLHttpRequest 对象 418
14.3　第一个 Ajax 程序 420
14.4　异步验证 421
14.5　返回 XML 数据 425
14.6　本章摘要 427
14.7　开发实战练习（基于 Oracle 数据库） 428

第 4 部分　框架开发

第 15 章　Struts 基础开发 436

视频讲解：42 分钟

15.1　Struts 简介 436
15.2　配置 Struts 开发环境 437
15.3　开发第一个 Struts 程序 441
15.4　Struts 工作原理 446
15.5　深入 Struts 应用 447
15.6　本章摘要 450
15.7　开发实战练习（基于 Oracle 数据库） 451

第 16 章　Struts 常用标签库 453

视频讲解：1 小时 26 分钟

16.1　Struts 标签库简介 453
16.2　Bean 标签 454
16.2.1　<bean:define>标签 454
16.2.2　<bean:size>标签 456
16.2.3　资源访问标签 457
16.2.4　<bean:write>标签 460
16.2.5　<bean:include>标签 461
16.2.6　<bean:resource>标签 462
16.2.7　国际化与<bean:message>标签 463
16.3　Logic 标签 465
16.3.1　<logic:present>和<logic:notPresent>标签 466
16.3.2　<logic:empty>和<logic:notEmpty>标签 467
16.3.3　关系运算标签 468
16.3.4　<logic:iterate>标签 470
16.3.5　重定向标签：<logic:redirect> 472
16.4　Html 标签 474
16.4.1　<html:form>标签 474
16.4.2　<html:text>与<html:password>标签 475
16.4.3　<html:radio>标签 476
16.4.4　<html:textarea>标签 476
16.4.5　<html:hidden>标签 477
16.4.6　按钮标签 477
16.4.7　实例：编写基本表单 477
16.4.8　复选框标签 480
16.4.9　下拉列表框 484
16.5　本章摘要 487
16.6　开发实战练习（基于 Oracle 数据库） 487

第 17 章　Struts 高级开发 489

视频讲解：1 小时 32 分钟

17.1　Struts 多人开发 489
17.2　Token 490
17.3　文件上传 495
17.4　动态 ActionForm 498
17.5　Action 深入 500
17.5.1　ForwardAction 500
17.5.2　IncludeAction 502
17.5.3　DispatchAction 502
17.6　验证框架 504
17.7　本章摘要 510
17.8　开发实战练习（基于 Oracle 数据库） 510

第 5 部分　附录

附录 A　实用工具 524

视频讲解：1 小时 09 分钟

A.1　JavaMail 524
A.1.1　James 邮件服务器的下载及配置 524

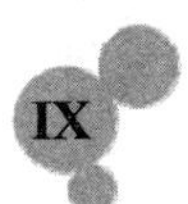

A.1.2 JavaMail 简介及配置 529
A.1.3 发送普通邮件 531
A.1.4 发送带附件的 HTML 风格邮件 535
A.2 操作 Excel 文件 538
A.2.1 JExcelAPI 简介 538
A.2.2 创建一个 Excel 文件 540
A.2.3 读取 Excel 文件 541
A.2.4 格式化文本 542
A.3 本章摘要 544

附录 B MyEclipse 开发工具 545
视频讲解：15 分钟
B.1 MyEclipse 简介 545
B.2 MyEclipse 的安装 546
B.3 MyEclipse 的使用 546
B.4 配置 Tomcat 服务器 549
B.5 MyEclipse 卸载 552
B.6 本章摘要 552

附录 C HTTP 状态码及头信息 553
C.1 HTTP 状态码 553
C.2 HTTP 头信息 554

第 1 部分

Web 开发前奏

- Java Web 开发简介
- HTML、JavaScript 简介
- XML 简介
- Tomcat 服务器的安装及配置

第 1 章　Java Web 开发简介

通过本章的学习可以达到以下目标：

☑　了解 Web 的发展过程。

☑　理解 Web 开发的主要技术及作用范围。

☑　掌握企业开发的整体架构。

随着互联网的兴起，Web 技术已经应用得越来越广泛，而且已经有越来越多的语言开始支持 Web 的开发。本章将介绍 Web 的发展历程和 Web 常见的开发平台。

Web 的本意。

Web 本意是蜘蛛网和网的意思，但是现在已经被广泛地翻译成网络、互联网等。

1.1　Web 发展历程

在早期，人们为了方便开展科学研究，设计出了 Internet 用于连接美国的少数几个顶尖研究机构，之后随着进一步的发展，人们开始应用 HTTP 协议（Hypertext Transfer Protocol，超文本传输协议）进行超文本（hypertext）和超媒体（hypermedia）数据的传输，从而将一个个的网页展示在每个用户的浏览器上。今天的 Web 已经从最早的静态 Web 发展到了动态 Web 阶段，随之而来的像网上银行、网络购物等站点的兴起，更是将 Web 带进了人们的生活和工作中。

最早的 Web 是以静态 Web 出现的，用户在浏览器中输入网址将请求通过 HTTP 协议传送到 Web 服务器上，服务器会根据用户的请求找到相应的网页文件（例如：*.htm、*.html），接着再通过 HTTP 协议传回到客户端浏览器上进行显示，整个操作流程如图 1-1 所示。

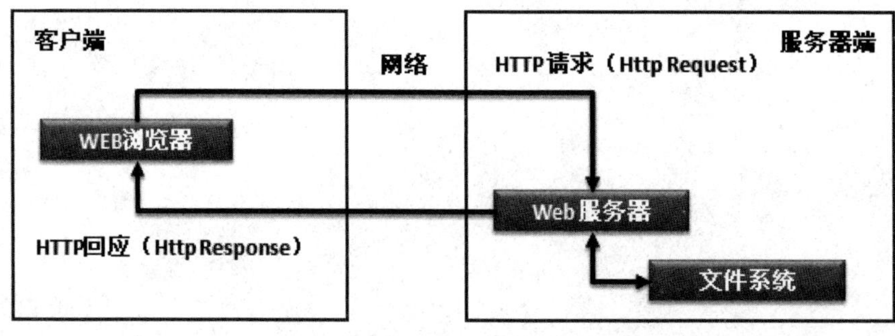

图 1-1　静态 Web 处理流程

但是这种 Web 返回的只是电子文本的形式，在服务器生成之后，内容永远是固定的。在最初阶段，一些科学家可以通过这些静态 Web 的方式进行论文研究，而且当时的很多企业也并没有发现这座“金矿”，而最初可以实现静态 Web 的主要手段也就是利用 HTML 来完成的（超文本标记语言）。

随后，一些人对于 Web 就有更高的要求了，希望可以得到一些更加绚丽的效果，而此时 SUN 公司推出的 Applet 正好满足了这种需求。

SUN 公司在 1995 年正式推出了 Applet 程序，而 Applet（应用小程序，简称小程序）允许开发人员编写可以嵌入在 Web 页面上的小应用程序，只要用户使用了支持 Java 的浏览器就可以直接运行此程序，整体流程依然依靠 HTTP 协议的请求和回应方式完成，此时的 Web 处理流程如图 1-2 所示。

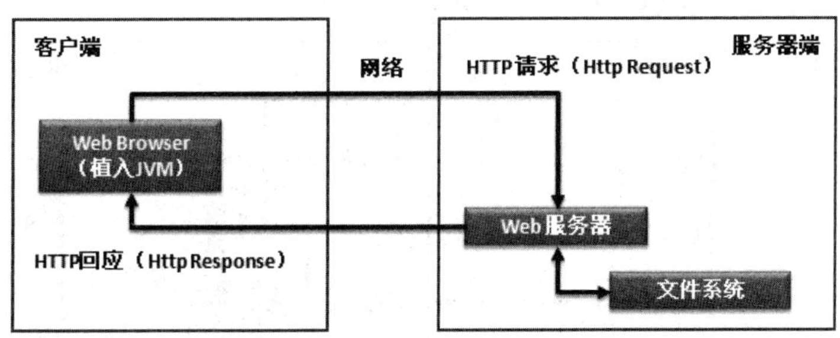

图 1-2　Web 处理结构

Applet 程序虽然带来了很多好处，但是 Applet 程序本身也存在着一些限制。例如，不允许进行文件读写，也无法进行数据库的操作，而且 Applet 属于胖客户端程序，下载速度也是非常缓慢的。

提示

胖客户端与瘦客户端。

胖客户端程序指的是，当一个程序运行时需要一个单独的客户端程序支持。例如，登录 QQ 时，就需要一个客户端的程序运行。而瘦客户端操作时不需要进行任何其他程序的安装，直接使用即可。例如，登录网上论坛，只需要有一个浏览器即可使用。

从图 1-2 中可以分析出，Applet 技术本身只能运行在客户端，所以此时虽然带来了一些动态的效果，但是服务器端依然没有做太大的改变，还是采用了静态的请求及回应机制，客户端需要哪些资源，服务器端就返回哪些资源。当然，除 Applet 技术外，像 JavaScript 语言也可以实现客户端动态效果，但不管如何实现，这种在客户端完成的动态效果在代码的开发上依然是很复杂的。

提示

JavaScript 有许多的框架。

程序员最应掌握的是表单验证操作。

提示

Applet 的发展受到很多限制。

Applet 程序需要依靠浏览器给予支持，而且还要根据不同的版本安装不同版本的 JVM，又由于微软和 SUN 公司之间的版权矛盾问题，导致微软的 IE 浏览器在一段时间内不再支持 JVM，这样一来就导致了 Applet 程序的发展，而 SUN 公司的技术人员发现这一问题后，为了避免再次出现同类的问题，所以开始全力向动态 Web 领域发展。

这种在客户端实现动态效果的改变似乎已经成为了一件很麻烦的事情，那么人们只能在服务器端做出改变，而这种改变真正造就了动态 Web 的发展。下面先来看一下动态 Web 的执行图，并观察与静态 Web 的区别，如图 1-3 所示。

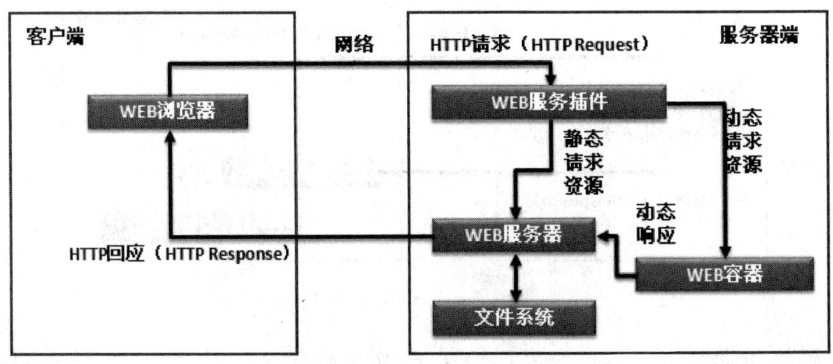

图 1-3　动态 Web 流程图

从图 1-3 中可以发现，此时的客户端已经不再需要 JVM 的支持了，而只是一个普通的浏览器，但是服务器端却发生了重大的改变。首先，所有请求不再直接提交给 Web 服务器，而是通过 Web 服务插件进行接收，此插件的主要目的是用于区分用户所发出的请求是动态请求还是静态请求。如果用户发出的是静态请求，则会将用户请求交给 Web 服务器，并通过文件系统将用户所需要的资源发回给客户端浏览器，这一点与最初的静态 Web 处理流程是完全一样的；但如果此时的请求是动态请求，则会将所有请求交给 Web 容器进行处理，在 Web 容器中将会采用拼凑代码的形式（主要是拼凑 HTML）动态地生成数据并通过 Web 服务器发回给客户端浏览器。

提示

静态 Web 与动态 Web 最本质的区别。

静态 Web 与动态 Web 最本质的区别实际上只有一点，就是静态 Web 是无法进行数据库操作的，而动态 Web 是可以进行数据库操作的。现在几乎所有数据都是通过数据库来保存的，也正是由于这个原因，动态 Web 开发已经被广泛应用在各个行业之中。

动态 Web 的最大特点就是具备交互性，所谓交互性就是服务器端会自动根据用户请求的不同而显示不同的结果。它类似于使用搜索引擎那样，只要输入关键字，服务器端就会

根据这些指定的关键字，返回检索结果。

而要想实现一个动态 Web，现在可以采用如下 5 种方式。

- ☑ CGI（Common Gateway Interface，公共网关接口）：CGI 是最早出现的实现动态 Web 的操作标准，可以采用任何语言实现（如 C 或 VB），但是这种传统的 CGI 程序本身是采用多进程的机制进行处理的，每当一个新用户连接到服务器上时，服务器都会为其分配一个新的进程，很明显，这种程序的执行效率是很低的。
- ☑ PHP（Hypertext Preprocessor，超文本预处理）：PHP 是一种跨平台的服务器端的嵌入式脚本语言。它大量地借用 C、Java 和 Perl 语言的语法，并结合 PHP 自身的特性，使 Web 开发者能够迅速地写出动态页面。而且 PHP 是完全免费的，用户可以从 PHP 官方站点自由下载。但是 PHP 本身也有缺点，就是需要运行在 Apache 服务器下，只有在使用 MySQL 数据库时才可以达到性能的最大发挥，所以一般都只适合于个人或小型项目开发。

提示

PHP 的另外一种解释。

Hypertext Preprocessor 是在 1997 年时重新命名的，实际上最早 PHP 也有另外一种解释，即 Personal Home Page（个人主页）。

- ☑ ASP（Active Server Pages，动态服务页）：ASP 是一个动态 Web 服务器端的开发环境，利用它可以产生和运行动态的、交互的、高性能的 Web 服务应用程序。ASP 采用脚本语言 VBScript（类似于 JavaScript 的一种脚本语言）作为自己的开发语言。由于 ASP 技术出现较早，所以一直到今天还在被陆续使用着，但是 ASP 技术本身有一个最大的问题就是平台的支持，ASP 只能运行在 IIS（Internet Information Services，互联网信息服务）服务器上，且只能在 SQL Server 数据库上才可以得到最大发挥。但是这套开发相对于使用 Java 开发而言，性能是很差的，所以一般用于个人或中小型项目开发。
- ☑ ASP.NET：ASP.NET 是微软公司继 ASP 之后推出的新一代动态网站开发技术。ASP.NET 基于.NET 框架平台，用户可以选择.NET 框架下自己喜欢的语言进行开发。ASP.NET 技术是 ASP 技术的更新，也是微软公司目前主推的技术，但是由于微软的产品永远都会受到平台的限制，所以此技术往往用于中型项目的开发。
- ☑ JSP（Java Server Page，Java 服务页）：使用 Java 完成的动态 Web 开发，代码风格与 ASP 类似，都属于在 HTML 代码中嵌入 Java 代码以实现功能，由于 Java 语言的跨平台特性，所以 JSP 不会受到操作系统或开发平台的制约，而且有多种服务器可以支持，如 Tomcat、WebLogic、JBoss、Websphere 等，所以经常在中大型项目开发中使用。JSP 的前身是 Servlet（服务器端小程序），但是由于 Servlet 开发过于复杂，所以 SUN 公司的开发人员根据 ASP 技术的特点，将 Servlet 程序重新包装，而形成新的一门开发技术——JSP。

提示

动态 Web 的开发属于 B/S 结构。

在网络开发中有两种开发模式，即 C/S 模式和 B/S 模式。

☑ C/S 模式（Client/Server 模式）：即客户/服务器模式。在这种模式下，每个客户端都需要安装工具软件，管理和维护时客户端和服务器端都同时需要更改，对于开发而言比较麻烦。例如，日常生活中使用的 QQ 或 MSN 等，都属于 C/S 模式。

☑ B/S 模式（Browser/Server 模式）：即浏览器/服务器模式。相当于在 C/S 模式中，以浏览器作为客户端的情况。在服务器端安装软件，客户端通过浏览器访问服务器，从而实现信息、资源的交互和共享，只需要管理和维护服务器端即可。例如，网上购物或论坛都属于 B/S 模式。

1.2　企业开发架构

在现代的企业平台开发中已经大量地使用了 B/S 开发模式，不管是使用何种动态 Web 实现手段，其操作形式都是一样的，核心操作的大部分都是围绕着数据库进行的。但是如果直接使用编程语言进行数据库的开发则程序员要处理许多诸如事务、安全等操作，所以现在的开发往往都会通过中间件进行过渡，即程序运行在中间件上，并且通过中间件进行数据库的操作，而具体一些相关的处理，如事务、安全等完全由中间件负责，这样程序员只需要负责具体功能的开发即可，此种模式如图 1-4 所示。

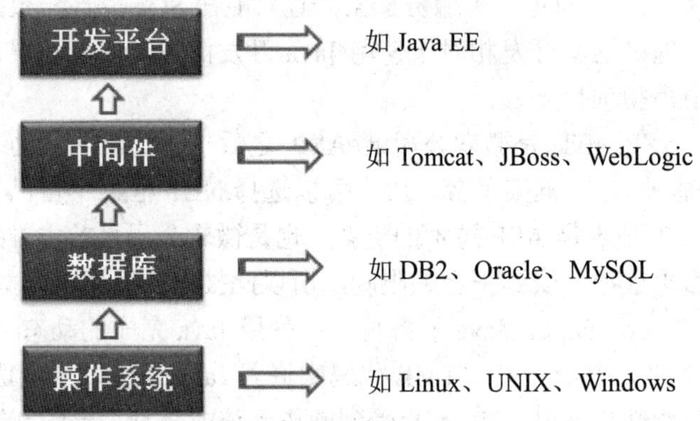

图 1-4　企业开发的核心架构

在图 1-4 中可以发现，企业的平台需要操作系统的支持，所有数据库都是建立在操作系统上的，之后开发平台（Java EE 就是一种开发平台）通过中间件进行数据库的操作。

提示

每一个组成部分都是一个学习的方向，程序人员需要具备综合的素质。

在图 1-4 中可以发现一个企业开发平台由很多部分组成，实际上每一部分都可以作为一门完整的学习方向。例如，有专门从事操作系统维护及开发的工程师，也有专门负责数据库的工程师等。但是如果是一个 Java EE 的开发人员，则必须会使用操作系统，而且对于数据库的基本操作和 SQL 语句也必须相当熟练。最重要的是，开发人员往往都必须会使用中间件，因为所有程序都要在中间件上部署或运行，所以对一个 Java EE 的开发人员的综合素质往往要求较高。

1.3　Java EE 架构

Java EE（Java Enterprise Edition，在 2005 年之前称为 J2EE）是在 Java SE 基础之上建立起来的一种标准开发架构，主要用于企业级应用程序的开发。在 Java EE 的开发中是以 B/S 作为主要的开发模式，在 Java EE 中提供了多种组件及各种服务，如图 1-5 所示。

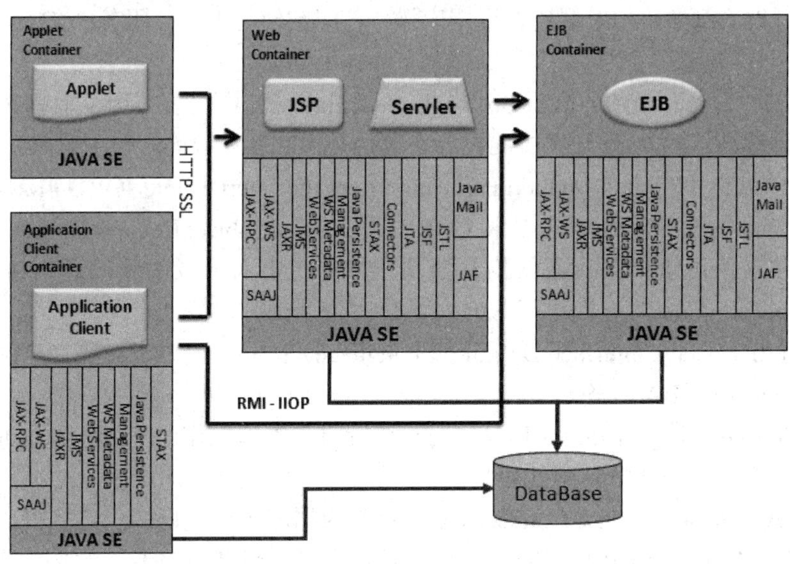

图 1-5　Java EE 架构

提示

.NET 开发架构也是由 Java EE 而来。

著名的.NET 架构在推出时，也大量地参考了 Java EE 中的各个组成部分，并提出了与之类似的企业开发架构。实际上这两种架构已经属于互相学习、互相进步的竞争性阶段，而这种竞争所带来的好处是，将为程序开发人员提供更多更好的程序开发支持。

从图 1-5 中可以发现，整个 Java EE 架构都是基于 Java SE 基础构建的，主要由容器、组件和服务三大核心部分构成，下面分别进行介绍。

1. Java EE 容器

容器负责一种组件的运行，在 Java EE 中一共提供了 4 种容器，即 Applet Container、Application Client Container、Web Container 和 EJB Container。各个容器负责处理各自的程序，且互相没有任何影响，而如果需要运行 Web 程序，则一定要有 Web 容器的支持。

2. Java EE 组件

每一种 Java EE 组件实际上都表示着一种程序的开发，例如，Application 程序就是使用主方法（main()）运行的一种组件。在 Java EE 中提供了 4 种容器，每一种容器中都运行各自的组件，读者可以发现在 Web 容器中运行的是 JSP 和 Servlet 组件。EJB 组件本身提供的是一个业务中心，由于 EJB 属于分布式开发的范畴，所以本书暂不对此做深入讲解。EJB 将在分布式开发中讲解。

3. Java EE 服务

Java EE 之所以应用广泛，主要是由于 Java EE 提供了各种服务，通过这些服务可以方便用户进行开发。例如，如果要进行数据库操作，则应使用 JDBC 服务。在 Java EE 中的主要服务有如下几种。

- ☑ HTTP（Hypertext Transfer Protocol）：在 Java EE 中主要采用了 HTTP 协议作为通信标准，包括 Web 开发中的主要协议也是 HTTP 协议。
- ☑ RMI-IIOP（Remote Method Invocation over the Internet Inter-ORB Protocol）：远程方法调用，融合了 Java RMI 和 CORBA（Common Object Request Broker Architecture，公共对象请求代理体系结构）两项技术的优点而形成的新的通信协议，在使用 Application 或 Web 端访问 EJB 端组件时使用。
- ☑ Java IDL（Java Interface Definition Language）：Java 接口定义语言，主要用于访问外部的 CORBA 服务。
- ☑ JTA（Java Transaction API）：用于进行事务处理操作的 API，但在 Java EE 中所有的事务应该交由容器处理。
- ☑ JDBC（Java Database Connectivity）：为数据库操作提供的一组 API。
- ☑ JMS（Java Message Service）：用于发送点对点消息的服务，需要额外的消息服务中间件支持。
- ☑ JavaMail：用于发送邮件，需要额外的邮件服务器支持。
- ☑ JAF（JavaBeans Activation Framework）：用于封装传递的邮件数据。
- ☑ JNDI（Java Naming and Directory Interface）：在 Java EE 中提供的核心思想就是“key→value”，为了体现这种思路，可以通过 JNDI 进行名称的绑定，并且依靠绑定的名字取得具体的对象。
- ☑ JAXP（Java API for XML Parsing）：专门用于 XML 解析操作的 API，可以使用 DOM 或 SAX 解析，在最新的 Java EE 中提供了一种新的解析组件——STAX。

- ☑ JCA（J2EE Connector Architecture）：Java 连接器架构，通过此服务可以连接不同开发架构的应用程序。
- ☑ JAAS（Java Authentication and Authorization Service）：用于认证用户操作，可以让当前运行的代码更加可靠。
- ☑ JSF（Java Server Faces）：Java EE 官方提供的一套 MVC 实现组件。
- ☑ JSTL（JSP Standard Tag Library）：JSP 页面的标签支持库。
- ☑ Web 服务组件：主要用于异构的分布式程序开发，主要服务有 SAAJ（SOAP with Attachments API for Java）、JAXR（Java API for XML Registries）等。

提示

服务了解即可。

Java EE 中提供的服务很多，随着读者学习的深入会逐步掌握这些服务的作用，本书也会使用主要的几种服务，如 JNDI、JAXP、JSTL 等。

提示

Java Applet 不支持任何服务。

从 Java EE 架构图中可以非常清晰地发现，Java Applet 程序不支持各种服务，而现在的开发大多是基于数据库开发的，所以其随着发展已经被逐步废除。

但是在整个企业的应用环境中，Java EE 架构只是工作在中间层的一种组件，如图 1-6 所示。

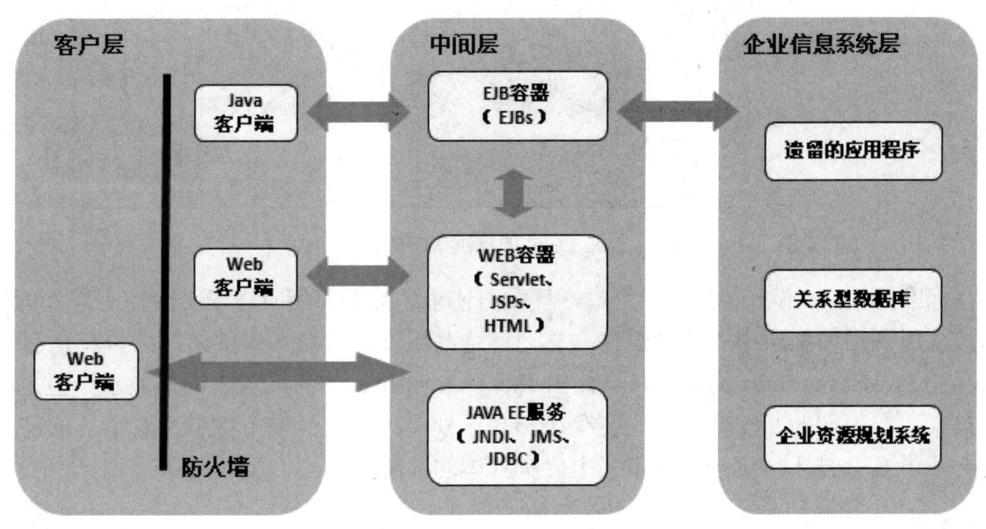

图 1-6　Java EE 在企业环境中的位置

在整个企业开发中主要分为如下 3 个层次。

- ☑ 客户层：分为内部用户及外部用户，客户端可以使用 Web 浏览器，也可以是 Java

编写的应用程序。

☑ 中间层：为客户访问提供服务，使用 Java EE 中的各种组件技术进行搭建，且各个容器之间允许互相调用。

☑ 企业信息系统层（Enterprise Information Systems，EIS）：例如，保存数据的数据库就是工作在此层。

客户端一般不会直接去操作企业信息系统层，而是会通过中间层提供的服务进行访问，开发人员所需要完成的就是为所有的客户端提供更方便的操作。

1.4 Java EE 核心设计模式

在整个 Java EE 中最核心的设计模式就是 MVC（Mode-View-Controller）设计模式，且被广泛应用。Java EE 中的标准 MVC 设计模式如图 1-7 所示。

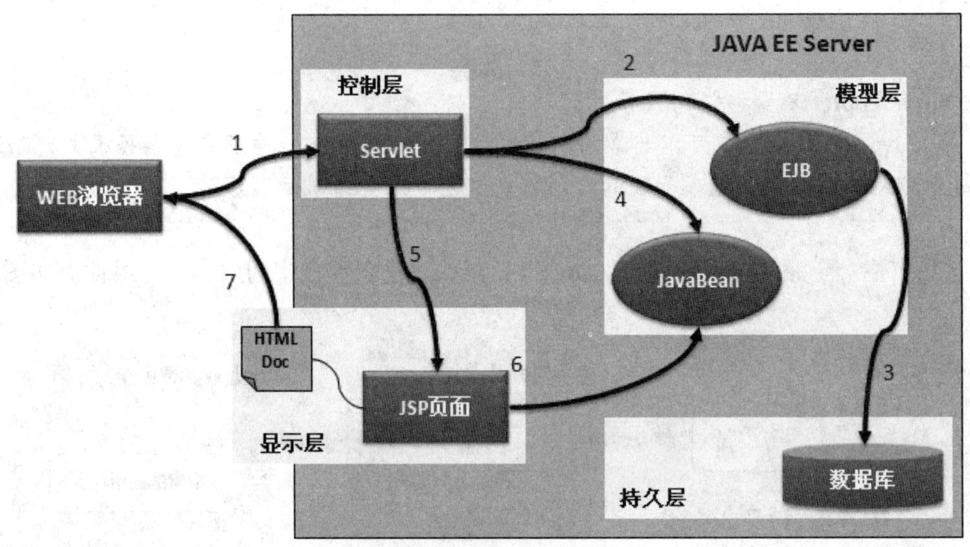

图 1-7　Java EE 中的标准 MVC 设计模式

在标准的 MVC 设计模式中，用户一旦发出请求之后会将所有请求交给控制层处理，然后由控制层调用模型层中的模型组件，并通过这些组件进行持久层的访问，再将所有结果都保存在 JavaBean（Java 类）中，最终由 JSP 和 JavaBean 一起完成页面的显示。但是此种设计模式，在不同的开发架构中也会存在一些区别，因为在开发中如果没有特殊的需要不一定会使用 EJB 技术，这一点在本书中会有具体的讲解。

注意

MVC 是核心，是最重要的基础。

有不少学生一直在问，是不是应该把框架（Struts、Spring、Hibernate 等称为开发框架）开发作为学习的重点，每次笔者都会回答学生："框架只是一种很简单的应用，

而整个 Java 的核心并不在框架上，更多的是在 MVC 设计模式的应用上”。相信很多读者都读过金庸先生的武侠小说，在这些小说中都会存在各个门派，如铁沙帮、巨鲸帮、少林、武当等，这些小门派基本上都是从一些大门派中衍生而来，通过一些捷径取得了一些武林地位，但是一直存活今天的似乎只有少林、武当等这些名门大派，而像一些较小门派基本上已经不存在了。实际上这一点换到这些开发架构中也是一样的，Java EE 提供的是标准架构（相当于少林、武当等大门派），而那些框架（相当于各个小门派）的设计完全是从这些标准设计中衍生而来的，相当于走了一条捷径，所以每一位学习的同学应该把更多精力放在这些标准的开发模式上，而不应该把过多的精力放在这些框架上，因为只要掌握了标准（相当于内功扎实），那么再学习任何一门框架都能够很快上手，轻松掌握。

1.5　Struts 开发框架

使用标准 MVC 设计模式进行开发，则肯定要求进行过多的复杂设计，这对于一般项目而言是非常麻烦的，所以 Apache 专门提供了一套用于进行 MVC 开发的框架——Struts。Struts 的软件包依然用于 Web 层次的开发，使用 Struts 可以更方便地对代码开发进行严格的管理。图 1-8 列出了 Struts 框架的基本组成。

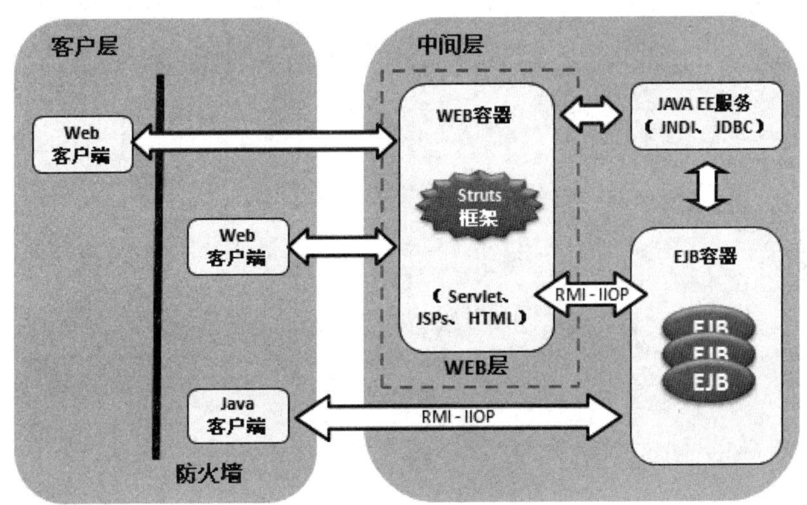

图 1-8　Struts 框架的基本组成

从图 1-8 中可以发现，Struts 框架的主要作用还是在 Web 层上，也就是说 Struts 是对 JSP 和 Servlet 的一种变相应用，其核心的内部原理依然是 MVC，而且由于 Struts 出现较早，使用较为广泛，所以现在俨然已经成为了 Java EE 的一套标准框架，是每一个从事 Java EE 开发人员必须具备的一项基本技能。

提示

学习 Struts 前一定要保证能够熟练使用标准 MVC 进行项目的开发。

Struts 本身属于框架，正如本书之前所介绍的那样，框架只是一种工具，所有读者在学习时一定不可本末倒置，一定要注意标准设计模式的吸收和基本功的训练。本书讲解的核心内容就是 MVC 设计模式。

1.6 本章摘要

1．Web 运行环境经历了静态 Web 和动态 Web 两个时期，静态 Web 与动态 Web 最本质的区别就在于资源（数据库）的访问上。

2．动态 Web 的常见实现手段有 CGI、ASP、PHP、JSP/Servlet 等。

3．Java EE 架构主要由组件、容器、服务组成，在整个 Java EE 中 MVC 是其核心设计思路。

4．Struts 开发主要是为了解决 Web 层的开发问题，可以节约设计的成本。

第 2 章　HTML、JavaScript 简介

通过本章的学习可以达到以下目标：

☑ 掌握 HTML 的基本语法。

☑ 掌握 HTML 表单的编写操作。

☑ 掌握 JavaScript 的基本语法、主要事件、主要对象的使用。

☑ 可以使用 JavaScript 完成表单的交互程序开发。

要想进行 Java Web 的开发，则必须掌握 HTML 语言。HTML 是目前网络上应用最为广泛的语言，也是构成网页文档的主要语言，使用 HTML 可以完成静态页面的开发。如果想让一个 HTML 编写的网页更加具有灵活性，则可以使用 JavaScript 进行操作。本章将介绍 HTML 和 JavaScript 的语法。

2.1　服务器与浏览器

当用户通过网页的地址访问服务器时，服务器会根据用户的请求将用户需要的内容传到客户端，在客户端用户通过浏览器即可进行信息的访问。Web 处理流程图如图 2-1 所示。

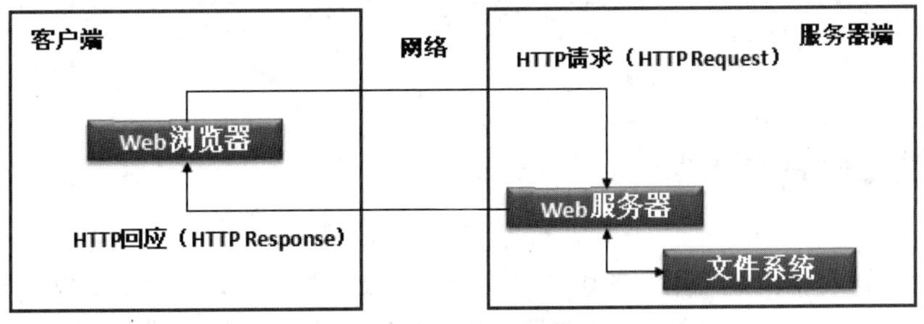

图 2-1　Web 处理流程图

提示

网页地址也称为 URL。

URL（Uniform Resource Locator，统一资源定位符）是网上的标准资源地址，例如，http://www.mldn.cn 就是一个 URL。

提示

HTTP 协议。

HTTP 协议（Hypertext Transfer Protocol，超文本传输协议）是一个客户端请求和回应的标准协议，用户输入地址和端口号后就可以从服务器上取得所需要的网页信息。

在图 2-1 中，用户通过 Web 浏览器（如 IE 或者 FireFox 等都是浏览器）发送一个基于 HTTP 协议的请求到 Web 服务器（Web Server）上，之后 Web 服务器会根据用户的请求要求从文件系统中进行读取，并将内容通过 HTTP 协议发回给客户端，最后会在客户端浏览器上进行显示。而此时服务器端发送回客户端的代码就是浏览器可以读取的标记文本，而 HTML 则属于最常见的一种标记文本语言。

2.2 HTML 简介

HTML（超文本标记语言）是网络上的通用语言，也是网络 Web 语言的基础。它是一种标记语言，通过嵌入代码或标记来表明文本格式。

提示

如果要了解更全面的 HTML 语言，可以参考其他书籍。

本书并不是一本讲解网页开发的入门书籍，所以本节内容只是向读者介绍有关 HTML 语言的基本知识。如果希望更全面了解 HTML 语言的读者，可以参考其他网页制作书籍。

2.2.1 HTML 元素概览

在 HTML 语言中，经常用到的语法主要有基本文档标记、段落标记、文字标记、格式标记、图文标记、表格、表单以及框架等。表 2-1 列出了 HTML 中的基本元素。

表 2-1 HTML 的基本元素

No.	类　型	HTML 元素	描　述
1	主窗体元素	<HTML>、</HTML>	超文本的开始和结束
2		<HEAD>、</HEAD>	超文本头部信息的开始和结束
3		<TITLE>、</TITLE>	超文本窗口标题的开始和结束，它被显示在浏览器的标题栏中
4		<META>	用来描述 HTML 文档的元信息，即文档自身的信息
5		<BODY>、</BODY>	网页主体部分，是 HTML 语言的核心部分

续表

No.	类　型	HTML 元素	描　述
6	字符风格控制元素	<H1></H1>～<H6></H6>	定义字体的大小
7		<B>和</B>	字体加粗
8		<I>和</I>	字体变斜体
9		<U>和</U>	字体加下划线
10		<S>和</S>	字体加中划线
11		^和	字体为上标
12		_和	字体为下标
13		<FONT>和</FONT>	定义字体属性
14	版面控制元素	<PRE>和</PRE>	空格、回车有效
15		<P>和</P>	段落的开始和结束
16		<HR>	加水平线
17		<IMG SRC="uri"...>	插入图片
18	标题元素	<UL>和<OL>	标题分级方式：UL 表示无序，OL 表示有序
19		<LI>	子标题
20	链接	<A HREF="链接地址"></A>	超链接
21	表格元素	<TABLE>和</TABLE>	显示表格
22		<TR>和</TR>	表格的行显示
23		<TD>和</TD>	表格的列显示
24	表单元素	<FORM NAME=""ACTION="URL" METHOD="GET|POST">和</FORM>	显示表单
25		<INPUT TYPE="TEXT">	普通输入文本
26		<INPUT TYPE="PASSWORD">	密码输入框
27		<INPUT TYPE="CHECKBOX">	复选框
28		<INPUT TYPE="RADIO">	单选按钮
29		<INPUT TYPE="IMAGE">	将图片设置为提交按扭
30		<SELECT >和</SELECT>	下拉列表框
31		<OPTION >和</OPTION>	设置下拉选项
32		<TEXTAREA COLS="N"ROWS="N">和</TEXTAREA>	多行文本域
33		<INPUT TYPE="SUBMIT">	提交按钮
34		<INPUT TYPE="RESET">	重置按钮
35		<INPUT TYPE="HIDDEN">	隐藏域
36		<INPUT TYPE="FILE">	文件选择框
37	框架元素	<FRAMESET>	设置框架页显示
38		<FRAME>	表示每一个框架中显示的页面

在 HTML 中每一种元素都对应着一种显示的风格，而且每一个元素都包含若干个属性，这些属性读者可以通过下面的应用了解。

提示

所有的元素不用在意大小写问题。

在 HTML 语言中，所有元素都是不分大小写的，这一点在用户开发时可以由用户自行决定编写的风格。为了让读者阅读方便，本书中的所有 HTML 元素都将采用小写方式。

提示

HTML 元素众多。

随着浏览器的发展，HTML 中也增加了一些新的元素，对于在表 2-1 中没有出现的 HTML 元素，本书将使用注释的形式说明其意义。

提示

可以使用开发工具开发。

在进行 HTML 文件开发时，都会使用一些网页的制作工具，如 Dreamweaver 等，使用工具的最大好处是可以进行元素的提示或属性的提示。

2.2.2 创建显示 Web 页

所有的 Web 页面都是由 HTML 语言组成的，每一种 HTML 元素都有其自己的显示风格。下面来演示一个基本的 HTML 页面。

【例 2.1】 一个基本的 HTML 页面——html_show01.htm

```
<html>                                                          <!-- HTML 开始标记 -->
<head>                                                          <!-- 头标记 -->
    <title>www.mldnjava.cn，MLDN 高端 Java 培训</title>        <!-- 文档标题信息 -->
</head>                                                         <!-- 完结标记 -->
<body>                                                          <!-- 网页主体 -->
<center>                                                        <!-- 让内容居中显示 -->
    <h2>                                                        <!-- 二号标题 -->
        <font color="BLUE">北京魔乐科技软件学院</font>          <!—黑色字体 -->
    </h2>                                                       <!-- 完结标记 -->
    <h3>                                                        <!-- 三号标题 -->
        <a href="http://www.mldnjava.cn">www.mldnjava.cn</a>    <!-- 超链接 -->
    </h3>                                                       <!-- 完结标记 -->
</center>                                                       <!-- 完结标记 -->
</body>                                                         <!-- 完结标记 -->
</html>                                                         <!-- 完结标记 -->
```

本程序只是利用了 HTML 的基本元素，其中<html>、</html>、<head>、</head>、<title>、

</title>、<body>和</body>等元素在一个 Web 页面中只能出现一次，而所有的显示标记必须写在<body>元素之中。在本程序中，使用<h2>和<h3>标记分别显示了两个不同的标题效果，然后使用<font>元素进行了字体的设置，而使用<a>设置了一个超链接，通过此链接可以直接访问 www.mldnjava.cn 页面。本程序的显示效果如图 2-2 所示。

图 2-2　页面显示效果

注意

所有的标记都必须完结。

读者可以发现，本书在编写<html>时最后都使用了</html>进行元素的完结，这是一个好的开发习惯。另一方面，由于 HTML 语言已经足够“健壮”，所以即使不完结也可以正常地显示结果，不过从一个良好的开发习惯来讲，一个元素的完结是必需的。

除以上元素外，HTML 中还可以使用其他元素进行页面的显示，而且在网页制作时为了控制方便，往往使用表格进行页面的排版。

【例 2.2】 其他的显示元素——html_show02.htm

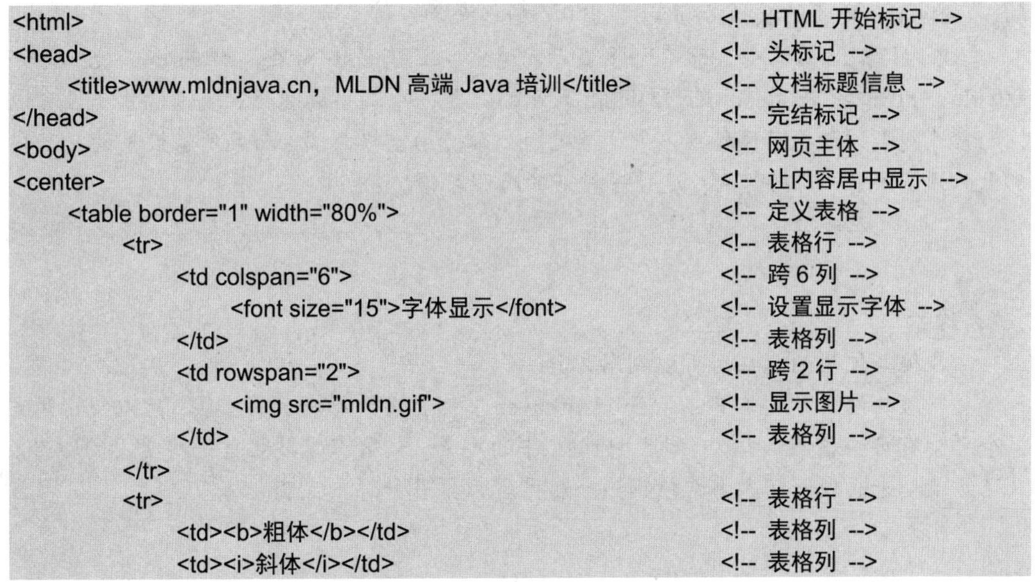

```
<html>                                                       <!-- HTML 开始标记 -->
<head>                                                       <!-- 头标记 -->
    <title>www.mldnjava.cn，MLDN 高端 Java 培训</title>      <!-- 文档标题信息 -->
</head>                                                      <!-- 完结标记 -->
<body>                                                       <!-- 网页主体 -->
<center>                                                     <!-- 让内容居中显示 -->
    <table border="1" width="80%">                           <!-- 定义表格 -->
        <tr>                                                 <!-- 表格行 -->
            <td colspan="6">                                 <!-- 跨 6 列 -->
                <font size="15">字体显示</font>              <!-- 设置显示字体 -->
            </td>                                            <!-- 表格列 -->
            <td rowspan="2">                                 <!-- 跨 2 行 -->
                <img src="mldn.gif">                         <!-- 显示图片 -->
            </td>                                            <!-- 表格列 -->
        </tr>
        <tr>                                                 <!-- 表格行 -->
            <td><b>粗体</b></td>                             <!-- 表格列 -->
            <td><i>斜体</i></td>                             <!-- 表格列 -->
```

```
                <td><u>下划线</u></td>                          <!-- 表格列 -->
                <td><s>中划线</s></td>                          <!-- 表格列 -->
                <td>90<sup>o</sup></td>                         <!-- 表格列 -->
                <td>H<sub>2</sub>O</td>                         <!-- 表格列 -->
            </tr>
        </table>
</center>                                                      <!-- 完结标记 -->
</body>                                                        <!-- 完结标记 -->
</html>                                                        <!-- 完结标记 -->
```

本程序首先使用<table>元素绘制了一个表格，同时设置表格的边框大小为 1，宽度为整个网页的 80%（80%的含义是，如果现在页面显示的宽度为 100，则表格显示为 80 的宽度，也可以设置具体的长度，如 300，这样窗口即使改变也不会受到影响），并使用<tr>和<td>标记分别进行表格行或列的显示。页面的显示效果如图 2-3 所示。

图 2-3　页面的显示效果

注意

HTML 元素的属性必须使用“""”括起来。

在 HTML 语言中，除有许多显示元素外，还有许多属性。如“<table border="1" width="80%">”中的 border 和 width 表示的就是一个表格的属性，通过这些属性可以使元素达到不同的显示风格，多个属性之间必须使用空格分隔，而且所有设置的属性内容上必须使用“""”括起来，这是一种好的编程习惯。

提示

在编写使用的属性时可以利用工具。

一般的网页开发工具，如 Dreamweaver 中都会有随笔提示的功能，可以提示用户某个元素有哪些属性，所以，对于 HTML 中的元素，读者只需要记住一些常用的即可。为了方便读者的理解，本书在使用某个属性时都会进行详细说明。

2.2.3　创建表单 Web 页

HTML 语言中提供了许多输入元素，利用这些元素可以直接在页面上输入各种数据，也正是依靠这些输入的表单元素，才能完成重要的人机交互，让一个动态的 Web 程序更加丰富。

【例 2.3】 创建表单——html_form.htm

```
<html>                                                          <!-- HTML 开始标记 -->
<head>                                                          <!-- 头标记 -->
    <title>www.mldnjava.cn，MLDN 高端 Java 培训</title>          <!-- 文档标题信息 -->
</head>                                                         <!-- 完结标记 -->
<body>                                                          <!-- 网页主体 -->
<form action="" method="post">                                  <!-- 表单开始 -->
    <!-- 输入文本框，size 表示显示长度，maxlength 表示最多输入长度 -->
    编  号：<input type="text" name="userid" value="NO." size="2"
maxlength="2"><br>
    <!-- 输入文本框，通过 value 指定其显示的默认值 -->
    用户名：<input type="text" name="username" value="请输入用户名"><br>
    <!-- 密码框，其中所有输入的内容都以密文的形式显示 -->
    密  码：                                  <!--  表示的是一个空格 -->
        <input type="password" name="userpass" value="请输入密码"><br>
    <!-- 单选按钮，通过 checked 指定默认选中，名称必须一样，其中 value 为真正需要的内容 -->
    性  别：<input type="radio" name="sex" value="男" checked>男
                      <input type="radio" name="sex" value="女">女<br>
    <!-- 下拉列表框，通过<option>元素指定下拉的选项 -->
    部  门：<select name="dept">
                          <option value="技术部">技术部</option>
                          <option value="销售部" SELECTED>销售部</option>
                          <option value="财务部">财务部</option>
                      </select><br>
    <!-- 复选框，可以同时选择多个选项，名称必须一样，其中 value 为真正需要的内容 -->
    兴  趣：
                      <input type="checkbox" name="inst" value="唱歌">唱歌
                      <input type="checkbox" name="inst" value="游泳">游泳
                      <input type="checkbox" name="inst" value="跳舞">跳舞
                      <input type="checkbox" name="inst" value="编程" checked>编程
                      <input type="checkbox" name="inst" value="上网">上网<br>
    <!-- 大文本输入框，宽度为 30 列，高度为 3 行 -->
    说  明：<textarea name="note" cols="30" rows="3">
        北京魔乐科技软件学院：www.mldnjava.cn
    </textarea><br>
    <!-- 提交表单和重置表单，当选择重置后，所有表单恢复原始显示内容 -->
    <input type="submit" value="注册"><input type="reset" value="重置">
</form>                                                         <!-- 表单结束 -->
</body>                                                         <!-- 完结标记 -->
</html>                                                         <!-- 完结标记 -->
```

本程序使用了各种表单元素进行了表单的显示，下面分别说明以上各个表单标记的作用。

- ☑ <form action="" method="post"></form>：所有表单都必须使用<form>元素进行声明，其中 action 为表单要提交信息的路径，如提交给 hello.jsp。
- ☑ <input type="text" name="userid" value="NO." size="2" maxlength="2">：表示文本框，文本控件的名称是 userid，默认显示的内容是“NO.”，由于设置了 size 属性，所以整个文本输入的显示长度为 2，maxlength 表示最大输入的内容长度也为 2。
- ☑ <input type="password" name="userpass" value="请输入密码">：与文本框一样，只是所有的输入内容都是以密文的方式显示给用户的。
- ☑ <input type="radio" name="sex" value="男" checked>：单选按钮，其内容只能选择一个，要想实现单选的功能，每组单选表单控件的名称必须保持一致，其中的 value 为以后真正要提交给处理页的内容，如果希望某一个选项被默认选中，可以使用 checked 属性表示。
- ☑ <select name="dept">：下拉列表框，其内容全部使用<option>进行设置，如果希望某一个选项被默认选中，可以使用 selected 属性表示。
- ☑ <input type="checkbox" name="inst" value="唱歌">：复选框，与单选按钮不一样的是，复选框的内容可以同时选择多个，但是要求每组复选框的名称必须保持一致，可以通过 checked 属性指定默认选中。
- ☑ <textarea name="note" cols="30" rows="3"></textarea>：大文本输入框，在其中可以输入大量的信息，cols 表示大文本显示的长度，而 rows 表示大文本显示的高度。
- ☑ <input type="submit" value="注册">：提交按钮，当用户输入完数据后，通过此按钮可以直接将表单提交到由<form>元素的 action 属性所指定的页面。
- ☑ <input type="reset" value="重置">：重置按钮，将表单的内容恢复到默认显示。

程序的运行结果如图 2-4 所示。

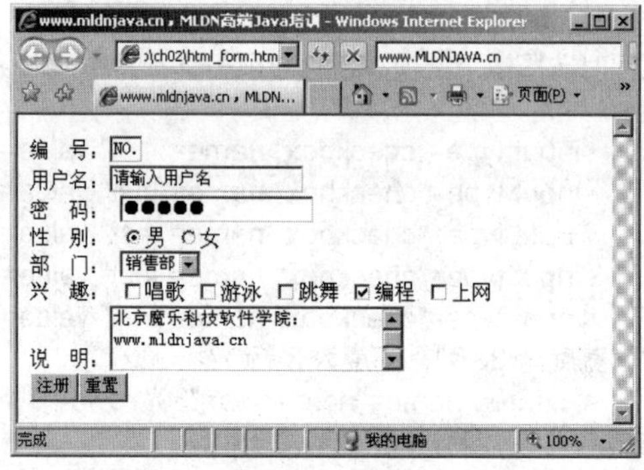

图 2-4　表单显示

**提示**

表单元素必须掌握。

在 JSP 开发中，表单是最重要的人机交互的实现方式，在这里笔者建议每一位读者，一定要熟练掌握以上各个表单元素的使用。

2.3　JavaScript 简介

JavaScript（Java 脚本）是一种基于对象（Object）和事件驱动（Event Driven）并具有安全性能的脚本语言，是由 Netscape 公司的 LiveScript 发展而来的。使用 JavaScript 可以轻松地实现与 HTML 的互操作，并且完成丰富的页面交互效果。它是通过嵌入或调入在标准的 HTML 语言中实现的，它的出现弥补了 HTML 语言的缺陷，是 Java 与 HTML 折中的选择。

说明

提问：Java 和 JavaScript 之间有联系吗？

JavaScript 中也包含了 Java，是不是和 Java 有什么联系呢？

回答：没有任何联系。

两门语言是两个不同的公司开发的，Java 是 SUN 公司，而 JavaScript 是 Netscape 公司，而且 Java 是面向对象的语言，所有的对象和类都要求用户自己定义，而 JavaScript 是基于对象的语言，所有对象都是由浏览器提供给用户的，直接使用即可。另外，之所以会将 LiveScript 更名为 JavaScript，主要也是借助了 Java 的名声，正所谓大树底下好乘凉。

2.3.1　JavaScript 的基本语法

JavaScript 的语法本身非常简单，就是包含了一些变量及函数的声明操作，所有 JavaScript 代码是在 HTML 代码中编写的，使用<script>标记完成。

一般而言，<script>标记都是出现在<head>标记中的，当然，也可以在任意位置上编写，但是最好在调用其操作之前进行编写。

【例 2.4】 第一个 JavaScript 程序——script_basicdemo_01.htm

```
<html>                                                          <!-- HTML 开始标记 -->
<head>                                                          <!-- 头标记 -->
    <title>www.mldnjava.cn，MLDN 高端 Java 培训</title>         <!-- 文档标题信息 -->
    <script language="JavaScript">                              <!-- 使用 JavaScript 语言 -->
        alert("Hello World!!!") ;                               // 弹出一个警告框
        alert("Hello MLDN 软件实训中心!!!") ;                   // 弹出一个警告框
    </script>
</head>                                                         <!-- 完结标记 -->
<body>                                                          <!-- 网页主体 -->
</body>                                                         <!-- 完结标记 -->
</html>                                                         <!-- 完结标记 -->
```

本程序在<script>元素之中编写了两条 JavaScript 语句，弹出两个警告框。程序的运行结果如图 2-5 所示。

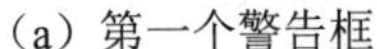

（a）第一个警告框

（b）第二个警告框

图 2-5　JavaScript 的运行结果

在一个 HTML 文件中，也可以定义多个<script>元素，执行时将采用顺序执行的方式进行，如下代码所示。

【例 2.5】 定义多个<script>元素——script_basicdemo_02.htm

```
<html>                                                        <!-- HTML 开始标记 -->
<head>                                                        <!-- 头标记 -->
    <title>www.mldnjava.cn，MLDN 高端 Java 培训</title>         <!-- 文档标题信息 -->
    <script language="JavaScript">                            <!-- 使用 JavaScript 语言 -->
        alert("Hello World!!!") ;                             // 弹出一个警告框
    </script>
</head>                                                       <!-- 完结标记 -->
<body>                                                        <!-- 网页主体 -->
    <script language="JavaScript">                            <!-- 使用 JavaScript 语言 -->
        alert("Hello MLDN 软件实训中心!!!") ;                   // 弹出一个警告框
    </script>
</body>                                                       <!-- 完结标记 -->
</html>                                                       <!-- 完结标记 -->
```

本程序定义了两个<script>元素，分别弹出了一个警告框，程序的运行结果与图 2-5 相同。

在 JavaScript 中，也可以使用 document.write()语句向一个页面输出内容。

【例 2.6】 使用 document.write()方法输出内容——script_basicdemo_03.htm

```
<html>                                                              <!-- HTML 开始标记 -->
<head>                                                              <!-- 头标记 -->
    <title>www.mldnjava.cn，MLDN 高端 Java 培训</title>               <!-- 文档标题信息 -->
    <script language="JavaScript">                                  <!-- 使用 JavaScript 语言-->
        document.write("<h1>Hello MLDN!!!</h1>") ;                  // 页面输出
        document.write("<h5>www.MLDNJAVA.cn</h5>") ;                // 页面输出
    </script>
</head>                                                             <!-- 完结标记 -->
<body>                                                              <!-- 网页主体 -->
</body>                                                             <!-- 完结标记 -->
</html>                                                             <!-- 完结标记 -->
```

本程序分别使用了两个 document.write()输出了信息，此时，在页面上显示的效果如图 2-6 所示。

图 2-6　使用 document.write()向页面输出信息

使用 document.write()方法就如同直接在<body>元素中编写内容一样，可以直接进行显示。另外，读者可以发现，在 JavaScript 中也可以直接输出 HTML 元素。

如果在一个 HTML 页面中编写了过多的 JavaScript 代码，则会使整个页面看起来非常臃肿，那么，此时就可以考虑将一些 JavaScript 代码单独定义成一个*.js 文件，然后在需要的页面中导入即可。

【例 2.7】 定义*.js 文件——hello.js

```
alert("Hello World!!!") ;                                    // 弹出一个警告框
```

【例 2.8】 在<script>元素中使用 src 属性导入所需要的*.js 文件——script_basicdemo_04.htm

```
<html>                                                       <!-- HTML 开始标记 -->
<head>                                                       <!-- 头标记 -->
    <title>www.mldnjava.cn，MLDN 高端 Java 培训</title>      <!-- 文档标题信息 -->
    <script language="JavaScript" src="hello.js">            <!-- 使用 JavaScript 语言 -->
    </script>
</head>                                                      <!-- 完结标记 -->
<body>                                                       <!-- 网页主体 -->
</body>                                                      <!-- 完结标记 -->
</html>                                                      <!-- 完结标记 -->
```

运行本程序时，会把 hello.js 中定义的 JavaScript 代码导入到页面中执行，本程序的功能只是在页面上弹出了一个警告框。

在 JavaScript 中也可以定义变量，定义变量的语法相比其他语言也更加容易，直接使用 var 声明变量即可。但是变量的类型则会根据其所赋予的具体内容来决定，如果将变量赋值为一个整数，则变量就表示整型；如果将一个字符串赋给变量，则此变量就表示字符串类型。

【例 2.9】 在 JavaScript 中定义变量——script_vardemo.htm

```
<html>                                                       <!-- HTML 开始标记 -->
<head>                                                       <!-- 头标记 -->
    <title>www.mldnjava.cn，MLDN 高端 Java 培训</title>      <!-- 文档标题信息 -->
    <script language="JavaScript">                           <!-- 使用 JavaScript 语言 -->
        var num = 30 ;                                       // 定义数字
        var info = "www.MLDNJAVA.cn" ;                       // 定义字符串
        alert("数字：" + num + "；字符串：" + info) ;
    </script>
```

```
</head>                                                         <!-- 完结标记 -->
<body>                                                          <!-- 网页主体 -->
</body>                                                         <!-- 完结标记 -->
</html>                                                         <!-- 完结标记 -->
```

本程序使用 var 定义了两个变量，并根据所赋予变量的内容决定了变量 num 的类型是整型，变量 info 的类型为字符串，然后使用 alert()进行输出。程序的运行结果如图 2-7 所示。

图 2-7　程序的运行结果

提示

也可以不使用 var 声明。

由于 JavaScript 中所有变量都采用了 var 声明，所以有时也可以直接省略掉此关键字，而直接使用变量。例如，下面的代码片段与之前的效果是一样的。

```
<script language="JavaScript">                      <!-- 使用 JavaScript 语言 -->
    num = 30 ;                                      // 定义数字
    info = "www.MLDNJAVA.cn" ;                      // 定义字符串
    alert("数字：" + num + "；字符串：" + info) ;
</script>
```

但是这种方式在较低版本的浏览器中将无法使用，所以，读者在开发 JavaScript 程序时一定要考虑程序的用户群体。

注意变量名称的编写错误。

在 JavaScript 中程序也分为以下 3 种结构。

☑ 顺序结构：程序代码从头到尾执行。

☑ 分支结构：中间加入若干个判断条件，根据判断条件来决定代码的执行。

☑ 循环结构：将一段代码体重复执行。

【例 2.10】 分支结构——script_ifdemo.htm

```
<html>                                                          <!-- HTML 开始标记 -->
<head>                                                          <!-- 头标记 -->
    <title>www.mldnjava.cn，MLDN 高端 Java 培训</title>         <!-- 文档标题信息 -->
    <script language="JavaScript">                              <!-- 使用 JavaScript 语言 -->
        str = "MLDN" ;                                          // 定义字符串
        if(str == "MLDN"){                                      // 直接判断
            alert("内容符合判断！") ;                           // 弹出警告框
        }else{
            alert("内容不符合判断！") ;                         // 弹出警告框
        }
    </script>
```

```
</head>                                                         <!-- 完结标记 -->
<body>                                                          <!-- 网页主体 -->
</body>                                                         <!-- 完结标记 -->
</html>                                                         <!-- 完结标记 -->
```

在本程序中，首先定义了一个字符串变量，然后通过 if...else 语句进行判断，如果此时判断的条件满足，则执行 if 语句块的内容；如果不满足，则执行 else 语句块的内容。本程序的运行结果如图 2-8 所示。

图 2-8　程序的运行结果

提示

关于字符串的比较。

学习过 Java 的读者都会知道，在 Java 中如果要比较两个字符串的内容是否相等，则要使用 equals()方法，但是在 JavaScript 中直接使用“==”比较即可。如果读者需要了解更多的关于 Java 字符串操作的问题，可以参考《Java 开发实战经典》一书。

【例 2.11】 使用循环输出 5 行 10 列的表格——script_tabledemo.htm

```
<html>                                                          <!-- HTML 开始标记 -->
<head>                                                          <!-- 头标记 -->
    <title>www.mldnjava.cn，MLDN 高端 Java 培训</title>           <!-- 文档标题信息 -->
    <script language="JavaScript">                              <!-- 使用 JavaScript 语言 -->
        var rows = 5 ;                                          // 定义输出行数
        var cols = 10 ;                                         // 定义输出列数
        document.write("<table border=\"1\">") ;                // 输出表格
        for(i=0 ; i<rows ; i++){                                // 循环输出
            document.write("<tr>") ;
            for(j=0; j<cols; j++){                              // 循环输出
                document.write("<td>" + i*j + "</td>") ;
            }
            document.write("</tr>") ;
        }
        document.write("</table>") ;
    </script>
</head>                                                         <!-- 完结标记 -->
<body>                                                          <!-- 网页主体 -->
</body>                                                         <!-- 完结标记 -->
</html>                                                         <!-- 完结标记 -->
```

本程序使用了两层循环的方式，输出了一个 5 行 10 列的表格。程序的运行结果如图 2-9 所示。

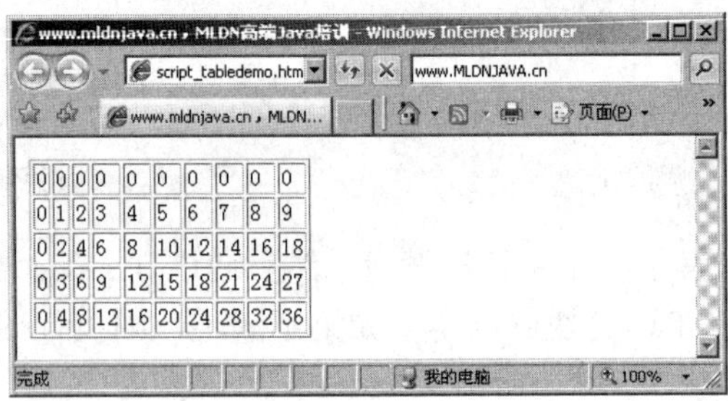

图 2-9　输出表格

此时，可以将以上程序再次进行更新，如使用 JavaScript 输出九九乘法口诀。

【例 2.12】 输出九九乘法口诀——script_muldemo.htm

```
<html>                                                          <!-- HTML 开始标记 -->
<head>                                                          <!-- 头标记 -->
    <title>www.mldnjava.cn，MLDN 高端 Java 培训</title>         <!-- 文档标题信息 -->
    <script language="JavaScript">                              <!-- 使用 JavaScript 语言 -->
        document.write("<table border=\"1\">") ;
        for(i=1 ; i<=9 ; i++){                                  // 外层循环控制行
            document.write("<tr>") ;
            for(j=1; j<=9; j++){                                // 内层循环控制列
                if(j<=i){
                    document.write("<td>" + i + " * " + j + " = " + i*j + "</td>") ;
                }else{
                    document.write("<td> </td>") ;
                }
            }
            document.write("</tr>") ;
        }
        document.write("</table>") ;
    </script>
</head>                                                         <!-- 完结标记 -->
<body>                                                          <!-- 网页主体 -->
</body>                                                         <!-- 完结标记 -->
</html>                                                         <!-- 完结标记 -->
```

本程序采用了两层循环的方式进行乘法口诀的打印，程序的运行结果如图 2-10 所示。

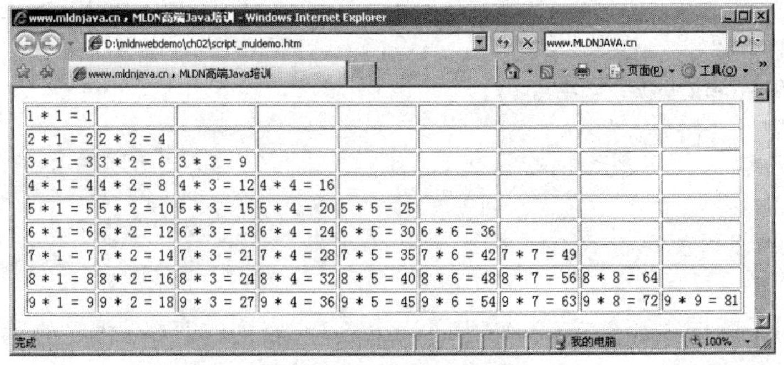

图 2-10　打印乘法口诀

在 JavaScript 开发中最重要的部分就是函数，也是在代码中最常使用的一种形式 JavaScript 中。函数的定义语法如下。

【格式 2-1　JavaScript 函数】

```
function 函数名称(参数 1,参数 2,…){
    [return 返回值] ;
}
```

从格式 2-1 中可以发现，在 JavaScript 中定义的函数不需要声明返回值类型，而如果一个函数需要有返回值，则直接通过 return 语句返回即可。

【例 2.13】 定义函数——script_fundemo_01.htm

```
<html>                                                          <!-- HTML 开始标记 -->
<head>                                                          <!-- 头标记 -->
    <title>www.mldnjava.cn，MLDN 高端 Java 培训</title>         <!-- 文档标题信息 -->
    <script language="JavaScript">                              <!-- 使用 JavaScript 语言 -->
        function fun(){                                         // 定义了一个无参的函数
            alert("hello world!!!") ;                           // 输出信息
            return " www.MLDNJAVA.cn" ;                         // 返回数据
        }
        alert(fun()) ;                                          // 调用函数
    </script>
</head>                                                         <!-- 完结标记 -->
<body>                                                          <!-- 网页主体 -->
</body>                                                         <!-- 完结标记 -->
</html>                                                         <!-- 完结标记 -->
```

本程序通过 function 定义了一个 fun()方法，在该方法中使用 alert()弹出了一个警告框，然后通过 return 返回一个字符串，所以在调用此方法时，可以直接使用 alert()操作输出函数的返回值。程序的运行结果如图 2-11 所示。

（a）函数中的警告框

（b）返回后的警告框

图 2-11　调用函数

【例 2.14】 定义 3 个数字相加的函数——script_fundemo_02.htm

```
<html>                                                          <!-- HTML 开始标记 -->
<head>                                                          <!-- 头标记 -->
    <title>www.mldnjava.cn，MLDN 高端 Java 培训</title>         <!-- 文档标题信息 -->
    <script language="JavaScript">                              <!-- 使用 JavaScript 语言 -->
        function add(i, j, k){                                  // 定义了 3 个参数的函数
            return i + j + k ;                                  // 返回数据
```

```
        }
        alert("数字相加结果：" + add(10,20,30)) ;              // 调用函数
    </script>
</head>                                                    <!-- 完结标记 -->
<body>                                                     <!-- 网页主体 -->
</body>                                                    <!-- 完结标记 -->
</html>                                                    <!-- 完结标记 -->
```

在程序的 add()函数中同时接收 3 个参数，并且通过 return 返回这 3 个数字相加的结果。程序的运行结果如图 2-12 所示。

图 2-12　数字相加操作

在各个语言中，数组都是必不可少的，数组就是一组相关变量的集合，在 JavaScript 中也提供了数组的使用语法。数组的定义也同样分为静态初始化和动态初始化两种方式。

【例 2.15】 使用动态初始化的方式声明数组——script_arraydemo_01.htm

```
<html>                                                     <!-- HTML 开始标记 -->
<head>                                                     <!-- 头标记 -->
    <title>www.mldnjava.cn，MLDN 高端 Java 培训</title>    <!-- 文档标题信息 -->
    <script language="JavaScript">                         <!-- 使用 JavaScript 语言 -->
        function fun(){                                    // 定义函数
            var arr = new Array(3);                        // 创建一个包含 3 个元素的数组
            for(i=0;i<arr.length;i++){                     // 循环操作数组
                arr[i] = i ;                               // 为每一个元素赋值
            }
            var str = "数组的内容：" ;                      // 定义返回值
            for(i=0;i<arr.length;i++){                     // 循环输出数组
                str += arr[i] + "、" ;                      // 修改返回内容
            }
            return str ;                                   // 返回结果
        }
        alert(fun()) ;                                     // 调用函数
    </script>
</head>                                                    <!-- 完结标记 -->
<body>                                                     <!-- 网页主体 -->
</body>                                                    <!-- 完结标记 -->
</html>                                                    <!-- 完结标记 -->
```

本程序首先定义了一个数组，其中 new Array(3)表示数组的长度为 3，然后使用循环的方式为数组中的每一个元素赋值，通过循环的方式将数组内容依次取出并拼接成字符串返回后被调出输出，在数组循环中使用“数组名.length”的形式可以取得一个数组的长度。程序的运行结果如图 2-13 所示。

图 2-13　数组输出

需要特别注意的是，由于现在使用的是数组的动态初始化方式，所以在没有为数组中的每个元素赋值时，所有的元素内容都是“undefined”，如果需要在数组声明时指定具体的内容，也可以采用下面的数组的静态初始化方式完成操作。

【例 2.16】 数组的静态初始化方式——script_arraydemo_02.htm

```
<html>                                                          <!-- HTML 开始标记 -->
<head>                                                          <!-- 头标记 -->
    <title>www.mldnjava.cn，MLDN 高端 Java 培训</title>         <!-- 文档标题信息 -->
    <script language="JavaScript">                              <!-- 使用 JavaScript 语言 -->
        function fun(){                                         // 定义函数
            // 静态初始化数组，其中每一个元素都是字符串类型
            var arr = new Array("MLDN","MLDNJAVA","LiXingHua");
            var str = "数组的内容：" ;                          // 定义返回值
            for(i=0;i<arr.length;i++){                          // 循环输出数组
                str += arr[i] + "、" ;                          // 修改返回内容
            }
            return str ;                                        // 返回结果
        }
        alert(fun()) ;                                          // 调用函数
    </script>
</head>                                                         <!-- 完结标记 -->
<body>                                                          <!-- 网页主体 -->
</body>                                                         <!-- 完结标记 -->
</html>                                                         <!-- 完结标记 -->
```

本程序首先使用数组的静态初始化方式，声明了一个包含 3 个元素的数组，数组中每一个元素的类型都是字符串，然后采用循环的方式取出数组中的每一个元素，最后将全部的结果返回并进行输出。程序的运行结果如图 2-14 所示。

图 2-14　数组静态初始化

2.3.2　事件处理

事件可以使 JavaScript 的程序变得灵活，使页面具备更好的交互效果。在 JavaScript 的

事件处理中主要是围绕函数展开的，一旦发生事件后，则会根据事件的类型来调用相应的函数，以完成事件的处理操作。

【例 2.17】 一个简单的事件处理程序——script_eventdemo_01.htm

```
<html>                                                    <!-- HTML 开始标记 -->
<head>                                                    <!-- 头标记 -->
    <title>www.mldnjava.cn，MLDN 高端 Java 培训</title>   <!-- 文档标题信息 -->
    <script language="JavaScript">                        <!-- 使用 JavaScript 语言 -->
        function hello(){                                 // 定义函数
            alert("欢迎您的光临！") ;                      // 打印欢迎信息
        }
        function byebye(){                                // 定义函数
            alert("您要走了？下次别来了！") ;
        }
    </script>
</head>                                                   <!-- 完结标记 -->
<body onLoad="hello()" onUnLoad="byebye()">               <!-- 网页主体 -->
</body>                                                   <!-- 完结标记 -->
</html>                                                   <!-- 完结标记 -->
```

本程序在<body>元素中增加了以下两个事件。

☑ onLoad：表示网页加载时要触发的事件，一旦触发事件后调用的是 hello()函数。

☑ onUnLoad：表示关闭页面时要触发的事件，一旦触发事件后调用的是 byebye()函数。

这样，当本页面打开时将出现如图 2-15（a）所示的界面，当本页面关闭时将出现如图 2-15（b）所示的界面。

（a）页面打开时弹出

（b）页面关闭时弹出

图 2-15 事件调用

提示

关于事件的命名。

读者可以发现，上面的 onLoad 和 onUnLoad 事件都是以 onXxx 的形式命名的，实际上在 JavaScript 的所有事件中也是采用此种命名方式。同时也需要提醒的是，事件名称不区分大小写，而为了更加醒目，才采用大小写相继的方式。

在 JavaScript 中还有一个 onClick 事件比较常用，此事件主要是在单击某一个控件时触发。如下的操作代码。

【例 2.18】 单击事件——script_eventdemo_02.htm

```
<html>                                                    <!-- HTML 开始标记 -->
<head>                                                    <!-- 头标记 -->
```

```
    <title>www.mldnjava.cn，MLDN 高端 Java 培训</title>    <!-- 文档标题信息 -->
    <script language="JavaScript">                          <!-- 使用 JavaScript 语言 -->
        function fun(){                                     // 定义函数
            alert("Hello World!!!") ;                       // 打印欢迎信息
        }
    </script>
</head>                                                     <!-- 完结标记 -->
<body>                                                      <!-- 网页主体 -->
<h3><a href="#" onClick="fun()">按我吧！ </a></h3>          <!-- 增加单击事件 -->
</body>                                                     <!-- 完结标记 -->
</html>                                                     <!-- 完结标记 -->
```

本程序首先在超链接上增加了一个单击的事件，页面运行后，通过单击此超链接即可触发 onClick 事件，然后会调用 fun()函数，弹出一个欢迎信息。单击超链接后，程序的运行结果如图 2-16 所示。

图 2-16　单击超链接后的效果

从以上代码中可以发现，事件的调用过程与函数是分不开的，一旦产生了某种事件后就一定会通过相应的函数进行事件的处理，如果想让一个事件变得更加有意义，则可以结合表单进行事件的操作。

【例 2.19】 JavaScript 与文本框的互操作——script_eventform_01.htm

```
<html>                                                      <!-- HTML 开始标记 -->
<head>                                                      <!-- 头标记 -->
    <title>www.mldnjava.cn，MLDN 高端 Java 培训</title>    <!-- 文档标题信息 -->
    <script language="JavaScript">                          <!-- 使用 JavaScript 语言 -->
        function show(){                                    // 定义函数
            var value = document.myform.name.value ;        // 取得输入的内容
            alert("输入的内容是：" + value) ;               // 打印欢迎信息
        }
    </script>
</head>                                                     <!-- 完结标记 -->
<body>                                                      <!-- 网页主体 -->
<form action="" method="post" name="myform">                <!-- 表单开始标记 -->
请输入内容：<input type="text" name="name">                 <!-- 定义文本框 -->
<input type="button" value="显示" onclick="show()">         <!-- 显示内容 -->
</form>                                                     <!-- 表单结束标记 -->
</body>                                                     <!-- 完结标记 -->
</html>                                                     <!-- 完结标记 -->
```

在本程序中，先使用<form>定义了一个表单，在表单中定义了一个普通的文本框和一个按钮，并且在此按钮上增加了一个单击事件，一旦触发此事件后将调用 show()函数。在 show()函数中，首先通过 document.myform.name.value 操作取得了文本框的输入内容，此语法操作表示的是找到整个 HTML 文档中的 form 标记，然后通过 form 标记找到其中的 name 控件，并通过文本控件中的 value 属性取得文本框的输入内容，最后通过 alert()函数进行信息的显示。程序的运行结果如图 2-17 所示。

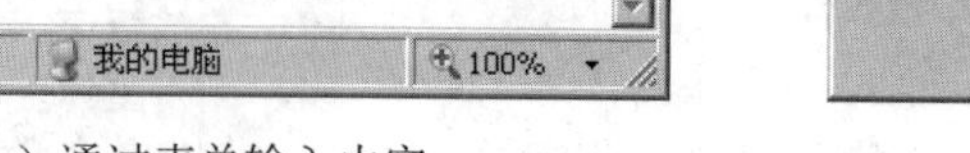

（a）通过表单输入内容

（b）显示输入的内容

图 2-17 取得文本框的输入内容

在 JavaScript 中也可以使用正则表达式对输入的数据进行正则验证，格式如下。

【格式 2-2 JavaScript 使用正则表达式】

```
/正则表达式/.test(验证的内容)
```

以上操作返回的是一个 boolean 型的数据，如果验证通过则返回 true，反之则返回 false。此外，由于表单验证都是在表单提交之前进行的，所以此时应该使用 onSubmit 事件进行表单的验证。此事件只能在<form>元素中使用，而且在使用时一定要注意的是，表单验证后的提交是要根据验证函数的返回结果来决定的，所以必须使用 return 来接收函数的返回值，如果返回 false，表示表单没有通过验证，不能提交；如果返回 true，则表示表单已经通过验证，可以提交。

提示

关于正则表达式。

本书是继《Java 开发实战经典》一书之后的后续书籍，如果读者不熟悉正则表达式，可以参考《Java 开发实战经典》一书的第 11 章。

【例 2.20】 进行 email 输入的提交验证——script_eventform_02.htm

```
<html>                                                          <!-- HTML 开始标记 -->
<head>                                                          <!-- 头标记 -->
    <title>www.mldnjava.cn，MLDN 高端 Java 培训</title>          <!-- 文档标题信息 -->
    <script language="JavaScript">                              <!-- 使用 JavaScript 语言 -->
        function validate(f){                                   // 定义函数，此时 f 就表示 myform
            var value = f.email.value ;                         // 取得输入的内容
            if(!/^\w+@\w+.\w+$/.test(value)){                   // 对输入内容验证
                alert("EMAIL 输入格式不正确！") ;                 // 弹出警告框
                f.email.focus() ;                               // 让焦点定位到 email 框
                f.email.select() ;                              // 选择全部内容
                return false;                                   // 返回 false，表单不提交
            }
            return true ;                                       // 返回 true，表单提交
        }
    </script>
</head>                                                         <!-- 完结标记 -->
```

```
<body>                                                          <!-- 网页主体 -->
<!-- 表单开始标记，调用 validate()函数进行验证，其中的 this 表示当前元素，即此表单 -->
<form action="" method="post" name="myform" onSubmit="return validate(this)">
    EMAIL：<input type="text" name="email">                     <!-- 定义文本框 -->
    <input type="submit" value="提交">                          <!-- 显示内容 -->
</form>                                                         <!-- 表单结束标记 -->
</body>                                                         <!-- 完结标记 -->
</html>                                                         <!-- 完结标记 -->
```

在本程序的<form>元素中使用了 onSubmit 事件在表单提交前进行验证，由于此事件直接决定表单是否提交，所以使用 return 来接收 validate()函数的返回值。如果此函数返回 true，则表示一切正常，可以提交；如果此函数返回 false，则表单将不会提交。在 validate()函数中编写的 this 表示当前的元素，由于此事件是在<form>元素中调用的，所以此时的 this 表示当前的<form>表单。在 validate()函数中，首先取得了输入的 email 内容，然后进行正则的验证，如果验证没有通过，则会弹出警告框，同时让 email 元素通过 focus()函数获得焦点（默认选中），并通过 select()函数将此文本框中的所有内容全部选择，最终返回 false；如果验证通过，则返回 true。

提示

熟练掌握此代码形式。

本代码是一个典型的表单验证操作，在实际开发中经常使用，希望读者熟练掌握此代码。本书的后续部分也会采用此种类型的代码进行表单验证。

使用 JavaScript 不仅可以取得文本的输入内容，也可以取得单选按钮或复选框的输入内容，但是在这里需要提醒读者的是，如果现在表单中的内容是单选按钮或复选框，由于控件名称中出现了同名的情况，所以要采用数组的方式进行操作。

【例 2.21】 操作单选按钮和复选框——script_eventform_03.htm

```
<html>                                                          <!-- HTML 开始标记 -->
<head>                                                          <!-- 头标记 -->
    <title>www.mldnjava.cn，MLDN 高端 Java 培训</title>          <!-- 文档标题信息 -->
    <script language="JavaScript">                              <!-- 使用 JavaScript 语言 -->
        function show(){                                        // 定义函数
            var name = document.myform.name.value ;             // 取得 name 的输入内容
            alert("姓名：" + name) ;
            var sex ;                                           // 保存性别
            if(document.myform.sex[0].checked){                 // 如果第一个元素被选中
                sex = document.myform.sex[0].value ;
            }else{
                sex = document.myform.sex[1].value ;
            }
            alert("性别：" + sex) ;
            var inst = "" ;                                     // 保存兴趣
            for(i=0;i<document.myform.inst.length;i++){
                if(document.myform.inst[i].checked){            // 判断是否被选中
                    inst += document.myform.inst[i].value + "、" ;
```

```
                    }
                }
                alert("兴趣：" + inst) ;
            }
        </script>
</head>                                                     <!-- 完结标记 -->
<body>                                                      <!-- 网页主体 -->
<form action="" method="post" name="myform">                <!-- 表单开始标记 -->
        姓名：      <input type="text" name="name"><br>
        性别：      <input type="radio" name="sex" value="男" checked>男
                    <input type="radio" name="sex" value="女">女<br>
        兴趣：      <input type="checkbox" name="inst" value="唱歌">唱歌
                    <input type="checkbox" name="inst" value="游泳">游泳
                    <input type="checkbox" name="inst" value="跳舞">跳舞
                    <input type="checkbox" name="inst" value="编程" checked>编程
                    <input type="checkbox" name="inst" value="上网">上网<br>
        <input type="button" value="显示" onClick="show()">
</form>                                                     <!-- 表单结束标记 -->
</body>                                                     <!-- 完结标记 -->
</html>                                                     <!-- 完结标记 -->
```

本程序在表单中分别定义了文本框、单选按钮、复选框，当选择好相关内容后，通过按钮可以直接进行显示，由于两个单选按钮的名称是一样的，所以此处要采用“数组[下标]”的形式分别判断到底是哪一个控件被选中。复选框的操作与单选按钮的操作类似，也是通过循环的方式取出每一个选中的内容。程序的运行结果如图 2-18 所示。

（a）输入表单

（b）显示姓名

（c）显示性别

（d）显示兴趣

图 2-18　表单显示

对于下拉列表框，也可以使用 onChange 事件来处理选项的变化操作。下面通过下拉列表框选择城市，然后在文本框中显示选择的结果。

【例 2.22】 城市选择——script_eventform_04.htm

```
<html>                                                      <!-- HTML 开始标记 -->
<head>                                                      <!-- 头标记 -->
```

```
    <title>www.mldnjava.cn，MLDN 高端 Java 培训</title>    <!-- 文档标题信息 -->
    <script language="JavaScript">                        <!-- 使用 JavaScript 语言 -->
        function show(val){                               // 定义函数
            document.myform.result.value = val ;          // 修改文本框的显示
        }
    </script>
</head>                                                   <!-- 完结标记 -->
<body>                                                    <!-- 网页主体 -->
<form action="" method="post" name="myform">              <!-- 表单开始标记 -->
    部门：   <select name="dept" onChange="show(this.value)">
                    <option value="技术部">技术部</option>
                    <option value="销售部">销售部</option>
                    <option value="财务部">财务部</option>
             </select>
    结果：   <input type="text" name="result" value="">
</form>                                                   <!-- 表单结束标记 -->
</body>                                                   <!-- 完结标记 -->
</html>                                                   <!-- 完结标记 -->
```

本程序的表单中定义了一个下拉列表框和一个文本框，当下拉列表框中的所选内容改变时将触发 onChange 事件，之后会将当前选中的结果（this.value）传递到 show()函数中，并在 show()函数中将内容设置到文本框中显示。程序的运行结果如图 2-19 所示。

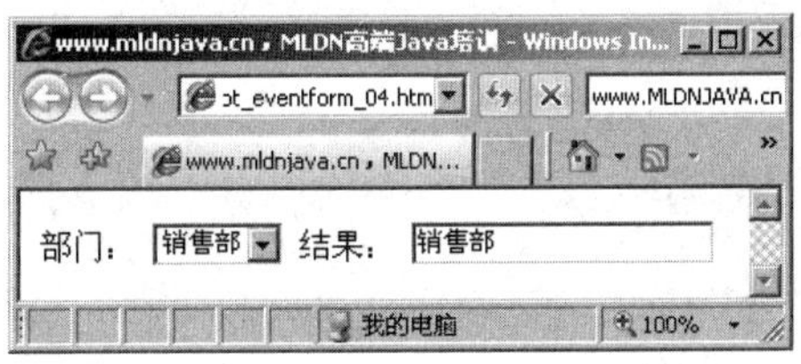

图 2-19　选择下拉列表框

2.3.3　window 对象

JavaScript 是基于对象的语言，所以在浏览器中已经提供了许多的可用对象，而 window 对象是开发中较为常用的一个。例如之前的 alert()函数，实际上就是 window 对象所定义的函数，下面来观察此对象的其他函数。

【例 2.23】 打开新的页面——script_windowdemo_01.htm

```
<html>                                                    <!-- HTML 开始标记 -->
<head>                                                    <!-- 头标记 -->
    <title>www.mldnjava.cn，MLDN 高端 Java 培训</title>    <!-- 文档标题信息 -->
    <script language="JavaScript">                        <!-- 使用 JavaScript 语言 -->
        function fun(thisurl){                            // 定义函数
            window.open(thisurl,"页面标题","width=470,height=150,scrollbars=yes,resizable=no");
        }
    </script>
</head>                                                   <!-- 完结标记 -->
```

```
<body>                                                       <!-- 网页主体 -->
<form action="" method="post" name="myform">                 <!-- 表单开始标记 -->
    网址：   <SELECT name="url" onChange="fun(this.value)">
                 <OPTION value="script_eventform_01.htm">EVENT-01</OPTION>
                 <OPTION value="script_eventform_02.htm">EVENT-02</OPTION>
                 <OPTION value="script_eventform_03.htm">EVENT-03</OPTION>
             </SELECT>
</form>                                                      <!-- 表单结束标记 -->
</body>                                                      <!-- 完结标记 -->
</html>                                                      <!-- 完结标记 -->
```

本程序通过 window.open()函数打开了一个页面地址，并在 open()函数中增加了关于新窗口的若干属性，包括打开窗口的宽度（width）、高度（height）、是否有滚动条（scrollbars）和是否可以改变大小（resizable）等。

在 window 对象中也可以使用 confirm()函数，弹出一个确认框，此确认框直接返回 boolean 型的数据。

【例 2.24】 确认框——script_windowdemo_02.htm

```
<html>                                                       <!-- HTML 开始标记 -->
<head>                                                       <!-- 头标记 -->
    <title>www.mldnjava.cn，MLDN 高端 Java 培训</title>      <!-- 文档标题信息 -->
    <script language="JavaScript">                           <!-- 使用 JavaScript 语言 -->
        function fun(){                                      // 定义函数
            if(window.confirm("确认删除？")){                // 判断
                alert("您选择的"是"！") ;                    // 弹出警告框
            }else{
                alert("您选择的"否"！") ;                    // 弹出警告框
            }
        }
    </script>
</head>                                                      <!-- 完结标记 -->
<body>                                                       <!-- 网页主体 -->
<a href="#" onClick="fun()">删除邮件</a>                     <!-- 超链接 -->
</body>                                                      <!-- 完结标记 -->
</html>                                                      <!-- 完结标记 -->
```

本程序在超链接上增加了一个 onClick 事件，这样单击此链接后会调用 fun()函数，并通过 window.confirm()弹出一个确认框，如图 2-20 所示。

在 window 对象中也可以利用 location 完成页面的重定向操作。所谓的重定向与单击超链接时页面会跳转的道理是一样的。

图 2-20　确认框

【例 2.25】 重定向——script_windowdemo_03.htm

```
<html>                                                       <!-- HTML 开始标记 -->
<head>                                                       <!-- 头标记 -->
    <title>www.mldnjava.cn，MLDN 高端 Java 培训</title>      <!-- 文档标题信息 -->
```

```
	<script language="JavaScript">						<!-- 使用 JavaScript 语言 -->
		function fun(thisurl){							// 定义函数
			window.location = thisurl ;					// 跳转
		}
	</script>
</head>										<!-- 完结标记 -->
<body>										<!-- 网页主体 -->
网站：	<select name="url" onChange="fun(this.value)">
			<option value="#">==请选择要浏览的站点==</option>
			<option value="http://www.mldn.cn">MLDN</option>
			<option value="http://bbs.mldn.cn">魔乐社区 BBS</option>
		</select>
</body>										<!-- 完结标记 -->
</html>										<!-- 完结标记 -->
```

本程序中每次改变下拉列表框的内容时都会调用 fun()函数，一旦触发了 onChange 事件后，会将当前选中的内容传递到 fun()函数中，并且通过 window.location 进行页面的重定向。页面的运行结果如图 2-21 所示，当选择相应选项后会跳转到指定路径的页面。

在进行窗口操作时，也存在着父-子窗口的关系。如通过一个父窗口的 open()打开的窗口称为一个子窗口，在子窗口中可以通过 opener 属性取得打开窗口的操作对象，如图 2-22 所示。

图 2-21　页面重定向

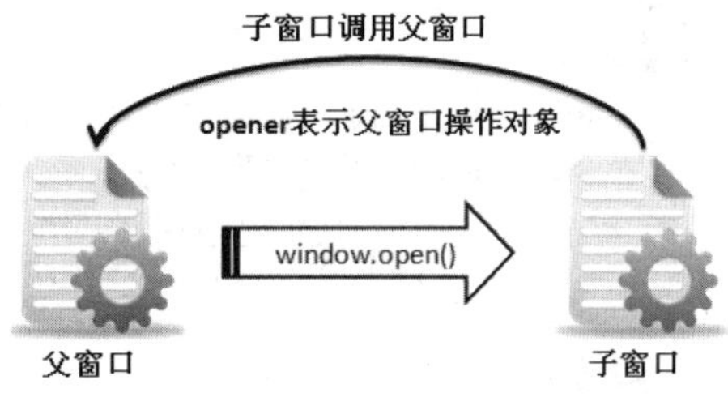

图 2-22　opener 表示父窗口

【例 2.26】 设置父窗口——script_windowdemo_04.htm

```
<html>										<!-- HTML 开始标记 -->
<head>										<!-- 头标记 -->
	<title>www.mldnjava.cn，MLDN 高端 Java 培训</title>	<!-- 文档标题信息 -->
	<script language="JavaScript">						<!-- 使用 JavaScript 语言 -->
		function fun(thisurl){							// 定义函数
			window.open(thisurl,"弹出页面","width=470,height=150,scrollbars=yes,resizable=no");
		}
	</script>
</head>										<!-- 完结标记 -->
<body>										<!-- 网页主体 -->
<input type="button" value="打开" onClick="fun('openerdemo.htm')">
</body>										<!-- 完结标记 -->
</html>										<!-- 完结标记 -->
```

在本程序的父窗口中，通过 window.open()函数打开了一个新的窗口，然后在新窗口中即可通过 opener 操作父窗口中的对象。

【例 2.27】 设置子窗口——openerdemo.htm

```
<html>                                                  <!-- HTML 开始标记 -->
<head>                                                  <!-- 头标记 -->
    <title>www.mldnjava.cn，MLDN 高端 Java 培训</title>    <!-- 文档标题信息 -->
    <script language="JavaScript">                      <!-- 使用 JavaScript 语言 -->
        function closeWin(){                            // 定义函数
            window.close() ;
        }
        window.opener.location.reload() ;               // 刷新父窗口页面
    </script>
</head>                                                 <!-- 完结标记 -->
<body>                                                  <!-- 网页主体 -->
<h3><a href="#" onClick="closeWin()">关闭窗口</a></h3>
</body>                                                 <!-- 完结标记 -->
</html>                                                 <!-- 完结标记 -->
```

在本程序弹出页面后，会通过 opener 对象调用页面的刷新操作，这样父窗口的显示内容就会自动刷新。下面通过 opener 属性演示从子窗口返回内容给父窗口的操作。

【例 2.28】 定义父窗口，接收子窗口返回内容——script_windowdemo_05.htm

```
<html>                                                  <!-- HTML 开始标记 -->
<head>                                                  <!-- 头标记 -->
    <title>www.mldnjava.cn，MLDN 高端 Java 培训</title>    <!-- 文档标题信息 -->
    <script language="JavaScript">                      <!-- 使用 JavaScript 语言 -->
        function shownewpage(thisurl){                  // 定义函数
            window.open(thisurl,"弹出页面","width=200,height=60,scrollbars=yes,resizable=no");
        }
    </script>
</head>                                                 <!-- 完结标记 -->
<body>                                                  <!-- 网页主体 -->
<form name="parentform">
    <input type="button" value="选择信息" onclick="shownewpage('content.htm');"> <br>选择的
结果：<input type="text" name="result">
</form>
</body>                                                 <!-- 完结标记 -->
</html>                                                 <!-- 完结标记 -->
```

在本程序中，通过 window.open()弹出一个新的窗口，之后在本页面中，将接收弹开窗口中的返回结果，并在 result 文本框中进行显示。

【例 2.29】 定义子窗口，返回选择内容——content.htm

```
<html>                                                  <!-- HTML 开始标记 -->
<head>                                                  <!-- 头标记 -->
    <title>www.mldnjava.cn，MLDN 高端 Java 培训</title>    <!-- 文档标题信息 -->
    <script language="javascript">
        function returnValue() {
            var city = document.myform.city.value;
    // 取得打开该页面的 document 对象（script_windowdemo_05.htm 中的 document 对象）
```

```
                    var doc = window.opener.document;
                    // 将取得的信息赋值给上一个页面上的 result 文本框
                    doc.parentform.result.value = city;
                    window.close() ;                                    // 关闭当前窗口
            }
        </script>
</head>                                                                 <!-- 完结标记 -->
<body>                                                                  <!-- 网页主体 -->
<form name="myform">
        选择：      <select name="city">
                            <option value="北京">北京</option>
                            <option value="上海">上海</option>
                            <option value="深圳">深圳</option>
                            <option value="广州">广州</option>
                            <option value="天津">天津</option>
                    </select>
        <input type="button" value="返回" onclick="returnValue();">
</form>
</body>                                                                 <!-- 完结标记 -->
</html>                                                                 <!-- 完结标记 -->
```

在本程序的 returnValue()函数中，通过 opener 取得了父窗口的操作对象，并且将下拉列表框中的选择内容设置给了父窗口中的 result 文本框。程序的运行结果如图 2-23 所示。

（a）弹出选择框

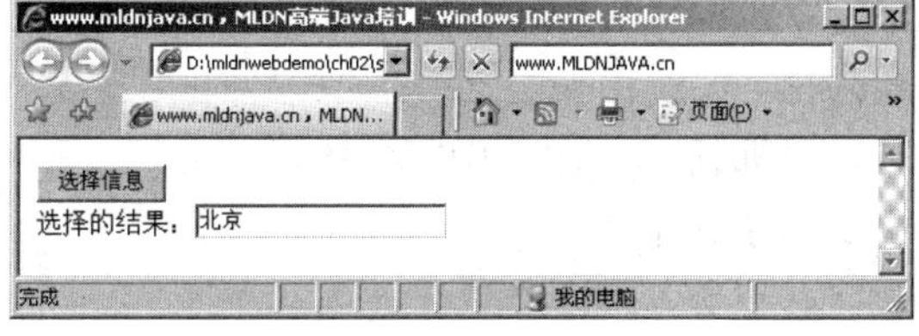

（b）将选择框的结果返回给父窗口

图 2-23　通过子窗口返回结果

提示

关于 JavaScript 的使用，请参考实例操作。

以上只是概括地讲解了一些 JavaScript 的语法，而一些其他操作，由于都有其使用范围，读者可以从本书各个章节的实例教程中找到用法。

2.4 本 章 摘 要

1．HTML 是超文本传输标记语言，由于 HTML 语言成熟，所以即使出现了错误，也会为用户自动进行纠正，使用不同的 HTML 元素可以达到不同的显示效果。

2．HTML 中的表单是完成交互性的主要手段，所有的表单元素必须写在<form>元素之中。

3．JavaScript 是基于对象的语言，可以直接使用已经提供好的对象进行操作。

4．JavaScript 中的所有变量都使用 var 关键字声明，变量的类型由赋给的具体内容来决定，如果为了简便也可以不声明而直接使用变量。

5．JavaScript 中的函数都使用 function 关键字声明，如果需要函数有返回值，则直接通过 return 返回即可。

6．JavaScript 中的各个操作都有相应的事件支持，产生事件后可以调用相应函数进行处理，所有事件都以 onXxx 的形式命名的。

2.5 开发实战练习

1．编写一个雇员注册的表单，要求输入以下内容：雇员编号、雇员姓名、雇员工作、雇佣日期、基本工资和奖金。

2．对上面的表单进行 JavaScript 验证，验证要求如下。

☑ 雇员编号：只能是数字。

☑ 雇员姓名：不能为空。

☑ 雇员工作：不能为空。

☑ 雇佣日期：必须是日期格式，即 2010-09-19。

☑ 基本工资：必须是数字（小数）。

☑ 奖金：必须是数字（小数）

第 3 章　XML 简介

通过本章的学习可以达到以下目标：

☑　掌握 XML 语言的基础语法。
☑　可以清楚地区分 HTML 和 XML 的作用及区别。
☑　掌握 Java 中的 DOM 和 SAX 解析 XML 文件的操作。
☑　掌握 JDOM 解析 XML 文件的操作。
☑　掌握 DOM4J 解析 XML 文件的操作。

在项目开发中，HTML 的主要功能是进行数据展示，而要想进行数据存储结构的规范化就需要使用 XML。而在项目的实际开发之中更是大量地应用了 XML 技术，包括之后讲解的 Tomcat 配置以及 AJAX、Struts 等都大量地采用了此技术。XML 有其自己的语法，而且所有的标记元素都可以由用户任意定义。本章将通过 XML 的基本语法、解析等操作来讲解 XML 的使用。

3.1　认识 XML

XML（eXtended Markup Language，可扩展的标记性语言）提供了一套跨平台、跨网络、跨程序的语言的数据描述方式，使用 XML 可以方便地实现数据交换、系统配置、内容管理等常见功能。

XML 与 HTML 类似，都属于标记性的语言，两者都是由 SGML（Standard General Markup Language）语言发展而来的，最大的不同是 HTML 中的元素都是固定的，且以显示为主，而 XML 语言中的标记都是由用户自定义的，主要以数据保存为主。XML 和 HTML 的比较如表 3-1 所示。

表 3-1　XML 和 HTML 的比较

No.	比 较 内 容	HTML	XML
1	可扩展性	不具有扩展性	是无标记语言，可定义新的标记语言
2	侧重点	侧重于如何显示信息	侧重于如何结构化地描述信息
3	语法要求	不要求标记的嵌套、配对等，不要求标记之间具有一定的顺序	严格要求嵌套、配对，遵循统一的顺序结构要求
4	可读性及可维护性	难于阅读、维护	结构清晰、便于阅读、维护
5	数据和显示的关系	内容描述与显示方式融合在一起	内容描述与显示方式相分离
6	保值性	不具有保值性	具有保值性

下面通过两段代码来观察 HTML 和 XML 显示的不同，本程序以通讯录信息为例进行说明。

【例 3.1】 使用 HTML 描述电话本——xml_demo_01.htm

```
<html>                                                    <!-- HTML 开始标记 -->
<head>                                                    <!-- 头标记 -->
    <title>www.mldnjava.cn，MLDN 高端 Java 培训</title>    <!-- 文档标题信息 -->
</head>                                                   <!-- 完结标记 -->
<body>                                                    <!-- 网页主体 -->
<ul>                                                      <!-- 非顺序列表 -->
    <li>李兴华</li>                                        <!-- 列表项 -->
    <ul>                                                  <!-- 非顺序列表 -->
        <li>id: 001</li>                                  <!-- 列表项 -->
        <li>company: 魔乐科技</li>                         <!-- 列表项 -->
        <li>email: mldnqa@163.com</li>                    <!-- 列表项 -->
        <li>tel: (010)51283346</li>                       <!-- 列表项 -->
        <li>site: www.MLDNJAVA.cn</li>                    <!-- 列表项 -->
    </ul>
</ul>
</body>                                                   <!-- 完结标记 -->
</html>                                                   <!-- 完结标记 -->
```

上面的 HTML 页面展示了一个简单的通讯录，但是最终的效果只有通过页面浏览的方式才能看清楚，而从 HTML 代码中根本无法清楚地表示信息的作用。程序的运行结果如图 3-1 所示。

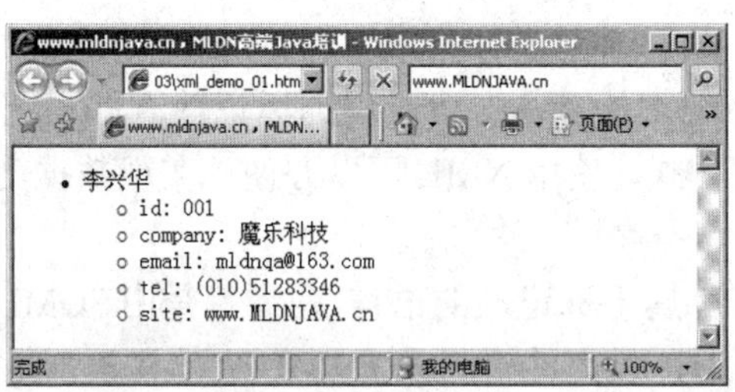

图 3-1　HTML 页面的运行结果

【例 3.2】 使用 XML 进行显示——xml_demo_02.xml

```
<?xml version="1.0" encoding="GB2312"?>          <!-- 头部声明 -->
<addresslist>                                    <!-- 根节点 -->
    <linkman>                                    <!-- 子节点 -->
        <name>李兴华</name>                       <!-- 具体信息 -->
        <id>001</id>                             <!-- 具体信息 -->
        <company>魔乐科技</company>               <!-- 具体信息 -->
        <email>mldnqa@163.com</email>            <!-- 具体信息 -->
        <tel>(010)51283346</tel>                 <!-- 具体信息 -->
        <site>www.MLDNJAVA.cn</site>             <!-- 具体信息 -->
    </linkman>                                   <!-- 子节点完结 -->
</addresslist>                                   <!-- 根节点完结 -->
```

上面的XML程序直接在节点元素中就已经表示了此元素所保存的内容，与之前的HTML相比，可以发现此时的结构更加清晰。页面的运行结果如图 3-2 所示。

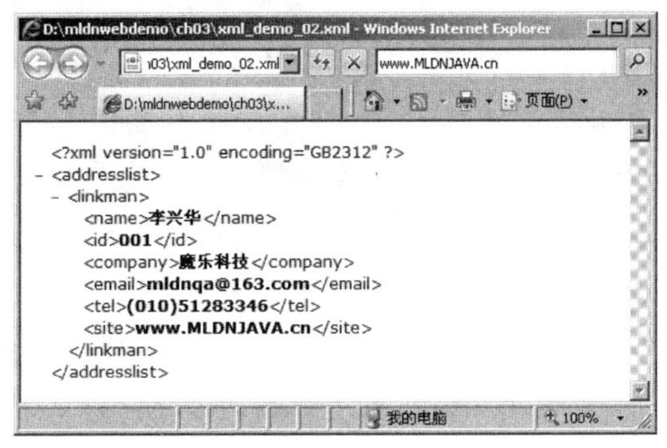

图 3-2　XML 的运行结果

提示

关于显示的说明。

由于在此文件中增加了许多注释，所以在使用浏览器直接显示时也会将注释的内容显示出来。为了保证好的效果，在浏览器运行此页面时，本书将注释内容删除后再运行。

从运行结果可以发现，XML 显示时是以一种树状的形式显示的，而且其中的每一个节点都是由用户自己定义的，有其具体的表示含义，而不像 HTML 那样，所有的页面元素都是固定好的。

从例 3.2 中也可以发现，所有的 XML 文件都由前导区和数据区两部分组成，下面分别进行介绍。

☑ 前导区：规定出 XML 页面的一些属性，其中有以下 3 个属性。
  - version：表示使用的 XML 版本，现在是 1.0。
  - encoding：页面中使用的文字编码，如果有中文，则一定要指定编码。
  - standalone：此 XML 文件是否是独立运行，如果需要进行显示可以使用 CSS 或 XSL 控制。

注意

属性的出现顺序。

在进行 XML 前导声明时，其中的 3 个属性都必须按照固定的顺序编写，顺序是 version、encoding、standalone，一旦顺序不对，XML 将出现错误。

提示

关于 CSS 的说明。

CSS（Cascading Style Sheets，层叠样式表）是一种在网页中进行样式显示的语言，此内容属于网页前台制作的内容。本书将不对此语法进行阐述，如果有需要的读者可以自行翻阅其他相关书籍。另外，要告诉读者的是，在本书编写时，最流行的网页前台技术是 DIV+CSS，如果某读者立志于从事前台美工的职位，此技术则一定要掌握。

提示

关于 XSL 的说明。

XSL（eXtensible Stylesheet Language，可延伸样式表语言）是专门用于显示 XML 文件信息的，其提供了各种显示的模板，要依靠 XPath 进行定位。由于本书重点讲解的是 Java Web 的开发，所以针对此部分不再做讲解，如果读者有需要，可以自行翻阅其他相关书籍。

☑ 数据区：所有的数据区必须有一个根元素，一个根元素下可以存放多个子元素，但是要求每一个元素必须完结，每一个标记都是区分大小写的。

提示

关于完结的说明。

读者可以发现在例 3.2 所列的 XML 文件中，存在</addresslist>这样的元素，这实际上就表示一个节点的完结。

注意

关于元素的编写要求。

虽然 XML 允许用户自定义元素，而且也允许将中文定义成元素，但在实际的开发中，不建议读者使用中文进行元素的命名，而应该像本书这样使用统一的英文字母表示。

如果希望 XML 文件可以按照 HTML 那样显示，则就需要编写 CSS 文件，同时在 XML 文件中要引入此 CSS。下面通过代码演示如何在 XML 中使用 CSS。

【例 3.3】 定义 CSS 样式表文件——attrib.css

```
name
{		display: block;
		color: blue;
		font-size: 20pt;
		font-weight: bold;	}
id, company, email, tel, site
{		display: block;
		color: black;
		font-size: 14pt;
		font-weight: normal;
		font-style: italic;}
```

上面的样式表文件，分别对例 3.2 中的各个元素的显示风格进行了定义。下面修改例 3.2，加入 CSS 显示的引用。

【例 3.4】 加入 CSS 显示 XML——xml_demo_03.xml

```
<?xml version="1.0" encoding="GB2312" standalone="no"?>    <!-- 头部声明 -->
<?xml-stylesheet type="text/css" href="attrib.css"?>        <!-- 引入 CSS -->
<addresslist>                                                <!-- 根节点 -->
    <linkman>                                                <!-- 子节点 -->
        <name>李兴华</name>                                  <!-- 具体信息 -->
        <id>001</id>                                         <!-- 具体信息 -->
        <company>魔乐科技</company>                          <!-- 具体信息 -->
        <email>mldnqa@163.com</email>                        <!-- 具体信息 -->
        <tel>(010)51283346</tel>                             <!-- 具体信息 -->
        <site>www.MLDNJAVA.cn</site>                         <!-- 具体信息 -->
    </linkman>                                               <!-- 子节点完结 -->
</addresslist>
```

本程序通过<?xml-stylesheet>元素引入了 CSS 样式表，其中 type 表示显示类型，此时是按照 CSS 文本显示；href 属性指定的是要使用的 CSS 名称。本程序的运行结果如图 3-3 所示。

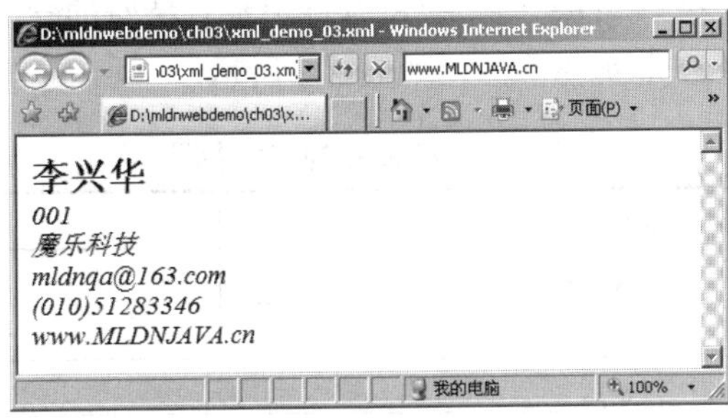

图 3-3　信息显示

注意

XML 的主要作用在数据描述上。

使用 CSS 可以使一个 XML 文件按照 HTML 的风格显示，但是从实际来讲，XML 并不是用于显示的，而更多的是用于数据结构的描述，这一点读者一定要分清楚，如果要进行数据显示，则使用 HTML 会更加方便。

在学习 HTML 时读者应该知道，在 HTML 的各个元素中都会存在属性，如在<form>元素中可以编写 action 属性。在 XML 中虽然属于自定义的元素，实际上也是可以定义属性的，但是属性的内容必须使用“""”括起来。

【例 3.5】 定义属性——xml_demo_04.xml

```
<?xml version="1.0" encoding="GB2312" standalone="no"?>    <!-- 头部声明 -->
<addresslist>                                                <!-- 根节点 -->
    <linkman>                                                <!-- 子节点 -->
        <name id="001">李兴华</name>                         <!-- 具体信息 -->
        <company>魔乐科技</company>                          <!-- 具体信息 -->
    </linkman>                                               <!-- 子节点完结 -->
</addresslist>                                               <!-- 根节点完结 -->
```

本程序在 name 元素中定义了一个 id 属性，表示此联系人的编号。如果要定义多个属性，则属性之间使用空格分隔即可，这一点与 HTML 元素中的属性使用是一样的。

说明

提问：是使用属性还是使用元素？

从例 3.5 中可以发现，定义成属性也可以表示内容，那么在编写 XML 文件时是使用属性还是使用元素声明呢？

回答：如果不需要显示可以使用属性，需要显示则使用元素。

XML 元素的内容可以通过 CSS 或 XSLT 进行显示，如果使用了属性声明则无法显示内容，但是如果纯粹的是描述数据，则使用属性和元素是一样的。为了以后进行 XML 解析方便，本书建议还是使用元素保存内容。

在 XML 语法中，由于“<”或“>”等符号标记都有特殊的含义，所以为了可以在内容中显示这些内容，提供了 5 个实体参照，如表 3-2 所示。

表 3-2　XML 中的实体参照

No.	实 体 参 照	对 应 字 符
1	&	&
2	<	<
3	>	>
4	"	"
5	'	'

【例 3.6】 使用实体参照——xml_demo_05.xml

```
<?xml version="1.0" encoding="GB2312" standalone="no"?>          <!-- 头部声明 -->
<authors>                                                        <!-- 根节点 -->
    <author>
        <name id="MR&apos;LXH">李兴华</name>                     <!-- 使用实体参照 -->
        <books>
            <book>&lt;&lt;Java 开发实战经典&gt;&gt;</book>
            <book>&quot;Oracle 开发&quot;</book>
        </books>
    </author>
</authors>                                                       <!-- 根节点 -->
```

本程序在编写属性及元素内容时由于出现了特殊的字符，所以全部使用了实体参照进行转换显示。程序的运行结果如图 3-4 所示。

XML 语言中提供了 CDATA 标记来标识文件数据，当 XML 解析器处理到 CDATA 标记时，它不会解析该段数据中的任何符号或标记，只是将原数据原封不动地传递给应用程序。CDATA 标记的语法结构如下。

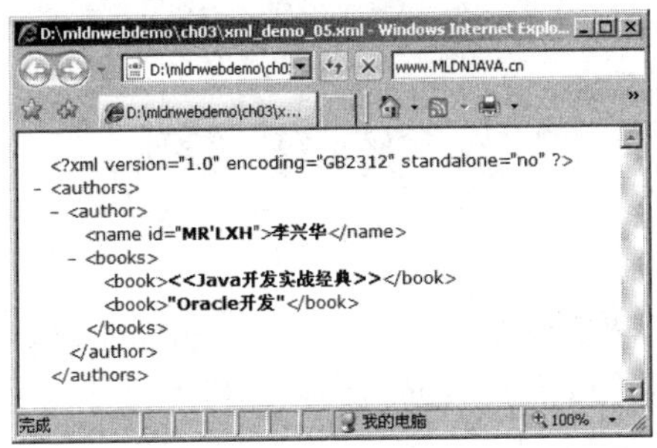

图 3-4　使用实体参照

【格式 3-1　CDATA 语法】

```
<![CDATA[  不解析内容  ]]>
```

【例 3.7】 定义 CDATA 数据——xml_demo_06.xml

```
<?xml version="1.0" encoding="GB2312" standalone="no"?>
<author>
    <name id="MR&apos;LXH">李兴华</name>
    <![CDATA[
        这里面的内容不解析，会直接显示
        可以作为注释出现在一个 XML 文件之中
        与 HTML 中的“<!---->”功能类似
    ]]>
</author>
```

本程序在 CDATA 标记中定义的内容 XML 解析器将不做任何的处理。程序的运行结果如图 3-5 所示。

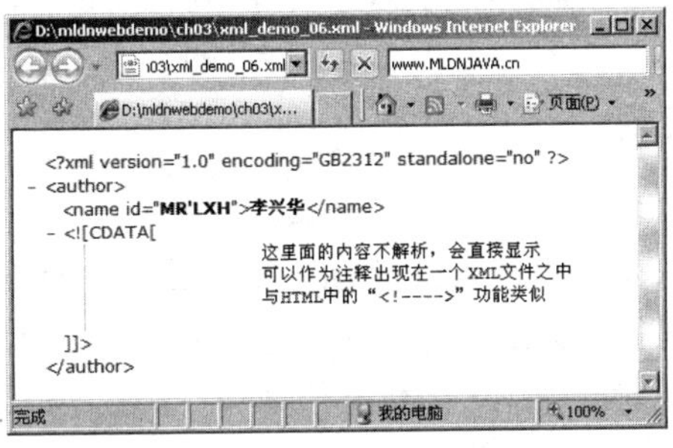

图 3-5　CDATA 运行结果

提示

掌握 XML 的语法格式。

JSP 中的配置文件都是以 XML 文件格式定义出来的，所以读者一定要清楚地掌握 XML 文件格式的定义要求。

另外，要提醒读者的是，现在的 XML 文件的内容都是任意定义的，如果要对一个 XML 文件中经常出现的元素或属性进行严格的定义，则就需要使用 DTD 或 Schema 技术。关于这部分的内容，读者可以参考其他相关书籍。

3.2　XML 解析

在 XML 文件中由于更多的是描述信息的内容，所以在得到一个 XML 文档后应该利用程序按照其中元素的定义名称取出对应的内容，这样的操作就称为 XML 解析。在 XML 解析中，W3C 定义了 SAX 和 DOM 两种解析方式，这两种解析方式的程序操作如图 3-6 所示。

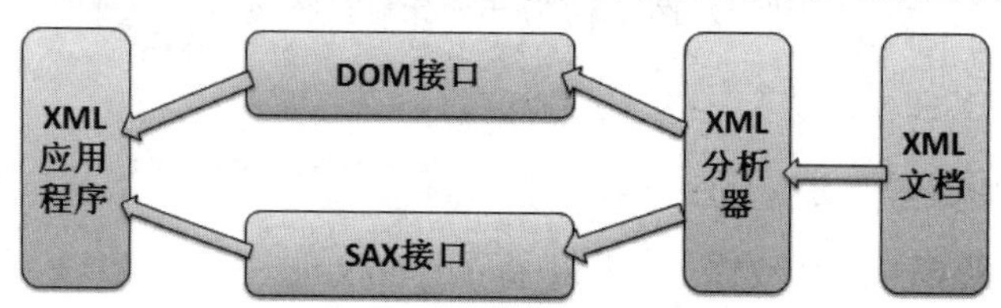

图 3-6　XML 解析操作

提示

关于 W3C 的说明。

W3C（World Wide Web Consortium）是一个非营利性的组织，像 HTML、XHTML、CSS、XML 的标准就是由 W3C 来定制。

从图 3-6 中可以发现，应用程序不是直接对 XML 文档进行操作的，而是首先由 XML 分析器对 XML 文档进行分析，然后应用程序通过 XML 分析器所提供的 DOM 接口或 SAX 接口对分析结果进行操作，从而间接地实现了对 XML 文档的访问。

3.2.1　DOM 解析操作

在应用程序中，基于 DOM（Document Object Model，文档对象模型）的 XML 分析器将一个 XML 文档转换成一个对象模型的集合（通常称 DOM 树），应用程序正是通过对这个对象模型的操作，来实现对 XML 文档数据的操作。通过 DOM 接口，应用程序可以在任何时候访问 XML 文档中的任何一部分数据，因此，这种利用 DOM 接口的机制也被称作随机访问机制。

DOM 树所提供的随机访问方式给应用程序的开发带来了很大的灵活性，它可以任意地控制整个 XML 文档中的内容。然而，由于 DOM 分析器把整个 XML 文档转化成 DOM 树放在了内存中，因此，当文档比较大或者结构比较复杂时，对内存的需求就比较高，而且对于结构复杂的树的遍历也是一项耗时的操作。所以，DOM 分析器对机器性能的要求比较高，程序的效率并不十分理想。不过，由于 DOM 分析器所采用的树结构的思想与 XML 文档的结构相吻合，同时鉴于随机访问所带来的方便，因此，DOM 分析器还是有很广泛的使用价值的。

提示

关于 DOM 的理解。

使用 DOM 解析类似于让公司的成员站成一排，用户一个一个从中找出来所要找的人。

而 DOM 相当于，让员工按部门和级别站好，第一个是总经理，后边是几个副总经理，每个副总经理的后边有他们主管的部门经理，部门经理的后边有部门的副经理……每个人都站在他直接上级的后边，这样公司就从总经理开始站成了一个树状结构，这就是 DOM 树，如图 3-7 所示。

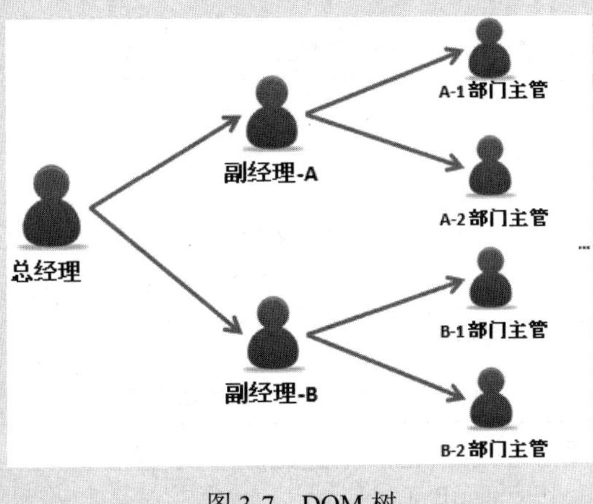

图 3-7　DOM 树

在 DOM 操作中，会将所有的文件内容在内存中将其变为 DOM 树的形式储存，下面通过实际的程序讲解 DOM 树的形成。

【例 3.8】 定义 XML 文件——dom_demo_01.xml

```
<?xml version="1.0" encoding="GBK"?>
<addresslist>
	<linkman>
		<name>李兴华</name>
		<email>mldnqa@163.com</email>
	</linkman>
	<linkman>
		<name>MLDN</name>
		<email>mldnkf@163.com</email>
	</linkman>
</addresslist>
```

下面将以上的 XML 文件转变为 DOM 树，效果如图 3-8 所示。

从图 3-8 中可以发现，在一个 DOM 树中，会根据 XML 文档的结构形成根节点和各个子节点，而且每一个保存在 XML 元素中的具体内容实际上也都是一个节点（文本节点）。

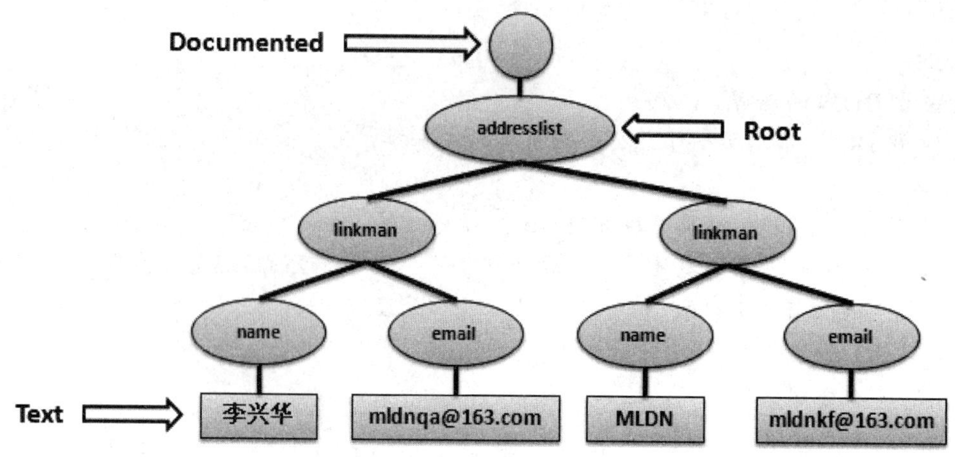

图 3-8　形成 DOM 树

在 DOM 解析中有以下 4 个核心的操作接口。

☑ Document：此接口代表了整个 XML 文档，表示整棵 DOM 树的根，提供了对文档中的数据进行访问和操作的入口，通过 Document 节点可以访问 XML 文件中所有的元素内容。Document 接口的常用方法如表 3-3 所示。

表 3-3　Document 接口的常用方法

No.	方　法	类　型	描　述
1	public NodeList getElementsByTagName(String tagname)	普通	取得指定节点名称的 NodeList
2	public Element createElement(String tagName) throws DOMException	普通	创建一个指定名称的节点
3	public Text createTextNode(String data)	普通	创建一个文本内容节点
4	Element createElement(String tagName) throws DOMException	普通	创建一个节点元素
5	public Attr createAttribute(String name) throws DOMException	普通	创建一个属性

☑ Node：此接口在整个 DOM 树中具有举足轻重的地位，DOM 操作的核心接口中有很大一部分接口是从 Node 接口继承过来的。例如，Document、Element、Attr 等接口，如图 3-9 所示。在 DOM 树中，每一个 Node 接口代表了 DOM 树中的一个节点。Node 接口的常用方法如表 3-4 所示。

☑ NodeList：此接口表示一个节点的集合，一般用于表示有顺序关系的一组节点。例如，一个节点的子节点，当文档改变时会直接影响到 NodeList 集合。NodeList 接口的常用方法如表 3-5 所示。

☑ NamedNodeMap：此接口表示一组节点和其唯一名称对应的一一对应关系，主要用于属性节点的表示。

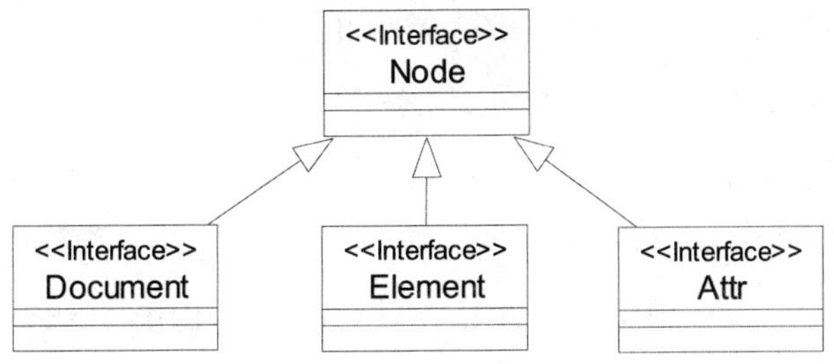

图 3-9　接口的继承关系

提示

关于操作的方法。

DOM 操作中的 4 个核心接口中都分别定义了许多方法，本书列出的方法只是在讲解操作中所使用到的，建议读者在学习到本章时可以多动手去查一下 Java DOC 文档，这样可以提升读者的文档查询能力。

表 3-4　Node 接口的常用方法

No.	方　法	类　型	描　述
1	Node appendChild(Node newChild) throws DOMException	普通	在当前节点下增加一个新节点
2	public NodeList getChildNodes()	普通	取得本节点下的全部子节点
3	public Node getFirstChild()	普通	取得本节点下第一个子节点
4	public Node getLastChild()	普通	取得本节点下的最后一个子节点
5	public boolean hasChildNodes()	普通	判断是否还有其他节点
6	public boolean hasAttributes()	普通	判断是否还有其他属性
7	String getNodeValue() throws DOMException	普通	取得节点内容

表 3-5　NodeList 接口的常用方法

No.	方　法	类　型	描　述
1	public int getLength()	普通	取得节点的个数
2	public Node item(int index)	普通	根据索引取得节点对象

除以上 4 个核心接口外，如果一个程序需要进行 DOM 解析读操作，则需要按照如下步骤进行：

（1）建立 DocumentBuilderFactory：DocumentBuilderFactory factory = DocumentBuilderFactory.newInstance();。

（2）建立 DocumentBuilder：DocumentBuilder builder = factory.newDocumentBuilder();。

（3）建立 Document：Document doc = builder.parse("要读取的文件路径");。

（4）建立 NodeList：NodeList nl = doc.getElementsByTagName("读取节点");。

（5）进行 XML 信息读取。

【例 3.9】 要解析文件——dom_demo_02.xml

```
<?xml version="1.0" encoding="GBK"?>
<addresslist>
	<name>李兴华</name>
</addresslist>
```

为了让读者理解本程序，在建立 XML 文件时，只在根节点<addresslist>下建立了一个子节点<name>。下面通过 DOM 解析的方式从程序中将<name>节点中的内容读取进来。

【例 3.10】 读取节点——DOMDemo01.java

```
package org.lxh.xml.dom;
import java.io.File;
import java.io.IOException;
import javax.xml.parsers.DocumentBuilder;
import javax.xml.parsers.DocumentBuilderFactory;
import javax.xml.parsers.ParserConfigurationException;
import org.w3c.dom.Document;
import org.w3c.dom.NodeList;
import org.xml.sax.SAXException;
public class DOMDemo01 {
	public static void main(String[] args) {
		// （1）建立 DocumentBuilderFactory，以用于取得 DocumentBuilder
		DocumentBuilderFactory factory = DocumentBuilderFactory.newInstance();
		// （2）通过 DocumentBuilderFactory 取得 DocumentBuilder
		DocumentBuilder builder = null;
		try {
			builder = factory.newDocumentBuilder();
		} catch (ParserConfigurationException e) {
			e.printStackTrace();
		}
		// （3）定义 Document 接口对象，通过 DocumentBuilder 类进行 DOM 树的转换操作
		Document doc = null;
		try {
			// 读取指定路径的 XML 文件
			doc = builder.parse("D:" + File.separator + " dom_demo_02.xml");
		} catch (SAXException e) {
			e.printStackTrace();
		} catch (IOException e) {
			e.printStackTrace();
		}
		// （4）查找 name 的节点
		NodeList nl = doc.getElementsByTagName("name");
		// （5）输出 NodeList 中第一个子节点中文本节点的内容
		System.out.println("姓名：" + nl.item(0).getFirstChild().getNodeValue());
	}
}
```

程序运行结果：

```
姓名：李兴华
```

以上程序完成了一个简单的 DOM 解析操作，从指定的 XML 文件中读取出指定节点的内容，当使用 builder.parse()操作时实际上就相当于将所有的 XML 文档内容读取到内存中，从而将所有的 XML 文件内容按照节点的定义顺序将其变为一棵内存中的 DOM 树，供用户解析使用。

特别需要提醒读者的是，在 DOM 解析中，每一个节点中的内容实际上都是一个单独的文本节点，所以以下语句表示的是：

```
nl.item(0).getFirstChild().getNodeValue()
```

取得 name 节点下的第一个子节点的第一个文本节点，并通过 getNodeValue()取得了节点的内容，操作的关系如图 3-10 所示。

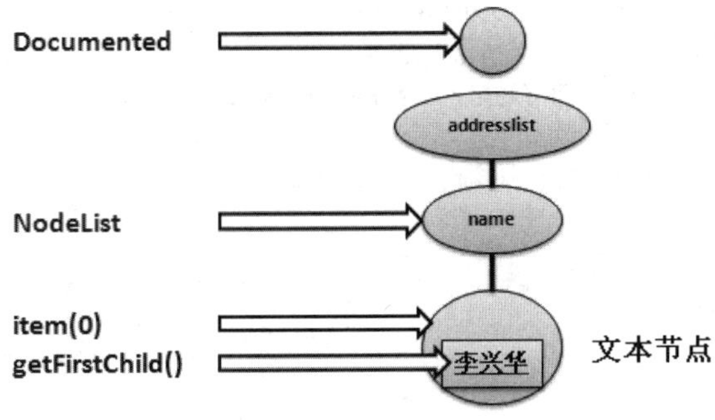

图 3-10　解析流程

下面再通过一个程序讲解节点的解析操作，以解析例 3.8 的 XML 文件进行说明。

【例 3.11】　解析例 3.8 的 XML 文件——DOMDemo02.java

```
package org.lxh.xml.dom;
import java.io.File;
import java.io.IOException;
import javax.xml.parsers.DocumentBuilder;
import javax.xml.parsers.DocumentBuilderFactory;
import javax.xml.parsers.ParserConfigurationException;
import org.w3c.dom.Document;
import org.w3c.dom.Element;
import org.w3c.dom.NodeList;
import org.xml.sax.SAXException;
public class DOMDemo02 {
	public static void main(String[] args) {
		//（1）建立 DocumentBuilderFactory，以用于取得 DocumentBuilder
		DocumentBuilderFactory factory = DocumentBuilderFactory.newInstance();
		//（2）通过 DocumentBuilderFactory 取得 DocumentBuilder
		DocumentBuilder builder = null;
		try {
			builder = factory.newDocumentBuilder();
		} catch (ParserConfigurationException e) {
			e.printStackTrace();
		}
```

```
        //（3）定义 Document 接口对象，通过 DocumentBuilder 类进行 DOM 树的转换操作
        Document doc = null;
        try {
            // 读取指定路径的 XML 文件
            doc = builder.parse("D:" + File.separator + "dom_demo_01.xml");
        } catch (SAXException e) {
            e.printStackTrace();
        } catch (IOException e) {
            e.printStackTrace();
        }
        //（4）查找 linkman 的节点
        NodeList nl = doc.getElementsByTagName("linkman");
        //（5）输出 NodeList 中第一个子节点中文本节点的内容
        for (int x = 0; x < nl.getLength(); x++) {          // 循环输出节点内容
            Element e = (Element) nl.item(x) ;             // 取得每一个元素
            System.out.println("姓名："+e.getElementsByTagName("name").item(0).getFirstChild().
getNodeValue());
            System.out.println("邮箱："+e.getElementsByTagName("email").item(0).getFirstChild().
getNodeValue());
        }
    }
}
```

程序运行结果：

```
姓名：李兴华
邮箱：mldnqa@163.com
姓名：MLDN
邮箱：mldnkf@163.com
```

例 3.11 的代码本身并不复杂，由于在<addresslist>节点中存在了多个<linkman>节点，所以当使用 Document 接口中的 getElementsByTagName("linkman");操作时会返回多个节点的信息，然后采用循环的方式依次取得每一个节点元素。

在 DOM 操作中，除了可以使用 DOM 完成 XML 的读取外，还可以使用 DOM 进行 XML 文件的输出，此时就需要使用 DOM 操作中提供的各个接口（如 Element 接口）并手工设置各个节点的关系，同时在创建 Document 对象时就必须使用 newDocument()方法建立一个新的 DOM 树，假设现在生成的 XML 文件的内容如下所示。

【例 3.12】 要生成的 XML 文件格式

```
<?xml version="1.0" encoding="GBK"?>
<addresslist>
    <linkman>
        <name>李兴华</name>
        <email>mldnqa@163.com</email>
    </linkman>
</addresslist>
```

如果现在需要将生成的 XML 文件保存在硬盘上，则需要使用 TransformerFactory、

Transformer、DOMSource 和 StreamResult 4 个类完成。TransformerFactory 类的主要功能是取得一个 Transformer 类的实例对象，DOMSource 类的主要功能是接收 Document 对象，StreamResult 类的主要功能是指定要使用的输出流对象（可以向文件输出，也可以向指定的输出流输出，构造方法如表 3-6 所示），最后通过 Transformer 类完成内容的输出。

表 3-6　StreamResult 类的构造方法

No.	方　法	类　型	描　述
1	public StreamResult(File f)	构造	指定输出的文件
2	public StreamResult(OutputStream outputStream)	构造	指定输出的输出流

【例 3.13】 将生成的 XML 文件输出到文件中——DOMDemo03.java

```
package org.lxh.xml.dom;
import java.io.File;
import javax.xml.parsers.DocumentBuilder;
import javax.xml.parsers.DocumentBuilderFactory;
import javax.xml.parsers.ParserConfigurationException;
import javax.xml.transform.OutputKeys;
import javax.xml.transform.Transformer;
import javax.xml.transform.TransformerConfigurationException;
import javax.xml.transform.TransformerException;
import javax.xml.transform.TransformerFactory;
import javax.xml.transform.dom.DOMSource;
import javax.xml.transform.stream.StreamResult;
import org.w3c.dom.Document;
import org.w3c.dom.Element;
public class DOMDemo03 {
    public static void main(String[] args) {
        //（1）建立 DocumentBuilderFactory，以用于取得 DocumentBuilder
        DocumentBuilderFactory factory = DocumentBuilderFactory.newInstance();
        //（2）通过 DocumentBuilderFactory 取得 DocumentBuilder
        DocumentBuilder builder = null;
        try {
            builder = factory.newDocumentBuilder();
        } catch (ParserConfigurationException e) {
            e.printStackTrace();
        }
        //（3）定义 Document 接口对象，通过 DocumentBuilder 类进行 DOM 树的转换操作
        Document doc = null;
        doc = builder.newDocument();                                  // 创建一个新的文档
        //（4）建立各个操作节点
        Element addresslist = doc.createElement("addresslist") ;     // 建立节点
        Element linkman = doc.createElement("linkman") ;             // 建立节点
        Element name = doc.createElement("name") ;                   // 建立节点
        Element email = doc.createElement("email") ;                 // 建立节点
        //（5）设置节点的文本内容，即为每一个节点添加文本节点
        name.appendChild(doc.createTextNode("李兴华")) ;             // 设置文本
        email.appendChild(doc.createTextNode("mldnqa@163.com")) ;// 设置文本
```

```
            //（6）设置节点关系
            linkman.appendChild(name) ;                                    // 子节点
            linkman.appendChild(email) ;                                   // 子节点
            addresslist.appendChild(linkman) ;                             // 子节点
            doc.appendChild(addresslist) ;                                 // 文档上保存节点
            //（7）输出文档到文件中
            TransformerFactory tf = TransformerFactory.newInstance();
            Transformer t = null;
            try {
                t = tf.newTransformer();
            } catch (TransformerConfigurationException e1) {
                e1.printStackTrace();
            }
            t.setOutputProperty(OutputKeys.ENCODING, "GBK") ;              // 设置编码
            DOMSource source = new DOMSource(doc);                         // 输出文档
            StreamResult result = new StreamResult(new File("d:" + File.separator
                        + "output.xml"));                                  // 指定输出位置
            try {
                t.transform(source, result);                               // 输出
            } catch (TransformerException e) {
                e.printStackTrace();
            }
        }
}
```

通过上面的程序可以清楚地发现，在 XML 创建中所有的节点（Element）都是通过 Document 接口创建的，在创建时本身并没有定义任何父子节点关系，而是通过 appendChild() 方法设置的，而且根节点（addresslist）也要加在 Document 中，这样才能完成整个一棵 DOM 树。

提示

生成的内容没有格式排列。

读者可以发现，以上程序运行后，d:\output.xml 文件中的内容并不会像例 3.12 所给出的那样整齐，这是因为在输出时并不会考虑格式的换行，而且在实际使用中，这些格式也没有任何的作用，只是让人看起来舒服而已。

通过以上操作代码可以清楚地发现，使用 DOM 操作不仅可以读取文件，本身也可以生成和修改 XML 文件，这些操作在以后的开发中经常会使用到。

提示

尽可能地掌握 DOM 操作。

从实际应用来看，建议读者尽可能地掌握 DOM 操作，主要是由于在随后讲解的 JavaScript 中也会涉及 DOM 的操作，而且在本书后面讲解 Ajax 技术时也会采用 DOM 技术。

3.2.2　SAX 解析操作

SAX（Simple APIs for XML，操作 XML 的简单接口）与 DOM 操作不同的是，SAX 采用的是一种顺序的模式进行访问，是一种快速读取 XML 数据的方式。当使用 SAX 解析器进行操作时会触发一系列的事件，如表 3-7 所示。当扫描到文档（Document）开始与结束、元素（Element）开始与结束时都会调用相关的处理方法，并由这些操作方法作出相应的操作，直至整个文档扫描结束，如图 3-11 所示。

表 3-7　SAX 主要事件

No.	方　　法	类　　型	描　　述
1	public void startDocument() throws SAXException	普通	文档开始
2	public void endDocument() throws SAXException	普通	文档结束
3	public void startElement(String uri,String localName, String qName,Attributes attributes) throws SAXException	普通	元素开始，可以取得元素的名称及元素的全部属性
4	public void endElement(String uri,String localName, String qName) throws SAXException	普通	元素结束，可以取得元素的名称及元素的全部属性
5	public void characters(char[] ch,int start,int length) throws SAXException	普通	元素内容

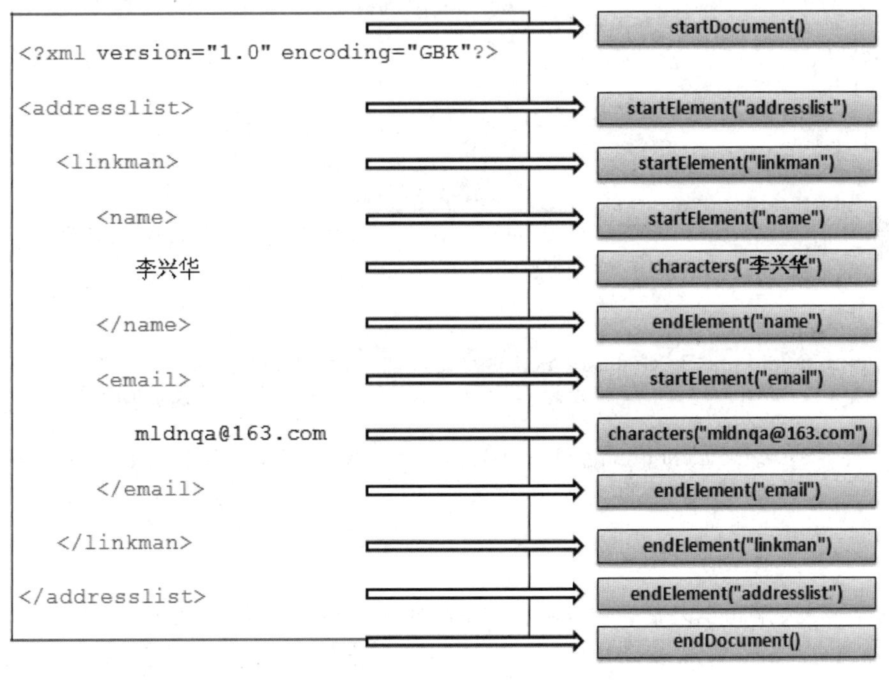

图 3-11　SAX 解析步骤

如果在开发中要想使用 SAX 解析，则首先应该编写一个 SAX 解析器，再直接定义一个类，并使该类继承自 DefaultHandler 类，同时覆写表 3-7 中列出的方法即可。

【例 3.14】 编写 SAX 解析器——MySAX.java

```
package org.lxh.xml.sax;
import org.xml.sax.Attributes;
import org.xml.sax.SAXException;
import org.xml.sax.helpers.DefaultHandler;
public class MySAX extends DefaultHandler {                         // 定义 SAX 解析器
	@Override
	public void startDocument() throws SAXException {             // 文档开始
		System.out.println("<?xml version=\"1.0\" encoding=\"GBK\" ?>");
	}
	@Override
	public void endDocument() throws SAXException {               // 文档结束
		System.out.println("\n 文档读取结束。。。");
	}
	@Override
	public void startElement(String uri, String localName, String name,
			Attributes attributes) throws SAXException {          // 元素开始
		System.out.print("<");
		System.out.print(name);                                     // 输出元素名称
		if (attributes != null) {                                   // 取得全部的属性
			for (int x = 0; x < attributes.getLength(); x++) {
				System.out.print(" " + attributes.getQName(x) + "=\""
						+ attributes.getValue(x) + "\" ");
			}
		}
		System.out.print(">");
	}
	@Override
	public void characters(char[] ch, int start, int length)
			throws SAXException {                                   // 取得元素内容
		System.out.print(new String(ch, start, length));            // 输出内容
	}
	@Override
	public void endElement(String uri, String localName, String name)
			throws SAXException {                                   // 元素结束
		System.out.print("</");
		System.out.print(name);                                     // 输出元素名称
		System.out.print(">");
	}
}
```

建立完 SAX 解析器之后，还需要建立 SAXParserFactory 和 SAXParser 两个类，可以通过 SAXParserFactory 的 newSAXParser()方法创建 SAXParser 对象，之后通过 SAXParser 的 parse()方法指定要解析的 XML 文件和指定的 SAX 解析器。

【例 3.15】 建立要读取的文件——sax_demo.xml

```
<?xml version="1.0" encoding="GBK"?>
<addresslist>
	<linkman id="lxh">
		<name>李兴华</name>
		<email>mldnqa@163.com</email>
	</linkman>
	<linkman id="mldn">
		<name>MLDN</name>
		<email>mldnkf@163.com</email>
	</linkman>
</addresslist>
```

【例 3.16】 使用 SAX 解析器——TestSAX.java

```
package org.lxh.xml.sax;
import java.io.File;
import javax.xml.parsers.SAXParser;
import javax.xml.parsers.SAXParserFactory;
public class TestSAX {
	public static void main(String[] args) throws Exception {
		//（1）建立 SAX 解析工厂
		SAXParserFactory factory = SAXParserFactory.newInstance();
		//（2）构造解析器
		SAXParser parser = factory.newSAXParser();
		//（3）解析 XML 使用 HANDLER
		parser.parse("d:" + File.separator + "sax_demo.xml", new MySAX());
	}
}
```

程序运行结果：

```
<?xml version="1.0" encoding="GBK" ?>
<addresslist>
	<linkman id="lxh" >
		<name>李兴华</name>
		<email>mldnqa@163.com</email>
	</linkman>
	<linkman id="mldn" >
		<name>MLDN</name>
		<email>mldnkf@163.com</email>
	</linkman>
</addresslist>
文档读取结束。。。
```

通过上面的程序可以发现，使用 SAX 解析明显要比使用 DOM 解析更加容易，那么在开发中是使用 DOM 解析还是 SAX 解析呢？表 3-8 列出了 DOM 解析与 SAX 解析的区别。

表 3-8　DOM 解析与 SAX 解析的区别

No.	区　别	DOM 解析	SAX 解析
1	操作	将所有文件读取到内存中形成 DOM 树，如果文件量过大，则无法使用	顺序读入所需要的文件内容，不会一次性全部读取，不受文件大小的限制
2	访问限制	DOM 树在内存中形成，可以随意存放或读取文件树的任何部分，没有次数限制	由于采用部分读取，只能对文件按顺序从头到尾解析一遍，不支持对文件的随意存取
3	修改	可以任意修改文件树	只能读取 XML 文件内容，但不能修改
4	复杂度	易于理解，易于开发	开发上比较复杂，需要用户自定义事件处理器
5	对象模型	系统为使用者自动建立 DOM 树，XML 对象模型由系统提供	对开发人员更加灵活，可以用 SAX 建立自己的 XML 对象模型

说明

提问：使用 DOM 解析还是 SAX 解析？

从表 3-8 中发现，DOM 和 SAX 解析各有优点和缺点，那么什么时候使用 DOM？什么时候使用 SAX？

回答：DOM 和 SAX 都有自己的不同应用领域。

由两者的特点可以发现两者的区别：

DOM 解析适合于对文件进行修改和随机存取的操作，但是不适合于大型文件的操作。

SAX 采用部分读取的方式，所以可以处理大型文件，而且只需要从文件中读取特定内容。SAX 解析可以由用户自己建立自己的对象模型。

既然 DOM 解析适合于修改，SAX 解析适合于读取大型文件，那么如果将两者的优点集合起来操作岂不是更加方便吗？所以在实际开发中，操作 XML 文件可以借助于一些工具，如 JDOM 组件。

3.2.3　XML 解析的好帮手：JDOM

JDOM 是使用 Java 语言编写的、用于读、写、操作 XML 的一套组件。它是由 Jason Hunter 和 Brett McLaughlin 公开发布的，可以直接从 http://www.jdom.org/上下载 JDOM 的开发包，如图 3-12 所示。

提示

JDOM 的理解。

在讲解 JDOM 时会使用到之前的 DOM 解析和 SAX 解析的概念，如果记不清的读者可以翻看本章前面的部分进行巩固，一定要记住：**“JDOM＝DOM 修改文件的优点 ＋ SAX 读取快速的优点”**。

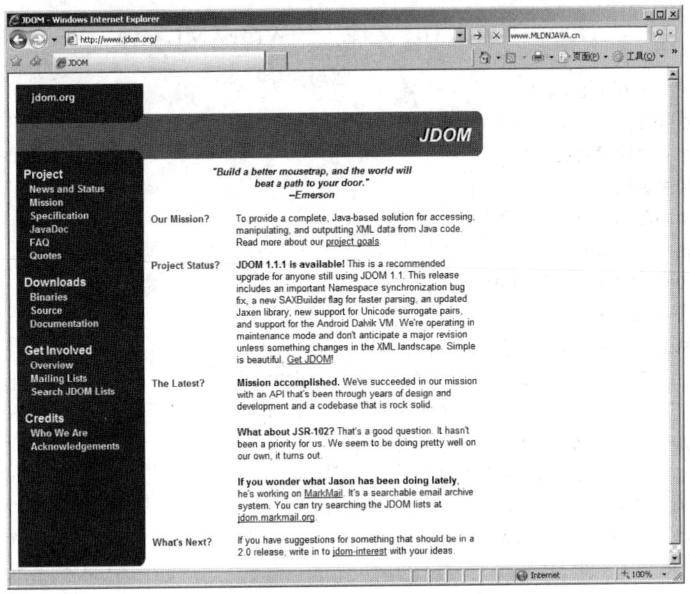

图 3-12　JDOM 首页

JDOM 是一个开源的 Java 组件，它以直接易懂的方式向 Java 开发者描述了 XML 文档和文档的内容。就像名称揭示的那样，JDOM 是为 Java 优化的，为使用 XML 文档提供了一个低消耗的方法。JDOM 的使用者可以不必掌握太多的 XML 知识即可完成想要的操作。JDOM 的主要操作类如表 3-9 所示。

表 3-9　JDOM 的主要操作类

No.	类 名 称	描　述
1	Document	定义了一个 XML 文件的各种操作，用户可以通过它所提供的方法来存取根元素以及存取处理命令文件层次的相关信息
2	DOMBuilder	用来建立一个 JDOM 结构树
3	Element	定义了一个 XML 元素的各种操作，用户可以通过它所提供的方法得到元素的文字内容、属性值以及子节点
4	Attribute	表示了 XML 文件元素中属性的各个操作
5	XMLOutputter	会将一个 JDOM 结构树格式化为一个 XML 文件，并且以输出流的方式加以输出

下面分别通过写入和读取的方式讲解 JDOM 组件的核心使用方法。例如，现在要通过 JDOM 生成以下格式的 XML 文件。

```
<?xml version="1.0" encoding="GBK"?>
<addresslist>
    <linkman id="lxh">
        <name>李兴华</name>
        <email>mldnqa@163.com</email>
    </linkman>
</addresslist>
```

【例 3.17】 使用 JDOM 生成 XML 文件——WriteXML.java

```
package org.lxh.xml.jdom;
import java.io.File;
import java.io.FileOutputStream;
import org.jdom.Attribute;
import org.jdom.Document;
import org.jdom.Element;
import org.jdom.output.XMLOutputter;
public class WriteXML {
	public static void main(String[] args) {
		Element addresslist = new Element("addresslist");		// 定义根节点
		Element linkman = new Element("linkman");			// 定义 linkman 节点
		Element name = new Element("name");				// 定义 name 节点
		Element email = new Element("email");				// 定义 email 节点
		Attribute id = new Attribute("id", "lxh");			// 定义属性
		Document doc = new Document(addresslist);			// 声明一个 Document 对象
		name.setText("李兴华");						// 设置 name 元素的内容
		email.setText("mldnqa@163.com");				// 设置 email 元素的内容
		name.setAttribute(id);						// 设置 name 元素的属性
		linkman.addContent(name);					// name 为 linkman 子节点
		linkman.addContent(email);					// email 为 linkman 子节点
		addresslist.addContent(linkman);				// 将 linkman 加入根节点中
		XMLOutputter out = new XMLOutputter();				// 用来输出 XML 文件
		out.setFormat(out.getFormat().setEncoding("GBK"));		// 设置输出的编码
		try {								// 输出 XML 文件
			out.output(doc, new FileOutputStream("D:" + File.separator + "address.xml"));
		} catch (Exception e) {
			e.printStackTrace();
		}
	}
}
```

程序运行结果——在 D 盘下生成的 address.xml 文件内容（无格式）：

```
<?xml version="1.0" encoding="GBK"?>
<addresslist><linkman><name id="lxh">李兴华</name>
<email>mldnqa@163.com</email></linkman></addresslist>
```

本程序首先使用 Element 定义了 4 个节点对象，即 addresslist、linkman、name 和 email，在实例化 Element 对象时就直接指定了元素的显示名称，由于在 JDOM 中依然要使用 Document 表示整个 XML 文档，所以在建立 Document 对象时将根节点的 Element 对象保存在 Document 中。

Attribute 表示一个属性，此属性是保存在 name 元素中的，这样 name 对象就调用了 setAttribute()方法进行属性节点的保存，并通过各个元素对象分别设置各个节点的父子关系。

如果要进行输出则需要使用 XMLOutputer 类完成，在输出时由于文件中包含了中文，所以使用 setFormat()方法将中文的编码设置成 GBK，最后程序使用文件输出流完成 XML 文

档的输出操作。

既然已经成功地使用 JDOM 进行了 XML 的写操作，那么下面可以再利用 JDOM 读的功能将 XML 文件的内容重新读取回来。

【例 3.18】 使用 JDOM 读取 XML 文件——ReadXML.java

```
package org.lxh.xml.jdom;
import java.io.File;
import java.util.List;
import org.jdom.Document;
import org.jdom.Element;
import org.jdom.input.SAXBuilder;
public class ReadXML {
    public static void main(String[] args) throws Exception {
        SAXBuilder builder = new SAXBuilder();                // 建立 SAX 解析
        Document read_doc = builder.build("D:" + File.separator + "address.xml");
                                                              // 找到 Document
        Element stu = read_doc.getRootElement();              // 读取根元素
        List list = stu.getChildren("linkman");               // 得到全部 linkman 子元素
        for (int i = 0; i < list.size(); i++) {               // 输出
            Element e = (Element) list.get(i);                // 取出一个 linkman 子元素
            String name = e.getChildText("name");             // 取得 name 元素内容
            String id = e.getChild("name").
                getAttribute("id").getValue();                // 取得 name 元素的 id 属性
            String email = e.getChildText("email");           // 取得 email 元素内容
            System.out.println("------------- 联系人 -------------");
            System.out.println("姓名:" + name + "，编号：" + id);
            System.out.println("EMAIL:" + email);
            System.out.println("---------------------------------");
            System.out.println();
        }
    }
}
```

程序运行结果：

```
------------- 联系人 -------------
姓名:李兴华，编号：lxh
EMAIL:mldnqa@163.com
---------------------------------
```

本程序为 JDOM 读取 XML 文件的过程，从程序中可以发现，在 JDOM 中依然使用了 SAX 解析的方式操作，所以程序首先建立了一个 SAXBuilder，然后通过 SAXBuilder 取得一个 Document 对象，这样就可以通过 getRootElement()方法取得一个 XML 文件的根元素，找到根元素实际上就可以依次取出全部的 linkman 元素。在 JDOM 中，所有节点都是以集合的形式返回的，集合中的每一个对象都是 Element 实例，通过 Element 实例可以取得全部 XML 文件中的元素内容及属性内容。

提示

JDOM 是一种常见的操作组件。

JDOM 工具是一种常见的程序组件包，在实际的应用开发中使用得非常广泛，建议读者对此组件的使用多加练习。

3.2.4 最出色的解析工具：DOM4J

DOM4J 也是一组 XML 操作的组件包，主要用来读写 XML 文件。由于 DOM4J 性能优异、功能强大，且具有易用性，所以现在已经被广泛地应用开来。例如，Hibernate 和 Spring 框架中都使用了 DOM4J 进行 XML 的解析操作，要想取得 DOM4J 的开发包，可以直接登录 SourceForge 的首页（http://sourceforge.net/projects/dom4j/files/）下载。本书使用的是 dom4j-1.6.1 版本，如图 3-13 所示。

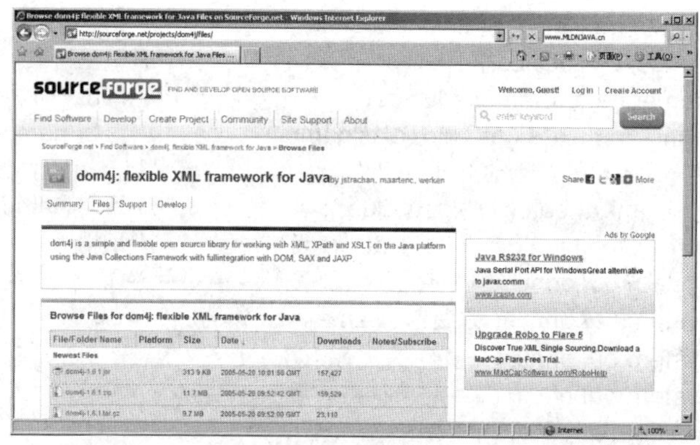

图 3-13　SourceForge 首页

DOM4J 开发包下载后，直接解压缩即可。解压缩后的目录结构如图 3-14 所示。

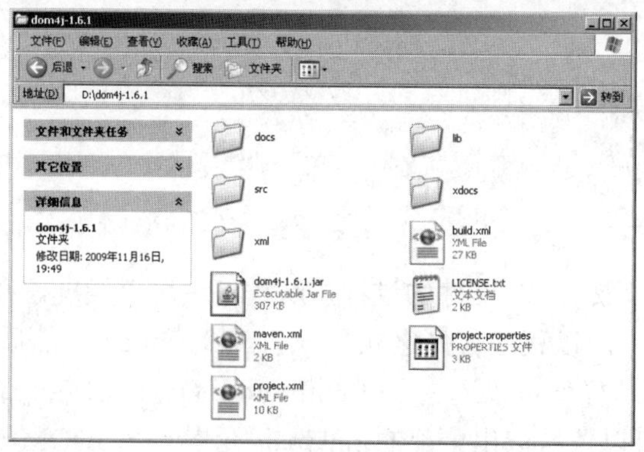

图 3-14　DOM4J 解压缩后的目录结构

解压后有一个 dom4j-1.6.1.jar 文件，这个就是开发时所需要使用的 JAR 包。另外，还有一个 lib/jaxen-1.1-beta-6.jar 文件，一般也需要引入，否则执行时可能抛出 java.lang.NoClass

DefFoundError: org/jaxen/JaxenException 异常，其他的包可以根据需要选择使用。DOM4J 中的所有操作接口都在 org.dom4j 包中定义。DOM4J 的主要接口如表 3-10 所示。

表 3-10 DOM4J 的主要接口

No.	接　口	描　述
1	Attribute	定义了 XML 的属性
2	Branch	为能够包含子节点的节点，如 XML 元素（Element）和文档（Docuemnt）定义了一个公共的行为
3	CDATA	定义了 XML CDATA 区域
4	CharacterData	是一个标识接口，标识基于字符的节点，如 CDATA、Comment、Text
5	Comment	定义了 XML 的注释
6	Document	定义了 XML 文档
7	Element	定义了 XML 元素
8	Text	定义了 XML 文本节点

读者可以发现，DOM4J 提供的这些接口实际上与 JDOM 提供的操作类的名称非常类似，所以操作步骤也与 JDOM 相似。下面通过代码讲解生成和读取 XML 文件的操作。

【例 3.19】 生成 XML 文件，生成的文件格式与例 3.17 一致——DOM4JWriter.java

```
package org.lxh.xml.dom4j;
import java.io.File;
import java.io.FileOutputStream;
import java.io.IOException;
import org.dom4j.Document;
import org.dom4j.DocumentHelper;
import org.dom4j.Element;
import org.dom4j.io.OutputFormat;
import org.dom4j.io.XMLWriter;
public class DOM4JWriter {
    public static void main(String[] args) {
        Document doc = DocumentHelper.createDocument();              // 创建文档
        Element addresslist = doc.addElement("addresslist");         // 定义节点
        Element linkman = addresslist.addElement("linkman");         // 定义子节点
        Element name = linkman.addElement("name");                   // 定义子节点
        Element email = linkman.addElement("email");                 // 定义子节点
        name.setText("李兴华");                                       // 设置 name 节点内容
        email.setText("email");                                      // 设置 email 节点内容
        OutputFormat format = OutputFormat.createPrettyPrint();      // 设置输出格式
        format.setEncoding("GBK");                                   // 指定输出编码
        try {                                                        // 向文件输出 XML 文档
            XMLWriter writer = new XMLWriter(new FileOutputStream(new File("d:"
                        + File.separator + "output.xml")), format);  // 输出文件
            writer.write(doc);                                       // 输出内容
            writer.close();                                          // 关闭输出流
        } catch (IOException e) {
            e.printStackTrace();
```

```
		}
	}
}
```

程序运行结果：观察 d:\output.xml

```
<?xml version="1.0" encoding="GBK"?>
<addresslist>
  <linkman>
    <name>李兴华</name>
    <email>email</email>
  </linkman>
</addresslist>
```

读者可以发现，对于同样的功能，使用 DOM4J 方便了很多，可以充分地体现出 DOM4J 易用性的特点。

【例 3.20】 解析输出的文件——DOM4JRead.java

```
package org.lxh.xml.dom4j;
import java.io.File;
import java.util.Iterator;
import org.dom4j.Document;
import org.dom4j.DocumentException;
import org.dom4j.Element;
import org.dom4j.io.SAXReader;
public class DOM4JReader {
	public static void main(String[] args) {
		File file = new File("d:" + File.separator + "output.xml");	// 读取文件
		SAXReader reader = new SAXReader();	// 建立 SAX 解析读取
		Document doc = null;
		try {
			doc = reader.read(file);	// 读取文档
		} catch (DocumentException e) {
			e.printStackTrace();
		}
		Element root = doc.getRootElement();	// 取得根元素
		Iterator iter = root.elementIterator();	// 取得全部的子节点
		while (iter.hasNext()) {
			Element linkman = (Element) iter.next();	// 取得每一个 linkman
			System.out.println("姓名：" +
					linkman.elementText("name"));	// 取得 name 元素内容
			System.out.println("邮件：" +
					linkman.elementText("email"));	// 取得 email 元素内容
		}
	}
}
```

程序运行结果：

```
姓名：李兴华
邮件：email
```

从程序中可以清楚地发现，DOM4J 本身还是需要使用 SAX 建立解析器，然后通过文档依次找到根节点，再通过根节点找到每一个节点的内容，这一点的操作形式与 JDOM 非常类似。

提示

其他解析操作的说明。

由于在开发中使用 XML 较多，所以也会出现较多的各种解析操作工具，如 JAXP、STAX 等都可能在开发中出现。但是对于这些工具读者也不用惧怕，因为其核心的操作原理就是 DOM 和 SAX，只要把握住核心，一切就都可以轻松掌握。

本书由于受篇幅所限，不能一一详细讲解 XML 和全部的解析技术，有兴趣的读者可以自行翻阅关于 XML 的相关书籍。

3.3　使用 JavaScript 操作 DOM

在 HTML 语言中，由于其本身也是采用了标记语言的方式，所以也可以在 HTML 中通过 JavaScript 进行 DOM 操作，这样将使页面的运行更加绚丽、丰富。

实际上，每一个 HTML 文件都可以形成一棵完整的 DOM 树，如以下程序所示。

【例 3.21】 HTML 文档——js_dom_demo01.htm

```
<html>                                                   <!-- HTML 开始标记 -->
<head>                                                   <!-- 头标记 -->
    <title>www.mldnjava.cn，MLDN 高端 Java 培训</title>  <!-- 文档标题信息 -->
</head>                                                  <!-- 完结标记 -->
<body>                                                   <!-- 网页主体 -->
    <h1>MLDNJAVA</h1>                                    <!-- 设置文字 -->
    <a href="www.mldnjava.cn">网站地址</a>               <!-- 设置超链接 -->
</body>                                                  <!-- 完结标记 -->
</html>                                                  <!-- 完结标记 -->
```

可以将上面的文档变为一棵 DOM 树，如图 3-15 所示。

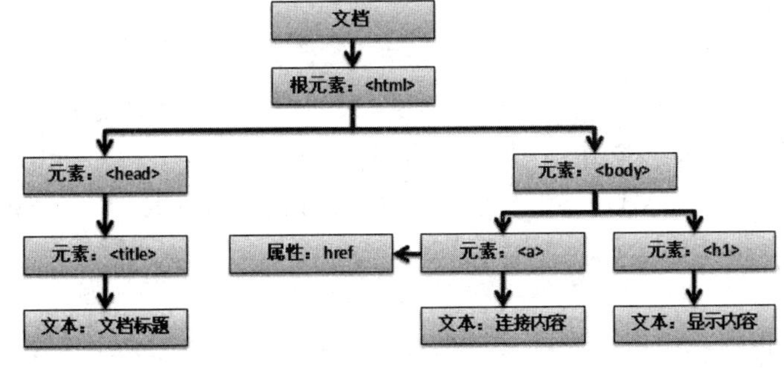

图 3-15　DOM 树

在HTML中可以通过document.getElementById("id名称")取得每一个设置的表单元素对象，如以下程序所示。

【例 3.22】 在 JavaScript 中使用 DOM 解析——js_dom_demo02.htm

```
<html>                                                                  <!-- HTML 开始标记 -->
<head>                                                                  <!-- 头标记 -->
    <title>www.mldnjava.cn，MLDN 高端 Java 培训</title>                 <!-- 文档标题信息 -->
    <script language="JavaScript">
        function show(){                                                // 定义函数
            // 通过 DOM 解析取得 info 元素，并设置其内容
            document.getElementById("info").innerHTML =
                    "<h2>www.MLDNJAVA.cn</h2>" ;
        }
    </script>
</head>                                                                 <!-- 完结标记 -->
<body>                                                                  <!-- 网页主体 -->
<form action="" method="post">
    <input type="button" onclick="show()" value="显示">
    <span id="info"></span>
</form>
</body>                                                                 <!-- 完结标记 -->
</html>                                                                 <!-- 完结标记 -->
```

本程序在表单中定义了一个普通的按钮，当单击此按钮时，会调用show()函数，在show()函数中，将取得设为“info”的元素，并设置其中的显示内容。程序的运行结果如图 3-16 所示。

（a）页面显示

（b）触发事件

图 3-16 页面的运行结果

提示

可以设置显示图片。

在例 3.22 的操作代码中，当单击“显示”按钮后，设置的是一段文字，当然，也可以设置其他内容，如表格或图片等，只需要在 document.getElementById("info").Inner HTML 中编写相应的 HTML 代码即可。注意，FireFox 只支持 document..all()，而没有 document.getElementById( )。

使用 DOM 解析器还可以动态地生成一些表单元素中的内容，如下拉列表框，下面通过程序进行演示。

【例 3.23】 通过 DOM 生成下拉列表框内容——js_dom_demo03.htm

```
<html>                                                         <!-- HTML 开始标记 -->
<head>                                                         <!-- 头标记 -->
    <title>www.mldnjava.cn，MLDN 高端 Java 培训</title>        <!-- 文档标题信息 -->
    <script language="JavaScript">
        function setFun(){
            var id = new Array(1,2,3);
            var value = new Array("北京","南京","上海");
            // 通过 DOM 取得下拉列表框元素
            var select = document.getElementById("area") ;
            select.length = 1 ;                                // 设置每次只能选择一个
            select.options[0].selected = true ;                // 设置第一个为默认选中
            for(var x=0;x<id.length;x++){
                // 设置 option 中的内容，建立 option 节点
                var option = document.createElement("option") ;
                option.setAttribute("value",id[x]) ;           // 设置 option 的属性值
                // 在 option 元素下增加文本节点
                option.appendChild(document.createTextNode(value[x])) ;
                select.appendChild(option) ;                   // 在 select 中增加 option
            }
        }
    </script>
</head>                                                        <!-- 完结标记 -->
<body onLoad="setFun()">                                       <!-- 网页主体 -->
    <form>
        <select name="area" id="area">
            <option value="0">没有地区</option>
        </select>
    </form>
</body>                                                        <!-- 完结标记 -->
</html>                                                        <!-- 完结标记 -->
```

本程序使用了 DOM 解析进行操作，在 setFun()方法中，首先通过 document.getElementById ("area")取得了 area 下拉列表框的对象，然后通过 length 属性设置下拉列表框每次只能选择一个，并且将第一个选项设置为默认选中。

由于在一个下拉列表中会存在多个 option 元素，所以通过 setAttribute()方法设置每个 option 中包含的 value 属性内容，并且每一个 option 中都设置一个文本节点表示显示内容，最后将每一个 option 元素都添加到下拉列表框中。程序的运行结果如图 3-17 所示。

图 3-17　生成下拉列表内容

在 HTML 所提供的 DOM 操作中，也可以取得一个表格（table）元素，使用此元素提供的方法可以动态进行表格的操作，这些方法如表 3-11 所示。

表 3-11　表格的操作方法

No.	方　法	描　述
1	insertRow()	增加新的表格行
2	deleteCell()	删除行中指定的单元格
3	insertCell()	在一行中的指定位置插入一个空的<td>元素

【例 3.24】 动态地增加和删除表格——js_dom_demo04.htm

```
<html>                                                          <!-- HTML 开始标记 -->
<head>                                                          <!-- 头标记 -->
    <title>www.mldnjava.cn，MLDN 高端 Java 培训</title>          <!-- 文档标题信息 -->
    <script language="JavaScript">
    var count = 3 ;
    function addrow() {
        var table = document.getElementById("mytable");         // 取得表格
        var tr = table.insertRow();                             // 插入一个新的行
        var td1 = tr.insertCell();                              // 为行加入单元格
        var td2 = tr.insertCell();                              // 为行加入单元格
        var td3 = tr.insertCell();                              // 为行加入单元格
        td1.innerHTML = "MLDN_LXH" + count;                     // 为单元格添加内容
        td2.innerHTML = "李兴华-" + count;                       // 为单元格添加内容
        td3.innerHTML = "<input type='button' value='-' onClick='deleterow(this);'>";
        count++;                                                // 数量 + 1
    }
    function deleterow(btn) {
        var tr = btn.parentNode.parentNode ;                    // 取得行节点
        var table = document.getElementById("mytable");         // 取得表格
        table.deleteRow(tr.rowIndex);                           // 删除行
    }
    </script>
</head>                                                         <!-- 完结标记 -->
<body>                                                          <!-- 网页主体 -->
    <input type="button" value="+" onClick="addrow();">
    <TABLE id="mytable" border="1">
    <TR>
        <TD>MLDN_LXH-1</TD>
        <TD>李兴华-1</TD>
        <TD><input type="button" value="-" onclick="deleterow(this);"></TD>
    </TR>
    <TR>
        <TD>MLDN_LXH-2</TD>
        <TD>李兴华-2</TD>
        <TD><input type="button" value="-" onclick="deleterow(this);"></TD>
    </TR>
    </TABLE>
</body>                                                         <!-- 完结标记 -->
</html>                                                         <!-- 完结标记 -->
```

本程序运行后会显示出一个表格，然后可以使用“+”按钮增加一个表格的行，并设置每一列的内容；也可以直接在表格上使用“-”操作，将当前的表格行删除掉，但是删除时要首先取得行的对象，然后通过 deleteRow()函数删除。

上面的程序是通过 JavaScript 本身提供的方法完成的，其实对于此种操作也可以直接通过 DOM 节点的操作方式完成，但必须注意的是，如果现在使用 DOM 修改方式完成，则在每次向表格增加一行（<tr>节点）时，需要先将<tr>元素设置在<tbody>元素，之后在<table>元素中保存<tbody>才可以完成，这些关系如图 3-18 所示。

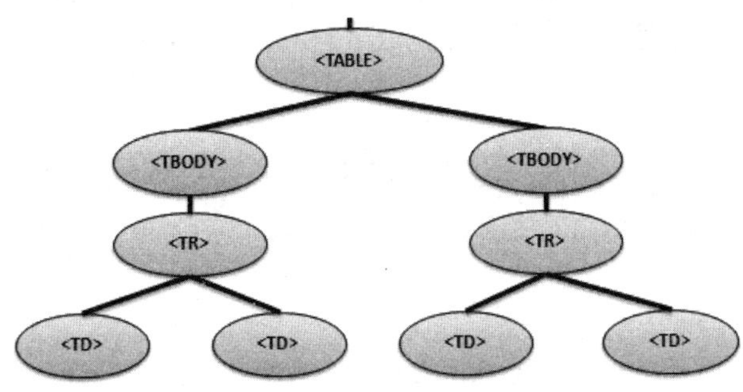

图 3-18　表格的 DOM 树

【例 3.25】 动态的增加表格——js_dom_demo05.htm

```
<html>                                                    <!-- HTML 开始标记 -->
<head>                                                    <!-- 头标记 -->
    <title>www.mldnjava.cn，MLDN 高端 Java 培训</title>    <!-- 文档标题信息 -->
    <script language="javascript">
        function addrow(){                                // 增加表格行的函数
            var tab = document.getElementById("mytab") ;   // 取得 table 的节点对象
            var id = document.getElementById("id").value ; // 取得输入内容
            var name = document.getElementById("name").value ;
            var tr = document.createElement("tr") ;        // 创建新节点
            var tbody = document.createElement("tbody") ;  // 创建新节点
            var td_id = document.createElement("td") ;     // 创建新节点
            var td_name = document.createElement("td") ;   // 创建新节点
            td_id.appendChild(document.createTextNode(id)) ; // 设置内容
            td_name.appendChild(document.createTextNode(name)) ;// 设置内容
            tr.appendChild(td_id) ;                            // 设置子节点
            tr.appendChild(td_name) ;                          // 设置子节点
            tbody.appendChild(tr) ;                            // 设置子节点
            tab.appendChild(tbody) ;                           // 设置子节点
        }
    </script>
</head>
<body>
    新的编号：<input type="text" name="id">
    新的姓名：<input type="text" name="name">
    <input type="button" value="增加" onclick="addrow()">
```

```
        <TABLE id="mytab" border="1">
            <TR>
                <TD>编号</TD>
                <TD>姓名</TD>
            </TR>
        </TABLE>
</body>                                                                    <!-- 完结标记 -->
</html>                                                                    <!-- 完结标记 -->
```

本程序直接采用 DOM 进行表格的修改操作，在 addrow()函数中，首先将表单输入的编号和姓名取出，之后通过创建 DOM 节点完成表格行的增加操作。程序的运行效果如图 3-19 所示。

图 3-19　通过 DOM 操作表格

**提示**

掌握 DOM 的操作原理最重要，代码只是展示形式。

通过以上的操作代码，相信读者已经可以建立起来一些 DOM 的基本操作，任何时候如果需要进行前台的动态显示，通过 DOM 都可以很方便的完成，而所需要的方法也可以直接参考 Java Doc 中的 DOM 解析部分。

本程序在高级篇的应用中将有所涉及。

3.4　本 章 摘 要

1．XML 主要用于数据交换，而 HTML 则用于显示。

2．Java 直接提供的 XML 解析方式分为两种，即 DOM 和 SAX。这两种解析的区别如下：

☑ DOM 解析是将所有内容读取到内存中，并形成内存树，如果文件量较大则无法使用，但是通过 DOM 解析可以进行文件内容的修改。

☑ SAX 解析是采用顺序的方式读取 XML 文件的，不受文件大小的限制，但是不允许修改。

3．XML 解析可以使用 JDOM 或 DOM4J 这样的第三方工具包，以提升开发效率。

4．JavaScript 本身具备了进行 DOM 操作的能力，可以直接在 JavaScript 中通过 DOM

操作 HTML 代码。

3.5　开发实战练习（基于 Oracle 数据库）

1．取出 dept 表中的全部数据，并生成一个 dept.xml 的数据。dept 表的结构如表 3-12 所示。

表 3-12　dept 表的结构

部　门　表			
	No.	列　名　称	描　　述
dept deptno NUMBER(2) <pk> dname VARCHAR2(14) loc VARCHAR2(13)	1	deptno	部门编号，使用数字表示，长度是 4 位数字
	2	dname	部门名称，使用字符串表示，长度是 14 位字符串
	3	loc	部门位置，使用字符串表示，长度是 13 位字符串

2．给出如下的 XML 文件，要求可以通过解析操作将所有的相关数据插入到数据库表中。本程序使用的 emp 表的结构如表 3-13 所示。

表 3-13　emp 表的结构

雇　员　表			
	No.	列名称	描　　述
emp empno NUMBER(4) <pk> ename VARCHAR2(10) job VARCHAR2(9) hiredate DATE sal NUMBER(7,2) comm NUMBER(7,2)	1	empno	雇员编号，使用数字表示，长度是 4 位数字
	2	ename	雇员姓名，使用字符串表示，长度是 10 位字符串
	3	job	雇员工作
	4	hiredate	雇佣日期，使用日期形式表示
	5	sal	基本工资，使用小数表示，其中小数位 2 位，整数位 5 位
	6	comm	奖金

XML 数据：

```
<?xml version="1.0" encoding="GBK"?>
<emps>
	<emp>
		<empno>1000</empno>
		<ename>李兴华</ename>
		<job>经理</job>
		<hiredate>1998-09-19</hiredate>
		<sal>3000</sal>
		<comm>500</comm>
	</emp>
	<emp>
		<empno>1001</empno>
		<ename>董鸣楠</ename>
		<job>经理</job>
		<hiredate>1999-03-12</hiredate>
		<sal>3500</sal>
```

```
		<comm>200</comm>
	</emp>
	<emp>
		<empno>1002</empno>
		<ename>周艳军</ename>
		<job>项目经理</job>
		<hiredate>2000-07-27</hiredate>
		<sal>5000</sal>
		<comm>1600</comm>
	</emp>
	<emp>
		<empno>1003</empno>
		<ename>王月清</ename>
		<job>人事</job>
		<hiredate>2001-03-14</hiredate>
		<sal>2000</sal>
		<comm>1300</comm>
	</emp>
</emps>
```

3．对第 2 章的 JavaScript 验证题目进行修改。

如果现在用户输入的数据正确，则显示一张表示“√”的图片；如果不正确，则显示一张表示“×”的图片。

第 4 章　Tomcat 服务器的安装及配置

通过本章的学习可以达到以下目标：

☑　了解 Tomcat 服务器的主要作用。

☑　掌握 Tomcat 服务器的安装及配置。

☑　掌握 Tomcat 安装目录下主要文件夹的作用。

☑　理解 JSP 页面的执行流程。

☑　编写第一个交互式程序。

在进行 Java Web 开发时必须有 Web 服务器的支持，本章将讲解最常用的 Web 服务器——Tomcat 的安装、配置及其基本工作原理。

4.1　Web 容器简介

要想运行一个 Java Web 的程序，则必须有相应的 Web 容器（Web Container）支持，因为所有的动态页面的程序代码都要在 Web 容器（Web Container）中执行，并将最后生成的结果交付给用户使用，如图 4-1 所示。

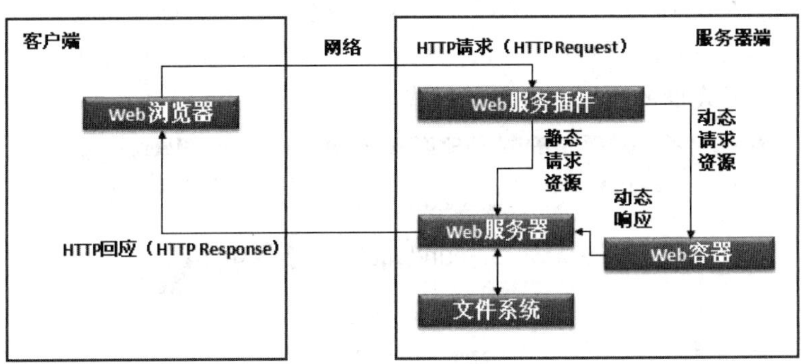

图 4-1　Web 执行流程

在图 4-1 中划分了客户端和服务器端两个部分，客户端通过 Web 浏览器发送一个基于 HTTP 协议的请求到服务器上后，服务器端使用 Web 服务插件（Web Server Plugin）接收客户端的请求，并对接收的用户请求进行判断，判断其是动态请求还是静态请求。如果是静态请求，则直接通过 Web 服务器（Web Server）从文件系统中取得相应的文件，并通过 HTTP 协议返回到客户端浏览器；如果是动态请求，则将所有内容提交到 Web 容器中，并且在此容器中由程序动态地生成显示的结果，最后也同样通过 Web 服务器进行返回。

提问：什么是静态请求和动态请求，二者该如何区分？

图 4-1 中的 Web 服务插件可以用于区分是静态请求还是动态请求，那么应该怎样加以区分静态请求和动态请求呢？

回答：简单的理解可以通过后缀完成。

在一般的 Web 站点中，html、htm 之类的后缀往往都属于静态请求，所以一般这样的操作都是直接通过文件系统取出后并返回的，而如果请求的后缀是 jsp、php 之类的话，则肯定就是动态请求了。

以上的解释比较片面，最好的解释是：“静态请求的所有代码都是固定的，而动态请求的所有代码都是拼凑而成的，诸如各个论坛之类的代码就是拼凑出来的”。

4.2 Tomcat 简介

Tomcat 是 Apache 软件基金会（Apache Software Foundation，可以直接登录 www.apache.org 进行访问。Apache 首页如图 4-2 所示。）的 Jakarta 项目中的一个核心项目，由 Apache、SUN 和其他一些公司及个人共同开发而成。由于有了 SUN 的参与和支持，最新的 Servlet 和 JSP 规范总是能在 Tomcat 中得到体现，从 Tomcat 5 版本中开始支持最新的 Servlet 2.4 和 JSP 2.0 规范。因为 Tomcat 技术先进、性能稳定，而且免费，因而深受 Java 爱好者的喜爱，并得到了部分软件开发商的认可，现在已经成为目前比较流行的 Web 应用服务器。

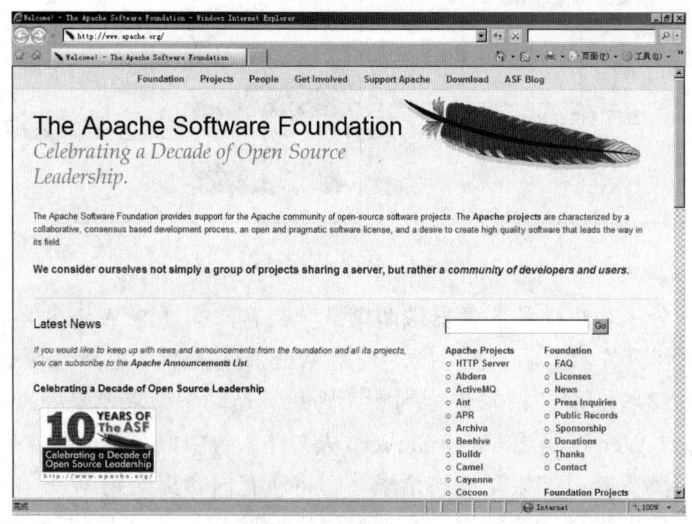

图 4-2　Apache 首页

4.3　Tomcat 服务器的下载及配置

4.3.1　Tomcat 下载

用于可以直接登录 Apache 的网站上下载 Tomcat。进入 Apache 的网站首页后，从开源项目中找到 Tomcat 并单击，可进入 Tomcat 的下载首页，如图 4-3 所示。

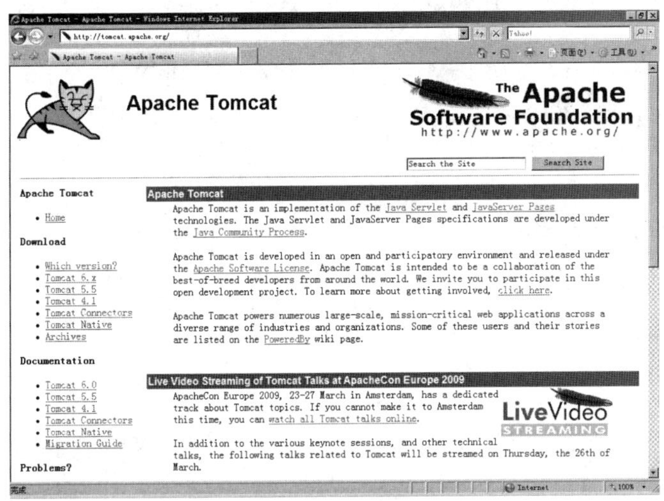

图 4-3　Tomcat 的下载页

在下载时会提供以下几种常用的 Tomcat 版本，即 Tomcat 4.1、Tomcat 5.5 和 Tomcat 6.0。本书使用的是 Tomcat 6.x 版本的服务器，直接选择下载 Windows 安装版即可。

提示

下载的安装版本。

在下载 Tomcat 时会出现手工安装版（分为 Windows 和 Linux 平台）和 Windows 的服务安装版，如果下载的是 Windows 的服务安装版的 Tomcat，则安装完成后会自动在 Windows 的系统服务中注册 Tomcat 的信息。

4.3.2　Tomcat 安装

使用 Tomcat 时必须有 JDK 的支持，所以需要在本机先配置 JDK 的安装环境，直接从 www.sun.com 上下载 JDK 的安装版即可，如图 4-4 所示。本书所使用的 JDK 版本是 jdk-6u2-windows-i586-p.exe。

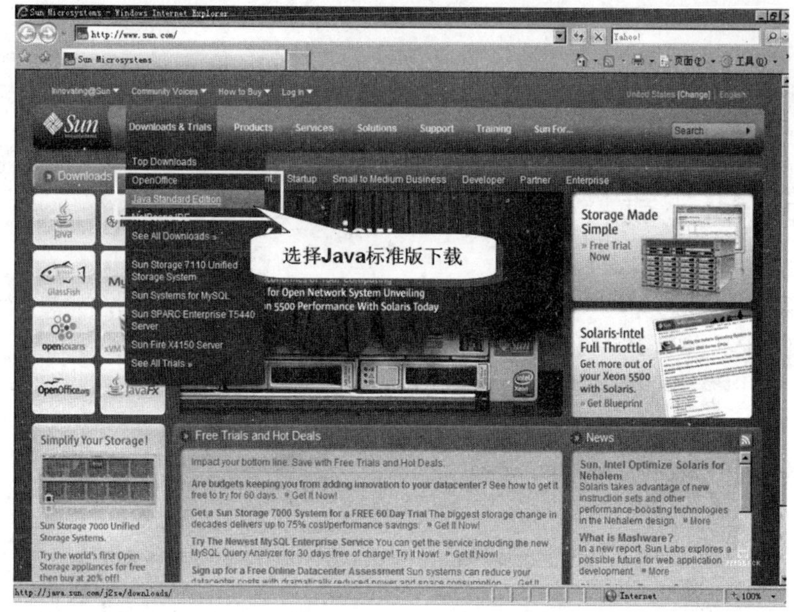

图 4-4　SUN 公司首页

下载完后直接进行安装即可，本书中将 JDK 的安装路径设置在“D:\Java\jdk1.6.0_02”目录中。

安装完成后，要在系统环境中配置 JAVA_HOME 的环境变量。选择【我的电脑】→【属性】→【高级】→【环境变量】→【新建用户变量】命令，弹出“新建用户变量”对话框。在“变量名”文本框中输入“JAVA_HOME”；“变量值”文本框中即为 JDK 的安装文件夹“D:\Java\jdk1.6.0_02”，如图 4-5 所示。

图 4-5　JAVA_HOME 配置

提示

JAVA_HOME 的作用。

在操作系统中使用 JAVA_HOME 设置本机要使用的 JDK，当本机中同时存在多个 JDK 时，即可通过 JAVA_HOME 进行配置，因为 Tomcat 在运行时需要 JDK 的支持，所以要通过 JAVA_HOME 找到所需要使用的 JDK。

JDK 安装配置完成后，即可进行 Tomcat 的安装。启动 Tomcat 的安装程序，按照提示进行安装操作。Tomcat 安装的启动界面如图 4-6 所示。

本书将 Tomcat 6.0 服务器安装在了 D 盘的 Tomcat 6.0 目录中，如图 4-7 所示。安装过程中需要配置服务器的端口号和密码，如图 4-8 所示，本书中 Tomcat 服务器的端口号是 8080，密码是 admin。因为在之前已经将 JAVA_HOME 配置完成，所以此时会出现默认的 JAVA_HOME，如图 4-9 所示。

图 4-6　启动 Tomcat 安装的首页

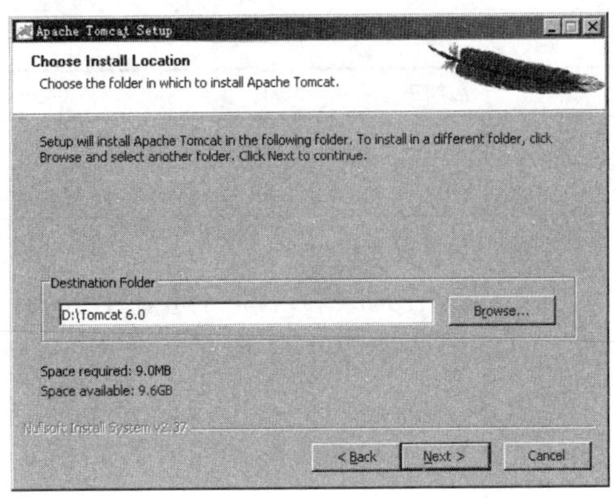

图 4-7　选择安装目录

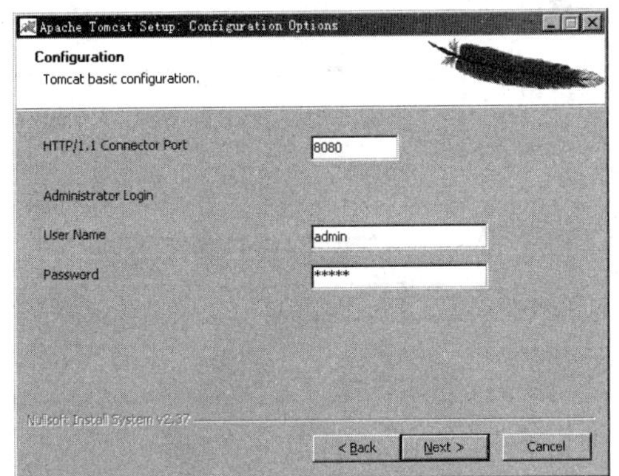

图 4-8　设置端口号和密码

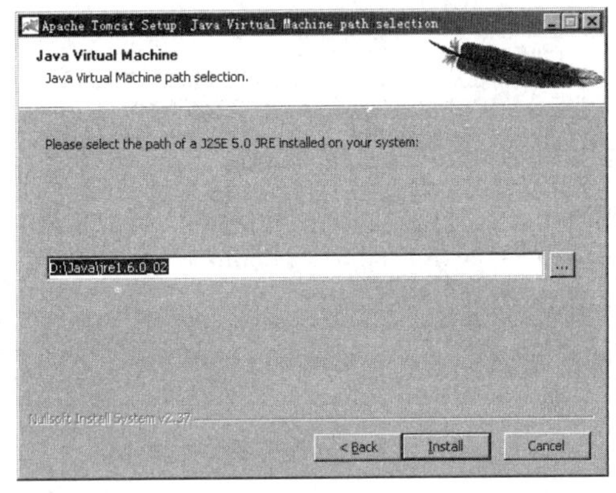

图 4-9　配置需要的 JRE

安装完成后的 Tomcat 目录如图 4-10 所示，其中几个主要文件夹的作用如表 4-1 所示。

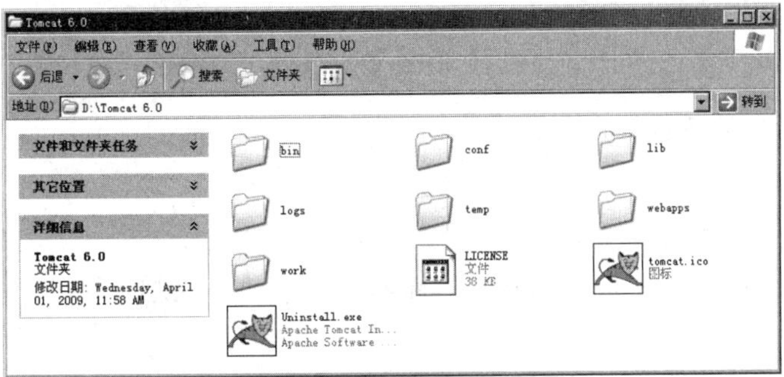

图 4-10　Tomcat 的安装目录

表 4-1　Tomcat 主要文件夹的作用

No.	目　录	作　用
1	bin	所有的可执行命令，启动和关闭服务器的命令就在此文件夹之中
2	conf	服务器的配置文件夹，其中保存了各个配置信息
3	lib	Tomcat 服务器所需要的各个库文件
4	logs	保存服务器的系统日志

续表

No.	目　录	作　用
5	webapps	Web 应用程序存放的目录，Web 项目保存到此目录中即可发布
6	work	临时文件夹，生成所有的临时文件（*.java、*.class）

服务器安装完成后，即可通过 Tomcat 中 bin 目录下的 tomcat6.exe 命令启动 Tomcat 服务器，启动界面如图 4-11 所示。注意启动后不可关闭。

服务器启动后，打开浏览器，并在浏览器中输入“http://localhost:8080/”或者“http://127.0.0.1:8080”，即可看到如图 4-12 所示的目录，此时表示服务器已经安装成功。

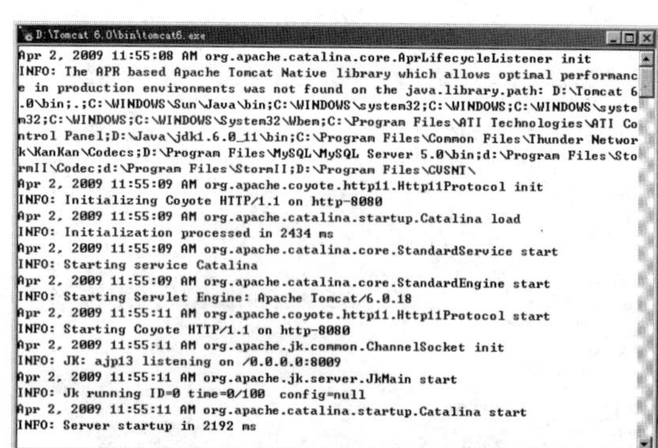

图 4-11　Tomcat 服务器启动界面

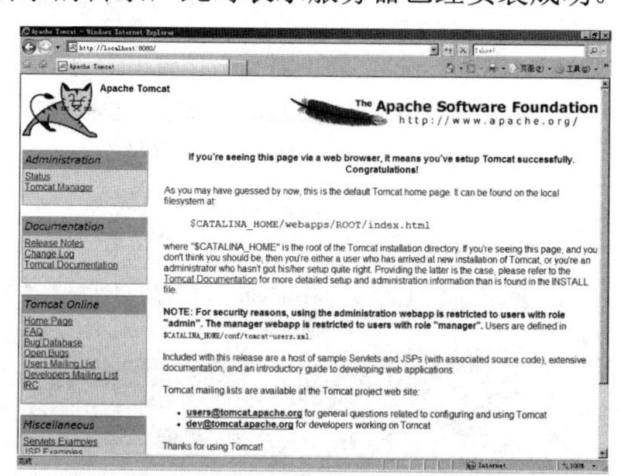

图 4-12　服务器首页

说明

提问：地址中的 8080 是什么？

在进行浏览器访问时为什么要在地址后输入“8080”，而不是直接输入地址名称呢？

回答：8080 为服务器端口号。

Socket 程序存在端口，参考《Java 开发实战经典》。

任何服务器都是需要端口号进行监听的。在安装 Tomcat 时，默认设置的端口号就是 8080，如果不希望在使用浏览器访问时输入服务器的端口号，则可以将端口号设置为 80 的默认端口号。

关于端口号的修改操作，在下面的章节中还会介绍。

4.3.3　服务器配置

1．修改端口号

在 Tomcat 安装时，读者可以发现默认的端口号是 8080，如果要想修改端口号，则可以打开 Tomcat 目录中的 conf/server.xml 文件，找到以下内容：

```
<Connector port="8080" protocol="HTTP/1.1" connectionTimeout="20000"   redirectPort="8443" />
```

将 port 定义的内容修改即可。例如，下面将端口号修改为 80 端口：

```
<Connector port="80" protocol="HTTP/1.1" connectionTimeout="20000"   redirectPort="8443" />
```

这样，以后直接输入“http://localhost/”即可进行访问，不用再输入端口号。

注意

配置文件修改后服务器必须重新启动。

以上的配置修改完成后，服务器必须重新启动才能生效，因为服务器每次启动时都会加载 server.xml 文件中的内容。

2．配置虚拟目录

在 Tomcat 服务器的配置中，最重要的就是配置虚拟目录的操作，因为每一个虚拟目录都保存了一个完整的 Web 项目，这样对于项目的开发及运行维护都有很大的帮助。

首先在硬盘上建立一个自己的文件夹，例如，在 D 盘上建立一个 mldnwebdemo 的文件夹，并在此文件夹中建立一个 WEB-INF 的子文件夹，同时在 WEB-INF 文件夹中建立一个 web.xml 文件，此文件的格式如下。

【例 4.1】 建立后的 web.xml 文件

```
<?xml version="1.0" encoding="ISO-8859-1"?>
<web-app xmlns="http://java.sun.com/xml/ns/javaee"
    xmlns:xsi="http://www.w3.org/2001/XMLSchema-instance"
    xsi:schemaLocation="http://java.sun.com/xml/ns/javaee
http://java.sun.com/xml/ns/javaee/web-app_2_5.xsd"
    version="2.5">
    <display-name>Welcome to Tomcat</display-name>
    <description>
        Welcome to Tomcat
    </description>
</web-app>
```

web.xml 文件是整个 Web 的核心配置文件，也称为 Web 的部署描述符，其作用将随着学习的深入而越来越重要，在以后讲解时将使用到。

提示

可以从 Tomcat 中得到 web.xml 文件。

如果将以上内容全部输入会很麻烦，而且也很可能会出错，那么告诉读者一个好方法，即从 Tomcat 安装目录下的 webapps\ROOT\WEB-INF 文件夹中找到 web.xml 文件，直接将此文件复制过来即可。

配置完工作目录后，下面即可进行服务器的配置。打开 Tomcat 安装目录的 conf/server.

xml 文件，在如图 4-13 所示的位置上加入以下代码：

```
<Context path="/mldn" docBase="D:\mldnwebdemo"/>
```

以上代码中的<Context>是一个固定的标记，表示配置虚拟目录，其中两个参数的意义分别介绍如下。

☑ path：表示浏览器上的访问虚拟路径名称，前面必须加上“/”。

☑ docBase：表示此虚拟路径名称所代表的真实路径地址。

```
        <Valve className="org.apache.catalina.valves.Acces
               prefix="localhost_access_log." suffix=".txt
        -->
        <Context path="/mldn" docBase="D:\mldnwebdemo"/>
      </Host>
    </Engine>
```

图 4-13　虚拟目录配置

注意

可以配置多个虚拟目录，但是 path 不能重名。

一个 Tomcat 服务器可以同时配置多个虚拟目录，但是每一个虚拟目录的 path 名称不能重复，否则服务器将无法启动。

配置完成后，重新启动服务器，在浏览器中输入“http://localhost/mldn/”（其中，mldn 就是之前配置好的虚拟路径的名称），即可看到如图 4-14 所示的界面。

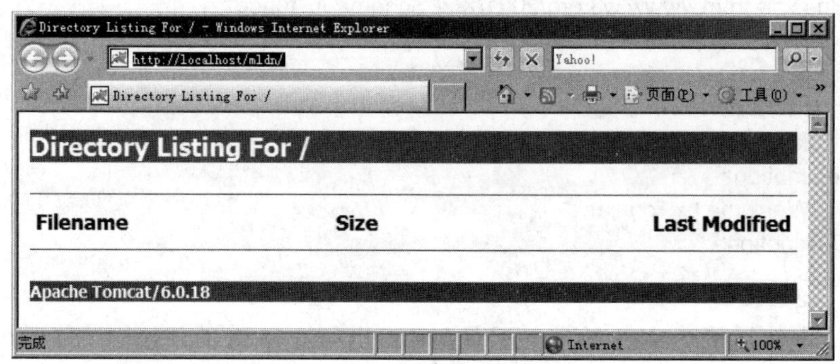

图 4-14　虚拟路径配置成功

提示

如果没有出现图 4-14 所示的页面，则需要修改 conf/web.xml 文件。

在 Tomcat 服务器上，默认情况下是不会出现以上的文件列表页的，此时，如果要访问，则肯定会弹出如图 4-15 所示的错误提示。

这时只需要修改 conf/web.xml 文件即可，找到此文件中如图 4-16 所示内容的位置。

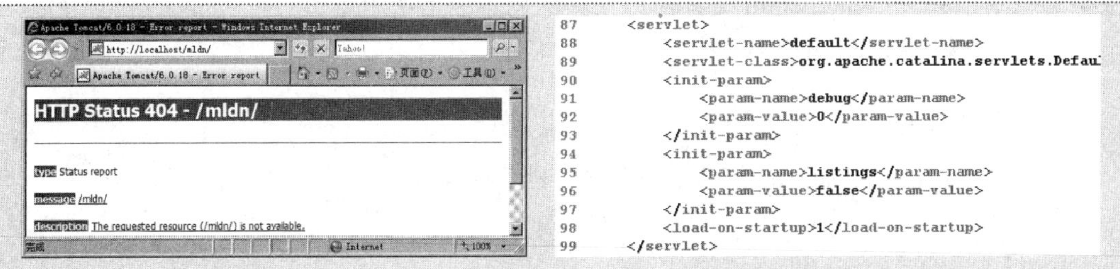

图 4-15　出现错误　　　　图 4-16　web.xml 文件

将其中的 listings 中的 false 修改为 true，如下所示：

```
<init-param>
    <param-name>listings</param-name>
    <param-value>true</param-value>
</init-param>
```

重新启动服务器后，再次运行页面即可看到图 4-14 所示的界面。

提示

HTTP 状态码说明。

从图 4-15 可以发现，出现错误后，提示的是 HTTP 的 404 状态码，这是一个错误，表示客户端访问路径发生的错误，一般都是由于路径输入不正确造成的。还有一种经常出现的错误代码就是 500，表示服务器的程序出错。关于 HTTP 状态码还有以下几种，如表 4-2 所示。

表 4-2　HTTP 状态码

No.	状　态　码	表示的含义	
1	2xx		请求成功
2	3xx		重定向
3	4xx		客户机中出现的错误
		403	禁止——即使有授权也不需要访问
		404	服务器找不到指定的资源，文档不存在
4	5xx		服务器中出现的错误
		500	服务器内部错误——因为意外情况，服务器不能完成请求

在出错后，根据这些状态码就能够轻松地发现问题的所在，这一点需要读者逐步积累经验。

如果想了解更多的 HTTP 状态码，可以参考附录 C。

3．配置首页

Tomcat 服务器配置完虚拟目录后，可以配置一个 Web 项目的首页。例如，在配置好的

虚拟目录中建立一个 index.htm 文件，此文件的内容如下所示。

【例 4.2】 index.htm 文件

```
<html>
<head>
    <title>www.mldnjava.cn，MLDN 高端 Java 培训</title>
</head>
<body>
<center>
    <H1>欢迎光临本站点！</H1>
    <H2>跟李兴华老师一起学习 Java Web 开发</H2>
</center>
</body>
</html>
```

此文件就是一个普通的 HTML 页面，用户建立完成后再次输入“http://localhost/mldn”，Tomcat 会自动将 index.htm 页面的内容显示给用户，如图 4-17 所示。

图 4-17　运行效果

此时，可以发现之前的文件列表页已经不会出现了，而是会自动执行 index.htm 页面，也就是说 index.htm 是整个 Web 站点的默认首页。之所以会有这样的情况主要是由于在 Tomcat 的 conf/web.xml 中有下面的语句：

```
<welcome-file-list>
    <welcome-file>index.html</welcome-file>
    <welcome-file>index.htm</welcome-file>
    <welcome-file>index.jsp</welcome-file>
</welcome-file-list>
```

以上表示，本站点的默认欢迎页是 index.html、index.htm 或 index.jsp。如果想要更换某个项目中首页，则可以直接在项目文件夹的 WEB-INF/web.xml 文件中（例如：mldnwebdemo/web-INF/web.xml）修改以上代码即可。例如，下面只想将 mian.htm 作为首页，则可以修改如下：

```
<welcome-file-list>
    <welcome-file>main.htm</welcome-file>
</welcome-file-list>
```

4.4　编写第一个 JSP 文件

服务器已经配置完毕，下面就编写第一个 JSP 程序，本程序的主要作用依然是输出一个“Hello World！！！”的字符串。另外，需要提醒读者的是，JSP 文件的后缀名称必须是

*.jsp，所以下面建立的文件就是 hello.jsp。

注意

JSP 文件的命名最好采用小写的形式。

在程序的开发中，对于文件都有标准的命名规范，而在 JSP 的文件命名中，全部的字母建议采用小写，如 hello.jsp、demo.jsp。

【例 4.3】 使用 JSP 输出“Hello World!!!”——hello.jsp

```
<html>
    <head>
        <title> www.mldnjava.cn，MLDN 高端 Java 培训</title>
    </head>
    <body>
        <%
            out.println("<h1>Hello World!!!</h1>");            // 这里直接编写输出语句
        %>
    </body>
</html>
```

将本程序保存在虚拟目录中，并通过浏览器输入地址 http://localhost/mldn/hello.jsp 访问，程序的运行结果如图 4-18 所示。

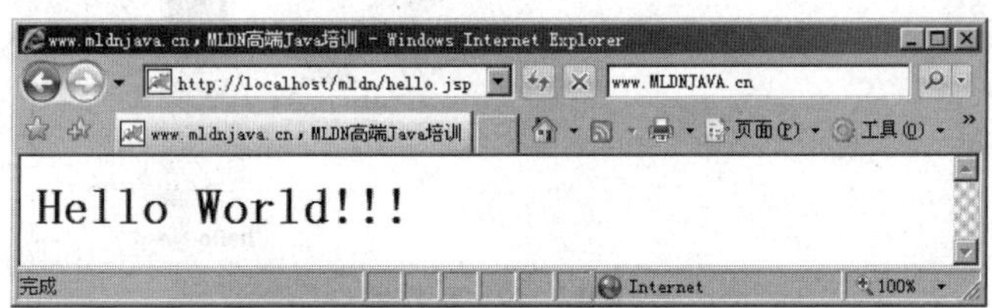

图 4-18　程序的运行结果

注意

代码会出现 500 错误。

在以上操作代码中，如果读者在<%%>中编写的代码有错误，例如，out.println()语句后面的“;”没有编写，则页面会出现 500 的 HTTP 状态码。

从以上程序中可以发现，该 JSP 程序主要还是由 HTML 代码组成的，只是在 HTML 中加入了以下的 Java 代码：

```
<%
    out.println("<h1>Hello World!!!</h1>");            // 这里直接编写输出语句
%>
```

所以，所谓的 JSP 程序代码开发就是指在 HTML 中嵌入大量的 Java 代码而已。

关于在 HTML 中嵌入大量 Java 代码的说明。

在 JSP 的开发中有时是很难避免增加大量的 Java 代码的，而一个 JSP 文件的质量高低完全是看其 Java 代码是以何种形式出现的，因为过多的 Java 代码可能会造成页面混乱，所以本书在讲解的过程中，将逐步介绍如何进行正确的 JSP 开发，以帮助读者建立良好的开发习惯。

上面的 JSP 文件已经被正确地执行，但是细心的读者会发现这样一个特征："程序第一次执行的速度是很慢的，而之后的执行速度就变得非常快"，这是由于 JSP 在第一次执行时会首先将*.jsp 文件翻译成*.java 文件，然后再将*.java 编译成*.class 文件后才执行的，如图 4-19 所示。

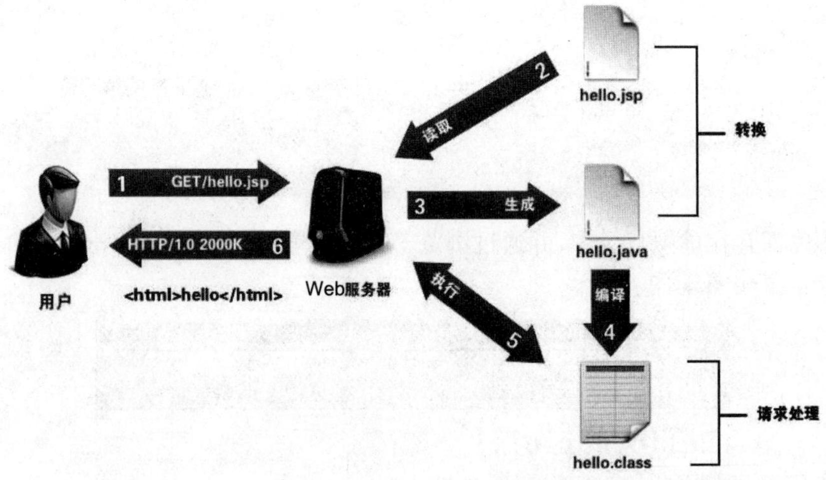

图 4-19　JSP 执行流程

从图 4-19 中可以发现，首先一个客户端向服务器端发送一个请求的页面地址，服务器端在接收到用户请求的内容后要对*.jsp 文件进行转换，将其转换为*.java 源文件，并最终编译为*.class 文件，也就是说最后真正执行的文件还是以*.class 文件格式为主的。因为程序第一次运行要经历如上的步骤，所以会比较慢一些，而第二次执行时，已经生成好了相应的*.class 文件，所以直接执行即可，因此执行速度会变快。

另外，在每次修改*.jsp 文件后，所有的*.java 文件也会重新生成，每次修改对于程序来讲都相当于是一个新的程序重新执行一样，所以第一次的执行速度依然会很慢。

提示

生成的*.java 和*.class 文件可以直接在 Tomcat 中找到。

在 Tomcat 的安装文件夹中，可以看到有一个 work 的文件夹，在 Web 中，所有生成的*.java 及*.class 文件都会保存在此文件夹中。如果想清理掉这些临时文件，可以删除 work 目录中的全部内容，这样在每次运行时就会重新生成新的文件。

4.5 交　互　性

在动态 Web 中最大的特点就是交互性，所谓的交互性就是指，在服务器端可以接收前页面输入的内容并进行显示，而要输入内容就必须依靠表单的支持。下面通过一道简单的程序来体现一下动态 Web 交互性特点。

【例 4.4】 编写表单，输入内容——input.htm

```
<html>
<head>
	<title> www.mldnjava.cn，MLDN 高端 Java 培训 </title>
</head>
<body>
<center>
<form action="input.jsp" method="post">
	请输入要显示的内容：<input type="text" name="info">
	<input type="submit" value="显示">
</form>
</center>
</body>
</html>
```

本程序主要就是显示一个输入的表单，如图 4-20 所示。

图 4-20　输入表单

【例 4.5】 接收输入表单参数并显示——input.jsp

```
<html>
<head>
	<title> www.mldnjava.cn，MLDN 高端 Java 培训 </title>
</head>
<body>
	<%
		String str = request.getParameter("info");  // 接收表单输入的内容
		out.println("<h1>" + str + "</h1>");         // 输出信息
	%>
</body>
</html>
```

表单提交后，会将表单中的内容提交给 action 所指向的路径，而 input.jsp 将直接输出表单的输入内容，此时程序运行效果如图 4-21 所示。

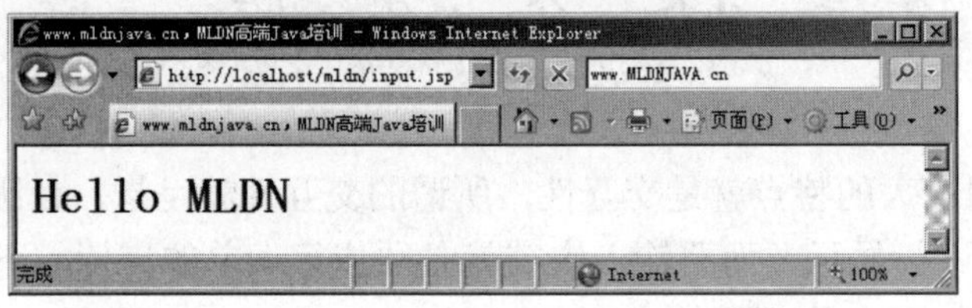

图 4-21　接收输入的内容

以上就完成了一个简单的交互程序的操作，在该程序中读者可以发现，使用者可以通过表单与服务器进行交互。而在 JSP 中，服务器端的操作要想取得客户端的输入信息，则需要使用 request.getParameter("info")操作，其中 request 就是一个 JSP 提供的内置对象，而 getParameter()方法接收的参数就是表单中对应的文本框的名称，所以此处编写的就是 info。

注意

程序一定要在服务器上运行。

有许多读者在刚开始接触到这类程序时，都习惯于直接通过鼠标将一个网页程序打开，这样无论如何提交都不会出现正确的结果。因此在这里要重点提醒读者的是，一定要将程序放在服务器的虚拟目录中，并且通过浏览器输入地址访问，否则程序是无法正确执行的。

4.6　本章摘要

1．Tomcat 是一个支持 Java Web 最小的 Web 容器，由 Apache 提供。

2．Tomcat 本身提供的是一个 Web 容器，所有的 Java Web 程序都要通过容器才能执行。

3．可以通过 conf/server.xml 文件配置一个虚拟目录和改变服务器的监听端口，如果端口号设置为 80，则以后在使用时将不用再输入任何的端口号。

4．一个 JSP 文件最终都是以*.class 文件的形式执行的。

5．可以使用 request.getParameter()方法接收用户表单中的输入内容，此操作返回 String 型数据。

第 2 部分

Web 基础开发

- JSP 基础语法
- JSP 内置对象
- JavaBean
- 文件上传

第 5 章　JSP 基础语法

通过本章的学习可以达到以下目标：

☑　掌握 JSP 中注释语句的使用。

☑　掌握 JSP 中 Scriptlet 的使用及使用的区别。

☑　掌握 page 指令的作用。

☑　掌握两种包含语句的使用及区别。

☑　掌握跳转指令的操作。

☑　可以使用 JSP 基础语法结合 JDBC 完成登录程序的开发。

在 JSP 中其基本的核心语法都是来源于 Java，像 Java 中的各种判断、循环语句在 JSP 中都可以使用，本章将为读者讲解 JSP 的一些基础语法。

5.1　JSP 注释

在 JSP 中支持两种注释的语法操作，一种是显式注释，这种注释客户端是允许看见的；另外一种是隐式注释，此种注释客户端是无法看见的。

【格式 5-1　显式注释语法（HTML 风格的注释）】

```
<!-- 注释内容 -->
```

【格式 5-2　隐式注释语法】

```
格式一：  //注释，单行注释
格式二：  /* 注释 */，多行注释
格式三：  <%-- 注释 --%>，JSP 注释
```

【例 5.1】 定义显式和隐式注释——comment.jsp

```
<!-- 这个注释客户端可以看见 -->
<%-- JSP 中的注释，客户端无法看见 --%>
<%
    // Java 中提供的单行注释，客户端无法看见
    /*
        Java 中提供的多行注释，客户端无法看见
    */
%>
```

程序运行后，页面上不会显示任何内容，此时可以通过在页面中单击鼠标右键，选择

查看源文件，即可看到如图 5-1 所示的内容。

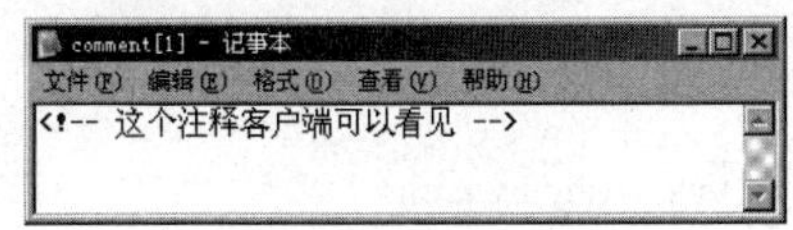

图 5-1　文件的内容

从图 5-1 中可以清楚地发现，只有显式注释的内容显示了出来，而其他隐式注释的内容根本就无法显示。也就是说，显式注释的内容会发送到客户端，而隐式注释的内容不会发送到客户端。

5.2　Scriptlet

在 JSP 中，最重要的部分就是 Scriptlet（脚本小程序），所有嵌入在 HTML 代码中的 Java 程序都必须使用 Scriptlet 标记出来。在 JSP 中一共有 3 种 Scriptlet 代码。

- ☑ 第一种：<%%>。
- ☑ 第二种：<%!%>。
- ☑ 第三种：<%=%>。

提示

关于 let 的说明。

读者一定听过 Applet 这个名词，表示应用小程序，而本书随后的 Scriptlet 表示服务器端小程序，所以 Scriptlet 可以理解为脚本小程序。

5.2.1　第一种 Scriptlet：<%%>

第一种 Scriptlet 使用<%%>表示，在此 Scriptlet 中可以定义局部变量、编写语句等，如下代码所示。

【例 5.2】 第一种 Scriptlet——scriptlet_demo01.jsp

```
<%
    int x = 10;                                         // 定义局部变量
    String info = "www.mldnjava.cn";                    // 定义局部变量
    out.println("<h2>x = " + x + "</h2>");              // 编写语句
    out.println("<h2>info = " + info + "</h2>");        // 编写语句
%>
```

本程序定义了 x 和 info 两个局部变量，然后编写输出语句，让这两个变量直接在浏览器中输出。程序的运行结果如图 5-2 所示。

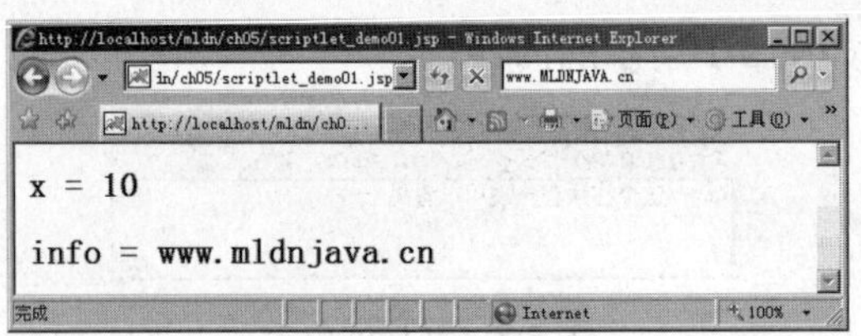

图 5-2　程序的运行结果

5.2.2　第二种 Scriptlet：<%!%>

第二种 Scriptlet 使用<%!%>表示，在此 Scriptlet 中可以定义全局变量、方法、类，如下代码所示。

【例 5.3】 第二种 Scriptlet——scriptlet_demo02.jsp

```
<%!
    public static final String INFO = "www.MLDNJAVA.cn";          // 定义全局常量
%>
<%!
    public int add(int x, int y) {                                 // 定义方法
        return x + y;
    }
%>
<%!
    class Person {                                                 // 定义 Person 类
        private String name;                                       // 定义 name 属性
        private int age;                                           // 定义 age 属性
        public Person(String name, int age) {                      // 通过构造方法设置属性内容
            this.name = name;                                      // 为 name 属性赋值
            this.age = age;                                        // 为 age 属性赋值
        }
        public String toString() {                                 // 覆写 toString()方法
            return "name = " + this.name + ";age = " + this.age;
        }
    }
%>
<%  // 编写普通的 Scriptlet
    out.println("<h3>INFO = " + INFO + "</h3>") ;                  // 输出全局常量
    out.println("<h3>3 + 5 = " + add(3,5)+"</h3>") ;               // 调用方法
    out.println("<h3>" + new Person("zhangsan",30) + "</h3>") ;    // 生成对象
%>
```

本程序分别在<%!%>中定义了全局常量、方法、类，但是因为“<%!%>”中不能出现任何的其他语句，所以又编写了一个普通的“<%%>”以完成输出变量、调用方法、输出对象等操作。程序的运行结果如图 5-3 所示。

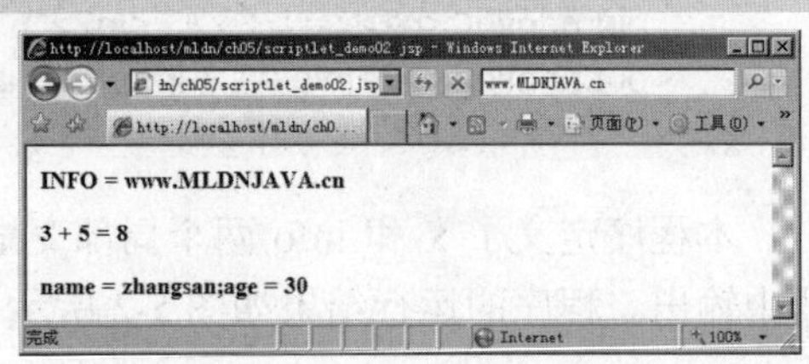

图 5-3　程序的运行结果

注意

尽量不要在 JSP 中定义类或方法。

虽然在“<%!%>”中可以定义类或方法，但是从正确的开发思路上讲，很少有用户这样操作。当 JSP 中需要类或者方法时，往往会通过 JavaBean 的形式调用，这一点将在第 7 章为读者讲解。

5.2.3　第三种 Scriptlet：<%=%>

第三种 Scriptlet 的主要功能是输出一个变量或一个具体的常量，使用<%=%>的形式完成，有时也将其称为表达式输出。

【例 5.4】　使用表达式输出——scriptlet_demo03.jsp

```
<%
    String info = "www.MLDNJAVA.cn";          // 定义局部变量
    int temp = 30;                            // 定义局部变量
%>
<h3>info = <%=info%></h3>                     <%-- 使用表达式输出变量 --%>
<h3>temp = <%=temp%></h3>                     <%-- 使用表达式输出变量 --%>
<h3>name = <%="LiXingHua"%></h3>              <%-- 使用表达式输出常量 --%>
```

本程序使用表达式的同时输出了变量及常量，而且使用这种方式输出可以更好地将 HTML 代码和 Java 代码进行分离。程序的运行结果如图 5-4 所示。

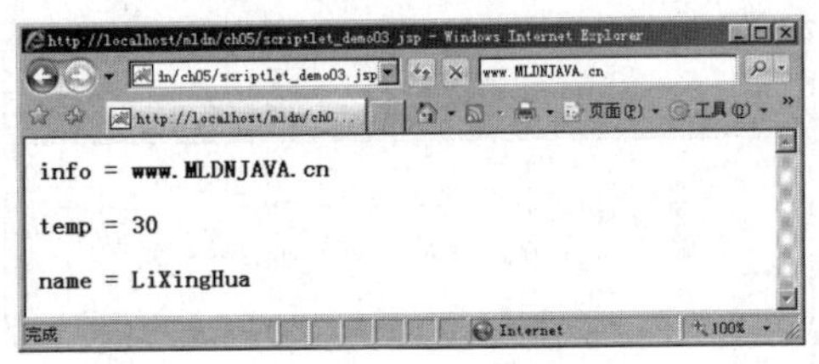

图 5-4　使用表达式输出

说明

提问：使用哪种输出方式更好？

已经学习过使用 out.println()和<%=%>输出的形式，那么在开发中使用哪种输出方式更好呢？

回答：尽量不要使用 out.println()输出，而使用表达式输出。

在 JSP 的开发中，实际上就是在 HTML 中加入了一些控制及输出的语句，所以在输出时为了使 HTML 代码和 Java 代码相分离，最好的做法就是只输出由 Java（JSP）程序产生的变量，那么这时使用表达式输出就比使用 out.println()更加方便。

下面通过两个实例来证实使用表达式输出比使用 out.println()输出更好。

在说明两者的优点之前，先来看以下的一个题目：“要求在 JSP 中输出 10×10 的表格，并在每格显示‘行数×列数’的结果”，下面使用 out.println()和表达式分别完成这样的输出操作。

【例 5.5】 使用 out.println()输出——print_table01.jsp

```
<html>
	<head>
		<title>www.mldnjava.cn，MLDN 高端 Java 培训</title>
	</head>
	<body>
		<%
			int rows = 10;                                              // 表格的行数
			int cols = 10;                                              // 表格的列数
			out.println("<table border=\"1\" width=\"100%\">");        // 输出表格开始标签
			for (int x = 0; x < rows; x++) {                            // 循环输出行标签
				out.println("<tr>");                                    // 输出行开始标签
				for (int y = 0; y < cols; y++) {                        // 循环输出列标签
					out.println("<td>" + (x * y) + "</td>");            // 输出列标签
				}
				out.println("</tr>");                                   // 输出行结束标签
			}
			out.println("</table>");                                    // 输出表格结束标签
		%>
	</body>
</html>
```

本程序采用 for 循环的方式完成了输出，输出的结果如图 5-5 所示。

0	0	0	0	0	0	0	0	0	0
0	1	2	3	4	5	6	7	8	9
0	2	4	6	8	10	12	14	16	18
0	3	6	9	12	15	18	21	24	27
0	4	8	12	16	20	24	28	32	36
0	5	10	15	20	25	30	35	40	45
0	6	12	18	24	30	36	42	48	54
0	7	14	21	28	35	42	49	56	63
0	8	16	24	32	40	48	56	64	72
0	9	18	27	36	45	54	63	72	81

图 5-5　程序的输出结果

但是，这样的输出会使程序代码混乱，因为是将 HTML 和 Java 代码紧密耦合在一起，所有的 HTML 代码由 out.println 输出，则以后的调试会很麻烦。所以最好的做法是将 HTML 代码和 Java 代码进行分离。

【例 5.6】 使用表达式输出——print_table02.jsp

```
<html>
	<head>
		<title>www.mldnjava.cn，MLDN 高端 Java 培训</title>
	</head>
```

```
	<body>
		<table border="1" width="100%">			<!-- 输出表格开始标签 -->
		<%
			int rows = 10;				// 表格的行数
			int cols = 10;				// 表格的列数
			for (int x = 0; x < rows; x++) {		// 循环输出行标签
		%>
			<tr>					<!-- 输出行开始标签 -->
		<%
				for (int y = 0; y < cols; y++) {	// 循环输出列标签
		%>
					<td><%=(x * y)%></td>	<!-- 输出列标签 -->
		<%
				}
		%>
			</tr>					<!-- 输出行结束标签 -->
		<%
			}
		%>
		</table>				<!-- 输出表格结束标签 -->
	</body>
</html>
```

此时，程序完成了如图 5-5 所示的同样的输出功能，而且在这样的程序中很好地达到了 HTML 代码和 Java 代码分离的作用，这样的代码以后在使用类似于 Dreamweaver 这样的网页设计工具调整时也非常方便。

但是，有些读者可能会认为以上的代码太复杂了，要写很多的 Scriptlet 代码，看起来会有些乱，在这里笔者给读者这样一个建议："一定要熟悉以上的代码编写，在以后的学习中将会对这种代码进行不断的优化，使之更容易读懂，一定记住，绝对不能使用 out.println() 进行输出。"

而且在以上代码编写中，如果一个 for 语句写在了多个 Scriptlet 中，一定要写上"{}"，否则程序将出现错误。

实际上，将以上代码进一步扩充，可以充分地发挥动态 Web 交互性的特点。例如，在前台表单中输入要显示表格的行数和列数，然后提交给 JSP 进行表格的显示。

【例 5.7】 定义输入显示表格行数和列数的表单页——print_table.htm

```
<html>
	<head>
		<title>www.mldnjava.cn，MLDN 高端 Java 培训</title>
	</head>
	<body>
	<form action="print_table.jsp" method="post">
		<table border="1" width="100%">
			<tr>
				<td>输入要显示表格的行数：</td>
				<td><input type="text" name="row"></td>
```

```
				</tr>
				<tr>
					<td>输入要显示表格的列数：</td>
					<td><input type="text" name="col"></td>
				</tr>
				<tr>
					<td colspan="2">
						<input type="submit" value="显示">
						<input type="reset" value="重置">
					</td>
				</tr>
			</table>
		<form>
		</body>
</html>
```

在 print_table.jsp 页面中主要是接收表单中的两个参数，并将其变为 int 类型的数据。

【例 5.8】 处理表格的显示——print_table.jsp

```
<html>
	<head>
		<title>www.mldnjava.cn，MLDN 高端 Java 培训</title>
	</head>
	<body>
		<table border="1" width="100%">					<!-- 输出表格开始标签 -->
		<%
			int rows = 0;						// 表格的行数
			int cols = 0;						// 表格的列数
			try{							// 接收数据变为 int 型
				rows = Integer.parseInt(request.getParameter("row")) ;
				cols = Integer.parseInt(request.getParameter("col")) ;
			}catch(Exception e){}
			for (int x = 0; x < rows; x++) {			// 循环输出行标签
		%>
			<tr>							<!-- 输出行开始标签 -->
		<%
				for (int y = 0; y < cols; y++) {		// 循环输出列标签
		%>
					<td><%=(x * y)%></td>		<!-- 输出列标签 -->
		<%
				}
		%>
			</tr>							<!-- 输出行结束标签 -->
		<%
			}
		%>
		</table>						<!-- 输出表格结束标签 -->
	</body>
</html>
```

这时，前台的表单即可通过输入数据控制后台的表格显示，也很好地体现出动态 Web 的交互性。运行图与图 5-5 效果一致。

5.3　scriptlet 标签

在程序中如果过多地出现<%%>会导致代码混乱，所以在新版本的 JSP 中提供了一种 scriptlet 标签，使用此标签可以完成与<%%>同样的功能。此标签的语法如下。

【格式 5-3　scriptlet 标签】

```
<jsp:scriptlet>
    java scriptlet 代码
</jsp:scriptlet>
```

【例 5.9】 使用 scriptlet 标签——scriptlet_tag.jsp

```
<jsp:scriptlet>
    String url = "www.MLDNJAVA.cn" ;                    // 定义局部变量
</jsp:scriptlet>
<h2><%=url%></h2>
```

程序的运行结果如图 5-6 所示。

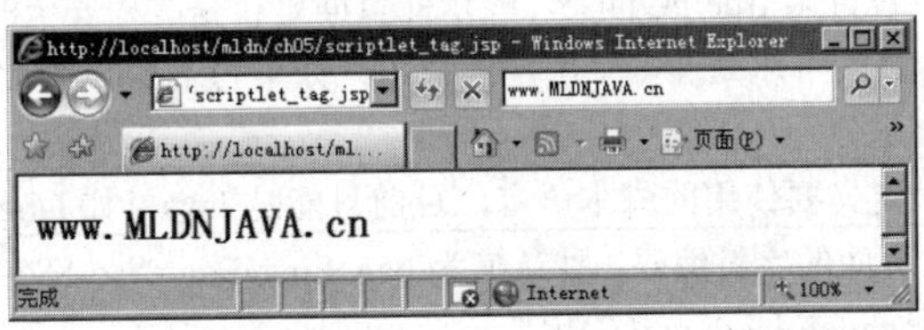

图 5-6　使用 scriptlet 标签

可以发现，使用 scriptlet 标签与使用<%%>的效果是一样的，但是否使用此标签在开发中并没有严格的规定，唯一的好处就在于这种方法会更加美观一些。

注意

标签指令必须完结。

在使用标签进行开发时一定要注意的是，所有的标签必须完结。例如，以上的</jsp:scriptlet>就属于标签操作的完结，如果不完结，程序将会出现错误。

5.4　page 指令

page 指令在 JSP 开发中较为重要，使用此属性，可以定义一个 JSP 页面的相关属性，

包括设置 MIME 类型、定义需要导入的包、错误页的指定等。表 5-1 中定义了 page 指令的常用属性。

表 5-1　page 指令的常用属性

No.	指令属性	描　述
1	autoFlush	可以设置为 true 或 false，如果设置为 true，当缓冲区满时，客户端的输出会被刷新；如果设置为 false，当缓冲区满时，将出现异常，表示缓冲区溢出。默认为 true，如 autoFlash="true"
2	buffer	指定到客户端输出流的缓冲模式。如果为 none，则表示不设置缓冲区；如果指定数值，那么输出时就必须使用不小于这个值的缓冲区进行缓冲。此属性要和 autoFlush 一起使用。默认不小于 8KB，根据不同的服务器可以进行不同设置
3	contentType	定义 JSP 字符的编码和页面响应的 MIME 类型，如果是中文 HTML 显示，则使用如下形式：contentType="text/html;charset=GBK"
4	errorPage	定义此页面出错时要跳转的显示页，如 errorPage="error.jsp"，要与 isErrorPage 属性一起使用
5	extends	主要定义此 JSP 页面产生的 Servlet 是从哪个父类扩展而来，如 extends="父类名称"
6	import	此 JSP 页面要导入哪几个操作包，如 import="java.util.*"
7	info	此 JSP 页面的信息，如 info="text info"
8	isErrorPage	可以设置为 true 或 false，表示此页面是否为出错的处理页。如果设置为 true，则 errorPage 指定的页面出错时才能跳转到此页面进行错误处理；如果设置为 false，则无法处理
9	isThreadSafe	可以设置为 true 或 false，表示此页面是否是线程安全的。如果为 true，表示一个 JSP 页面可以处理多个用户的请求；如果为 false，则此 JSP 一次只能处理一个用户请求
10	language	用来定义要使用的脚本语言，目前只能是 Java，如 language="java"
11	pageEncoding	JSP 页面的字符编码，默认值为 pageEncoding="iso-8859-1"，如果是中文则可以设置为 pageEncoding="GBK"
12	session	可以设置为 true 或 false，指定所在页面是否参与 HTTP 会话。默认值为 true，如 session="true"

对于以上的操作指令，读者一定要记住的是，只有 import 指令可以重复出现多次，而对于其他属性只能出现一次。而且在以上若干指令中，比较常用的是 contentType、pageEncoding、errorPage/isErrorPage 和 import 这 4 个指令，下面分别来看这些指令的使用。

【格式 5-4　page 指令语法】

```
<%@ page 属性="内容"%>
```

5.4.1　设置页面的 MIME

在 page 指令中，contentType 属性是使用最多的一个属性，如果想让一个 JSP 文件显示中文，则必须对整个页面指定 MIME 编码。

说明

提问：什么是 MIME？

上文中提到了 MIME，那么什么是 MIME？有什么作用？

回答：使用 MIME 类型可以设置打开文件的应用程序类型。

许多文件都是存在扩展名的，如*.doc、*.htm、*.html，根据这些不同的扩展名可以打开不同的应用程序，那么 MIME（Multipurpose Internet Mail Extensions，多功能 Internet 邮件扩充服务）就是指定某个扩展名文件将使用何种应用程序打开的一个说明。当该扩展名文件被访问时，浏览器会自动指定某应用程序来运行。

【例 5.10】 为 JSP 页面指定编码——page_demo01.jsp

```
<%@ page language="java" contentType="text/html;charset=GBK"%>
<CENTER>
    <H2> 欢迎大家光临 MLDN 软件实训中心！</H2>
    <H3> 网址：www.MLDNJAVA.cn    </H3>
</CENTER>
```

本程序在 page 指令中指定了要使用的开发语言是 Java，然后通过 contentType 进行设置，本页面是按照 HTML 文本文件（text/html）进行显示，页面的编码（charset）是 GBK。程序的运行结果如图 5-7 所示。

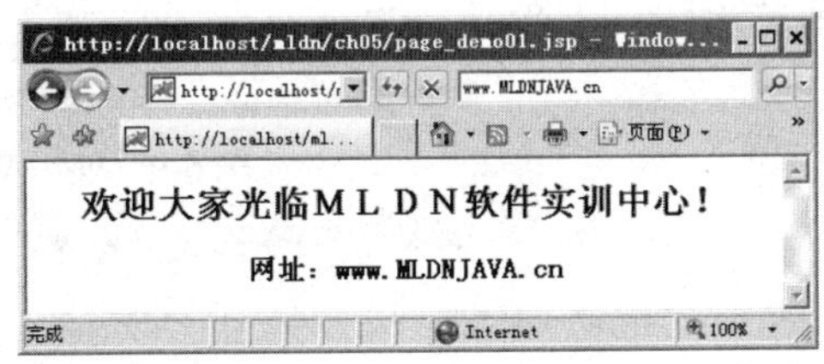

图 5-7 指定页面编码

提示

MIME 类型设置错误，也可能出现下载提示框。

有些读者在编写以上程序时，如果设置的 MIME 类型错误，则会出现一个下载提示框，如将“text/html;charset=GBK”写成了“test/html;charset=GBK”。

提示

注意使用的 Tomcat 版本。

在一些高版本的 Tomcat 中，即使不写上面的 contentType 设置编码（charset=GBK）也不会出现乱码，但是作为一个好的开发习惯，还是建议读者要始终编写 contentType。

读者从 Tomcat 安装目录/conf/web.xml 中可以查询到所有已知的 MIME 类型，例如，如果现在希望页面可以按照 Word 文档的形式显示，则可以使用如下的 MIME 类型：

```
<mime-mapping>
    <extension>doc</extension>
    <mime-type>application/msword</mime-type>
</mime-mapping>
```

【例 5.11】 使用 Word 进行页面显示——page_demo02.jsp

```
<%@ page language="java" contentType="application/msword;charset=GBK"%>
<TABLE BORDER="1">
    <TR><TD>欢迎大家光临 MLDN 软件实训中心！</TD></TR>
    <TR><TD>网址：www.MLDNJAVA.cn</TD></TR>
    <TR><TD>本页面将使用 Word 显示！</TD></TR>
</TABLE>
```

本程序运行后，将出现如图 5-8 所示的提示框，提示是保存在本地还是使用 Word 打开。单击“打开”按钮后，在本地磁盘通过 Word 程序打开，即可看到图 5-9 所示的界面。

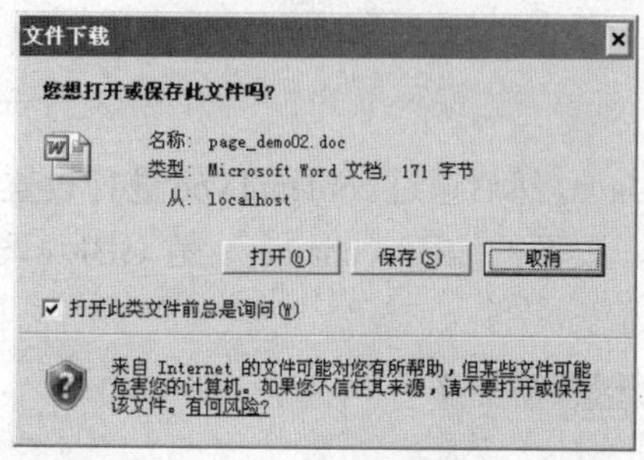

图 5-8 提示框

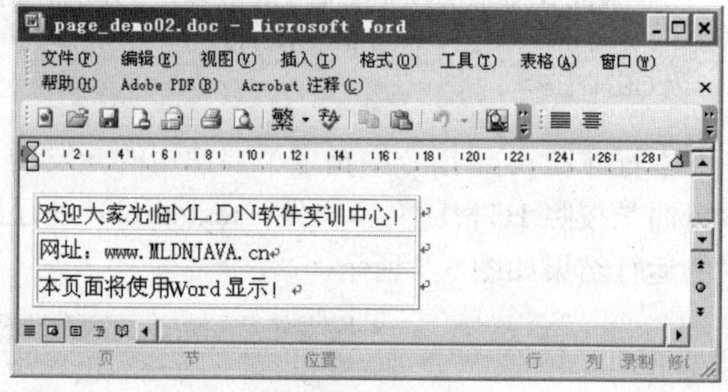

图 5-9 使用 Word 打开文件

说明

提问：能不能自己指定下载文件的名称？

在图 5-9 中显示下载的 Word 文件时，发现默认的文件名称就是执行的 JSP 文件的名称，那么如果要想为一个下载的文件起一个自己指定的名称，该如何做呢？

回答：可以通过 response 对象完成设置。

response 对象表示的是服务器对客户端的回应，可以通过设置头信息的方式指定下载的文件名称，代码如下。

范例： 指定下载的 Word 文件的名称为 mldn.doc——page__demo03.jsp

```
<%@ page language="java" contentType="application/msword;charset=GBK"%>
<TABLE BORDER="1">
    <%  // 指定文件下载后的保存名称是 mldn.doc
```

```
        response.setHeader("Content-Disposition","attachment; filename=mldn.doc");
        %>
        <TR><TD>欢迎大家光临 MLDN 软件实训中心！</TD></TR>
        <TR><TD>网址：www.MLDNJAVA.cn</TD></TR>
        <TR><TD>本页面将使用 Word 显示！</TD></TR>
</CENTER>
```

此时，再次执行本页面时，将出现如图 5-10 所示的下载提示。

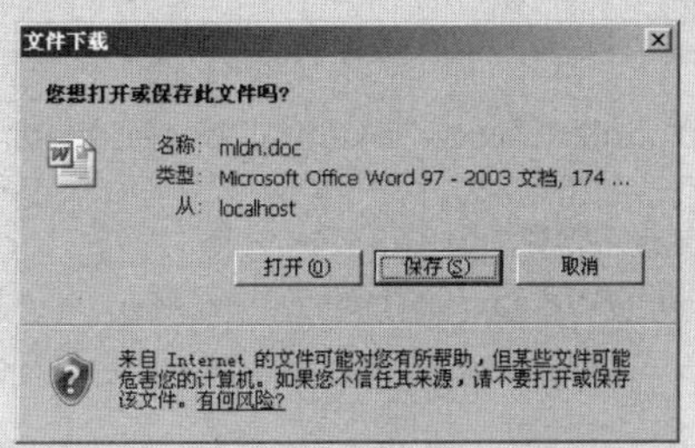

图 5-10　指定下载文件的名称

关于 response 的具体操作，将在第 6 章中做详细的讲解。

以上只是演示了将页面显示成一个 Word 文档，根据需要，还可以将文件显示成图片等其他格式，这一点读者可以根据指定的 MIME 类型自行试验。

说明

提问：*.htm 和*.html 文件有什么不同？

以前在学习网页制作时，经常会看到网页文件的扩展名是*.htm 或*.html，虽然扩展名不同，但是运行的效果是一样的，那么这两者是否还有其他的不同呢？

回答：两者完全一样，处理的 MIME 类型是一样的。

这两种扩展名在使用效果上是完全一样的，读者可以查看 conf/web.xml 文件中的 MIME 映射，就会发现两者的处理形式是一样的。

```
<mime-mapping>
    <extension>htm</extension>
    <mime-type>text/html</mime-type>
</mime-mapping>
<mime-mapping>
    <extension>html</extension>
    <mime-type>text/html</mime-type>
</mime-mapping>
```

两者的处理类型都是 text/html，所以在开发中使用哪种扩展名实际上都是一样的效果，但是还要考虑到各种的开发习惯。

5.4.2 设置文件编码

在之前的操作代码中，除了使用 contentType 指定 MIME 类型外，还使用 charset 进行了页面编码的指定，当然，在 page 指令中也可以使用 pageEncoding 进行编码的指定，如下所示。

【例 5.12】 指定 JSP 文件编码——page_demo04.jsp

```
<%@ page language="java" contentType="text/html" pageEncoding="GBK"%>
<CENTER>
    <H2> 欢迎大家光临 MLDN 软件实训中心！</H2>
    <H3> 网址：www.MLDNJAVA.cn    </H3>
</CENTER>
```

本页面使用了 pageEncoding 属性，将整个页面的编码设置成 GBK。程序的运行结果如图 5-11 所示。

图 5-11 页面显示

提问：使用 contentType 和 pageEncoding 设置编码有什么区别？

之前讲解的 contentType 也可以使用 charset 设置编码，那么这个和使用 pageEncoding 设置有什么区别呢？

回答：pageEncoding 指的是 JSP 文件本身的编码，而 contentType 中的 charset 指的是服务器发送给客户端的内容编码。

在 JSP 中，如果 pageEncoding 存在，那么 JSP 的编码将由 pageEncoding 决定，否则将由 contentType 中的 charset 属性决定；如果两者都不存在，则将使用 ISO-8859-1 的编码方式。

在 JSP 中，所有内容都要经过两次的编码操作，第一阶段会使用 pageEncoding 编码，第二阶段会使用 utf-8 编码，第三阶段就是 Tomcat 生成的网页，此时使用的才是 contentType。

从一般的开发来讲，如果一个 JSP 页面只需要按照网页显示（text/html），则使用 pageEncoding 设置编码即可。

5.4.3　错误页的设置

在各个常用的 Web 站点中，读者经常会发现这样的一个功能：当一个页面出错后，会自动跳转到一个页面上进行错误信息的提示，那么这个操作，就可以通过错误页来指定。

要想完成错误页的操作，则一定要满足以下两个条件：

☑　指定错误出现时的跳转页，通过 errorPage 属性指定。

☑　错误处理页必须有明确的标识，通过 isErrorPage 属性指定。

即如果一个 JSP 页面运行时出现了错误，会通过 errorPage 指定的页面进行跳转，被跳转的页面中必须将 isErrorPage 的内容设置为 true。错误页指定的操作流程如图 5-12 所示。

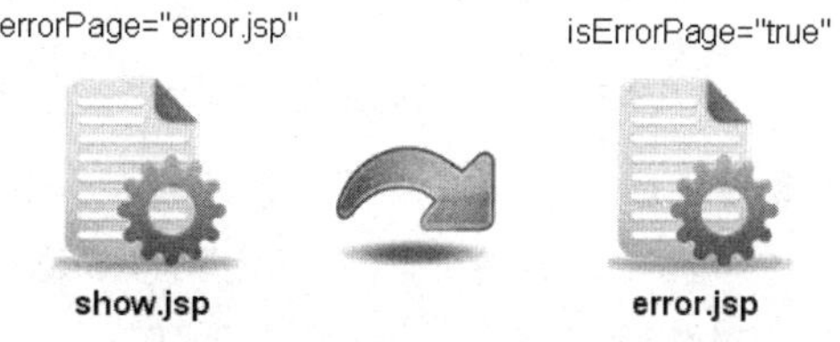

图 5-12　错误页指定的操作流程

【例 5.13】　会出现错误的页面——show.jsp

```
<%@ page language="java" contentType="text/html" pageEncoding="GBK"%>
<%@ page errorPage="error.jsp"%> <%-- 一旦出现错误之后将跳转到 error.jsp 中 --%>
<%
    int result = 10 / 0 ;                    // 这里操作将发生异常
%>
<h1>欢迎光临本页面</h1>
```

本程序在计算“10/0”时将产生算术异常，而由于程序指定了 errorPage，所以一旦发生异常，页面将跳转到 error.jsp 进行显示。

【例 5.14】　错误处理页——error.jsp

```
<%@ page language="java" contentType="text/html" pageEncoding="GBK"%>
<%@ page isErrorPage="true"%>    <%-- 表示此页面可以处理错误 --%>
<h1>程序出现了错误！</h1>
```

运行 show.jsp 页面，因为此页面会有错误产生，所以会自动跳转到 error.jsp 进行显示，如图 5-13 所示。

图 5-13　错误页运行结果

注意

错误页的跳转属于服务器端跳转。

从以上的运行结果可以发现，一旦发生错误后，页面的显示内容将变成 error.jsp 中设置的内容，但是在地址栏上依然是 show.jsp。也就是说，此时，内容显示虽然改变了，但是地址栏并没有改变，这样的跳转，在程序中称为服务器端跳转。在整个操作中，客户端对服务器只发送了一次请求，服务器对客户端也只回应了一次，如图 5-14 所示。

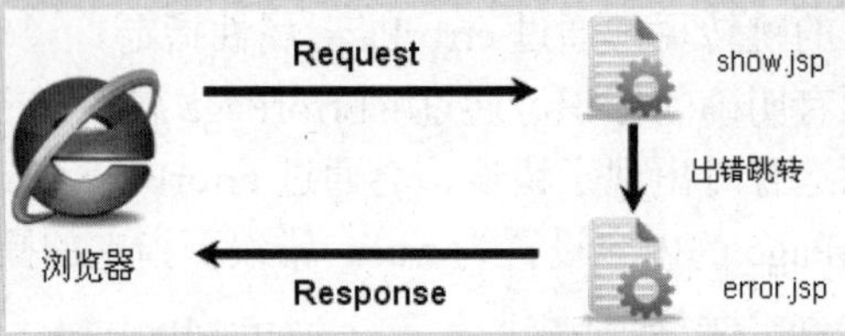

图 5-14　错误页的处理流程

如果程序跳转后，页面的地址栏发生改变了，则此种跳转就属于客户端跳转。例如，通过超链接，可以让一个页面跳转到其他页面，但是跳转后地址栏信息发生了改变，所以这种方式也就相当于客户端跳转。

以上的错误页是在每一个 JSP 页面中指定，当然，也可以在整个虚拟目录中指定全局的错误处理，要想达到这个效果，就必须修改 web.xml 文件，在其中加入错误页的操作。

全局的错误处理可以处理两种类型的错误，一种是 HTTP 代码的错误，如 404 或 500；还有一种是异常的错误，如 NullPointerException 等。

【例 5.15】 修改 web.xml 文件加入错误处理

```
<error-page>
    <error-code>500</error-code>
    <location>/ch05/error.jsp</location>
</error-page>
<error-page>
    <error-code>404</error-code>
    <location>/ch05/error.jsp</location>
</error-page>
<error-page>
    <exception-type>java.lang.NullPointerException</exception-type>
    <location>/ch05/error.jsp</location>
</error-page>
```

以上的配置表示，如果在项目中出现了 404 或 500 的 HTTP 状态码，或者出现了空指向异常（NullPointerException），则会跳转到 ch05/errors.jsp 页面进行显示。但是，此时跳转过去，地址栏同样不会有任何变化，所以依然是服务器端跳转。

注意

404 和 500 属于 HTTP 状态码，在附录 C 中有介绍。

提示

有时候可能出现无法跳转的错误页。

在错误页的操作中，如果出现了无法显示 error.jsp 页面的情况，则有可能是 Tomcat 将 error.jsp 也认为是出现了错误，从而无法进行显示，此时，可以直接在 error.jsp 中编写以下语句。

```
<%@ page language="java" contentType="text/html" pageEncoding="GBK"%>
<%@ page isErrorPage="true"%>    <%-- 表示此页面可以处理错误 --%>
<%        response.setStatus(200) ;      %>
<h1>程序出现了错误！</h1>
```

此语句设置了一个 200 的 HTTP 状态码，表示本页没有错误，可以正确显示。

5.4.4　数据库连接操作

在 page 指令中可以使用 import 导入所需要的 Java 开发包，所以直接利用此属性将 java.sql 包导入进来，即可进行数据库的开发操作。

提示

本书中的数据库依然采用 mysql 数据库。

本书在讲解中为了方便，依然使用 mysql 数据库，关于 mysql 数据库的内容，读者可以参考本系列的第一本 Java 书籍——《Java 开发实战经典》。

使用 root 用户连接到 mysql 数据库后，创建 emp 表。emp 表的结构如表 5-2 所示。

表 5-2　emp 表的结构

<table>
<tr><th colspan="4">雇　员　表</th></tr>
<tr><td rowspan="6">emp
empno INT(4) <pk>
ename VARCHAR(10)
job VARCHAR(9)
hiredate DATE
sal FLOAT(7,2)</td><th>No.</th><th>列　名　称</th><th>描　　述</th></tr>
<tr><td>1</td><td>empno</td><td>雇员编号，使用数字表示，长度是 4 位数字</td></tr>
<tr><td>2</td><td>ename</td><td>雇员姓名，使用字符串表示，长度是 10 位字符串</td></tr>
<tr><td>3</td><td>job</td><td>雇员工作</td></tr>
<tr><td>4</td><td>hiredate</td><td>雇佣日期，使用日期形式表示</td></tr>
<tr><td>5</td><td>sal</td><td>基本工资，使用小数表示，其中小数位 2 位，整数位 5 位</td></tr>
</table>

将表 5-2 所示的数据库表结构变为数据库创建脚本，同时插入测试数据。

数据库创建脚本：

```
/*======================= 删除数据库 =======================*/
DROP DATABASE IF EXISTS mldn ;
/*======================= 创建数据库 =======================*/
CREATE DATABASE mldn ;
/*======================= 使用数据库 =======================*/
USE mldn ;
/*======================= 删除数据表 =======================*/
DROP TABLE IF EXISTS emp ;
/*======================= 创建数据表 =======================*/
CREATE TABLE emp(
    empno          INT(4)          PRIMARY KEY,
    ename          VARCHAR(10),
    job            VARCHAR(9),
    hiredate       DATE,
    sal            FLOAT(7,2)
) ;
/*======================= 插入测试数据 =======================*/
INSERT INTO emp (empno,ename,job,hiredate,sal) VALUES (6060,'李兴华','经理','2001-09-16',2000.30) ;
INSERT INTO emp (empno,ename,job,hiredate,sal) VALUES (7369,'董鸣楠','销售','2003-10-09',1500.90) ;
INSERT INTO emp (empno,ename,job,hiredate,sal) VALUES (7698,'张惠','销售','2005-03-12',800) ;
INSERT INTO emp (empno,ename,job,hiredate,sal) VALUES (7762,'刘明','销售','2005-03-09',1000) ;
INSERT INTO emp (empno,ename,job,hiredate,sal) VALUES (7782,'杨军','分析员','2005-01-12',2500) ;
INSERT INTO emp (empno,ename,job,hiredate,sal) VALUES (7839,'王月','经理','2006-09-01',2500) ;
INSERT INTO emp (empno,ename,job,hiredate,sal) VALUES (8964,'李祺','分析员','2003-10-01',3000) ;
```

执行完后，可以输入如下的查询语句，观察数据是否存在：

```
SELECT * FROM emp ;
```

查询后的结果如图 5-15 所示。

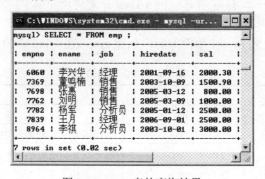

```
C:\WINDOWS\system32\cmd.exe - mysql -ur...
mysql> SELECT * FROM emp ;
+-------+--------+--------+------------+---------+
| empno | ename  | job    | hiredate   | sal     |
+-------+--------+--------+------------+---------+
|  6060 | 李兴华 | 经理   | 2001-09-16 | 2000.30 |
|  7369 | 董鸣楠 | 销售   | 2003-10-09 | 1500.90 |
|  7698 | 张惠   | 销售   | 2005-03-12 |  800.00 |
|  7762 | 刘明   | 销售   | 2005-03-09 | 1000.00 |
|  7782 | 杨军   | 分析员 | 2005-01-12 | 2500.00 |
|  7839 | 王月   | 经理   | 2006-09-01 | 2500.00 |
|  8964 | 李祺   | 分析员 | 2003-10-01 | 3000.00 |
+-------+--------+--------+------------+---------+
7 rows in set (0.02 sec)
```

图 5-15　emp 表的查询结果

提示

以后都使用 mldn 数据库。

Web 开发将围绕着数据库进行讲解，以后所有的数据库创建脚本，如果没有特殊说明，则统一使用 mldn 数据库。

数据库准备完毕后，即可配置数据库的驱动程序，将 mysql 的驱动程序复制到 Tomcat6.0\lib 目录中。复制后如图 5-16 所示。

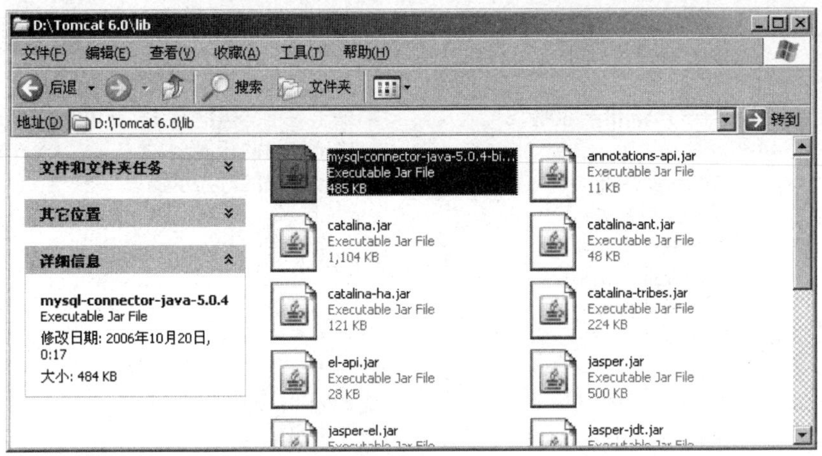

图 5-16　配置 mysql 驱动程序

注意

配置完成后要重新启动服务器。

在 Tomcat 中如果配置了新的 jar 包，则配置完成后一定要重新启动服务器。只有这样，才能将新配置的 jar 包在服务器启动时加载进来，不会出现找不到驱动程序的错误。

【例 5.16】 使用 JSP 列出 emp 表数据——list_emp.jsp

```
<%@ page contentType="text/html" pageEncoding="GBK"%>
<%@ page import="java.sql.*"%>
<html>
<head><title>www.mldnjava.cn，MLDN 高端 Java 培训</title></head>
<body>
<%!
    // 定义数据库驱动程序
    public static final String DBDRIVER = "org.gjt.mm.mysql.Driver" ;
    // 数据库连接地址
    public static final String DBURL = "jdbc:mysql://localhost:3306/mldn" ;
    public static final String DBUSER = "root" ;                    // 数据库连接用户名
    public static final String DBPASS = "mysqladmin" ;              // 数据库连接密码
%>
<%
    Connection conn = null ;                                        // 声明数据库连接对象
    PreparedStatement pstmt = null ;                                // 声明数据库操作
    ResultSet rs = null ;                                           // 声明数据库结果集
%>
<%
try{        // 数据库操作中会出现异常，所以要使用 try...catch 处理
    Class.forName(DBDRIVER) ;                                       // 数据库驱动程序加载
```

```
        conn = DriverManager.getConnection(DBURL,DBUSER,DBPASS) ; // 取得数据库连接
        String sql = "SELECT empno,ename,job,sal,hiredate FROM emp" ;
        pstmt = conn.prepareStatement(sql) ;         // 实例化 preparedStatement 对象
        rs = pstmt.executeQuery() ;                  // 执行查询操作
%>
<center>                                             <!-- 居中显示 -->
        <table border="1" width="80%">               <!-- 输出表格，边框为 1，宽度为页面的 80% -->
                <tr>                                 <!-- 输出表格的行显示 -->
                        <td>雇员编号</td>            <!-- 输出表格的行显示信息 -->
                        <td>雇员姓名</td>
                        <td>雇员工作</td>
                        <td>雇员工资</td>
                        <td>雇佣日期</td>
                </tr>
<%
        while(rs.next()){                            // 循环 emp 表中的行记录
                int empno = rs.getInt(1) ;           // 取出雇员编号
                String ename = rs.getString(2) ;     // 取出雇员姓名
                String job = rs.getString(3) ;       // 取出雇员工作
                float sal = rs.getFloat(4) ;         // 取出雇员工资
                java.util.Date date = rs.getDate(5) ; // 取出雇佣日期
%>
                <tr>                                 <!-- 循环输出雇员的信息 -->
                        <td><%=empno%></td>
                        <td><%=ename%></td>
                        <td><%=job%></td>
                        <td><%=sal%></td>
                        <td><%=date%></td>
                </tr>
<%
        }
%>
        </table>                                     <!-- 表格输出完毕 -->
</center>
<%
}catch(Exception e){                                 // 异常处理
        System.out.println(e) ;                      // 向 Tomcat 中打印
}finally{                                            // 程序的统一出口
        rs.close() ;                                 // 关闭结果集
        pstmt.close() ;                              // 关闭操作
        conn.close() ;                               // 关闭连接
}
%>
</body>
</html>
```

本程序通过 page 指令导入 java.sql 包，并将 mysql 数据库中的 emp 表数据全部查询出来进行列表显示，显示的结果如图 5-17 所示。

雇员编号	雇员姓名	雇员工作	雇员工资	雇佣日期
6060	李兴华	经理	2000.3	2001-09-16
7369	董鸣楠	销售	1500.9	2003-10-09
7698	张惠	销售	800.0	2005-03-12
7762	刘明	销售	1000.0	2005-03-09
7782	杨军	分析员	2500.0	2005-01-12
7839	王月	经理	2500.0	2006-09-01
8964	李祺	分析员	3000.0	2003-10-01

图 5-17　列出 emp 表中的内容

5.5　包 含 指 令

在一般的页面开发中会有很多内容要重复地显示。例如，在一般的站点中，都会按照以下结构进行内容的显示，如图 5-18 所示。

图 5-18　网站结构图

在图 5-18 所示的结构中，工具栏、页面头部、页面尾部基本上都是固定的，而中间的具体内容是不同的，那么这时就有以下两种做法。

☑　做法一：让每一个页面都分别包含工具栏、页面头部、页面尾部的代码。

☑　做法二：将工具栏、页面头部、页面尾部分别做成一个文件，然后在需要的地方导入（包含）。

很明显，使用做法二更加方便，因为采用包含的形式，可以减少代码的重复量；而做法一有很多的重复代码，以后维护时会很麻烦。要想实现这样的包含功能，在 JSP 中可以通过静态包含和动态包含两种方式完成。

5.5.1　静态包含

静态包含指令是在 JSP 编译时插入一个包含文本或代码的文件，这个包含的过程是静态的，而包含的文件可以是 JSP 文件、HTML 文件、文本文件，或是一段 Java 程序（只是简单地将内容合在一起后进行显示）。

注意

被包含的文件的内容。

在每一个完整的页面中，对于<html>、</html>、<head>、</head>、<title>、</title>、<body>、</body>这几个元素只能出现一次，如果重复出现，则可能会造成显示的错误。

【格式 5-5　静态包含语法】

```
<%@ include file="要包含的文件路径"%>
```

【例 5.17】 定义 3 个要包含的文件——info.htm、info.jsp、info.inc

info.htm 文件内容：

```
<h2><font color="red">
info.htm<font>
</h2>
```

info.jsp 文件内容：

```
<h2><font color="green">
<%="info.jsp"%><font>
</h2>
```

info.inc 文件内容：

```
<h2><font color="blue">
info.inc<font>
</h2>
```

将以上 3 个文件和下面的 include_demo01.jsp 文件存放在同一个文件夹中。

【例 5.18】 使用静态包含指令包含以上 3 个文件——include_demo01.jsp

```
<%@ page contentType="text/html" pageEncoding="GBK"%>
<html>
<head><title>www.mldnjava.cn，MLDN 高端 Java 培训</title></head>
<body>
	<h1>静态包含操作</h1>
	<%@include file="info.htm"%>
	<%@include file="info.jsp"%>
	<%@include file="info.inc"%>
</body>
</html>
```

本程序将之前的 3 个文件的内容全部包含进来，包含时不管文件的后缀是什么，都会将内容直接包含并显示。程序的运行结果如图 5-19 所示。

在以上的静态包含中，实际上是先将所包含的 3 个文件的内容导入到 include_demo01.jsp 中，然后再一起进行编译，最后再将一份整体的内容展现给用户，也就属于先包含，然后

再将全部的代码进行集中的编译处理，如图 5-20 所示。

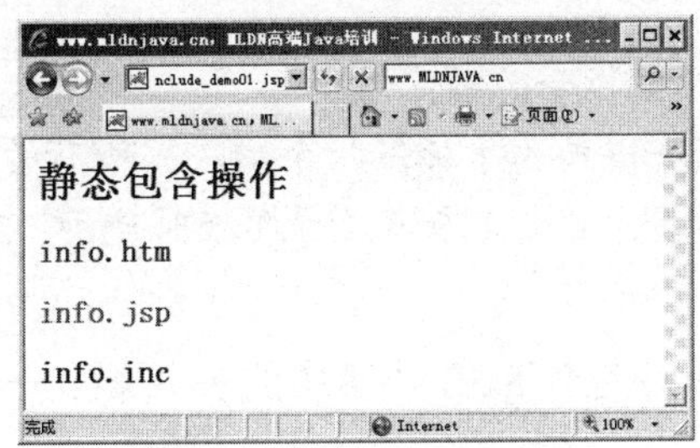

图 5-19　静态包含

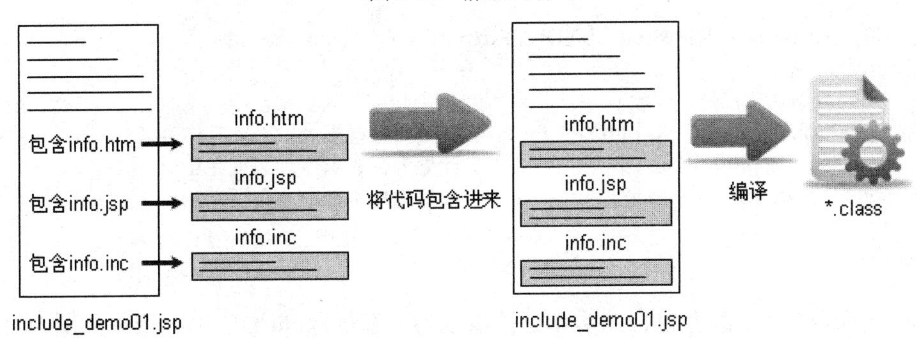

图 5-20　静态包含的处理流程

5.5.2　动态包含

使用<jsp:include>指令可以完成动态包含的操作，与之前的静态包含不同，动态包含语句可以自动区分被包含的页面是静态还是动态。如果是静态页面，则与静态包含一样，将内容包含进来处理；而如果被包含的页面是动态页面，则可以先进行动态的处理，然后再将处理后的结果包含进来。

【格式 5-6　动态包含语法】

不传递参数：

```
<jsp:include page="{要包含的文件路径 | <%=表达式%>}" flush="true | false"/>
```

传递参数：

```
<jsp:include page="{要包含的文件路径 | <%=表达式%>}" flush="true | false">
    <jsp:param name="参数名称" value="参数内容"/>
    ... 可以向被包含页面中传递多个参数
</jsp:include>
```

以上语法中，flush 属性的可选值包括 true 和 false 两种类型，当其设置成 false 表示这个网页完全被读进来以后才输出。在每一个 JSP 的内部都会有一个 buffer，所以如果是 true，当 buffer 满了就输出，一般此属性都会设置成 true，当然也可以不用设置，默认值为 true。

注意

此语法为标签指令，标签指令必须完结。

<jsp:include>这样的语法格式属于标签指令形式，所有的标签指令必须完结，可以使用/>或</jsp:include>的形式，前者是在不传递参数时使用，后者是在传递参数时使用。

【例 5.19】 使用标签指令包含 5.5.1 小节中的 3 个页面——include_demo02.jsp

```
<%@ page contentType="text/html" pageEncoding="GBK"%>
<html>
<head><title>www.mldnjava.cn，MLDN 高端 Java 培训</title></head>
<body>
    <h1>动态包含操作</h1>
    <jsp:include page="info.htm"/>          <!-- 此处为标签指令，必须完结 -->
    <jsp:include page="info.jsp"/>          <!-- 此处为标签指令，必须完结 -->
    <jsp:include page="info.inc"/>          <!-- 此处为标签指令，必须完结 -->
</body>
</html>
```

本程序就是将 3 个静态包含的语句直接修改为动态包含，页面的运行结果如图 5-21 所示。

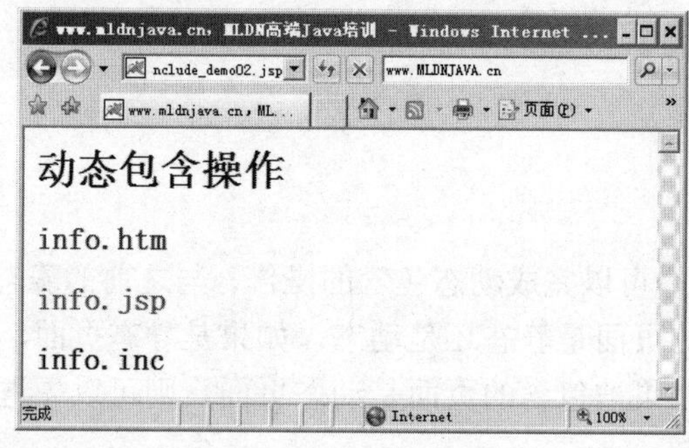

图 5-21　动态包含

使用动态包含的第二种语法形式可以向被包含的页面中传递参数，被包含的页面可以使用 request.getParameter()方法进行参数的接收。

【例 5.20】 定义被包含页，并接收传递的参数——receive_param.jsp

```
<%@ page contentType="text/html" pageEncoding="GBK"%>
<h1>参数一：<%=request.getParameter("name")%></h1>
<h1>参数二：<%=request.getParameter("info")%></h1>
```

本页面使用 request.getParameter()接收两个请求参数，这两个参数要从包含页中传递过来。

【例 5.21】 定义包含页，并传递参数——include_demo03.jsp

```
<%@ page contentType="text/html" pageEncoding="GBK"%>
<html>
<head><title>www.mldnjava.cn，MLDN 高端 Java 培训</title></head>
```

```
<body>
<%
    String username = "LiXingHua" ;            // 定义一个变量
%>
    <h1>动态包含并传递参数</h1>
    <jsp:include page="receive_param.jsp">
        <jsp:param name="name" value="<%=username%>"/>
        <jsp:param name="info" value="www.mldnjava.cn"/>
    </jsp:include>                             <!-- 此处为标签指令，必须完结 -->
</body>
</html>
```

本程序中通过<jsp:param>向被包含页面中传递了两个参数，由于第一个参数的内容是变量，所以要使用表达式输出；第二个参数的内容直接写在语句中，而且<jsp:param>本身也属于标签指令形式，所以必须完结。程序的运行结果如图 5-22 所示。

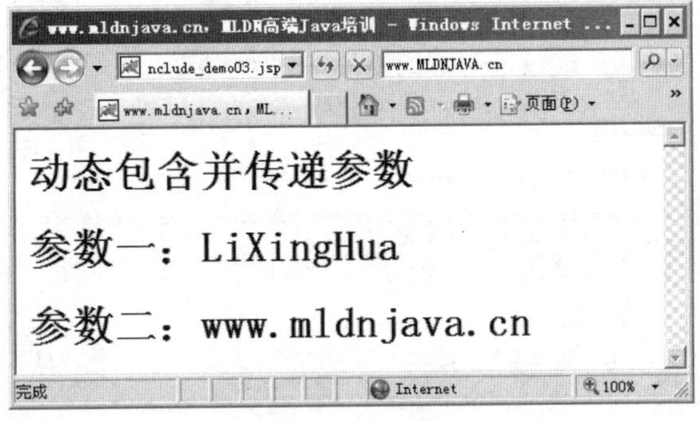

图 5-22　参数传递

说明

提问：两种包含语句，使用哪种更好呢？

之前的<%@include%>和<jsp:include>的操作形式非常类似，在使用上有什么区别？在实际开发中使用哪种更好呢？

回答：使用动态包含更好。

静态包含的操作属于先包含后处理，而动态包含如果被包含的页面是动态页，则属于先处理后包含。为了说明这一点，可以通过以下程序进行观察。

范例：定义被包含动态页——include.jsp

```
<%
    int x = 10 ;
%>
<h1>include.jsp -- <%=x%></h1>
```

然后使用静态包含页面的操作导入以上的页面，而且在此页面中也定义一个 x 变量，内容为 100。

【例 5.22】 定义静态包含处理页——include_demo04.jsp

```
<%@ page contentType="text/html" pageEncoding="GBK"%>
<html>
<head><title>www.mldnjava.cn，MLDN 高端 Java 培训</title></head>
<body>
<%
    int x = 100 ;          // 定义变量 x，值为 100
%>
<h1>include_demo04.jsp -- <%=x%></h1>
<%@include file="include.jsp"%>
</body>
</html>
```

以上页面执行时出现了 500 的错误，错误提示如图 5-23 所示。

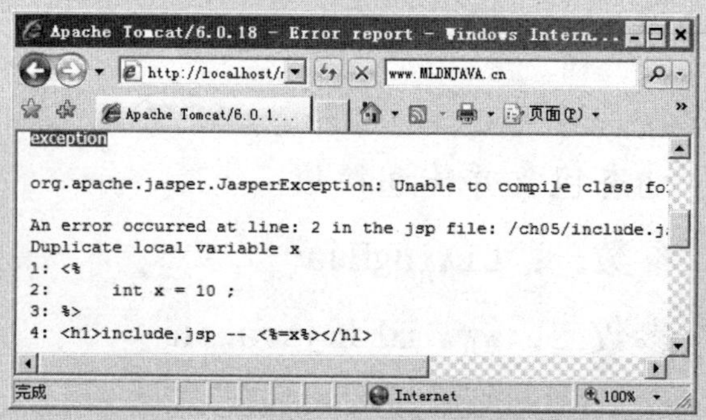

图 5-23　使用静态包含程序出现错误

错误的信息提示是定义了重复的变量 x，造成这种问题的根源就是，静态包含是先将全部的内容包含在一起，然后再一起编译，这样一来，x 变量就相当于定义了两次，所以出现了以上的错误。

而如果使用动态包含的操作，就可以避免以上问题，因为在动态包含中如果被包含的页面是动态页，则会先分别进行处理，然后再包含处理后的结果。

【例 5.23】 定义动态包含处理页——include_demo05.jsp

```
<%@ page contentType="text/html" pageEncoding="GBK"%>
<html>
<head><title>www.mldnjava.cn，MLDN 高端 Java 培训</title></head>
<body>
<%
    int x = 100 ;          // 定义变量 x，值为 100
%>
<h1>include_demo05.jsp -- <%=x%></h1>
<jsp:include page="include.jsp"/>
</body>
</html>
```

使用动态包含后，页面可以正常执行，执行结果如图 5-24 所示。

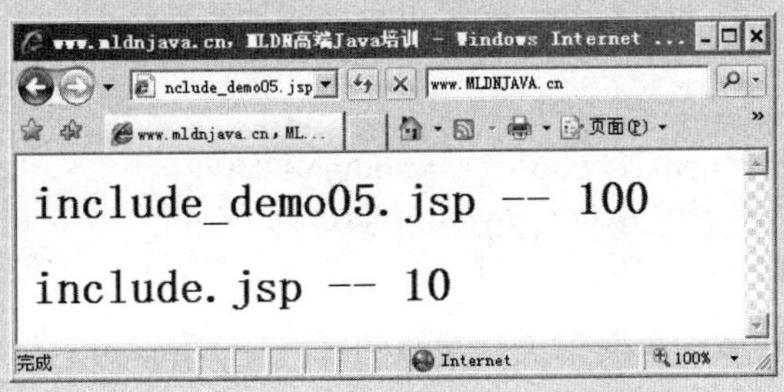

图 5-24　使用动态包含可以正常执行

因为动态包含是分别处理的，所以以上程序不会出现任何的错误，而在实际的开发中很难保证不出现变量重复的问题，所以使用动态包含会更加方便，而且使用动态包含还可以向被包含的页面方便地进行参数的传递，所以在这里笔者建议读者使用动态包含进行程序的开发。

5.6　跳 转 指 令

在 Web 中可以使用<jsp:forward>指令，将一个用户的请求（request）从一个页面传递到另外一个页面，即完成跳转的操作。

【格式 5-7　页面跳转语法】

不传递参数：

```
<jsp:forward page="{要包含的文件路径 | <%=表达式%>}"/>
```

传递参数：

```
<jsp:forward page="{要包含的文件路径 | <%=表达式%>}">
    <jsp:param name="参数名称" value="参数内容"/>
    ... 可以向被包含页面中传递多个参数
</jsp:forward>
```

从语法中可以发现，跳转指令与之前的动态包含指令的语法非常类似，只是完成的功能不同，而且使用此语句也可以向跳转后的页面传递参数。

注意

跳转指令也必须完结。

这里再次提醒读者的是，对于这种标签指令形式的语句，在最后一定要完结，跳转指令也属于标签指令，所以使用时也必须完结。

【例 5.24】 跳转页——forward_demo01.jsp

```
<%
	String username = "LiXingHua" ;		// 定义一个变量
%>
<jsp:forward page="forward_demo02.jsp">
	<jsp:param name="name" value="<%=username%>"/>
	<jsp:param name="info" value="www.mldnjava.cn"/>
</jsp:forward>
```

【例 5.25】 在跳转后的页面中进行参数的接收——forward_demo02.jsp

```
<%@ page contentType="text/html" pageEncoding="GBK"%>
<h1>这是跳转之后的页面</h1>
<h2>参数一：<%=request.getParameter("name")%></h2>
<h2>参数二：<%=request.getParameter("info")%></h2>
```

以上程序执行 forward_demo01.jsp 会自动跳转到 forward_demo02.jsp 页面，并将两个参数传递到 forward_demo02.jsp 中显示。执行的结果如图 5-25 所示。

图 5-25 页面跳转

提示

此种跳转语句也属于服务器端跳转。

细心的读者可以发现，此时页面虽然跳转到了 forward_demo02.jsp 页面上，但是地址栏的显示路径依然是 forward_demo01.jsp，与之前的错误页操作一样，此种跳转也属于服务器端跳转。

5.7 实例操作：用户登录程序实现（JSP+JDBC 实现）

学习完 JSP 基本语法后，即可利用这些知识点完成一个简单的登录程序，本程序采用和之前一样的操作形式，使用 JSP+JDBC 实现。

5.7.1 创建数据库表

要想完成用户登录的操作，首先应该准备一张 user 表，此表的结构如表 5-3 所示。

表 5-3 user 表的结构

<table>
<tr><th colspan="4">用 户 表</th></tr>
<tr><td rowspan="4">user
userid VARCHAR(30) <pk>
name VARCHAR(30)
password VARCHAR(32)</td><td>No.</td><td>列 名 称</td><td>描 述</td></tr>
<tr><td>1</td><td>userid</td><td>保存用户的登录 id 号</td></tr>
<tr><td>2</td><td>name</td><td>用户的真实姓名</td></tr>
<tr><td>3</td><td>password</td><td>用户密码</td></tr>
</table>

数据库创建脚本：

```
/*====================== 使用 MLDN 数据库 ======================*/
USE mldn ;
/*====================== 删除 user 数据表 ======================*/
DROP TABLE IF EXISTS user ;
/*====================== 创建 user 数据表 ======================*/
CREATE TABLE user(
    userid          VARCHAR(30)     PRIMARY KEY ,
    name            VARCHAR(30)     NOT NULL ,
    password        VARCHAR(32)     NOT NULL
) ;
/*====================== 插入测试数据 ======================*/
INSERT INTO user (userid,name,password) VALUES ('admin','administrator','admin') ;
```

以上的数据库脚本创建了一条测试数据，登录 id 是 admin，密码也是 admin，在下面的程序中将使用以上的数据进行登录的验证。

5.7.2 程序实现思路

首先，如果要想完成用户登录，则一定要有一个表单页，此页面可以输入用户的登录 id 和密码，然后将这些信息提交到一个验证的 JSP 页面上进行数据库的操作验证，如果可以查询到此用户名和密码，那么就表示此用户是合法用户，则可以跳转到登录成功页，显示欢迎信息；如果没有查询到，则表示此用户不是合法用户，应该跳转到错误页进行提示。登录操作流程图如图 5-26 所示。

要想完成以上功能，可以建立如表 5-4 所示的 JSP 页面。

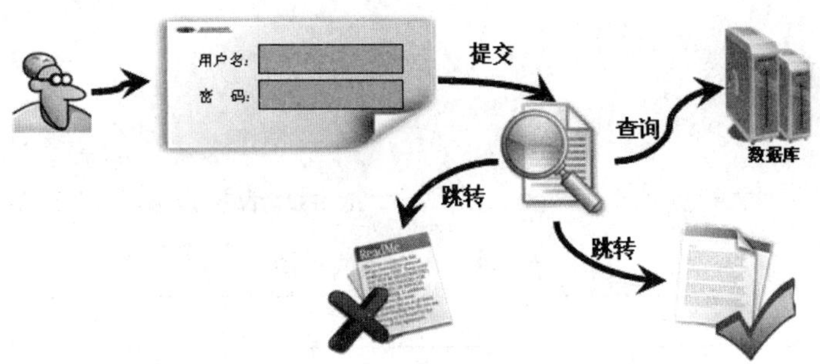

图 5-26　登录操作流程图

表 5-4　JSP 页面

No.	页 面 名 称	描　　述
1	login.htm	提供用户的登录表单，可以输入用户 id 和密码
2	login_check.jsp	登录检查页，根据表单提交过来的 id 和密码进行数据库验证，成功跳转到登录成功页，否则跳转到登录失败页
3	login_success.jsp	登录成功页，显示欢迎信息
4	login_failure.htm	登录失败页，提示用户输入错误，并提供重新登录的超链接

5.7.3 程序实现

【例 5.26】 登录表单页——login.htm

```
<%@ page contentType="text/html" pageEncoding="GBK"%>
<html>
<head><title>www.mldnjava.cn，MLDN 高端 Java 培训</title></head>
<body>
<center>
	<h1>登录操作</h1>
	<hr>
	<form action="login_check.jsp" method="post">
		<TABLE BORDER="1">
		<TR>
			<TD colspan="2">用户登录</TD>
		</TR>
		<TR>
			<TD>登录 ID：</TD>
			<TD><input type="text" name="id"></TD>
		</TR>
		<TR>
			<TD>登录密码：</TD>
			<TD><input type="password" name="password"></TD>
		</TR>
		<TR>
```

```
				<TD colspan="2">
					<input type="submit" value="登录">
					<input type="reset" value="重置">
				</TD>
			</TR>
			</TABLE>
		</form>
</center>
</body>
</html>
```

【例 5.27】 登录验证——login_check.jsp

```
<%@ page contentType="text/html" pageEncoding="GBK"%>
<%@ page import="java.sql.*"%>
<html>
<head><title>www.mldnjava.cn，MLDN 高端 Java 培训</title></head>
<body>
<%!
	// 定义数据库驱动程序
	public static final String DBDRIVER = "org.gjt.mm.mysql.Driver" ;
	// 数据库连接地址
	public static final String DBURL = "jdbc:mysql://localhost:3306/mldn" ;
	public static final String DBUSER = "root" ;				// 数据库连接用户名
	public static final String DBPASS = "mysqladmin" ;		// 数据库连接密码
%>
<%
	Connection conn = null ;							// 声明数据库连接对象
	PreparedStatement pstmt = null ;					// 声明数据库操作
	ResultSet rs = null ;								// 声明数据库结果集
	boolean flag = false ;								// 定义标志位
	String name = null ;								// 接收用户的真实姓名
%>
<%	// JDBC 操作会抛出异常，使用 try...catch 处理
try{
	Class.forName(DBDRIVER) ;							// 加载驱动程序
	conn = DriverManager.getConnection(DBURL,DBUSER,DBPASS)	;// 取得数据库连接
	// 编写要使用的 SQL 语句，验证用户 id 和密码，如果正确，则取出真实姓名
	String sql = "SELECT name FROM user WHERE userid=? AND password=?" ;
	pstmt = conn.prepareStatement(sql) ;				// 实例化数据库操作对象
	pstmt.setString(1,request.getParameter("id")) ;		// 设置查询所需要的内容
	pstmt.setString(2,request.getParameter("password")) ;	// 设置查询所需要的内容
	rs = pstmt.executeQuery() ;				// 执行查询
	if(rs.next()){							// 如果可以查询到，则表示合法用户
		name = rs.getString(1) ;			// 取出真实姓名
		flag = true ;						// 修改标志位，如果为 true，表示登录成功
	}
}catch(Exception e){
```

```
		System.out.println(e) ;
	}
	finally{
		try{							// 关闭操作会抛出异常，使用 try...catch 处理
			rs.close() ;					// 关闭查询对象
			pstmt.close() ;				// 关闭操作对象
			conn.close() ;				// 关闭数据库连接
		}catch(Exception e){}
	}
%>
<%
		if(flag){						// 登录成功，跳转到成功页
%>
			<jsp:forward page="login_success.jsp">
				<jsp:param name="uname" value="<%=name%>"/>
			</jsp:forward>				<!-- 执行跳转操作 -->
<%
		}else{						// 登录失败，跳转到失败页
%>
			<jsp:forward page="login_failure.htm"/>	<!-- 执行跳转操作 -->
<%
		}
%>
</body>
</html>
```

【例 5.28】 登录成功页——login_success.jsp

```
<%@ page contentType="text/html;charset=GBK"%>
<html>
<head><title>www.mldnjava.cn，MLDN 高端 Java 培训</title></head>
<body>
<center>
	<h1>登录操作</h1><hr>
	<h2>登录成功</h2>
	<h2>欢迎<font color="red"><%=request.getParameter("uname")%></font>光临！</h2>
</center>
</body>
</html>
```

【例 5.29】 登录失败页——login_failure.htm

```
<%@ page contentType="text/html;charset=GBK"%>
<html>
<head><title>www.mldnjava.cn，MLDN 高端 Java 培训</title></head>
<body>
<center>
	<h1>登录操作</h1><hr>
	<h2>登录失败，请重新<a href="login.htm">登录</a>！</h2>
```

```
</center>
</body>
</html>
```

在编写以上 4 个程序时，一定要注意文件的名称和提交的 action 以及超链接的路径是一样的，否则会出现 404 错误。程序的运行结果如图 5-27 所示。

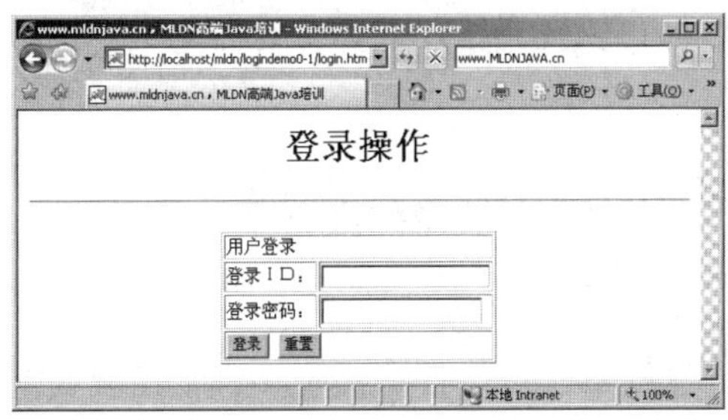

（a）登录表单

（b）登录成功

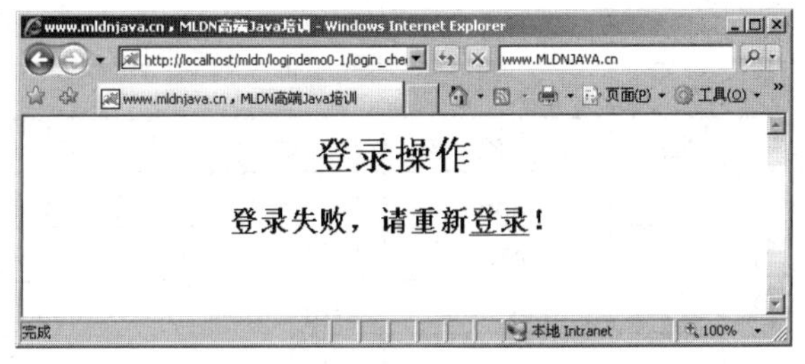

（c）登录失败

图 5-27　程序的运行结果

提示

静态页和动态页要分开。

在本程序中读者可以发现，对于 login.htm 和 login_failure.htm 页面因为其本身没有任何的 Java 代码出现，所以使用了*.htm 作为后缀；而像 login_check.jsp 和 login_success.jsp 页面因为其中包含了 Java 代码，所以使用了*.jsp 作为后缀。在第 4 章曾经讲解过，动态请求和静态请求的处理流程不一样，静态请求不需要经过容器，所以把没有 Java 代码的页面写成静态页面的后缀，可以适当地提升运行速度。

5.8　本 章 摘 要

1．在 JSP 中分为 3 种 Scriptlet，即<%!%>、<%%>和<%=%>。

2．在开发中尽量使用表达式输出（<%=%>）来代替 out.println()语句。

3．使用 page 指令可以设置一个页面的操作属性，如 MIME 类型、显示编码、导包操作等。

4．JSP 中的包含语句分为两种，一种是静态包含，另一种是动态包含。静态包含属于先包含后处理，而动态包含属于先处理后包含。

5．使用<jsp:forward>可以执行跳转操作，跳转后的地址栏不改变，所以是服务器端跳转，此语句属于标签指令，标签指令在最后一定要有完结。

6．在开发中尽量分开编写动态页和静态页，这样可以提升程序的运行速度。

5.9 开发实战练习（基于 Oracle 数据库）

1．在雇员的列表显示处增加分页操作的功能，这样每次可以根据控制端进行相应数据的显示。本程序使用的 emp 表的结构如表 5-5 所示。

表 5-5　emp 表的结构

<table>
<tr><th colspan="4">雇　员　表</th></tr>
<tr><td rowspan="7">emp
empno NUMBER(4) <pk>
ename VARCHAR2(10)
job VARCHAR2(9)
hiredate DATE
sal NUMBER(7,2)
comm NUMBER(7,2)</td><th>No.</th><th>列 名 称</th><th>描　述</th></tr>
<tr><td>1</td><td>empno</td><td>雇员编号，使用数字表示，长度是 4 位数字</td></tr>
<tr><td>2</td><td>ename</td><td>雇员姓名，使用字符串表示，长度是 10 位字符串</td></tr>
<tr><td>3</td><td>job</td><td>雇员工作</td></tr>
<tr><td>4</td><td>hiredate</td><td>雇佣日期，使用日期形式表示</td></tr>
<tr><td>5</td><td>sal</td><td>基本工资，使用小数表示，其中小数位 2 位，整数位 5 位</td></tr>
<tr><td>6</td><td>comm</td><td>奖金</td></tr>
</table>

程序显示格式如下：

首页　　上一页　　　下一页　尾页

2．在以上的程序中增加模糊查询的功能，之后也可以对查询出来的数据进行分页显示。

第 6 章　JSP 内置对象

通过本章的学习可以达到以下目标：

☑ 掌握 JSP 中的 9 个内置对象及对应的操作接口。

☑ 掌握 JSP 中的 4 种属性范围及属性操作。

☑ 掌握 request、response、session、application、pageContext 这些常用内置对象的使用。

☑ 了解 session 与 Cookie 的操作关系。

☑ 了解 Web 安全性及 config 对象的使用。

☑ 可以使用内置对象并结合之前的 JSP 基础语法，完成简单的程序开发。

JSP 中的内置对象是 Web 程序开发中最为重要的知识，像之前讲解的 request.getParameter()操作，其中的 request 就属于内置对象的一个。本章将讲解 JSP 中的主要内置对象操作。

6.1　JSP 内置对象概览

在 JSP 中为了简化用户的开发，提供了 9 个内置对象，这些内置对象将由容器自动为用户进行实例化，用户直接使用即可，而不用像在 Java 中那样，必须通过关键字 new 进行实例化对象后才可以使用。JSP 中的 9 个内置对象如表 6-1 所示。

表 6-1　JSP 中的 9 个内置对象

No.	内 置 对 象	类　型	描　述
1	pageContext	javax.servlet.jsp.PageContext	JSP 的页面容器
2	request	javax.servlet.http.HttpServletRequest	得到用户的请求信息
3	response	javax.servlet.http.HttpServletResponse	服务器向客户端的回应信息
4	session	javax.servlet.http.HttpSession	用来保存每一个用户的信息
5	application	javax.servlet.ServletContext	表示所有用户的共享信息
6	config	javax.servlet.ServletConfig	服务器配置，可以取得初始化参数
7	out	javax.servlet.jsp.JspWriter	页面输出
8	page	java.lang.Object	表示从页面中表示出来的一个 Servlet 实例
9	exception	java.lang.Throwable	表示 JSP 页面所发生的异常，在错误页中才起作用

以上的 9 个内置对象中比较常用的是 pageContext、request、response、session、application，掌握了这 5 个内置对象，即可进行程序开发。

提示

不要只记对象名称，一定要记下对象所对应的类型。

在进行开发时，一定会使用到 doc 文档进行类或方法的查询，这时只能通过类型找到方法。例如，要想知道 request 对象有哪些方法，一定要查询 javax.servlet.http.HttpServlet Request 才能知道。

6.2　4 种属性范围

在 JSP 中提供了 4 种属性的保存范围。所谓的属性保存范围，指的就是一个内置的对象，可以在多少个页面中保存并继续使用。4 种属性范围（如图 6-1 所示）分别介绍如下。

☑ page：只在一个页面中保存属性，跳转之后无效。
☑ request：只在一次请求中保存属性，服务器跳转后依然有效。
☑ session：在一次会话范围中保存，无论何种跳转都可以使用，但是新开浏览器无法使用。
☑ application：在整个服务器上保存，所有用户都可以使用。

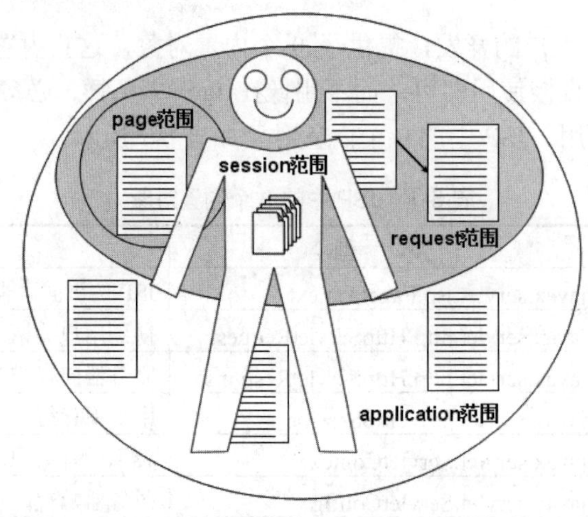

图 6-1　4 种属性范围

提示

关于属性范围的理解。

对于这 4 种属性范围，读者现在只需要知道其操作的特点即可，而具体的应用要结合后面的实例和标准的设计模式才能有更好的领悟。

以上的 4 个内置对象都支持表 6-2 所示的属性操作方法。

表 6-2　属性操作方法

No.	方　法	类　型	描　述
1	public void setAttribute(String name,Object o)	普通	设置属性的名称及内容
2	public Object getAttribute(String name)	普通	根据属性名称取得属性内容
3	public void removeAttribute(String name)	普通	删除指定的属性

6.2.1　page 属性范围（pageContext）

page 属性范围（使用 pageContext 表示，但是一般都习惯于将这种范围称为 page 范围）表示将一个属性设置在本页上，跳转之后无法取得，如图 6-2 所示。

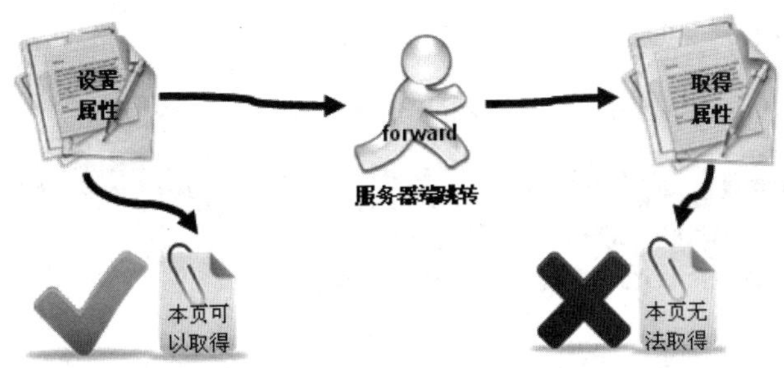

图 6-2　page 属性范围

【例 6.1】 设置和取得 page 范围的属性——page_scope_01.jsp

```
<%@ page contentType="text/html" pageEncoding="GBK"%>
<%@ page import="java.util.*"%>            <!-- 导入 java.util 包 -->
<html>
<head><title>www.mldnjava.cn，MLDN 高端 Java 培训</title></head>
<body>
<%  // 设置 page 属性范围，此属性只在当前的 JSP 页面中起作用
    pageContext.setAttribute("name","李兴华") ;
    pageContext.setAttribute("birthday",new Date()) ;
%>
<%  // 从 page 属性范围中取出属性，并执行向下转型操作
    String username = (String)pageContext.getAttribute("name") ;
    Date userbirthday = (Date)pageContext.getAttribute("birthday") ;
%>
<h2>姓名：<%=username%></h2>              <!-- 输出取得的属性内容 -->
<h2>生日：<%=userbirthday%></h2>          <!-- 输出取得的属性内容 -->
</body>
</html>
```

本程序中，在一个 JSP 页面中设置了一个属性，然后直接从本页面中取出属性，因为

是在同一个页中，所以可以取得属性，取得后要返回的类型是 Object，所以必须进行向下转型操作。程序的运行结果如图 6-3 所示。

图 6-3　page 属性范围操作

下面对以上程序进行扩充，通过<jsp:forward>进行跳转，跳转之后此属性将无法取得。

【例 6.2】 设置 page 范围的属性——page_scope_02.jsp

```
<%@ page contentType="text/html" pageEncoding="GBK"%>
<%@ page import="java.util.*"%>            <!-- 导入 java.util 包 -->
<html>
<head><title>www.mldnjava.cn，MLDN 高端 Java 培训</title></head>
<body>
<%  // 设置 page 属性范围，此属性只在当前的 JSP 页面中起作用
    pageContext.setAttribute("name","李兴华") ;
    pageContext.setAttribute("birthday",new Date()) ;
%>
<jsp:forward page="page_scope_03.jsp"/>
</body>
</html>
```

以上页面设置了两个 page 范围的属性，然后执行跳转语句，跳转到 page_scope_03.jsp 页面。

【例 6.3】 取得 page 范围的属性——page_scope_03.jsp

```
<%@ page contentType="text/html" pageEncoding="GBK"%>
<%@ page import="java.util.*"%>            <!-- 导入 java.util 包 -->
<html>
<head><title>www.mldnjava.cn，MLDN 高端 Java 培训</title></head>
<body>
<%  // 从 page 属性范围中取出属性，并执行向下转型操作
    String username = (String)pageContext.getAttribute("name") ;
    Date userbirthday = (Date)pageContext.getAttribute("birthday") ;
%>
<h2>姓名：<%=username%></h2>          <!-- 输出取得的属性内容 -->
<h2>生日：<%=userbirthday%></h2>      <!-- 输出取得的属性内容 -->
</body>
</html>
```

因为 page 范围在跳转后无效，所以程序执行跳转操作后，page_scope_03.jsp 页面是无法取得属性的，输出时，内容将会是 null。程序执行的结果如图 6-4 所示。

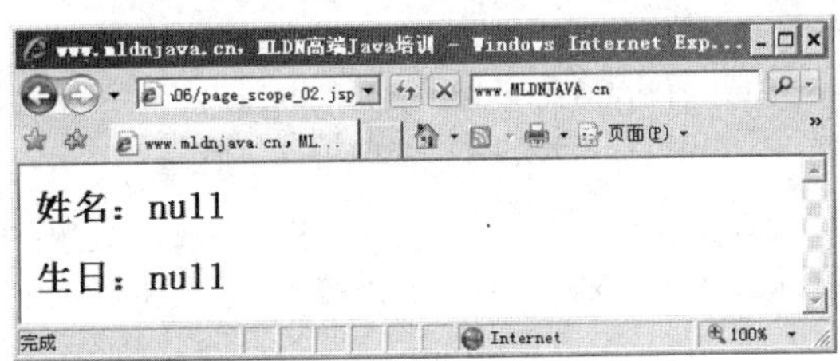

图 6-4　跳转后取出 page 属性

6.2.2　request 属性范围

如果在服务器跳转后想让属性继续保存下来，则可以使用 request 属性范围操作。request 属性范围表示在服务器跳转后，所有设置的内容依然会被保留下来，如图 6-5 所示。

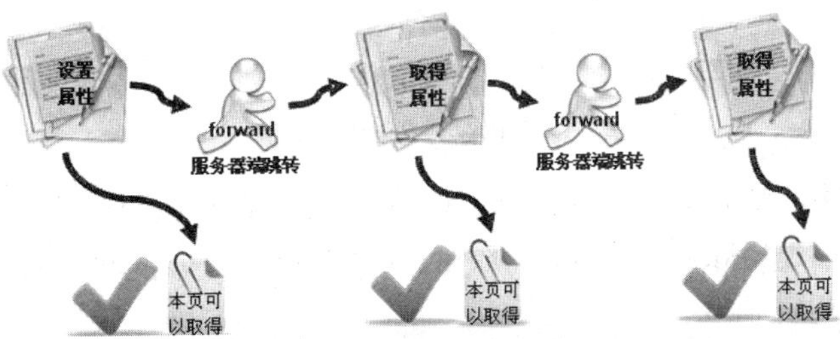

图 6-5　request 属性传递

【例 6.4】　设置 request 范围的属性——request_scope_01.jsp

```
<%@ page contentType="text/html" pageEncoding="GBK"%>
<%@ page import="java.util.*"%>           <!-- 导入 java.util 包 -->
<html>
<head><title>www.mldnjava.cn，MLDN 高端 Java 培训</title></head>
<body>
<%  // 设置 request 属性范围，此属性只在服务器跳转中起作用
    request.setAttribute("name","李兴华") ;
    request.setAttribute("birthday",new Date()) ;
%>
<jsp:forward page="request_scope_02.jsp"/>
</body>
</html>
```

本页面通过 request 设置了两个属性，并执行服务器端跳转，跳转到 request_scope_02.jsp 中取出属性。

【例 6.5】　取得 request 范围的属性——request_scope_02.jsp

```
<%@ page contentType="text/html" pageEncoding="GBK"%>
<%@ page import="java.util.*"%>           <!-- 导入 java.util 包 -->
<html>
<head><title>www.mldnjava.cn，MLDN 高端 Java 培训</title></head>
<body>
```

```
<%  // 从 request 属性范围中取出属性，并执行向下转型操作
    String username = (String)request.getAttribute("name") ;
    Date userbirthday = (Date)request.getAttribute("birthday") ;
%>
<h2>姓名：<%=username%></h2>          <!-- 输出取得的属性内容 -->
<h2>生日：<%=userbirthday%></h2>      <!-- 输出取得的属性内容 -->
</body>
</html>
```

因为 request 在一次服务器跳转范围内有效，所以此时 request_scope_02.jsp 是可以取得属性的。程序的运行结果如图 6-6 所示。

图 6-6　设置和取得 request 范围的属性

如果换成超链接，则 request_scope_02.jsp 也是无法取得 request 属性的。

【例 6.6】　使用超链接跳转到 request_scope_02.jsp——request_scope_03.jsp

```
<%@ page contentType="text/html" pageEncoding="GBK"%>
<%@ page import="java.util.*"%>            <!-- 导入 java.util 包 -->
<html>
<head><title>www.mldnjava.cn，MLDN 高端 Java 培训</title></head>
<body>
<%  // 设置 request 属性范围，此属性只在服务器跳转中起作用
    request.setAttribute("name","李兴华") ;
    request.setAttribute("birthday",new Date()) ;
%>
<!-- 通过超链接跳转后，地址栏改变，属于客户端跳转 -->
<a href="request_scope_02.jsp">通过超链接取得属性</a>
</body>
</html>
```

本程序运行后，由于在第一个页面中使用的 request 范围只针对于服务器端跳转，而超链接操作后地址栏信息改变（属客户端跳转），所以此时是无法取得属性的。程序的运行结果如图 6-7 所示。

（a）

（b）

图 6-7　通过超链接无法取得属性

提示

关于 request 属性范围的理解。

request 表示客户端的请求。正常情况下，一次请求服务器只会给予一次回应，那么这时如果是服务器端跳转，请求的地址栏没有改变，所以也就相当于回应了一次；而如果地址栏改变了，就相当于是发出了第二次请求，则第一次请求的内容肯定就已经消失了，所以无法取得。

这就好比一个产品销售一样，例如，张三是××公司的总经理，李四是张三手下的一个销售人员，有一天王五从李四手里买了件产品，但这时发现产品有问题要退货，而李四无法处理，所以只能将王五的请求转交给张三，由张三出面解决。在这一场景中，王五只发出了一次请求，而张三和李四作为服务方也只回应了一次，也就是李四把王五的请求转移给了张三，由张三出面回应，但是不管如何，李四也只是接到了服务方的一次回应，如图 6-8 所示。

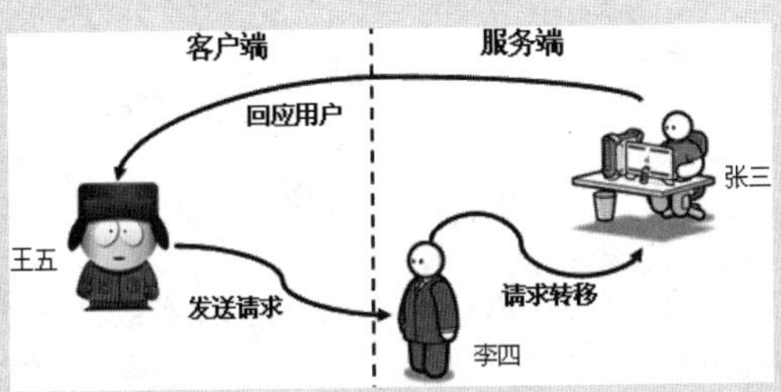

图 6-8　发送一次请求，回应一次

而如果现在李四没有把王五的请求传递给张三，则王五肯定要再次向张三发出请求，而之前对李四的请求就消失了，所以第一次设置的属性就肯定无法取得了，这一操作如图 6-9 所示。

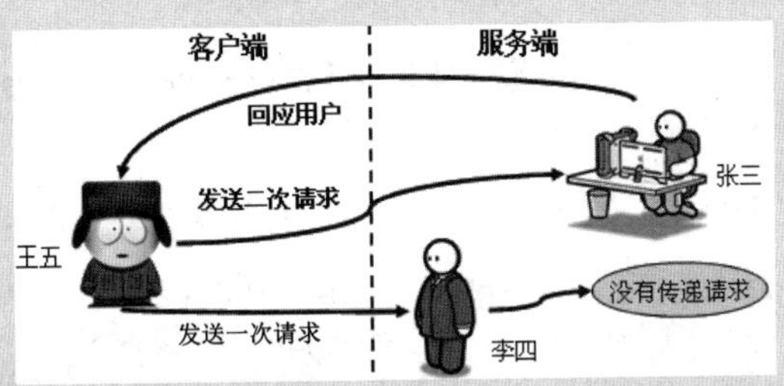

图 6-9　发送两次请求，第一次请求丢失

request 属性范围一般在 MVC 设计模式上应用较多，这一设计模式将在后面的章节详细讲解。

6.2.3　session 属性范围

如果希望一个属性在设置后，可以在任何一个与设置页面相关的页面中取得，则可以使用 session 属性范围。使用 session 设置属性后，不管是客户端跳转还是服务器端跳转，只要属性设置了就都可以取得，如图 6-10 所示。

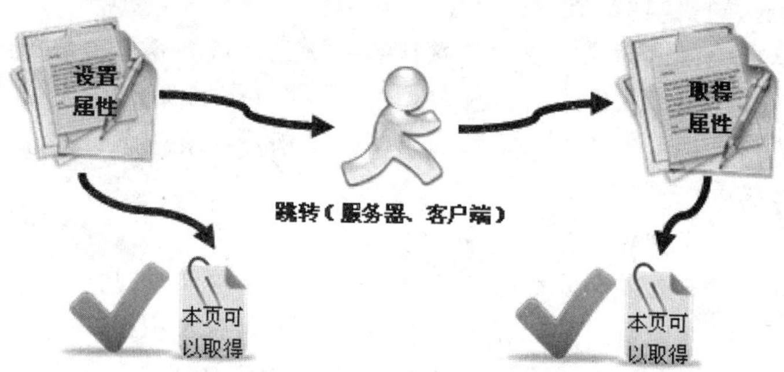

图 6-10　session 属性范围

【例 6.7】 设置 session 范围的属性——session_scope_01.jsp

```
<%@ page contentType="text/html" pageEncoding="GBK"%>
<%@ page import="java.util.*"%>          <!-- 导入 java.util 包 -->
<html>
<head><title>www.mldnjava.cn，MLDN 高端 Java 培训</title></head>
<body>
<%  // 设置 session 属性范围，此属性在一个浏览器中始终有效
    session.setAttribute("name","李兴华") ;
    session.setAttribute("birthday",new Date()) ;
%>
<!-- 通过超链接跳转后，地址栏改变，属于客户端跳转 -->
<a href="session_scope_02.jsp">通过超链接取得属性</a>
</body>
</html>
```

在 session 范围设置属性后，即可通过超链接的形式跳转到 session_scope_02.jsp 页面取出设置的 session 属性。

【例 6.8】 取出 session 范围的属性——session_scope_02.jsp

```
<%@ page contentType="text/html" pageEncoding="GBK"%>
<%@ page import="java.util.*"%>          <!-- 导入 java.util 包 -->
<html>
<head><title>www.mldnjava.cn，MLDN 高端 Java 培训</title></head>
<body>
<%  // 从 session 属性范围中取出属性，并执行向下转型操作
    String username = (String)session.getAttribute("name") ;
    Date userbirthday = (Date)session.getAttribute("birthday") ;
%>
<h2>姓名：<%=username%></h2>          <!-- 输出取得的属性内容 -->
<h2>生日：<%=userbirthday%></h2>      <!-- 输出取得的属性内容 -->
</body>
</html>
```

此时可以取得设置的属性，程序的执行结果如图 6-11 所示。

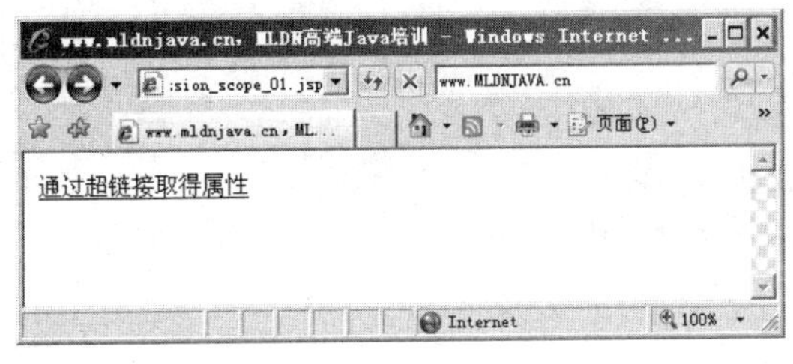

（a）

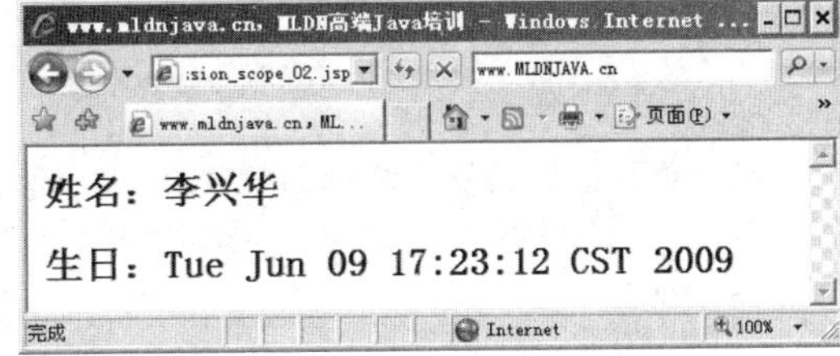

（b）

图 6-11　设置和取得 session 属性

但是，此时如果再打开一个新的浏览器直接访问 session_scope_02.jsp，则无法取得设置的 session 属性。

提示

每一个新的浏览器连接上服务器后就是一个新的 session。

每一个浏览器连接到服务器后，实际上都表示各自的 session，表示每一位不同的上网者都有各自的属性，所以新的浏览器打开后无法取得其他 session 设置的属性。

6.2.4　application 属性范围

如果希望设置一个属性，可以让所有用户（每一个 session）看得见，则可以将属性范围设置成 application，这样属性即可保存在服务器上，如图 6-12 所示。

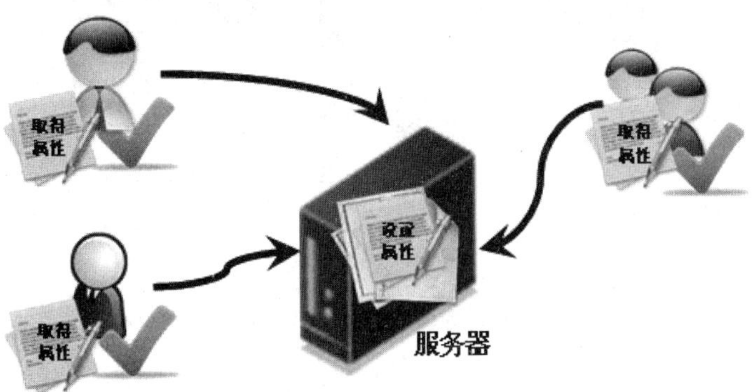

图 6-12　application 属性范围

【例 6.9】　设置 application 范围的属性——application_scope_01.jsp

```
<%@ page contentType="text/html" pageEncoding="GBK"%>
<%@ page import="java.util.*"%>            <!-- 导入 java.util 包 -->
<html>
<head><title>www.mldnjava.cn，MLDN 高端 Java 培训</title></head>
<body>
<%  // 设置 application 属性范围，此属性保存在服务器上
```

```
        application.setAttribute("name","李兴华") ;
        application.setAttribute("birthday",new Date()) ;
%>
<!-- 通过超链接跳转后，地址栏改变，属于客户端跳转 -->
<a href="application_scope_02.jsp">通过超链接取得属性</a>
</body>
</html>
```

本程序将两个属性保存在了服务器上，这时不管是否是新打开的浏览器，都可以通过 application_scope_02.jsp 页面取得设置过的两个属性。

【例 6.10】 取得 application 范围的属性——application_scope_02.jsp

```
<%@ page contentType="text/html" pageEncoding="GBK"%>
<%@ page import="java.util.*"%>            <!-- 导入 java.util 包 -->
<html>
<head><title>www.mldnjava.cn，MLDN 高端 Java 培训</title></head>
<body>
<%  // 从 application 属性范围中取出属性，并执行向下转型操作
        String username = (String)application.getAttribute("name") ;
        Date userbirthday = (Date)application.getAttribute("birthday") ;
%>
<h2>姓名：<%=username%></h2>            <!-- 输出取得的属性内容 -->
<h2>生日：<%=userbirthday%></h2>        <!-- 输出取得的属性内容 -->
</body>
</html>
```

本程序直接取得 application 范围的属性，程序的运行结果如图 6-13 所示。

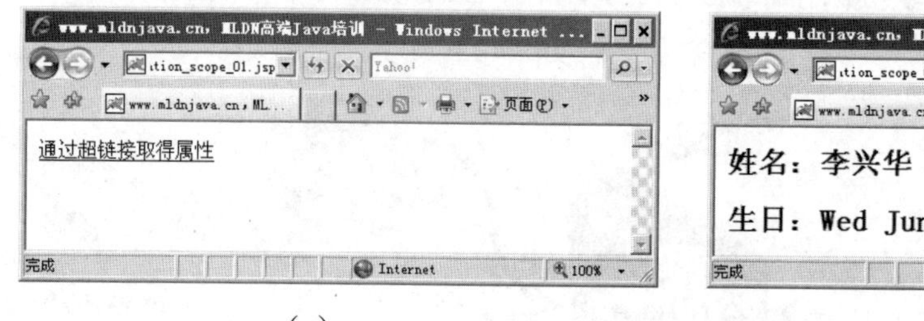

（a）

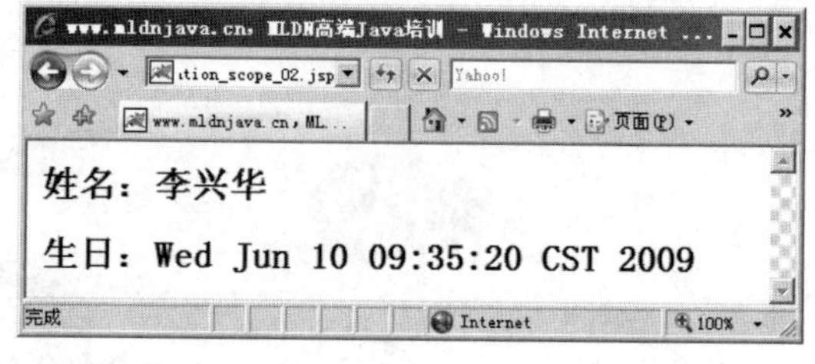

（b）

图 6-13　设置和取得 application 范围的属性

提示

application 范围的属性设置过多会影响服务器性能。

因为 application 属性范围是将属性设置到一个服务器中，所以，如果设置过多的话，则肯定会影响服务器的性能。

以上程序不管打开多少个浏览器都可以访问到，但是如果服务器重新启动，则之前所设置的全部属性将消失。

6.2.5　深入研究 page 属性范围

之前研究过的 page 属性范围中使用的是 pageContext 进行属性设置的，但是从 javax.servlet.jsp.PageContext 类中可以发现，有如表 6-3 所示的一种设置属性的方法。

表 6-3　设置属性的方法

No.	方　　法	类　　型	描　　述
1	public void setAttribute(String name,Object value,int scope)	普通	设置属性并指定保存范围

与之前所使用的 setAttribute()方法不同，在表 6-3 所示的属性设置方法中，可以发现有一个 int 的整型变量，此变量就可以指定一个属性的保存范围。而在 pageContext 类中也同样存在 4 个表示属性范围的整型常量，可以直接通过这些整型常量指定 scope 的内容，如表 6-4 所示。

表 6-4　4 种属性范围常量

No.	方　　法	类　　型	描　　述
1	public static final int PAGE_SCOPE	常量	表示 page 属性范围，默认
2	public static final int REQUEST_SCOPE	常量	表示 request 属性范围
3	public static final int SESSION_SCOPE	常量	表示 session 属性范围
4	public static final int APPLICATION_SCOPE	常量	表示 application 属性范围

【例 6.11】 设置 request 范围的属性——request_scope_04.jsp

```
<%@ page contentType="text/html" pageEncoding="GBK"%>
<%@ page import="java.util.*"%>             <!-- 导入 java.util 包 -->
<html>
<head><title>www.mldnjava.cn，MLDN 高端 Java 培训</title></head>
<body>
<%  // 设置 request 属性范围，此属性只在服务器跳转中起作用
    pageContext.setAttribute("name","李兴华",PageContext.REQUEST_SCOPE) ;
    pageContext.setAttribute("birthday",new Date(),PageContext.REQUEST_SCOPE) ;
%>
<jsp:forward page="request_scope_02.jsp"/>
</body>
</html>
```

本程序执行完后，依然跳转到 request_scope_02.jsp 页面上，然后此页面会接收 request 范围的属性，并进行显示。程序的运行结果如图 6-14 所示。

通过以上代码可以发现，实际上 pageContext 对象可以设置任意范围的属性，而其他操作也只是对这一功能的再包装而已。但一般还是习惯于使用 pageContext 对象设置保存在一页范围的属性，而很少使用 pageContext 设置其他范围的属性。

图 6-14　依然可以使用 request 接收属性

提示

详细掌握此概念为以后的学习打下基础。

6.3　request 对象

request 内置对象是使用最多的一个对象，其主要作用是接收客户端发送而来的请求信息，如请求的参数、发送的头信息等都属于客户端发来的信息。request 是 javax.servlet.http.HttpServletRequest 接口的实例化对象，表示此对象主要是应用在 HTTP 协议上。javax.servlet.http.HttpServletRequest 接口的定义如下：

```
public interface HttpServletRequest extends ServletRequest
```

从定义上可以发现，HttpServletRequest 接口是 ServletRequest 接口的子接口，所以在查找 request 对象方法时除了要查询 HttpServletRequest 接口，也要查询 ServletRequest 接口。

说明

提问：为什么不将 HttpServletRequest 和 ServletRequest 作为一个接口？

从 doc 文档中发现 ServletRequest 接口只有 HttpServletRequest 一个子接口，而 HttpServletRequest 接口也只继承了 ServletRequest 一个接口，既然这样为什么不把两个接口变为一个接口，这样不是更方便吗？

回答：这样的设计是为了以后扩展应用。

现在 Java Web 开发只支持 HTTP 协议，肯定要使用 HttpServletRequest 表示 HTTP 协议的操作。但是如果以后有新的协议出现呢？则直接定义一个新的协议的请求接口里面有一些特殊操作，但是不管是否是新的协议，需要一些公共的操作，所以就将这些公共的操作作为统一的父接口——ServletRequest 存在了。

在 Web 开发中，交互性是最重要的特点，所以 request 对象在实际开发中使用的较多。常用的方法如表 6-5 所示。

表 6-5　request 内置对象的常用方法

No.	方　法	类　型	描　述
1	public String getParameter(String name)	普通	接收客户端发来的请求参数内容
2	public String[] getParameterValues(String name)	普通	取得客户端发来的一组请求参数内容
3	public Enumeration getParameterNames()	普通	取得全部请求参数的名称
4	public String getRemoteAddr()	普通	得到客户端的 IP 地址
5	void setCharacterEncoding(String env) throws UnsupportedEncodingException	普通	设置统一的请求编码
6	public boolean isUserInRole(String role)	普通	进行用户身份的验证
7	public Httpsession getSession()	普通	取得当前的 session 对象
8	public StringBuffer getRequestURL()	普通	返回正在请求的路径
9	public Enumeration getHeaderNames()	普通	取得全部请求的头信息的名称
10	public String getHeader(String name)	普通	根据名称取得头信息的内容
11	public String getMethod()	普通	取得用户的提交方式
12	public String getServletPath()	普通	取得访问的路径
13	public String getContextPath()	普通	取得上下文资源路径

6.3.1　乱码解决

在 Web 开发中，使用 request 接收请求参数是最常见的操作，但是，在进行参数提交时也会存在一些中文的乱码问题，如下程序所示。

【例 6.12】 编写提交表单——request_demo01.htm

```
<html>
<head><title>www.mldnjava.cn，MLDN 高端 Java 培训</title></head>
<body>
<form action="request_demo01.jsp" method="post">
	请输入信息：<input type="text" name="info">
	<input type="submit" value="提交">
</form>
</body>
</html>
```

【例 6.13】 接收表单内容——request_demo01.jsp

```
<%@ page contentType="text/html" pageEncoding="GBK"%>
<html>
<head><title>www.mldnjava.cn，MLDN 高端 Java 培训</title></head>
<body>
<%	// 接收表单提交的参数
	String content = request.getParameter("info") ;
%>
<h2><%=content%></h2>
</body>
</html>
```

程序运行后，输入中文，将出现乱码。程序的运行结果如图 6-15 所示。

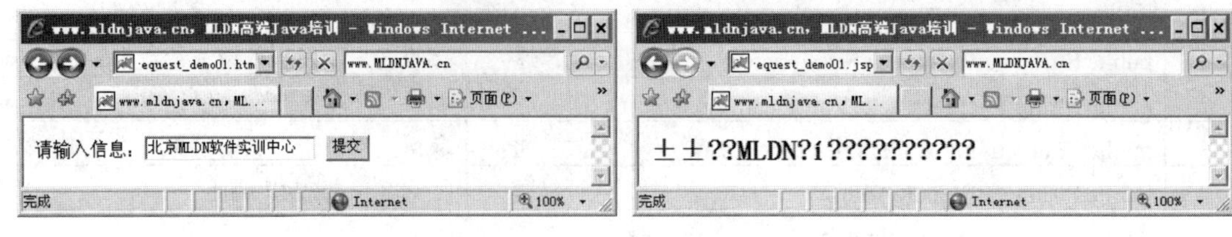

（a）　　　　（b）

图 6-15　提交中文产生乱码

以上内容提交后可以发现，英文字母可以正常的显示，但是中文却无法正常的显示。之所以会出现这种情况，主要原因是由于浏览器默认的编码是 UTF-8 编码，而中文的 GBK 和 UTF-8 的编码是不一样的，所以造成了乱码。就好比图 6-16 所示，由于双方的编码不统一，所以根本就无法沟通。

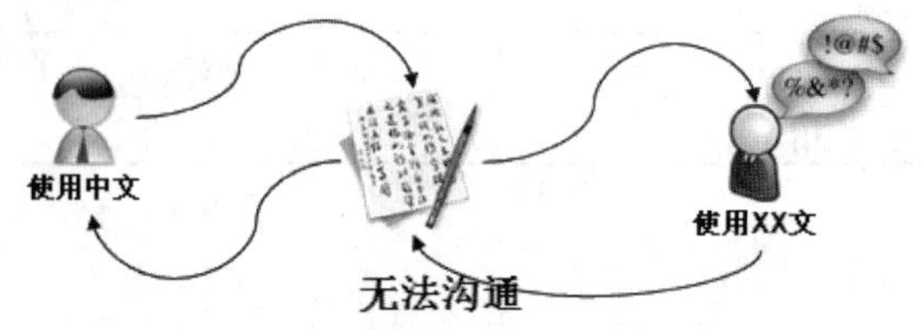

图 6-16　乱码产生

此时，可以直接通过 setCharacterEncoding()方法设置一个统一的编码即可。

【例 6.14】 修改 request_demo01.jsp 页面，加入编码设置

```
<%@ page contentType="text/html" pageEncoding="GBK"%>
<html>
<head><title>www.mldnjava.cn，MLDN 高端 Java 培训</title></head>
<body>
<%
    request.setCharacterEncoding("GBK") ;                    // 设置统一编码
    String content = request.getParameter("info") ;          // 接收表单提交的参数
%>
<h2><%=content%></h2>
</body>
</html>
```

此时，由于程序中设置了统一的编码，所以，再次运行程序，可以发现中文已经能够正常的显示，如图 6-17 所示。

图 6-17　正确显示中文

提示

现阶段的开发中最好每一个 JSP 页面都写上编码设置。

在读者学习的初期阶段，最好在每一个 JSP 页面中都加上编码设置的操作，这样可以减少乱码问题。同时，随着本书的深入讲解，还可以使用过滤器进行编码的设置，这一点将在后面为读者介绍。

6.3.2　接收请求参数

之前曾经讲解过使用 request 内置对象中的 getParameter()方法可以接收一个表单的文本框中输入的内容，那么实际上 getParameter()接收的就是一个参数的内容，也就是说文本框的名称就是一个参数的名称，而输入的则是参数的内容。但是这种方式只适合于每次接收一个参数，如果有一组参数（同名参数）传递，则必须使用 getParameterValues()方法进行接收，如下所示。

提示

单一的参数都可以使用 getParameter()接收，而一组参数要用 getParameterValues()接收。

在表单控件中，像文本框（text）、单选按钮（radio）、密码框（password）、隐藏域（hidden）等，一般都会使用 getParameter()方法进行接收，因为这些控件在使用时参数的名称都只有一个不会重复；而像复选框（checked），一般参数的名称都是重复的，是一组参数，所以只能使用 getParameterValues()接收，如果不小心使用了 getParameter()方法，则只会接收第一个选中的内容。

【例 6.15】 定义表单，传递多种参数——request_demo02.htm

```
<html>
<head><title>www.mldnjava.cn，MLDN 高端 Java 培训</title></head>
<body>
<form action="request_demo02.jsp" method="post">
    姓名：      <input type="text" name="uname"><br>
    兴趣：      <input type="checkbox" name="inst" value="唱歌">唱歌
                <input type="checkbox" name="inst" value="跳舞">跳舞
                <input type="checkbox" name="inst" value="游泳">游泳
                <input type="checkbox" name="inst" value="看书">看书
                <input type="checkbox" name="inst" value="旅游">旅游
                <input type="hidden" name="id" value="3">      <!-- 定义隐藏域 -->
                <br><input type="submit" value="提交">
                <input type="reset" value="重置">
</form>
</body>
</html>
```

上面的表单中除了文本框外，还有一个复选框和一个隐藏域，那么这时如果要进行提交，复选框提交的是一组参数，则在 request_demo02.jsp 中必须使用 getParameterValues()方法，才能完全地接收复选框的内容；而隐藏域的内容与普通的文本框一样，直接使用 getParameter()方法接收即可。

【例 6.16】 接收参数——request_demo02.jsp

```
<%@ page contentType="text/html" pageEncoding="GBK"%>
<html>
<head><title>www.mldnjava.cn，MLDN 高端 Java 培训</title></head>
<body>
<%
    request.setCharacterEncoding("GBK") ;                   // 设置统一编码
    String id = request.getParameter("id") ;                // 接收隐藏域提交的参数
    String name = request.getParameter("uname") ;           // 接收文本框提交的参数
    String inst[] = request.getParameterValues("inst") ;    // 接收复选框提交的参数
%>
<h3>编号：<%=id%></h3>
<h3>姓名：<%=name%></h3>
<%
    if(inst != null){                                       // 判断是否有内容
%>
<h3>兴趣：
<%
        for(int x=0;x<inst.length;x++){                     // 循环输出全部的内容
%>
            <%=inst[x]%>、                                  <!-- 使用表达式输出数组中的元素 -->
<%
        }
%>
</h3>
<%
    }
%>
</body>
</html>
```

本程序使用了 getParameter()方法接收文本框和隐藏域的内容，然后又使用了 getParameterValues()方法接收复选框的内容以字符串数组的形式返回，并利用循环输出数组的内容。程序的运行结果如图 6-18 所示。

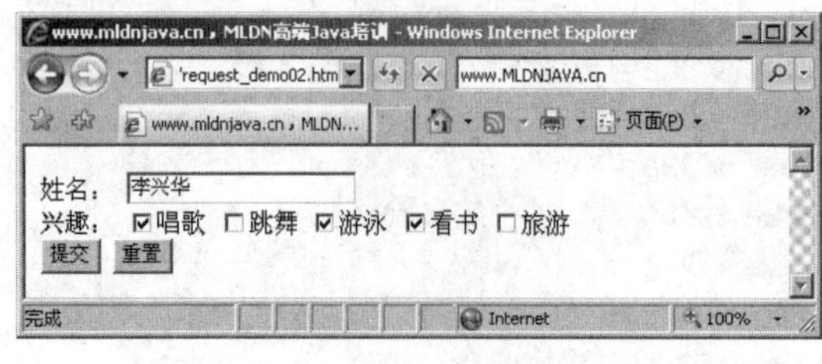

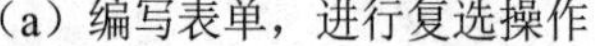
（a）编写表单，进行复选操作

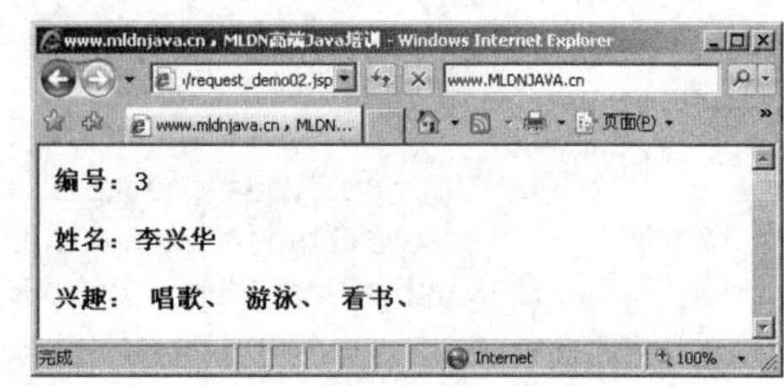

（b）接收全部的内容

图 6-18　接收参数

注意

有可能出现 NullPointerException 异常。

在进行表单参数接收时，如果用户没有输入文本框内容或者没有选择复选框内容，那么在使用 getParameter()或 getParameterValues()接收参数时，返回的内容为 null，此时如果调用操作，如“length”，就有可能产生 NullPointerException，所以在使用时最好判断接收来的参数是否为 null。

在 Web 开发中，所有参数不一定非要由表单传递过来，也可以使用地址重写的方式进行传递。地址重写的格式如下。

【格式 6-1　URL 地址重写】

```
动态页面地址?参数名称 1=参数内容 1&参数名称 2=参数内容 2&...
```

从格式 6-1 中可以发现，所有的参数与之前的地址之间使用“?”分离，然后按照“参数名称=参数内容”的格式传递参数，多个参数间使用“&”分离。

【例 6.17】 接收地址重写参数——request_demo03.jsp

```
<%@ page contentType="text/html" pageEncoding="GBK"%>
<html>
<head><title>www.mldnjava.cn，MLDN 高端 Java 培训</title></head>
<body>
<%
    request.setCharacterEncoding("GBK") ;                  // 设置统一编码
    String param1 = request.getParameter("name") ;         // 接收参数
    String param2 = request.getParameter("password") ;     // 接收参数
%>
<h3>姓名：<%=param1%></h3>
<h3>密码：<%=param2%></h3>
</body>
</html>
```

此时因为是使用地址重写的方式传递参数，所以在使用 rquest_demo03.jsp 时应该输入以下内容：

```
request_demo03.jsp?name=LiXingHua&password=www.mldnjava.cn
```

前面是地址栏的输入路径，后面则是按照格式 6-1 传递的参数，本程序一共传递了两个参数，名称分别是 name 和 password。程序的运行结果如图 6-19 所示。

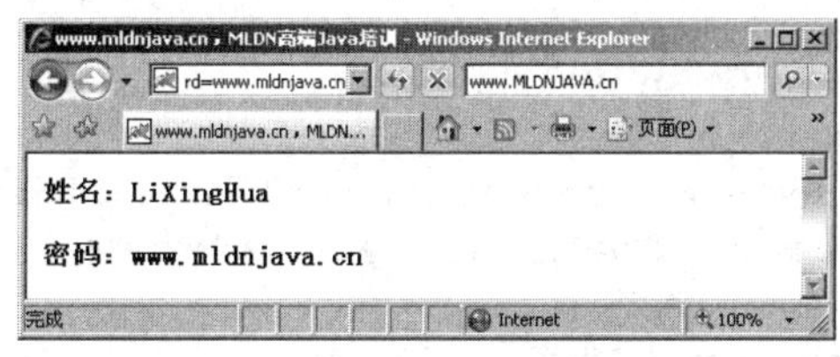

图 6-19　通过地址重写传递参数

说明

提问：表单提交的 get 和 post 有什么不同？

在 HTML 的<FORM>标签中有 get 和 post 两种表单提交方式，这两种提交方式有什么不同，该使用哪种更好呢？

回答：一般 post 提交使用较多。

表单上的两种提交方式分别是 get 和 post，但是两者在使用时有一个明显的区别就是：使用 get 提交时，提交的内容会显示在地址栏之后；而使用 post 提交，提交的内容是不会显示在地址栏上的。下面将之前的 request_demo01.htm 页面的提交方式修改为 get 和 post，提交后的地址栏如下。

范例：使用 get 提交后的地址栏

http://localhost/mldn/ch06/requestdemo/request_demo01.jsp**?info=LiXingHua**

范例：使用 post 提交后的地址栏

http://localhost/mldn/ch06/requestdemo/request_demo01.jsp

从以上结果可以发现，使用 get 提交时所有输入的内容都会自动在地址栏之后显示，这一点与地址重写的格式是一样的；而 post 本身没有任何的内容显示，只是将提交后的目标地址显示出来。而且，读者从这里也应该可以发现，直接输入地址访问页面本身就属于 get 提交方式，而 post 只是应用在表单上的操作。

在使用上也需要注意表单提交的数据大小问题，因为 get 请求需要在地址栏上显示信息，所以信息的长度有所限制，一般大小是 4～5KB 的数据；而 post 因为不会显示，可以提交更多的内容，如果表单中有一些大文本或者一些图片数据，则只能使用 post 的方式提交。

在 request 内置对象中还有一个灵活的方法就是 getParameterNames()，此方法可以返回所有请求参数的名称，但是此方法返回值的类型是 Enumeration，接口实例所以需要使用 hasMoreElements()方法判断是否有内容以及使用 nextElement()方法取出内容。

【例 6.18】 定义表单显示多种类型——request_demo04.htm

```
<html>
<head><title>www.mldnjava.cn，MLDN 高端 Java 培训</title></head>
<body>
<form action="request_demo04.jsp" method="post">
    姓名：      <input type="text" name="uname"><br>
    性别：      <input type="radio" name="sex" value="男" CHECKED>男
                <input type="radio" name="sex" value="女">女<br>
    城市：      <select name="city">
                    <option value="北京">北京</option>
                    <option value="天津">天津</option>
```

```
                <option value="洛阳">洛阳</option>
            </select><br>
    兴趣：    <input type="checkbox" name="**inst" value="唱歌">唱歌
            <input type="checkbox" name="**inst" value="跳舞">跳舞
            <input type="checkbox" name="**inst" value="游泳">游泳
            <input type="checkbox" name="**inst" value="看书">看书
            <input type="checkbox" name="**inst" value="旅游">旅游<br>
    自我介绍：<textarea cols="30" rows="3" name="note"></textarea><br>
    <input type="hidden" name="uid" value="1">
    <input type="submit" value="提交">
    <input type="reset" value="重置">
</form>
</body>
</html>
```

上面的表单中分别定义了文本框、单选按钮、下拉列表框、复选框、文本域、隐藏域，并将其提交到 request_demo04.jsp 中。

说明

提问：以上的复选框的名字为什么是"inst"？**

以上程序的多个表单中，只有复选框的名字前加了两个"**"，有什么特殊的用处吗？

回答：""的主要目的是用于区分不同的参数接收操作。**

在之前曾经讲解过 getParameter()可以接收一个参数的内容，但是如果是复选框，肯定是要同时接收一组参数，所以要使用 getParameterValues()方法。因为本程序中是通过 getParameterNames()方法取得所有的请求参数名称，而要想通过这些名称再取得具体内容，则必须先确定是使用 getParameter()还是 getParameterValues()方法操作，凡是以"**"开头的都按照数组的形式接收，即使用 getParameterValues()方法。

【例 6.19】 接收全部请求参数的名称及对应的内容——request_demo04.jsp

```
<%@ page contentType="text/html" pageEncoding="GBK"%>
<%@ page import="java.util.*"%>    <!-- 使用 Enumeration 导入此包 -->
<html>
<head><title>www.mldnjava.cn，MLDN 高端 Java 培训</title></head>
<body>
<%
    request.setCharacterEncoding("GBK") ;                      // 设置统一编码
%>
<center>
<table border="1">
    <tr>
        <td>参数名称</td>
        <td>参数内容</td>
    </tr>
<%
```

```
    Enumeration enu = request.getParameterNames() ;          // 接收全部请求参数的名称
    while(enu.hasMoreElements()){                              // 依次取出每一个参数名称
        String paramName = (String) enu.nextElement() ;       // 取出内容
%>
    <tr>
        <td><%=paramName%></td>
        <td>
<%
        if(paramName.startsWith("**")){                        // 判断是否以"**"开头
            String paramValue[] = request.getParameterValues(paramName) ;
            for(int x=0;x<paramValue.length;x++){             // 循环输出内容
%>
                <%=paramValue[x]%>、
<%
            }
        }else{                                                 // 不是以"**"开头
            String paramValue = request.getParameter(paramName) ;
%>
            <%=paramValue%>
<%
        }
%>
        </td>
    </tr>
<%
    }
%>
</table>
</center>
</body>
</html>
```

在本程序中，首先使用 getParameterNames()方法接收全部的请求参数，然后采用循环的方式取出全部的参数名称，因为没有指定泛型，所以 nextElement()方法每次返回的结果都是 Object，需要进行向下的转型操作，然后根据参数名称的标记来选择是使用 getParameter()还是 getParameterValues()方法进行接收。程序的运行结果如图 6-20 所示。

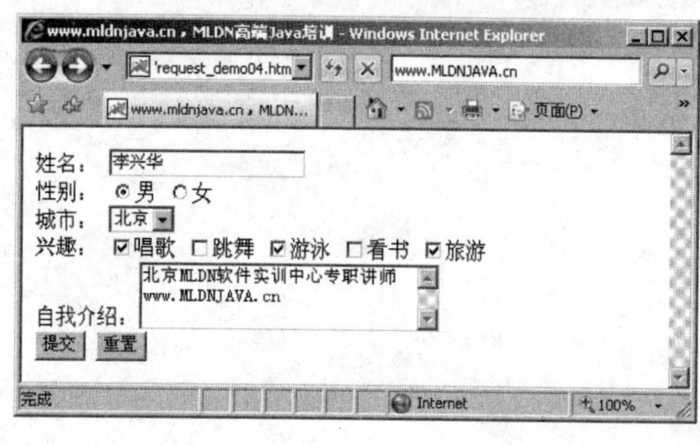

（a）编写表单

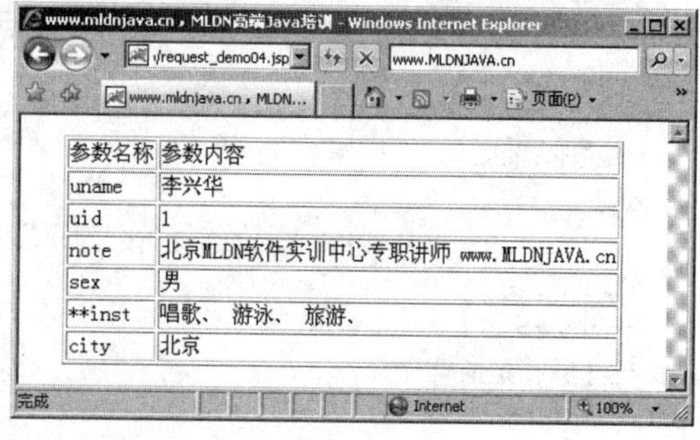

参数名称	参数内容
uname	李兴华
uid	1
note	北京MLDN软件实训中心专职讲师 www.MLDNJAVA.cn
sex	男
**inst	唱歌、 游泳、 旅游、
city	北京

（b）得到全部请求参数的名称及内容

图 6-20　接收全部请求参数

提示

本程序一般在购物车程序中比较常用。

此种方式适用于表单会动态变化的情况，而在一般的开发中，以上的程序并不多见，但是在进行购物车程序开发时，本段代码就非常有用处了。购物车程序将在开发实战部分为读者进行讲解。

6.3.3　显示全部的头信息

Java 的 Web 开发使用的是 HTTP 协议，主要操作就是基于请求和回应，但是在请求和回应的同时也会包含一些其他信息（如客户端的 IP、Cookie、语言等），那么这些额外的信息就称为头信息。

提示

从两人的对话理解头信息的作用。

关于头信息也可以换种方式理解，就好比两个人要对话一样，虽然主要是对话的内容，但是在这些对话上又需要关注一些其他信息，例如，对话方是否是正常人或者是能否听懂自己的语言等，那么这些信息实际上是和对话这个操作同时存在的，这些就可以简单地理解为头信息。

要想取得头信息的名称，可以直接通过 request 内置对象的 getHeaderNames()方法；而要想取出每一个头信息的内容，则需要使用 getHeader()方法。

【例 6.20】 取出头信息的名称及内容——request_demo05.jsp

```
<%@ page contentType="text/html" pageEncoding="GBK"%>
<%@ page import="java.util.*"%>     <!-- 使用 Enumeration 导入此包 -->
<html>
<head><title>www.mldnjava.cn，MLDN 高端 Java 培训</title></head>
<body>
<%
    Enumeration enu = request.getHeaderNames() ;                    // 取得全部头信息
    while(enu.hasMoreElements()){                                   // 依次取出头信息
        String headerName = (String)enu.nextElement() ;
        String headerValue = request.getHeader(headerName) ;        // 取出头信息内容
%>
        <h5><%=headerName%> --> <%=headerValue%></h5>
<%
    }
%>
</body>
</html>
```

本程序取出了客户端请求时发送的头信息，包括使用的语言、主机、Cookie 等。程序的运行结果如图 6-21 所示。

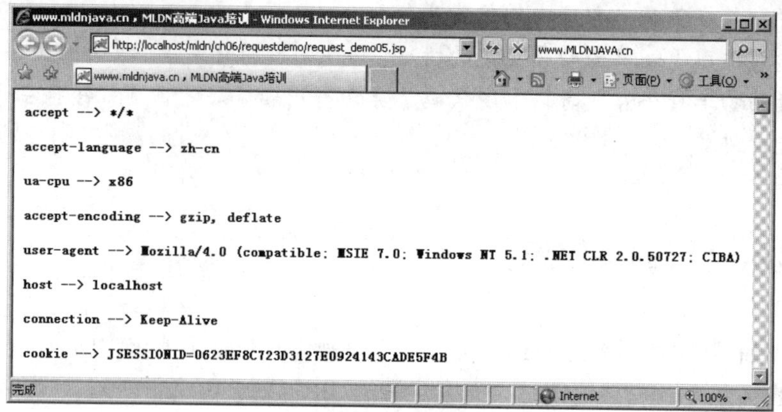

图 6-21　取出头信息

提示

了解头信息即可。

头信息中包含了一些与具体请求/回应有关的信息，在一般的开发中即使不明白头信息的作用也不会有任何影响。

6.3.4　角色验证

在之前讲解 Tomcat 安装时，用户曾经输入过一个管理员的用户名和密码，实际上就相当于建立了一个管理员的账户。如果现在某些 JSP 页面需要输入特定的管理员的账号才能访问，那么就需要进行角色验证，而要进行角色验证就必须使用 request 内置对象中的 isUserInRole()方法完成。

要想完成用户验证，则首先为 Tomcat 增加一些新的用户，此操作可以通过修改 conf/tomcat-users.xml 文件完成，在此文件中加入两个新的用户，即 lixinghua 和 mldn。

提示

直接参考已有的 admin 用户配置即可。

在增加用户时，直接参考已有的 admin 用户的配置即可，一定要记住<user>节点必须作为<tomcat-users>的子节点出现。

【例 6.21】　修改 tomcat-users.xml 文件，增加两个新用户

```
<user username="lixinghua" password="mldnjava" roles="admin" />
<user username="mldn" password="mldn" roles="mldnuser" />
```

以上<user>标签的主要作用就是增加用户，其中属性的作用如下。

☑　username：增加的用户名。

☑　password：增加的密码。

☑　roles：用户所属的角色。

提示

用户的角色会自动创建

在以上配置中，roles 属性表示用户的角色，这些角色在以后进行验证时使用。在每一次重新启动 Tomcat 后，都会自动为用户配置新的角色。Tomcat 重新启动后，tomcat-users.xml 文件中增加了以下内容：

```
<role rolename="admin" />
<role rolename="mldnuser" />
```

表示增加了两个新的角色，即 admin 和 mldnuser，这两个角色在以后验证时要使用。

配置完用户后，还需要配置 web.xml 文件，在 web.xml 文件中加入对某一资源的验证操作。

【例 6.22】 修改 web.xml 文件

```
<security-constraint><!-- 不通过编程而限制资源的访问 -->
    <web-resource-collection>                          <!-- 定义限制访问的资源 -->
        <!-- 限制访问的名称 -->
        <web-resource-name>RegisteredUsers</web-resource-name>
        <!-- 限制访问的路径 -->
        <url-pattern>/ch06/requestdemo/security.jsp</url-pattern>
    </web-resource-collection>
    <auth-constraint>                                  <!-- 定义访问此限制资源的角色 -->
        <role-name>mldnuser</role-name>                <!-- mldnuser 角色可以访问 -->
        <role-name>admin</role-name>                   <!-- admin 角色可以访问 -->
    </auth-constraint>
</security-constraint>
<login-config>                                         <!-- 指定所使用的验证方法 -->
    <!-- 使用 Basic 验证，通过弹出登录窗口提示用户输入用户名和密码 -->
    <auth-method>BASIC</auth-method>
    <realm-name>Registered Users</realm-name>          <!-- 验证中使用的领域名称 -->
</login-config>
<security-role>                                <!-- 指定用于安全约束中安全角色的声明 -->
    <role-name>mldnuser</role-name>
</security-role>
<security-role>                                <!-- 指定用于安全约束中安全角色的声明 -->
    <role-name>admin</role-name>
</security-role>
```

以上的配置表示 ch06/requestdemo/security.jsp 资源为限制资源，只允许特定的用户角色

（mldnuser、admin）进入，而且在 security.jsp 文件中也需要使用安全角色验证的方法对用户输入的用户名和密码进行验证。

【例 6.23】 进行安全角色验证——security.jsp

```
<%@ page contentType="text/html" pageEncoding="GBK"%>
<html>
<head><title>www.mldnjava.cn，MLDN 高端 Java 培训</title></head>
<body>
<%
	if(request.isUserInRole("admin")){	// 验证 admin 角色
%>
		<h2>欢迎光临！</h2>
<%
	}
%>
</body>
</html>
```

上面的操作代码对使用本资源的角色进行了验证，如果角色是 admin，则可以正常访问，否则将无法访问此受限资源。程序的运行结果如图 6-22 和图 6-23 所示。

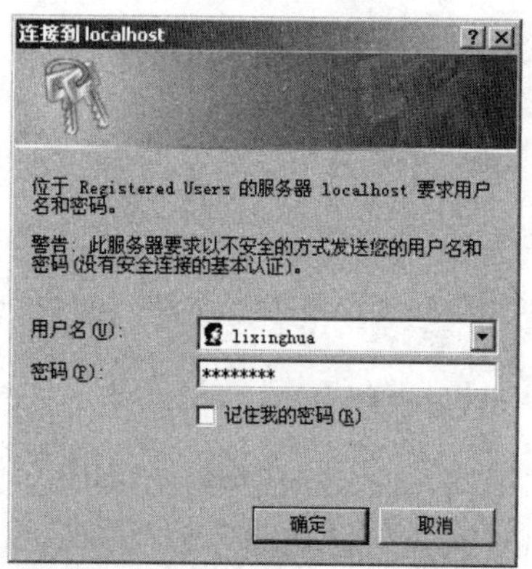

图 6-22　提示限制资源的验证框

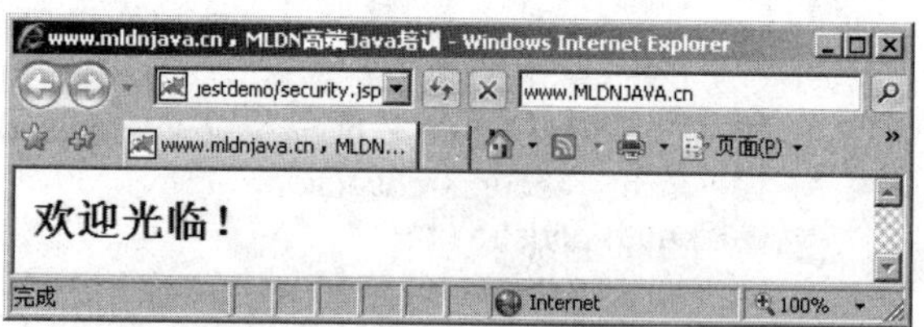

图 6-23　验证成功可以访问

6.3.5　其他操作

在 request 中也可以取得客户端的 IP 地址、访问的路径信息、提交的方式等。

【例 6.24】 request 的其他操作——request_demo06.jsp

```
<%@ page contentType="text/html" pageEncoding="GBK"%>
<html>
<head><title>www.mldnjava.cn，MLDN 高端 Java 培训</title></head>
<body>
<%
	String method = request.getMethod() ;			// 取得提交方式
	String ip = request.getRemoteAddr() ;			// 取得客户端的 IP 地址
```

```
    String path = request.getServletPath() ;                // 取得访问路径
    String contextPath = request.getContextPath() ;         // 取得上下文资源名称
%>
<h3>请求方式：<%=method%></h3>
<h3>IP 地址：<%=ip%></h3>
<h3>访问路径：<%=path%></h3>
<h3>上下文名称：<%=contextPath%></h3>
</body>
</html>
```

getMethod()、getRemoteAddr()、getServletPath()和 getContextPath()这 4 个方法返回的都是 String 类型，所以全部使用 String 接收即可。程序的运行结果如图 6-24 所示。

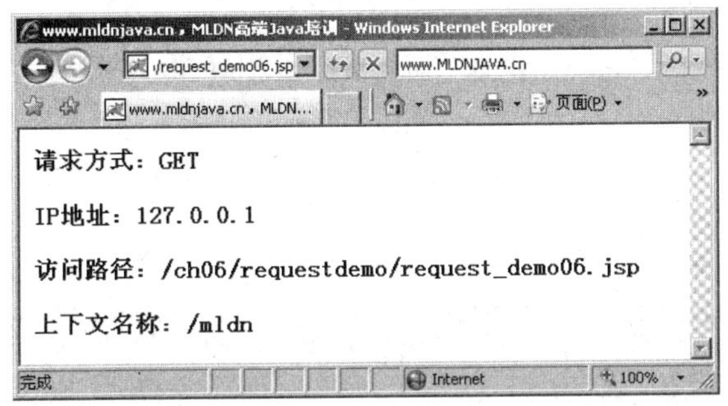

图 6-24　程序的运行结果

request 内置对象在实际的开发中使用最多，而且读者一定要记住的是，当服务器端需要得到请求客户端的相关信息时就会使用 request 对象完成。

6.4　response 对象

response 对象的主要作用是对客户端的请求进行回应，将 Web 服务器处理后的结果发回给客户端。response 对象属于 javax.servlet.http.HttpServletResponse 接口的实例，HttpServletResponse 接口的定义如下：

```
public interface HttpServletResponse extends ServletResponse
```

从接口定义可以发现，此接口是 ServletResponse 的子接口，而 ServletResponse 也只有 HttpServletResponse 一个子接口，这一点与 request 对象是完全一样的。response 对象的常用方法如表 6-6 所示。

表 6-6　response 对象的常用方法

No.	方　法	类　型	描　述
1	public void addCookie(Cookie cookie)	普通	向客户端增加 Cookie
2	public void setHeader(String name,String value)	普通	设置回应的头信息
3	public void sendRedirect(String location) throws IOException	普通	页面跳转

6.4.1 设置头信息

之前曾经讲解过，客户端在进行请求时会发送许多额外的信息，这些就是头信息。服务器端也可以根据需要向客户端设置头信息，在所有头信息的设置中，定时刷新页面的头信息使用的最多，用户可以直接使用 setHeader()方法将头信息名称设置为 refresh，同时指定刷新的时间间隔。

【例 6.25】 设置定时刷新的头信息——response_demo01.jsp

```
<%@ page contentType="text/html" pageEncoding="GBK"%>
<html>
<head><title>www.mldnjava.cn，MLDN 高端 Java 培训</title></head>
<body>
<%! // 定义全局变量
	int count = 0 ;
%>
<%
	response.setHeader("refresh","2") ;			// 设置两秒一刷新
%>
<h3>已经访问了<%=count++%>次！ </h3>
</body>
</html>
```

本程序设置了页面每两秒刷新一次，由于 count 设置的是全局变量，所以每次刷新后 count 变量不会重新声明，而是自动执行自增的操作。程序的运行结果如图 6-25 所示。

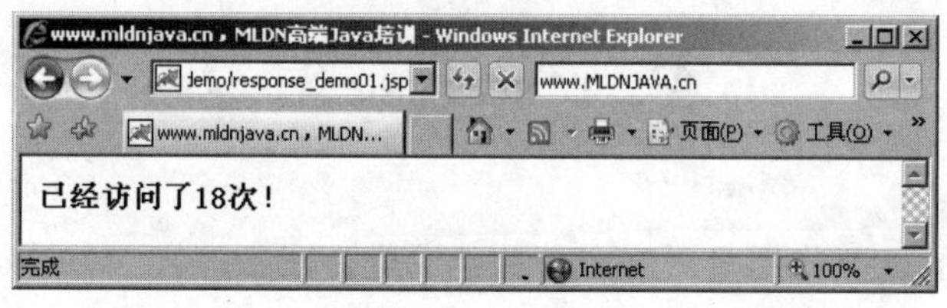

图 6-25 定时刷新

在实际的使用中，读者也应该会看到有些页面经常提示“3 秒后跳转到首页”这样的定时跳转操作。实际上这样的操作也可以通过 refresh 完成，加上一个 URL 参数即可表示跳转路径。

【例 6.26】 3 秒后跳转到其他页面（跳转到 hello.htm）——response_demo02.jsp

```
<%@ page contentType="text/html" pageEncoding="GBK"%>
<html>
<head><title>www.mldnjava.cn，MLDN 高端 Java 培训</title></head>
<body>
<h3>3 秒后跳转到 hello.htm 页面，如果没有跳转请按<a href="hello.htm">这里</a>！ </h3>
<%
	response.setHeader("refresh","3;URL=hello.htm") ;		// 3 秒后跳转到 hello.htm
```

```
%>
</body>
</html>
```

以上的操作代码设置了定时刷新，将在 3 秒后将跳转到 URL 指定的页面，有时为了防止由于客户端浏览器的问题所造成的无法跳转，所以加上了一个超链接，用户也可以通过这个超链接进行手工的跳转操作。

提示

定时的时间如果为 0 则为立刻跳转。

如果在以上代码中将 refresh 设置的跳转时间修改为 0：

```
response.setHeader("refresh","0;URL=hello.htm")
```

则表示无条件立刻跳转。

【例 6.27】 跳转后的显示页面——hello.htm

```
<html>
<head><title>www.mldnjava.cn，MLDN 高端 Java 培训</title></head>
<body>
	<h2>Hello MLDN!!!</h2>
</body>
</html>
```

执行 response_demo02.jsp 页面 3 秒后将自动跳转到 hello.htm 页面，程序的运行结果如图 6-26 所示。

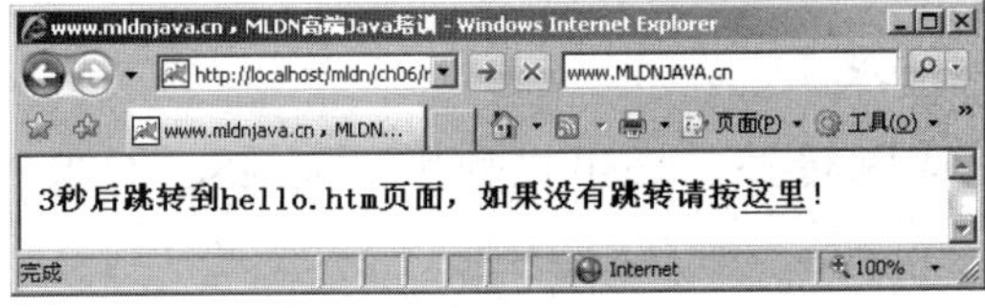

（a）跳转之前的页面

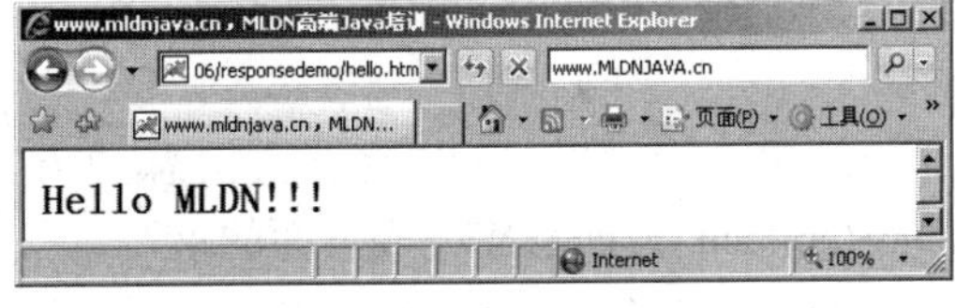

（b）跳转之后的页面

图 6-26　定时跳转

提示

定时跳转属于客户端跳转。

细心的读者可以发现，当 response_demo02.jsp 页面定时跳转到 hello.htm 页面后，浏览器的地址也已经变为了 hello.htm，所以这种改变地址栏的跳转称为客户端跳转。

另外，在这里需要提醒读者的是，实际上以上设置头信息的做法，在 HTML 中也可以直接使用。例如，之前 response_demo02.jsp 中设置的跳转指令就等同于以下的 HTML 代码：

```
<META HTTP-EQUIV="refresh" CONTENT="3;URL=hello.htm">
```

【例 6.28】 使用 HTML 完成定时跳转的功能——response_demo03.htm

```
<html>
<head><title>www.mldnjava.cn，MLDN 高端 Java 培训</title></head>
<META HTTP-EQUIV="refresh" CONTENT="3;URL=hello.htm">
<body>
<h3>3 秒后跳转到 hello.htm 页面，如果没有跳转请按<a href="hello.htm">这里</a>！</h3>
</body>
</html>
```

本程序的执行结果和图 6-26 所示的结果一样。

说明

提问：两种设置跳转头信息的方式使用哪种更好呢？

既然在 JSP 和 HTML 中都可以完成定时跳转的功能，那么使用哪种更好呢？

回答：根据页面情况选择。

之前在讲解 Tomcat 配置时曾经讲解过，如果一个请求的页面是动态页，则肯定要经过 Web Container 进行代码的拼凑操作；而如果是静态请求，则直接读取文件系统，所以，只有当一个页面中没有 JSP 代码而又想执行定时跳转时才使用 HTML 形式的设置跳转头信息的操作。

6.4.2 页面跳转

在 JSP 中除了可以通过头信息的方式完成跳转外，还可以使用 response 对象的 sendRedirect()方法直接完成页面的跳转。

【例 6.29】 使用 sendRedirect()跳转到 hello.htm 页——response_demo03.jsp

```
<%@ page contentType="text/html" pageEncoding="GBK"%>
<html>
<head><title>www.mldnjava.cn，MLDN 高端 Java 培训</title></head>
<body>
<%
    response.sendRedirect("hello.htm") ;//  直接跳转到 hello.htm
%>
</body>
</html>
```

以上代码直接在程序中编写了跳转语句，所以程序会直接跳转到 hello.htm 页面。程序的运行结果如图 6-27 所示。

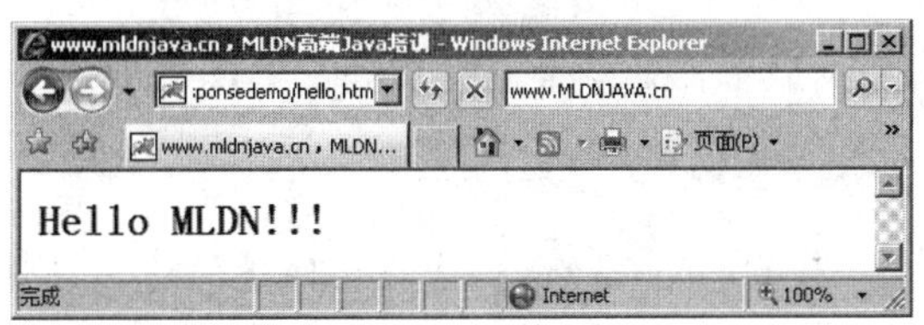

图 6-27　使用 response 跳转

提示

response 跳转属于客户端跳转。

由于使用 response.sendRedirect()跳转后，地址栏的页面地址改变了，所以此种跳转与之前设置头信息的跳转一样，都属于客户端跳转。

以上代码执行完 response_demo03.jsp 页面后立刻跳转到 hello.htm 页面进行显示，这一点和之前的<jsp:forward>以及 setHeader()的形式是完全一样的。

说明

提问：两种跳转的区别是什么？

之前已经学习过了<jsp:forward>的标签跳转指令，现在又学习了 response.sendRedirect()的跳转指令，那么这两种跳转有哪些区别？在实际开发中使用哪种更好呢？

回答：客户端跳转和服务器端跳转各有其特点。

从之前的讲解中应该已经知道，<jsp:forward>属于服务器端跳转，跳转之后地址栏的信息并不会有任何的改变；而 response.sendRedirect()属于客户端跳转，跳转之后地址栏是会改变的，变为跳转之后的页面地址。

而且在使用 request 属性范围时，只有服务器端跳转才能够将 request 范围的属性保存到跳转页；而如果是客户端跳转，则无法进行 request 属性的传递。

另外，如果使用的是服务器端跳转，则执行到跳转语句时会立刻进行跳转；如果使用的是客户端跳转，则是在整个页面执行完之后才执行跳转，这一点可以根据下面的代码加以验证，代码如下所示。

【例 6.30】 使用服务器端跳转——response_demo04.jsp

```
<%@ page contentType="text/html" pageEncoding="GBK"%>
<html>
<head><title>www.mldnjava.cn，MLDN 高端 Java 培训</title></head>
<body>
<%   System.out.println("============= forward 跳转之前  =============") ; %>
<jsp:forward page="hello.htm"/>
<%   System.out.println("============= forward 跳转之后  =============") ; %>
</body>
</html>
```

程序运行后在 Tomcat 服务器的后台上会有如下信息显示：

```
============== forward 跳转之前 ==============
```

从结果中可以发现，使用<jsp:forward>是无条件跳转的，只要执行到了此语句，则后面的代码都不再执行，所以“代码结束”的输出就没有执行。

【例 6.31】 使用客户端跳转——response_demo05.jsp

```
<%@ page contentType="text/html" pageEncoding="GBK"%>
<html>
<head><title>www.mldnjava.cn，MLDN 高端 Java 培训</title></head>
<body>
<%  System.out.println("============== response 跳转之前 ==============") ;    %>
<%  response.sendRedirect("hello.htm") ;%>
<%  System.out.println("============== response 跳转之后 ==============") ;    %>
</body>
</html>
```

程序运行后在 Tomcat 服务器的后台上会有如下信息显示：

```
============== response 跳转之前 ==============
============== response 跳转之后 ==============
```

从运行结果中可以发现，在跳转前后的两条语句都执行了，所以 response.sendRedirect()是在整个代码执行完后再进行跳转的。

由于两种跳转存在这样的差异，所以在以后的代码开发中，尤其是在使用了 JDBC 的操作中，一定要在<jsp:forward>语句执行之前关闭数据库的连接，否则数据库连接将再也无法关闭。而如果数据库连接始终没有关闭，当达到一定程度时将出现“数据库连接已经达到最大的异常”，此时就只能重新启动服务器了。

而且，如果使用了<jsp:forward>，可以通过<jsp:param>方便地进行参数的传递；而如果使用了 response.sendRedirect()传递参数，则只能通过地址重写的方式完成。

从实际的开发来看，服务器端跳转要比客户端跳转更常用，这一点要结合 MVC 设计模式才能做到深入的掌握。

6.4.3 操作 Cookie

Cookie 是浏览器所提供的一种技术，这种技术让服务器端的程序能将一些只须保存在客户端，或者在客户端进行处理的数据，放在本地使用的计算机中，不须通过网络的传输，因而提高了网页处理的效率，而且也能够减少服务器端的负载。但是由于 Cookie 是服务器端保存在客户端的信息，所以其安全性也是很差的。

提示

使用 Cookie 保存信息可以减少客户端的部分操作。

相信经常上论坛的读者都会发现很多论坛都有记住密码的功能，这样以后用户再进入本论坛访问时就可以不用登录，直接操作。实际上这里面就应用到了 Cookie 的操作。而在这时如果没有及时地清理掉使用的账户，就有可能出现安全隐患，这一点在进行项目开发时必须有所考虑。

在 JSP 中专门提供了 javax.servlet.http.Cookie 的操作类，此类定义的常用方法如表 6-7 所示。

表 6-7　Cookie 定义的常用方法

No.	方　　法	类　　型	描　　述
1	public Cookie(String name,String value)	构造	实例化 Cookie 对象，同时设置名称和内容
2	public String getName()	普通	取得 Cookie 的名称
3	public String getValue()	普通	取得 Cookie 的内容
4	public void setMaxAge(int expiry)	普通	设置 Cookie 的保存时间，以秒为单位

所有的 Cookie 是由服务器端设置到客户端上去的，所以要向客户端增加 Cookie，必须使用 response 对象的以下方法，如表 6-8 所示。

表 6-8　设置 Cookie

No.	方　　法	类　　型	描　　述
1	public void addCookie(Cookie cookie)	普通	向客户端设置 Cookie

【例 6.32】 向客户端增加 Cookie——response_demo06.jsp

```
<%@ page contentType="text/html" pageEncoding="GBK"%>
<html>
<head><title>www.mldnjava.cn，MLDN 高端 Java 培训</title></head>
<body>
<%
    Cookie c1 = new Cookie("lxh","LiXingHua") ;                    // 定义新的 Cookie 对象
    Cookie c2 = new Cookie("mldn","www.MLDNJAVA.cn") ; // 定义新的 Cookie 对象
    response.addCookie(c1) ;                                        // 向客户端增加 Cookie
    response.addCookie(c2) ;                                        // 向客户端增加 Cookie
%>
</body>
</html>
```

以上代码向客户端设置了两个 Cookie 对象，如果要想取得客户端设置的 Cookie，可以通过 request 对象完成。使用 request 对象取得 Cookie 的方法如表 6-9 所示。

表 6-9　取得 Cookie

No.	方　法	类　型	描　述
1	public Cookie[] getCookies()	普通	取得客户端设置的全部 Cookie

【例 6.33】　取出设置的 Cookie——response_demo07.jsp

```
<%@ page contentType="text/html" pageEncoding="GBK"%>
<html>
<head><title>www.mldnjava.cn，MLDN 高端 Java 培训</title></head>
<body>
<%
    Cookie c[] = request.getCookies() ;           // 取得全部的 Cookie
    for(int x=0;x<c.length;x++){                  // 循环取出每一个 Cookie
%>
        <h3><%=c[x].getName()%> --> <%=c[x].getValue()%></h3>
<%
    }
%>
</body>
</html>
```

在客户端每次向服务器端发送请求时都会将之前设置的 Cookie 随着头信息一起发送到服务器上，所以，这时使用 request 对象的 getCookies()方法就可以取出全部设置的 Cookie。程序的运行结果如图 6-28 所示。

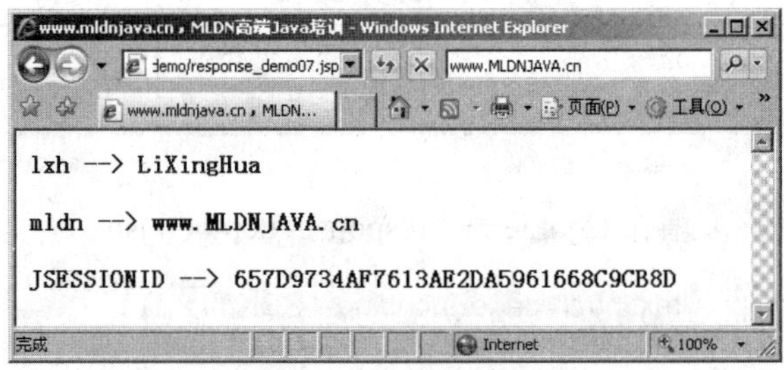

图 6-28　取出设置的 Cookie

提问：图 6-28 中的 JSESSIONID 是什么？

之前的程序设置了两个 Cookie，但是为什么之后却取得了 3 个 Cookie，JSESSIONID 这个 Cookie 是什么东西？

回答：系统自动设置的。

在每一个客户端访问服务器时，服务器为了明确区分每一个客户端，都会自动设置一个 JSESSIONID 的 Cookie，表示用户的唯一身份标识。

关于此部分可以结合后面讲解的 session 对象做深入了解。

从理论上讲，服务器设置的 Cookie 会保存在客户端上，也就是说，如果关闭了客户端的浏览器，也应该可以取出之前设置的 Cookie。下面重新开启浏览器，继续取得全部的 Cookie。程序的运行结果如图 6-29 所示。

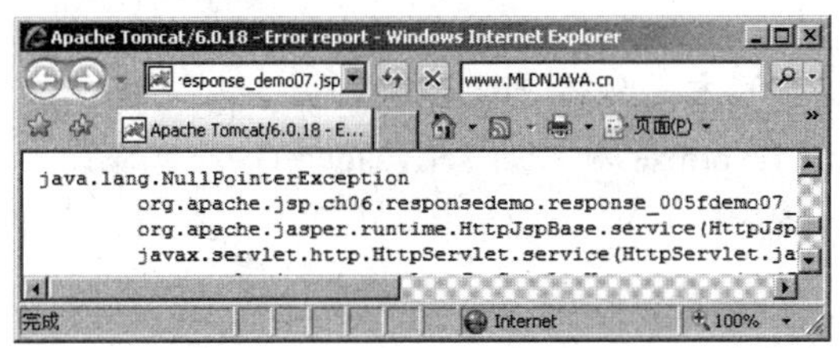

图 6-29　重新启动浏览器后再取得全部的 Cookie

同样的代码在重新启动浏览器后却出现了 NullPointerException 异常，这是什么原因呢？

实际上，在之前设置的两个 Cookie 并没有真正保存在客户端上，而只是保存在客户端浏览器上，所以，当浏览器重新启动后，之前所设置的全部 Cookie 就不在了，则以后使用 getCookies()方法时取得的就是 null，那么在操作时就出现了 NullPointerException 异常。此时，如果要想真正将 Cookie 保存在客户端上，就必须设置 Cookie 的保存时间，使用 Cookie 类提供的 setMaxAge()方法即可。

【例 6.34】 为 Cookie 设置保存时间——response_demo08.jsp

```
<%@ page contentType="text/html" pageEncoding="GBK"%>
<html>
<head><title>www.mldnjava.cn，MLDN 高端 Java 培训</title></head>
<body>
<%
    Cookie c1 = new Cookie("lxh","LiXingHua") ;                  // 定义新的 Cookie 对象
    Cookie c2 = new Cookie("mldn","www.MLDNJAVA.cn") ;  // 定义新的 Cookie 对象
    c1.setMaxAge(60) ;                                             // Cookie 保存 60 秒
    c2.setMaxAge(60) ;                                             // Cookie 保存 60 秒
    response.addCookie(c1) ;                                       // 向客户端增加 Cookie
    response.addCookie(c2) ;                                       // 向客户端增加 Cookie
%>
</body>
</html>
```

以上代码设置了每一个 Cookie 的保存时间为 1 分钟（60 秒），在 1 分钟之内，即使重新启动浏览器，也可以取出设置的 Cookie。重新启动浏览器后，response_demo07.jsp 的运行结果如图 6-30 所示。

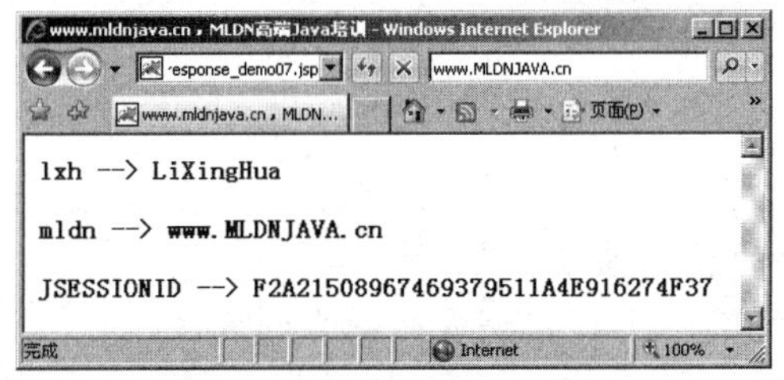

图 6-30　重新启动浏览器后取得 Cookie

虽然 Cookie 中可以保存信息，但是并不能无限制地保存，一般一个客户端最多只能保存 300 个 Cookie，所以数据量太大时将无法使用 Cookie。

提示

可以通过设置头信息的方式为客户端加入 Cookie。

在 Web 中可以通过 response 对象的 setHeader()方法完成设置 Cookie 的操作，代码如下：

```
<%	// 通过头信息设置 Cookie
	response.setHeader("Set-Cookie","MLDN=www.MLDNJAVA.cn") ;
%>
```

从 Web 的实际开发来讲，通过设置头信息的方式完成 Cookie 的操作并不常见，读者还应该把重点放在通过 response 设置 Cookie 的操作上。

6.5　session 对象

在前面讲解 4 种属性范围时，已经介绍了 session 对象的使用，实际上在开发中 session 对象最主要的用处就是完成用户的登录（login）、注销（logout）等常见功能，每一个 session 对象都表示不同的访问用户，session 对象是 javax.servlet.http.HttpSession 接口的实例化对象，所以 session 只能应用在 HTTP 协议中。HttpSession 接口的常用方法如表 6-10 所示。

表 6-10　HttpSession 接口的常用方法

No.	方　法	类　型	描　述
1	public String getId()	普通	取得 Session Id
2	public long getCreationTime()	普通	取得 session 的创建时间
3	public long getLastAccessedTime()	普通	取得 session 的最后一次操作时间
4	public boolean isNew()	普通	判断是否是新的 session（新用户）
5	public void invalidate()	普通	让 session 失效
6	public Enumeration getAttributeNames()	普通	得到全部属性的名称

在 HttpSession 接口中最重要的部分还是属性操作，主要是可以完成用户登录的合法性验证。

注意

HttpSession 中废弃的属性操作方法。

在 HttpSession 接口中存在以下 4 种属性的操作方法。

☑　设置属性：public void putValue(String name,Object value)。

☑　取得属性：public Object getValue(String name)。

☑　删除属性：public void removeValue(String name)。

☑　取得全部属性名称：public String[] getValueNames()。

在一些比较早的 JSP 图书中，读者也有可能发现以上的用法，但是这些用法随着 JSP 版本的升级，已经不再建议用户使用了，所以在 doc 文档上也都已经将其使用 Deprecated 进行了声明，本书不建议读者使用这些方法。

6.5.1　取得 Session Id

当一个用户连接到服务器后，服务器会自动为此 session 分配一个不会重复的 Session Id，服务器依靠这些不同的 Session Id 来区分每一个不同的用户，在 Web 中可以使用 HttpSession 接口中的 getId()方法取得这些编号。

【例 6.35】　取得 Session Id——session_id.jsp

```
<%@ page contentType="text/html" pageEncoding="GBK"%>
<html>
<head><title>www.mldnjava.cn，MLDN 高端 Java 培训</title></head>
<body>
<%
	String id = session.getId() ;				// 取得 Session Id
%>
<h3>SESSION ID：<%=id%></h3>
<h3>SESSION ID 长度：<%=id.length()%></h3>
</body>
</html>
```

本程序运行后，会直接将当前用户的 Session Id 和 Session Id 的长度显示出来。程序的运行结果如图 6-31 所示。

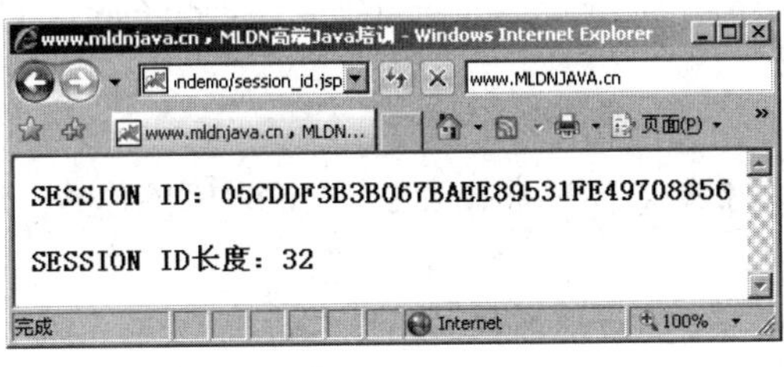

图 6-31　取得 Session Id 及其长度

提问：这个 Session Id 的长度和之前使用 Cookie 的很相似？

在之前操作 Cookie 时发现有一个 JSESSIONID 的 Cookie 名称，其中保存的内容是否和这个 Session Id 一样？

回答：两者是一样的，Session 使用到了 Cookie 的机制。

在使用 session 操作时实际上都使用了 Cookie 的处理机制，即在客户端的 Cookie 中要保存着每一个 Session Id，这样用户在每次发出请求时都会将此 Session Id 发送到服务器端，服务器端依靠此 Session Id 区分每一个不同的客户端。

在使用 session 时也必须注意一点，对于每一个已连接到服务器上的用户，如果重新启动服务器，则这些用户再次发出请求实际上表示的都是一个新连接的用户，服务器会为每个用户重新分配一个新的 Session Id。

提问：session 是否可以在服务器重新启动后继续使用？

在实际操作中，如果服务器重新启动，则已经分配的 Session Id 就会消失，那么有没有一种处理机制可以让这些 session 继续保存，等待服务器重新启动后继续使用呢？

回答：可以通过序列化的方式保存 session 继续使用。

在 Tomcat 中可以通过配置 server.xml 文件，将每一个用户的 session 在服务器关闭时序列化到存储介质（存储介质可以是文件或数据库）上保存，这样即使服务器重新启动，也可以通过反序列化的方式，从指定的存储介质上反序列化每一个 session 对象。下面以文件的保存为例说明如何序列化 session 操作。

【例 6.36】 配置 server.xml 文件，加入 session 保存操作

```
<Context path="/mldn" docBase="D:\mldnwebdemo">
     <Manager className="org.apache.catalina.session.PersistentManager">
          debug=0                        saveOnRestart="true"
          maxActiveSession="-1"    minIdleSwap="-1"
          maxIdleSwap="-1"            maxIdleBackup="-1"
          <Store className="org.apache.catalina.session.FileStore" directory="d:\temp"/>
     </Manager>
</Context>
```

配置中<Manager>元素是专门用来配置 session 管理操作的，该元素中每个属性的作用如下。

- ☑ className：session 的管理器操作类，Tomcat 通过此接口完成序列化管理。
- ☑ debug：session 管理器的跟踪级别。
- ☑ saveOnRestart：配置服务器重新启动前对 session 的处理，可以配置 true 或 false 两种选项，如果为 true 则会在容器关闭前将有效的 session 保存，重新启动后重新载入。

- ☑ maxActiveSession：可以活动的 session 的最大数。如果设置为-1，则表示不受限制，超过最大限制会将 session 对象转移到 Session Store 中。
- ☑ minIdleSwap：一个 session 不活动的最短时间，单位为秒。如果设置为-1，则表示不受限制，超过该时间会将 session 对象转移到 Session Store 中。
- ☑ maxIdleSwap：一个 session 不活动的最长时间，单位为秒。如果设置为-1，则表示不受限制，超过该时间会将 session 对象转移到 Session Store 中，该 session 不在内存中保存。
- ☑ maxIdleBackup：session 的最长时间，单位为秒。如果设置为-1，则表示不受限制，超过该时间会将 session 对象备份到 Session Store 中，但该 session 对象依然存在于内存中。
- ☑ <Store>元素：定义实现持久化 session 的操作类及指定的文件存放位置。本程序将序列化的 session 保存在“d:\temp”文件夹中，每一个保存的 session 都是通过文件保存的，文件的命名规范是 sessionid.session。

以上配置完成后，即使服务器中间关闭了，一个用户的 session 也可以通过此配置进行反序列化的恢复。

6.5.2 登录及注销

在各系统中几乎都会包括用户登录验证及注销的功能，此功能完全可以使用 session 实现。具体思路是：当用户登录成功后，设置一个 session 范围的属性，然后在其他需要验证的页面中判断是否存在此 session 范围的属性，如果存在，则表示已经是正常登录过的合法用户；如果不存在，则给出提示，并跳转回登录页提示用户重新登录，用户登录后可以进行注销的操作。本程序需要如表 6-11 所示的几个 JSP 完成功能。

表 6-11 程序列表

No.	表 达 式	描 述
1	login.jsp	完成登录表单的显示，同时向页面本身提交数据，以完成登录的验证。如果登录成功（用户名和密码固定：lixinghua/mldn），则保存属性；如果登录失败，则显示登录失败的信息
2	welcome.jsp	此页面要求在用户登录完成后才可以显示登录成功的信息，如果没有登录，则要给出未登录的提示，同时给出一个登录的连接地址
3	logout.jsp	此功能完成登录的注销，注销后，页面要跳转回 login.jsp 页面，等待用户继续登录

【例 6.37】 编写表单并执行验证——login.jsp

```
<%@ page contentType="text/html" pageEncoding="GBK"%>
<html>
```

```
<head><title>www.mldnjava.cn，MLDN 高端 Java 培训</title></head>
<body>
<form action="login.jsp" method="post">
    用户名：<input type="text" name="uname"><br>
    密  码：<input type="password" name="upass"><br>
    <input type="submit" value="登录">
    <input type="reset" value="重置">
</form>
<%  // 用户名：lixinghua，密码是：mldn
    String name = request.getParameter("uname") ;               // 取得 name 的信息
    String password = request.getParameter("upass") ;           // 取得 password 的信息
    if(!(name==null||"".equals(name)
        ||password==null||"".equals(password))){                // 进行用户名和密码的验证
        if("lixinghua".equals(name)&&"mldn".equals(password)){
            response.setHeader("refresh","2;URL=welcome.jsp") ;// 定时跳转
            session.setAttribute("userid",name) ;// 将登录的用户名保存在 session 中
%>
            <h3>用户登录成功，两秒后跳转到欢迎页！</h3>
            <h3>如果没有跳转，请按<a href="welcome.jsp">这里</a></h3>
<%
        }else{                                                  // 登录失败给出错误信息
%>
            <h3>错误的用户名或密码！</h3>
<%
        }
    }
%>
</body>
</html>
```

由于 login.jsp 页面中使用了自身提交的方式，所以在进行验证时，必须进行是否为空（null 或""）的验证，然后再验证用户名是否是“lixinghua”，密码是否是“mldn”，如果全部验证成功，则设置将用户名保存在 session 属性范围中，并跳转到 welcome.jsp 页面显示欢迎信息。

【例 6.38】 欢迎页——welcome.jsp

```
<%@ page contentType="text/html" pageEncoding="GBK"%>
<html>
<head><title>www.mldnjava.cn，MLDN 高端 Java 培训</title></head>
<body>
<%
    if(session.getAttribute("userid")!=null){                   // 已经设置过属性，所以不为空
%>
        <h3>欢迎<%=session.getAttribute("userid")%>光临本系统，<a href="logout.jsp">注销
</a>！</h3>
<%
    }else{          // 非法用户，没有登录过，则 session 范围没有属性存在
%>
        <h3>请先进行系统的<a href="login.jsp">登录</a>！</h3>
```

```
<%
	}
%>
</body>
</html>
```

welcome.jsp 页面首先要对 session 属性范围是否存在指定的属性进行判断，如果存在，则表示用户是已经登录过的合法用户，会给出欢迎光临本系统的信息，并给出注销的连接；而如果用户没有登录过，则会有登录的提示，并给出登录表单的超链接，以方便用户进行登录。

【例 6.39】 登录注销——logout.jsp

```
<%@ page contentType="text/html" pageEncoding="GBK"%>
<html>
<head><title>www.mldnjava.cn，MLDN 高端 Java 培训</title></head>
<body>
<%
	response.setHeader("refresh","2;URL=login.jsp") ;		// 定时跳转
	session.invalidate() ;							// 注销
%>
<h3>您已成功退出本系统，两秒后跳转回首页！</h3>
<h3>如果没有跳转，请按<a href="login.jsp">这里</a></h3>
</body>
</html>
```

logout.jsp 页面使用 invalidate()方法进行了 session 的注销操作，当使用 invalidate()方法时，将在服务器上销毁此 session 的全部信息，同时设置了两秒后定时跳转的功能。本程序的完整运行结果如图 6-32 所示。

（a）用户登录表单　　　　（b）登录成功的欢迎页

（c）非法用户访问 welcome.jsp

图 6-32　系统登录并使用 session 保存登录信息

说明

提问：是否有其他方法可以完成此类登录程序？

上面的程序是通过 session 进行登录验证的，要想完成此类功能有没有其他方法呢？

回答：可以使用会话跟踪技术。

在 Web 开发中，一共存在 4 种会话跟踪技术：

☑ 通过 session 提供的方法保存。

☑ 使用 Cookie 保存信息。

☑ 通过表单的隐藏域保存信息。

☑ 通过地址重写的方式保存信息。

根据环境的不同，可以使用的操作也不同。例如，如果没有严格要求，直接使用 session 即可；如果客户端禁用了 Cookie 操作，则只能通过隐藏域或地址重写的方式进行跟踪。例如，可以将一个 Session Id 设置在地址之后，格式如下：

```
welcome.jsp?JSESSIONID=05CDDF3B3B067BAEE89531FE49708856
```

但是这种做法操作上会存在一些麻烦，所以一般还是建议使用 session 属性范围保存客户信息，而由于客户端禁用 Cookie 所造成的问题并不是程序开发中所应考虑的。

6.5.3 判断新用户

在 session 对象中可以使用 isNew()方法判断一个用户是否是第一次访问页面，如下代码所示。

【例 6.40】 判断是否是新的用户——is_new.jsp

```
<%@ page contentType="text/html" pageEncoding="GBK"%>
<html>
<head><title>www.mldnjava.cn，MLDN 高端 Java 培训</title></head>
<body>
<%
    if(session.isNew()){                    // 用户是第一次访问
%>
        <h3>欢迎新用户光临！</h3>
<%
    }else{                                  // 用户再次访问本页面
%>
        <h3>您已经是老用户了！</h3>
<%
    }
%>
</body>
</html>
```

如果用户打开一个新的浏览器，直接连接到此页面，则会显示“欢迎新用户光临！”的信息；如果用户刷新（按 F5 键）本页面，则会显示“您已经是老用户了！”。程序的运行结果如图 6-33 所示。

（a）用户第一次访问

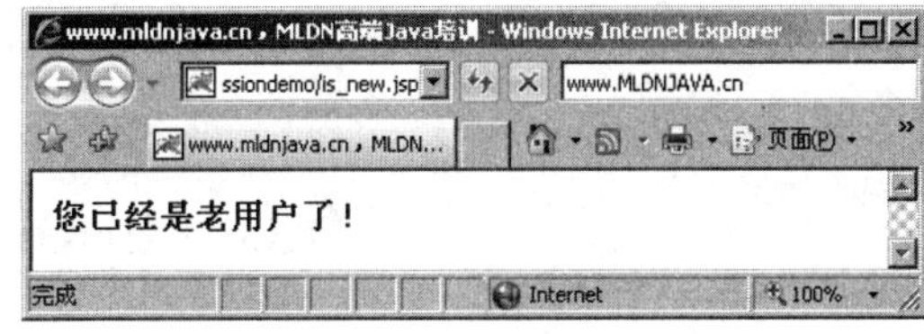

（b）用户刷新本页面

图 6-33　新用户的判断

提示

isNew()是通过 Cookie 的方式进行判断的。

在之前操作 Cookie 时可以发现，第一次通过 request 取得全部 Cookie 时是不会出现 JSESSIONID 的，而第二次却会出现这个系统内建的 JSESSIONID，这是由于此 Cookie 是在第一次访问时由服务器端设置给用户端的，所以服务器可以依靠是否存在 JSESSIONID 来判断此用户是否为新用户。

6.5.4　取得用户的操作时间

在 session 对象中，可以通过 getCreationTime()方法取得一个 session 的创建时间，也可以使用 getLastAccessedTime()方法取得一个 session 的最后一次操作时间。

【例 6.41】 取得一个 session 的操作时间——get_time.jsp

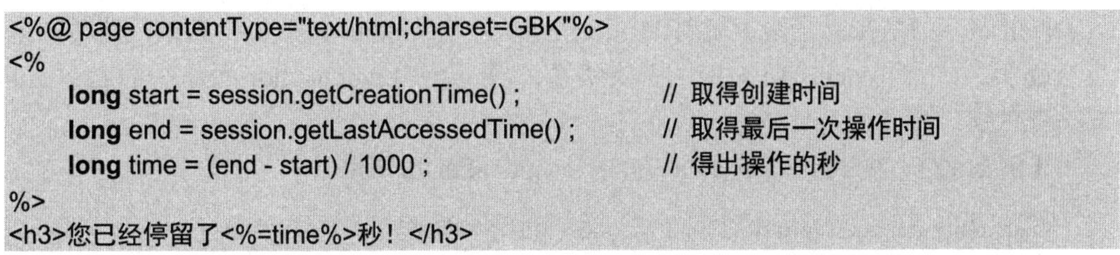

```
<%@ page contentType="text/html;charset=GBK"%>
<%
	long start = session.getCreationTime() ;			// 取得创建时间
	long end = session.getLastAccessedTime() ;		// 取得最后一次操作时间
	long time = (end - start) / 1000 ;				// 得出操作的秒
%>
<h3>您已经停留了<%=time%>秒！ </h3>
```

程序的运行结果如图 6-34 所示。

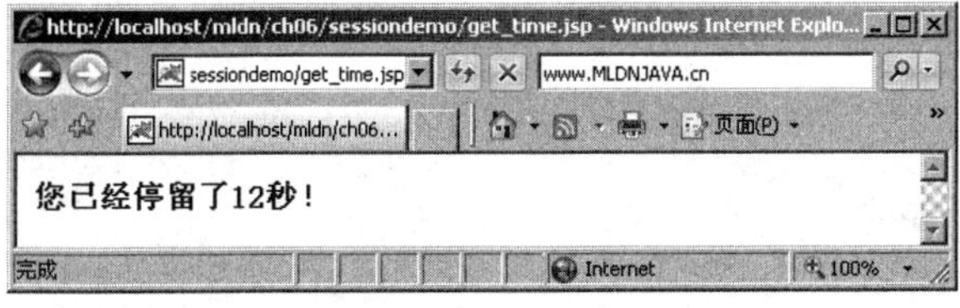

图 6-34　取得 session 的操作时间

提示

关于 **getCreationTime()**方法。

当用户第一次连接到服务器上时，服务器就会自动保留一个 session 的创建时间。

6.6 application 对象

application 对象是 javax.servlet.ServletContext 接口的实例化对象，从单词上翻译表示的是整个 Servlet 的上下文，ServletContext 代表了整个容器的操作，常用的方法如表 6-12 所示。

表 6-12 ServletContext 接口的常用方法

No.	方　法	类　型	描　述
1	String getRealPath(String path)	普通	得到虚拟目录对应的绝对路径
2	public Enumeration getAttributeNames()	普通	得到所有属性的名称
3	public String getContextPath()	普通	取得当前的虚拟路径名称

另外要提醒读者的是，在 application 中最重要的部分也是属性的操作，这一部分在之前已经明确讲解过了。

6.6.1 取得虚拟目录对应的绝对路径

在之前讲解 Tomcat 时曾经介绍过如何配置虚拟目录，读者应该对以下的配置还有印象。

```
<Context path="/mldn" docBase="D:\mldnwebdemo"/>
```

以上表示的是在浏览器中使用“/mldn”访问“D:\mldnwebdemo”目录，这时如果希望在 Web 开发中取得 docBase 对应的真实路径，就需要使用 application 对象中的 getRealPath()方法来完成。

【例 6.42】 测试 getRealPath()方法——get_path_demo01.jsp

```
<%@ page contentType="text/html" pageEncoding="GBK"%>
<html>
<head><title>www.mldnjava.cn，MLDN 高端 Java 培训</title></head>
<body>
<%
	String path = application.getRealPath("/") ;			// 得到当前虚拟目录下对应的真实路径
%>
<h3>真实路径：<%=path%></h3>
</body>
</html>
```

本程序直接将根目录“/”作为路径设置到 getRealPath()方法中，然后即可取得真实路径。程序的运行结果如图 6-35 所示。

图 6-35　getRealPath()方法的操作结果

在这里要特别提醒读者的是，对于 application 对象而言，在 Web 中也可以使用 getServletContext()方法替代，如下面代码所示。

【例 6.43】 使用 getServletContext()方法——get_path_demo02.jsp

```
<%@ page contentType="text/html" pageEncoding="GBK"%>
<html>
<head><title>www.mldnjava.cn，MLDN 高端 Java 培训</title></head>
<body>
<%
    String path = this.getServletContext().getRealPath("/") ; // 得到当前虚拟目录下对应的真实路径
%>
<h3>真实路径：<%=path%></h3>
</body>
</html>
```

程序的运行结果与图 6-35 是完全一样的，但是这里的方法表示的是由容器调用，实际上 ServletContext 本身就表示整个容器。

提示

尽量使用 this.getServletContext()来代替 application 对象。

虽然 this.getServletContext()方法与 application 对象的功能是一样的，但是在开发中尽量更多地使用 this.getServletContext()方法完成操作，这对于以后的程序理解将非常有帮助。

现在既然已经可以取得绝对路径了，那么下面就完成一个简单的文件操作，本程序使用表单输入要保存的文件名称和内容，然后直接在 Web 项目的根目录中的 note 文件夹中保存文件。

【例 6.44】 输入文件名称及内容——input_content.htm

```
<%@ page contentType="text/html" pageEncoding="GBK"%>
<html>
<head><title>www.mldnjava.cn，MLDN 高端 Java 培训</title></head>
<body>
```

```
<form action="input_content.jsp" method="post">
    输入文件名称：<input type="text" name="filename"><br>
    输入文件内容：<textarea name="filecontent" cols="30" rows="3"></textarea><br>
    <input type="submit" value="保存">
    <input type="reset" value="重置">
</form>
</body>
</html>
```

【例 6.45】 接收内容并保存文件及内容——input_content.jsp

```
<%@ page contentType="text/html" pageEncoding="GBK"%>
<%@ page import="java.io.*"%>          <%-- 由于要使用 IO 操作，必须导入 java.io 包 --%>
<%@ page import="java.util.*"%>        <%-- Scanner 在 java.util 包中定义 --%>
<html>
<head><title>www.mldnjava.cn，MLDN 高端 Java 培训</title></head>
<body>
<%
    request.setCharacterEncoding("GBK") ;                     // 解决中文乱码
    String name = request.getParameter("filename") ;          // 接收保存的文件名称
    String content = request.getParameter("filecontent") ;    // 接收保存的文件内容
    String fileName = this.getServletContext().getRealPath("/")
        + "note" + File.separator + name ;                    // 拼凑文件名称
    File file = new File(fileName) ;                          // 实例化 File 类对象
    if(!file.getParentFile().exists()){                       // 判断父文件夹是否存在
        file.getParentFile().mkdir() ;                        // 创建文件夹
    }
    PrintStream ps = null ;                                   // 定义打印流对象
    ps = new PrintStream(new FileOutputStream(file)) ;        // 准备向文件中保存
    ps.println(content) ;                                     // 输出内容
    ps.close() ;                                              // 关闭输出流
%>
<%  // 读取出来
    Scanner scan = new Scanner(new FileInputStream(file)) ;// 使用 Scanner 读取文件
    scan.useDelimiter("\n") ;                                 // 设置读取分割符
    StringBuffer buf = new StringBuffer() ;                   // 要将所有内容都读取进来
    while(scan.hasNext()){                                    // 取出所有数据
        buf.append(scan.next()).append("<br>") ;              // 读取内容
    }                                                         // 保存在 StringBuffer 类中
    scan.close() ;                                            // 关闭输入流
%>
<%=buf%>                                                      <%-- 输出内容 --%>
</body>
</html>
```

以上的程序首先使用 PrintStream 类将所有接收到的内容保存在文件中，然后使用 Scanner 类将保存在文件中的内容读取进来，并进行输出。由于在 HTML 中是使用
进行换行的，所以在每次读取完后都向内容的最后增加一个
标记。程序的运行结果如图 6-36 所示。

（a）编写输入数据的表单

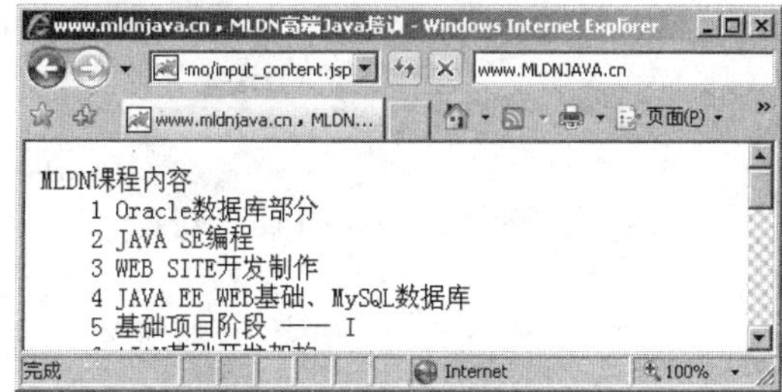

（b）向文件中保存内容同时将内容读取进行显示

图 6-36　在 Web 中进行 IO 操作

提示

对于 Scanner 和 PrintStream 的使用不熟悉的读者可以参考《Java 开发实战经典》一书。

6.6.2　范例讲解：网站计数器

在一些站点中，经常会看到网站计数器这样的操作，那么这种操作现在完全可以利用已经学习过的知识完成。但是在进行代码开发前，必须注意以下 3 个问题：

（1）网站的来访人数可能会有很多，有可能超过 20 位整数，那么只靠基本数据类型将难以保存，所以必须使用大整数类——BigInteger 完成。

（2）用户每次在第一次访问时才需要进行计数的操作，而重复刷新页面时则不应重复计数，所以在执行计算之前必须使用 isNew()判断用户是否是第一次访问。

（3）Web 开发属于多线程操作，所以在进行更改、保存时需要进行同步操作。

【例 6.46】　完成计数器的开发——count.jsp

```
<%@ page contentType="text/html" pageEncoding="GBK"%>
<%@ page import="java.io.*"%>          <%-- 由于要使用 IO 操作，必须导入 java.io 包 --%>
<%@ page import="java.util.*"%>        <%-- Scanner 在 java.util 包中定义 --%>
<%@ page import="java.math.*"%>        <%-- BigInteger 定义在 java.math 包中 --%>
<html>
<head><title>www.mldnjava.cn，MLDN 高端 Java 培训</title></head>
<body>
<%! // 定义成全局变量
    BigInteger count = null ;
%>
<%! // 以下方法为了省事，直接在方法中处理了异常，而实际中应该交给调用处处理
    public BigInteger load(File file){          // 读取计数文件
        BigInteger count = null ;               // 接收读取的数据
        try{                                    // 由于代码中存在异常，所以使用 try...catch 处理
            if(file.exists()){                  // 如果文件存在，则读取
                Scanner scan = null ;           // 定义 Scanner 对象
                scan = new Scanner(new FileInputStream(file)) ;// 从文件中读取
                if(scan.hasNext()){             // 存在内容
                    count = new BigInteger(scan.next()) ;// 将内容放到 BigInteger 类中
```

```
                }
                scan.close() ;                          // 关闭输入流
            } else {                                    // 文件不存在则创建新的
                count = new BigInteger("0") ;  // 第一次访问
                save(file,count) ;                      // 调用 save()方法，保存新的文件
            }
        }catch(Exception e){
            e.printStackTrace() ;
        }
        return count ;                                  // 返回读取后的数据
    }
    public void save(File file,BigInteger count){     // 保存计数文件
        try{
            PrintStream ps = null ;                     // 定义输出流对象
            ps = new PrintStream(new FileOutputStream(file)) ; // 打印流对象
            ps.println(count) ;                         // 保存数据
            ps.close() ;                                // 关闭输出流
        }catch(Exception e){
            e.printStackTrace() ;
        }
    }
%>
<%
    String fileName = this.getServletContext().
        getRealPath("/") + "count.txt" ;                // 文件路径
    File file = new File(fileName) ;                    // 定义 File 类对象
    if(session.isNew()){                                // 如果是新的 session 表示允许进行增加的操作
        synchronized(this){                             // 必须进行同步操作
            count = load(file) ;
            count = count.add(new BigInteger("1")) ;  // 自增操作
            save(file,count) ;                          // 保存修改后的数据
        }
    }
%>
<h2>您是第<%=count==null?0:count%>位访客！</h2>   <%-- 输出内容 --%>
</body>
</html>
```

在本程序中，首先定义了一个全局变量 BigInteger，这样即使用户刷新页面，BigInteger 对象也不会重复声明。程序中为了保存和读取操作的方便，分别定义了 save()和 load()方法。load()方法中首先判断文件是否存在，如果存在，则将已有内容读取进来；如果文件不存在，则创建一个新的 count.txt 文件（此文件默认保存在 Web 项目的根目录中），并且将其中的内容设置为 0。如果用户是第一次访问，则要执行文件的更新操作，在同步代码块中首先对内容进行修改（让内容加 1，由于使用的是 BigInteger 类，所以要使用其中的 add()方法完成操作），然后将新的内容重新保存在文件中。程序的运行结果如图 6-37 所示。

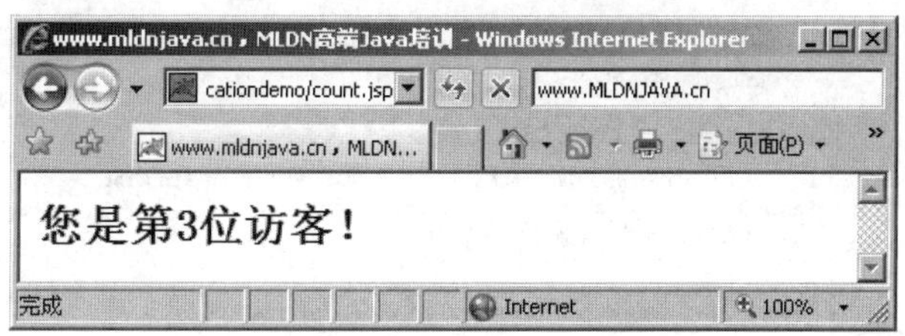

图 6-37　计数器运行结果

提示

访问量再高也可以操作。

由于本程序使用 BigInteger 类完成了操作，所以此时即使访问量再高，本程序依然可以有效地进行计数。有兴趣的读者可以将 count.txt 文件的内容修改为一个很大的数字，之后发现本程序依然可以正常使用，不会出现任何问题。

6.6.3　查看 application 范围的属性

在 application 对象中提供了 getAttributeNames()方法，可以取得全部属性的名称，下面利用此方法列出全部的属性名称及内容。

【例 6.47】　列出全部的属性名称及内容——all_attribute.jsp

```
<%@ page contentType="text/html" pageEncoding="GBK"%>
<%@ page import="java.util.*"%>            <%-- Scanner 在 java.util 包中定义 --%>
<html>
<head><title>www.mldnjava.cn，MLDN 高端 Java 培训</title></head>
<body>
<%  // 得到全部的属性名称
    Enumeration enu = this.getServletContext().getAttributeNames() ;
    while(enu.hasMoreElements()){                                    // 循环输出
        String name = (String)enu.nextElement() ;                    // 得到属性名称
%>
        <h4><%=name%> --> <%=this.getServletContext().getAttribute(name)%></h4>
<%
    }
%>
</body>
</html>
```

本程序首先使用 getAttributeNames()方法列出全部保存在 application 范围的属性名称，然后使用 Enumeration 依次循环，输出属性的名称及对应的内容。程序的运行结果如图 6-38 所示。

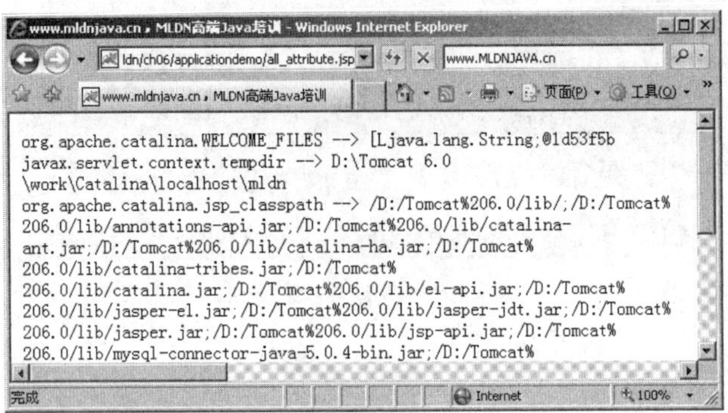

图 6-38　得到全部的属性

注意

观察上面输出中的 org.apache.catalina.jsp_classpath。

之前曾经讲解过，如果向 Tomcat 中增加了新的 jar 包，则肯定要重新启动服务器，这是由于服务器重新启动时会将所需要的 jar 包的 classpath 配置到 application 属性范围中。

6.7　Web 安全性及 config 对象

6.7.1　Web 安全性

从最初的 Tomcat 服务器配置开始，就一直强调在 Web 目录中必须存在一个 WEB-INF 文件夹，但是，一些细心的读者可以发现，现在即使列出了 Web 目录中的全部内容，WEB-INF 也不会显示出来。那么既然此目录无法被外部所看见，则其安全性肯定就很高，所以，保存在此目录中的程序的安全性肯定是最高的。

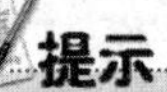

提示

WEB-INF 的安全性是最高的。

在 Java EE 的标准中，Web 目录中的 WEB-INF 是必须存在的，而且此文件夹的安全性是最高的，在各个程序的开发中，基本上都将一些配置信息保存在此文件夹中。

在定义 WEB-INF 目录时一定要注意大小写的问题，这里的字母都必须是大写。

例如，下面定义了一个 JSP 文件，并将此文件保存在 WEB-INF 目录中。

【例 6.48】 保存在 WEB-INF 下的文件——/WEB-INF/hello.jsp

```
<%@ page contentType="text/html" pageEncoding="GBK"%>
<html>
	<head>
```

```
        <title> www.mldnjava.cn，MLDN 高端 Java 培训 </title>
    </head>
    <body>
        <%
            out.println("<h1>Hello World!!!</h1>");          // 这里直接编写输出语句
        %>
    </body>
</html>
```

如果将一个 hello.jsp 的文件存放在 WEB-INF 文件夹中，则此文件肯定会受到很好的保护。但是也会造成另外的一个问题，即文件太安全了，外面永远无法访问，那么这样一来也就失去了原本的意义，所以此时就可以通过一个映射进行操作。这就好比银行一样，如果现在要进行现金的交易肯定不是由客户直接操作金库，而是中间增加了一个业务员，由业务员代表客户完成金库的操作。

【例 6.49】 增加配置——修改/WEB-INF/web.xml

```
<?xml version="1.0" encoding="ISO-8859-1"?>
<web-app xmlns="http://java.sun.com/xml/ns/javaee"
    xmlns:xsi="http://www.w3.org/2001/XMLSchema-instance"
    xsi:schemaLocation="http://java.sun.com/xml/ns/javaee
http://java.sun.com/xml/ns/javaee/web-app_2_5.xsd"
    version="2.5">
    <servlet>
        <servlet-name>he</servlet-name>
        <jsp-file>/WEB-INF/hello.jsp</jsp-file>
    </servlet>
    <servlet-mapping>
        <servlet-name>he</servlet-name>
        <url-pattern>/hello.mldn</url-pattern>
    </servlet-mapping>
</web-app>
```

上面的配置表示的是，将/WEB-INF/hello.jsp 的文件映射成为一个“/hello.mldn”的访问路径，以后只要用户输入“/hello.mldn”，就会自动根据<servlet-mapping>节点中配置的<servlet-name>找到对应的<servlet>节点，并找到其中的<jsp-file>所指定的真实文件路径以执行程序。本程序的运行结果如图 6-39 所示。

图 6-39　通过映射执行程序

注意

<servlet-name>节点是在 web.xml 内部起作用。

<servlet-name>节点的主要功能是连接<servlet>和<servlet-mapping>节点，此节点的名称只在配置文件的内部起作用，并且多个配置不能重名。

从运行的路径上可以清楚地发现，现在是通过映射路径访问到了/WEB-INF/hello.jsp 文件。

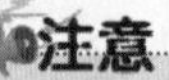

注意

web.xml 修改之后要重新启动 Tomcat。

当 web.xml 文件修改后，Tomcat 必须重新启动才可以进行新配置的加载，否则将无法读取到最新的配置。

6.7.2 config 对象

config 对象是 javax.servlet.ServletConfig 接口的实例化对象，主要的功能是取得一些初始化的配置信息。ServletConfig 接口的常用方法如表 6-13 所示。

表 6-13 ServletConfig 接口的常用方法

No.	方　法	类　型	描　述
1	public String getInitParameter(String name)	普通	取得指定名称的初始化参数内容
2	public Enumeration getInitParameterNames()	普通	取得全部的初始化参数名称

所有的初始化参数必须在 web.xml 中配置，即如果一个 JSP 文件要想通过初始化参数取得一些信息，则一定要在 web.xml 文件中完成映射。

【例 6.50】 读取初始化参数——init.jsp

```
<%@ page contentType="text/html" pageEncoding="GBK"%>
<html>
<head><title>www.mldnjava.cn，MLDN 高端 Java 培训</title></head>
<body>
<%	// 从 web.xml 中取得初始化配置参数
	String dbDriver = config.getInitParameter("driver") ;
	String dbUrl = config.getInitParameter("url") ;
%>
<h3>驱动程序：<%=dbDriver%></h3>		<!-- 输出取得的初始化参数内容 -->
<h3>连接地址：<%=dbUrl%></h3>		<!-- 输出取得的初始化参数内容 -->
</body>
</html>
```

init.jsp 文件要读取 driver 和 url 两个配置的初始化参数，这两个参数直接在 web.xml 中配置。

【例 6.51】 修改 web.xml——配置初始化参数

```
<?xml version="1.0" encoding="ISO-8859-1"?>
<web-app xmlns="http://java.sun.com/xml/ns/javaee"
	xmlns:xsi="http://www.w3.org/2001/XMLSchema-instance"
	xsi:schemaLocation="http://java.sun.com/xml/ns/javaee
```

```
http://java.sun.com/xml/ns/javaee/web-app_2_5.xsd"
    version="2.5">
    <servlet>
        <servlet-name>dbinit</servlet-name>
        <jsp-file>/WEB-INF/init.jsp</jsp-file>
        <init-param>
            <param-name>driver</param-name>
            <param-value>org.gjt.mm.mysql.Driver</param-value>
        </init-param>
        <init-param>
            <param-name>url</param-name>
            <param-value>jdbc:mysql://localhost:3306/mldn</param-value>
        </init-param>
    </servlet>
    <servlet-mapping>
        <servlet-name>dbinit</servlet-name>
        <url-pattern>/config.mldn</url-pattern>
    </servlet-mapping>
</web-app>
```

上面的程序在一个<servlet>节点中通过<init-param>节点配置了两个初始化参数，<param-name>指定了参数的名称，而<param-value>指定了参数的具体内容。编辑完成后重新启动服务器，运行 config.mldn 路径即可取得配置的初始化参数。程序的运行结果如图 6-40 所示。

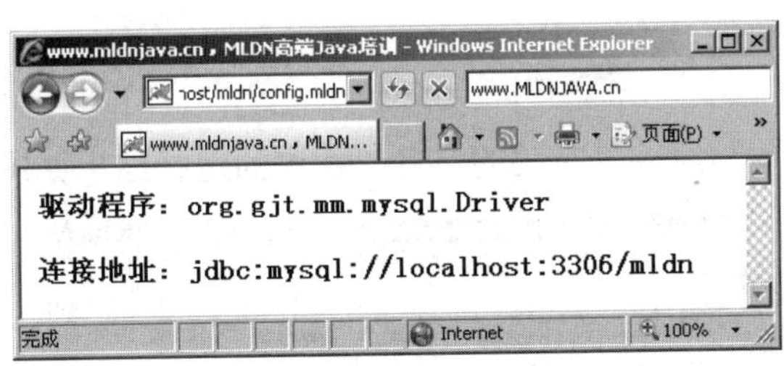

图 6-40　取得初始化配置参数

注意

必须通过映射路径才能取得初始化参数。

由于所有的初始化参数是在<servlet>节点中配置的，所以程序运行时必须通过映射路径访问才可以取得初始化参数。

6.8　out 对象

out 对象是 javax.servlet.jsp.JspWriter 类的实例化对象，主要功能就是完成页面的输出操作，使用 println()或 print()方法输出信息，但是从实际的开发来看，直接使用 out 对象的几率较小，一般使用表达式完成输出的操作。除此之外，out 对象还定义了如表 6-14 所示的几个操作。

表 6-14　out 对象的其他操作

No.	方　法	类　型	描　述
1	public int getBufferSize()	普通	返回 JSP 中缓冲区的大小
2	public int getRemaining()	普通	返回 JSP 中未使用的缓冲区大小

【例 6.52】 取得输出的缓冲区大小——out_demo.jsp

```
<%@ page contentType="text/html" pageEncoding="GBK"%>
<html>
<head><title>www.mldnjava.cn，MLDN 高端 Java 培训</title></head>
<body>
<%  // 取得缓冲区信息
	int buffer = out.getBufferSize() ;		// 得到全部缓冲区大小
	int available = out.getRemaining() ;		// 得到未使用的缓冲区大小
	int use = buffer - available ;		// 得到使用的缓冲区大小
%>
<h3>缓冲区大小：<%=buffer%></h3>
<h3>可用的缓冲区大小：<%=available%></h3>
<h3>使用中的缓冲区大小：<%=use%></h3>
</body>
</html>
```

以上代码取得了一些与缓冲区有关的信息，程序的运行结果如图 6-41 所示。

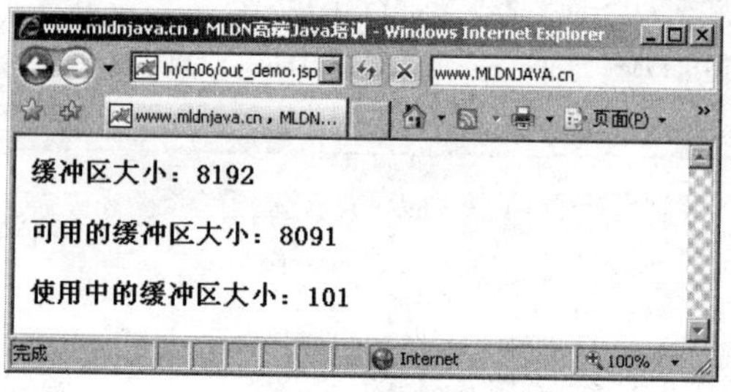

图 6-41　取得缓冲区信息

6.9　pageContext 对象

pageContext 对象是 javax.servlet.jsp.PageContext 类的实例，主要表示一个 JSP 页面的上下文，在此类中除了之前讲解过的属性操作外，还定义了如表 6-15 所示的一些方法。

表 6-15　pageContext 对象的方法

No.	方　法	类　型	描　述
1	public abstract void forward(String relativeUrlPath) throws ServletException,IOException	普通	页面跳转
2	public void include(String relativeUrlPath) throws ServletException,IOException	普通	页面包含
3	public ServletConfig getServletConfig()	普通	取得 ServletConfig 对象
4	public ServletContext getServletContext()	普通	取得 ServletContext 对象
5	public ServletRequest getRequest()	普通	取得 ServletRequest 对象
6	public ServletResponse getResponse()	普通	取得 ServletResponse 对象
7	public HttpSession getSession()	普通	取得 HttpSession 对象

从表 6-15 定义的方法中不难发现，之前的 request、response、config、application、<jsp:include>和<jsp:forward>等操作实际上都可以在 pageContext 对象中完成。下面使用 pageContext 对象完成一些基本的功能。

【例 6.53】 跳转前的页面——pagecontext_forward_demo01.jsp

```
<%@ page contentType="text/html" pageEncoding="GBK"%>
<html>
<head><title>www.mldnjava.cn，MLDN 高端 Java 培训</title></head>
<body>
<%	// 执行页面跳转
	pageContext.forward("pagecontext_forward_demo02.jsp?info=MLDN") ;
%>
</body>
</html>
```

上面的程序使用了 pageContext 对象中的 forward()方法完成跳转的操作，并且通过地址重写的方式传递了一个参数到 pagecontext_forward_demo02.jsp 页面上。

【例 6.54】 跳转后的页面——pagecontext_forward_demo02.jsp

```
<%@ page contentType="text/html" pageEncoding="GBK"%>
<html>
<head><title>www.mldnjava.cn，MLDN 高端 Java 培训</title></head>
<body>
<%	// 从 session 属性范围中取出属性，并执行向下转型操作
	String info = pageContext.getRequest().getParameter("info") ;
%>
<h3>info = <%=info%></h3>
<h3>realpath = <%=pageContext.getServletContext().getRealPath("/")%></h3>
</body>
</html>
```

在上面的程序代码中，首先使用了 pageContext 对象中的 getRequest()方法取得一个

ServletRequest 对象，然后调用 getParameter()取得传递参数的内容；也可以通过 pageContext 对象取得 ServletContext 接口的实例，并通过 getRealPath()方法取得一个虚拟路径对应的真实目录。程序的运行结果如图 6-42 所示。

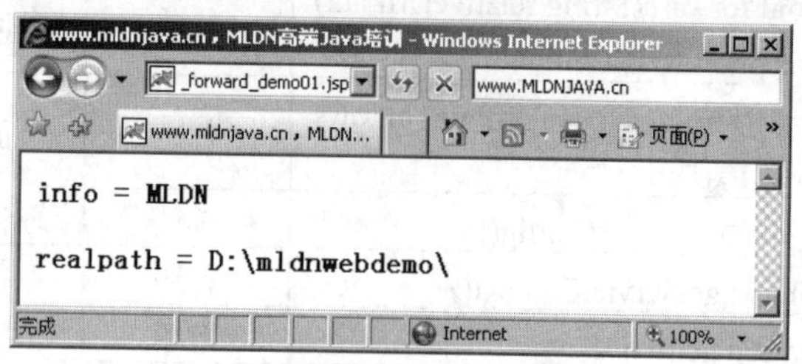

图 6-42　pageContext 对象操作

注意

取得的操作实际上是 request 和 response 对象所在接口的父接口实例。

pageContext 对象中的 getRequest()和 getResponse()两个方法返回的是 ServletRequest 和 ServletResponse，而常用的 request 和 response 分别是 HttpServletRequest 和 HttpServlet Response 接口的实例。

提示

pageContext 对象在标签编程中比较常见。

pageContext 对象在一般的开发中很少直接使用，但是在标签的编程中基本上都要使用，这一点以后在讲解标签开发时将详细介绍。

6.10　本 章 摘 要

1．JSP 中提供了 9 个内置对象，常用的几个分别是 request、response、session、application 和 pageContext。

2．JSP 中存在 4 种属性范围，分别是 page（pageContext）、request、session 和 application。属性的操作方法如下。

☑　设置属性：public void setAttribute(String name,Object value)。

☑　取得属性：public Object getAttribute(String name)。

☑　删除属性：public removeAttribute(String name)。

这些属性在操作时所有的属性名称都使用 String 进行接收，所有的属性内容使用 Object 进行接收，可以保存任意的对象，在取得属性时要根据取得的类型进行向下转型操作。

3．4 种属性范围可以直接通过 pageContext 类的 setAttribute(String name,Object value,int

scope)方法完成。在 pageContext 对象中对于不同的属性范围提供了 4 种常量，即 PAGE_ SCOPE（表示 page 属性范围）、REQUEST_SCOPE（表示 request 属性范围）、SESSION_SCOPE（表示 session 属性范围）和 APPLICATION_SCOPE（表示 application 属性范围）。

4．request 对象是 javax.servlet.http.HttpServlet 接口的实例，主要表示取得客户端发送而来的请求，其本身是 ServletRequest 接口的子接口，主要应用在 HTTP 协议上。此接口中可以使用 getParameter()和 getParameterValues()方法取得接收的参数，在进行中文传递时要使用 setCharacterEncoding()方法进行统一的编码设置。

5．response 对象是 javax.servlet.http.HttpServletResponse 接口的实例，主要表示服务器端对客户端的回应，其本身是 ServletResponse 接口的子接口，主要应用在 HTTP 协议上。此接口可以完成设置头信息、客户端跳转、设置 Cookie 等操作。

6．在 Web 中通过 session 表示每一个用户，每一个新的用户连接到服务器时，服务器都会自动分配一个 Session Id 给用户，session 在实际开发中最重要的功能就是完成登录验证及注销操作。

7．application 对象可以直接通过 this.getServletContext()方法替代，也可以通过 getRealPath()方法取得虚拟目录所对应的真实路径，这一点在进行文件操作时非常有用。

8．一个文件保存在 WEB-INF 文件夹中是绝对安全的，但是需要通过修改 web.xml 进行路径的映射才可以访问。

9．使用 config 对象中的 getInitParameter()方法可以取得初始化的配置参数，所有配置参数在 web.xml 文件中进行配置。

10．可以直接使用 pageContext 对象取得 ServletRequest、ServletResponse、ServletConfig 和 ServletContext 接口的实例，也可以使用 pageContext 完成<jsp:forward>和<jsp:include>功能的实现。

6.11　开发实战练习（基于 Oracle 数据库）

1．使用 JSP+JDBC 完成一个用户登录程序，登录成功后可以使用 session 进行用户的登录验证，用户根据需要也可以直接进行系统的退出操作。本程序使用的 member 表的结构如表 6-16 所示。

表 6-16　member 表的结构

<table>
<tr><th colspan="4">成 员 表</th></tr>
<tr><td rowspan="4">member
mid VARCHAR2(50) <pk>
password VARCHAR2(32)
name VARCHAR2(30)</td><td>No.</td><td>列 名 称</td><td>描　　述</td></tr>
<tr><td>1</td><td>mid</td><td>保存用户的登录 id 号</td></tr>
<tr><td>2</td><td>password</td><td>用户密码</td></tr>
<tr><td>3</td><td>name</td><td>真实姓名</td></tr>
</table>

提示

用户登录时要使用验证码以防止机器人破解，验证码程序可以直接在本光盘中找到，如果用户没有输入验证码或者验证码输入错误，将提示错误信息。

数据库创建脚本：

```
-- 删除 member 表
DROP TABLE member ;
-- 清空回收站
PURGE RECYCLEBIN ;
-- 创建表
CREATE TABLE member(
        mid             VARCHAR2(50)            PRIMARY KEY ,
        password        VARCHAR2(32)            NOT NULL ,
        name            VARCHAR2(30)            NOT NULL
) ;
-- 插入测试数据
INSERT INTO member(mid,password,name) VALUES ('admin','admin','管理员') ;
INSERT INTO member(mid,password,name) VALUES ('guest','guest','游客') ;
INSERT INTO member(mid,password,name) VALUES ('lixinghua','mldnjava','李兴华') ;
-- 事务提交
COMMIT ;
```

2．修改上面的程序，可以在用户登录时选择记住密码，这样下次登录即可不用再输入密码而直接进行自动登录。

提示

（1）可以直接使用 Cookie 完成信息的保存。

（2）可以让用户选择密码的保存时间，如保存一天、一月、一年或不保存等。

3．使用 JSP 内置对象完成雇员表的增、删、改、查等操作。本程序使用的 emp 表的结构如表 6-17 所示。

表 6-17　emp 表的结构

雇 员 表

emp		
empno	NUMBER(4)	<pk>
ename	VARCHAR2(10)	
job	VARCHAR2(9)	
hiredate	DATE	
sal	NUMBER(7,2)	
comm	NUMBER(7,2)	

No.	列 名 称	描 述
1	empno	雇员编号，使用数字表示，长度是 4 位数字
2	ename	雇员姓名，使用字符串表示，长度是 10 位字符串
3	job	雇员工作
4	hiredate	雇佣日期，使用日期形式表示
5	sal	基本工资，使用小数表示，其中小数位 2 位，整数位 5 位
6	comm	奖金，使用小数表示

程序具体要求如下：

（1）添加雇员。通过表单可以输入雇员的基本信息，输入表单时要对输入的数据进行验证，输入日期型数据时，可以通过本书提供的 JavaScript 程序完成日期选择框；雇员添加成功或失败均要给出提示信息。

（2）查询雇员。以列表的形式显示所有的雇员信息，也可以进行雇员信息的模糊查询，要求分页。

（3）修改雇员。修改雇员时要求先根据雇员的编号查找到相应的信息，然后采用表单的形式提交新的数据；雇员修改成功或失败后要给出提示信息。

（4）删除雇员。通过给定的雇员编号删除具体的雇员信息，雇员删除成功或失败后要给出提示信息。

4．使用 JSP 内置对象完成部门表的增、删、改、查等操作。本程序使用的 dept 表的结构如表 6-18 所示。

表 6-18　dept 表的结构

部　门　表			
dept deptno NUMBER(2) <pk> dname VARCHAR2(14) loc VARCHAR2(13)	No.	列　名　称	描　　述
	1	deptno	部门编号，使用数字表示，长度是 2 位数字
	2	dname	部门名称，使用字符串表示，长度是 14 位字符串
	3	loc	部门位置，使用字符串表示，长度是 13 位字符串

5．完成一个购物车程序的开发。

用户登录到服务器上打开所有的产品列表，然后选择将产品添加到购物车，所有已购买的商品将在用户的购物车中列出。本程序使用的 product 表的结构如表 6-19 所示。

表 6-19　product 表的结构

产　品　表			
product pid NUMBER <pk> name VARCHAR2(50) note CLOB price NUMBER(10,2) amount NUMBER(5)	No.	列　名　称	描　　述
	1	pid	产品编号，自动增长
	2	name	产品名称
	3	note	产品简介
	4	price	产品单价
	5	amount	产品数量

数据库创建脚本：

```
-- 删除 product 表
DROP TABLE product ;
-- 删除序列
DROP SEQUENCE proseq ;
-- 清空回收站
```

```
PURGE RECYCLEBIN ;
-- 创建序列
CREATE SEQUENCE proseq ;
-- 创建表
CREATE TABLE product(
        pid             NUMBER              PRIMARY KEY ,
        name            VARCHAR2(50)        NOT NULL ,
        note            CLOB                ,
        price           NUMBER              NOT NULL ,
        amount          NUMBER
) ;
-- 插入测试数据
INSERT INTO product(pid,name,note,price,amount) VALUES
        (proseq.nextval,'Oracle 数据库开发','基本 SQL、DBA 入门',69.8,30) ;
INSERT INTO product(pid,name,note,price,amount) VALUES
        (proseq.nextval,'Java 开发实战经典','一本最好的 Java 入门书籍',79.8,30) ;
INSERT INTO product(pid,name,note,price,amount) VALUES
        (proseq.nextval,'Java Web 开发实战经典','JSP、Servlet、Ajax、Struts',99.8,20) ;
INSERT INTO product(pid,name,note,price,amount) VALUES
        (proseq.nextval,'Spring 开发手册','Spring、MVC、标签',57.9,20) ;
INSERT INTO product(pid,name,note,price,amount) VALUES
        (proseq.nextval,'Hibernate 实战精讲','ORMapping',87.3,10) ;
INSERT INTO product(pid,name,note,price,amount) VALUES
        (proseq.nextval,'Struts 2.0 权威开发','WebWork、Struts 2.0',70.3,23) ;
INSERT INTO product(pid,name,note,price,amount) VALUES
        (proseq.nextval,'SQL Server 指南','SQL Server 数据库',29.8,11) ;
INSERT INTO product(pid,name,note,price,amount) VALUES
        (proseq.nextval,'Windows 指南','基本使用',23.2,20) ;
INSERT INTO product(pid,name,note,price,amount) VALUES
        (proseq.nextval,'Linux 操作系统','原理、内核、基本命令',37.9,10) ;
INSERT INTO product(pid,name,note,price,amount) VALUES
        (proseq.nextval,'企业开发架构','企业开发原理、成本、分析',109.5,20) ;
INSERT INTO product(pid,name,note,price,amount) VALUES
        (proseq.nextval,'分布式开发','RMI、EJB、Web 服务',200.8,10) ;
INSERT INTO product(pid,name,note,price,amount) VALUES
        (proseq.nextval,'SEAM（JSF + EJB 3.0）','JSF、SEAM、EJB 3.0',80.2,15) ;
-- 事务提交
COMMIT ;
```

提示

每一个用户都有自己的 session，所以，所谓的购物车就是将数据暂时保存在 session 属性范围中，而且由于要购买的产品是多个，所以就必须在 session 中保存一个集合对象，如 List。

6．使用 JSP 完成一个购物车程序的开发。

用户可以从全部的产品列表中选择自己所需要的商品，然后向自己的购物车中增加商品信息，但是在增加之前必须保证已经成功登录，如果没有登录，则应该跳转到登录页。当购买完成后可以显示一个完整的清单，包括用户的基本信息，购买的商品信息及总价。本程序使用的 member 表和 product 表的结构分别如表 6-20 和表 6-21 所示。

表 6-20　member 表的结构

成员表			
	No.	列名称	描述
member mid VARCHAR2(50) <pk> password VARCHAR2(32) name VARCHAR2(30) address VARCHAR2(200) telephone VARCHAR2(100) zipcode VARCHAR2(6)	1	mid	用户登录 id
	2	password	用户登录密码
	3	name	真实姓名
	4	address	用户的住址
	5	telephone	联系电话
	6	zipcode	邮政编码

数据库创建脚本：

```
-- 删除 member 表
DROP TABLE member ;
-- 清空回收站
PURGE RECYCLEBIN ;
-- 创建表
CREATE TABLE member(
    mid            VARCHAR2(50)        PRIMARY KEY ,
    password       VARCHAR2(32)        NOT NULL ,
    name           VARCHAR2(30)        NOT NULL ,
    address        VARCHAR2(200)       NOT NULL ,
    telephone      VARCHAR2(100)       NOT NULL ,
    zipcode        VARCHAR2(6)         NOT NULL
) ;
-- 插入测试数据
INSERT INTO member(mid,password,name,address,telephone,zipcode) VALUES
    ('admin','admin','管理员','北京魔乐科技软件学院（www.MLDNJAVA.cn）','01051283346','100088') ;
INSERT INTO member(mid,password,name,address,telephone,zipcode) VALUES
    ('guest','guest','游客','北京魔乐科技软件学院（www.MLDNJAVA.cn）','01051283346','100088') ;
INSERT INTO member(mid,password,name,address,telephone,zipcode) VALUES
    ('lixinghua','mldnjava','李兴华','北京魔乐科技软件学院（www.MLDNJAVA.cn）','01051283346',
'100088') ;
-- 事务提交
COMMIT ;
```

表 6-21　product 表的结构

产品表			
product pid NUMBER <pk> name VARCHAR2(50) note CLOB price NUMBER(10,2) amount NUMBER(5)	No.	列 名 称	描 述
	1	pid	产品编号，自动增长
	2	name	产品名称
	3	note	产品简介
	4	price	产品单价
	5	amount	产品数量

本程序操作时要求所有商品信息数据可以进行分页显示。

数据库创建脚本：

```
-- 删除 product 表
DROP TABLE product ;
-- 删除序列
DROP SEQUENCE proseq ;
-- 清空回收站
PURGE RECYCLEBIN ;
-- 创建序列
CREATE SEQUENCE proseq ;
-- 创建表
CREATE TABLE product(
	pid		NUMBER			PRIMARY KEY ,
	name		VARCHAR2(50)		NOT NULL ,
	note		CLOB			,
	price		NUMBER			NOT NULL ,
	amount	NUMBER
) ;
-- 插入测试数据
INSERT INTO product(pid,name,note,price,amount) VALUES
	(proseq.nextval,'Oracle 数据库开发','基本 SQL、DBA 入门',69.8,30) ;
INSERT INTO product(pid,name,note,price,amount) VALUES
	(proseq.nextval,'Java 开发实战经典','一本最好的 Java 入门书籍',79.8,30) ;
INSERT INTO product(pid,name,note,price,amount) VALUES
	(proseq.nextval,'Java Web 开发实战经典','JSP、Servlet、Ajax、Struts',99.8,20) ;
INSERT INTO product(pid,name,note,price,amount) VALUES
	(proseq.nextval,'Spring 开发手册','Spring、MVC、标签',57.9,20) ;
INSERT INTO product(pid,name,note,price,amount) VALUES
	(proseq.nextval,'Hibernate 实战精讲','ORMapping',87.3,10) ;
INSERT INTO product(pid,name,note,price,amount) VALUES
	(proseq.nextval,'Struts 2.0 权威开发','WebWork、Struts 2.0',70.3,23) ;
INSERT INTO product(pid,name,note,price,amount) VALUES
	(proseq.nextval,'SQL Server 指南','SQL Server 数据库',29.8,11) ;
INSERT INTO product(pid,name,note,price,amount) VALUES
	(proseq.nextval,'Windows 指南','基本使用',23.2,20) ;
```

```
INSERT INTO product(pid,name,note,price,amount) VALUES
    (proseq.nextval,'Linux 操作系统','原理、内核、基本命令',37.9,10) ;
INSERT INTO product(pid,name,note,price,amount) VALUES
    (proseq.nextval,'企业开发架构','企业开发原理、成本、分析',109.5,20) ;
INSERT INTO product(pid,name,note,price,amount) VALUES
    (proseq.nextval,'分布式开发','RMI、EJB、Web 服务',200.8,10) ;
INSERT INTO product(pid,name,note,price,amount) VALUES
    (proseq.nextval,'SEAM（JSF + EJB 3.0）','JSF、SEAM、EJB 3.0',80.2,15) ;
-- 事务提交
COMMIT ;
```

第 7 章　JavaBean

通过本章的学习可以达到以下目标：

☑　掌握 JavaBean 的基本定义格式。

☑　掌握 Web 目录的标准结构。

☑　掌握 JSP 中对于 JavaBean 支持的 3 种标签，即<jsp:useBean>、<jsp:setProperty>和<jsp:getProperty>。

☑　可以使用 JavaBean 进行参数的自动赋值操作。

☑　掌握 JavaBean 的 4 种属性保存范围。

☑　掌握 JavaBean 的删除操作。

☑　掌握 DAO 设计模式，并可以熟练地使用其进行程序的开发。

在之前进行的 JSP 开发中，可以发现很多的代码并没有很好地体现 Java 的面向对象开发思想，大量的代码重复且混乱，在 Web 开发中如果想编写结构良好的代码，则需要使用 JavaBean。本章将介绍 JavaBean 的开发方法、JSP 中对 JavaBean 的各种支持。

7.1　JavaBean 简介

JavaBean 是使用 Java 语言开发的一个可重用的组件，在 JSP 开发中可以使用 JavaBean 减少重复代码，使整个 JSP 代码的开发更简洁。JSP 搭配 JavaBean 来使用，有以下优点：

☑　可将 HTML 和 Java 代码分离，这主要是为了日后维护的方便。如果把所有的程序代码（HTML 和 Java）写到 JSP 页面中，会使整个程序代码又多又复杂，造成日后维护上的困难。

☑　可利用 JavaBean 的优点。将常用到的程序写成 JavaBean 组件，当 JSP 使用时，只要调用 JavaBean 组件来执行用户所要的功能，不用再重复写相同的程序，这样也可以节省开发所需的时间。

在 JSP 中如果要应用 JSP 提供的 JavaBean 的标签来操作简单类，则此类必须满足如下的开发要求：

☑　所有的类必须放在一个包中，在 Web 中没有包的类是不存在的。

☑　所有的类必须声明为 public class，这样才能被外部所访问。

☑　类中所有的属性都必须封装，即使用 private 声明。

☑　封装的属性如果需要被外部所操作，则必须编写对应的 setter、getter 方法。

☑　一个 JavaBean 中至少存在一个无参构造方法，此方法为 JSP 中的标签所使用。

【例 7.1】 开发第一个 JavaBean——SimpleBean.java

```
package cn.mldn.lxh.demo ;
public class SimpleBean{
	private String name ;
	private int age ;
	public void setName(String name){
		this.name = name ;
	}
	public void setAge(int age){
		this.age = age ;
	}
	public String getName(){
		return this.name ;
	}
	public int getAge(){
		return this.age ;
	}
};
```

以上的 JavaBean 功能非常简单，只包含了 name 和 age 两个属性，同时包含有对应的 getter、setter 方法。

说明

提问：以上的类不符合 JavaBean 的要求吗？

在 JavaBean 中不是要求应该存在一个无参构造方法吗？但是，SimpleBean.java 类中并没有无参构造，这是不符合要求的。

回答：会自动生成无参构造方法。

在《Java 开发实战经典》一书中曾经讲解过，如果一个类中没有明确地定义一个构造方法，会自动生成一个无参的什么都不做的构造方法，所以 SimpleBean.java 类并没有任何错误。

提示

类的名字。

如果在一个类中只包含了属性、setter、getter 方法，那么这种类就称为简单 JavaBean。除以上称呼外，还有以下几种称呼。

☑ POJO（Plain Ordinary Java Objects）：简单 Java 对象。

☑ VO（Value Object）：与简单 Java 对象对应，专门用于传递值的操作上。

☑ TO（Transfers Object）：传输对象，进行远程传输时，对象所在的类必须实现 java.io.Serializable 接口。

实际上这些名词之间没有什么本质的不同，都是表示同一种类型的 Java。随着对 Java 知识的深入，读者也会对以上名词理解得更透彻。

7.2 在 JSP 中使用 JavaBean

7.2.1 Web 开发的标准目录结构

一个 JavaBean 编写完成后，需要进行打包编译，那么编译好的 JavaBean 到底该保存在哪里呢？

如果想解答这个问题，首先要掌握 Web 开发的标准目录结构，如图 7-1 所示。

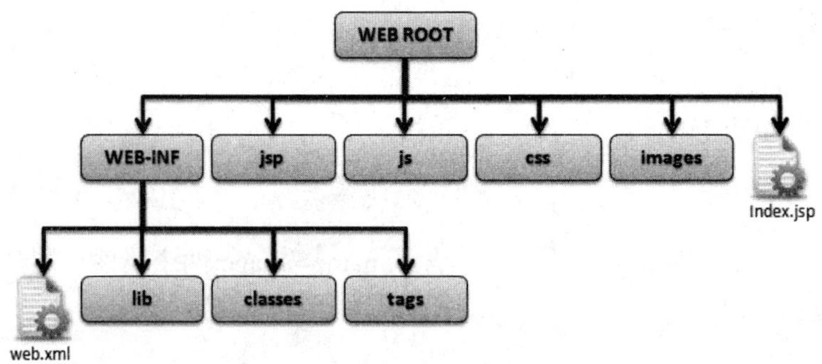

图 7-1 Web 目录的标准结构

从图 7-1 中可以清楚地发现，在 WEB-INF 目录中定义了一个名为 classes 的文件夹，实际上，此文件夹中可以保存所有的*.class 文件。图 7-1 中目录的具体作用如表 7-1 所示。

表 7-1 Web 项目中各个目录的作用

No.	目录或文件名称	作 用
1	WEB ROOT	Web 的根目录，一般虚拟目录直接指向此文件夹，此文件夹下必然直接包含 WEB-INF
2	WEB-INF	Web 目录中最安全的文件夹，保存各种类、第三方 jar 包、配置文件
3	web.xml	Web 的部署描述符
4	classes	保存所有的 JavaBean，如果不存在，可以手工创建
5	lib	保存所有的第三方 jar 文件
6	tags	保存所有的标签文件
7	jsp	存放*.jsp 文件，一般根据功能再建立子文件夹
8	js	存放所有需要的*.js 文件
9	css	样式表文件的保存路径
10	images	存放所有的图片，如*.gif 或*.jpg 文件

除以上的目录结构外，所有的项目基本上都会在根目录中存放一个首页文件，首页文件一般是以 index.htm、index.jsp、index.html 等形式进行命名的。

提示

可以修改首页的配置。

在讲解 Tomcat 服务器配置时曾经讲解过首页的配置，直接修改 Web 项目中的 web.xml 文件即可。

按照以上要求，把编译好的 cn.mldn.lxh.demo.SimpleBean 保存在 WEB-INF\classes 文件夹中即可。

提示

打包编译。

编译时可以直接使用 javac -d . SimpleBean.java 命令根据 package 的定义打包编译。

提示

Tomcat 中 classpath 的配置。

在《Java 开发实战经典》一书中曾经讲解过，所有的 class 要进行访问时都必须在 classpath 中进行配置之后才可使用，那么此点在 Tomcat 中依然可用。在 Web 开发中，Tomcat 安装目录的 lib 文件夹、WEB-INF\classes 和 WEB-INF\lib 文件夹实际上都表示了 classpath，所以直接将类或 jar 包或*.class 文件复制到这些文件夹中就可以直接使用。

7.2.2 使用 JSP 的 page 指令导入所需要的 JavaBean

在 JSP 中可以使用<%@ page%>指令导入指定的 classpath 里所需要的包和类，那么一个 JavaBean 开发完成后，也可以按照此方式导入，如下代码所示。

【例 7.2】 导入并使用 JavaBean——use_javabean_demo01.jsp

```
<%@ page contentType="text/html" pageEncoding="GBK"%>
<%@ page import="cn.mldn.lxh.demo.*"%>          <!-- 导入 cn.mldn.lxh.demo 包 -->
<html>
<head><title>www.mldnjava.cn，MLDN 高端 Java 培训</title></head>
<body>
<%
    SimpleBean simple = new SimpleBean() ;           // 声明并实例化 SimpleBean 对象
    simple.setName("李兴华") ;                        // 设置 name 属性
    simple.setAge(30) ;                              // 设置 age 属性
%>
<h3>姓名：<%=simple.getName()%></h3>                 <!-- 输出 name 属性的内容 -->
<h3>年龄：<%=simple.getAge()%></h3>                  <!-- 输出 age 属性的内容 -->
</body>
</html>
```

本程序只是将所需要的开发包导入到 JSP 文件中，然后产生 SimpleBean 的实例化对象，并调用其中的 setter 和 getter 方法。程序的运行结果如图 7-2 所示。

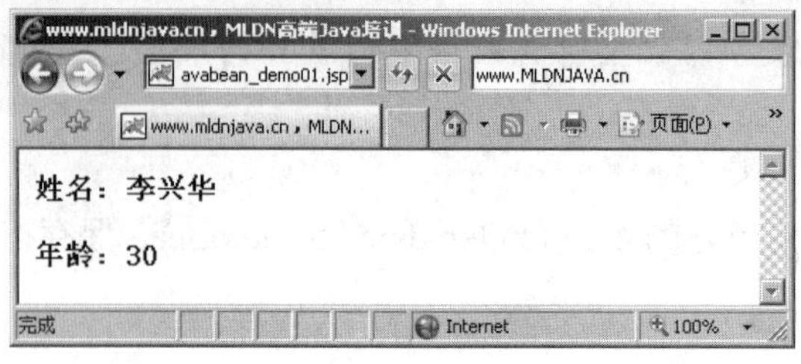

图 7-2　程序的运行结果

7.2.3　使用<jsp:useBean>指令

除使用 import 的语句外，也可以使用 JSP 中提供的<jsp:useBean>指令完成操作，该指令的操作语法如下。

【格式 7-1　<jsp:useBean>指令】

```
<jsp:useBean id="实例化对象名称" scope="保存范围" class="包.类名称"/>
```

在 useBean 指令中一共存在 3 个属性。

- ☑ id：表示实例化对象的名称。
- ☑ scope：表示此对象保存的范围，一共有 page、request、session 和 application 4 种属性范围。
- ☑ class：对象所对应的包.类名称。

【例 7.3】 使用 JSP 中的标签指令完成调用——use_javabean_demo02.jsp

```
<%@ page contentType="text/html" pageEncoding="GBK"%>
<jsp:useBean id="simple" scope="page" class="cn.mldn.lxh.demo.SimpleBean"/>
<html>
<head><title>www.mldnjava.cn，MLDN 高端 Java 培训</title></head>
<body>
<%
	simple.setName("李兴华") ;				// 设置 name 属性
	simple.setAge(30) ;					// 设置 age 属性
%>
<h3>姓名：<%=simple.getName()%></h3>			<!-- 输出 name 属性的内容 -->
<h3>年龄：<%=simple.getAge()%></h3>			<!-- 输出 age 属性的内容 -->
</body>
</html>
```

本程序通过<jsp:useBean>指令完成了调用，与使用 import 语句相比可以发现，此步骤省略了手工实例化对象的过程。

在使用<jsp:useBean>指令时，实际上会默认调用 SimpleBean 类中的无参构造方法进行

对象实例化。例如，下面修改 SimpleBean.java 类，为其加入无参构造，并且在无参构造中直接输出。

【例 7.4】 修改 SimpleBean.java，加入无参构造——SimpleBean.java

```
package cn.mldn.lxh.demo ;
public class SimpleBean{
	private String name ;
	private int age ;
	public SimpleBean(){
		System.out.println(" ======== 一个新的实例化对象产生 ========") ;
	}
	public void setName(String name){
		this.name = name ;
	}
	public void setAge(int age){
		this.age = age ;
	}
	public String getName(){
		return this.name ;
	}
	public int getAge(){
		return this.age ;
	}
};
```

重新编译 SimpleBean.java 后，如果要想让其起作用，则需要重新启动服务器，重复执行 use_javabean_demo02.jsp，可以直接在 Tomcat 的后台显示输出的内容。

重新执行 use_javabean_demo02.jsp 页面，Tomcat 后台的输出如下：

```
======== 一个新的实例化对象产生 ========
```

因为现在是将 JavaBean 设置在 page 属性范围上，所以每次刷新页面时都会重复执行对象的实例化操作，都会执行以上的输出。

说明

提问：每次修改 JavaBean 都要重新启动服务器，是不是太麻烦了？

在进行代码的开发过程中，JavaBean 肯定是需要不断修改的，如果每次都是这样重新启动服务器，感觉很麻烦，有没有更好的方式呢？

回答：可以使用自动加载。

在 Tomcat 中可以直接配置自动加载的操作，这样即使不重新启动服务器，JavaBean 修改后也可以被立刻加载进来。重新加载的在 web.XML 中的配置如下：

```
<Context path="/mldn" docBase="D:\mldnwebdemo" reloadable="true"/>
```

可以发现，直接在配置虚拟目录的位置上增加一个 reloadable 属性即可，但是这种情况只适合于开发。因为使用 reloadable 自动加载后，服务器将始终处于监视状态，一旦发现类修改后就要立刻重新加载，运行的性能是比较低的，所以，当项目真正发布运行时一定要将 reloadable 的内容设置成 false，以提升服务器的运行性能。

如果重新加载了新的 JavaBean，则在 Tomcat 后台将出现以下提示信息：

```
信息: Reloading this Context has started
```

另外，读者一定要记住的是，当 Tomcat 重新加载了新的内容后，所有的操作都将初始化，所有设置过的 **session 属性都将消失**。

说明

提问：为什么使用<jsp:useBean>指令可以直接进行对象实例化？

<jsp:useBean>指令进行 JavaBean 的调用，可以自动进行对象的实例化，这一点确实能为开发带来方便，但是它内部的实现原理是什么？

回答：依靠反射机制完成。

读者可以发现，在使用<jsp:useBean>指令时需要定义对象所在的“包.类”名称，而且又要求类中存在无参构造方法，这些都是反射操作的前提条件，所以<jsp:useBean>的语法实际上属于反射机制的操作实现。关于反射机制的具体内容，有兴趣的读者可以直接参考《Java 开发实战经典》的第 15 章。

7.3 JavaBean 与表单

在 JavaBean 语法中实际上最大的特点就在于与表单的交互上，读者可以回顾一下：如果按照之前的做法，有一个表单提交了内容给 JSP 页面，则所有的提交参数需要通过 request 分别接收，并设置到 JavaBean 对应的属性中，如下所示。

【例 7.5】 输入表单——input_bean.htm

```
<html>
<head><title>www.mldnjava.cn，MLDN 高端 Java 培训</title></head>
<body>
<form action="input_bean.jsp" method="post">
    姓名：<input type="text" name="name"><br>
    年龄：<input type="text" name="age"><br>
    <input type="submit" value="提交">
    <input type="reset" value="重置">
```

```
</form>
</body>
</html>
```

上面的表单编写了两个文本控件，控件的名称分别是 name 和 age，这两个名称分别与 SimpleBean.java 中的 name 和 age 属性的名称相同。

【例 7.6】 接收内容——input_bean.jsp

```
<%@ page contentType="text/html" pageEncoding="GBK"%>
<%@ page import="cn.mldn.lxh.demo.*"%>            <!-- 导入 cn.mldn.lxh.demo 包 -->
<html>
<head><title>www.mldnjava.cn，MLDN 高端 Java 培训</title></head>
<%  request.setCharacterEncoding("GBK") ;                // 解决提交乱码        %>
<body>
<%
    SimpleBean simple = new SimpleBean() ;               // 声明并实例化 SimpleBean 对象
    simple.setName(request.getParameter("name")) ;       // 设置 name 属性
    simple.setAge(Integer.parseInt(request.getParameter("age"))) ;// 设置 age 属性
%>
<h3>姓名：<%=simple.getName()%></h3>                     <!-- 输出 name 属性的内容 -->
<h3>年龄：<%=simple.getAge()%></h3>                      <!-- 输出 age 属性的内容 -->
</body>
</html>
```

上面的程序使用导入的方式导入了所需要的 SimpleBean 类，然后实例化对象，并分别使用 SimpleBean 类中的 setter 方法设置内容。程序的运行结果如图 7-3 所示。

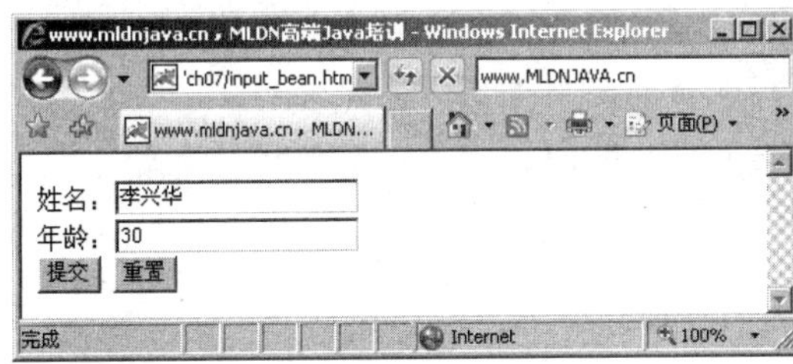

（a）信息提交表单

（b）将内容设置到 JavaBean 中

图 7-3　设置提交内容

上面的操作代码需要分别使用 request.getParameter()接收请求的参数，并分别设置到 SimpleBean 的对象中，但是如果提交的参数过多，则这样的操作将变得非常麻烦，而如果现在使用 JSP 中的标签支持，那又会如何呢？

【例 7.7】 修改接收表单的操作——input_bean.jsp

```
<%@ page contentType="text/html" pageEncoding="GBK"%>
<html>
<head><title>www.mldnjava.cn，MLDN 高端 Java 培训</title></head>
<%  request.setCharacterEncoding("GBK") ;                // 解决提交乱码        %>
<jsp:useBean id="simple" scope="page" class="cn.mldn.lxh.demo.SimpleBean"/>
<jsp:setProperty name="simple" property="*"/>
```

```
<body>
<h3>姓名：<%=simple.getName()%></h3>                    <!-- 输出 name 属性的内容 -->
<h3>年龄：<%=simple.getAge()%></h3>                     <!-- 输出 age 属性的内容 -->
</body>
</html>
```

上面的代码使用<jsp:useBean>标签定义了一个 JavaBean，然后又使用<jsp:setProperty>标签将全部的属性设置到对应的 SimpleBean 属性中。程序的运行结果如图 7-3 所示。

读者可以发现，使用了如上操作，比起分别设置属性的内容要方便很多，而且可以自动地将 String 类型的数据变为 int 类型的数据，并自动设置到 age 属性中。

<jsp:setProperty>标签表示为 JavaBean 中的属性设置内容，其中一共有两个属性。

☑ name：对应着<jsp:useBean>中声明的 id 属性，表示使用指定的 JavaBean。

☑ property：表示要操作的属性，“*”表示自动匹配。

在进行自动匹配时，简单点理解，实际上匹配的是参数名称（这里的参数名称是通过表单控件指定的）是否与属性的名称相符合，如果符合则会自动调用对应的 setter 进行内容的设置。

提示

通过反射完成的操作。

在反射机制中可以通过 getMethod()方法取得一个指定名称方法的 Method 对象，在这里传入的是属性的名称，可以根据属性名称找到对应的 setter()方法，完成属性内容的设置。

此外，由于在编写 setter 及 getter 方法时必须符合命名要求，所以本书简单地将其定义成参数名称必须与属性名称一致，但实际上，是通过反射调用方法完成的。

在《Java 开发实战经典》的第 15 章中曾经讲解过类似的操作，有兴趣的读者可以自己翻阅。

注意

age 的内容必须是数字。

由于<jsp:setProperty>的操作中可以自动将输入的字符串变为 int 型的数据，所以此时输入的数据必须全部由数字组成，否则将出现“NumberFormatException”。

7.4　设置属性：<jsp:setProperty>

通过 7.3 节演示的<jsp:setProperty>标签的操作发现，可以通过“*”的形式完成属性的

自动设置，但实际上<jsp:setProperty>标签一共有 4 种使用方法。表 7-2 列出了 4 种操作语法的格式。

表 7-2 设置属性操作

No.	类 型	语 法 格 式
1	自动匹配	<jsp:setProperty name="实例化对象的名称（id）" property="*"/>
2	指定属性	<jsp:setProperty name="实例化对象的名称（id）" property="属性名称"/>
3	指定参数	<jsp:setProperty name="实例化对象的名称（id）" property="属性名称" param="参数名称"/>
4	指定内容	<jsp:setProperty name="实例化对象的名称（id）" property="属性名称" value="内容"/>

第一种自动匹配（自省机制）的操作之前已经讲解过，下面来看后面 3 种的操作，本代码依然使用之前的 input_bean.htm 作为内容的输入页。

7.4.1 设置指定的属性

如果在使用<jsp:setProperty>设置属性时没有指定“*”，而指定了具体的属性，那么就表示只为这个具体的属性设置请求的内容。

【例 7.8】 设置 name 属性——input_bean.jsp

```
<%@ page contentType="text/html" pageEncoding="GBK"%>
<html>
<head><title>www.mldnjava.cn，MLDN 高端 Java 培训</title></head>
<%  request.setCharacterEncoding("GBK") ;                    // 解决提交乱码        %>
<jsp:useBean id="simple" scope="page" class="cn.mldn.lxh.demo.SimpleBean"/>
<jsp:setProperty name="simple" property="name"/>
<body>
<h3>姓名：<%=simple.getName()%></h3>                    <!-- 输出 name 属性的内容 -->
<h3>年龄：<%=simple.getAge()%></h3>                     <!-- 输出 age 属性的内容 -->
</body>
</html>
```

上面的程序由于只设置了一个 name 属性的内容，所以输出时 name 为具体的内容，而 age 为整型的默认值 0。程序的运行结果如图 7-4 所示。

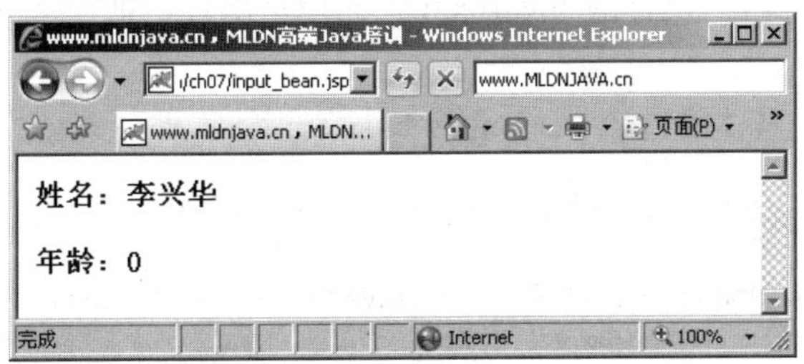

图 7-4 只设置 name 属性的内容

7.4.2 指定设置属性的参数

在默认情况下，所有的属性会和请求的参数名称进行匹配，匹配成功，则进行设置，这时也可以通过 param 属性指定属性设置时所需要的具体参数。

【例 7.9】 将指定参数的内容赋给指定属性——input_bean.jsp

```
<%@ page contentType="text/html" pageEncoding="GBK"%>
<html>
<head><title>www.mldnjava.cn，MLDN 高端 Java 培训</title></head>
<%  request.setCharacterEncoding("GBK") ;                // 解决提交乱码        %>
<jsp:useBean id="simple" scope="page" class="cn.mldn.lxh.demo.SimpleBean"/>
<jsp:setProperty name="simple" property="name" param="age"/>
<jsp:setProperty name="simple" property="age" param="name"/>
<body>
<h3>姓名：<%=simple.getName()%></h3>                     <!-- 输出 name 属性的内容 -->
<h3>年龄：<%=simple.getAge()%></h3>                      <!-- 输出 age 属性的内容 -->
</body>
</html>
```

上面代码将请求 name 参数的内容赋值给 age 属性，将请求 age 参数的内容赋值给 name 属性。程序的运行结果如图 7-5 所示。

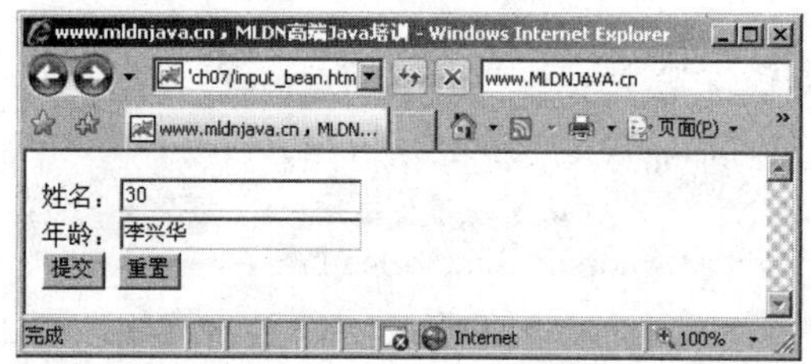

（a）设置属性，这时的内容要颠倒设置

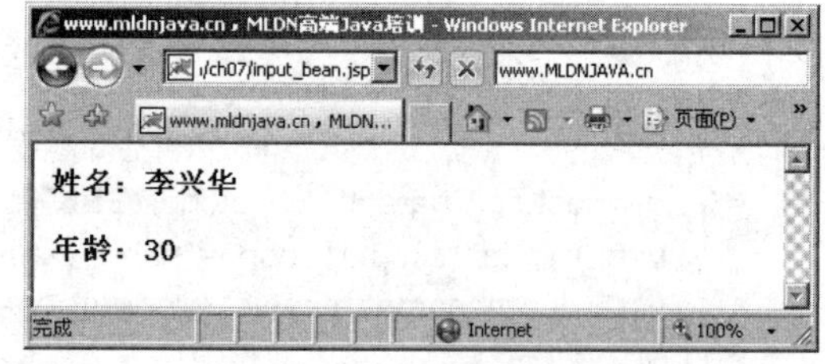

（b）将指定的参数内容赋值给属性

图 7-5 指定参数

7.4.3 为属性设置具体内容

如果要将一个具体内容设置给 JavaBean 中的指定属性，则在<jsp:setProperty>标签中直接使用 value 即可。

【例 7.10】 设置具体的内容——value_bean.jsp

```
<%@ page contentType="text/html" pageEncoding="GBK"%>
<html>
<head><title>www.mldnjava.cn，MLDN 高端 Java 培训</title></head>
<%  request.setCharacterEncoding("GBK") ;                    // 解决提交乱码          %>
<%  int age = 30 ;                                           // 定义 age 变量         %>
<jsp:useBean id="simple" scope="page" class="cn.mldn.lxh.demo.SimpleBean"/>
```

```
<jsp:setProperty name="simple" property="name" value="李兴华"/>
<jsp:setProperty name="simple" property="age" value="<%=age%>"/>
<body>
<h3>姓名：<%=simple.getName()%></h3>                    <!-- 输出 name 属性的内容 -->
<h3>年龄：<%=simple.getAge()%></h3>                     <!-- 输出 age 属性的内容 -->
</body>
</html>
```

程序中直接使用 value 属性设置了两个内容，name 属性设置的内容为固定的常量，而 age 属性设置的是一个变量的内容。程序的运行结果如图 7-6 所示。

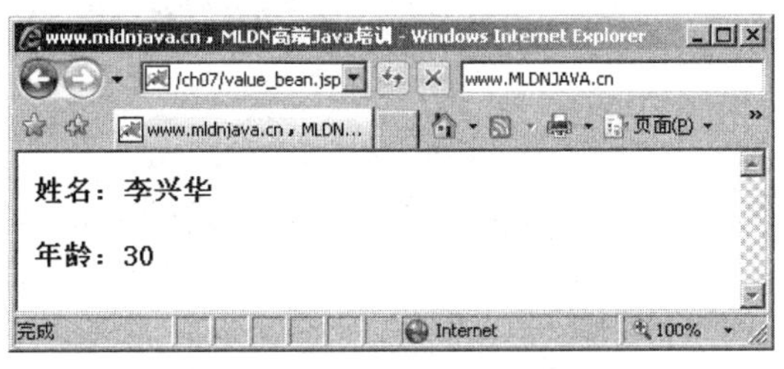

图 7-6　为属性设置指定的内容

提示

自动设置的方式使用最多。

通过上述 4 种方式的比较，相信读者自己也可以感觉出来，使用“property="*"”的操作形式是最方便的，所以在开发中，自动设置的操作较为常见。

7.5　取得属性：<jsp:getProperty>

在 JavaBean 的操作标签中也提供了专门取得属性的<jsp:getProperty>标签，此标签会自动调用 JavaBean 中的 getter()方法。与设置属性的标签相比，取得属性的标签只有如下一种语法格式。

【格式 7-2　取得属性】

```
<jsp:getProperty name="实例化对象的名称（id）" property="属性名称"/>
```

【例 7.11】 取得属性——修改 input_bean.jsp

```
<%@ page contentType="text/html" pageEncoding="GBK"%>
<html>
<head><title>www.mldnjava.cn，MLDN 高端 Java 培训</title></head>
<%  request.setCharacterEncoding("GBK") ;               // 解决提交乱码        %>
<jsp:useBean id="simple" scope="page" class="cn.mldn.lxh.demo.SimpleBean"/>
<jsp:setProperty name="simple" property="*"/>
```

```
<body>
<h3>姓名：<jsp:getProperty name="simple" property="name"/></h3> <!-- 输出 name 属性的内容 -->
<h3>年龄：<jsp:getProperty name="simple" property="age"/></h3> <!-- 输出 age 属性的内容 -->
</body>
</html>
```

本程序直接使用<jsp:getProperty>标签代替 getter()方法的调用，程序的运行结果和图 7-3 一样。

7.6 JavaBean 的保存范围

<jsp:useBean>指令上存在一个 scope 属性，表示一个 JavaBean 的保存范围。保存的范围一共有以下 4 种。

☑ page：保存在一页的范围中，跳转后此 JavaBean 无效。

☑ request：一个 JavaBean 对象可以保存在一次服务器跳转的范围中。

☑ session：在一个用户的操作范围中保存，重新打开浏览器时才会声明新的 JavaBean。

☑ application：在整个服务器上保存，服务器关闭时才会消失。

下面编写一个 Count.java 类，以分别测试 4 种属性范围。

【例 7.12】 用于计数的操作——Count.java

```
package cn.mldn.lxh.demo ;
public class Count{
	private int count = 0 ;				// 定义 count 属性
	public Count(){
		System.out.println("============= 一个新的 Count 对象产生 ============") ;
	}
	public int getCount(){
		return ++ this.count ;			// 每次自增之后返回
	}
};
```

将此类打包编译后保存在 WEB-INF\classes 文件夹中。

7.6.1 page 范围的 JavaBean

page 范围的 JavaBean 只在本页有效，跳转后无效。

【例 7.13】 定义 page 范围的 JavaBean——page_bean01.jsp

```
<%@ page contentType="text/html" pageEncoding="GBK"%>
<html>
<head><title>www.mldnjava.cn，MLDN 高端 Java 培训</title></head>
<jsp:useBean id="cou" scope="page" class="cn.mldn.lxh.demo.Count"/>
```

```
<body>
<h3>第<jsp:getProperty name="cou" property="count"/>次访问！ </h3>
<jsp:forward page="page_bean02.jsp"/>
</body>
</html>
```

【例 7.14】 跳转后的页面——page_bean02.jsp

```
<%@ page contentType="text/html" pageEncoding="GBK"%>
<html>
<head><title>www.mldnjava.cn，MLDN 高端 Java 培训</title></head>
<jsp:useBean id="cou" scope="page" class="cn.mldn.lxh.demo.Count"/>
<body>
<h3>第<jsp:getProperty name="cou" property="count"/>次访问！ </h3>
</body>
</html>
```

以上程序首先在 page_bean01.jsp 中定义了一个 page 范围的 JavaBean，然后跳转到 page_bean02.jsp 页面，由于此时的范围是 page 范围的 JavaBean，所以跳转后在 page_bean02.jsp 页面中会重新定义新的 cou 对象，这一点可以在 Tomcat 的后台输出中看到，会出现两次“新对象”产生的提示。程序的运行结果如图 7-7 所示。

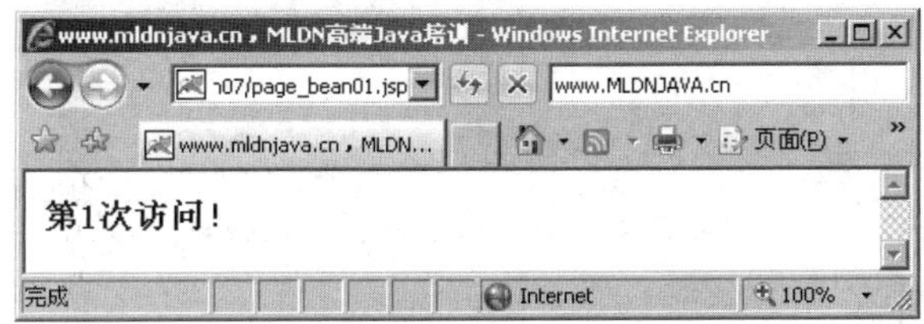

图 7-7　page 范围的 JavaBean

Tomcat 的后台输出：

```
============= 一个新的 Count 对象产生 ============
============= 一个新的 Count 对象产生 ============
```

7.6.2　request 范围的 JavaBean

如果一个 JavaBean 设置成了 request 范围，则在一次服务器跳转中，将不会重复声明 JavaBean 对象。

【例 7.15】 设置 request 范围的 JavaBean 并跳转——request_bean01.jsp

```
<%@ page contentType="text/html" pageEncoding="GBK"%>
<html>
<head><title>www.mldnjava.cn，MLDN 高端 Java 培训</title></head>
<jsp:useBean id="cou" scope="request" class="cn.mldn.lxh.demo.Count"/>
<body>
```

```
<h3>第<jsp:getProperty name="cou" property="count"/>次访问！</h3>
<jsp:forward page="request_bean02.jsp"/>
</body>
</html>
```

【例 7.16】 跳转后的页面——request_bean02.jsp

```
<%@ page contentType="text/html" pageEncoding="GBK"%>
<html>
<head><title>www.mldnjava.cn，MLDN 高端 Java 培训</title></head>
<jsp:useBean id="cou" scope="request" class="cn.mldn.lxh.demo.Count"/>
<body>
<h3>第<jsp:getProperty name="cou" property="count"/>次访问！</h3>
</body>
</html>
```

以上程序在 request_bean01.jsp 页面中设置了一个 request 范围的 JavaBean，这样在进行服务器跳转之后的 request_bean02.jsp 上就不会重新定义新的 JavaBean 对象，在 Tomcat 后台中只会看到一次“新对象”产生的提示。程序的运行结果如图 7-8 所示。

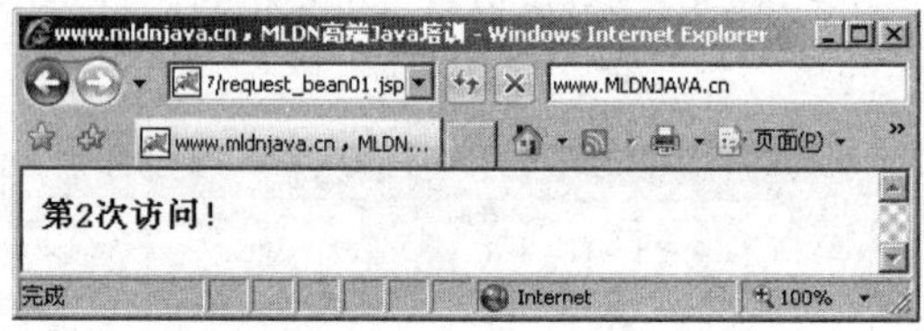

图 7-8 request 范围的 JavaBean

Tomcat 的后台输出：

```
============= 一个新的 Count 对象产生 ============
```

7.6.3 session 范围的 JavaBean

当一个用户连接到 JSP 页面后，此 session 范围的 JavaBean 将会一直保留，用户无论如何操作，都不会重新声明新的 JavaBean 对象。

【例 7.17】 设置 session 范围的 JavaBean——session_bean.jsp

```
<%@ page contentType="text/html" pageEncoding="GBK"%>
<html>
<head><title>www.mldnjava.cn，MLDN 高端 Java 培训</title></head>
<jsp:useBean id="cou" scope="session" class="cn.mldn.lxh.demo.Count"/>
<body>
<h3>第<jsp:getProperty name="cou" property="count"/>次访问！</h3>
</body>
</html>
```

本程序由于将一个 JavaBean 设置在 session 范围中，所以在一个 session 中，无论怎样

刷新页面，session_bean.jsp 都不会重新声明新的 JavaBean 对象。程序的运行结果如图 7-9 所示。

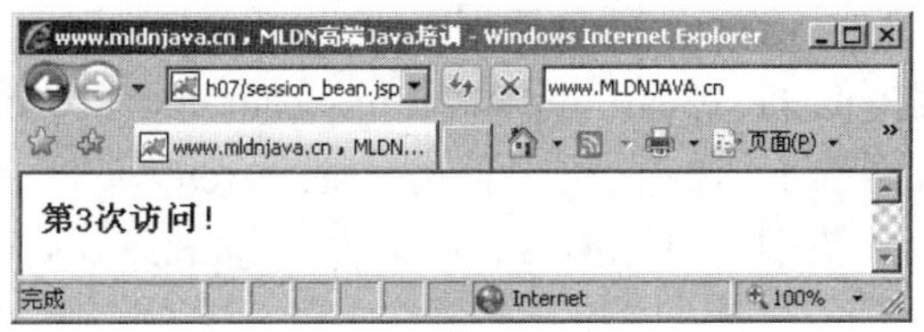

图 7-9　session 范围的 JavaBean

以上代码只要是在一个 session 下的刷新操作，count 会一直进行向上的计数。只有使用了一个新的 session 操作时才会重新声明 JavaBean。

7.6.4　application 范围的 JavaBean

application 范围的 JavaBean 是所有用户共同拥有的，只要声明后就会在服务器中保存，所有的用户都可以直接访问此对象。

【例 7.18】 定义 application 范围的 JavaBean——application_bean.jsp

```
<%@ page contentType="text/html" pageEncoding="GBK"%>
<html>
<head><title>www.mldnjava.cn，MLDN 高端 Java 培训</title></head>
<jsp:useBean id="cou" scope="application" class="cn.mldn.lxh.demo.Count"/>
<body>
<h3>第<jsp:getProperty name="cou" property="count"/>次访问！</h3>
</body>
</html>
```

以上程序无论有多少个用户连接，都只会操作一个 JavaBean 对象，除非服务器关闭后，JavaBean 对象才会消失。程序的运行结果如图 7-10 所示。

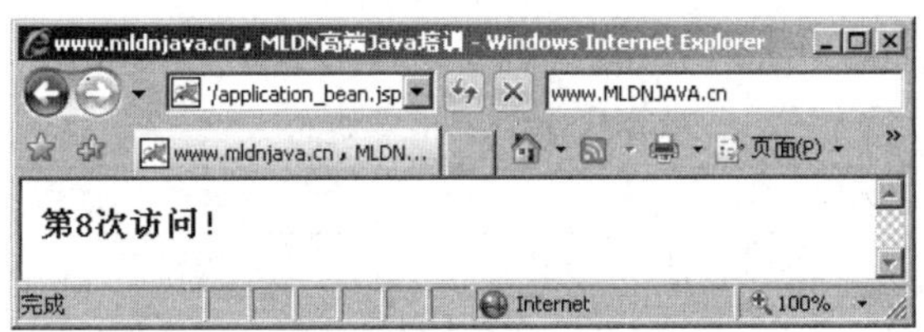

图 7-10　application 范围的 JavaBean

7.7　JavaBean 的删除

JavaBean 虽然使用<jsp:useBean>标签进行创建，但是其操作核心依靠的仍然是 4 种属

性范围的概念，如果一个 JavaBean 不再使用的话，则可以直接使用 4 种属性范围的 removeAttribute()方法进行删除。

- ☑ 删除 page 范围的 JavaBean 可以使用 pageContext.removeAttribute(JavaBean 名称);。
- ☑ 删除 request 范围的 JavaBean 可以使用 request.removeAttribute(JavaBean 名称);。
- ☑ 删除 session 范围的 JavaBean 可以使用 session.removeAttribute(JavaBean 名称);。
- ☑ 删除 application 范围的 JavaBean 可以使用 application.removeAttribute(JavaBean 名称);。

【例 7.19】 删除 session 范围的 JavaBean

```
<%@ page contentType="text/html" pageEncoding="GBK"%>
<html>
<head><title>www.mldnjava.cn，MLDN 高端 Java 培训</title></head>
<jsp:useBean id="cou" scope="session" class="cn.mldn.lxh.demo.Count"/>
<body>
<h3>第<jsp:getProperty name="cou" property="count"/>次访问！</h3>
<%session.removeAttribute("cou") ;%>
</body>
</html>
```

上述代码每次执行时都会重新声明一个新的 JavaBean，并且删除一个 JavaBean，所以删除 JavaBean 与 4 种属性范围的操作一样。

7.8 实例操作：注册验证

本节使用 JSP+JavaBean 完成一个简单的注册验证程序，用户在表单中填写用户名、年龄、email 地址。如果用户输入的内容正确，则进行输入内容的显示；如果输入的内容不正确，则在错误的地方进行提示，而正确的内容将继续保留下来。完成本程序需要使用如表 7-3 所示的程序页面。

表 7-3 程序完成需要的页面

No.	程　序	描　述
1	index.jsp	注册信息填写页，同时会对输入错误的数据进行错误提示
2	check.jsp	将输入的表单数据自动赋值给 JavaBean，同时进行验证，如果失败则返回 index.jsp
3	success.jsp	注册成功页，可以显示出用户注册成功的信息
4	Register.java	注册使用的 JavaBean，可以接收参数，同时进行判断，并返回错误的结果

在整个程序中 JavaBean 是最重要的一个部分，既要完成数据的验证又要进行错误信息的显示。本程序为了显示错误方便，所有的错误信息将使用 Map 保存。

提示

Map 接口。

Map 接口中保存了 key→value 的集合，主要是实现查找功能，在《Java 开发实战经典》的第 13 章有类集的完整介绍。

【例 7.20】 注册验证 Bean——Register.java

```
package cn.mldn.lxh.demo;
import java.util.HashMap;
import java.util.Map;
public class Register {                                    // 本类用于完成提交信息的验证
    private String name;                                   // 定义 name 属性
    private String age;                   // 定义 age 属性，定义为 String 可以方便地使用正则验证
    private String email;                                  // 定义 email 属性
    private Map<String, String> errors = null;             // 声明一个保存全部错误信息的 Map 集合
    public Register() {                                    // 在构造方法中初始化属性
        this.name = "";                                    // 初始化 name 属性
        this.email = "";                                   // 初始化 email 属性
        this.age = "";                                     // 初始化 age 属性
        this.errors = new HashMap<String, String>(); // 实例化 Map 对象，保存错误信息
    }
    public boolean isValidate() {                          // 数据验证操作
        boolean flag = true;
        if (!this.name.matches("\\w{6,15}")) {             // 验证 name 的内容是否合法
            flag = false;                                  // 修改标志位
            this.name = "";                                // 将不合法的内容清除
            errors.put("errname", "用户名是 6~15 位的字母或数字。");       // 保存错误信息
        }
        if (!this.email.matches("\\w+@\\w+\\.\\w+\\.?\\w*")) { // 验证 email 是否合法
            flag = false;                                  // 修改标志位
            this.email = "";                               // 将不合法的内容清除
            errors.put("erremail", "输入的 email 地址不合法。");           // 保存错误信息
        }
        if (!this.age.matches("\\d+")) {                   // 验证 age 是否合法
            flag = false;                                  // 修改标志位
            this.age = "";                                 // 将不合法的内容清除
            errors.put("errage", "年龄只能是数字。");                     // 保存错误信息
        }
        return flag;                                       // 返回标志位
    }
    public String getErrorMsg(String key) {                // 取出对应的错误信息
        String value = this.errors.get(key);               // 从 Map 中根据 key 取得对应的 value
        return value == null ? "" : value;                 // 返回 value 对应的内容
    }
    public String getName() {
```

```
		return name;
	}
	public void setName(String name) {
		this.name = name;
	}
	public String getAge() {
		return age;
	}
	public void setAge(String age) {
		this.age = age;
	}
	public String getEmail() {
		return email;
	}
	public void setEmail(String email) {
		this.email = email;
	}
}
```

上面的 JavaBean 在 isValidate()方法中使用正则表达式对所输入的内容分别进行了验证，如果验证失败，则会将相应的错误信息保存在 Map 集合中。而 getErrorMsg()方法中会根据错误的 key 取出对应的 value 进行显示，此方法将在 JSP 中调用。

【例 7.21】 注册表单页——index.jsp

```
<%@ page contentType="text/html" pageEncoding="GBK"%>
<html>
<head><title>www.mldnjava.cn，MLDN 高端 Java 培训</title></head>
<%	request.setCharacterEncoding("GBK") ;		// 解决中文乱码		%>
<jsp:useBean id="reg" scope="request" class="cn.mldn.lxh.demo.Register"/>
								<!-- request 范围的 JavaBean -->
<body>
<form action="check.jsp" method="post">
	用户名：<input type="text" name="name" value="<jsp:getProperty name="reg" property="name"/>">
		<%=reg.getErrorMsg("errname")%><br>
	年  龄：<input type="text" name="age" value="<jsp:getProperty name="reg" property="age"/>">
		<%=reg.getErrorMsg("errage")%><br>
	E-Mail：<input type="text" name="email" value="<jsp:getProperty name="reg" property="email"/>">
		<%=reg.getErrorMsg("erremail")%><br>
	<input type="submit" value="注册"><input type="reset" value="重置">
</form>
</body>
</html>
```

index.jsp 页面的主要功能是显示表单和错误信息，为了可以将 Register 类中的错误信息

保存到此页面继续使用，所以定义了一个 request 范围的 JavaBean，主要是考虑这些错误信息只使用一次，如果将范围定得太大，会造成资源的浪费。

【例 7.22】 信息验证页——check.jsp

```
<%@ page contentType="text/html" pageEncoding="GBK"%>
<html>
<head><title>www.mldnjava.cn，MLDN 高端 Java 培训</title></head>
<%  request.setCharacterEncoding("GBK") ;           // 解决中文乱码         %>
<jsp:useBean id="reg" scope="request" class="cn.mldn.lxh.demo.Register"/>
                                                   <!-- request 范围的 JavaBean -->
<jsp:setProperty name="reg" property="*"/>         <!-- 为属性自动赋值 -->
<body>
<%
    if(reg.isValidate()){                          // 进行验证
%>
        <jsp:forward page="success.jsp"/>          <!-- 跳转到成功页 -->
<%
    }else{                                         // 验证失败
%>
        <jsp:forward page="index.jsp"/>            <!-- 跳转到注册页 -->
<%
    }
%>
</body>
</html>
```

在 check.jsp 页面中，首先同样声明了一个 request 范围的 JavaBean 对象，然后使用 isValidate()方法进行验证，如果验证通过则跳转到 success.jsp 页面进行显示，如果验证失败则跳转到 index.jsp 页面提示用户的错误。

【例 7.23】 成功显示页——success.jsp

```
<%@ page contentType="text/html" pageEncoding="GBK"%>
<html>
<head><title>www.mldnjava.cn，MLDN 高端 Java 培训</title></head>
<%  request.setCharacterEncoding("GBK") ;           // 解决中文乱码         %>
<jsp:useBean id="reg" scope="request" class="cn.mldn.lxh.demo.Register"/>
                                                   <!-- request 范围的 JavaBean -->
<body>
    用户名：<jsp:getProperty name="reg" property="name"/><br>
    年  龄：<jsp:getProperty name="reg" property="age"/><br>
    E-Mail：<jsp:getProperty name="reg" property="email"/><br>
</body>
</html>
```

在 success.jsp 页面中直接将保存在 request 范围中的 JavaBean 的属性进行输出。本程序的运行结果如图 7-11 所示。

（a）填写注册信息

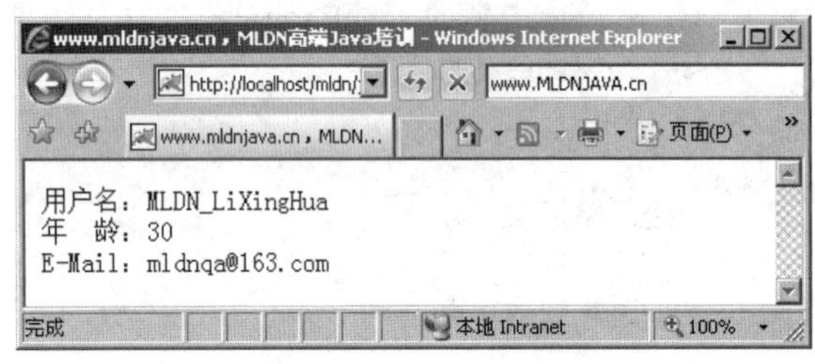

（b）用户填写正确

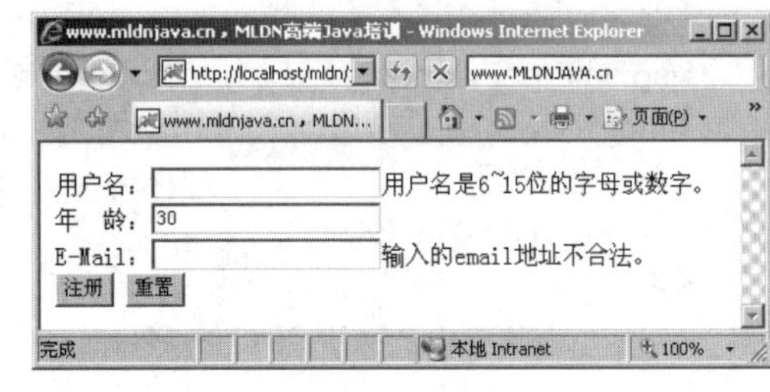

（c）用户名和 email 填写不正确

图 7-11　注册操作

提示

JavaBean 的开发多种多样。

从以上程序可以发现，在 Register.java 类中除了简单的 setter、getter 方法外，本程序中也加入了其他方法，如 isValidate()、getErrorMsg()。所以在进行 JavaBean 开发时可以根据具体的业务需要，将面向对象中的各个技术应用在程序开发上。

7.9　DAO 设计模式

7.9.1　DAO 设计模式简介

DAO（Data Access Object，数据访问对象）的主要功能是数据操作，在程序的标准开发架构中属于数据层的操作。程序的标准开发架构如图 7-12 所示。

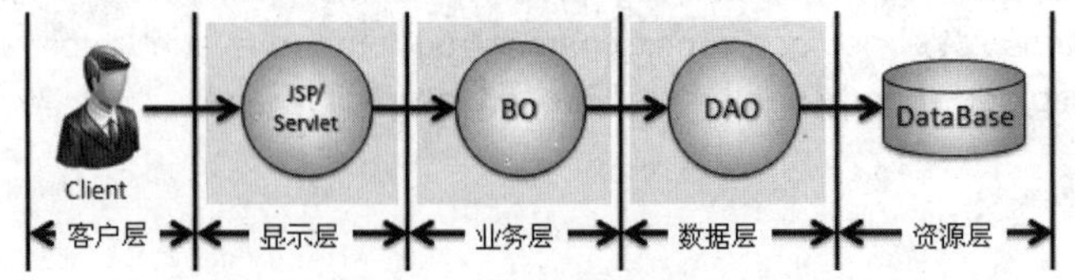

图 7-12　程序的标准开发架构

其中客户层、显示层、业务层和数据层分别介绍如下。

- ☑ 客户层：因为现在都采用 B/S 开发架构，所以一般客户都使用浏览器进行访问，当然也可以使用其他程序访问。
- ☑ 显示层：使用 JSP/Servlet 进行页面效果的显示。
- ☑ 业务层（Business Object，业务对象）：会将多个原子性的 DAO 操作进行组合，组合成一个完整的业务逻辑。
- ☑ 数据层（DAO）：提供多个原子性的 DAO 操作，如增加、修改、删除等，都属于原子性的操作。

提示

关于业务中心的理解。

以上操作是将程序分为三层的开发结构，对于 DAO 层的操作相对好理解一些，就是编写了一些具体的操作代码。但是对于 BO 很多读者比较难理解，这里笔者要对读者讲的是，如果对于一些大的系统，并且业务关联较多的系统，BO 才会发挥作用；而如果业务操作较为简单，可以不使用 BO，而完全通过 DAO 完成操作。本书由于不会涉及过于复杂的业务，所以大量的代码都将使用 DAO 直接完成。

在整个 DAO 中实际上是以接口为操作标准，即客户端依靠 DAO 实现的接口进行操作，而服务端要将接口进行具体的实现。DAO 由以下几个部分组成。

- ☑ DatabaseConnection：专门负责数据库的打开与关闭操作的类。
- ☑ VO：主要由属性、setter、getter 方法组成，VO 类中的属性与表中的字段相对应，每一个 VO 类的对象都表示表中的每一条记录。
- ☑ DAO：主要定义操作的接口，定义一系列数据库的原子性操作标准，如增加、修改、删除、按 ID 查询等。
- ☑ Impl：DAO 接口的真实实现类，完成具体的数据库操作，但是不负责数据库的打开和关闭。
- ☑ Proxy：代理实现类，主要完成数据库的打开和关闭，并且调用真实实现类对象的操作。
- ☑ Factory：工厂类，通过工厂类取得一个 DAO 的实例化对象。

提示

注意包的命名。

一个好的程序必须有严格的命名要求，在使用 DAO 定义操作时一定要注意包的命名是很严格的。本书将按照以下方式进行包的命名。

- ☑ 数据库连接：xxx.dbc.DatabaseConnection。
- ☑ DAO 接口：xxx.dao.IXxxDAO。
- ☑ DAO 接口真实实现类：xxx.dao.impl.XxxDAOImpl。
- ☑ DAO 接口代理实现类：xxx.dao.proxy.XxxDAOProxy。
- ☑ VO 类：xxx.vo.Xxx，VO 的命名要与表的命名一致。
- ☑ 工厂类：xxx.factory.DAOFactory。

7.9.2 DAO 开发

DAO 的开发完全围绕着数据操作进行，本节将使用如表 7-4 所示的 emp 表的结构完成。

表 7-4　emp 表的结构

雇 员 表

emp		
empno	INT(4)	<pk>
ename	VARCHAR(10)	
job	VARCHAR(9)	
hiredate	DATE	
sal	FLOAT(7,2)	

No.	列 名 称	描 述
1	empno	雇员编号，使用数字表示，长度是 4 位数字
2	ename	雇员姓名，使用字符串表示，长度是 10 位字符串
3	job	雇员工作
4	hiredate	雇佣日期，使用日期形式表示
5	sal	基本工资，使用小数表示，其中小数位 2 位，整数位 5 位

数据库创建脚本：

```
/*======================= 删除数据库 =======================*/
DROP DATABASE IF EXISTS mldn ;
/*======================= 创建数据库 =======================*/
CREATE DATABASE mldn ;
/*======================= 使用数据库 =======================*/
USE mldn ;
/*======================= 删除数据表 =======================*/
DROP TABLE IF EXISTS emp ;
/*======================= 创建数据表 =======================*/
CREATE TABLE emp(
    empno          INT(4)          PRIMARY KEY,
    ename          VARCHAR(10),
    job            VARCHAR(9),
    hiredate       DATE,
    sal            FLOAT(7,2)
) ;
```

下面按照 DAO 的方式完成后端代码的开发，首先定义 VO 类，VO 类的名称与表的名称一致，但是要注意类的命名规范——单词的开头首字母大写。

【例 7.24】 定义对应的 VO 类——Emp.java

```
package cn.mldn.lxh.vo;                    // 保存在 VO 包中
import java.util.Date;
public class Emp {
    private int empno ;                    // 定义雇员编号，与 emp 表中的 empno 类型对应
    private String ename ;                 // 定义雇员姓名，与 emp 表中的 ename 类型对应
    private String job ;                   // 定义雇员职位，与 emp 表中的 job 类型对应
    private Date hiredate ;                // 定义雇佣日期，与 emp 表中的 hiredate 类型对应
    private float sal ;                    // 定义基本工资，与 emp 表中的 sal 类型对应
```

```
    public int getEmpno() {
        return empno;
    }
    public void setEmpno(int empno) {
        this.empno = empno;
    }
    public String getEname() {
        return ename;
    }
    public void setEname(String ename) {
        this.ename = ename;
    }
    public String getJob() {
        return job;
    }
    public void setJob(String job) {
        this.job = job;
    }
    public Date getHiredate() {
        return hiredate;
    }
    public void setHiredate(Date hiredate) {
        this.hiredate = hiredate;
    }
    public float getSal() {
        return sal;
    }
    public void setSal(float sal) {
        this.sal = sal;
    }
}
```

本程序只是一个简单的 VO 类，包含了属性、getter、setter 方法。特别要注意的是，其中表示日期时使用的是 java.util.Date 类。

定义完 VO 类后，下面来定义一个 DatabaseConnection.java 类，此类主要完成数据库的打开及关闭操作。

提示

要配置好数据库驱动程序。

如果要使用 MySQL 数据库进行开发，一定要将驱动程序配置在 classpath 路径中。具体的配置方法可以参考《Java 开发实战经典》一书的第 17 章。

【例 7.25】 数据库连接类——DatabaseConnection.java

```
package cn.mldn.lxh.dbc;
import java.sql.Connection;
import java.sql.DriverManager;
public class DatabaseConnection {
```

```
    private static final String DBDRIVER = "org.gjt.mm.mysql.Driver";
    private static final String DBURL = "jdbc:mysql://localhost:3306/mldn";
    private static final String DBUSER = "root";
    private static final String DBPASSWORD = "mysqladmin";
    private Connection conn = null;
    public DatabaseConnection() throws Exception {    // 在构造方法中进行数据库连接
        try {
            Class.forName(DBDRIVER);                    // 加载驱动程序
            this.conn = DriverManager
                .getConnection(DBURL, DBUSER, DBPASSWORD); // 连接数据库
        } catch (Exception e) {                         // 此处为了简单，直接抛出 Exception
            throw e;
        }
    }
    public Connection getConnection() {                 // 取得数据库连接
        return this.conn;                               // 取得数据库连接
    }
    public void close() throws Exception {              // 数据库关闭操作
        if (this.conn != null) {                        // 避免 NullPointerException
            try {
                this.conn.close();                      // 数据库关闭
            } catch (Exception e) {                     // 抛出异常
                throw e;
            }
        }
    }
}
```

在执行数据库连接和关闭的操作中，由于可能出现意外情况而导致无法操作成功时，所有的异常将统一交给被调用处处理。

提示

关于 DatabaseConnection 操作类的说明。

在 DAO 操作中，由于要适应不同的数据库，所以会将所有可能变化的地方都通过接口进行实现。例如，如果一个 DAO 操作类既可以在 Oracle 下使用，也可以在 MySQL 下使用，往往会将 DatabaseConnection 定义为以下的一个接口：

【例 7.26】 定义数据库连接和关闭的操作接口——DatabaseConnection.java

```
package cn.mldn.lxh.dbc;
import java.sql.Connection;
public interface DatabaseConnection {          // 定义 DatabaseConnection 接口
    public Connection getConnection();         // 取得数据库连接
    public void close();                       // 关闭数据库连接
}
```

然后根据不同的数据库定义不同的子类，例如，以下是 MySQL 数据库连接的部分代码。

【例 7.27】定义 DatabaseConnection 接口的子类——MySQLDatabaseConnection.java

```
package cn.mldn.lxh.dbc.impl;
import java.sql.Connection;
import cn.mldn.lxh.dbc.DatabaseConnection;
public class MySQLDatabaseConnection implements DatabaseConnection {
    public Connection getConnection() {
        // 编写针对于 MySQL 数据库连接的具体代码
        return null;
    }
    public void close() {
        // 编写具体的代码
    }
}
```

此时，如果要想取得一个 DatabaseConnection 接口的连接对象，还需要一个工厂类完成。

【例 7.28】 取得数据库连接的工厂类——DatabaseConnectionFactory.java

```
package cn.mldn.lxh.factory;
import cn.mldn.lxh.dbc.DatabaseConnection;
import cn.mldn.lxh.dbc.impl.MySQLDatabaseConnection;
public class DatabaseConnectionFactory {
    // 取得 DatabaseConnection 接口实例
    public static DatabaseConnection getDatabaseConnection() {
        return new MySQLDatabaseConnection();
    }
}
```

通过以上代码可以减少类之间的耦合度，但是，在本书中，为了更好地与后续的框架课程联系在一起，而且本书中的代码都使用 MySQL 数据库进行开发，所以，本书不会采用这种模式进行开发的讲解，而只是简单地将 DatabaseConnection 定义成一个类，只是用于进行 MySQL 数据库的操作。

在 DAO 设计模式中，最重要的就是定义 DAO 接口，在定义 DAO 接口之前必须对业务进行详细的分析，要清楚地知道一张表在整个系统中应该具备何种功能。本程序中只完成数据库的增加、查询全部、按雇员编号查询的功能。

提示

关于 DAO 接口的命名。

在进行 DAO 接口命名时需要注意的是，由于类和接口的命名规范是一样的，所以为了清楚地区分出接口和类，在定义接口时往往在接口名称前加上一个字母“I”，表示定义的是一个接口。

【例 7.29】 定义 DAO 操作标准——IEmpDAO.java

```
package cn.mldn.lxh.dao;                        // 定义在 dao 包中
import java.util.List;
import cn.mldn.lxh.vo.Emp;
public interface IEmpDAO {                      // 定义 DAO 操作标准
    /**
     * 数据的增加操作，一般以 doXxx 的方式命名
     * @param emp 要增加的数据对象
     * @return 是否增加成功的标记
     * @throws Exception 有异常交给被调用处处理
     */
    public boolean doCreate(Emp emp) throws Exception ;
    /**
     * 查询全部的数据，一般以 findXxx 的方式命名
     * @param keyWord 查询关键字
     * @return 返回全部的查询结果，每一个 Emp 对象表示表的一行记录
     * @throws Exception 有异常交给被调用处处理
     */
    public List<Emp> findAll(String keyWord) throws Exception ;
    /**
     * 根据雇员编号查询雇员信息
     * @param empno 雇员编号
     * @return 雇员的 vo 对象
     * @throws Exception 有异常交给被调用处处理
     */
    public Emp findById(int empno) throws Exception ;
}
```

在 DAO 的操作标准中定义了 doCreate()、findAll()和 findById() 3 个功能。doCreate()方法主要执行数据库的插入操作，在执行插入操作时要传入一个 Emp 对象，Emp 对象中保存了所要增加的雇员信息；findAll()方法主要完成数据的查询操作，由于返回的是多条查询结果，所以使用 List 返回；findById()方法将根据雇员的编号返回一个 Emp 对象，此 Emp 对象中将包含一条完整的数据信息。

提示

DAO 方法的命名。

在定义 DAO 接口方法时要将数据库的更新及查询操作分开执行，规则如下。

☑ 数据库更新操作：doXxx，操作以 do 方式开头。

☑ 数据库查询操作：findXxx 或者 getXxx，操作以 find 或 get 开头。

DAO 接口定义完成后需要做具体的实现类，但是这里 DAO 的实现类有两种，一种是真实主题实现类，另外一种是代理操作类。

真实主题类主要是负责具体的数据库操作，在操作时为了性能及安全将使用

PreparedStatement 接口完成。由于实现类的代码较多，为了方便读者阅读，本书将采用分段列出的形式，在运行时，直接按照分段的顺序输入即可。

【例 7.30】 真实主题实现类——EmpDAOImpl.java

```
package cn.mldn.lxh.dao.impl;                         // 定义在 dao.impl 包中
import java.sql.Connection;
import java.sql.PreparedStatement;
import java.sql.ResultSet;
import java.util.ArrayList;
import java.util.List;
import cn.mldn.lxh.dao.IEmpDAO;
import cn.mldn.lxh.vo.Emp;
public class EmpDAOImpl implements IEmpDAO {
    private Connection conn = null;                   // 数据库连接对象
    private PreparedStatement pstmt = null;           // 数据库操作对象
    public EmpDAOImpl(Connection conn) {              // 通过构造方法取得数据库连接
        this.conn = conn;                             // 取得数据库连接
    }
```

在 DAO 的实现类中定义了 Connection 和 PreparedStatement 两个接口对象，并在构造方法中接收外部传递来的 Connection 的实例化对象。

在进行数据增加操作时，首先要实例化 PreparedStatement 接口，然后将 Emp 对象中的内容依次设置到 PreparedStatement 操作中，如果最后更新的记录数大于 0，则表示插入成功，将标志位修改为 true。

```
    public boolean doCreate(Emp emp) throws Exception {
        boolean flag = false;                                   // 定义标志位
        String sql = "INSERT INTO emp (empno,ename,job,hiredate,sal) VALUES (?,?,?,?,?)";
        this.pstmt = this.conn.prepareStatement(sql);  // 实例化 PreparedStatement 对象
        this.pstmt.setInt(1, emp.getEmpno());                   // 设置 empno
        this.pstmt.setString(2, emp.getEname());                // 设置 ename
        this.pstmt.setString(3, emp.getJob());                  // 设置 job
        this.pstmt.setDate(4,
                new java.sql.Date(emp.getHiredate().getTime())); // 设置 hiredate
        this.pstmt.setFloat(5, emp.getSal());                   // 设置 sal
        if (this.pstmt.executeUpdate() > 0) {                   // 更新记录的行数大于 0
            flag = true;                                        // 修改标志位
        }
        this.pstmt.close();                                     // 关闭 PreparedStatement 操作
        return flag;
    }
```

在执行查询全部数据时，首先实例化了 List 接口的对象；在定义 SQL 语句时，将雇员姓名和职位定义成了模糊查询的字段，然后分别将查询关键字设置到 PreparedStatement 对象中，由于查询出来的是多条记录，所以每一条记录都重新实例化了一个 Emp 对象，同时会将内容设置到每个 Emp 对象的对应属性之中，并将这些对象全部加到 List 集合中。

```
    public List<Emp> findAll(String keyWord) throws Exception {
        List<Emp> all = new ArrayList<Emp>();          // 定义集合，接收全部数据
        String sql = "SELECT empno,ename,job,hiredate,sal FROM emp WHERE ename LIKE ?
OR job LIKE ?";
        this.pstmt = this.conn.prepareStatement(sql);  // 实例化 PreparedStatement 对象
        this.pstmt.setString(1, "%" + keyWord + "%");  // 设置查询关键字
        this.pstmt.setString(2, "%" + keyWord + "%");  // 设置查询关键字
        ResultSet rs = this.pstmt.executeQuery();      // 执行查询操作
        Emp emp = null;                                // 定义 Emp 对象
        while (rs.next()) {                            // 依次取出每一条数据
            emp = new Emp();                           // 实例化新的 Emp 对象
            emp.setEmpno(rs.getInt(1));                // 设置 empno 的内容
            emp.setEname(rs.getString(2));             // 设置 ename 的内容
            emp.setJob(rs.getString(3));               // 设置 job 的内容
            emp.setHiredate(rs.getDate(4));            // 设置 hiredate 的内容
            emp.setSal(rs.getFloat(5));                // 设置 sal 的内容
            all.add(emp);                              // 向集合中增加对象
        }
        this.pstmt.close();                            // 关闭 PreparedStatement 操作
        return all;                                    // 返回全部结果
    }
```

按编号查询时，如果此编号的雇员存在，则实例化 Emp 对象，并将内容取出赋予 Emp 对象中的属性；如果没有查询到相应的雇员，则返回 null。

```
    public Emp findById(int empno) throws Exception {
        Emp emp = null;                                // 声明 Emp 对象
        String sql = "SELECT empno,ename,job,hiredate,sal FROM emp WHERE empno=?";
        this.pstmt = this.conn.prepareStatement(sql);  // 实例化 PreparedStatement 对象
        this.pstmt.setInt(1, empno);                   // 设置雇员编号
        ResultSet rs = this.pstmt.executeQuery();      // 执行查询操作
        if (rs.next()) {                               // 可以查询到结果
            emp = new Emp();                           // 实例化新的 Emp 对象
            emp.setEmpno(rs.getInt(1));                // 设置 empno 的内容
            emp.setEname(rs.getString(2));             // 设置 ename 的内容
            emp.setJob(rs.getString(3));               // 设置 job 的内容
            emp.setHiredate(rs.getDate(4));            // 设置 hiredate 的内容
            emp.setSal(rs.getFloat(5));                // 设置 sal 的内容
        }
        this.pstmt.close();                            // 关闭 PreparedStatement 操作
        return emp;                        // 如果查询不到结果则返回 null，默认值为 null
    }
}
```

以上程序分别实现了 doCreate()、findAll()和 findById()方法，由于在方法声明中使用了 throws 关键字抛出异常，所以所有的异常都交给被调用处处理。

可以发现，在真实主题的实现类中，根本就没有处理数据库的打开和连接操作，只是通过构造方法取得了数据库的连接，而真正负责打开和关闭的操作将由代理类完成。

【例 7.31】 代理主题实现类——IEmpDAOProxy.java

```
package cn.mldn.lxh.dao.proxy;                          // 定义在 proxy 包中
import java.util.List;
import cn.mldn.lxh.dao.IEmpDAO;
import cn.mldn.lxh.dao.impl.EmpDAOImpl;
import cn.mldn.lxh.dbc.DatabaseConnection;
import cn.mldn.lxh.vo.Emp;
public class EmpDAOProxy implements IEmpDAO {
    private DatabaseConnection dbc = null;          // 定义数据库连接类
    private IEmpDAO dao = null;                     // 声明 DAO 对象
    public EmpDAOProxy() throws Exception {  // 在构造方法中实例化连接，同时实例化 dao 对象
        this.dbc = new DatabaseConnection();  // 连接数据库
        this.dao = new EmpDAOImpl(this.dbc.getConnection());        // 实例化真实主题类
    }
    public boolean doCreate(Emp emp) throws Exception {
        boolean flag = false;                       // 定义标志位
        try {
            if (this.dao.findById(emp.getEmpno()) == null) {// 如果要插入的雇员编号不存在
                flag = this.dao.doCreate(emp); // 调用真实主题操作
            }
        } catch (Exception e) {
            throw e;                                // 有异常交给被调用处处理
        } finally {
            this.dbc.close();                       // 关闭数据库连接
        }
        return flag;
    }
    public List<Emp> findAll(String keyWord) throws Exception {
        List<Emp> all = null;                       // 定义返回的集合
        try {
            all = this.dao.findAll(keyWord);        // 调用真实主题
        } catch (Exception e) {
            throw e;                                // 有异常交给被调用处处理
        } finally {
            this.dbc.close();                       // 关闭数据库连接
        }
        return all;
    }
    public Emp findById(int empno) throws Exception {
        Emp emp = null;                             // 定义 Emp 对象
        try {
            emp = this.dao.findById(empno);
        } catch (Exception e) {
            throw e;                                // 有异常交给被调用处处理
        } finally {
            this.dbc.close();                       // 关闭数据库连接
        }
        return emp;
    }
}
```

可以发现，在代理类的构造方法中实例化了数据库连接类的对象以及真实主题实现类，而在代理中的各个方法也只是调用了真实主题实现类中的相应方法。

提示

可以在代理类中增加事务的控制。

在这里之所以增加代理类，主要是为以后进行更复杂的业务而准备的。就好比在《Java 开发实战经典》一书中对读者强调的，如果一个程序可以由 A→B，那么中间最好加入一个过渡，使用 A→C→B 的形式，这样可以有效地避免程序的耦合度过高的问题，但在简单的代码中作用并不会十分明显。

另外，如果业务有需求，可以直接在代理中加入事务的处理功能，这样会使代码的开发结构更加清晰。

DAO 的真实实现类和代理实现类编写完成后就需要编写工厂类，以降低代码间的耦合度。

【例 7.32】 DAO 工厂类——DAOFactory

```
package cn.mldn.lxh.factory;
import cn.mldn.lxh.dao.IEmpDAO;
import cn.mldn.lxh.dao.proxy.IEmpDAOProxy;
public class DAOFactory {
	public static IEmpDAO getIEmpDAOInstance() throws Exception { // 取得 DAO 接口实例
		return new EmpDAOProxy();                                   // 取得代理类的实例
	}
}
```

本工厂类中的功能就是直接返回 DAO 接口的实例化对象，以后的客户端直接通过工厂类就可以取得 DAO 接口的实例化对象。

【例 7.33】 测试 DAO 插入功能——TestDAOInsert.java

```
package cn.mldn.lxh.dao.test;
import cn.mldn.lxh.factory.DAOFactory;
import cn.mldn.lxh.vo.Emp;
public class TestDAOInsert {
	public static void main(String[] args) throws Exception {     // 所有异常抛出
		Emp emp = null;                                           // 定义 Emp 对象
		for (int x = 0; x < 5; x++) {                             // 执行插入数据的操作
			emp = new Emp();                                      // 实例化新的 Emp 对象
			emp.setEmpno(1000 + x);                               // 设置雇员编号
			emp.setEname("李兴华 - " + x);                        // 设置雇员姓名
			emp.setJob("程序员 - " + x);                          // 设置雇员工作
			emp.setHiredate(new java.util.Date());                // 设置雇佣日期为今天
			emp.setSal(500 * x);                                  // 设置工资
			DAOFactory.getIEmpDAOInstance().doCreate(emp);        // 执行数据库插入操作
		}
	}
}
```

本程序使用循环的方式完成了 5 条数据的插入，插入后，观察 MySQL 数据库中的内容，如图 7-13 所示。

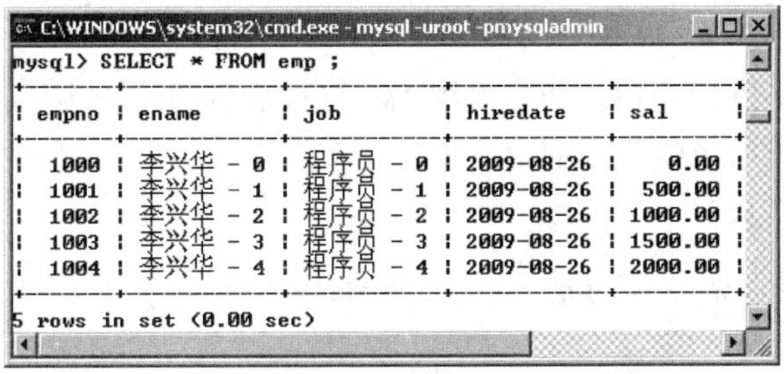

```
C:\WINDOWS\system32\cmd.exe - mysql -uroot -pmysqladmin
mysql> SELECT * FROM emp ;
+-------+------------+------------+------------+---------+
| empno | ename      | job        | hiredate   | sal     |
+-------+------------+------------+------------+---------+
|  1000 | 李兴华 - 0 | 程序员 - 0 | 2009-08-26 |    0.00 |
|  1001 | 李兴华 - 1 | 程序员 - 1 | 2009-08-26 |  500.00 |
|  1002 | 李兴华 - 2 | 程序员 - 2 | 2009-08-26 | 1000.00 |
|  1003 | 李兴华 - 3 | 程序员 - 3 | 2009-08-26 | 1500.00 |
|  1004 | 李兴华 - 4 | 程序员 - 4 | 2009-08-26 | 2000.00 |
+-------+------------+------------+------------+---------+
5 rows in set (0.00 sec)
```

图 7-13　执行插入后的数据库

【例 7.34】 测试查询操作——TestDAOSelect.java

```
package cn.mldn.lxh.dao.test;
import java.util.Iterator;
import java.util.List;
import cn.mldn.lxh.factory.DAOFactory;
import cn.mldn.lxh.vo.Emp;
public class TestDAOSelect {
    public static void main(String[] args) throws Exception {                    // 所有异常抛出
        List<Emp> all = DAOFactory.getIEmpDAOInstance().findAll("") ;            // 查询全部数据
        Iterator<Emp> iter = all.iterator() ;                                    // 迭代输出
        while (iter.hasNext()) {                                                 // 循环输出
            Emp emp = iter.next() ;                                              // 取出每一个对象
            System.out.println(emp.getEmpno() + "、 " + emp.getEname() + " --> "
                    + emp.getEname());                                           // 打印信息
        }
    }
}
```

程序运行结果（后台输出）：

```
1000、李兴华 - 0 --> 李兴华 - 0
1001、李兴华 - 1 --> 李兴华 - 1
1002、李兴华 - 2 --> 李兴华 - 2
1003、李兴华 - 3 --> 李兴华 - 3
1004、李兴华 - 4 --> 李兴华 - 4
```

此时，从插入和查询的测试结果来看，程序已经可以正确地使用了。可以清楚地发现，现在完全是以对象的形式操作数据库，而且在客户端中的代码明显减少。

提示

DAO 操作只完成后台的功能。

DAO 操作只是提供了一个数据的操作平台，不管在 Application 程序或是 Web 程序中，此 DAO 程序都不用做任何修改，可使程序达到了很好的可重用性。

7.9.3 JSP 调用 DAO

编写完成一个 DAO 程序后，即可使用 JSP 进行前台功能的实现。下面的代码将在 JSP 中直接应用之前写好的 DAO 完成雇员的增加、查询操作。

【例 7.35】 增加雇员——emp_insert.jsp

```
<%@ page contentType="text/html" pageEncoding="GBK"%>
<html>
<head><title>www.mldnjava.cn，MLDN 高端 Java 培训</title></head>
<body>
<form action="emp_insert_do.jsp" method="post">
	雇员编号：<input type="text" name="empno"><br>
	雇员姓名：<input type="text" name="ename"><br>
	雇员职位：<input type="text" name="job"><br>
	雇佣日期：<input type="text" name="hiredate"><br>
	基本工资：<input type="text" name="sal"><br>
	<input type="submit" value="注册">
	<input type="reset" value="重置">
</form>
</body>
</html>
```

上面的表单提供了雇员注册的基本信息，由于现在的程序没有引入 JavaScript 验证，所以要求输入的雇员编号必须是数字，雇佣日期的格式必须是 yyyy-MM-dd，以方便 SimpleDateFormat 类完成 String 到 Date 类的转换。

【例 7.36】 完成增加雇员的操作——emp_insert_do.jsp

```
<%@ page contentType="text/html" pageEncoding="GBK"%>
<%@ page import="cn.mldn.lxh.factory.*,cn.mldn.lxh.vo.*"%>
<%@ page import="java.text.*"%>
<html>
<head><title>www.mldnjava.cn，MLDN 高端 Java 培训</title></head>
<%	request.setCharacterEncoding("GBK") ;		// 解决乱码		%>
<body>
<%
	Emp emp = new Emp() ;					// 实例化 Emp 对象
	emp.setEmpno(Integer.parseInt(request.getParameter("empno"))) ;
	emp.setEname(request.getParameter("ename")) ;
	emp.setJob(request.getParameter("job")) ;
	emp.setHiredate(new SimpleDateFormat("yyyy-MM-dd")
		.parse(request.getParameter("hiredate"))) ;	// 字符串变为 Date 型数据
	emp.setSal(Float.parseFloat(request.getParameter("sal"))) ;
try{
	if(DAOFactory.getIEmpDAOInstance().doCreate(emp)){	// 执行插入操作
%>
```

```
            <h3>雇员信息添加成功！</h3>
<%
        }else{
%>
            <h3>雇员信息添加失败！</h3>
<%
        }
}catch(Exception e){
        e.printStackTrace() ; // 在 Tomcat 后台打印
}
%>
</body>
</html>
```

本程序首先定义了一个 Emp 对象，然后将表单提交过来的参数依次设置到 Emp 对象中，并通过 DAO 完成数据的插入操作。如果插入正确，则提示“雇员信息添加成功！”的信息；如果插入错误，则提示“雇员信息添加失败！”的信息。程序的运行结果如图 7-14 所示。

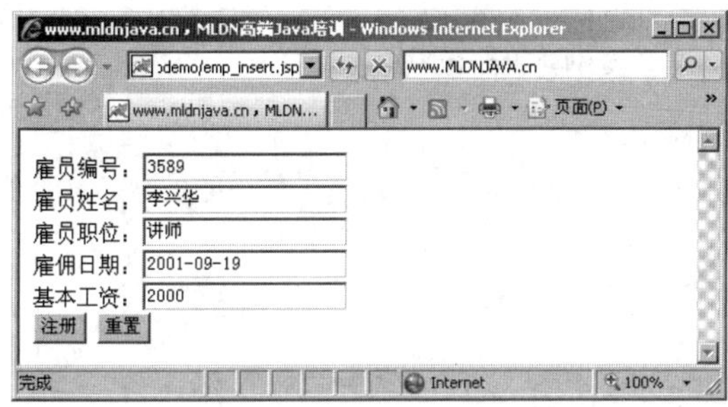

（a）增加雇员表单

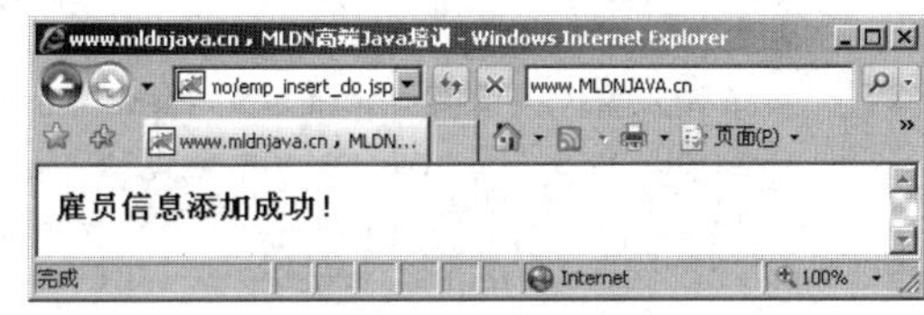

（b）雇员增加成功的提示信息

图 7-14　雇员增加操作

提示

在 JSP 中也可以不处理异常。

在 JSP 代码中，如果调用的某些方法上存在 throws 关键字，则在 JSP 中也可以不处理异常。而一旦发生异常后，将由 Web 容器处理，但还是建议继续使用 try…catch 进行处理。

注意

异常信息不要在页面上输出。

在编写 JSP 代码时，所有的异常处理语句绝对不能使用 out.println()进行页面输出，而要将全部的异常交给后台输出。这样做主要是为了避免安全隐患，因为有部分人员可以根据这些错误信息直接对程序进行破坏。

数据添加成功后，下面编写数据的查询操作，查询操作直接调用的是 DAO 接口中的 findAll()方法。

【例 7.37】 数据查询——emp_list.jsp

```
<%@ page contentType="text/html" pageEncoding="GBK"%>
<%@ page import="cn.mldn.lxh.factory.*,cn.mldn.lxh.vo.*"%>
<%@ page import="java.util.*"%>
<html>
<head><title>www.mldnjava.cn，MLDN 高端 Java 培训</title></head>
<%   request.setCharacterEncoding("GBK") ;        // 解决乱码            %>
<body>
<%
try{
    String keyWord = request.getParameter("kw") ; // 接收查询关键字
    if(keyWord==null){  // 判断是否有传递的参数
        keyWord = "" ;
    }
    List<Emp> all = DAOFactory.getIEmpDAOInstance().findAll(keyWord) ;   // 取得全部记录
    Iterator<Emp> iter = all.iterator() ;                   // 实例化 Iterator 对象
%>
<center>
<form action="emp_list.jsp" method="post">
    请输入查询关键字<input type="text" name="kw">
    <input type="submit" value="查询">
</form>
<table border="1" width="80%">          <!-- 输出表格，边框为 1，宽度为页面的 80% -->
    <tr>                                <!-- 输出表格的行显示 -->
        <td>雇员编号</td>               <!-- 输出表格的行显示信息 -->
        <td>雇员姓名</td>
        <td>雇员工作</td>
        <td>雇员工资</td>
        <td>雇佣日期</td>
    </tr>
<%
    while(iter.hasNext()){
        Emp emp = iter.next() ;          // 取出每一个 Emp 对象
%>
    <tr>
        <td><%=emp.getEmpno()%></td>
        <td><%=emp.getEname()%></td>
        <td><%=emp.getJob()%></td>
        <td><%=emp.getSal()%></td>
        <td><%=emp.getHiredate()%></td>
    </tr>
<%
    }
%>
</table>
```

```
</center>
<%
}catch(Exception e){
        e.printStackTrace() ; // 在 Tomcat 后台打印
}
%>
</body>
</html>
```

在 emp_list.jsp 文件中，首先根据 DAO 定义的 findAll()方法取得全部的查询结果，然后采用迭代的方式输出全部数据。如果现在有查询关键字，则将查询关键字设置到 findAll()方法中，以实现模糊查询的功能。程序的运行结果如图 7-15 所示。

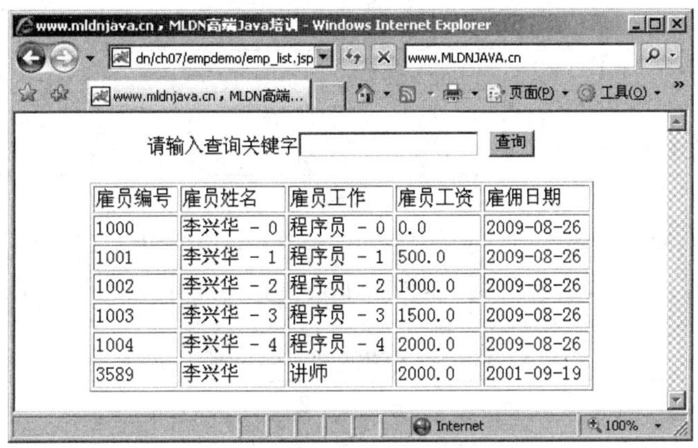

图 7-15　查询全部雇员信息

使用 JSP+DAO 开发模式可以清楚地发现，在 JSP 中的 Java 代码已经减少了很多，而 JSP 页面的功能就是简单地将 DAO 返回的结果进行输出。

7.10　本章摘要

1．使用 JavaBean 可以减少 JSP 中的重复代码，以达到程序的重用功能。

2．在 JSP 中定义了<jsp:useBean>、<jsp:setProperty>和<jsp:getProperty> 3 个标签支持 JavaBean 的操作。

3．JavaBean 存在 page、request、session 和 application 4 种属性范围。

4．实际上 JavaBean 定义时就在 4 种属性范围中增加了一个属性，所以，要删除一个 JavaBean 直接使用 removeAttribute()方法即可。

5．DAO 设计模式可以完成数据层的开发，首先使用 DAO 定义数据表的操作标准（接口），然后通过代理类和真实类实现接口的具体操作，真实类主要完成具体的数据表操作，而代理类只是负责控制数据库的打开及关闭，所有的 DAO 接口的实例要通过工厂类取得。

7.11　开发实战练习（基于 Oracle 数据库）

1．实现本章 DAO 设计模式中的雇员更新、删除操作，并通过 JSP 进行界面展示。

2．使用 JSP+DAO 开发模式完成部门的管理程序。本程序使用的 dept 表的结构如表 7-5 所示。

表 7-5　dept 表的结构

部　门　表

```
dept
deptno  NUMBER(2)      <pk>
dname   VARCHAR2(14)
loc     VARCHAR2(13)
```

No.	列　名　称	描　　述
1	deptno	部门编号，使用数字表示，长度是 4 位数字
2	dname	部门名称，使用字符串表示，长度是 14 位字符串
3	loc	部门位置，使用字符串表示，长度是 13 位字符串

3．使用 JSP+DAO 方式完成用户的登录及注册功能的实现，并且在用户每次登录后都进行最后一次登录日期的保存。本程序使用的 member 表的结构如表 7-6 所示。

表 7-6　member 表的结构

成　员　表

```
member
mid        VARCHAR2(50)   <pk>
password   VARCHAR2(32)
name       VARCHAR2(30)
address    VARCHAR2(200)
telephone  VARCHAR2(100)
zipcode    VARCHAR2(6)
lastdate   DATE
```

No.	列　名　称	描　　述
1	mid	用户登录 id
2	password	用户登录密码
3	name	真实姓名
4	address	用户的住址
5	telephone	联系电话
6	zipcode	邮政编码
7	lastdate	最后一次登录时间

提示

在密码处要使用 MD5 进行密码的加密，这样可以保证所有在数据库保存的密码以密文的形式表示，有助于密码的安全。

数据库创建脚本：

```
-- 删除 member 表
DROP TABLE member ;
-- 清空回收站
PURGE RECYCLEBIN ;
-- 创建表
CREATE TABLE member(
```

```
        mid             VARCHAR2(50)        PRIMARY KEY ,
        password        VARCHAR2(32)        NOT NULL ,
        name            VARCHAR2(30)        NOT NULL ,
        address         VARCHAR2(200)       NOT NULL ,
        telephone       VARCHAR2(100)       NOT NULL ,
        zipcode         VARCHAR2(6)         NOT NULL ,
        lastdate        DATE                DEFAULT sysdate
) ;
-- 插入测试数据
INSERT INTO member(mid,password,name,address,telephone,zipcode) VALUES
        ('admin','21232F297A57A5A743894A0E4A801FC3','管理员','北京魔乐科技软件学院
（www.MLDNJAVA.cn）','01051283346','100088') ;
INSERT INTO member(mid,password,name,address,telephone,zipcode) VALUES
        ('guest','084E0343A0486FF05530DF6C705C8BB4','游客','北京魔乐科技软件学院
（www.MLDNJAVA.cn）','01051283346','100088') ;
INSERT INTO member(mid,password,name,address,telephone,zipcode) VALUES
        ('lixinghua','BF13B866C3FA6751004A4ED599FAFC49','李兴华','北京魔乐科技软件学院
（www.MLDNJAVA.cn）','01051283346','100088') ;
-- 事务提交
COMMIT ;
```

4．在雇员表中增加一个 mgr 的字段，表示一个雇员对应的领导编号，并通过 JSP+DAO 开发模式完成前台操作。本程序使用的 emp 表的结构如表 7-7 所示。

表 7-7　emp 表的结构

emp	No.	列名称	描　述
empno　NUMBER(4)　<pk> ename　VARCHAR2(10) job　VARCHAR2(9) hiredate　DATE sal　NUMBER(7,2) comm　NUMBER(7,2) mgr　NUMBER(4)	1	empno	雇员编号，使用数字表示，长度是 4 位数字
	2	ename	雇员姓名，使用字符串表示，长度是 10 位字符串
	3	job	雇员工作
	4	hiredate	雇佣日期，使用日期形式表示
	5	sal	基本工资，使用小数表示
	6	comm	奖金，使用小数表示
	7	mgr	雇员对应的领导编号

（表头：雇 员 表）

程序开发要求如下。

（1）添加雇员：可以从雇员列表中选择其所属的领导，通过下拉列表选择，也可以选择没有领导。

（2）修改雇员：根据雇员编号查找出雇员的基本信息，并且在下拉列表中将其领导信息默认选中。

（3）雇员列表：可以在雇员列表中显示所有雇员及其领导的信息，如果没有领导则不显示，此时，可以通过领导的姓名查看一个领导的具体信息。

5．在 Oracle 数据库中，scott 用户下的部门表和雇员表之间存在如图 7-16 所示的关系。一个部门有多个雇员，一个雇员属于一个部门。本程序使用的 dept 表和 emp 表的结构分别如表 7-8 和表 7-9 所示。

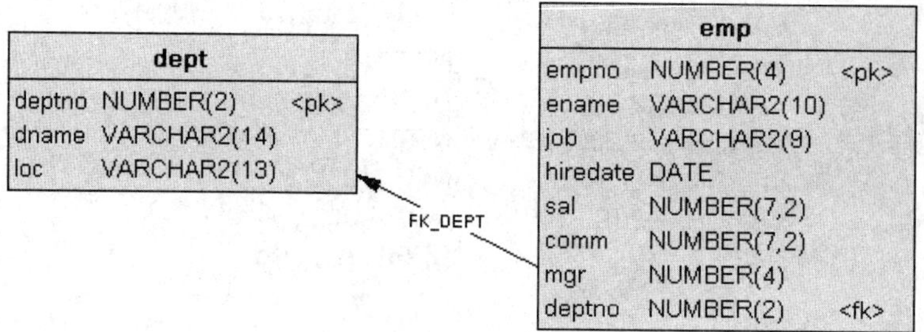

图 7-16　dept 表和 emp 表之间的关系

表 7-8　dept 表的结构

部　门　表			
dept	No.	列　名　称	描　　述
deptno NUMBER(2) <pk>	1	deptno	部门编号，使用数字表示，长度是 4 位数字
dname VARCHAR2(14)	2	dname	部门名称，使用字符串表示，长度是 14 位字符串
loc VARCHAR2(13)	3	loc	部门位置，使用字符串表示，长度是 13 位字符串

表 7-9　emp 表的结构

雇　员　表			
emp	No.	列　名　称	描　　述
empno NUMBER(4) <pk>	1	empno	雇员编号，使用数字表示，长度是 4 位数字
ename VARCHAR2(10)	2	ename	雇员姓名，使用字符串表示，长度是 10 位字符串
job VARCHAR2(9)	3	job	雇员工作
hiredate DATE	4	hiredate	雇佣日期，使用日期形式表示
sal NUMBER(7,2)	5	sal	基本工资
comm NUMBER(7,2)	6	comm	奖金，使用小数表示
mgr NUMBER(4)	7	mgr	雇员对应的领导编号
deptno NUMBER(2)	8	deptno	一个雇员对应的部门编号

程序开发要求如下。

（1）添加雇员：添加雇员时除了输入基本数据外，也可以选择雇员的领导及其所在的部门，当然，也可以不在任何部门。

（2）修改雇员：要求将其基本信息在表单中列出，然后进行更新操作。

（3）雇员列表：可以将雇员的基本信息、领导名称、部门名称一起显示，可以查看一个部门的完整信息，所有的显示信息可以通过分页进行控制。

（4）可以通过部门列表查看一个部门的详细信息，包括部门的名称、位置，部门中的所有雇员信息等。

（5）可以查看每个部门的完整信息，如部门编号、部门名称、部门位置、部门人数、平均工资、总工资、部门的最高工资、部门的最低工资等。

6. 完善购物车程序，在每次浏览信息时增加点击量的操作。本程序使用的 member 表和 product 表的结构分别如表 7-10 和表 7-11 所示。

表 7-10 member 表的结构

成员表			
	No.	列 名 称	描 述
member mid VARCHAR2(50) <pk> password VARCHAR2(32) name VARCHAR2(30) address VARCHAR2(200) telephone VARCHAR2(100) zipcode VARCHAR2(6)	1	mid	用户登录 id
	2	password	用户登录密码
	3	name	真实姓名
	4	address	用户的住址
	5	telephone	联系电话
	6	zipcode	邮政编码

数据库创建脚本：

```
-- 删除 member 表
DROP TABLE member ;
-- 清空回收站
PURGE RECYCLEBIN ;
-- 创建表
CREATE TABLE member(
    mid             VARCHAR2(50)        PRIMARY KEY ,
    password        VARCHAR2(32)        NOT NULL ,
    name            VARCHAR2(30)        NOT NULL ,
    address         VARCHAR2(200)       NOT NULL ,
    telephone       VARCHAR2(100)       NOT NULL ,
    zipcode         VARCHAR2(6)         NOT NULL
) ;
-- 插入测试数据
INSERT INTO member(mid,password,name,address,telephone,zipcode) VALUES
    ('admin','admin','管理员','北京魔乐科技软件学院（www.MLDNJAVA.cn）','01051283346','100088') ;
INSERT INTO member(mid,password,name,address,telephone,zipcode) VALUES
    ('guest','guest','游客','北京魔乐科技软件学院（www.MLDNJAVA.cn）','01051283346','100088') ;
INSERT INTO member(mid,password,name,address,telephone,zipcode) VALUES
    ('lixinghua','mldnjava','李兴华','北京魔乐科技软件学院（www.MLDNJAVA.cn）','01051283346',
'100088') ;
-- 事务提交
COMMIT ;
```

表 7-11 product 表的结构

产品表			
	No.	列 名 称	描 述
product pid NUMBER <pk> name VARCHAR2(50) note CLOB price NUMBER(10,2) amount NUMBER(5) count NUMBER	1	pid	产品编号，自动增长
	2	name	产品名称
	3	note	产品简介
	4	price	产品单价
	5	amount	产品数量
	6	count	产品点击量

数据库创建脚本：

```
-- 删除 product 表
DROP TABLE product ;
-- 删除序列
DROP SEQUENCE proseq ;
-- 清空回收站
PURGE RECYCLEBIN ;
CREATE SEQUENCE proseq ;
-- 创建表
CREATE TABLE product(
      pid           NUMBER              PRIMARY KEY ,
      name          VARCHAR2(50)        NOT NULL ,
      note          CLOB                ,
      price         NUMBER              NOT NULL ,
      amount        NUMBER ,
      count         NUMBER              DEFAULT 0
) ;
-- 插入测试数据
INSERT INTO product(pid,name,note,price,amount) VALUES
      (proseq.nextval,'Oracle 数据库开发','基本 SQL、DBA 入门',69.8,30) ;
INSERT INTO product(pid,name,note,price,amount) VALUES
      (proseq.nextval,'Java 开发实战经典','一本最好的 Java 入门书籍',79.8,30) ;
INSERT INTO product(pid,name,note,price,amount) VALUES
      (proseq.nextval,'Java Web 开发实战经典','JSP、Servlet、Ajax、Struts',99.8,20) ;
INSERT INTO product(pid,name,note,price,amount) VALUES
      (proseq.nextval,'Spring 开发手册','Spring、MVC、标签',57.9,20) ;
INSERT INTO product(pid,name,note,price,amount) VALUES
      (proseq.nextval,'Hibernate 实战精讲','ORMapping',87.3,10) ;
INSERT INTO product(pid,name,note,price,amount) VALUES
      (proseq.nextval,'Struts 2.0 权威开发','WebWork、Struts 2.0',70.3,23) ;
INSERT INTO product(pid,name,note,price,amount) VALUES
      (proseq.nextval,'SQL Server 指南','SQL Server 数据库',29.8,11) ;
INSERT INTO product(pid,name,note,price,amount) VALUES
      (proseq.nextval,'Windows 指南','基本使用',23.2,20) ;
INSERT INTO product(pid,name,note,price,amount) VALUES
      (proseq.nextval,'Linux 操作系统','原理、内核、基本命令',37.9,10) ;
INSERT INTO product(pid,name,note,price,amount) VALUES
      (proseq.nextval,'企业开发架构','企业开发原理、成本、分析',109.5,20) ;
INSERT INTO product(pid,name,note,price,amount) VALUES
      (proseq.nextval,'分布式开发','RMI、EJB、Web 服务',200.8,10) ;
INSERT INTO product(pid,name,note,price,amount) VALUES
      (proseq.nextval,'SEAM（JSF + EJB 3.0）','JSF、SEAM、EJB 3.0',80.2,15) ;
-- 事务提交
COMMIT ;
```

第 8 章　文 件 上 传

通过本章的学习可以达到以下目标：

☑　掌握文件上传操作的作用。

☑　掌握 SmartUpload 上传组件的使用。

☑　理解 FileUpload 上传组件的使用。

在进行 Web 开发时，文件的上传功能是必不可少的。例如，如果在用户注册时要上传自己的照片，则肯定要将文件进行保存，本章将讲解上传的基本操作。

8.1　SmartUpload 上传组件

SmartUpload 是由 www.jspsmart.com 网站开发的一套上传组件包，可以轻松地实现文件的上传及下载功能。SmartUpload 组件使用简单，可以轻松地实现上传文件类型的限制，也可以轻易地取得上传文件的名称、后缀、大小等。

SmartUpload 本身是一个系统提供的 jar 包，用户直接将此包放到 classpath 指定的目录下即可，也可以直接将此包复制到 TOMCAT_HOME\lib 目录中，如图 8-1 所示。

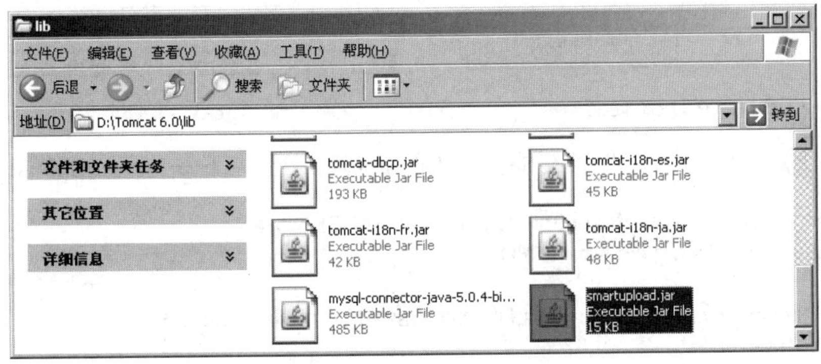

图 8-1　配置 smartupload.jar 包

提示

SmartUpload 组件提供方已经关闭。

在最早的 JSP 开发中，上传组件有很多种，其中使用最方便的就是 SmartUpload 组件，但是此组件的提供方 www.jspsmart.com 网站已经关闭。不过，由于 SmartUpload 在非框架的开发中较为好用，所以直到今天还有开发者继续使用。

8.1.1 上传单个文件

要想进行上传，则必须使用 HTML 中提供的 file 控件，而且<form>也必须使用 enctype 属性进行封装。

【例 8.1】 上传表单——smartupload_demo01.htm

```
<html>
<head><title>www.mldnjava.cn，MLDN 高端 Java 培训</title></head>
<body>
<form action="smartupload_demo01.jsp" method="post" enctype="multipart/form-data">
    请选择文件：<input type="file" name="pic">
    <input type="submit" value="上传">
</form>
</body>
</html>
```

表单中使用了 file 控件进行文件的选择，而且在 form 上使用 enctype 进行了表单封装，表示表单将按照二进制的方式提交，即所有的操作表单此时不再是分别提交，而是将所有内容都按照二进制的方式提交，如图 8-2 所示。

smartupload_demo01.htm 页面运行的结果如图 8-3 所示。

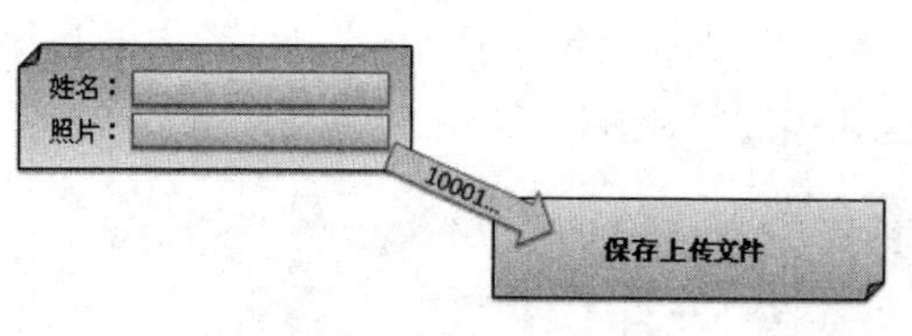

图 8-2 二进制提交

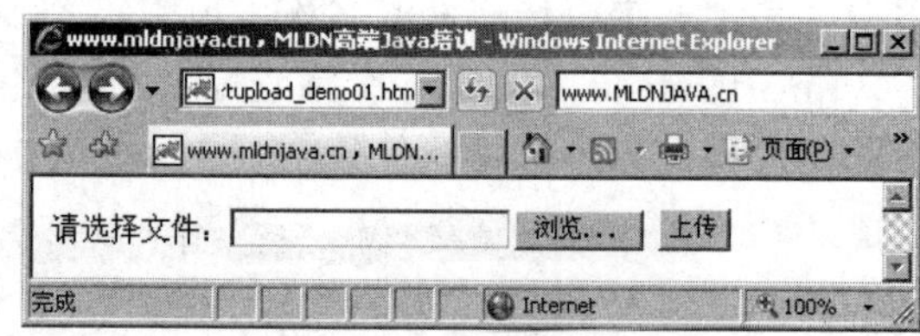

图 8-3 文件选择框

【例 8.2】 接收图片，保存在根目录中的 upload 文件夹下——smartupload_demo01.jsp

```
<%@ page contentType="text/html" pageEncoding="GBK"%>
<%@ page import="org.lxh.smart.*"%>
<html>
<head><title>www.mldnjava.cn，MLDN 高端 Java 培训</title></head>
<body>
<%
    SmartUpload smart = new SmartUpload() ;        // 实例化 SmartUpload 上传组件
    smart.initialize(pageContext) ;                // 初始化上传操作
    smart.upload() ;                               // 上传准备
    smart.save("upload") ;                         // 将上传文件保存在 upload 文件夹中
%>
</body>
</html>
```

在使用 SmartUpload 时必须严格按照如上程序进行，而最后在保存时只是写了一个

upload，表示上传文件的保存文件夹，此文件夹要在根目录中手工建立。

通过 smartupload_demo01.htm 选择的文件，提交到 smartupload_demo01.jsp 时将会自动保存，而且保存的文件名称与上传的文件名称一样，所以当上传了同样名称的图片时将会出现覆盖的情况。

8.1.2　混合表单

如果要上传文件，则表单必须封装，但是当一个表单使用了 enctype 封装后，其他的非文件类的表单控件的内容就无法通过 request 内置对象取得，此时必须通过 SmartUpload 类中提供的 getRequest()方法取得全部的请求参数。

【例 8.3】 混合表单——smartupload_demo02.htm

```
<html>
<head><title>www.mldnjava.cn，MLDN 高端 Java 培训</title></head>
<body>
<form action="smartupload_demo02.jsp" method="post" enctype="multipart/form-data">
	姓名：<input type="text" name="uname"><br>
	照片：<input type="file" name="pic"><br>
	<input type="submit" value="上传">
	<input type="reset" value="重置">
</form>
</body>
</html>
```

上面的表单中包含了文本和文件两个控件，程序的运行结果如图 8-4 所示。

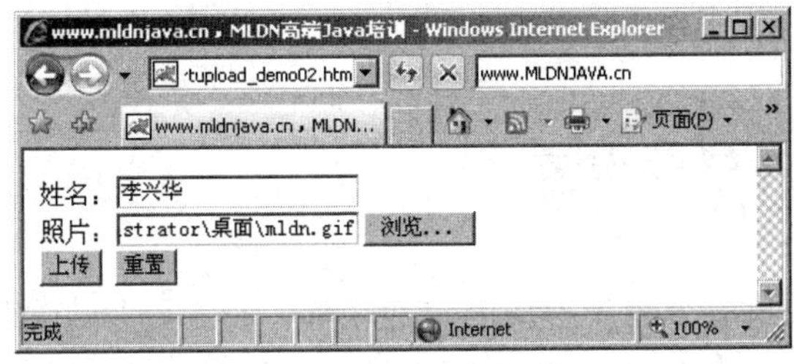

图 8-4　混合表单页

【例 8.4】 接收封装表单的文本数据——smartupload_demo02.jsp

```
<%@ page contentType="text/html" pageEncoding="GBK"%>
<%@ page import="org.lxh.smart.*"%>
<html>
<head><title>www.mldnjava.cn，MLDN 高端 Java 培训</title></head>
<body>
<%	request.setCharacterEncoding("GBK") ;		// 解决乱码	%>
<%
	SmartUpload smart = new SmartUpload() ;		// 实例化 SmartUpload 上传组件
	smart.initialize(pageContext) ;			// 初始化上传操作
```

```
        smart.upload() ;                                          // 上传准备
        String name = smart.getRequest().getParameter("uname") ;    // 接收请求参数
        smart.save("upload") ;                                    // 将上传文件保存在 upload 文件夹中
%>
<h2>姓名：<%=name%></h2>
<h2>request 无法取得：<%=request.getParameter("uname")%></h2>
</body>
</html>
```

由于表单进行了二进制封装，所以单纯靠 request 对象是无法取得提交参数的，必须依靠 SmartUpload 类中的 getRequest().getParameter()方法才能取得请求的参数。程序的运行结果如图 8-5 所示。

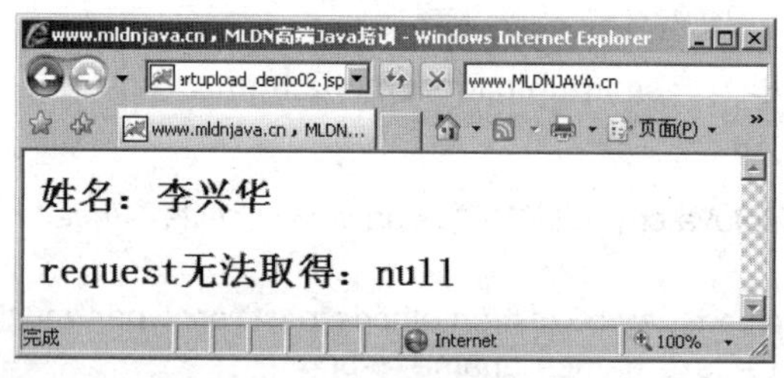

图 8-5　上传并接收参数

注意

代码的顺序。

由于现在是通过 SmartUpload 完成参数接收，所以 smart.getRequest()方法一定要在执行完 upload()方法后才可以使用。

8.1.3　为上传文件自动命名

在上传操作中，如果多个用户上传的文件名称一样，则肯定会发生覆盖的情况。为了解决这个问题，可以采用为上传文件自动命名的方式。为了防止重名，自动命名可以采用如下的格式：

IP 地址+时间戳+三位随机数

例如，现在连接的 IP 地址是 192.168.12.19，日期时间是 2009-09-19 21:15:35.123，三位随机数是 678，则拼凑出的新文件名称为 19216801201920090919211535123678.文件后缀。

【例 8.5】　定义取得 IP 时间戳的操作类——IPTimeStamp.java

```
package cn.mldn.lxh.util;
import java.text.SimpleDateFormat;
import java.util.Date;
import java.util.Random;
public class IPTimeStamp {
```

```
    private SimpleDateFormat sdf = null;                  // 定义 SimpleDateFormat 对象
    private String ip = null;                             // 接收 IP 地址
    public IPTimeStamp() {
    }
    public IPTimeStamp(String ip) {                       // 接收 IP 地址
        this.ip = ip;
    }
    public String getIPTimeRand() {                       // 得到 IP 地址+时间戳+三位随机数
        StringBuffer buf = new StringBuffer();            // 实例化 StringBuffer 对象
        if (this.ip != null) {
            String s[] = this.ip.split("\\.");            // 进行拆分操作
            for (int i = 0; i < s.length; i++) {          // 循环设置 IP 地址
                buf.append(this.addZero(s[i], 3));        // 不够三位数字的要补 0
            }
        }
        buf.append(this.getTimeStamp());                  // 取得时间戳
        Random r = new Random();                          // 定义 Random 对象，以产生随机数
        for (int i = 0; i < 3; i++) {                     // 循环三次
            buf.append(r.nextInt(10));                    // 增加一个随机数
        }
        return buf.toString();                            // 返回名称
    }
    private String addZero(String str, int len) {         // 补 0 操作
        StringBuffer s = new StringBuffer();              // 定义 StringBuffer 对象
        s.append(str);                                    // 将传递的内容放到 StringBuffer 中
        while (s.length() < len) {                        // 如果不够指定位数，则在前面补 0
            s.insert(0, "0");                             // 补 0 操作
        }
        return s.toString();                              // 返回结果
    }
    public String getDate() {                             // 取得当前的系统时间
        this.sdf = new SimpleDateFormat("yyyy-MM-dd HH:mm:ss.SSS");
        return this.sdf.format(new Date());
    }
    public String getTimeStamp() {                        // 取得时间戳
        this.sdf = new SimpleDateFormat("yyyyMMddHHmmssSSS");
        return this.sdf.format(new Date());
    }
}
```

下面直接修改上传的操作页，在上传操作页中不能像之前那样直接使用 save()方法保存，而要取得一个具体的上传文件对象才可以保存，而且由于上传文件时文件的后缀需要统一，所以可以使用 getFileExt()方法取得文件的后缀。

【例 8.6】 修改 smartupload_demo02.jsp，增加自动命名功能

```
<%@ page contentType="text/html" pageEncoding="GBK"%>
<%@ page import="org.lxh.smart.*"%>
<%@ page import="cn.mldn.lxh.util.IPTimeStamp"%>
<html>
```

```
<head><title>www.mldnjava.cn，MLDN 高端 Java 培训</title></head>
<body>
<%	request.setCharacterEncoding("GBK") ;		// 解决乱码	%>
<%
	SmartUpload smart = new SmartUpload() ;		// 实例化 SmartUpload 上传组件
	smart.initialize(pageContext) ;			// 初始化上传操作
	smart.upload() ;				// 上传准备
	String name = smart.getRequest().getParameter("uname") ;	// 接收请求参数
	IPTimeStamp its = new IPTimeStamp(request.getRemoteAddr()) ; // 实例化 IPTimeStamp 对象
	String ext = smart.getFiles().getFile(0).getFileExt() ; // 取得文件后缀
	String fileName = its.getIPTimeRand() + "." + ext ;	// 拼凑文件名称
	smart.getFiles().getFile(0).saveAs(getServletContext().getRealPath("/")
		+ "upload" + java.io.File.separator + fileName) ;// 保存文件
%>
<h2>姓名：<%=name%></h2>
<img src="../upload/<%=fileName%>">
</body>
</html>
```

上述程序在进行上传操作时，使用了 IPTimeStamp 类完成文件的自动命名操作，由于 SmartUpload 可以同时接收多个上传文件，所以此时通过 smart.getFiles().getFile(0).getFileExt()取得第一个上传文件的文件后缀，再与之前 IPTimeStamp 类生成的文件名称一起拼凑出一个新的文件名，由于此时要用新的文件名称保存上传文件，所以要通过 smart.getFiles().getFile(0).saveAs()方法进行手工保存。程序的运行结果如图 8-6 所示。

图 8-6 文件的自动命名

在实际的上传操作中，都会采用拼凑上传文件名称的方式完成，拼凑的规则可能与本章有所不同，但是代码的操作过程都是一样的。

说明

提问：如何限制文件的上传类型？

以上代码都没有对文件的上传类型进行限制，则肯定可以上传任意的文件，此时，如何对文件的上传类型进行限制呢？

回答：可以通过正则判断文件的后缀是否合法。

在上传操作中如果取得了文件的后缀，即可通过正则进行上传文件合法性的验证，代码片段如下。

范例：验证上传文件的合法性

```
if(smart.getFiles().getFile(0).getFileName()
        .matches("^\\w+\\.(jpg|gif)$")){
}
```

上面表示的是只允许后缀为 jpg 或 gif 的文件上传。

8.1.4　批量上传

读者可以发现 8.1.3 小节中有如下的代码：

```
smart.getFiles().getFile(0).saveAs(getServletContext().getRealPath("/")
        + "upload" + java.io.File.separator + fileName) ;        // 保存文件
```

那么也就证明现在可以一次性提交多个上传文件，下面通过代码演示同时上传多个文件的操作。

【例 8.7】 编写表单，可以上传 3 个文件——smartupload_demo03.htm

```
<html>
<head><title>www.mldnjava.cn，MLDN 高端 Java 培训</title></head>
<body>
<form action="smartupload_demo03.jsp" method="post" enctype="multipart/form-data">
    照片 1：<input type="file" name="pic1"><br>
    照片 2：<input type="file" name="pic2"><br>
    照片 3：<input type="file" name="pic3"><br>
    <input type="submit" value="上传">
    <input type="reset" value="重置">
</form>
</body>
</html>
```

上面的表单中定义了 3 个上传的文本框，所以此时可以同时提交 3 个上传文件。程序的运行结果如图 8-7 所示。

图 8-7　批量上传表单页

如果要完成批量上传，则肯定要使用循环的方式进行，那么就必须通过如下方法取得上传文件数量。

取得全部上传文件数量：smart.getFiles().getCount()

【例 8.8】 批量上传——smartupload_demo03.jsp。

```
<%@ page contentType="text/html" pageEncoding="GBK"%>
<%@ page import="org.lxh.smart.*"%>
<%@ page import="cn.mldn.lxh.util.IPTimeStamp"%>
<html>
<head><title>www.mldnjava.cn，MLDN 高端 Java 培训</title></head>
<body>
<%  request.setCharacterEncoding("GBK") ;          // 解决乱码       %>
<%
    SmartUpload smart = new SmartUpload() ;       // 实例化 SmartUpload 上传组件
    smart.initialize(pageContext) ;               // 初始化上传操作
    smart.upload() ;                              // 上传准备
    IPTimeStamp its = new IPTimeStamp(request.getRemoteAddr()) ;// 实例化 IPTimeStamp 对象
    for(int x=0 ; x<smart.getFiles().getCount() ; x++){
        String ext = smart.getFiles().getFile(x).getFileExt() ;      // 取得文件后缀
        String fileName = its.getIPTimeRand() + "." + ext ;          // 拼凑文件名称
        smart.getFiles().getFile(x).saveAs(getServletContext().getRealPath("/")
            + "upload" + java.io.File.separator + fileName) ;        // 保存文件
    }
%>
</body>
</html>
```

程序运行后，会在根目录下的 upload 文件夹中发现已经同时保存了 3 个上传文件，并且文件名称没有重复，如图 8-8 所示。

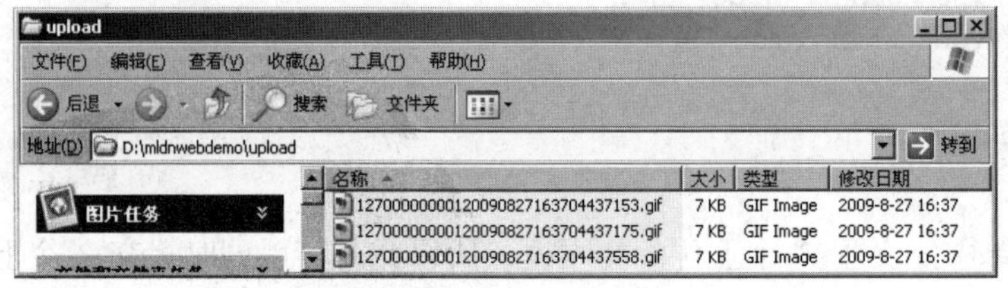

图 8-8 文件批量上传

从 SmartUpload 组件的使用上可以发现，代码的操作较为简单，所以在普通的 Web 开发中使用 SmartUpload 完成文件的上传操作是一个明智的选择。

8.2 FileUpload

FileUpload 是 Apache 组织（www.apache.org）提供的免费上传组件，可以直接从 Apache 站点上下载（下载地址：http://commons.apache.org/fileupload/），本书使用的版本是 1.2.1，

下载界面如图 8-9 所示。但是 FileUpload 组件本身还依赖于 Commons 组件包，所以从 Apache 下载此组件时还需要连同 Commons 组件的 IO 包一起下载（下载地址：http://commons.apache.org/io/），本书使用的版本是 1.4，下载界面如图 8-10 所示。

图 8-9　FileUpload 包下载界面

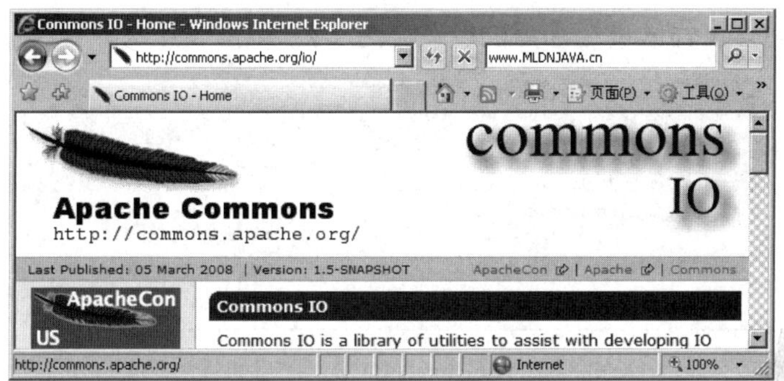

图 8-10　Commons IO 包下载界面

提示

建议使用 SmartUpload。

本书虽然讲解了 FileUpload 的使用，但是从实际开发来讲，FileUpload 组件使用起来会非常麻烦，所以还是建议多使用 SmartUpload 完成操作。在本书最后讲解 Struts 框架时才会使用到 FileUpload 完成具体的操作，那时的操作代码也会比现在更加容易理解。

提示

Commons 组件包。

Commons 组件包在很多的框架开发中都可以直接使用，而且此包中提供了大量的开发类可作为 Java 的有力补充，如果有兴趣，读者可以自行研究。

下载下来的 commons-fileupload-1.2.1-bin.zip 解压缩后的目录如图 8-11 所示，目录的主要作用如表 8-1 所示。

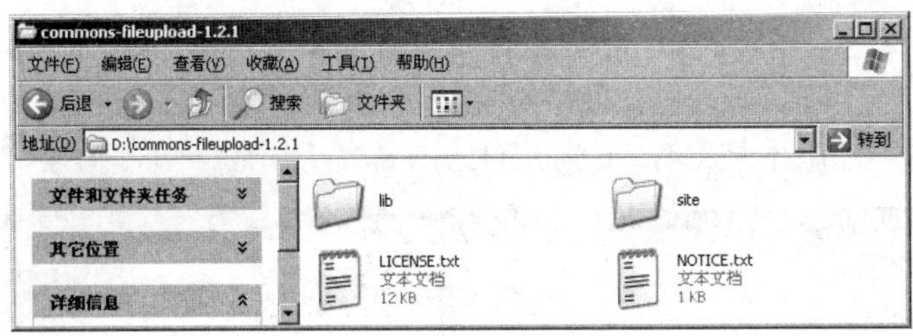

图 8-11　FileUpload 解压缩后的目录

表 8-1　commons-fileupload 目录的主要作用

No.	目　录	描　述
1	lib	FileUpload 配置所需的 jar 包
2	site	相关的文档及简介

commons-io-1.4-bin.zip 解压缩后的目录如图 8-12 所示。

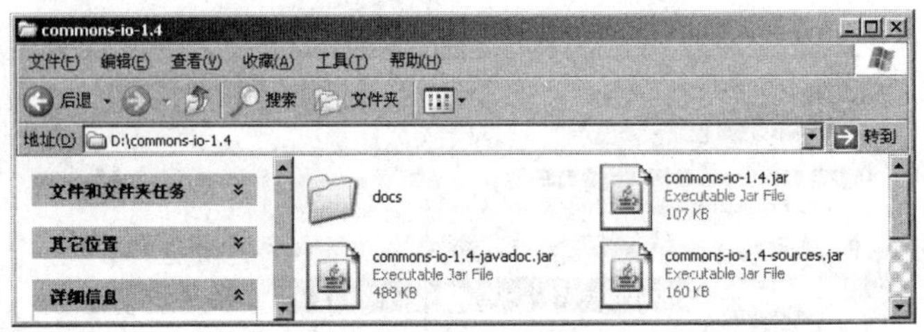

图 8-12　Commons IO 解压缩后的目录

将 commons-fileupload-1.2.1.jar 和 commons-io-1.4.jar 配置到 TOMCAT_HOME\lib 目录中，如图 8-13 所示。

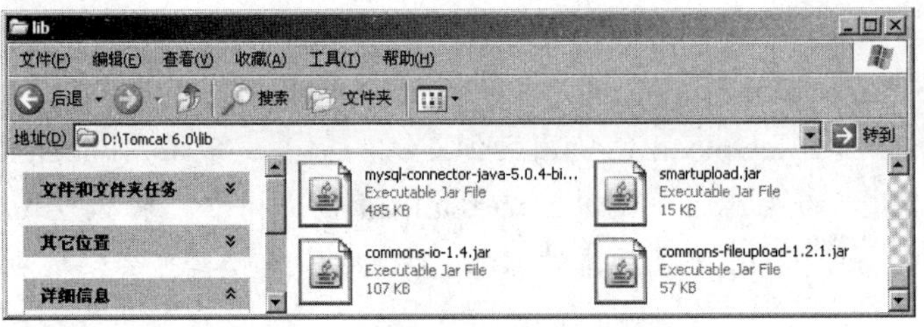

图 8-13　Tomcat 中配置开发包

8.2.1　使用 FileUpload 接收上传内容

不管是使用 SmartUpload 或是 FileUpload 进行上传操作，都是依靠 HTML 的 file 控件完成的。下面通过一个表单讲解 FileUpload 组件的基本操作过程。

【例 8.9】 上传表单——fileupload_demo01.htm

```
<html>
<head><title>www.mldnjava.cn，MLDN 高端 Java 培训</title></head>
```

```
<body>
<form action="fileupload_demo01.jsp" method="post" enctype="multipart/form-data">
		姓名：<input type="text" name="uname"><br>
		照片：<input type="file" name="pic"><br>
		<input type="submit" value="上传">
		<input type="reset" value="重置">
</form>
</body>
</html>
```

FileUpload 的具体上传操作与 SmartUpload 相比有着很高的复杂度。下面是 FileUpload 上传的基本步骤：

（1）创建磁盘工厂：DiskFileItemFactory factory = new DiskFileItemFactory();。

（2）创建处理工具：ServletFileUpload upload = new ServletFileUpload(factory);。

（3）设置上传文件大小：upload.setFileSizeMax(3145728);。

（4）接收全部内容：List<FileItem> items = upload.parseRequest(request);。

提示

FileUpload 对所有的上传内容都采用同样的方式操作。

FileUpload 与 SmartUpload 组件不同，会将所有的上传内容（包括文件与普通参数）一起接收，所以需要依次判断每一次上传的内容是文件还是普通文本。

在使用 FileUpload 接收时，所有提交的内容都会通过 upload.parseRequest()方法返回，然后再使用 Iterator 依次取出每一个提交内容。

【例 8.10】 接收上传文件——fileupload_demo01.jsp

```
<%@ page contentType="text/html" pageEncoding="GBK"%>
<%@ page import="java.util.*"%>
<%@ page import="org.apache.commons.fileupload.disk.*"%>
<%@ page import="org.apache.commons.fileupload.servlet.*"%>
<%@ page import="org.apache.commons.fileupload.*"%>
<html>
<head><title>www.mldnjava.cn，MLDN 高端 Java 培训</title></head>
<body>
<%
	DiskFileItemFactory factory = new DiskFileItemFactory();		// 创建磁盘工厂
	ServletFileUpload upload = new ServletFileUpload(factory);	// 创建处理工具
	upload.setFileSizeMax(3145728);			// 设置最大上传大小为 3MB，3 * 1024 * 1024
	List<FileItem> items = upload.parseRequest(request);		// 接收全部内容
	Iterator<FileItem> iter = items.iterator();			// 将全部的内容变为 Iterator 实例
	while (iter.hasNext()) {					// 依次取出每一个内容
		FileItem item = iter.next();				// 取出每一个上传的文件
		String fieldName = item.getFieldName();			// 得到表单控件的名称
%>
		<ul><h4>表单控件名称：<%=fieldName%> --> <%=item.isFormField()%></h4>
<%
```

```
            if (!item.isFormField()) {                          // 不是普通的文本数据，是上传文件
                  String fileName = item.getName();             // 取得文件名称
                  String contentType = item.getContentType();   // 取得文件的类型
                  long sizeInBytes = item.getSize();            // 取得文件的大小
%>
                  <li>上传文件名称：<%=fileName%>
                  <li>上传文件类型：<%=contentType%>
                  <li>上传文件大小：<%=sizeInBytes%>
<%
            }else{
                  String value = item.getString() ;             // 取得表单的内容
%>
                  <li>普通参数：<%=value%>
<%
            }
%>
            </ul>
<%
      }
%>
</body>
</html>
```

使用 FileUpload 组件接收完全部的数据后，所有的数据都保存在 List 集合中，则需要使用 Iterator 取出每一个数据，但是由于其中既有普通的文本数据又有上传的文件，每一个上传内容都使用一个 FileItem 类对象表示，如图 8-14 所示。

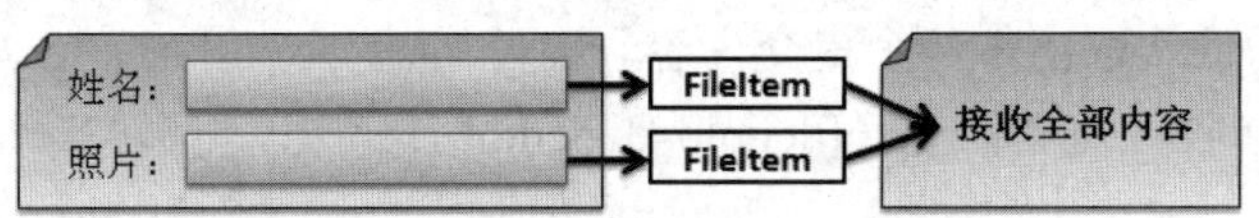

图 8-14　FileUpload 操作原理

所以当使用 Iterator 依次取出每一个 FileItem 对象时，就可以使用 FileItem 类中的 isFormField()方法来判断当前操作的内容是普通的文本还是上传文件，如果是上传文件，则将文件的内容依次取出；如果是普通的文本，则直接通过 getString()方法取得具体的信息。程序的运行结果如图 8-15 所示。

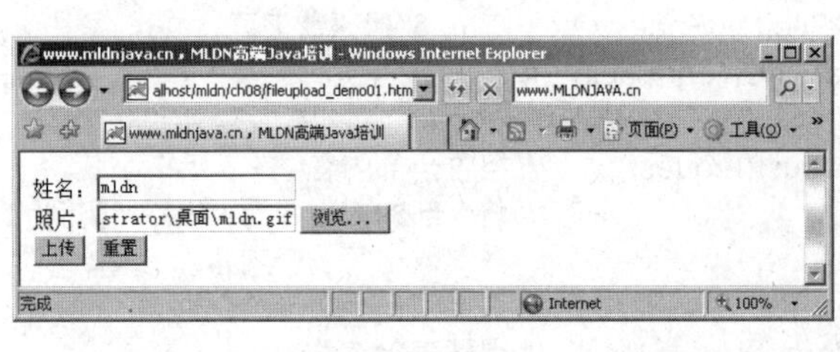

（a）上传表单

（b）接收上传的全部信息

图 8-15　使用 FileUpload 接收上传文件

8.2.2　保存上传内容

8.2.1 小节已经完成了接收上传文件内容的操作，但是所上传的内容现在并没有真正地保存在服务器上，而要想进行文件的保存，在 FileUpload 中就必须通过 java.io 包中的 InputStream 和 OutputStream 两个类完成，而且为了解决上传文件重名的情况，本小节的代码依然使用 IPTimeStamp 类完成文件的自动命名操作。

提示

InputStream 和 OutputStream 操作文件。

InputStream 和 OutputStream 为两个抽象类，要使用则必须依靠 FileInputStream 和 FileOutputStream 类进行对象的实例化操作。如果不清楚 IO 操作的读者，可以参考《Java 开发实战经典》一书的第 12 章。

【例 8.11】 定义上传表单，可以同时上传多个文件——fileupload_demo02.htm

```
<html>
<head><title>www.mldnjava.cn，MLDN 高端 Java 培训</title></head>
<body>
<form action="fileupload_demo02.jsp" method="post" enctype="multipart/form-data">
		姓名：<input type="text" name="uname"><br>
		照片：<input type="file" name="pic1"><br>
		照片：<input type="file" name="pic2"><br>
		照片：<input type="file" name="pic3"><br>
		<input type="submit" value="上传">
		<input type="reset" value="重置">
</form>
</body>
</html>
```

【例 8.12】 保存上传内容——fileupload_demo02.jsp

```
<%@ page contentType="text/html" pageEncoding="GBK"%>
<%@ page import="java.util.*,java.io.*"%>
<%@ page import="org.apache.commons.fileupload.disk.*"%>
<%@ page import="org.apache.commons.fileupload.servlet.*"%>
<%@ page import="org.apache.commons.fileupload.*"%>
<%@ page import="cn.mldn.lxh.util.*"%>
<html>
<head><title>www.mldnjava.cn，MLDN 高端 Java 培训</title></head>
<body>
<%
	DiskFileItemFactory factory = new DiskFileItemFactory();		// 创建磁盘工厂
	factory.setRepository(new File(this.getServletContext()
		.getRealPath("/")+"uploadtemp"));				// 设置临时文件夹
	ServletFileUpload upload = new ServletFileUpload(factory);	// 创建处理工具
```

```
        upload.setFileSizeMax(3145728);                  // 设置最大上传大小为 3MB，3 * 1024 * 1024
        List<FileItem> items = upload.parseRequest(request);     // 接收全部内容
        Iterator<FileItem> iter = items.iterator();              // 将全部的内容变为 Iterator 实例
        IPTimeStamp its = new IPTimeStamp(request.getRemoteAddr()) ;  // 实例化 IP 时间戳对象
        while (iter.hasNext()) {                                 // 依次取出每一个内容
            FileItem item = iter.next();                         // 取出每一个上传的文件
            String fieldName = item.getFieldName();              // 得到表单控件的名称
            if (!item.isFormField()) {                           // 不是普通的文本数据，是上传文件
                File saveFile = null;                            // 定义保存的文件
                InputStream input = null;                        // 定义文件的输入流，用于读取源文件
                OutputStream output = null;                      // 定义文件的输出流，用于保存文件
                input = item.getInputStream() ;                  // 取得上传文件的输入流
                output = new FileOutputStream(new
                    File(this.getServletContext().getRealPath("/")
                    +"upload"+File.separator + its.getIPTimeRand()
                    + "." + item.getName().split("\\.")[1])) ;   // 定义输出文件路径
                byte data[] = new byte[512] ;                    // 分块保存
                int temp = 0;
                while ((temp = input.read(data,0,512))!= -1) {   // 依次读取内容
                    output.write(data);                          // 保存内容
                }
                input.close();                                   // 关闭输入流
                output.close();                                  // 关闭输出流
            }else{
                String value = item.getString() ;                // 取得表单的内容
%>
                普通参数：<%=value%>
<%
            }
        }
%>
</body>
</html>
```

以上程序代码中，首先会将所有的上传文件设置到临时文件夹（uploadtemp）中，如果发现取得的表单内容是上传文件，则使用 InputStream 从 FileItem 类中取得文件的输入流，再使用 OutputStream 将内容依次取出，保存在具体的文件路径中。程序的运行结果如图 8-16 所示。

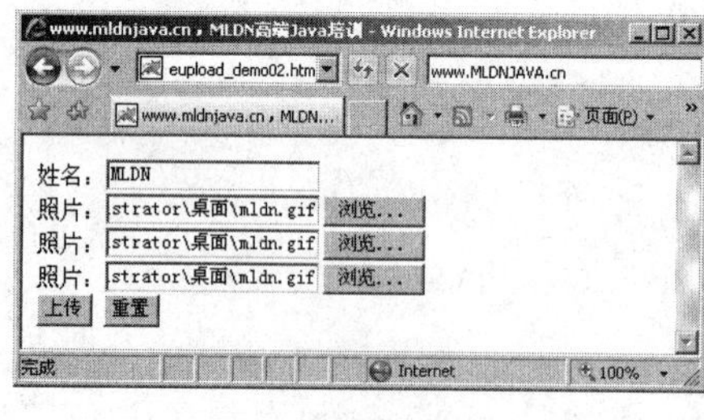

（a）定义多个上传文件

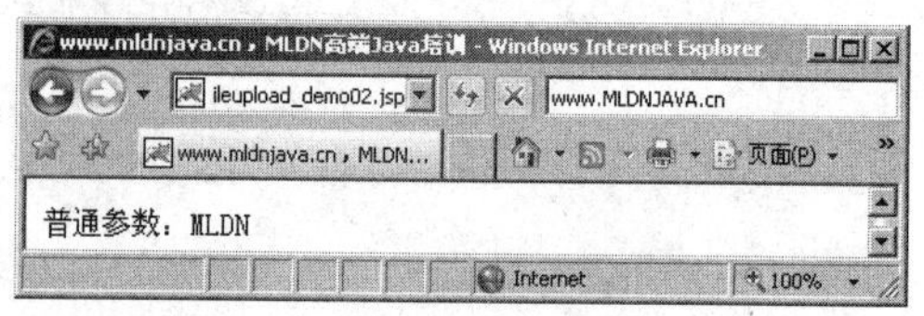

（b）保存文件并接收参数

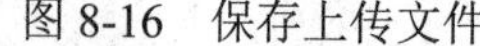

图 8-16　保存上传文件

8.2.3　开发 FileUpload 组件的专属操作类

学习完 FileUpload 组件的基本操作后，实际上对于这种组件也存在了以下几点不便之处：

（1）无法像使用 request.getParameter()方法那样准确地取得提交的参数。

（2）无法像使用 request.getParameterValues()那样准确地取得一组提交参数。

（3）所有的上传文件都需要进行依次的判断，才能够分别保存，不能一次性批量保存。

如果要解决以上问题，则需要自己进行代码的扩充，编写一个 FileUpload 操作的工具类——FileUploadTools。

提示

此代码只是一个工具，会使用即可。

FileUploadTools 是一个自己开发的工具类，其本身就是为了解决 FileUpload 操作的问题，但是由于此代码开发过于繁琐，如果不明白操作原理的读者，也不必过于强求，会使用此类即可。

在 FileUploadTools 类中一共定义了如表 8-2 所示的几个方法。

表 8-2　FileUploadTools 类定义的方法

No.	方　法	类　型	描　述
1	public FileUploadTools(HttpServletRequest request, int maxSize,String tempDir) throws Exception	构造	实例化 FileUploadTools 类，并接收 request 对象、最大上传文件限制、上传临时保存目录路径
2	public String getParameter(String name)	普通	根据参数名称取得参数内容
3	public String[] getParameterValues(String name)	普通	根据参数名称取得一组参数内容
4	public Map<String, FileItem> getUploadFiles()	普通	取得全部的上传文件
5	public List<String> saveAll(String saveDir) throws IOException	普通	自动保存全部的上传文件，并将已上传文件的名称返回给调用处

上面的所有方法都是 FileUploadTools 类中所需要的核心操作，下面分步讲解。

【例 8.13】 上传工具类——FileUploadTools.java

在 FileUpload 类的构造方法中，主要接收 HttpServletRequest 接口的对象，主要目的是在以后进行文件批量保存时用于文件的自动命名操作上，在构造方法中会将所有的上传内容保存在 FileUploadTools 类的 items 属性中。

```
package cn.mldn.lxh.util;
import java.io.*;
import java.util.*;
import javax.servlet.http.HttpServletRequest;
import org.apache.commons.fileupload.FileItem;
```

```
import org.apache.commons.fileupload.FileUploadException;
import org.apache.commons.fileupload.disk.DiskFileItemFactory;
import org.apache.commons.fileupload.servlet.ServletFileUpload;
public class FileUploadTools {
    private HttpServletRequest request = null; // 取得 HttpServletRequest 对象
    private List<FileItem> items = null;          // 保存全部的上传内容
    private Map<String, List<String>> params = new HashMap<String, List<String>>();
                                                  // 保存所有的参数
    private Map<String, FileItem> files = new HashMap<String, FileItem>();
    private int maxSize = 3145728;                // 默认的上传文件大小为 3MB，3 * 1024 * 1024
    public FileUploadTools(HttpServletRequest request, int maxSize,
            String tempDir) throws Exception {
                                                  // 传递 request 对象、最大上传限制、临时保存目录
        this.request = request;                   // 接收 request 对象
        DiskFileItemFactory factory = new DiskFileItemFactory(); // 创建磁盘工厂
        if (tempDir != null) {                    // 判断是否需要进行临时上传目录
            factory.setRepository(new File(tempDir)); // 设置临时文件保存目录
        }
        ServletFileUpload upload = new ServletFileUpload(factory); // 创建处理工具
        if (maxSize > 0) {                        // 如果已知上传大小限制大于 0，则使用新的设置
            this.maxSize = maxSize;
        }
        upload.setFileSizeMax(this.maxSize);      // 设置最大上传大小为 3MB，3 * 1024 * 1024
        try {
            this.items = upload.parseRequest(request);// 接收全部内容
        } catch (FileUploadException e) {
            throw e;                              // 向上抛出异常
        }
        this.init();                              // 进行初始化操作
    }
```

在 FileUploadTools 类的构造方法中调用了 init()方法，此方法为私有化方法，主要功能是对普通的上传参数或是一组参数及上传文件进行区分。所有的内容保存在 Map 集合中，Map 集合的 key 保存的是参数名称，而 value 保存的是此参数对应的内容，而如果是一组参数，则直接将一个 List 集合保存在 Map 的 value 中。

```
    private void init() {                         // 初始化参数，区分普通参数或上传文件
        Iterator<FileItem> iter = this.items.iterator();
        IPTimeStamp its = new IPTimeStamp(this.request.getRemoteAddr()) ;
        while (iter.hasNext()) {                  // 依次取出每一个上传项
            FileItem item = iter.next();          // 取出每一个上传的文件
            if (item.isFormField()) {             // 判断是否是普通的文本参数
                String name = item.getFieldName(); // 取得表单的名称
                String value = item.getString(); // 取得表单的内容
                List<String> temp = null;         // 保存内容
                if (this.params.containsKey(name)) { // 判断内容是否已经存放
                    temp = this.params.get(name); // 如果存在则取出
                } else {                          // 不存在
                    temp = new ArrayList<String>(); // 重新开辟 List 数组
```

```
                }
                temp.add(value);                          // 向 List 数组中设置内容
                this.params.put(name, temp);              // 向 Map 中增加内容
            } else {                                      // 判断是否是 file 组件
                String fileName = its.getIPTimeRand()
                    + "." + item.getName().split("\\.")[1];
                this.files.put(fileName, item);           // 保存全部的上传文件
            }
        }
    }
```

通过调用 init()方法后，所有的参数都已经保存在 Map 集合中，但是这里面的 Map 集合有 params 和 files 两个，其中 params 是保存全部的参数名称和内容，而 files 是保存全部的上传文件。在保存 files 时，为了防止有重名覆盖的情况发生，所以此处直接将上传的文件进行自动命名操作。

下面即可从 params 集合中取出每一个参数的内容，定义一个 getParameter()方法，根据参数的名称从 Map 中取出参数的内容。

```
    public String getParameter(String name) {             // 取得一个参数
        String ret = null;                                // 保存返回内容
        List<String> temp = this.params.get(name);        // 从集合中取出内容
        if (temp != null) {                               // 判断是否可以根据 key 取出内容
            ret = temp.get(0);                            // 取出其中的内容
        }
        return ret;
    }
```

在进行上传内容保存时，如果是一组参数，则会将全部的内容保存成一个 List 集合；如果要取得一组参数，则实际上就是将这些内容全部取出。

```
    public String[] getParameterValues(String name) {    // 取得一组上传内容
        String ret[] = null;                              // 保存返回内容
        List<String> temp = this.params.get(name);        // 根据 key 取出内容
        if (temp != null) {                               // 避免 NullPointerException
            ret = temp.toArray(new String[] {});          // 将内容变为字符串数组
        }
        return ret;                                       // 变为字符串数组
    }
```

由于已经在 init()方法中将所有的提交参数保存在 Map 集合中，如果要取出全部已上传文件，则可以直接将 files 集合返回。

```
    public Map<String, FileItem> getUploadFiles() {       // 取得全部的上传文件
        return this.files;                                // 得到全部的上传文件
    }
```

在本类中为了程序的操作方便，还提供了自动进行批量保存上传文件的操作。由于所有的上传文件都采用了自动命名保存的方式，所以通过一个 List 集合将全部自动生成的名

字保存下来，以供外部使用。

```
    public List<String> saveAll(String saveDir) throws IOException { // 保存全部文件，并返回文
件名称，所有异常抛出
        List<String> names = new ArrayList<String>();
        if (this.files.size() > 0) {
            Set<String> keys = this.files.keySet(); // 取得全部的 key
            Iterator<String> iter = keys.iterator(); // 实例化 Iterator 对象
            File saveFile = null;                    // 定义保存的文件
            InputStream input = null;                // 定义文件的输入流，用于读取源文件
            OutputStream out = null;                 // 定义文件的输出流，用于保存文件
            while (iter.hasNext()) {                 // 循环取出每一个上传文件
                FileItem item = this.files.get(iter.next()); // 依次取出每一个文件
                String fileName = new IPTimeStamp(this.request.getRemoteAddr())
                        .getIPTimeRand()+ "." + item.getName().split("\\.")[1];
                saveFile = new File(saveDir + fileName); // 重新拼凑出新的路径
                names.add(fileName);                     // 保存生成后的文件名称
                try {
                    input = item.getInputStream();           // 取得 InputStream
                    out = new FileOutputStream(saveFile);    // 定义输出流保存文件
                    int temp = 0;                            // 接收每一个字节
                    byte data[] = new byte[512] ;            // 开辟空间分块保存
                    while ((temp = input.read(data,0,512))!= -1) { // 依次读取内容
                        out.write(data);               // 保存内容
                    }
                } catch (IOException e) {              // 捕获异常
                    throw e;                           // 异常向上抛出
                } finally {                            // 进行最终的关闭操作
                    try {
                        input.close();                 // 关闭输入流
                        out.close();                   // 关闭输出流
                    } catch (IOException e1) {
                        throw e1;
                    }
                }
            }
        }
        return names;                                  // 返回生成后的文件名称
    }
}
```

下面将以上的工具类直接应用在 JSP 文件中，以下面的表单为例，可以同时提交一个参数、一组参数和多个上传图片。

【例 8.14】 混合表单——fileupload_demo03.htm

```
<html>
<head><title>www.mldnjava.cn，MLDN 高端 Java 培训</title></head>
<body>
<form action="fileupload_demo03.jsp" method="post" enctype="multipart/form-data">
        姓名：<input type="text" name="uname"><br>
```

```
        兴趣：    <input type="checkbox" name="inst" value="Swing">游泳
                  <input type="checkbox" name="inst" value="Song">唱歌
                  <input type="checkbox" name="inst" value="Run">跑步<br>
        照片：<input type="file" name="pic1"><br>
        照片：<input type="file" name="pic2"><br>
        照片：<input type="file" name="pic3"><br>
        <input type="submit" value="上传">
        <input type="reset" value="重置">
</form>
</body>
</html>
```

【例 8.15】　使用 FileUploadTools 完成接收参数的操作——fileupload_demo03.jsp

```
<%@ page contentType="text/html" pageEncoding="GBK"%>
<%@ page import="java.util.*"%>
<%@ page import="cn.mldn.lxh.util.*"%>
<html>
<head><title>www.mldnjava.cn，MLDN 高端 Java 培训</title></head>
<body>
<%
    FileUploadTools fut = new FileUploadTools(request, 3 * 1024 *1024, this.getServletContext().
getRealPath("/")+"uploadtemp");
    String name = fut.getParameter("uname") ;
    String inst[] = fut.getParameterValues("inst") ;
    List<String> all = fut.saveAll(this.getServletContext().getRealPath("/") + "upload"
        + java.io.File.separator) ;
%>
<h3>姓名：<%=name%></h3>
<h3>兴趣：
<%
    for(int x=0;x<inst.length;x++){
%>
        <%=inst[x]%>、
<%
    }
%></h3>
<%
    Iterator<String> iter = all.iterator() ;
    while(iter.hasNext()){
%>
        <img src="../upload/<%=iter.next()%>">
<%
    }
%>
</body>
</html>
```

fileupload_demo03.jsp 页面调用了 FileUploadTools 类的操作，完成了指定参数的接收，

并且可以自动进行批量保存。程序的运行结果如图 8-17 所示。

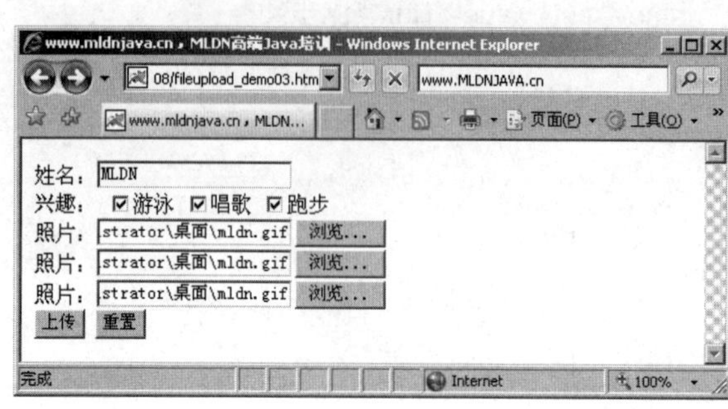

（a）混合表单

（b）接收参数并保存上传文件

图 8-17　通过 FileUploadTools 工具完成上传

提示

读者可以根据需要进一步完善。

FileUploadTools 类完成的只是一些基本功能，在实际工作中，可以将此类作为一个基础，并对此类进一步完善，以适应各种开发要求。

提示

FileUpload 应用。

FileUpload 上传组件虽然使用起来较为复杂，但是读者也不用过于担心，因为以后的开发中如果使用了 Struts 1.x 或 Struts 2.x 的话，则这些框架会自动为 FileUpload 增加额外的支持，使用起来将变得非常容易。

8.3　本章摘要

1．SmartUpload 和 FileUpload 是最常使用的两个上传组件开发包，SmartUpload 使用起来较为简单。

2．如果要进行文件的上传操作，则表单处必须使用 enctype 封装成一个二进制数据才可以接收。

3．上传的文件都会进行自动的命名操作，本章采用了“IP 地址+时间戳+三位随机数”的方式完成了命名功能的实现。

8.4 开发实战练习（基于 Oracle 数据库）

1．在雇员表中增加一个 photo 的列，在雇员增加、修改、删除时可以进行雇员照片的操作，也可以添加一个雇员的简介信息。本程序使用的 emp 表的结构如表 8-3 所示。

表 8-3 emp 表的结构

雇 员 表

emp		
empno	NUMBER(4)	<pk>
ename	VARCHAR2(10)	
job	VARCHAR2(9)	
hiredate	DATE	
sal	NUMBER(7,2)	
comm	NUMBER(7,2)	
mgr	NUMBER(4)	
deptno	NUMBER(2)	<fk>
photo	VARCHAR2(100)	
note	CLOB	

No.	列 名 称	描 述
1	empno	雇员编号，使用数字表示，长度是 4 位数字
2	ename	雇员姓名，使用字符串表示，长度是 10 位字符串
3	job	雇员工作
4	hiredate	雇佣日期，使用日期形式表示
5	sal	基本工资
6	comm	奖金，使用小数表示
7	mgr	雇员对应的领导编号
8	deptno	一个雇员对应的部门编号
9	photo	保存雇员的照片路径
10	note	雇员简介

程序开发要求如下。

（1）增加雇员：增加雇员时可以通过文件框选择上传的照片，照片选择完成后，可以直接在本页面中预览要上传的照片，预览照片的程序在本书中可以直接找到；添加雇员时也可以不选择照片，如果没有照片，则将 nophoto.jpg 作为默认照片，如果选择了照片，则要为上传的照片进行自动命名；添加雇员时，可以对雇员简介进行编辑，使用在线编辑器完成即可，在线编辑器可以通过本书提供的资料找到。

（2）修改雇员：修改雇员时，要将原本的雇员照片进行显示，可以对用户简介进行修改。

（3）删除雇员：删除数据库表中数据的同时，还要求将对应的照片删除。

（4）雇员列表：不需要显示照片，但是在查看雇员完整信息时，可以将雇员的照片进行显示。

数据库创建脚本：

```
ALTER TABLE emp ADD (photo    VARCHAR2(100)    DEFAULT 'nophoto.jpg') ;
ALTER TABLE emp ADD (note     CLOB             DEFAULT '暂无介绍') ;
```

2．对购物车程序增加后台操作，在程序的后台可以实现商品的增加、修改、查询等操作，并可以为每一件商品设置其显示的图片。本程序使用的 product 表的结构如表 8-4 所示。

表 8-4　product 表的结构

product	No.	列 名 称	描　述
id NUMBER <pk>	1	id	产品编号，自动增长
name VARCHAR2(50)	2	name	产品名称
note CLOB	3	note	产品简介
price NUMBER(10,2)	4	price	产品单价
amount NUMBER(5)	5	amount	产品数量
count NUMBER	6	count	产品点击量
photo VARCHAR2(100)	7	photo	产品图片

产品的简介要求使用在线编辑器进行设置，在线编辑器可以直接在本书光盘提供的素材资料中找到。

数据库创建脚本：

```
-- 删除 product 表
DROP TABLE product ;
-- 删除序列
DROP SEQUENCE proseq ;
-- 清空回收站
PURGE RECYCLEBIN ;
-- 创建序列
CREATE SEQUENCE proseq ;
-- 创建表
CREATE TABLE product(
    pid       NUMBER              PRIMARY KEY ,
    name      VARCHAR2(50)        NOT NULL ,
    note      CLOB                ,
    price     NUMBER              NOT NULL ,
    amount    NUMBER              ,
    count     NUMBER              DEFAULT 0 ,
    photo     VARCHAR2(100)       DEFAULT 'nophoto.jpg'
) ;
-- 插入测试数据
INSERT INTO product(pid,name,note,price,amount) VALUES
    (proseq.nextval,'Oracle 数据库开发','基本 SQL、DBA 入门',69.8,30) ;
INSERT INTO product(pid,name,note,price,amount) VALUES
    (proseq.nextval,'Java 开发实战经典','一本最好的 Java 入门书籍',79.8,30) ;
INSERT INTO product(pid,name,note,price,amount) VALUES
    (proseq.nextval,'Java Web 开发实战经典','JSP、Servlet、Ajax、Struts',99.8,20) ;
INSERT INTO product(pid,name,note,price,amount) VALUES
    (proseq.nextval,'Spring 开发手册','Spring、MVC、标签',57.9,20) ;
INSERT INTO product(pid,name,note,price,amount) VALUES
    (proseq.nextval,'Hibernate 实战精讲','ORMapping',87.3,10) ;
INSERT INTO product(pid,name,note,price,amount) VALUES
    (proseq.nextval,'Struts 2.0 权威开发','WebWork、Struts 2.0',70.3,23) ;
```

```
INSERT INTO product(pid,name,note,price,amount) VALUES
    (proseq.nextval,'SQL Server 指南','SQL Server 数据库',29.8,11) ;
INSERT INTO product(pid,name,note,price,amount) VALUES
    (proseq.nextval,'Windows 指南','基本使用',23.2,20) ;
INSERT INTO product(pid,name,note,price,amount) VALUES
    (proseq.nextval,'Linux 操作系统','原理、内核、基本命令',37.9,10) ;
INSERT INTO product(pid,name,note,price,amount) VALUES
    (proseq.nextval,'企业开发架构','企业开发原理、成本、分析',109.5,20) ;
INSERT INTO product(pid,name,note,price,amount) VALUES
    (proseq.nextval,'分布式开发','RMI、EJB、Web 服务',200.8,10) ;
INSERT INTO product(pid,name,note,price,amount) VALUES
    (proseq.nextval,'SEAM（JSF + EJB 3.0）','JSF、SEAM、EJB 3.0',80.2,15) ;
-- 事务提交
COMMIT ;
```

第 3 部分

Web 高级开发

- Servlet 程序开发
- 表达式语言
- Tomcat 数据源
- JSP 标签编程
- JSP 标准标签库（JSTL）
- Ajax 开发技术

第 9 章　Servlet 程序开发

通过本章的学习可以达到以下目标：

☑　掌握 Servlet 与 JSP 之间的关系。
☑　掌握 Servlet 的生命周期及对应的操作方法。
☑　掌握内置对象在 Servlet 中的应用。
☑　掌握 RequestDispatcher 接口的作用。
☑　可以使用 MVC 进行程序的开发。
☑　掌握过滤器的基本原理及应用。
☑　掌握监听器的基本原理及应用。

使用 JSP 可以完成动态 Web 的开发，但是从开发出来的代码中可以发现，一个页面上会存在大量的 Java 代码，造成编写及维护的困难，而要想让开发出来的页面更加干净、整洁，则可以使用 Servlet 完成。本章将讲解 Servlet 的基本结构及主要作用。

9.1　Servlet 简介

Servlet（服务器端小程序）是使用 Java 语言编写的服务器端程序，可以像 JSP 一样，生成动态的 Web 页。Servlet 主要运行在服务器端，并由服务器调用执行，是一种按照 Servlet 标准开发的类。

Servlet 程序是 Java 对 CGI 程序的实现，但是与传统 CGI 的多进程处理操作不同的是，Servlet 采用了多线程的处理方式，这样就使得 Servlet 程序的运行效率比传统的 CGI 更高；而且 Servlet 还保留有 Java 的可移植性的特点，这样使得 Servlet 更易使用，功能也更加强大。

提示

关于 Servlet 取名的说明。

在 Java 中有一种 Java Applet 程序，表示的是应用小程序，主要运行在网页上，但是这种技术已经不再使用，而 Servlet 的命名与其很相似，所以表示的是服务器端小程序。而之前讲解 JSP 中曾经讲解过的 Scriptlet 表示的是脚本小程序，从这些命名来看，读者不难发现其命名的形式。

Servlet 带给开发人员最大的好处是它可以处理客户端传来的 HTTP 请求，并返回一个响应。Servlet 处理的基本流程如图 9-1 所示。

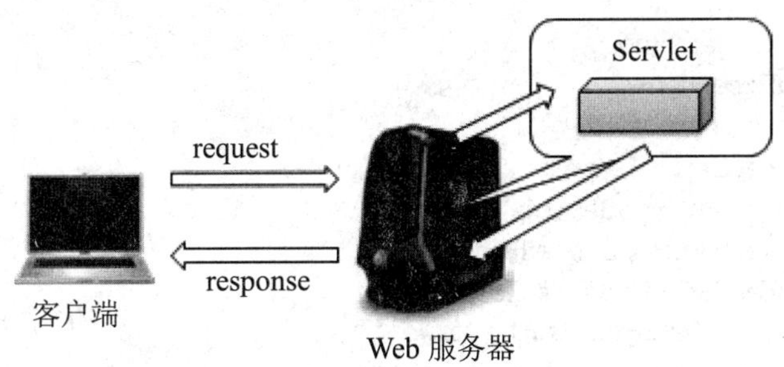

图 9-1　Servlet 处理的基本流程

从图 9-1 中可以发现 Servlet 程序将按照如下步骤进行处理：

（1）客户端（很可能是 Web 浏览器）通过 HTTP 提出请求。

（2）Web 服务器接收该请求并将其发送给 Servlet。如果这个 Servlet 尚未被加载，Web 服务器将把它加载到 Java 虚拟机并执行它。

（3）Servlet 程序将接收该 HTTP 请求并执行某种处理。

（4）Servlet 会将处理后的结果向 Web 服务器返回应答。

（5）Web 服务器将从 Servlet 收到的应答发回给客户端。

在整个 Servlet 程序中最重要的就是 Servlet 接口，在此接口下定义了一个 GenericServlet 的子类，但是一般不会直接继承此类，而是根据所使用的协议选择 GenericServlet 的子类继承。例如，现在采用 HTTP 协议处理，所以一般而言当需要使用 HTTP 协议操作时用户自定义的 Servlet 类都要继承 HttpServlet 类，如图 9-2 所示。

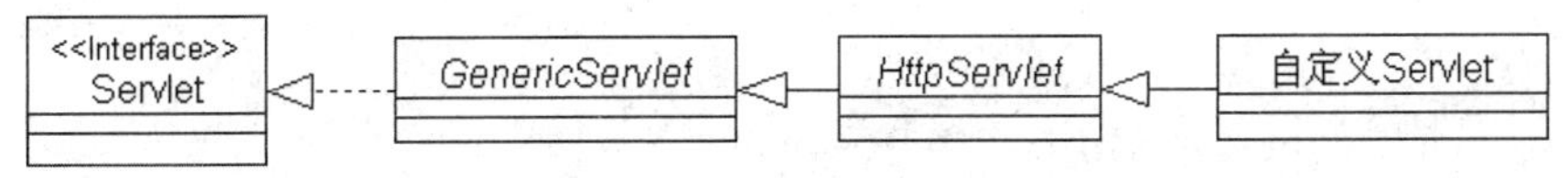

图 9-2　Servlet 程序实现

9.2　永远的“HelloWorld”：第一个 Servlet 程序

如果要开发一个可以处理 HTTP 请求的 Servlet 程序，则肯定要继承 HttpServlet 类，而且在自定义的 Servlet 类中至少还要覆写 HttpServlet 类中提供的 doGet()方法，如表 9-1 所示。

表 9-1　HttpServlet 类中的方法

No.	方　　法	类　　型	描　　述
1	protected void doGet(HttpServletRequest req,HttpServletResponse resp) throws ServletException,IOException	普通	负责处理所有的 get 请求

Servlet 程序本身也是按照请求和应答的方式进行的，所以在 doGet()方法中定义了两个参数，即 HttpServletRequest 和 HttpServletResponse，用来接收和回应用户的请求。

【例 9.1】 第一个 Servlet 程序——HelloServlet.java

```
package org.lxh.servletdemo;
import java.io.IOException;
import java.io.PrintWriter;
import javax.servlet.ServletException;
import javax.servlet.http.HttpServlet;
import javax.servlet.http.HttpServletRequest;
import javax.servlet.http.HttpServletResponse;
public class HelloServlet extends HttpServlet {                          // 继承 HttpServlet
    public void doGet(HttpServletRequest req, HttpServletResponse resp)
            throws ServletException, IOException {                         // 覆写 doGet()方法
        PrintWriter out = resp.getWriter();                                // 准备输出
        out.println("<html>");                                             // 输出 html 元素
        out.println("<head><title>MLDNJAVA</title></head>");               // 输出 html 元素
        out.println("<body>");                                             // 输出 html 元素
        out.println("<h1>HELLO WORLD</h1>");                               // 输出 html 元素
        out.println("</body>");                                            // 输出 html 元素
        out.println("</html>");                                            // 输出 html 元素
        out.close() ;                                                      // 关闭输出
    }
}
```

本程序首先从 HttpServletResponse 对象中取得一个输出流对象，然后通过打印流输出各个 HTML 元素，如果要想运行此程序，则需要将以上程序打包编译后保存在 WEB-INF\classes 文件夹下即可。

注意

HttpServletRequest 和 HttpServletResponse 参数。

在之前讲解 JSP 内置对象时，曾经详细解释过这两个接口的使用，此时，虽然对象名称和 JSP 中的不一样（request 变成了 req，response 变成了 resp），但是其操作的功能是一样的，因为都是同一种接口的对象。

提示

编译时会出现找不到 Servlet 包的错误。

如果用户使用手工方式编译一个 Servlet，则有可能在编译时会出现以下的错误提示：

☑ 软件包 javax.servlet 不存在。

☑ 软件包 javax.servlet.http 不存在。

这两个 Servlet 的开发包实际上是保存在%TOMCAT_HOME%\lib\servlet-api.jar 路径下，但是由于现在使用 javac 命令编译时，属于 Java SE 环境编译，而且 Servlet 本身已经属于 Java EE 的应用范畴，所以出现找不到开发包的情况。此时，有两种方式，一种是通过 classpath 指定，在 classpath 中加入此开发包的路径，如图 9-3 所示。

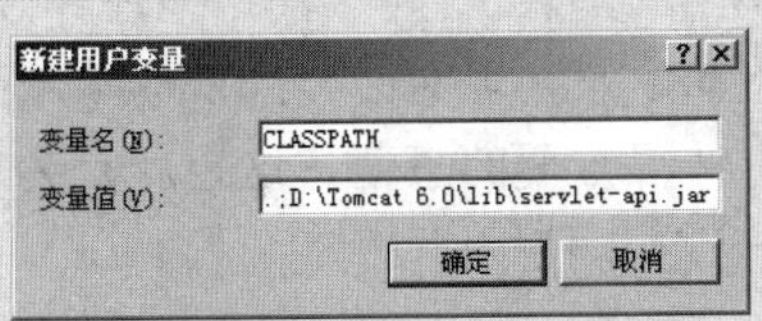

图 9-3　指定 classpath

如果对 classpath 不熟悉的读者可以直接参考《Java 开发实战经典》一书的第 8 章。

另外一种方式是将 Servlet 的开发包保存在%JAVA_HOME%\jdk1.6.0_02\jre\lib\ext 目录中，这样在编译时也可以自动进行加载，本书采用的是第二种方式完成的程序编译。

一个 Servlet 程序编译完成后，实际上是无法立即访问的，因为所有的 Servlet 程序都是以*.class 的形式存在的，所以还必须在 WEB-INF\web.xml 文件中进行 Servlet 程序的映射配置。

【例 9.2】　配置 web.xml 文件

```
<servlet>                                               <!-- 定义 servlet -->
    <servlet-name>hello</servlet-name>                  <!-- 与 servlet-mapping 相对应 -->
    <servlet-class>                                     <!-- 定义包.类名称 -->
        org.lxh.servletdemo.HelloServlet
    </servlet-class>
</servlet>
<servlet-mapping>                                       <!-- 映射路径 -->
    <servlet-name>hello</servlet-name>                  <!-- 与 servlet 相对应 -->
    <url-pattern>/helloServlet</url-pattern>            <!-- 页面的映射路径 -->
</servlet-mapping>
```

上面的配置表示的是，通过/helloServlet 路径即可找到对应的<servlet>节点，并找到<servlet-class>所指定的 Servlet 程序的“包.类”名称，启动服务器后输入“http://localhost/mldn/”。程序的运行结果如图 9-4 所示。

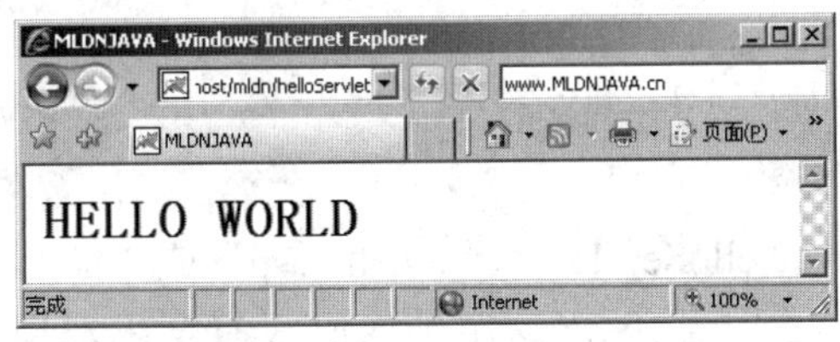

图 9-4　Servlet 程序的运行结果

注意

每次修改 web.xml 都要重新启动服务器。

用户在每次修改 web.xml 文件后，都要重新启动服务器，这样新的配置才可以起作用。

通过以上的程序及配置，相信读者已经可以清楚地理解 Servlet 程序的运行流程，但是也可以发现，此种程序如果通过 JSP 来实现的话，会相对容易很多，所以在实际中通过 Servlet 完成页面的输出显示并不是一件很方便的事情，这也就是为什么要有 JSP 的原因所在，Servlet 在开发中并不能作为输出显示使用。

提示

JSP 程序的产生。

实际上从 Java Web 的发展历史来看，最早出现的技术就是 Servlet 技术，但是由于其输出不方便，而且配置复杂，并没有得到很好的发展，后来 SUN 公司受到微软的 ASP 技术的启发才将 Servlet 变更推出了 JSP 技术，但是 JSP 技术的推出并不是替代 Servlet，两者是互补的作用。

另外，需要注意的是，对于每一个 Servlet 实际上都可以配置多个名称，只需要增加对应的<servlet-mapping>元素即可，如下所示。

【例 9.3】 修改 web.xml，增加多个映射路径

```
<servlet-mapping>                                          <!-- 映射路径 -->
    <servlet-name>hello</servlet-name>                     <!-- 与 servlet 相对应 -->
    <url-pattern>/helloServlet</url-pattern>               <!-- 页面的映射路径 -->
</servlet-mapping>
<servlet-mapping>                                          <!-- 映射路径 -->
    <servlet-name>hello</servlet-name>                     <!-- 与 servlet 相对应 -->
    <url-pattern>/hello.asp</url-pattern>                  <!-- 页面的映射路径 -->
</servlet-mapping>
<servlet-mapping>                                          <!-- 映射路径 -->
    <servlet-name>hello</servlet-name>                     <!-- 与 servlet 相对应 -->
    <url-pattern>/hello.lxh</url-pattern>                  <!-- 页面的映射路径 -->
</servlet-mapping>
<servlet-mapping>                                          <!-- 映射路径 -->
    <servlet-name>hello</servlet-name>                     <!-- 与 servlet 相对应 -->
    <url-pattern>/lxh/*</url-pattern>                      <!-- 页面的映射路径 -->
</servlet-mapping>
```

此时，用户只要输入“helloServlet”、“hello.asp”或“hello.lxh”都可以访问，同一资源特别需要注意的是，在使用/lxh/*这个映射时很有意思，用户可以任意地输入，如/lxh/www mldnjava.cn 或/lxh/mldnjava。

用户可以发现，此时，直接输入一个页面地址访问的 Servlet，然后会调用 doGet()方法进行处理，也就是说用户输入地址对于 Servlet 而言就属于一种 get 请求。那么除了 doGet()方法，实际上 Servlet 可以处理多种请求，这些方法都可以在 HttpServlet 类中找到，如 doPost()、doTrace()和 doDelete()方法等，但是从实际的开发来看，最常用的就是 doGet()和 doPost()两种方法。

9.3　Servlet 与表单

由于 Servlet 本身也存在 HttpServletRequest 和 HttpServletResponse 对象的声明，所以也可以使用 Servlet 接收用户所提交的内容。

【例 9.4】　定义表单——ch09/input.htm

```
<html>
<head><title>www.mldnjava.cn，MLDN 高端 Java 培训</title></head>
<body>
<form action="InputServlet" method="post">
	输入内容：<input type="text" name="info">
	<input type="submit" value="提交">
</form>
</body>
</html>
```

本程序中表单在提交时会提交到 InputServlet 路径上，而且由于此时的表单使用的提交方法是 post 提交，所以在编写 Servlet 程序时就要使用 doPost()方法。

注意

地址提交属于 get 提交方式。

在进行 Servlet 开发时，如果直接通过浏览器输入一个地址，对于服务器来讲就相当于客户端发出了一个 get 请求，会自动调用 doGet()处理。

【例 9.5】　接收用户请求——InputServlet.java

```
package org.lxh.servletdemo;
import java.io.IOException;
import java.io.PrintWriter;
import javax.servlet.ServletException;
import javax.servlet.http.HttpServlet;
import javax.servlet.http.HttpServletRequest;
import javax.servlet.http.HttpServletResponse;
public class InputServlet extends HttpServlet {                     // 继承 HttpServlet
	public void doGet(HttpServletRequest req, HttpServletResponse resp)
			throws ServletException, IOException {              // 处理 get 请求
		String info = req.getParameter("info") ;                    // 接收请求参数
		PrintWriter out = resp.getWriter();                         // 准备输出
		out.println("<html>");                                      // 输出 html 元素
		out.println("<head><title>MLDNJAVA</title></head>");        // 输出 html 元素
		out.println("<body>");                                      // 输出 html 元素
		out.println("<h1>" + info + "</h1>");                       // 输出 html 元素
		out.println("</body>");                                     // 输出 html 元素
```

```
        out.println("</html>");                                    // 输出 html 元素
        out.close() ;                                              // 关闭输出
    }
    public void doPost(HttpServletRequest req, HttpServletResponse resp)
            throws ServletException, IOException {                 // 处理 post 请求
        this.doGet(req, resp) ;                                    // 同一种方法体处理
    }
}
```

本程序中由于要处理表单，所以增加了 doPost()方法，但是由于现在要处理的操作代码主体和 doGet()方法一样，所以直接利用 this.doGet(req,resp)继续调用了本类中的 doGet()方法完成操作。可以发现，本程序中继续使用了 HttpServletRequest 接收请求参数，并通过 PrintWriter 输出内容。

【例 9.6】 配置 web.xml，注意映射路径

```
<servlet>                                                  <!-- 定义 servlet -->
    <servlet-name>input</servlet-name>                     <!-- 与 servlet-mapping 对应 -->
    <servlet-class>                                        <!-- 定义包.类名称 -->
        org.lxh.servletdemo.InputServlet
    </servlet-class>
</servlet>
<servlet-mapping>                                          <!-- 映射路径 -->
    <servlet-name>input</servlet-name>                     <!-- 与 servlet 相对应 -->
    <url-pattern>/ch09/InputServlet</url-pattern>          <!-- 页面的映射路径 -->
</servlet-mapping>
```

在配置 InputServlet 时可以发现，路径配置成了“\ch09\InputServlet”。之所以这样配置，是因为 input.htm 页面保存在 ch09 文件夹中，而且 input.htm 页面的 action 是直接提交到 InputServlet 上的，那么要想进行正确的访问，则路径必须对应上，否则会出现 404 错误。程序的运行结果如图 9-5 所示（注意观察页面路径）。

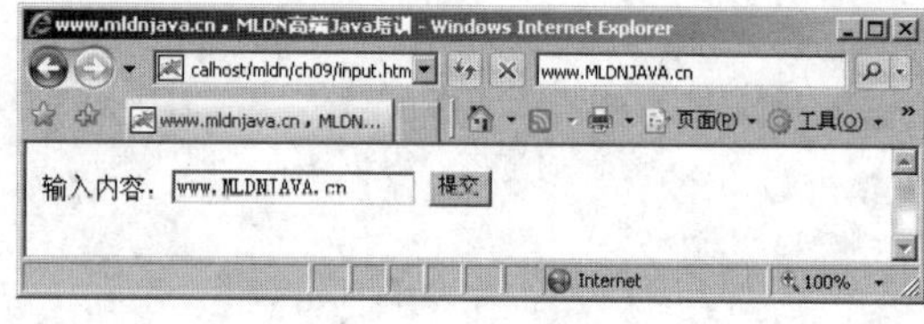

（a）提交表单，路径为 ch09\input.htm

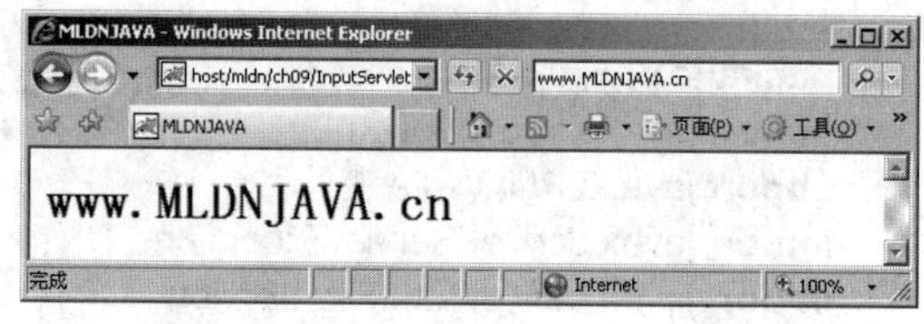

（b）接收提交内容，路径为 ch09\InputServlet

图 9-5 接收表单参数

注意

关于 Servlet 路径问题。

在实际的开发中，经常会出现找不到 Servlet 而报的 404 错误。面对这种问题，读者一定要耐心观察每一步的提交路径，提交后的页面路径是否与配置的 Servlet 路径一致。或者更为直接的方式是在表单的 action 中让其路径设置成“<%=request.GetContextPath()%> /ch09/InputServlet”也可以完成，这一点读者可以自行实验。

9.4　Servlet 生命周期

Servlet 程序是运行在服务器端的一段 Java 程序，其生命周期将受到 Web 容器的控制。生命周期包括加载程序、初始化、服务、销毁、卸载 5 个部分，如图 9-6 所示。

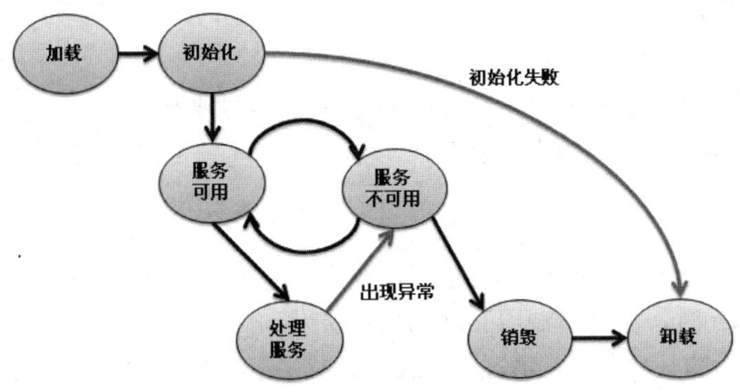

图 9-6　Servlet 生命周期

图 9-6 中所示的各个生命周期，都可以在 HttpServlet 和 GenericServlet 类中发现对应的方法，这些方法如表 9-2 所示。

表 9-2　Servlet 生命周期对应的方法

No.	方　　法	类　　型	描　　述
1	public void init() throws ServletException	普通	Servlet 初始化时调用
2	public void init(ServletConfig config) throws Servlet Exception	普通	Servlet 初始化时调用，可以通过 ServletConfig 读取配置信息
3	public abstract void service(ServletRequest req, ServletResponse res) throws ServletException, IOException	普通	Servlet 服务，一般不会直接覆写此方法，而是使用 doGet()或 doPost()方法
4	public void destroy()	普通	Servlet 销毁时调用

图 9-6 中各个生命周期的作用如下。

1．加载 Servlet

Web 容器负责加载 Servlet，当 Web 容器启动时或者是在第一次使用这个 Servlet 时，容器会负责创建 Servlet 实例，但是用户必须通过部署描述符（web.xml）指定 Servlet 的位置（Servlet 所在的包.类名称），成功加载后，Web 容器会通过反射的方式对 Servlet 进行实例化。

2．初始化

当一个 Servlet 被实例化后，容器将调用 init()方法初始化这个对象，初始化的目的是为

了让 Servlet 对象在处理客户端请求前完成一些初始化的工作，如建立数据库连接、读取资源文件信息等，如果初始化失败，则此 Servlet 将被直接卸载。

3．处理服务

当有请求提交时，Servlet 将调用 service()方法（常用的是 doGet()或 doPost()）进行处理。在 service()方法中，Servlet 可以通过 ServletRequest 接收客户的请求，也可以利用 ServletResponse 设置响应信息。

4．销毁

当 Web 容器关闭或者检测到一个 Servlet 要从容器中被删除时，会自动调用 destroy()方法，以便让该实例释放掉所占用的资源。

5．卸载

当一个 Servlet 调用完 destroy()方法后，此实例将等待被垃圾收集器所回收，如果需要再次使用此 Servlet 时，会重新调用 init()方法初始化。

需要提醒读者的是，在正常情况下，Servlet 只会初始化一次，而处理服务会调用多次，销毁也只会调用一次。但是如果一个 Servlet 长时间不使用的话，也会被容器自动销毁，而如果需要再次使用时会重新进行初始化的操作，即在特殊情况下初始化可能会进行多次，销毁也可能进行多次。

提示

换种方式理解 Servlet 的生命周期。

如果感觉 Servlet 生命周期不好理解的话，可以按照人的生命周期进行对照，每个人的一生都要经历孕育生命、出生、成长、死亡、销毁，如图 9-7 所示。

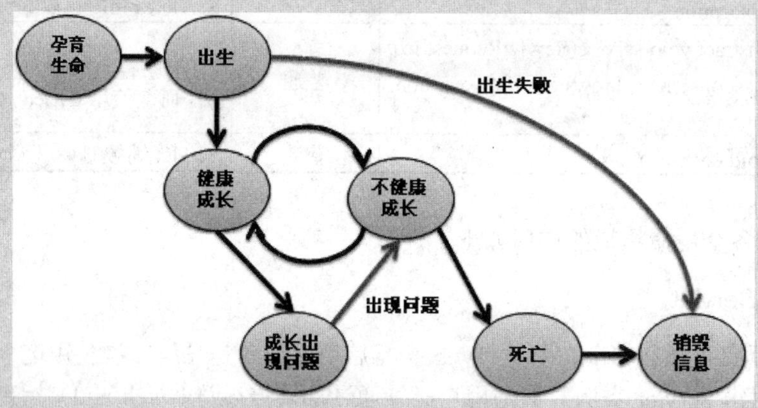

图 9-7　人的一生

在正常情况下，一个生命只能出生一次，但是人是不断成长的，由年少，到年老，一直到死亡，而且一个人在正常情况下也只能死亡一次。但是，在这之中，唯一与人本

身有关的就是出生、成长、死亡，而孕育生命和销毁信息等事情是由其他人代劳的，可以把整个社会当作这个代劳者，社会就相当于是个容器。

可是在特殊情况下也会存在不同，例如，一个人失踪了 18 年，那么在现实生活中就认为这个人已经死亡了，也会为其自动销毁信息，但是如果这个人 18 年后又重新出现，那么对于这个人来讲就要重新注册户口信息，对社会来讲这就相当于是一个新人，是重新“出生”的。

【例 9.7】 生命周期——LifeCycleServlet.java

```
package org.lxh.servletdemo;
import javax.servlet.ServletException;
import javax.servlet.http.HttpServlet;
import javax.servlet.http.HttpServletRequest;
import javax.servlet.http.HttpServletResponse;
public class LifeCycleServlet extends HttpServlet {              // 继承 HttpServlet
    public void init() throws ServletException {                 // 初始化操作
        System.out.println("** 1、Servlet 初始化  --> init()");
    }
    public void doGet(HttpServletRequest req, HttpServletResponse resp)
            throws ServletException, java.io.IOException {// 处理服务
        System.out.println("** 2、Servlet 服务  --> doGet()、doPost()");
    }
    public void doPost(HttpServletRequest req, HttpServletResponse resp)
            throws ServletException, java.io.IOException {// 处理服务
        this.doGet(req, resp);                                      // 调用 doGet()
    }
    public void destroy() {                                         // Servlet 销毁
        System.out.println("** 3、Servlet 销毁  --> destroy()");
    }
}
```

【例 9.8】 在 web.xml 中配置 Servlet

```
<servlet>                                                 <!-- 定义 servlet -->
    <servlet-name>life</servlet-name>                     <!-- 与 servlet-mapping 对应 -->
    <servlet-class>                                       <!-- 定义包.类名称 -->
        org.lxh.servletdemo.LifeCycleServlet
    </servlet-class>
</servlet>
<servlet-mapping>                                         <!-- 映射路径 -->
    <servlet-name>life</servlet-name>                     <!-- 与 servlet 相对应 -->
    <url-pattern>/LifeServlet</url-pattern>               <!-- 页面的映射路径 -->
</servlet-mapping>
```

程序运行后，读者通过后台的 Tomcat 窗口可以看到程序的输出，且可以发现如下变化：

（1）当第一次使用此 Servlet 时会进行初始化信息："** 1、Servlet 初始化 --> init()"。

（2）当重复调用此 Servlet 时会出现服务信息："** 2、Servlet 服务--> doGet()、doPost()"。

（3）当容器关闭时会出现销毁信息："** 3、Servlet 销毁 --> destroy()"。

提示

关于销毁信息的显示。

关于 Servlet 销毁之前强调过，当容器关闭或者一个 Servlet 长时间不使用时会自动进行销毁，而如果容器配置了动态加载（reloadable="true"），每当重新加载新的内容后，实际上 Servlet 也会销毁。

如果观察不到销毁信息，可以在 destroy()方法中加入一个线程的延迟操作（Thread.sleep(3000)）以延长容器的关闭时间。

在这里需要提醒读者的是，如果 LifeCycleServlet 类中覆写了 service()方法，则对应的 doGet()或 doPost()方法就不再起作用，而是直接使用 service()方法进行处理。因为在 HttpServlet 类中已经将 service()方法覆写，方法的主要功能就是区分不同的请求类型，如果是 get 请求则自动调用 doGet()，如果是 post 请求则自动调用 doPost()，实际上 Servlet 程序本身就是 Java 模板设计模式的应用。

提示

关于模板设计。

如果不清楚模板设计模式的读者，可以参考《Java 开发实战经典》一书的第 6 章。

在默认情况下，初始化方法是在第一次使用时调用，实际上也可以通过配置 web.xml 文件，在容器启动时就自动为 Servlet 初始化，只需要直接配置启动选项即可。

【例 9.9】 配置启动选项

```
<servlet>                                                  <!-- 定义 servlet -->
    <servlet-name>life</servlet-name>                      <!-- 与 servlet-mapping 对应 -->
    <servlet-class>                                        <!-- 定义包.类名称 -->
        org.lxh.servletdemo.LifeCycleServlet
    </servlet-class>
    <load-on-startup>1</load-on-startup>                   <!-- 自动加载 -->
</servlet>
```

以上配置完成后，当 Web 容器启动时，Servlet 会自动进行初始化的操作。

提示

编写 Servlet 时用到最多的是 doGet()和 doPost()方法。

当定义一个 Servlet 时可以不用将全部的生命周期方法写出，从实际开发来看，doGet()和 doPost()两个方法的使用几率最高，所以在讲解操作时，主要都覆写这两个方法。

9.5　取得初始化配置信息

在讲解 JSP 内置对象时讲解过 config 对象，通过此对象可以读取 web.xml 中配置的初始化参数，此对象实际上是 ServletConfig 接口的实例，而且通过表 9-2 也可以发现，可以通过 init()方法找到 ServletConfig 接口实例。

【例 9.10】 读取初始化配置信息——InitParamServlet.java

```
package org.lxh.servletdemo;
import javax.servlet.ServletConfig;
import javax.servlet.ServletException;
import javax.servlet.http.HttpServlet;
import javax.servlet.http.HttpServletRequest;
import javax.servlet.http.HttpServletResponse;
public class InitParamServlet extends HttpServlet {                    // 继承 HttpServlet
    private String initParam = null ;                                  // 用于接收初始化参数
    public void init(ServletConfig config) throws ServletException{
        this.initParam = config.getInitParameter("ref") ;              // 接收初始化参数
    }
    public void doGet(HttpServletRequest req, HttpServletResponse resp)
            throws ServletException, java.io.IOException {// 处理服务
        System.out.println("初始化参数：" + this.initParam); // 输出初始化参数
    }
    public void doPost(HttpServletRequest req, HttpServletResponse resp)
            throws ServletException, java.io.IOException {// 处理服务
        this.doGet(req, resp);                                         // 调用 doGet()
    }
}
```

【例 9.11】 在 web.xml 中配置初始化信息

```
<servlet>                                                    <!-- 定义 servlet -->
    <servlet-name>initparam</servlet-name>                   <!-- 与 servlet-mapping 对应 -->
    <servlet-class>                                          <!-- 定义包.类名称 -->
        org.lxh.servletdemo.InitParamServlet
    </servlet-class>
    <init-param>                                             <!-- 配置参数 -->
        <param-name>ref</param-name>                         <!-- 参数名称 -->
        <param-value>www.MLDNJAVA.cn</param-value><!-- 参数内容 -->
    </init-param>
</servlet>
<servlet-mapping>                                            <!-- 映射路径 -->
    <servlet-name>initparam</servlet-name>                   <!-- 与 servlet 相对应 -->
    <url-pattern>/InitParamServlet </url-pattern>            <!-- 页面的映射路径 -->
</servlet-mapping>
```

每一个 Servlet 可以同时配置多个初始化参数，配置参数时直接使用<init-param>元素即可，其中的<param-name>表示参数名称，<param-value>表示参数的内容，Servlet 读取时通过参数名称即可取得参数的内容。

程序运行结果：在 Tomcat 后台打印

```
初始化参数：www.MLDNJAVA.cn
```

提示

关于初始化方法的调用。

在 Servlet 中初始化方法一共有 init()和 init(ServletConfig config)两个，如果两个初始化方法同时出现，则调用的是 init(ServletConfig config)方法。

9.6 取得其他内置对象

在之前的程序中，使用 Servlet 可以取得 request、response、config 对象，实际上通过 Servlet 程序也可以取得 session 及 application 的内置对象。

9.6.1 取得 HttpSession 实例

在 Servlet 程序中要想取得一个 session 对象，则可以通过 HttpServletRequest 接口完成，在此接口中提供了如表 9-3 所示的操作方法。

表 9-3 取得 HttpSession 接口实例

No.	方 法	类 型	描 述
1	public HttpSession getSession()	普通	返回当前的 session
2	public HttpSession getSession(boolean create)	普通	返回当前的 session，如果没有则创建一个新的 session 对象返回

提示

关于 session 的取得。

在讲解 JSP 内置对象时，曾经讲解过 session 属于 HTTP 协议的范畴，而且 session 操作时使用到了 Cookie 的处理机制，而 Cookie 是在每次发送请求时加在头信息并发送到服务器上的，所以要想取得 session 肯定要依靠 HttpServletRequest 接口。

【例 9.12】 取得 HttpSession 对象——HttpSessionDemoServlet

```
package org.lxh.servletdemo;
import javax.servlet.ServletException;
import javax.servlet.http.HttpServlet;
import javax.servlet.http.HttpServletRequest;
import javax.servlet.http.HttpServletResponse;
import javax.servlet.http.HttpSession;
public class HttpSessionDemoServlet extends HttpServlet {          // 继承 HttpServlet
    public void doGet(HttpServletRequest req, HttpServletResponse resp)
            throws ServletException, java.io.IOException {          // 处理服务
        HttpSession ses = req.getSession() ;                        // 取得 session 对象
        System.out.println("SESSION ID --> " + ses.getId());        // 取得 Session Id
        ses.setAttribute("username", "李兴华") ;                     // 设置属性
        System.out.println("username 属性内容：" + ses.getAttribute("username"));
    }
    public void doPost(HttpServletRequest req, HttpServletResponse resp)
            throws ServletException, java.io.IOException {          // 处理服务
        this.doGet(req, resp);                                      // 调用 doGet()
    }
}
```

【例 9.13】 配置 web.xml 文件

```
<servlet>                                                 <!-- 定义 servlet -->
    <servlet-name>sessiondemo</servlet-name>              <!-- 与 servlet-mapping 对应 -->
    <servlet-class>                                       <!-- 定义包.类名称 -->
        org.lxh.servletdemo. HttpSessionDemoServlet
    </servlet-class>
</servlet>
<servlet-mapping>                                         <!-- 映射路径 -->
    <servlet-name>sessiondemo</servlet-name>              <!-- 与 servlet 相对应 -->
    <url-pattern>/HttpSessionDemoServlet</url-pattern><!-- 页面的映射路径 -->
</servlet-mapping>
```

程序运行结果：Tomcat 后台输出

```
SESSION ID --> 10858D33EF00EE84DDB362E958CBFC22
username 属性内容：李兴华
```

本程序通过 getSession()方法取得了一个 HttpSession 对象后，输出了 Session Id 并且使用了属性的设置及取得操作。

9.6.2　取得 ServletContext 实例

application 内置对象是 ServletContext 接口的实例，表示的是 Servlet 上下文。如果要在一个 Servlet 中使用此对象，直接通过 GenericServlet 类提供的方法即可，如表 9-4 所示。

表 9-4　取得 ServletContext 对象

No.	方　法	类　型	描　述
1	public ServletContext getServletContext()	普通	取得 ServletContext 对象

【例 9.14】 取得 application 对象——ServletContextDemoServlet.java

```
package org.lxh.servletdemo;
import javax.servlet.ServletContext;
import javax.servlet.ServletException;
import javax.servlet.http.HttpServlet;
import javax.servlet.http.HttpServletRequest;
import javax.servlet.http.HttpServletResponse;
public class ServletContextDemoServlet extends HttpServlet {      // 继承 HttpServlet
    public void doGet(HttpServletRequest req, HttpServletResponse resp)
            throws ServletException, java.io.IOException {       // 处理服务
        ServletContext app = super.getServletContext() ;          // 取得 application
        System.out.println("真实路径：" + app.getRealPath("/"));
    }
    public void doPost(HttpServletRequest req, HttpServletResponse resp)
            throws ServletException, java.io.IOException {       // 处理服务
        this.doGet(req, resp);                                    // 调用 doGet()
    }
}
```

【例 9.15】 配置 web.xml 文件

```
    <servlet>                                                     <!-- 定义 servlet -->
        <servlet-name>applicationdemo</servlet-name>
        <servlet-class>                                           <!-- 定义包.类名称 -->
            org.lxh.servletdemo.ServletContextDemoServlet
        </servlet-class>
    </servlet>
    <servlet-mapping>                                             <!-- 映射路径 -->
        <servlet-name>applicationdemo</servlet-name>
        <url-pattern>/ServletContextDemoServlet</url-pattern>
    </servlet-mapping>
```

程序运行结果：Tomcat 后台输出

```
真实路径：D:\mldnwebdemo\
```

本程序通过 getServletContext()方法取得 ServletContext 实例后，将虚拟目录所对应的真实路径进行输出。

提示

关于 getServletContext()方法。

之前讲解 JSP 时就强调过，可以通过 this.getServletContext()方法来代替 application 对象的使用，就是为现在的操作做准备的。

9.7　Servlet 跳转

从一个 JSP 或者是一个 HTML 页面可以通过表单或超链接跳转进 Servlet，那么从 Servlet 也可以跳转到其他的 Servlet、JSP 或其他页面。

9.7.1　客户端跳转

在 Servlet 中如果要想进行客户端跳转，直接使用 HttpServletResponse 接口的 sendRedirect() 方法即可，但是需要注意的是，此跳转只能传递 session 及 application 范围的属性，而无法传递 request 范围的属性。

【例 9.16】 客户端跳转——ClientRedirectDemo.java

```
package org.lxh.servletdemo;
import javax.servlet.ServletException;
import javax.servlet.http.HttpServlet;
import javax.servlet.http.HttpServletRequest;
import javax.servlet.http.HttpServletResponse;
public class ClientRedirectDemo extends HttpServlet {              // 继承 HttpServlet
    public void doGet(HttpServletRequest req, HttpServletResponse resp)
                throws ServletException, java.io.IOException {     // 处理服务
        req.getSession().setAttribute("name", "李兴华") ;          // 设置 session 属性
        req.setAttribute("info", "MLDNJAVA") ;                     // 设置 request 属性
        resp.sendRedirect("get_info.jsp") ;                        // 页面跳转
    }
    public void doPost(HttpServletRequest req, HttpServletResponse resp)
                throws ServletException, java.io.IOException {     // 处理服务
        this.doGet(req, resp);                                     // 调用 doGet()
    }
}
```

【例 9.17】 配置 web.xml 文件

```
    <servlet>                                              <!-- 定义 servlet -->
        <servlet-name>client</servlet-name>                <!-- 与 servlet-mapping 对应 -->
        <servlet-class>                                    <!-- 定义包.类名称 -->
            org.lxh.servletdemo.ClientRedirectDemo
        </servlet-class>
    </servlet>
    <servlet-mapping>                                      <!-- 映射路径 -->
        <servlet-name>client</servlet-name>                <!-- 与 servlet 相对应 -->
```

```
        <url-pattern>/ch09/ClientRedirectDemo</url-pattern>
    </servlet-mapping>
```

【例 9.18】 接收属性——ch09/get_info.jsp

```
<%@ page contentType="text/html" pageEncoding="GBK"%>
<html>
<head><title>www.mldnjava.cn，MLDN 高端 Java 培训</title></head>
    <%  request.setCharacterEncoding("GBK") ;%>
<body>
    <h2>session 属性：<%=session.getAttribute("name")%></h2>
    <h2>request 属性：<%=request.getAttribute("info")%></h2>
</body>
</html>
```

程序运行时，在地址栏中输入“http://localhost/mldn/ch09/ClientRedirectDemo”路径后即可访问此 Servlet，并且直接从此 Servlet 跳转到 get_info.jsp 文件上。程序的运行结果如图 9-8 所示。

图 9-8　接收 Servlet 设置的属性

从程序的运行结果可以发现，由于是客户端跳转，所以跳转后的地址栏是会改变的。但是现在只能接收 session 属性范围的内容，而 request 属性范围的内容无法接收到，这是因为 request 属性范围只有在服务器端跳转中才可以使用。

9.7.2　服务器端跳转

在 Servlet 中没有像 JSP 中的<jsp:forward>指令，所以，如果要想执行服务器端跳转，就必须依靠 RequestDispatcher 接口完成，此接口中提供了如表 9-5 所示的两种方法。

表 9-5　RequestDispatcher 接口提供的方法

No.	方　法	类　型	描　述
1	public void forward(ServletRequest request,ServletResponse response) throws ServletException,IOException	普通	页面跳转
2	public void include(ServletRequest request,ServletResponse response) throws ServletException,IOException	普通	页面包含

使用 RequestDispatcher 接口的 forward()方法即可完成跳转功能的实现，但是如果要想

使用此接口还需要使用 ServletRequest 接口提供的如表 9-6 所示的方法进行实例化。

表 9-6　实例化 RequestDispatcher 接口对象

No.	方　法	类　型	描　述
1	public RequestDispatcher getRequestDispatcher (String path)	普通	取得 RequestDispatcher 接口实例

【例 9.19】 使用服务器端跳转——ServerRedirectDemo.java

```
package org.lxh.servletdemo;
import javax.servlet.RequestDispatcher;
import javax.servlet.ServletException;
import javax.servlet.http.HttpServlet;
import javax.servlet.http.HttpServletRequest;
import javax.servlet.http.HttpServletResponse;
public class ServerRedirectDemo extends HttpServlet {            // 继承 HttpServlet
    public void doGet(HttpServletRequest req, HttpServletResponse resp)
            throws ServletException, java.io.IOException {     // 处理服务
        req.getSession().setAttribute("name", "李兴华") ;       // 设置 session 属性
        req.setAttribute("info", "MLDNJAVA") ;                  // 设置 request 属性
        // 实例化 RequestDispatcher 对象，同时指定跳转路径
        RequestDispatcher rd = req.getRequestDispatcher("get_info.jsp");
        rd.forward(req, resp) ;                                 // 服务器跳转
    }
    public void doPost(HttpServletRequest req, HttpServletResponse resp)
            throws ServletException, java.io.IOException {     // 处理服务
        this.doGet(req, resp);                                  // 调用 doGet()
    }
}
```

【例 9.20】 配置 web.xml 文件

```
<servlet>                                                      <!-- 定义 servlet -->
    <servlet-name>server</servlet-name>
    <servlet-class>                                            <!-- 定义包.类名称 -->
        org.lxh.servletdemo.ServerRedirectDemo
    </servlet-class>
</servlet>
<servlet-mapping>                                              <!-- 映射路径 -->
    <servlet-name>server</servlet-name>                        <!-- 与 servlet 相对应 -->
    <url-pattern>/ch09/ServerRedirectDemo</url-pattern>
</servlet-mapping>
```

此时，get_info.jsp 页面的内容与例 9.18 是一样的，在地址栏中直接输入 Servlet 路径，程序的运行结果如图 9-9 所示。

服务器端跳转后，页面的路径不会发生改变，而且此时可以在跳转后的 JSP 文件中接收到 session 及 request 范围的属性。

图 9-9　服务器端跳转

9.8　Web 开发模式：Mode I 与 Mode II

在实际的 Web 开发中，有两种主要的开发结构，称为模式一（Mode I）和模式二（Mode II）。

9.8.1　Mode I

Mode I 就是指在开发中将显示层、控制层、数据层的操作统一交给 JSP 或 JavaBean 来进行处理，如图 9-10 所示。

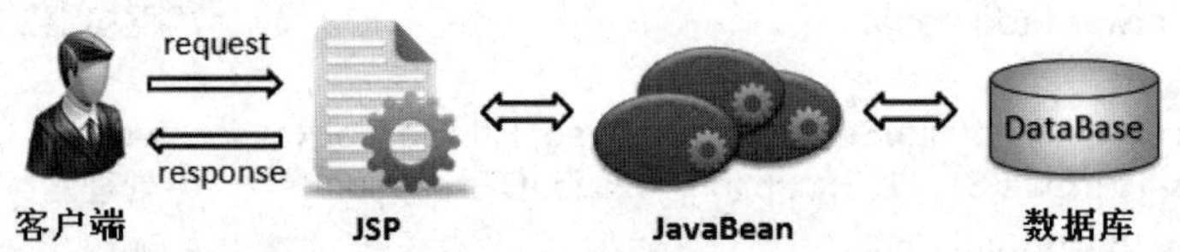

图 9-10　模式一

Mode I 的处理情况分为两种，一种是完全使用 JSP 进行开发，另外一种是使用 JSP+JavaBean 的模式进行开发。下面分别对这两种模式加以说明。

（1）用户发出的请求（request）交给 JSP 页面进行处理。如果是开发小型的 Web 程序，为了开发快速与便利，通常会将显示层（Presentation Layer）和逻辑运算层（Business Logic Layer）都写在 JSP 页面中。

① 此种做法的优点

☑ 开发速度加快。程序设计人员不需要额外编写 JavaBean 和 Servlet，只需要专注开发 JSP 页面。

☑ 小幅度修改程序代码较方便。因为没有使用到 JavaBean 或 Servlet，所以在修改程序时，直接修改 JSP 后，再交给 Web 容器重新编译执行即可。而不用像写 JavaBean 或 Servlet 要先将 Java 源文件（*.java）编译成类文件（*.class），再放在 Web 容器上才能够执行。

② 此种做法的缺点

☑ 程序可读性低。因为程序代码和网页标记都混合在一起，这将增加维护的困难度和复杂度。

☑ 程序可重复利用性低。由于将所有的程序代码都直接写在 JSP 页面中，并没有把常用的程序写成组件以增加重用性，因此造成程序代码过于繁杂，难以维护。

（2）若将显示操作都写入 JSP 页面中，而业务层都写成 JavaBean 形式，将程序代码封装成组件。这样，JavaBean 将负责大部分的数据处理，如执行数据库操作等（类似于 DAO），再将数据处理后的结果返回至 JSP 页面上显示。

① 此种做法的优点

☑ 程序可读性较高。因为大部分程序代码写在 JavaBean 中，不会和网页显示标记混合在一起，因此，在进行后期维护时，能够较为轻松。

☑ 可重复利用性高。由于核心业务代码使用 JavaBean 来开发，因此可重复使用此组件，可以大大减少编写重复性程序代码的开发工作。

② 此种做法的缺点

没有流程控制。程序中每一个 JSP 页都需要检查请求的参数是否正确、条件判断、异常发生时的处理，而且所有的显示操作都与具体的业务代码紧密耦合在一起，日后的维护困难。

提示

Mode I 类似于之前的 JSP+DAO 开发。

在本书第 7 章曾讲解过 JSP+DAO 的开发模式，通过 JavaBean（DAO）进行数据层的操作，然后将操作的结果交给 JSP 进行显示。

总的来说，Mode I 的结构最适合小型的程序开发，或是复杂度较低的程序。因为 Mode I 最大的优点就是开发速度较快，但是在进行维护时要付出更大的代价。如果程序复杂度太大，纵使可以快速地开发程序，但是后续的维护才是最重要的问题，考虑到代码的维护在开发中的地位，所以使用更多的还是 Mode II。

9.8.2　Mode II：Model-View-Controller

在 Mode II 中所有的开发都是以 Servlet 为主体展开的，由 Servlet 接收所有的客户端请求，然后根据请求调用相应的 JavaBean，并将所有的显示结果交给 JSP 完成，也就是俗称的 MVC 设计模式，如图 9-11 所示。

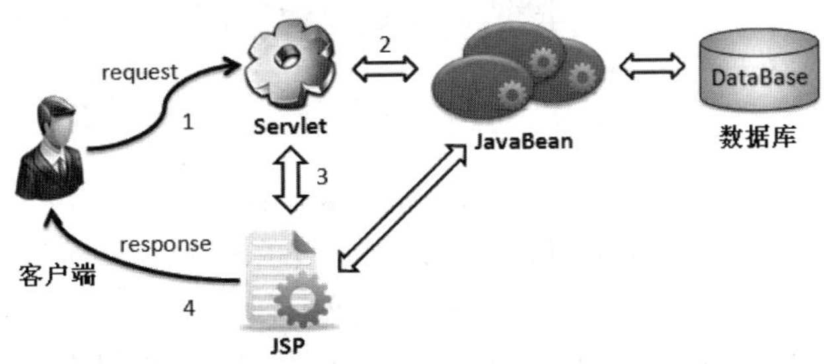

图 9-11　Mode II 处理流程

提示

MVC 设计模式最早由 Smaltalk 提出。

IBM 推出的 Smaltalk 不仅是最早的面向对象语言，还是最早应用 MVC 设计模式的语言，通过 MVC 设计模式可以增加代码的弹性。

MVC 是一个设计模式，它强制性地使应用程序的输入、处理和输出分开。MVC 设计模式被分成 3 个核心层，即模型层、显示层和控制层。它们各自处理自己的任务，各层的任务如下。

☑ 显示层（View）：主要负责接收 Servlet 传递的内容，并且调用 JavaBean，将内容显示给用户。

☑ 控制层（Controller）：主要负责所有的用户请求参数，判断请求参数是否合法，根据请求的类型调用 JavaBean 执行操作并将最终的处理结果交由显示层进行显示。

☑ 模型层（Model）：完成一个独立的业务操作组件，一般都是以 JavaBean 或者 EJB 的形式进行定义的。

提示

EJB 属于 SUN 的分布式开发技术。

EJB（Enterprise JavaBean）是 SUN 提供的一种分布式组件技术，主要负责业务中心的编写，分为会话 Bean、实体 Bean 和消息驱动 Bean 3 种。关于此部分的内容，可以关注本系列的后续书籍。

在 MVC 设计模式中，最关键的部分是使用 RequestDispatcher 接口，因为内容都是通过此接口保存到 JSP 页面上进行显示的，如图 9-12 所示。

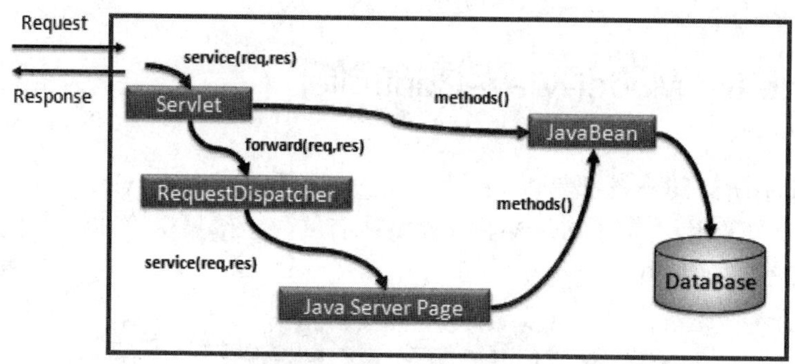

图 9-12　MVC 处理流程

如图 9-12 所示，当用户有请求提交时，所有请求都会交给 Servlet 进行处理，然后由 Servlet 调用 JavaBean，并将 JavaBean 的操作结果通过 RequestDispatcher 接口传递到 JSP 页面上。由于这些要显示的内容只是在一次请求-回应中有效，所以在 MVC 设计模式中，所有的属性传递都将使用 request 属性范围传递，这样可以提升代码的操作性能。

提问：为什么要使用 request 传递属性？

在 JSP 中有 4 种属性范围，为什么在 MVC 设计模式中主要使用 request 属性范围？

回答：保存范围越大占用的内存就越多。

4 种属性范围分别有不同的保存时间，如果是 page 则保存在一个页面，跳转无效；如果是 request 则在一次服务器端跳转后有效，选择新连接后失效；如果是 session 则在一次会话有效，用户注销后失效；如果是 application，则保存在服务器上，服务器关闭失效。如果按照这个思路理解，那么当属性只需要在一次服务器跳转上使用时，应用 request 范围所保存的时间是最少的，保存时间少内存占用量也就少，所以性能是最高的。

但是，如果某些属性要在一次会话中保存，肯定就要使用 session，一般都是在用户登录验证中使用 session 属性范围。

9.9　实例操作：MVC 设计模式应用

为了更好地便于读者理解程序，下面通过一个登录程序来讲解 MVC 设计模式在实际开发中的主要作用。程序的操作流程如图 9-13 所示。

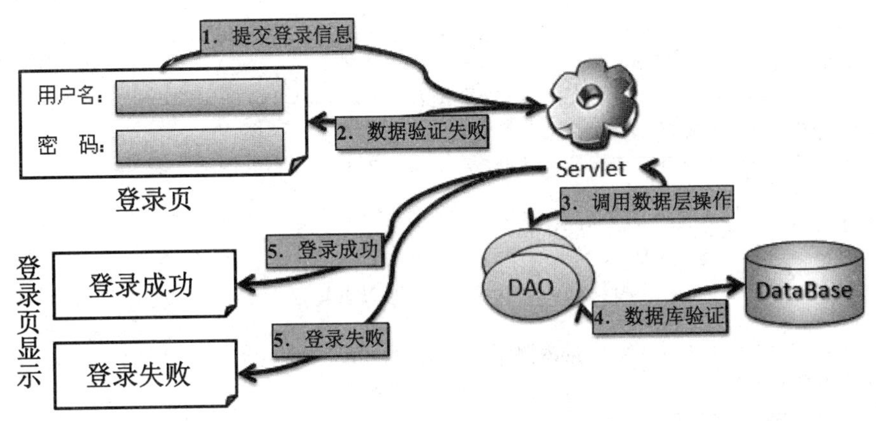

图 9-13　MVC 登录程序流程

在本程序中，用户输入的登录信息提交给 Servlet 进行接收，Servlet 接收到请求内容后首先对其合法性进行检验（如输入的内容是否为空或者长度是否满足要求等），如果验证失败，则将错误信息传递给登录页显示；如果数据合法，则调用 DAO 层完成数据库的验证，根据验证的结构跳转到登录成功或登录失败的页面。在本程序中，为了操作便捷，将登录成功或失败的显示页都统一设置成登录页。本程序需要的程序清单如表 9-7 所示。

表 9-7 MVC 登录程序清单

No.	页 面 名 称	文 件 类 型	描 述
1	User	JavaBean	用户登录的 VO 操作类
2	DatabaseConnection	JavaBean	负责数据库的连接和关闭操作
3	IUserDAO	JavaBean	定义登录操作的 DAO 接口
4	UserDAOImpl	JavaBean	DAO 接口的真实实现类，完成具体的登录验证
5	UserDAOProxy	JavaBean	定义代理操作，负责数据库的打开和关闭并且调用真实主题
6	DAOFactory	JavaBean	工厂类，取得 DAO 接口的实例
7	LoginServlet	Servlet	接收请求参数，进行参数验证，调用 DAO 完成具体的登录验证，并根据 DAO 的验证结果返回登录信息
8	login.jsp	JSP	提供用户输入的表单，可以显示用户登录成功或失败的信息

完成本程序所需要的 user 表的结构如表 9-8 所示。

表 9-8 user 表的结构

用 户 表			
user userid VARCHAR(30) <pk> name VARCHAR(30) password VARCHAR(32)	No.	列 名 称	描 述
	1	userid	保存用户的登录 id 号
	2	name	用户的真实姓名
	3	password	用户密码

【例 9.21】 数据库创建脚本

```
/*====================== 使用 MLDN 数据库 ======================*/
USE mldn ;
/*====================== 删除 user 数据表 ======================*/
DROP TABLE IF EXISTS user ;
/*====================== 创建 user 数据表 ======================*/
CREATE TABLE user(
      userid              VARCHAR(30)        PRIMARY KEY ,
      name                VARCHAR(30)        NOT NULL ,
      password            VARCHAR(32)        NOT NULL
) ;
/*====================== 插入测试数据 ======================*/
INSERT INTO user (userid,name,password) VALUES
('admin','administrator','admin') ;
```

按照 DAO 的设计标准，首先应该定义出 VO 类，VO 类中的属性与表中的列一一对应。

【例 9.22】 定义 VO 类——User.java

```
package org.lxh.mvcdemo.vo;
public class User {
      private String userid ;                          // 对应 userid 列
      private String name ;                            // 对应 name 列
```

```
	private String password ;				// 对应 password 列
	public String getUserid() {
		return userid;
	}
	public void setUserid(String userid) {
		this.userid = userid;
	}
	public String getName() {
		return name;
	}
	public void setName(String name) {
		this.name = name;
	}
	public String getPassword() {
		return password;
	}
	public void setPassword(String password) {
		this.password = password;
	}
}
```

在 DAO 中需要进行数据库的连接操作，与第 7 章讲解的 DAO 操作一样，需要定义一个 DatabaseConnection 的类专门负责数据库的打开及关闭。

【例 9.23】 定义数据库操作类——DatabaseConnection.java

```
package org.lxh.mvcdemo.dbc;
import java.sql.Connection;
import java.sql.DriverManager;
public class DatabaseConnection {
	private static final String DBDRIVER = "org.gjt.mm.mysql.Driver";
	private static final String DBURL = "jdbc:mysql://localhost:3306/mldn";
	private static final String DBUSER = "root";
	private static final String DBPASSWORD = "mysqladmin";
	private Connection conn = null;
	public DatabaseConnection() throws Exception {	// 在构造方法中进行数据库连接
		try {
			Class.forName(DBDRIVER);			// 加载驱动程序
			this.conn = DriverManager
				.getConnection(DBURL, DBUSER, DBPASSWORD); // 连接数据库
		} catch (Exception e) {				// 此处为了简单，直接抛出 Exception
			throw e;
		}
	}
	public Connection getConnection() {			// 取得数据库连接
		return this.conn;				// 取得数据库连接
	}
	public void close() throws Exception {		// 数据库关闭操作
		if (this.conn != null) {			// 避免 NullPointerException
			try {
```

```
                this.conn.close();                          // 数据库关闭
            } catch (Exception e) {                         // 抛出异常
                throw e;
            }
        }
    }
}
```

由于本程序的核心功能是完成用户的登录验证，所以在定义 DAO 接口时，只需定义一个登录验证的方法即可。

【例 9.24】 定义 DAO 接口——IUserDAO.java

```
package org.lxh.mvcdemo.dao;
import org.lxh.mvcdemo.vo.User;
public interface IUserDAO {
    /**
     * 用户登录验证
     * @param user 传入 VO 对象
     * @return 验证的操作结果
     * @throws Exception
     */
    public boolean findLogin(User user) throws Exception ;
}
```

现在的方法主要是用来执行查询操作，并且采用 findXxx()的命名形式，下面分别定义实现类和代理类。

【例 9.25】 定义 DAO 实现类——UserDAOImpl.java

```
package org.lxh.mvcdemo.dao.impl;
import java.sql.Connection;
import java.sql.PreparedStatement;
import java.sql.ResultSet;
import org.lxh.mvcdemo.dao.IUserDAO;
import org.lxh.mvcdemo.vo.User;
public class UserDAOImpl implements IUserDAO {
    private Connection conn = null ;                        // 定义数据库连接对象
    private PreparedStatement pstmt = null ;                // 定义数据库操作对象
    public UserDAOImpl(Connection conn){                    // 设置数据库连接
        this.conn = conn ;
    }
    public boolean findLogin(User user) throws Exception {
        boolean flag = false ;
        try{
            String sql = "SELECT name FROM user WHERE userid=? AND password=?" ;
            this.pstmt = this.conn.prepareStatement(sql) ;      // 实例化操作
            this.pstmt.setString(1, user.getUserid()) ;         // 设置 id
            this.pstmt.setString(2, user.getPassword()) ;       // 设置 password
            ResultSet rs = this.pstmt.executeQuery() ;          // 取得查询结果
            if (rs.next()) {
```

```
                user.setName(rs.getString(1)) ;                 // 取得姓名
                flag = true ;                                   // 登录成功
            }
        }catch(Exception e){
            throw e ;                                           // 向上抛异常
        }finally{
            if(this.pstmt != null ){
                try{
                    this.pstmt.close();                         // 关闭操作
                }catch(Exception e){
                    throw e ;
                }
            }
        }
        return flag;
    }
}
```

在真实实现类中将通过输入的用户 ID 和密码进行验证，如果验证成功，则通过 VO 将用户的真实姓名取出并返回。

【例 9.26】 定义 DAO 代理操作类——UserDAOProxy.java

```
package org.lxh.mvcdemo.dao.proxy;
import org.lxh.mvcdemo.dao.IUserDAO;
import org.lxh.mvcdemo.dao.impl.IUserDAOImpl;
import org.lxh.mvcdemo.dbc.DatabaseConnection;
import org.lxh.mvcdemo.vo.User;
public class UserDAOProxy implements IUserDAO {
    private DatabaseConnection dbc = null ;                     // 定义数据库连接
    private IUserDAO dao = null ;                               // 定义 DAO 接口
    public UserDAOProxy(){
        try {
            this.dbc = new DatabaseConnection() ;               // 实例化数据库连接
        } catch (Exception e) {
            e.printStackTrace();
        }
        this.dao = new UserDAOImpl(this.dbc.getConnection()) ;
    }
    public boolean findLogin(User user) throws Exception {
        boolean flag = false ;
        try{
            flag = this.dao.findLogin(user) ;                   // 调用真实主题
        }catch(Exception e){
            throw e ;                                           // 向上抛异常
        }finally{
            this.dbc.close() ;
        }
        return flag;                                            // 返回标记
    }
}
```

【例 9.27】 定义工厂类，取得 DAO 实例——DAOFactory.java

```
package org.lxh.mvcdemo.factory;
import org.lxh.mvcdemo.dao.IUserDAO;
import org.lxh.mvcdemo.dao.proxy.UserDAOProxy;
public class DAOFactory {
    public static IUserDAO getIUserDAOInstance(){                  // 取得 DAO 实例
        return new UserDAOProxy() ;                                // 返回代理实例
    }
}
```

DAO 的操作完成只是数据层的操作，下面需要编写 Servlet，在 Servlet 中要接收客户端发来的输入数据，同时要调用 DAO，并且要根据 DAO 的结果返回相应的信息。

【例 9.28】 定义 Servlet——LoginServlet.java

```
package org.lxh.mvcdemo.servlet;
import java.io.IOException;
import java.util.ArrayList;
import java.util.List;
import javax.servlet.ServletException;
import javax.servlet.http.HttpServlet;
import javax.servlet.http.HttpServletRequest;
import javax.servlet.http.HttpServletResponse;
import org.lxh.mvcdemo.factory.DAOFactory;
import org.lxh.mvcdemo.vo.User;
public class LoginServlet extends HttpServlet {
    public void doGet(HttpServletRequest req, HttpServletResponse resp)
            throws ServletException, IOException {
        String path = "login.jsp";
        String userid = req.getParameter("userid");               // 接收 userid 内容
        String userpass = req.getParameter("userpass");           // 接收 userpass 内容
        List<String> info = new ArrayList<String>();               // 保存所有返回信息
        if (userid == null || "".equals(userid)) {                 // 用户名为 null
            info.add("用户 id 不能为空！");                           // 增加错误信息
        }
        if (userpass == null || "".equals(userpass)) {
            info.add("密码不能为空！");                               // 增加错误信息
        }
        if (info.size() == 0) {                                    // 用户名和密码验证通过
            User user = new User();                                // 实例化 VO
            user.setUserid(userid);                                // 设置 userid
            user.setPassword(userpass);                            // 设置 password
            try {
                if (DAOFactory.getIUserDAOInstance().findLogin(user)) { // 验证通过
                    info.add("用户登录成功，欢迎" + user.getName() + "光临！");
                } else {
                    info.add("用户登录失败，错误的用户名和密码！");
                }
            } catch (Exception e) {
```

```
                    e.printStackTrace();
                }
            }
            req.setAttribute("info", info);                         // 保存错误信息
            req.getRequestDispatcher(path).forward(req, resp);      // 跳转
        }
        public void doPost(HttpServletRequest req, HttpServletResponse resp)
                throws ServletException, IOException {
            this.doGet(req, resp); // 调用 doGet()操作
        }
}
```

在 Servlet 中，首先对接收的 userid 和 userpass 两个参数进行了验证，如果没有输入参数或者是输入的参数为空，则会在 info 对象中增加相应的错误信息。当验证通过后，程序将调用 DAO 进行数据层的验证，并根据 DAO 的返回结果来决定返回给客户端的信息。

【例 9.29】 登录页——ch09/login/login.jsp

```
<%@ page contentType="text/html;charset=GBK" import="java.util.*"%>
<html>
<head><title>www.mldnjava.cn，MLDN 高端 Java 培训</title></head>
<script language="JavaScript">
    function validate(f){
        if(!(/^\w{5,15}$/.test(f.userid.value))){
            alert("用户 ID 必须是 5~15 位！") ;
            f.userid.focus() ;
            return false ;
        }
        if(!(/^\w{5,15}$/.test(f.userpass.value))){
            alert("密码必须是 5~15 位！") ;
            f.userpass.focus() ;
            return false ;
        }
        return true ;
    }
</script>
<body>
<h2>用户登录程序</h2>
<%
    request.setCharacterEncoding("GBK") ;                                   // 进行乱码处理
%>
<%
    List<String> info = (List<String>) request.getAttribute("info") ;      // 取得属性
    if(info != null){                                                       // 判断是否有内容
        Iterator<String> iter = info.iterator() ;                           // 实例化 Iterator
        while(iter.hasNext()){
%>
            <h4><%=iter.next()%></h4>
<%
        }
```

```
    }
%>
<form action="LoginServlet" method="post" onSubmit="return validate(this)">
    用户 ID：<input type="text" name="userid"><br>
    密  码：<input type="password" name="userpass"><br>
    <input type="submit" value="登录">
    <input type="reset" value="重置">
</form>
</body>
</html>
```

在本程序中，login.jsp 文件的保存路径在 ch09\login 文件夹中，所以需要将 LoginServlet 的映射路径配置成 ch09\login\LoginServlet，这样才可以正常访问。

【例 9.30】 配置 web.xml 文件

```
<servlet>                                                    <!-- 定义 servlet -->
    <servlet-name>login</servlet-name>
    <servlet-class>                                          <!-- 定义包.类名称 -->
        org.lxh.mvcdemo.servlet.LoginServlet
    </servlet-class>
</servlet>
<servlet-mapping>                                            <!-- 映射路径 -->
    <servlet-name>login</servlet-name>
    <url-pattern>/ch09/login/LoginServlet</url-pattern>      <!-- 页面的映射路径 -->
</servlet-mapping>
```

配置完成后，即可运行本程序，程序的运行结果如图 9-14 所示。

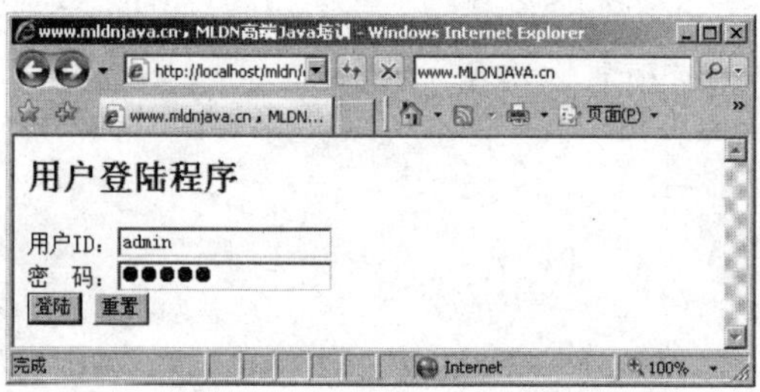

（a）输入用户 ID 和密码

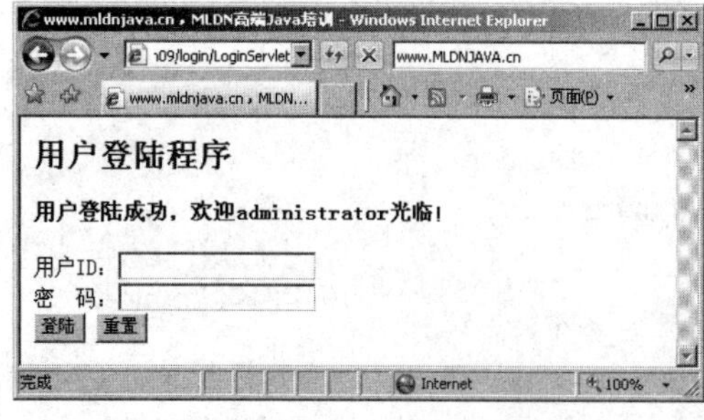

（b）用户登录成功，返回信息

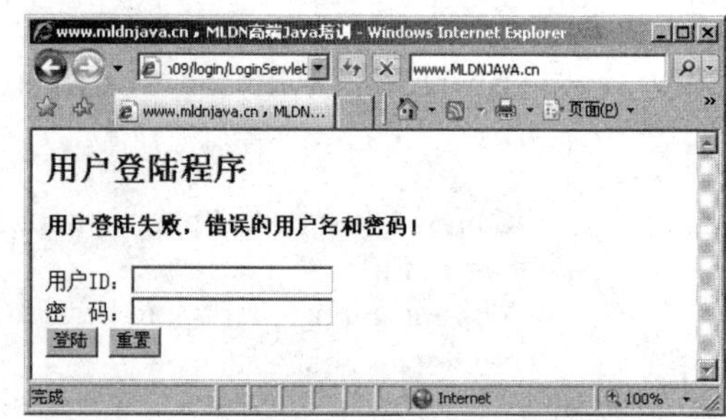

（c）用户登录失败，返回信息

图 9-14　MVC 完成登录程序

通过本程序可以发现，使用 MVC 开发后，在 JSP 中的 Java 代码已经逐步减少了。JSP 的功能就是将 Servlet 传递回的内容进行输出，使程序的代码结构更加清晰，分工也更加明确。

提示

JSP 中的功能。

通过本道 MVC 程序，读者可以清楚地感觉到，与最初的 JSP 开发（如 JSP+JDBC 或者是 JSP+DAO）相比，现在的 JSP 页面中的代码已经减少了很多，只是简单地完成了输出，实际上在开发中，读者一定要记住 JSP 中最好只包含以下 3 种类型的代码。

☑ 接收属性：接收从 Servlet 传递过来的属性。

☑ 判断语句：判断传递到 JSP 中的属性是否存在。

☑ 输出内容：使用迭代或者 VO 进行输出。

而且读者一定要记住一点，在 JSP 页面中唯一允许导入的包只能是 java.util 包，只要能把握住这一点，即可开发出一个简洁、清晰的 JSP 页面。

9.10　过　滤　器

JSP 可以完成的功能 Servlet 都可以完成，但是 Servlet 具备的很多功能是 JSP 所不具备的，从使用上看 Servlet 可以分为简单 Serlvet（之前所讲解的全部都属于简单 Servlet）、过滤 Servlet（过滤器）和监听 Servlet（监听器）3 种。JSP 可以完成的也只是简单 Servlet 的功能，下面先来讲解过滤器的使用。

9.10.1　过滤器的基本概念

Filter 是在 Servlet 2.3 之后增加的新功能，当需要限制用户访问某些资源或者在处理请求时提前处理某些资源时，即可使用过滤器完成。

过滤器是以一种组件的形式绑定到 Web 应用程序当中的，与其他的 Web 应用程序组件不同的是，过滤器是采用“链”的方式进行处理的，如图 9-15 所示。

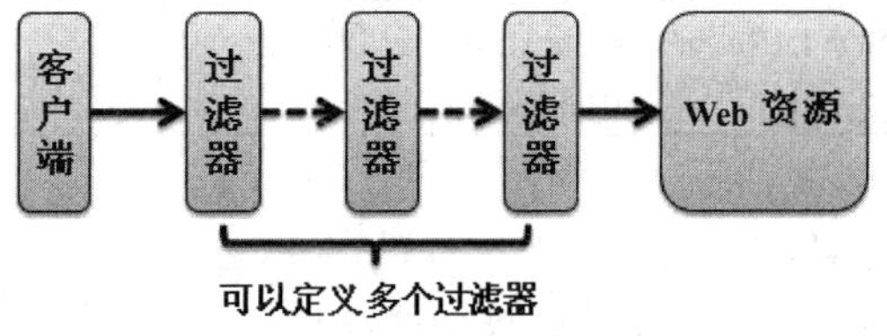

图 9-15　过滤器的操作原理

在没有使用过滤器以前，客户端都是直接请求 Web 资源的，但是一旦加入了过滤器，从图 9-15 中可以发现，所有的请求都是先交给了过滤器处理，然后再访问相应的 Web 资源，可以达到对某些资源的访问限制。

提示

过滤器的功能与持票浏览一样。

如果用户去看展览会，肯定需要购门票，那么过滤器就好比那些检票人员，如果是有票的游客（合法用户）则可以进去参见展会，如果没有票的（非法用户）则不能进去参加展会。

9.10.2 实现过滤器

在 Servlet 中，如果要定义一个过滤器，则直接让一个类实现 javax.servlet.Filter 接口即可，此接口定义了 3 个操作方法，如表 9-9 所示。

表 9-9　Filter 接口定义的方法

No.	方　　法	类　　型	描　　述
1	public void init(FilterConfig filterConfig) throws ServletException	普通	过滤器初始化（容器启动时初始化）时调用，可以通过 FilterConfig 取得配置的初始化参数
2	public void doFilter(ServletRequest request, ServletResponse response,FilterChain chain) throws IOException, ServletException	普通	完成具体的过滤操作，然后通过 FilterChain 让请求继续向下传递
3	public void destroy()	普通	过滤器销毁时使用

表 9-9 的 3 个方法中，最需要注意的是 doFilter()方法，在此方法中定义了 ServletRequest、ServletResponse 和 FilterChain 3 个参数，从前两个参数中可以发现，过滤器可以完成对任意协议的过滤操作。FilterChain 接口的主要作用是将用户的请求向下传递给其他的过滤器或者 Servlet，此接口的方法如表 9-10 所示。

表 9-10　FilterChain 接口定义的方法

No.	方　　法	类　　型	描　　述
1	public void doFilter(ServletRequest request,ServletResponse response) throws IOException,ServletException	普通	将请求向下继续传递

在 FilterChain 接口中依然定义了一个同样的 doFilter()方法，这是因为在一个过滤器后面可能存在另外一个过滤器，也可能是请求的最终目标（Servlet），这样就通过 FilterChain 形成了一个“过滤链”的操作。所谓的过滤链就类似于生活中玩的击鼓传花游戏，如图 9-16

所示。

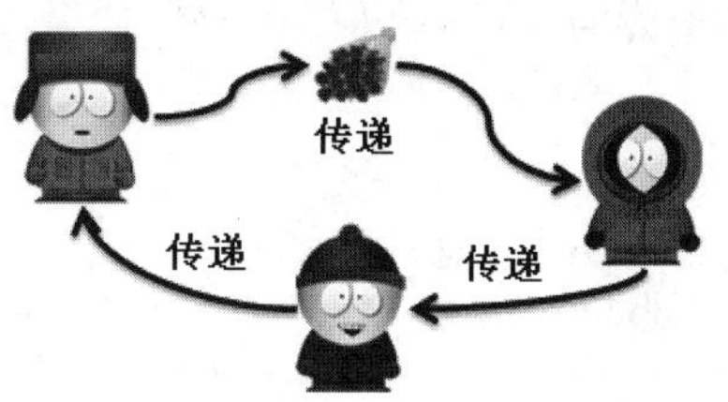

图 9-16　击鼓传花游戏

在击鼓传花游戏中，每一位参加游戏的人员都知道下一位的接收者是谁，所以只需要将“花”一直传递下去即可。在过滤器中，实际上请求就相当于所传的“花”，而传递时中间不管是否有何种操作，只要是符合条件的请求，都要一直传递下去。

【例 9.31】 定义一个简单的过滤器——SimpleFilter.java

```
package org.lxh.filterdemo;
import java.io.IOException;
import javax.servlet.Filter;
import javax.servlet.FilterChain;
import javax.servlet.FilterConfig;
import javax.servlet.ServletException;
import javax.servlet.ServletRequest;
import javax.servlet.ServletResponse;
public class SimpleFilter implements Filter {
    public void init(FilterConfig config) throws ServletException {         // 初始化过滤器
        String initParam = config.getInitParameter("ref");                 // 取得初始化参数
        System.out.println("** 过滤器初始化，初始化参数 = " + initParam);
    }
    public void doFilter(ServletRequest request, ServletResponse response,
            FilterChain chain) throws IOException, ServletException {// 执行过滤
        System.out.println("** 执行 doFilter()方法之前。");
        chain.doFilter(request, response);                                 // 将请求继续传递
        System.out.println("** 执行 doFilter()方法之后。");
    }
    public void destroy() {                                                // 销毁过滤
        System.out.println("** 过滤器销毁。");
    }
}
```

本程序中，SimpleFilter 类实现了 Filter 接口，所以要覆写 Filter 接口中定义的 3 个方法。在 doFilter()方法中增加了两条输出语句，分别是在 FilterChain 调用 doFilter()方法之前和之后，因为过滤器采用的是“链”的处理方式，所以两条语句都会执行。

【例 9.32】 配置 web.xml 文件

```
<filter>
    <filter-name>simple</filter-name>
    <filter-class>org.lxh.filterdemo.SimpleFilter</filter-class>
    <init-param>
```

```
                <param-name>ref</param-name>
                <param-value>HELLOMLDN</param-value>
        </init-param>
</filter>
<filter-mapping>
        <filter-name>simple</filter-name>
        <url-pattern>/*</url-pattern>
</filter-mapping>
```

过滤器的配置与 Servlet 的配置样式非常类似，但需要注意的是，这里的<url-pattern>表示一个过滤器的过滤位置，如果是“/*”表示对于根目录下的一切操作都需要过滤，输入“http://localhost/mldn/”打开虚拟目录首页，程序的运行结果会在 Tomcat 后台输出，输出内容如图 9-17 所示。

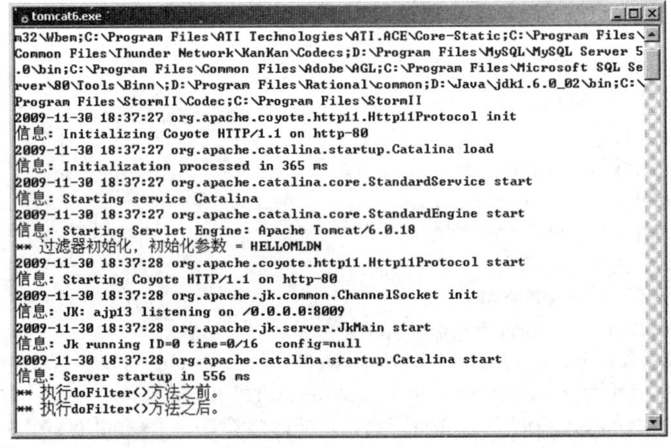

图 9-17　过滤器输出

从图 9-17 所示的输出中可以清楚地发现，过滤器中的初始化方法是在容器启动时自动加载的，并且通过 FilterConfig 的 getInitParameter()方法取出了配置的初始化参数，只初始化一次。但是对于过滤器中的 doFilter()方法实际上会调用两次，一次是在 FilterChain 操作之前，一次是在 FilterChain 操作之后。

提示

过滤器的路径。

本程序是对一个目录中的所有内容进行过滤，但是在开发中，有可能只对某一个或某几个目录过滤，此时就可以明确地写出是对哪个目录过滤或者是多增加过滤的映射路径。

【例 9.33】 对 jsp 文件夹过滤——修改<url-pattern>

```
<filter-mapping>
        <filter-name>simple</filter-name>
        <url-pattern>/jsp/*</url-pattern>
</filter-mapping>
```

【例 9.34】 增加多个过滤路径，增加多个<filter-mapping>

```
<filter-mapping>
    <filter-name>simple</filter-name>
    <url-pattern>/jsp/admin/*</url-pattern>
</filter-mapping>
<filter-mapping>
    <filter-name>simple</filter-name>
    <url-pattern>/js/*</url-pattern>
</filter-mapping>
```

9.10.3　过滤器的应用

过滤器本身是属于一个组件的形式加入到应用程序之中的，例如，可以使用过滤器完成编码的过滤操作或者是用户的登录验证，下面讲解这两种操作的实现。

实例一：编码过滤

在 Web 开发中，编码过滤是必不可少的操作，如果按照之前的做法，在每一个 JSP 或者 Servlet 中都重复编写“request.setCharacterEncoding("GBK")”的语句肯定是不可取的，会造成大量的代码重复，那么此时即可通过过滤器完成这种编码过滤。

【例 9.35】 编码过滤器——EncodingFilter.java

```java
package org.lxh.filterdemo;
import java.io.IOException;
import javax.servlet.Filter;
import javax.servlet.FilterChain;
import javax.servlet.FilterConfig;
import javax.servlet.ServletException;
import javax.servlet.ServletRequest;
import javax.servlet.ServletResponse;
public class EncodingFilter implements Filter {
    private String charSet;                                     // 设置字符编码
    public void init(FilterConfig config) throws ServletException {
        this.charSet = config.getInitParameter("charset");     // 取得初始化参数
    }
    public void doFilter(ServletRequest request, ServletResponse response,
            FilterChain chain) throws IOException, ServletException {
        request.setCharacterEncoding(this.charSet);            // 设置统一编码
    }
    public void destroy() {
    }
}
```

本程序中，在初始化操作时，通过 FilterConfig 中的 getInitParameter()取得了一个配置的初始化参数，此参数的内容是一个指定的过滤编码，然后在 doFilter()方法中执行 request.setCharacterEncoding()操作，即可为所有页面设置统一的请求编码。

【例 9.36】 配置 web.xml 文件

```
<filter>
    <filter-name>encoding</filter-name>
    <filter-class>org.lxh.filterdemo.EncodingFilter</filter-class>
    <init-param>
        <param-name>charset</param-name>
        <param-value>GBK</param-value>
    </init-param>
</filter>
<filter-mapping>
    <filter-name>encoding</filter-name>
    <url-pattern>/*</url-pattern>
</filter-mapping>
```

实例二：登录验证

登录验证是所有 Web 开发中不可缺少的部分，最早的做法是通过验证 session 的方式完成，但是如果每个页面都这样做的话，则肯定会造成大量的代码重复，而通过过滤器的方式即可避免这种重复的操作。

在这里需要注意的是，session 本身是属于 HTTP 协议的范畴，但是 doFilter()方法中定义的是 ServletRequest 类型的对象，那么要想取得 session，则必须进行向下转型，将 ServletRequest 变为 HttpServletRequest 接口对象，才能通过 getSession()方法取得 session 对象。

【例 9.37】登录验证过滤，假设登录后保存的 session 属性名称是 userid——LoginFilter.java

```
package org.lxh.filterdemo;
import java.io.IOException;
import javax.servlet.Filter;
import javax.servlet.FilterChain;
import javax.servlet.FilterConfig;
import javax.servlet.ServletException;
import javax.servlet.ServletRequest;
import javax.servlet.ServletResponse;
import javax.servlet.http.HttpServletRequest;
import javax.servlet.http.HttpSession;
public class LoginFilter implements Filter {
    public void init(FilterConfig config) throws ServletException {           // 初始化过滤器
    }
    public void doFilter(ServletRequest request, ServletResponse response,
            FilterChain chain) throws IOException, ServletException {       // 执行过滤
        HttpServletRequest req = (HttpServletRequest) request ;              // 向下转型
        HttpSession ses = req.getSession() ;                                 // 取得 session
```

```
        if (ses.getAttribute("userid") != null) {                    // 判断是否登录
            chain.doFilter(request, response);                       // 传递请求
        } else {                                                     // 没有登录
            request.getRequestDispatcher("login.jsp")
                    .forward(request, response);                     // 跳转到登录页
        }
    }
    public void destroy() {                                          // 销毁过滤
    }
}
```

本程序首先通过 HttpServlet 取得了当前的 session，然后判断在 session 范围内是否存在 userid 的属性，如果存在，则表示用户已经登录过；如果不存在，则跳转到 login.jsp 上进行登录。程序执行流程如图 9-18 所示。

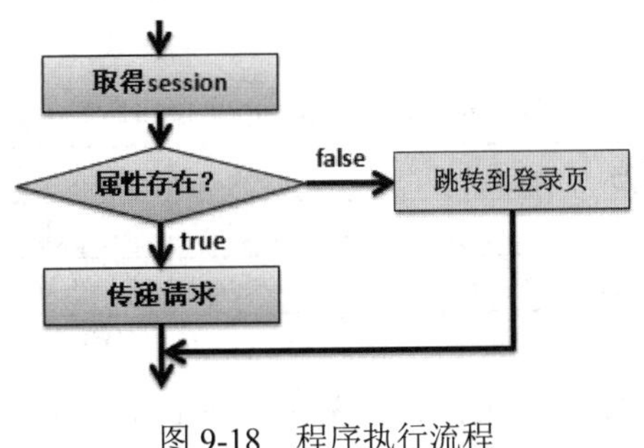

图 9-18　程序执行流程

> **提示**
>
> **当需要自动执行某些操作时可以通过过滤器完成。**
>
> 以上的两个实例中，不管是编码过滤还是登录过滤实际上都是自动完成的，当在开发中发现有类似这样自动完成的操作时，即可通过过滤器完成。

> **提示**
>
> **关于登录验证的说明。**
>
> 本程序只是演示了对于登录过滤的基本代码形式，但是在实际的开发中，读者需要注意，由于跳转路径的问题，有可能造成 404 的路径错误。关于这种问题的解决可以参照本书随后讲解的应用范例。

9.11　监　听　器

第三种 Servlet 程序称为监听 Servlet，主要功能是负责监听 Web 的各种操作，当相关的

事件触发后将产生事件，并对此事件进行处理，如图 9-19 所示。在 Web 中可以对 application、session 和 request 3 种操作进行监听。

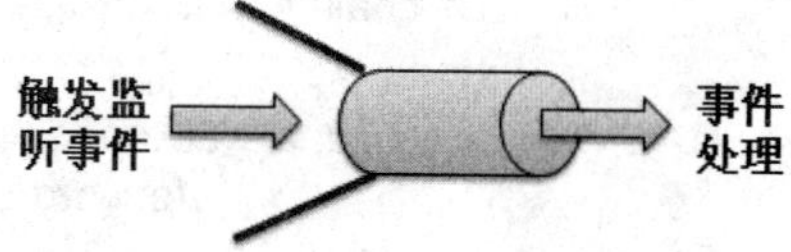

图 9-19　监听 Servlet

9.11.1　对 application 监听

对 application 监听，实际上就是对 ServletContext（Servlet 上下文）监听，主要使用 ServletContextListener 和 ServletContextAttributeListener 两个接口。

1．上下文状态监听：ServletContextListener 接口

对 Servlet 上下文状态监听可以使用 javax.servlet.ServletContextListener 接口，此接口定义的方法如表 9-11 所示。

表 9-11　ServletContextListener 接口定义的方法

No.	方　法	类　型	描　述
1	public void contextInitialized(ServletContextEvent sce)	普通	容器启动时触发
2	public void contextDestroyed(ServletContextEvent sce)	普通	容器销毁时触发

在上下文状态监听操作中，一旦触发了 ServletContextListener 接口中定义的事件后，可以通过 ServletContextEvent 进行事件的处理，此事件定义的方法如表 9-12 所示。

表 9-12　ServletContextEvent 事件定义的方法

No.	方　法	类　型	描　述
1	public ServletContext getServletContext()	普通	取得 ServletContext 对象

在 ServletContextEvent 类中只定义了一个 getServletContext()方法，用户可以通过该方法取得一个 ServletContext 对象的实例，下面通过代码进行演示。

【例 9.38】 对 Servlet 上下文状态监听——ServletContextListenerDemo.java

```
package org.lxh.listenerdemo;
import javax.servlet.ServletContextEvent;
import javax.servlet.ServletContextListener;
public class ServletContextListenerDemo implements ServletContextListener {
    public void contextInitialized(ServletContextEvent event) {          // 上下文初始化时触发
        System.out.println("** 容器初始化 --> "
                + event.getServletContext().getContextPath());
    }
    public void contextDestroyed(ServletContextEvent event) {           // 上下文销毁时触发
        System.out.println("** 容器销毁 --> "
                + event.getServletContext().getContextPath());
    }
}
```

【例 9.39】 配置 web.xml 文件

```
<listener>
	<listener-class>
		org.lxh.listenerdemo.ServletContextListenerDemo
	</listener-class>
</listener>
```

在本程序的容器初始化和销毁操作中，分别通过 ServletContextEvent 事件对象取得 ServletContext 实例，然后调用 getContextPath()方法取得虚拟路径的名称，所以当容器启动和关闭时，在 Tomcat 后台将出现以下显示内容。

☑ 容器启动时打印：** 容器初始化 --> /mldn。

☑ 容器关闭时打印：** 容器销毁 --> /mldn。

注意

关于不同的 Servlet 的配置。

所有的 Servlet 程序都必须在 web.xml 文件中进行配置，如果一个 web.xml 文件要同时配置简单 Servlet、过滤器和监听器的话，则建议按照如下步骤编写配置文件。

（1）先配置过滤器：<filter>、<filter-mapping>。

（2）再配置监听器：<listener>。

（3）最后配置简单 Servlet：<servlet>、<servlet-mapping>。

2. 上下文属性监听：ServletContextAttributeListener 接口

对 Servlet 上下文属性操作监听，可以使用 javax.servlet.ServletContextAttributeListener 接口，此接口定义的方法如表 9-13 所示。

表 9-13　ServletContextAttributeListener 接口定义的方法

No.	方　　法	类型	描　　述
1	public void attributeAdded(ServletContextAttribute Event scab)	普通	增加属性时触发
2	public void attributeRemoved(ServletContextAttribute Event scab)	普通	删除属性时触发
3	public void attributeReplaced(ServletContextAttribute Event scab)	普通	替换属性（重复设置）时触发

在上下文属性监听中，一旦触发了 ServletContextAttributeListener 接口中定义的事件后，可以通过 ServletContextAttributeEvent 进行事件的处理，此事件定义的方法如表 9-14 所示。

表 9-14　ServletContextAttributeEvent 事件定义的方法

No.	方　　法	类　　型	描　　述
1	public String getName()	普通	取得设置的属性名称
2	public Object getValue()	普通	取得设置的属性内容

【例 9.40】 对 Servlet 上下文属性监听——ServletContextAttributeListenerDemo.java

```
package org.lxh.listenerdemo;
import javax.servlet.ServletContextAttributeEvent;
import javax.servlet.ServletContextAttributeListener;
public class ServletContextAttributeListenerDemo implements
		ServletContextAttributeListener {
	public void attributeAdded(ServletContextAttributeEvent event) {	// 属性增加时触发
		System.out.println("** 增加属性 --> 属性名称：" + event.getName() + "，属性内容："
				+ event.getValue());
	}
	public void attributeRemoved(ServletContextAttributeEvent event) { // 属性删除时触发
		System.out.println("** 删除属性 --> 属性名称：" + event.getName() + "，属性内容："
				+ event.getValue());
	}
	public void attributeReplaced(ServletContextAttributeEvent event) { // 属性替换时触发
		System.out.println("** 增加替换 --> 属性名称：" + event.getName() + "，属性内容："
				+ event.getValue());
	}
}
```

【例 9.41】 配置 web.xml 文件

```
<listener>
	<listener-class>
		org.lxh.listenerdemo.ServletContextAttributeListenerDemo
	</listener-class>
</listener>
```

本程序中，在属性的增加、替换、删除上都编写了具体的监听操作，并且通过 ServletContextAttributeEvent 事件取得了所操作属性的名称和对应内容。下面编写 JSP 文件进行测试。

【例 9.42】 设置 application 属性——ch09/application_attribute_add.jsp

```
<%@ page contentType="text/html" pageEncoding="GBK"%>
<%	// 设置 application 范围属性
	this.getServletContext().setAttribute("info","www.MLDNJAVA.cn") ;
%>
```

当第一次执行本页面时，属于设置一个新的属性，则此时 Tomcat 后台将显示如下输出信息：

```
** 增加属性 --> 属性名称：info，属性内容：www.MLDNJAVA.cn
```

当重复调用本页时，属于重复设置属性，那么将执行替换操作，此时 Tomcat 后台将显示如下输出信息：

```
** 增加替换 --> 属性名称：info，属性内容：www.MLDNJAVA.cn
```

【例 9.43】 删除属性——ch09/application_attribute_remove.jsp

```
<%@ page contentType="text/html" pageEncoding="GBK"%>
```

```
<%  // 删除 application 范围属性
    this.getServletContext().removeAttribute("info") ;
%>
```

当删除属性时，将执行删除操作，此时 Tomcat 后台将显示如下输出信息：

```
** 删除属性 --> 属性名称：info，属性内容：www.MLDNJAVA.cn
```

9.11.2　对 session 监听

在监听器中，针对于 session 的监听操作主要使用 HttpSessionListener、HttpSessionAttribute Listener 和 HttpSessionBindingListener 接口。

1．session 状态监听：HttpSessionListener 接口

当需要对创建或销毁 session 的操作进行监听时，可以实现 javax.servlet.http.HttpSession Listener 接口，此接口定义的方法如表 9-15 所示。

表 9-15　HttpSessionListener 接口定义的方法

No.	方　法	类　型	描　述
1	public void sessionCreated(HttpSessionEvent se)	普通	session 创建时调用
2	public void sessionDestroyed(HttpSessionEvent se)	普通	session 销毁时调用

当 session 创建或销毁后，将产生 HttpSessionEvent 事件，此事件定义的方法如表 9-16 所示。

表 9-16　HttpSessionEvent 事件定义的方法

No.	方　法	类　型	描　述
1	public HttpSession getSession()	普通	取得当前的 session

【例 9.44】 对 session 监听——HttpSessionListenerDemo.java

```
package org.lxh.listenerdemo;
import javax.servlet.http.HttpSessionEvent;
import javax.servlet.http.HttpSessionListener;
public class HttpSessionListenerDemo implements HttpSessionListener {
    public void sessionCreated(HttpSessionEvent event) {          // 创建 session 触发
        System.out.println("** SESSION 创建，SESSION ID = " + event.getSession().getId());
    }
    public void sessionDestroyed(HttpSessionEvent event) {        // 销毁 session 触发
        System.out.println("** SESSION 销毁，SESSION ID = " + event.getSession().getId());
    }
}
```

【例 9.45】 配置 web.xml 文件

```
<listener>
    <listener-class>
        org.lxh.listenerdemo.HttpSessionListenerDemo
    </listener-class>
</listener>
```

本程序在进行 session 创建及销毁操作时，会将当前的 Session Id 输出，页面运行后 Tomcat 后台输出如下内容。

☑ 当一新用户打开了一个动态页时后台将显示：

```
** SESSION 创建，SESSION ID = 8D1CFBB529ADE15AE13B9259F1D8660B
```

☑ 当一个 session 被服务器销毁时后台将显示：

```
** SESSION 销毁，SESSION ID = 8D1CFBB529ADE15AE13B9259F1D8660B
```

注意

session 销毁的操作。

当一个新用户打开一个动态页时，服务器会为新用户分配 session，并且触发 HttpSession Listener 接口中的 sessionCreated()事件，但是在用户销毁时却有两种不同的方式来触发 sessionDestroyed()事件。

☑ 方式一：调用 HttpSession 接口的 invalidate()方法，让一个 session 失效。

☑ 方式二：超过了配置的 session 超时时间，session 超时时间可以直接在项目的 web.xml 中配置。

范例：配置 session 超时时间

```
<session-config>
    <session-timeout>5</session-timeout>
</session-config>
```

以上将一个 session 的超时时间配置成了 5 分钟，如果一个用户在 5 分钟后没有与服务器进行任何交互操作的话，那么服务器会认为此用户已经离开，会自动将其注销。如果没有在项目中配置超时时间，则 tomcat 中默认的超时时间为 30 分钟。

2. session 属性监听：HttpSessionAttributeListener 接口

在 session 监听中也可以对 session 的属性操作进行监听，这一点与监听上下文属性的道理一样。要对 session 的属性操作监听，则可以使用 javax.servlet.http.HttpSessionAttribute Listener 接口完成，此接口定义的方法如表 9-17 所示。

表 9-17　HttpSessionAttributeListener 接口定义的方法

No.	方　　法	类　　型	描　　述
1	public void attributeAdded(HttpSessionBindingEvent se)	普通	增加属性时触发
2	public void attributeRemoved(HttpSessionBindingEvent se)	普通	删除属性时触发
3	public void attributeReplaced(HttpSessionBindingEvent se)	普通	替换属性时触发

当进行属性操作时，将根据属性的操作触发 HttpSessionAttributeListener 接口中的方法，每个操作方法都将产生 HttpSessionBindingEvent 事件，此事件定义的方法如表 9-18 所示。

表 9-18　HttpSessionBindingEvent 事件定义的方法

No.	方　　法	类　　型	描　　述
1	public HttpSession getSession()	普通	取得 session
2	public String getName()	普通	取得属性的名称
3	public Object getValue()	普通	取得属性的内容

【例 9.46】 对 session 的属性操作监听——HttpSessionAttributeListenerDemo.java

```
package org.lxh.listenerdemo;
import javax.servlet.http.HttpSessionAttributeListener;
import javax.servlet.http.HttpSessionBindingEvent;
public class HttpSessionAttributeListenerDemo implements
		HttpSessionAttributeListener {
	public void attributeAdded(HttpSessionBindingEvent event) {	// 属性增加时调用
		System.out.println(event.getSession().getId() + "，增加属性 --> 属性名称："
				+ event.getName() + "，属性内容：" + event.getValue());
	}
	public void attributeRemoved(HttpSessionBindingEvent event) {	// 属性删除时调用
		System.out.println(event.getSession().getId() + "，删除属性 --> 属性名称："
				+ event.getName() + "，属性内容：" + event.getValue());
	}
	public void attributeReplaced(HttpSessionBindingEvent event) {	// 属性替换时调用
		System.out.println(event.getSession().getId() + "，替换属性 --> 属性名称："
				+ event.getName() + "，属性内容：" + event.getValue());
	}
}
```

【例 9.47】 配置 web.xml 文件

```
<listener>
	<listener-class>
		org.lxh.listenerdemo.HttpSessionAttributeListenerDemo
	</listener-class>
</listener>
```

【例 9.48】 增加 session 属性——session_attribute_add.jsp

```
<%@ page contentType="text/html" pageEncoding="GBK"%>
<%  // 设置 session 范围属性
    session.setAttribute("info","www.MLDNJAVA.cn") ;
%>
```

当第一次执行本页面时，将设置一个 session 属性，此时 Tomcat 后台输出如下：

```
0E19AA18940A46FE9E7FE06013F5386D，增加属性 -->属性名称：info，属性内容：www.MLDNJAVA.cn
```

当重复执行本页面时，属于替换属性的操作，此时 Tomcat 后台输出如下：

```
0E19AA18940A46FE9E7FE06013F5386D，替换属性 -->属性名称：info，属性内容：www.MLDNJAVA.cn
```

【例 9.49】 删除 session 属性——session_attribute_remove.jsp

```
<%@ page contentType="text/html" pageEncoding="GBK"%>
<%  // 删除 session 范围属性
    session.removeAttribute("info") ;
%>
```

当执行本页面时，将删除 info 属性，此时 Tomcat 后台输出如下：

```
0E19AA18940A46FE9E7FE06013F5386D，删除属性 -->属性名称：info，属性内容：www.MLDNJAVA.cn
```

3．session 属性监听：HttpSessionBindingListener 接口

之前讲解过的 session 监听接口都需要在 web.xml 文件中配置后才可以起作用，但是在 Web 中也提供了一个 javax.servlet.http.HttpSessionBindingListener 接口，通过此接口实现的监听程序可以不用配置而直接使用。此接口定义的方法如表 9-19 所示。

表 9-19 HttpSessionBindingListener 接口定义的方法

No.	方　法	类　型	描　述
1	public void valueBound(HttpSessionBindingEvent event)	普通	绑定对象到 session 时触发
2	public void valueUnbound(HttpSessionBindingEvent event)	普通	从 session 中移除对象时触发

表 9-19 中所列的两个方法都将产生 HttpSessionBindingEvent 事件，此事件的方法已经在表 9-18 中列出。下面通过此接口实现一个用户登录信息监听的操作。

【例 9.50】 用户登录状态监听——LoginUser.java

```
package org.lxh.listenerdemo;
import javax.servlet.http.HttpSessionBindingEvent;
import javax.servlet.http.HttpSessionBindingListener;
public class LoginUser implements HttpSessionBindingListener {
    private String name;                                    // 保存登录用户姓名
    public LoginUser(String name) {                         // 设置用户名
        this.setName(name);
```

```
    }
    public void valueBound(HttpSessionBindingEvent event) {          // 在 session 中绑定
        System.out.println("** 在 session 中保存 LoginUser 对象（name = " + this.getName()
                    + "），session id = " + event.getSession().getId());
    }
    public void valueUnbound(HttpSessionBindingEvent event) {        // 从 session 中移除
        System.out.println("** 从 session 中移除 LoginUser 对象（name = " + this.getName()
                    + "），session id = " + event.getSession().getId());
    }
    public String getName() {
        return name;
    }
    public void setName(String name) {
        this.name = name;
    }
}
```

本程序将在 LoginUser 类中保存用户的登录名，由于此类实现了 HttpSessionBinding Listener 接口，所以一旦使用了 session 增加或删除本类对象时就会自动触发 valueBound()和 valueUnbound()操作。

【例 9.51】 向 session 中增加 LoginUser 对象——session_bound.jsp

```
<%@ page contentType="text/html" pageEncoding="GBK"%>
<%@ page import="org.lxh.listenerdemo.*"%>
<%
    LoginUser user = new LoginUser("MLDN") ;              // 实例化 LoginUser 对象
    session.setAttribute("info",user) ;                   // 在 session 中保存对象
%>
```

本程序首先实例化了一个 LoginUser 对象，然后将此对象保存在 session 属性范围中，这样监听器就会自动调用 valueBound()操作进行处理。程序运行后 Tomcat 服务器后台输出如下：

```
** 在 session 中保存 LoginUser 对象(name=MLDN), session id=22196BF5A35D34BEE2DCC015
B1817AFA
```

【例 9.52】 从 session 中删除 LoginUser 对象——session_unbound.jsp

```
<%@ page contentType="text/html" pageEncoding="GBK"%>
<%  // 之前已经设置了 info 属性
    session.removeAttribute("info") ;                     // 从 session 中移除对象
%>
```

本程序直接从 session 中删除 info 属性，监听器会自动调用 valueUnbound()操作进行处理，程序运行后 Tomcat 服务器后台输出如下：

```
** 从 session 中移除 LoginUser 对象(name = MLDN), session id=22196BF5A35D34BEE2DCC015
B1817AFA
```

HttpSessionAttributeListener 和 HttpSessionBindingListener 两个监听接口的作用类似，只是一个需要配置，一个不需要配置直接使用即可。

9.11.3 对 request 监听

在 Servlet 2.4 之后增加了对 request 操作的监听，主要使用 ServletRequestListener 和 ServletRequestAttributeListener 两个接口。

1．请求状态监听：ServletRequestListener 接口

当需要对用户的每次请求进行监听时，可以使用 javax.servlet.ServletRequestListener 接口，此接口定义的方法如表 9-20 所示。

表 9-20　ServletRequestListener 接口定义的方法

No.	方　法	类　型	描　述
1	public void requestInitialized(ServletRequestEvent sre)	普通	请求开始时调用
2	public void requestDestroyed(ServletRequestEvent sre)	普通	请求结束时调用

ServletRequestListener 接口一旦监听到事件后，将产生 ServletRequestEvent 的事件处理对象，此事件定义的方法如表 9-21 所示。

表 9-21　ServletRequestEvent 事件定义的方法

No.	方　法	类　型	描　述
1	public ServletRequest getServletRequest()	普通	取得 ServletRequest 对象
2	public ServletContext getServletContext()	普通	取得 ServletContext 对象

【例 9.53】 对用户请求 request 监听——ServletRequestListenerDemo.java

```
package org.lxh.listenerdemo;
import javax.servlet.ServletRequestEvent;
import javax.servlet.ServletRequestListener;
public class ServletRequestListenerDemo implements ServletRequestListener {
	public void requestInitialized(ServletRequestEvent event) {
		System.out.println("** request 初始化。http://"
				+ event.getServletRequest().getRemoteAddr()
				+ event.getServletContext().getContextPath());
	}
	public void requestDestroyed(ServletRequestEvent event) {
		System.out.println("** request 销毁。http://"
				+ event.getServletRequest().getRemoteAddr()
				+ event.getServletContext().getContextPath());
	}
}
```

【例 9.54】 配置 web.xml 文件

```
<listener>
    <listener-class>
        org.lxh.listenerdemo.ServletRequestListenerDemo
    </listener-class>
</listener>
```

本程序将监听用户的请求初始化和销毁操作，当触发监听时将打印请求的路径。当用户连接到服务器时，Tomcat 后台输出如下信息：

```
** request 初始化。http://127.0.0.1/mldn
** request 销毁。http://127.0.0.1/mldn
```

2．request 属性监听：ServletRequestAttributeListener 接口

对 request 范围属性的监听可以使用 javax.servlet.ServletRequestAttributeListener 接口，此接口定义的方法如表 9-22 所示。

表 9-22　ServletRequestAttributeListener 接口定义的方法

No.	方　法	类　型	描　述
1	public void attributeAdded(ServletRequestAttributeEvent srae)	普通	属性增加时调用
2	public void attributeReplaced(ServletRequestAttributeEvent srae)	普通	属性替换时调用
3	public void attributeRemoved(ServletRequestAttributeEvent srae)	普通	属性删除时调用

加入监听器后，request 属性的操作都会产生 ServletRequestAttributeEvent 事件，此事件定义的方法如表 9-23 所示。

表 9-23　ServletRequestAttributeEvent 事件定义的方法

No.	方　法	类　型	描　述
1	public String getName()	普通	取得设置的属性名称
2	public Object getValue()	普通	取得设置的属性内容

【例 9.55】 监听 request 属性操作——ServletRequestAttributeListenerDemo.java

```
package org.lxh.listenerdemo;
import javax.servlet.ServletRequestAttributeEvent;
import javax.servlet.ServletRequestAttributeListener;
public class ServletRequestAttributeListenerDemo implements
        ServletRequestAttributeListener {
    public void attributeAdded(ServletRequestAttributeEvent event) {
        System.out.println("** 增加 request 属性 --> 属性名称：" + event.getName()
                + "，属性内容：" + event.getValue());
    }
    public void attributeRemoved(ServletRequestAttributeEvent event) {
        System.out.println("** 删除 request 属性 --> 属性名称：" + event.getName()
```

```
                    + "，属性内容：" + event.getValue());
    }
    public void attributeReplaced(ServletRequestAttributeEvent event) {
        System.out.println("** 替换 request 属性 --> 属性名称：" + event.getName()
                    + "，属性内容：" + event.getValue());
    }
}
```

【例 9.56】 配置 web.xml 文件

```
<listener>
    <listener-class>
        org.lxh.listenerdemo.ServletRequestAttributeListenerDemo
    </listener-class>
</listener>
```

【例 9.57】 设置 request 属性——ch09/request_attribute_add.jsp

```
<%@ page contentType="text/html" pageEncoding="GBK"%>
<%  // 设置 request 范围属性
    request.setAttribute("info","www.MLDNJAVA.cn") ;
%>
```

当第一次执行本页面时，属于设置一个新的属性，则此时 Tomcat 后台将显示如下输出信息：

```
** 增加 request 属性 --> 属性名称：info，属性内容：www.MLDNJAVA.cn
```

但是需要注意的是，所有请求设置的属性只能在一次服务器跳转中保存，如果要观察属性替换操作，则可以编写两次设置 request 属性的操作。

【例 9.58】 设置两次 request 属性——ch09/request_attribute_replace.jsp

```
<%@ page contentType="text/html" pageEncoding="GBK"%>
<%  // 设置 request 范围属性
    request.setAttribute("info","www.MLDNJAVA.cn") ;
    request.setAttribute("info","www.MLDN.cn") ;
%>
```

当执行本页面时，Tomcat 后台将显示如下输出信息：

```
** 增加 request 属性 --> 属性名称：info，属性内容：www.MLDNJAVA.cn
** 替换 request 属性 --> 属性名称：info，属性内容：www.MLDNJAVA.cn
```

【例 9.59】 删除属性——ch09/request_attribute_remove.jsp

```
<%@ page contentType="text/html" pageEncoding="GBK"%>
<%  // 设置和删除 request 范围属性
    request.setAttribute("info","www.MLDNJAVA.cn") ;
    request.removeAttribute("info") ;
%>
```

当执行本页面时，Tomcat 后台将显示如下输出信息：

```
** 增加 request 属性 --> 属性名称：info，属性内容：www.MLDNJAVA.cn
** 删除 request 属性 --> 属性名称：info，属性内容：www.MLDNJAVA.cn
```

9.11.4　监听器实例——在线人员统计

在线人员列表是一个较为常见的功能，每当用户登录成功后，就会在列表中增加此用户名称，这样就可以知道当前有哪些在线的用户。这个功能在 Web 中可以依靠监听器实现，实现的原理如图 9-20 所示。

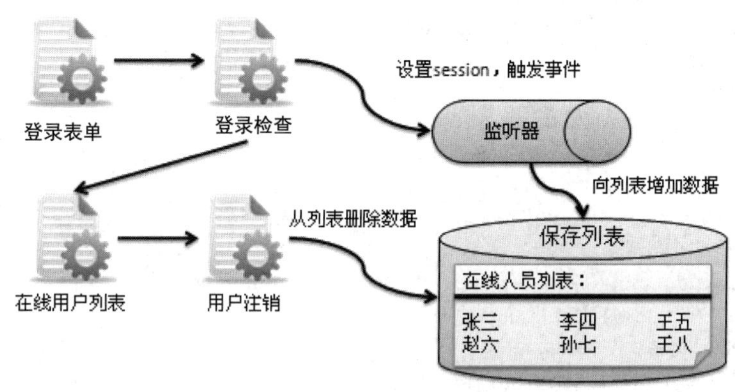

图 9-20　实现在线用户列表的原理

当用户登录成功后，会向 session 中增加一个用户的信息标记，此时，将触发监听的事件，会向用户列表中增加一个新的用户名（用户列表可以通过 Set 保存），当用户注销或者会话超时后，会自动从列表中删除此用户。

由于所有的用户都需要访问此用户列表，那么此列表的内容就必须保存在 application 范围中。另外，本程序为了操作方便，所有的登录用户，只要输入的用户名不为空，那么就向列表中增加。

提示

集合的选择。

本程序是使用 Set 集合完成的，而不是 List 集合，主要是因为用户名是不允许重复的，而 Set 集合中的最大特点也是内容不允许重复。如果想了解类集框架的更多内容，可以参考《Java 开发实战经典》一书的第 13 章。

要完成在线用户列表的监听器，需要使用如下 3 个接口。

- ☑ ServletContextListener 接口：在上下文初始化时设置一个空的集合到 application 中。
- ☑ HttpSessionAttributeListener 接口：用户增加 session 属性时，表示新用户登录，从 session 中取出此用户的登录名，之后将此用户保存在列表中。

☑ HttpSessionListener 接口：当用户注销（手工注销、会话超时）时会将此用户从列表中删除。

【例 9.60】 在线用户监听——OnlineUserList.java

```
package org.lxh.listenerdemo;
import java.util.Set;
import java.util.TreeSet;
import javax.servlet.ServletContext;
import javax.servlet.ServletContextEvent;
import javax.servlet.ServletContextListener;
import javax.servlet.http.HttpSessionAttributeListener;
import javax.servlet.http.HttpSessionBindingEvent;
import javax.servlet.http.HttpSessionEvent;
import javax.servlet.http.HttpSessionListener;
public class OnlineUserList implements HttpSessionAttributeListener,
        HttpSessionListener, ServletContextListener {
    private ServletContext app = null;                          // 用于 application 属性操作
    public void contextInitialized(ServletContextEvent arg0) {  // 上下文初始化
        this.app = arg0.getServletContext();                    // 取得 ServletContext 实例
        this.app.setAttribute("online", new TreeSet());         // 设置空集合
    }
    public void attributeAdded(HttpSessionBindingEvent event) { // 增加 session 属性
        Set all = (Set) this.app.getAttribute("online");        // 取出已有列表
        all.add(event.getValue());                              // 增加新用户
        this.app.setAttribute("online", all);                   // 重新保存
    }
    public void attributeRemoved(HttpSessionBindingEvent event) {
        Set all = (Set) this.app.getAttribute("online");        // 取出已有列表
        all.remove(event.getValue());                           // 删除离开用户
        this.app.setAttribute("online", all);                   // 重新保存
    }
    public void sessionDestroyed(HttpSessionEvent event) {
        Set all = (Set) this.app.getAttribute("online");        // 取出已有列表
        all.remove(event.getSession().getAttribute("userid"));  // 取出设置的内容
        this.app.setAttribute("online", all);                   // 重新保存
    }
    // 以下操作在本程序中并未使用，所以没有编写具体的方法实现
    public void attributeReplaced(HttpSessionBindingEvent event) {
    }
    public void sessionCreated(HttpSessionEvent event) {
    }
    public void contextDestroyed(ServletContextEvent event) {
    }
}
```

【例 9.61】 配置 web.xml 文件

```
<listener>
    <listener-class>
```

```
            org.lxh.listenerdemo.OnlineUserList
        </listener-class>
</listener>
```

【例 9.62】 登录页——login.jsp

```
<%@ page contentType="text/html;charset=GBK" import="java.util.*"%>
<html>
<head><title>www.mldnjava.cn，MLDN 高端 Java 培训</title></head>
<body>
<h2>用户登录程序</h2>
<form action="login.jsp" method="post">
    用户 ID：<input type="text" name="userid">
    <input type="submit" value="登录">
</form>
<%
    String userid = request.getParameter("userid") ;            // 接收用户名
    if (!(userid==null || "".equals(userid))){                  // 登录名不能为空
        session.setAttribute("userid",userid) ;                 // 设置一个 session 属性
        response.sendRedirect("list.jsp") ;                     // 跳转到 list.jsp 页
    }
%>
</body>
</html>
```

本程序采用了自提交的方式，表单直接提交到 login 页面上，然后判断用户 ID 是否为空，如果不为空，则在 session 中增加一个新的属性标记，之后跳转到 list.jsp 页面。

【例 9.63】 显示在线用户——list.jsp

```
<%@ page contentType="text/html;charset=GBK" import="java.util.*"%>
<html>
<head><title>www.mldnjava.cn，MLDN 高端 Java 培训</title></head>
<body>
<h2>在线用户列表</h2>
<%
    // 从 application 中取出所有用户的保存列表
    Set all = (Set) this.getServletContext().getAttribute("online") ;
    Iterator iter = all.iterator() ;                            // 实例化 Iterator 输出
    while(iter.hasNext()){                                      // 迭代输出
%>
        <%=iter.next()%>、
<%
    }
%>
</body>
</html>
```

list.jsp 页面从 application 中将保存的集合列表读取出来，然后采用迭代的方式将所有在线用户的用户 ID 输出，当用户离开且达到 session 的会话超时后，监听器会从列表中自动删除此用户。

9.12 本 章 摘 要

1．Servlet 是使用 Java 实现的 CGI 程序，但是与传统 CGI 不同的是，Servlet 采用多线程的方式进行处理，所以程序的性能更高。

2．要想实现一个 Servlet 则一定要继承 HttpServlet 类，并根据需要覆写相应的方法，还需要在 web.xml 文件中配置 Servlet 后才可以使用。

3．Servlet 生命周期控制的 3 个方法，即 init()、service()（doGet()、doPost()）和 destroy()。

4．在 Servlet 程序中可以通过 HttpServletRequest 接口的 getSession()方法取得一个 HttpSession 对象。

5．在 Servlet 程序中可以通过 getServletContext()方法取得 ServletContext 对象。

6．在 Servlet 中实现服务器端跳转使用 RequestDispatcher 接口完成。

7．MVC 设计模式是 Java EE 的核心设计模式，使用 MVC 可以使代码的层次更加清晰，程序维护更加方便。

8．要实现一个过滤器，则一定要实现 Filter 接口，并覆写此接口中的相应方法，所有的过滤器要执行两次，过滤器同样需要在 web.xml 文件中配置，但是配置的路径表示的是过滤路径。

9．监听器可以完成对 Web 操作的监听，主要监听 application、session、request 的操作。

9.13 开发实战练习（基于 Oracle 数据库）

1．使用 MVC 设计模式完成以下程序的实现。dept 表和 emp 表之间的关系如图 9-21 所示。

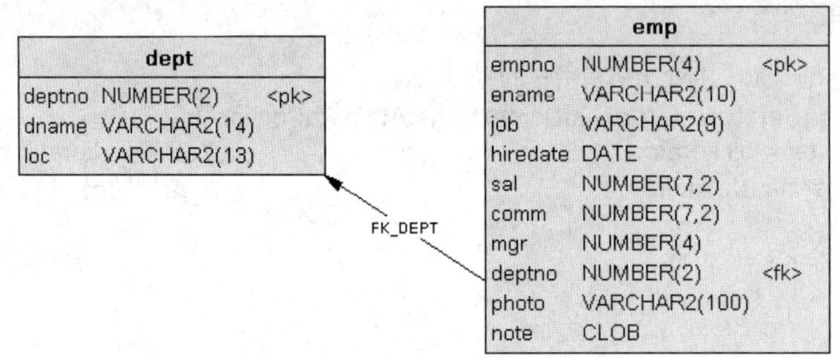

图 9-21 dept 表和 emp 表之间的关系

在之前已经讲解过 JSP+DAO 完成的“雇员-部门”管理程序，现在要求使用 MVC+DAO 设计模式完成，每一个 Servlet 完成一组相关的业务处理操作，如雇员的增加、修改、删除、查询就是一组相关业务。本程序使用的 dept 表和 emp 表的表结构分别如表 9-24 和表 9-25 所示。

表 9-24　dept 表的结构

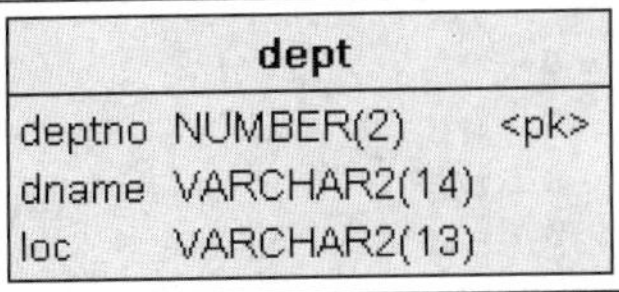

部　门　表

dept		
deptno	NUMBER(2)	<pk>
dname	VARCHAR2(14)	
loc	VARCHAR2(13)	

No.	列名称	描　述
1	deptno	部门编号，使用数字表示，长度是 4 位数字
2	dname	部门名称，使用字符串表示，长度是 14 位字符串
3	loc	部门位置，使用字符串表示，长度是 13 位字符串

表 9-25　emp 表的结构

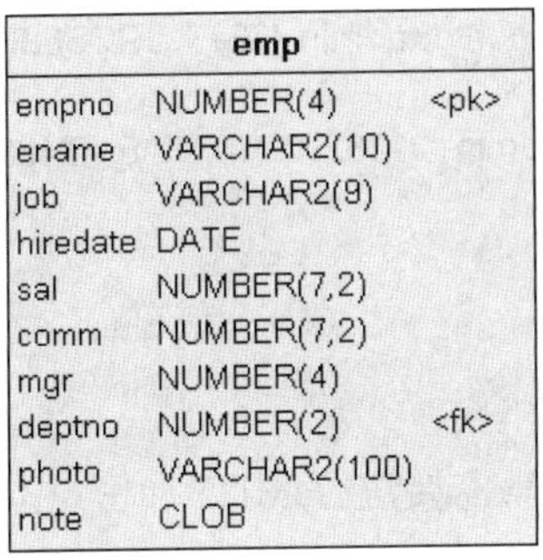

雇　员　表

emp		
empno	NUMBER(4)	<pk>
ename	VARCHAR2(10)	
job	VARCHAR2(9)	
hiredate	DATE	
sal	NUMBER(7,2)	
comm	NUMBER(7,2)	
mgr	NUMBER(4)	
deptno	NUMBER(2)	<fk>
photo	VARCHAR2(100)	
note	CLOB	

No.	列名称	描　述
1	empno	雇员编号，使用数字表示，长度是 4 位数字
2	ename	雇员姓名，使用字符串表示，长度是 10 位字符串
3	job	雇员工作
4	hiredate	雇佣日期，使用日期形式表示
5	sal	基本工资
6	comm	奖金，使用小数表示
7	mgr	雇员对应的领导编号
8	deptno	一个雇员对应的部门编号
9	photo	保存雇员的照片路径
10	note	雇员简介

提示

在进行图片上传时，由于 Servlet 中不能使用 pageContext 这个内置对象，所以可以使用 smartupload 组件初始化方法：

```
public void initialize(ServletConfig config, HttpServletRequest request, HttpServletResponse
response);
```

2．在本程序的基础上增加管理员登录验证的功能，使用 MVC 设计模式，即要求用户登录后才可以完成雇员-部门的操作，如果是未登录的用户使用，则应该提示先登录之后再进行操作。本程序使用的 admin 表的结构如表 9-26 所示。

表 9-26　admin 表的结构

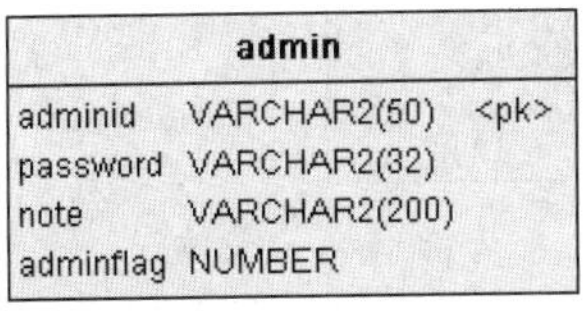

管　理　员　表

admin		
adminid	VARCHAR2(50)	<pk>
password	VARCHAR2(32)	
note	VARCHAR2(200)	
adminflag	NUMBER	

No.	列名称	描　述
1	adminid	管理员编号
2	password	管理员密码，要求使用 MD5 加密
3	note	管理员简介
4	adminflag	超级管理员标记，超级管理员：adminflag=0，普通管理员：adminflag=1

数据库创建脚本：

```
-- 删除管理员表
DROP TABLE admin ;
-- 清空回收站
PURGE RECYCLEBIN ;
-- 创建表
CREATE TABLE admin(
    adminid       VARCHAR2(50)        PRIMARY KEY ,
    password      VARCHAR2(32)        NOT NULL ,
    note          VARCHAR2(200)       NOT NULL ,
    adminflag     NUMBER              DEFAULT 1
) ;
-- 测试数据
INSERT INTO admin(adminid,password,note,adminflag) VALUES ('mldnadmin','8BF7CCC368F11
D26C686D727BE882C13','超级管理员',0) ;
INSERT INTO admin(adminid,password,note,adminflag) VALUES ('admin','21232F297A57A5 A743894
A0E4A801FC3','普通管理员',1) ;
-- 事务提交
COMMIT ;
```

程序开发要求如下：

管理员在进行登录时，一定要输入 adminid、password，密码需要进行 MD5 加密，本程序为了防止机器人程序的破解，在登录时要使用验证码进行验证。

3．完成一个管理员权限的管理程序，要求如下：

☑ 在程序中有多个管理员，每个管理员要求保存在一个管理员组中，一个管理员可以在多个管理员组。

☑ 一个管理员组可以包含多个管理员，每个管理员组有不同的权限。

本程序使用到的 5 个表之间的关系如图 9-22 所示。这 5 个表的表结构分别如表 9-27～表 9-31 所示。

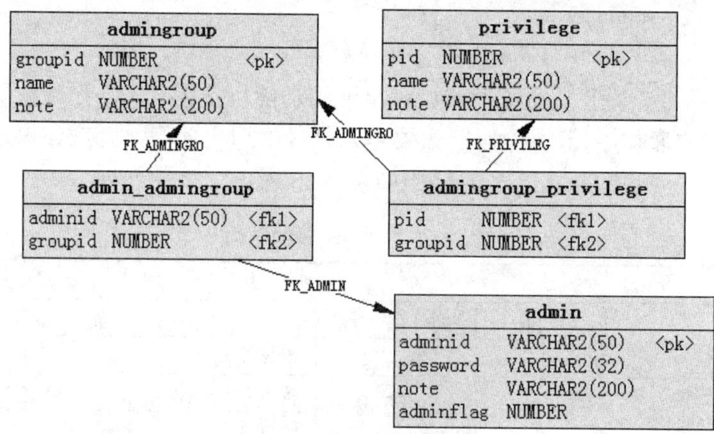

图 9-22　5 个表之间的关系

表 9-27　admin 表的结构

管 理 员 表			
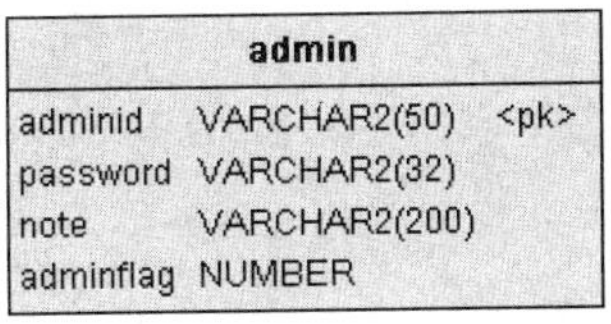 admin adminid VARCHAR2(50) <pk> password VARCHAR2(32) note VARCHAR2(200) adminflag NUMBER	No.	列　名　称	描　　述
	1	adminid	管理员编号
	2	password	管理员密码，要求使用 MD5 加密
	3	note	管理员简介
	4	adminflag	超级管理员标记，超级管理员：adminflag=0，普通管理员：adminflag=1

表 9-28　admingroup 表的结构

管理员组表			
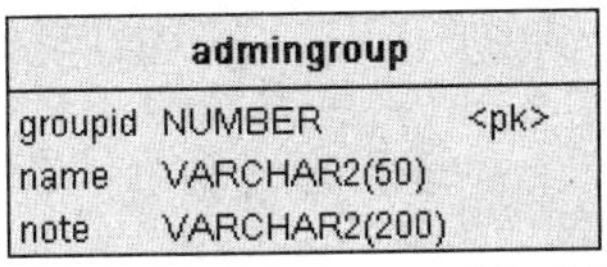 admingroup groupid NUMBER <pk> name VARCHAR2(50) note VARCHAR2(200)	No.	列　名　称	描　　述
	1	groupid	管理员组编号，序列生成
	2	name	管理员组名称
	3	note	管理员组简介

表 9-29　admin_admingroup 表的结构

管理员-管理员组关系表			
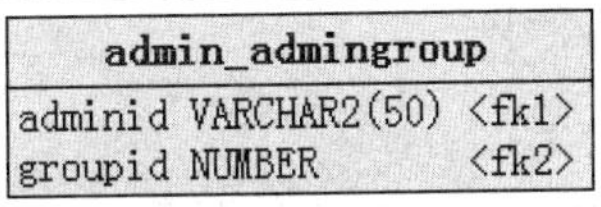 admin_admingroup adminid VARCHAR2(50) <fk1> groupid NUMBER <fk2>	No.	列　名　称	描　　述
	1	adminid	管理员编号
	2	groupid	管理员组编号

表 9-30　privilege 表的结构

权　限　表			
 privilege pid NUMBER <pk> name VARCHAR2(50) note VARCHAR2(200)	No.	列　名　称	描　　述
	1	pid	权限编号，序列生成
	2	name	权限名称
	3	note	权限简介

表 9-31　admingroup_privilege 表的结构

管理员组-权限关系表			
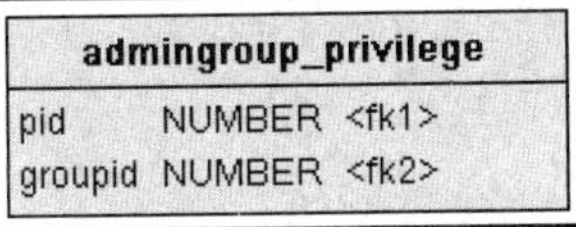 admingroup_privilege pid NUMBER <fk1> groupid NUMBER <fk2>	No.	列　名　称	描　　述
	1	pid	权限编号
	2	groupid	组编号

数据库创建脚本：

```
-- 删除表
DROP TABLE admin_admingroup ;
DROP TABLE admingroup_privilege ;
DROP TABLE admin ;
```

```
DROP TABLE admingroup ;
DROP TABLE privilege ;
-- 删除序列
DROP SEQUENCE groseq ;
DROP SEQUENCE priseq ;
-- 创建序列
CREATE SEQUENCE groseq ;
CREATE SEQUENCE priseq ;
-- 清空回收站
PURGE RECYCLEBIN ;
-- 创建表
CREATE TABLE admin(
	adminid		VARCHAR2(50)		PRIMARY KEY ,
	password	VARCHAR2(32)		NOT NULL ,
	note		VARCHAR2(200)		NOT NULL ,
	adminflag	NUMBER			DEFAULT 1
) ;
CREATE TABLE admingroup(
	groupid		NUMBER			PRIMARY KEY ,
	name		VARCHAR2(50)		NOT NULL ,
	note		VARCHAR2(200)
) ;
CREATE TABLE privilege(
	pid		NUMBER			PRIMARY KEY ,
	name		VARCHAR2(50)		NOT NULL ,
	note		VARCHAR2(200)
) ;
CREATE TABLE admin_admingroup(
	adminid	VARCHAR2(50)		REFERENCES admin(adminid) ON DELETE CASCADE ,
	groupid	NUMBER			REFERENCES admingroup(groupid) ON DELETE CASCADE
) ;
CREATE TABLE admingroup_privilege(
	pid		NUMBER			REFERENCES privilege(pid) ON DELETE CASCADE,
	groupid	NUMBER			REFERENCES admingroup(groupid) ON DELETE CASCADE
) ;
-- 插入测试数据——管理员
INSERT INTO admin(adminid,password,note,adminflag) VALUES ('mldnadmin','8BF7CCC368F11
D26C686D727BE882C13','超级管理员',0) ;
INSERT INTO admin(adminid,password,note,adminflag) VALUES ('admin','21232F297A57A5
A743894A0E4A801FC3','普通管理员',1) ;
-- 插入测试数据——管理权限
INSERT INTO privilege(pid,name,note) VALUES (priseq.nextval,'增加管理员','-') ;
INSERT INTO privilege(pid,name,note) VALUES (priseq.nextval,'更新管理员','-') ;
INSERT INTO privilege(pid,name,note) VALUES (priseq.nextval,'删除管理员','-') ;
INSERT INTO privilege(pid,name,note) VALUES (priseq.nextval,'查看管理员','-') ;
INSERT INTO privilege(pid,name,note) VALUES (priseq.nextval,'添加商品','-') ;
INSERT INTO privilege(pid,name,note) VALUES (priseq.nextval,'查看商品','-') ;
INSERT INTO privilege(pid,name,note) VALUES (priseq.nextval,'修改商品','-') ;
INSERT INTO privilege(pid,name,note) VALUES (priseq.nextval,'更新商品','-') ;
```

```
INSERT INTO privilege(pid,name,note) VALUES (priseq.nextval,'添加新闻','-') ;
INSERT INTO privilege(pid,name,note) VALUES (priseq.nextval,'更新新闻','-') ;
INSERT INTO privilege(pid,name,note) VALUES (priseq.nextval,'查看新闻','-') ;
INSERT INTO privilege(pid,name,note) VALUES (priseq.nextval,'删除新闻','-') ;
INSERT INTO privilege(pid,name,note) VALUES (priseq.nextval,'增加部门','-') ;
INSERT INTO privilege(pid,name,note) VALUES (priseq.nextval,'删除部门','-') ;
INSERT INTO privilege(pid,name,note) VALUES (priseq.nextval,'查看部门','-') ;
INSERT INTO privilege(pid,name,note) VALUES (priseq.nextval,'修改部门','-') ;
INSERT INTO privilege(pid,name,note) VALUES (priseq.nextval,'增加雇员','-') ;
INSERT INTO privilege(pid,name,note) VALUES (priseq.nextval,'查看雇员','-') ;
INSERT INTO privilege(pid,name,note) VALUES (priseq.nextval,'删除雇员','-') ;
INSERT INTO privilege(pid,name,note) VALUES (priseq.nextval,'修改雇员','-') ;
-- 插入测试数据——管理员组
INSERT INTO admingroup(groupid,name,note) VALUES (groseq.nextval,'系统管理员组','-') ;
INSERT INTO admingroup(groupid,name,note) VALUES (groseq.nextval,'信息管理员组','-') ;
-- 插入测试数据——管理员-管理员组
INSERT INTO admin_admingroup(adminid,groupid) VALUES ('mldnadmin',1) ;
INSERT INTO admin_admingroup(adminid,groupid) VALUES ('mldnadmin',2) ;
INSERT INTO admin_admingroup(adminid,groupid) VALUES ('admin',2) ;
-- 插入测试数据——管理员-权限
INSERT INTO admingroup_privilege(pid,groupid) VALUES (1,1) ;
INSERT INTO admingroup_privilege(pid,groupid) VALUES (2,1) ;
INSERT INTO admingroup_privilege(pid,groupid) VALUES (3,1) ;
INSERT INTO admingroup_privilege(pid,groupid) VALUES (4,1) ;
INSERT INTO admingroup_privilege(pid,groupid) VALUES (5,2) ;
INSERT INTO admingroup_privilege(pid,groupid) VALUES (6,2) ;
INSERT INTO admingroup_privilege(pid,groupid) VALUES (7,2) ;
INSERT INTO admingroup_privilege(pid,groupid) VALUES (8,2) ;
INSERT INTO admingroup_privilege(pid,groupid) VALUES (9,2) ;
INSERT INTO admingroup_privilege(pid,groupid) VALUES (10,2) ;
INSERT INTO admingroup_privilege(pid,groupid) VALUES (11,2) ;
INSERT INTO admingroup_privilege(pid,groupid) VALUES (12,2) ;
INSERT INTO admingroup_privilege(pid,groupid) VALUES (13,2) ;
INSERT INTO admingroup_privilege(pid,groupid) VALUES (14,2) ;
INSERT INTO admingroup_privilege(pid,groupid) VALUES (15,2) ;
INSERT INTO admingroup_privilege(pid,groupid) VALUES (16,2) ;
INSERT INTO admingroup_privilege(pid,groupid) VALUES (17,2) ;
INSERT INTO admingroup_privilege(pid,groupid) VALUES (18,2) ;
INSERT INTO admingroup_privilege(pid,groupid) VALUES (19,2) ;
INSERT INTO admingroup_privilege(pid,groupid) VALUES (20,2) ;
-- 事务提交
COMMIT ;
```

程序开发要求如下。

（1）添加管理员：只能添加普通管理员，添加管理员时可以选择管理员所在的管理员组，并且可以查看每个管理员组对应的具体权限。

（2）修改管理员：修改管理员信息时需要将所在的组选中，如果不修改管理员密码，则不用输入密码。

（3）可以通过一个管理员查看此管理员所在的组。

（4）添加管理员组：添加管理员组时，可以选择相应的权限。

（5）添加权限：添加权限时需要写清楚权限的名称及主要作用。

（6）当前登录的管理员可以修改自己的登录密码，要求先输入原密码再输入新密码，如果原密码输入错误，则不允许修改。

需要注意的是，本程序只是一个权限的管理，如果要想让权限真正地起作用，还需要进行其他的额外配置，这一点在最后的综合案例中会有完整的体现。

第 10 章　表达式语言

通过本章的学习可以达到以下目标：

☑ 掌握表达式语言的作用及与 4 种属性范围的关系。

☑ 可以使用表达式语言完成数据的输出。

☑ 掌握表达式语言中各种运算符的使用。

MVC 设计模式是一个标准的开发模式，但是从前文读者可以发现，即使程序中使用了 MVC 设计模式，在一个 JSP 代码中依然还需要导入 Java 类（如 VO 包），而且仍然会存在许多的 Scriptlet 代码。为了让一个页面更加简洁，在开发中可以使用表达式语言提升页面的代码质量。

10.1　表达式语言简介

表达式语言（Expression Language，EL）是 JSP 2.0 中新增的功能。使用表达式语言，可以方便地访问标志位（在 JSP 中一共提供了 page（pageContext）、request、session 和 application 4 种标志位）中的属性内容，这样就可以避免出现许多的 Scriptlet 代码，访问的简便语法如下：

【格式 10-1　表达式语言的使用】

```
${属性名称}
```

使用表达式语言可以方便地访问对象中的属性、提交的参数或者是进行各种数学运算，而且使用表达式语言最大的特点是如果输出的内容为 null，则会自动使用空字符串（""）表示。下面先通过一段代码来分析使用表达式语言的好处。

【例 10.1】 不使用表达式语言，输出属性内容——print_attribute_demo01.jsp

```
<%@ page contentType="text/html" pageEncoding="GBK"%>
<html>
<head><title>www.mldnjava.cn，MLDN 高端 Java 培训</title></head>
<body>
<%
	request.setAttribute("info","www.MLDNJAVA.cn") ;		// 设置一个 request 属性
	if (request.getAttribute("info") != null){			// 判断是否有属性存在
%>
		<h3><%=request.getAttribute("info")%></h3>		<!-- 输出 request 属性 -->
<%
	}
```

```
%>
</body>
</html>
```

本程序在输出 info 属性时，首先通过判断语句，判断在 request 范围是否存在 info 属性，如果存在则进行输出，之所以加入判断的操作，主要就是为了避免一旦没有设置 request 属性而输出 null 的情况。程序的运行结果如图 10-1 所示。

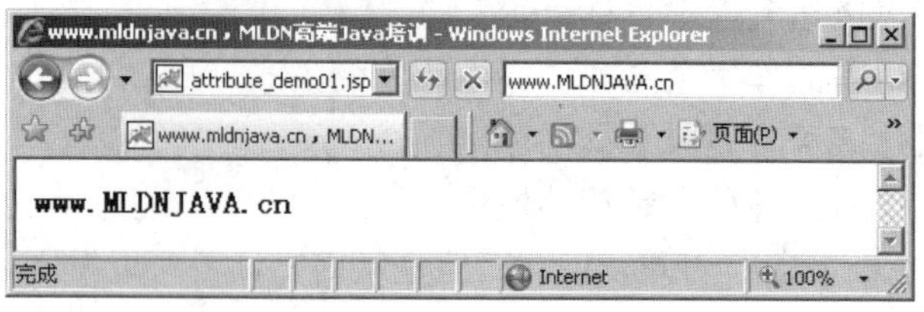

图 10-1　输出 request 属性

如果使用表达式语言进行操作，对于同样的功能就会简单许多。

【例 10.2】 使用表达式语言，输出属性内容——print_attribute_demo02.jsp

```
<%@ page contentType="text/html" pageEncoding="GBK"%>
<html>
<head><title>www.mldnjava.cn，MLDN 高端 Java 培训</title></head>
<body>
<%
	request.setAttribute("info" , "www.MLDNJAVA.cn") ;		// 设置一个 request 属性
%>
<h3>${info}</h3>							<!-- 表达式输出 -->
</body>
</html>
```

本程序完成了与例 10.1 一样的功能，但是从代码量上比较来看例 10.2 的代码更简单、更容易。

10.2　表达式语言的内置对象

表达式语言的主要功能就是进行内容的显示，为了显示的方便，在表达式语言中提供了许多的内置对象，通过对不同内置对象的设置，表达式语言可以输出不同的内容，这些内置对象如表 10-1 所示。

表 10-1　表达式语言的内置对象

No.	表达式内置对象	说　明
1	pageContext	表示 javax.servlet.jsp.PageContext 对象
2	pageScope	表示从 page 属性范围查找输出属性
3	requestScope	表示从 request 属性范围查找输出属性

续表

No.	表达式内置对象	说　明
4	sessionScope	表示从 session 属性范围查找输出属性
5	applicationScope	表示从 application 属性范围查找输出属性
6	param	接收传递到本页面的参数
7	paramValues	接收传递到本页面的一组参数
8	header	取得一个头信息数据
9	headerValues	取出一组头信息数据
10	cookie	取出 cookie 中的数据
11	initParam	取得配置的初始化参数

10.2.1　访问 4 种属性范围的内容

使用表达式语言可以输出 4 种属性范围中的内容，如果此时在不同的属性范围中设置了同一个属性名称，则将按照如下顺序查找：page→request→session→application。

【例 10.3】 设置同名属性——repeat_attribute_demo.jsp

```
<%@ page contentType="text/html" pageEncoding="GBK"%>
<html>
<head><title>www.mldnjava.cn，MLDN 高端 Java 培训</title></head>
<body>
<%
	pageContext.setAttribute("info","page 属性范围") ;              // 设置一个 page 属性
	request.setAttribute("info","request 属性范围") ;               // 设置一个 request 属性
	session.setAttribute("info","session 属性范围") ;               // 设置一个 session 属性
	application.setAttribute("info","application 属性范围") ;       // 设置一个 application 属性
%>
<h3>${info}</h3>                                                 <!-- 表达式输出 -->
</body>
</html>
```

此时，按照顺序来讲，肯定输出的是 page 范围的 info 属性内容。程序的运行结果如图 10-2 所示。

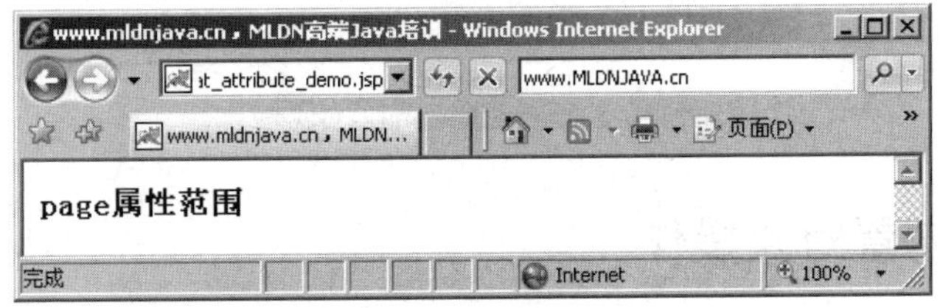

图 10-2　按照顺序输出

这时可以指定一个要取出属性的范围，范围一共有 4 种标记，如表 10-2 所示。

表 10-2　属性范围

No.	属 性 范 围	范　例	说　明
1	pageScope	${pageScope.属性}	取出 page 范围的属性内容
2	requestScope	${requestScope.属性}	取出 request 范围的属性内容
3	sessionScope	${sessionScope.属性}	取出 session 范围的属性内容
4	applicationScope	${applicationScope.属性}	取出 application 范围的属性内容

【例 10.4】 指定取出范围的属性——get_attribute_demo.jsp

```
<%@ page contentType="text/html" pageEncoding="GBK"%>
<html>
<head><title>www.mldnjava.cn，MLDN 高端 Java 培训</title></head>
<body>
<%
    pageContext.setAttribute("info","page 属性范围") ;                     // 设置一个 page 属性
    request.setAttribute("info" , "request 属性范围") ;                    // 设置一个 request 属性
    session.setAttribute("info" , "session 属性范围") ;                    // 设置一个 session 属性
    application.setAttribute("info" , "application 属性范围") ;            // 设置一个 application 属性
%>
<h3>PAGE 属性内容：${pageScope.info}</h3>                                  <!-- 表达式输出 -->
<h3>REQUEST 属性内容：${requestScope.info}</h3>                            <!-- 表达式输出 -->
<h3>SESSION 属性内容：${sessionScope.info}</h3>                            <!-- 表达式输出 -->
<h3>APPLICATION 属性内容：${applicationScope.info}</h3>                    <!-- 表达式输出 -->
</body>
</html>
```

此时，由于已经指定了范围，所以可以取出不同属性范围的同名属性。程序的运行结果如图 10-3 所示。

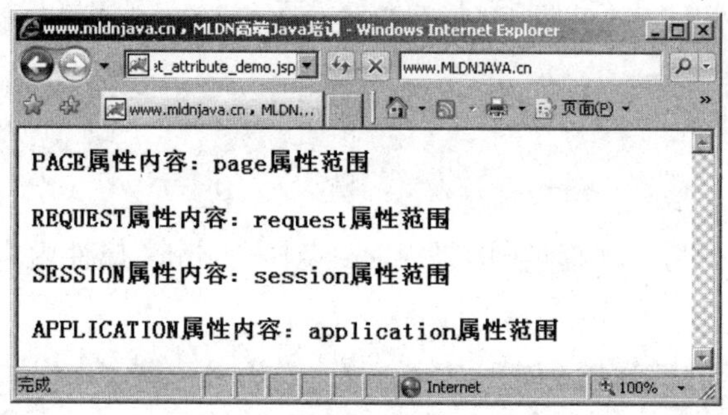

图 10-3　输出指定范围的属性

10.2.2　调用内置对象操作

在讲解 JSP 内置对象时就曾介绍过 pageContext 内置对象的作用，使用 pageContext 对象可以取得 request、session、application 的实例，所以在表达式语言中，可以通过 pageContext

这个表达式的内置对象调用 JSP 内置对象中提供的方法。

提示

调用方法是通过反射机制完成的。

表达式语言中更多的是利用了反射的操作机制，在通过表达式的内置对象调用方法时，都是以调用 getXxx()或 isXxx()形式的方法居多。

【例 10.5】　调用 JSP 内置对象的方法——invoke_method.jsp

```
<%@ page contentType="text/html" pageEncoding="GBK"%>
<html>
<head><title>www.mldnjava.cn，MLDN 高端 Java 培训</title></head>
<body>
<h3>IP 地址：${pageContext.request.remoteAddr}</h3>
<h3>SESSION ID：${pageContext.session.id}</h3>
<h3>是否是新 session：${pageContext.session.new}</h3>
</body>
</html>
```

本程序通过 request 方法输出客户端的 IP 地址，也通过 session 取得了一个当前用户的 Session Id。程序的运行结果如图 10-4 所示。

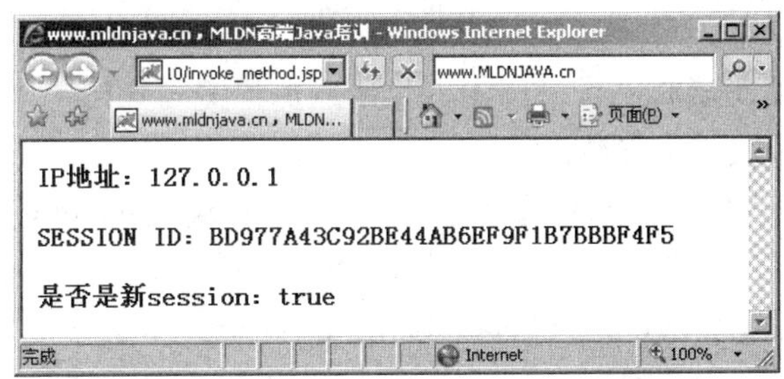

图 10-4　通过表达式语言调用内置对象

10.2.3　接收请求参数

使用表达式语言还可以显示接收的请求参数，功能与 request.getParameter()类似，语法如下：

【格式 10-2　接收参数】

```
${param.参数名称}
```

【例 10.6】　接收参数——get_param_demo.jsp

```
<%@ page contentType="text/html" pageEncoding="GBK"%>
<html>
<head><title>www.mldnjava.cn，MLDN 高端 Java 培训</title></head>
```

```
<body>
<h3>通过内置对象接收输入参数：<%=request.getParameter("ref")%></h3>
<h3>通过表达式语言接收输入参数：${param.ref}</h3>
</body>
</html>
```

本程序为了说明功能，同时使用了 request 和表达式两种方式显示传递参数。在本页面运行时，编写参数“http://localhost/mldn/ch10/get_param_demo.jsp**?ref=LiXingHua**”，程序的运行结果如图 10-5 所示。

图 10-5　显示输入参数

以上传递的是一个单独的参数，如果现在传递的是一组参数，则可以按照如下格式接收：

【格式 10-3　接收一组参数】

```
${paramValues.参数名称}
```

需要注意的是，现在接收的是一组参数，所以如果想要取出，则需要分别指定下标。下面的程序演示如何接收一组参数。

【例 10.7】　定义表单，传递复选框——param_values_demo.htm

```
<html>
<head><title>www.mldnjava.cn，MLDN 高端 Java 培训</title></head>
<body>
<form action="param_values_demo.jsp" method="post">
	兴趣：	<input type="checkbox" name="inst" value="唱歌">唱歌
		<input type="checkbox" name="inst" value="游泳">游泳
		<input type="checkbox" name="inst" value="看书">看书
		<input type="submit" value="显示">
</form>
</body>
</html>
```

【例 10.8】　使用表达式接收参数——param_values_demo.jsp

```
<%@ page contentType="text/html" pageEncoding="GBK"%>
<html>
<head><title>www.mldnjava.cn，MLDN 高端 Java 培训</title></head>
<body>
<%	request.setCharacterEncoding("GBK") ;	%>
<h3>第一个参数：${paramValues.inst[0]}</h3>
```

```
<h3>第二个参数：${paramValues.inst[1]}</h3>
<h3>第三个参数：${paramValues.inst[2]}</h3>
</body>
</html>
```

程序的运行结果如图 10-6 所示。

（a）编写复选框表单

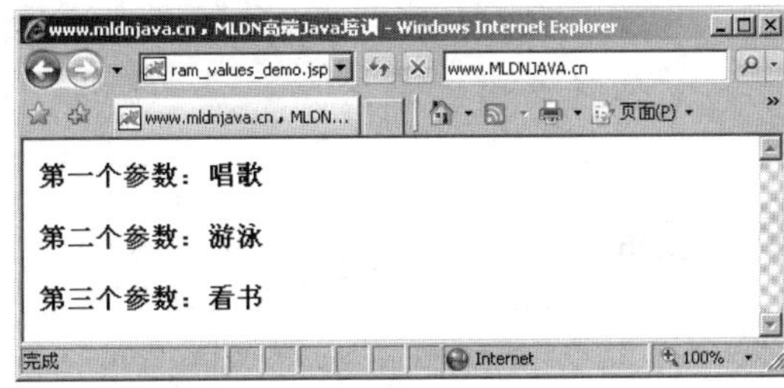

（b）接收表单参数

图 10-6　接收一组参数

10.3　集合操作

集合操作在开发中被广泛地采用，在表达式语言中也已经很好地支持了集合的操作，可以方便地使用表达式语言输出 Collection（子接口：List、Set）、Map 集合中的内容。

【例 10.9】 输出 Collection 接口集合——print_collection.jsp

```
<%@ page contentType="text/html" pageEncoding="GBK" import="java.util.*"%>
<html>
<head><title>www.mldnjava.cn，MLDN 高端 Java 培训</title></head>
<body>
<%
	List all = new ArrayList() ;				// 实例化 List 接口
	all.add("李兴华") ;					// 向集合中增加内容
	all.add("www.MLDNJAVA.cn") ;				// 向集合中增加内容
	all.add("mldnqa@163.com") ;				// 向集合中增加内容
	request.setAttribute("allinfo",all) ;			// 向 request 集合中保存
%>
<h3>第一个元素：${allinfo[0]}</h3>
<h3>第二个元素：${allinfo[1]}</h3>
<h3>第三个元素：${allinfo[2]}</h3>
</body>
</html>
```

本程序首先定义了一个 List 集合对象，之后利用 add()方法向集合中增加了 3 个元素，由于表达式语言只能访问保存在属性范围中的内容，所以此处将集合保存在了 request 范围中，在使用表达式语言输出时，直接通过集合的下标即可访问。程序的运行结果如图 10-7 所示。

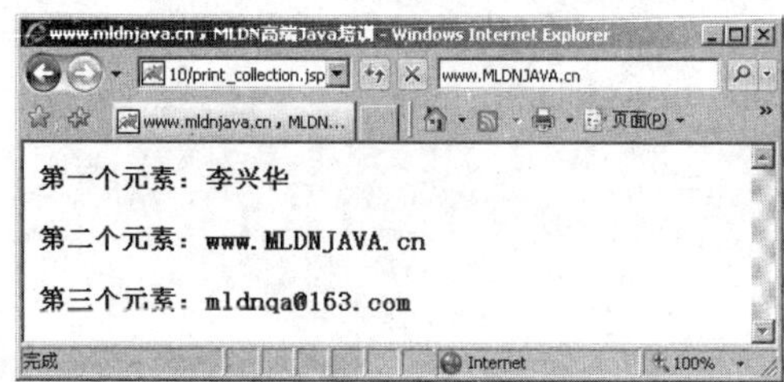

图 10-7　输出 List 集合

提示

使用 request 范围保存属性的目的是为 MVC 设计模式做准备。

在本程序中使用 request 属性范围保存集合，主要是为以后的 MVC 设计模式做准备，因为在 MVC 设计模式中都使用 request 属性范围将 Servlet 中的内容传递给 JSP 显示，而表达式语言的最大优点也要结合 MVC 设计模式才可以体现。

【例 10.10】 输出 Map 集合——print_map.jsp

```
<%@ page contentType="text/html" pageEncoding="GBK" import="java.util.*"%>
<html>
<head><title>www.mldnjava.cn，MLDN 高端 Java 培训</title></head>
<body>
<%
	Map map = new HashMap() ;					// 实例化 Map 对象
	map.put("lxh","李兴华") ;					// 向集合中增加内容
	map.put("mldn","www.MLDNJAVA.cn") ;			// 向集合中增加内容
	map.put("email","mldnqa@163.com") ;			// 向集合中增加内容
	request.setAttribute("info", map) ;			// 在 request 范围中保存集合
%>
<h3>KEY 为 lxh 的内容：${info["lxh"]}</h3>
<h3>KEY 为 mldn 的内容：${info.mldn}</h3>
<h3>KEY 为 email 的内容：${info["email"]}</h3>
</body>
</html>
```

本程序利用 Map 集合保存数据，所以在访问 Map 数据时，就需要通过 key 找到对应的 value，在表达式语言中，除了可以采用“.”的形式访问，也可以采用“[]”的形式访问。程序的运行结果如图 10-8 所示。

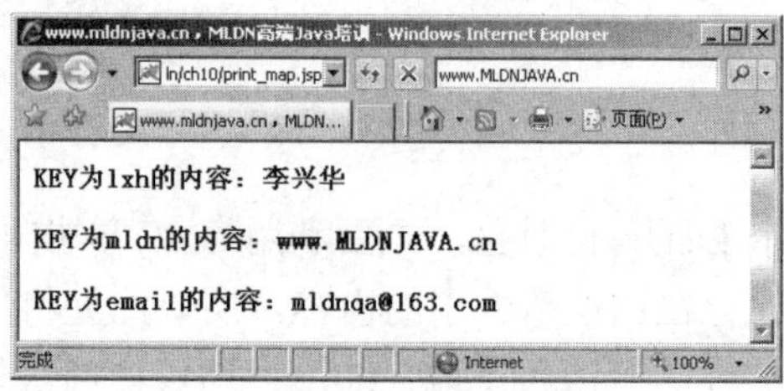

图 10-8　输出 Map 集合

10.4　在 MVC 中应用表达式语言

表达式语言的强大功能还在于，可以直接通过反射的方式调用保存在属性范围中的Java对象内容，如现在有如下的一个 Java 类。

【例 10.11】 定义一个 VO 类——Dept.java

```
package org.lxh.eldemo.vo;
public class Dept {
	private int deptno;
	private String dname;
	private String loc;
	public int getDeptno() {
		return deptno;
	}
	public void setDeptno(int deptno) {
		this.deptno = deptno;
	}
	public String getDname() {
		return dname;
	}
	public void setDname(String dname) {
		this.dname = dname;
	}
	public String getLoc() {
		return loc;
	}
	public void setLoc(String loc) {
		this.loc = loc;
	}
}
```

下面先通过在 JSP 中的程序讲解如何使用表达式输出保存在属性范围中属性的内容。

【例 10.12】 将此对象保存在属性范围中，通过表达式语言输出——print_vo.jsp

```
<%@ page contentType="text/html" pageEncoding="GBK" import="org.lxh.eldemo.vo.*"%>
<html>
<head><title>www.mldnjava.cn，MLDN 高端 Java 培训</title></head>
<body>
<%
	Dept dept = new Dept() ;					// 实例化 VO 对象
	dept.setDeptno(10) ;						// 设置 deptno 属性
	dept.setDname("MLDN 教学部") ;				// 设置 dname 属性
	dept.setLoc("北京市西城区") ;				// 设置 loc 属性
	request.setAttribute("deptinfo",dept) ;		// 设置 request 属性
%>
```

```
<h3>部门编号：${deptinfo.deptno}</h3>
<h3>部门名称：${deptinfo.dname}</h3>
<h3>部门位置：${deptinfo.loc}</h3>
</body>
</html>
```

本程序首先实例化了一个 Dept 类的对象，之后分别设置里面的属性内容，并将对象保存在了 request 属性范围中，因为已经存放在属性范围中，所以以后在使用表达式输出时就会方便许多，可以直接访问。程序的运行结果如图 10-9 所示。

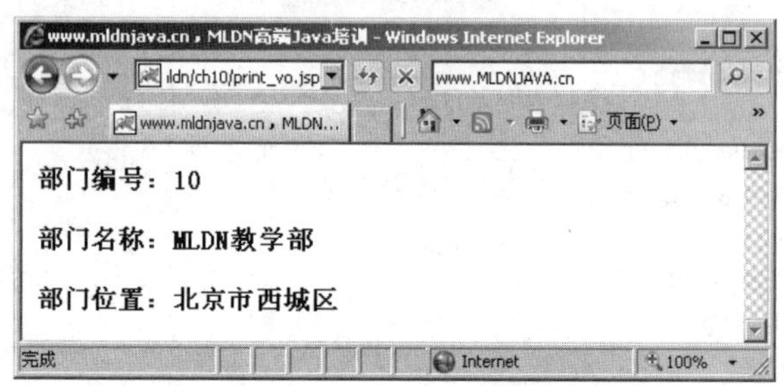

图 10-9　输出 VO 内容

提示

不要忽视反射机制的作用。

在利用表达式输出对象属性的操作中实际上还是依靠 Java 反射机制完成的，为便于理解读者可以在类中的 getter 方法中加上系统输出。

下面再结合 MVC 设计模式来编写一段程序，通过本程序读者可以进一步地加深对表达式语言的理解和使用。

【例 10.13】 编写 Servlet 传递 request 属性——ELServlet.java

```
package org.lxh.eldemo.servlet;
import java.io.IOException;
import javax.servlet.ServletException;
import javax.servlet.http.HttpServlet;
import javax.servlet.http.HttpServletRequest;
import javax.servlet.http.HttpServletResponse;
import org.lxh.eldemo.vo.Dept;
public class ELServlet extends HttpServlet {
    public void doGet(HttpServletRequest request, HttpServletResponse response)
            throws ServletException, IOException {
        Dept dept = new Dept() ;                          // 实例化 VO 对象
        dept.setDeptno(10) ;                              // 设置 deptno 属性
        dept.setDname("MLDN 教学部") ;                    // 设置 dname 属性
        dept.setLoc("北京市西城区") ;                      // 设置 loc 属性
        request.setAttribute("deptinfo",dept) ;           // 设置 request 属性
        request.getRequestDispatcher("dept_info.jsp")
                .forward(request, response);              // 通过服务器跳转传递request属性
```

```
    }
    public void doPost(HttpServletRequest request, HttpServletResponse response)
            throws ServletException, IOException {
        this.doGet(request, response);                                // 调用 doGet()操作
    }
}
```

【例 10.14】 配置 web.xml

```
<servlet>
    <servlet-name>ELServlet</servlet-name>
    <servlet-class>
        org.lxh.eldemo.servlet.ELServlet
    </servlet-class>
</servlet>
<servlet-mapping>
    <servlet-name>ELServlet</servlet-name> >
    <url-pattern>/ch10/ELServlet</url-pattern>                  <!-- 页面的映射路径 -->
</servlet-mapping>
```

在本程序中通过 request 属性范围保存了一个 dept 的 VO 对象，之后通过服务器跳转的方式将 request 属性的内容传递到 dept_info.jsp 页面上显示。

【例 10.15】 接收 request 属性并输出——ch10/dept_info.jsp

```
<%@ page contentType="text/html" pageEncoding="GBK"%>
<html>
<head><title>www.mldnjava.cn，MLDN 高端 Java 培训</title></head>
<body>
<h3>部门编号：${deptinfo.deptno}</h3>
<h3>部门名称：${deptinfo.dname}</h3>
<h3>部门位置：${deptinfo.loc}</h3>
</body>
</html>
```

此时的 JSP 页面再也不用导入 VO 包，而可以直接通过表达式进行输出。程序的运行结果如图 10-10 所示。

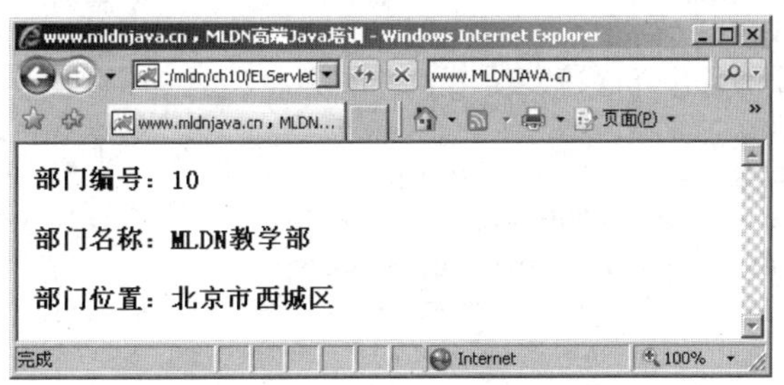

图 10-10　在 MVC 中应用表达式语言

现在可以将一个对象的内容输出，但是从之前 DAO 的操作中，读者应该清楚，如果现在执行的是数据库的查询操作，则传递到 JSP 页面上将是一个对象集合（List），那么面对

集合该如何输出呢？

在第 9 章强调过一个 JSP 程序中应该只包含 3 类代码，即接收属性、判断和输出，而且在 JSP 中最好只导入一个 java.util 包，所以此时要输出一个集合，还是要依靠 Iterator 完成，通过 Iterator 找出集合中的每一个元素。但表达式语言只能操作 4 种属性范围中的内容，所以就可以将每一个取出的对象（Object）存放在 page 范围中（因为每一个要输出的内容只在本页有效），之后再通过表达式输出即可，如图 10-11 所示。

图 10-11　使用表达式输出集合的步骤

【例 10.16】 定义 Servlet 传递集合——ELListServlet.java

```
package org.lxh.eldemo.servlet;
import java.io.IOException;
import java.util.ArrayList;
import java.util.List;
import javax.servlet.ServletException;
import javax.servlet.http.HttpServlet;
import javax.servlet.http.HttpServletRequest;
import javax.servlet.http.HttpServletResponse;
import org.lxh.eldemo.vo.Dept;
public class ELListServlet extends HttpServlet {
    public void doGet(HttpServletRequest request, HttpServletResponse response)
            throws ServletException, IOException {
        List<Dept> all = new ArrayList<Dept>() ;            // 实例化 List 接口
        Dept dept = null ;                                  // 定义 Dept 对象
        dept = new Dept() ;                                 // 实例化 VO 对象
        dept.setDeptno(10) ;                                // 设置 deptno 属性
        dept.setDname("MLDN 教学部") ;                       // 设置 dname 属性
        dept.setLoc("北京市西城区") ;                         // 设置 loc 属性
        all.add(dept) ;                                     // 向集合中增加 dept 属性
        dept = new Dept() ;                                 // 重新实例化 VO 对象
        dept.setDeptno(20) ;                                // 设置 deptno 属性
        dept.setDname("MLDN 研发部") ;                       // 设置 dname 属性
        dept.setLoc("北京市东城区") ;                         // 设置 loc 属性
        all.add(dept) ;                                     // 向集合中增加 dept 属性
        request.setAttribute("alldept",all) ;               // 设置 request 属性
        request.getRequestDispatcher("dept_list.jsp")
                .forward(request, response);                // 通过服务器跳转传递 request 属性
    }
    public void doPost(HttpServletRequest request, HttpServletResponse response)
            throws ServletException, IOException {
        this.doGet(request, response);                      // 调用 doGet()操作
    }
}
```

【例 10.17】 配置 web.xml

```
<servlet>
	<servlet-name>ELListServlet</servlet-name>
	<servlet-class>
		org.lxh.eldemo.servlet.ELListServlet
	</servlet-class>
</servlet>
<servlet-mapping>
	<servlet-name>ELListServlet</servlet-name>	>
	<url-pattern>/ch10/ELListServlet</url-pattern>		<!-- 页面的映射路径 -->
</servlet-mapping>
```

本程序将一个包含了 Dept 对象的集合对象传递到 dept_list.jsp 中进行显示。

【例 10.18】 使用表达式输出集合——dept_list.jsp

```
<%@ page contentType="text/html" pageEncoding="GBK" import="java.util.*"%>
<html>
<head><title>www.mldnjava.cn，MLDN 高端 Java 培训</title></head>
<body>
<%
	List all = (List) request.getAttribute("alldept") ;			// 接收 List 集合
	if (all != null){								// 判断是否为空
%>
		<table border="1" width="90%">
			<tr>
				<td>部门编号</td>
				<td>部门名称</td>
				<td>部门位置</td>
			</tr>
<%
		Iterator iter = all.iterator() ;					// 实例化 Iterator 对象
			while(iter.hasNext()) {						// 迭代输出
				pageContext.setAttribute("dept",iter.next()) ;	// 设置 page 属性
%>
				<tr>
					<td>${dept.deptno}</td>
					<td>${dept.dname}</td>
					<td>${dept.loc}</td>
				</tr>
<%
			}
%>
		</table>
<%
	}
%>
</body>
</html>
```

本程序在 JSP 页面中将接收传递过来的 request 属性，为了防止出现 NullPointer Exception，所以在输出前使用判断语句判断集合是否为空，如果不为空将采用迭代的方式进行输出。程序的运行结果如图 10-12 所示。

图 10-12　使用表达式语言输出集合

通过本程序，相信每位读者都能清楚地发现表达式语言所带来的好处，也可以发现通过表达式语言修改后的 JSP 程序中的 Scriptlet 代码正在逐步减少，从而使 JSP 的开发也变得越来越简单。

提示

掌握本程序的输出原理。

使用表达式语言输出集合时实际上是将每一个对象取出放在 page 范围中，之所以这样是因为属性只在本页起作用，在本书之后讲解的标签库开发或 struts 标签输出集合时，所采用的都是这种输出原理。

10.5　运　算　符

在表达式语言中为了方便用户的显示操作定义了许多算术运算符、关系运算符、逻辑运算符等，使用这些运算符将使得 JSP 页面更加简洁，但是对于太复杂的操作还是应该在 Servlet 或 JavaBean 中完成。在使用这些运算符时，所有的操作内容也可以直接使用设置的属性，而不用考虑转型的问题。

在表达式语言中提供了 5 种算术运算符，如表 10-3 所示。

表 10-3　算术运算符

No.	算术运算符	描　述	范　例	结　果
1	+	加法操作	${20 + 30}	50
2	-	减法操作	${20 - 30}	-10
3	*	乘法操作	${20 * 30}	600
4	/或 div	除法操作	${20 / 30} 或 ${20 div 30}	0.666
5	%或 mod	取模（余数）	${20 % 30} 或 ${20 mod 30}	20

【例 10.19】 算术运算操作——math_demo.jsp

```
<%@ page contentType="text/html" pageEncoding="GBK"%>
<html>
<head><title>www.mldnjava.cn，MLDN 高端 Java 培训</title></head>
<body>
<%  // 设置 page 范围属性，基本数据类型自动变为包装类
    pageContext.setAttribute("num1", 20) ;
    pageContext.setAttribute("num2", 30) ;
%>
<h3>加法操作：${num1 + num2}</h3>
<h3>减法操作：${num1 - num2}</h3>
<h3>乘法操作：${num1 * num2}</h3>
<h3>除法操作：${num1 / num2}和${num1 div num2}</h3>
<h3>取模操作：${num1 % num2}和${num1 mod num2}</h3>
</body>
</html>
```

本程序分别执行了各种算术运算，程序的运行结果如图 10-13 所示。

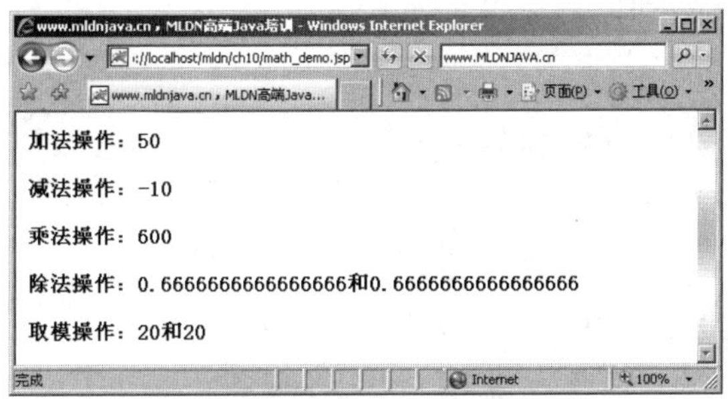

图 10-13 执行算术运算

在表达式语言中提供了 6 种关系运算符，如表 10-4 所示。

表 10-4 关系运算符

No.	关系运算符	描 述	范 例	结 果
1	==或 eq	等于	${20 == 30} 或 ${20 eq 30}	false
2	!=或 ne	不等于	${20 != 30} 或 ${20 ne 30}	true
3	<或 lt	小于	${20 < 30} 或 ${20 lt 30}	true
4	>或 gt	大于	${20 > 30} 或 ${20 gt 30}	false
5	<=或 le	小于等于	${20 <= 30} 或 ${20 le 30}	true
6	>=或 ge	大于等于	${20 >= 30} 或 ${20 ge 30}	false

【例 10.20】 验证关系运算符——rel_demo.jsp

```
<%@ page contentType="text/html" pageEncoding="GBK"%>
<html>
<head><title>www.mldnjava.cn，MLDN 高端 Java 培训</title></head>
<body>
```

```
<%  // 设置 page 范围属性，基本数据类型自动变为包装类
      pageContext.setAttribute("num1", 20) ;
      pageContext.setAttribute("num2", 30) ;
%>
<h3>相等判断：${num1 == num2}和${num1 eq num2}</h3>
<h3>不等判断：${num1 != num2}和${num1 ne num2}</h3>
<h3>小于判断：${num1 < num2}和${num1 lt num2}</h3>
<h3>大于判断：${num1 > num2}和${num1 gt num2}</h3>
<h3>小于等于判断：${num1 <= num2}和${num1 le num2}</h3>
<h3>大于等于判断：${num1 >= num2}和${num1 ge num2}</h3>
</body>
</html>
```

本程序分别执行了各种关系运算，程序的运行结果如图 10-14 所示。

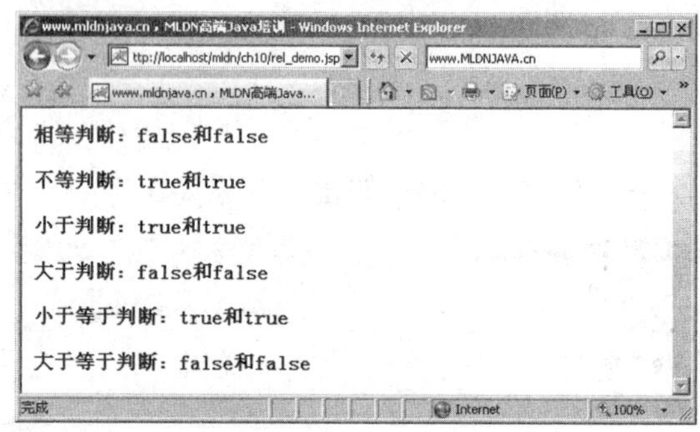

图 10-14　执行关系运算符

在表达式语言中提供了 3 种逻辑运算符，如表 10-5 所示。

表 10-5　逻辑运算符

No.	逻辑运算符	描　述	范　例	结　果
1	&&或 and	与操作	${true && false} 或 ${true and false}	false
2	||或 or	或操作	${true || false} 或 ${true or false}	true
3	!或 not	非操作（取反）	${!true} 或 ${not true}	false

【例 10.21】 验证逻辑运算符——logic_demo.jsp

```
<%@ page contentType="text/html" pageEncoding="GBK"%>
<html>
<head><title>www.mldnjava.cn，MLDN 高端 Java 培训</title></head>
<body>
<%  // 设置 page 范围属性，基本数据类型自动变为包装类
      pageContext.setAttribute("flagA", true) ;
      pageContext.setAttribute("flagB", false) ;
%>
<h3>与操作：${flagA && flagB}和${flagA and flagB}</h3>
<h3>或操作：${flagA || flagB}和${flagA or flagB}</h3>
<h3>非操作：${!flagA}和${not flagA}</h3>
</body>
</html>
```

本程序分别执行了各种逻辑运算，程序的运行结果如图 10-15 所示。

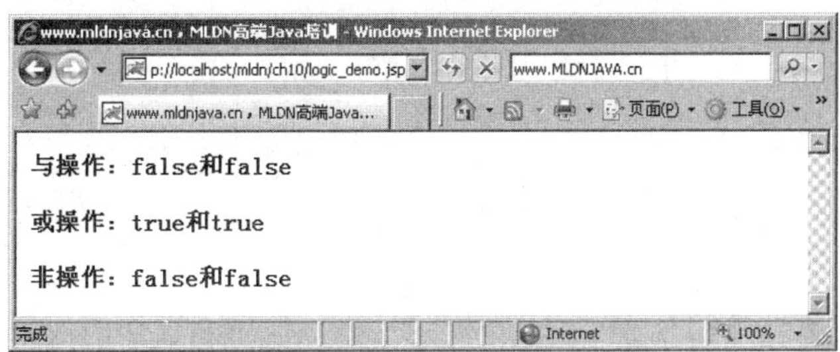

图 10-15　执行逻辑运算符

除了以上的运算符之外，在表达式语言中还有表 10-6 所示的其他运算符。

表 10-6　其他运算符

No.	其他运算符	描　述	范　例	结　果
1	empty	判断是否为 null	${empty info}	true
2	? :	三目运算符	${10>20 ? "大于" : "小于"}	小于
3	()	括号运算符	${10 * (20 + 30)}	500

【例 10.22】 验证其他运算符——other_demo.jsp

```
<%@ page contentType="text/html" pageEncoding="GBK"%>
<html>
<head><title>www.mldnjava.cn，MLDN 高端 Java 培训</title></head>
<body>
<%	// 设置 page 范围属性，基本数据类型自动变为包装类
	pageContext.setAttribute("num1", 10) ;
	pageContext.setAttribute("num2", 20) ;
	pageContext.setAttribute("num3", 30) ;
%>
<h3>empty 操作：${empty info}</h3>
<h3>三目操作：${num1>num2 ? "大于" : "小于"}</h3>
<h3>括号操作：${num1 * (num2 + num3)}</h3>
</body>
</html>
```

程序的运行结果如图 10-16 所示。

图 10-16　其他运算符

10.6 本 章 摘 要

1．表达式语言（EL）是在 JSP 2.0 之后新增加的功能，目的是为了方便输出 4 种属性范围中的内容。

2．使用表达式语言并结合 MVC 设计模式，可以使 JSP 页面的代码更加简化。

3．在一个 JSP 页面中唯一允许导入的包就是 java.util 包，最好的做法是不导入任何的包，并且不使用任何的 Scriptlet。

4．表达式语言中可以操作 request、session 等内置对象。

5．表达式语言可以方便地进行集合的访问。

6．表达式语言提供了各种操作运算符，使用这些运算符可以使代码开发更加容易。

10.7 开发实战练习（基于 Oracle 数据库）

1．使用 MVC 设计模式完成一个新闻管理程序。本程序使用的 news 表的结构如表 10-7 所示。

表 10-7 news 表的结构

新闻表			
	No.	列名称	描述
news nid NUMBER <pk> title VARCHAR2(200) author VARCHAR2(50) pubdate DATE content CLOB lockflag NUMBER	1	nid	新闻编号，自动增长
	2	title	新闻标题
	3	author	新闻作者
	4	pubdate	发布日期
	5	content	新闻内容
	6	lockflag	锁定标记，活动：lockflag=0，锁定：lockflag=1

发布日期为当前的系统日期，所有的新闻内容要求使用在线编辑器进行编辑。

数据库创建脚本：

```
-- 删除 news 表
DROP TABLE news ;
-- 删除序列
DROP SEQUENCE newsseq ;
-- 创建序列
CREATE SEQUENCE newsseq ;
-- 清空回收站
PURGE RECYCLEBIN ;
```

```
-- 创建表
CREATE TABLE news(
     nid            NUMBER               PRIMARY KEY ,
     title          VARCHAR2(200)        NOT NULL ,
     author         VARCHAR2(200)        NOT NULL ,
     pubdate        DATE                 DEFAULT sysdate ,
     content        CLOB                 NOT NULL ,
     lockflag       NUMBER               DEFAULT 1
) ;
-- 事务提交
COMMIT ;
```

程序开发要求如下。

（1）添加新闻：添加新闻时写清楚新闻的标题、作者、内容，默认情况下刚添加的新闻需要经过管理员审核，新闻发布时间为新闻的提交时间。

（2）修改新闻：将已有的信息进行显示，如果是管理员修改新闻，则可以控制新闻的锁定状态。

（3）前台用户只能看见所有未锁定的新闻。

2．使用 MVC+表达式语言完成购物车程序。本程序使用的 member 表和 product 表的结构分别如表 10-8 和表 10-9 所示。

表 10-8 member 表的结构

成员表			
member mid VARCHAR2(50) <pk> password VARCHAR2(32) name VARCHAR2(30) address VARCHAR2(200) telephone VARCHAR2(100) zipcode VARCHAR2(6)	No.	列 名 称	描 述
	1	mid	用户登录 id
	2	password	用户登录密码
	3	name	真实姓名
	4	address	用户的住址
	5	telephone	联系电话
	6	zipcode	邮政编码

数据库创建脚本：

```
-- 删除 member 表
DROP TABLE member ;
-- 清空回收站
PURGE RECYCLEBIN ;
-- 创建表
CREATE TABLE member(
     mid            VARCHAR2(50)         PRIMARY KEY ,
     password       VARCHAR2(32)         NOT NULL ,
     name           VARCHAR2(30)         NOT NULL ,
     address        VARCHAR2(200)        NOT NULL ,
     telephone      VARCHAR2(100)        NOT NULL ,
     zipcode        VARCHAR2(6)          NOT NULL
```

```
);
-- 插入测试数据
INSERT INTO member(mid,password,name,address,telephone,zipcode) VALUES
    ('admin','admin','管理员','北京魔乐科技软件学院（www.MLDNJAVA.cn）','01051283346','100088');
INSERT INTO member(mid,password,name,address,telephone,zipcode) VALUES
    ('guest','guest','游客','北京魔乐科技软件学院（www.MLDNJAVA.cn）','01051283346','100088');
INSERT INTO member(mid,password,name,address,telephone,zipcode) VALUES
    ('lixinghua','mldnjava','李兴华','北京魔乐科技软件学院（www.MLDNJAVA.cn）','01051283346','100088');
-- 事务提交
COMMIT;
```

表 10-9　product 表的结构

产　品　表	No.	列　名　称	描　　述
product pid NUMBER <pk> tid NUMBER <fk1> stid NUMBER <fk2> name VARCHAR2(50) note CLOB price NUMBER(10, 2) amount NUMBER(5) count NUMBER photo VARCHAR2(100)	1	pid	产品编号，自动增长
	2	tid	商品所属的类别编号
	3	stid	商品所属的子类别编号
	4	name	产品名称
	5	note	产品简介
	6	price	产品单价
	7	amount	产品数量
	8	count	产品点击量
	9	photo	产品图片

数据库创建脚本：

```
-- 删除 product 表
DROP TABLE product ;
-- 删除序列
DROP SEQUENCE proseq ;
-- 清空回收站
PURGE RECYCLEBIN ;
CREATE SEQUENCE proseq ;
-- 创建表
CREATE TABLE product(
    pid         NUMBER          PRIMARY KEY ,
    tid         NUMBER          REFERENCES types(tid) ON DELETE CASCADE ,
    stid        NUMBER          REFERENCES subtypes(stid) ON DELETE CASCADE ,
    name        VARCHAR2(50)    NOT NULL ,
    note        CLOB            ,
    price       NUMBER          NOT NULL ,
    amount      NUMBER ,
    count       NUMBER          DEFAULT 0 ,
```

```
    photo          VARCHAR2(100)    DEFAULT 'nophoto.jpg'
) ;
-- 插入测试数据
INSERT INTO product(pid,name,note,price,amount) VALUES
    (proseq.nextval,'Oracle 数据库开发','基本 SQL、DBA 入门',69.8,30) ;
INSERT INTO product(pid,name,note,price,amount) VALUES
    (proseq.nextval,'Java 开发实战经典','一本最好的 Java 入门书籍',79.8,30) ;
INSERT INTO product(pid,name,note,price,amount) VALUES
    (proseq.nextval,'Java Web 开发实战经典','JSP、Servlet、Ajax、Struts',99.8,20) ;
INSERT INTO product(pid,name,note,price,amount) VALUES
    (proseq.nextval,'Spring 开发手册','Spring、MVC、标签',57.9,20) ;
INSERT INTO product(pid,name,note,price,amount) VALUES
    (proseq.nextval,'Hibernate 实战精讲','ORMapping',87.3,10) ;
INSERT INTO product(pid,name,note,price,amount) VALUES
    (proseq.nextval,'Struts 2.0 权威开发','WebWork、Struts 2.0',70.3,23) ;
INSERT INTO product(pid,name,note,price,amount) VALUES
    (proseq.nextval,'SQL Server 指南','SQL Server 数据库',29.8,11) ;
INSERT INTO product(pid,name,note,price,amount) VALUES
    (proseq.nextval,'Windows 指南','基本使用',23.2,20) ;
INSERT INTO product(pid,name,note,price,amount) VALUES
    (proseq.nextval,'Linux 操作系统','原理、内核、基本命令',37.9,10) ;
INSERT INTO product(pid,name,note,price,amount) VALUES
    (proseq.nextval,'企业开发架构','企业开发原理、成本、分析',109.5,20) ;
INSERT INTO product(pid,name,note,price,amount) VALUES
    (proseq.nextval,'分布式开发','RMI、EJB、Web 服务',200.8,10) ;
INSERT INTO product(pid,name,note,price,amount) VALUES
    (proseq.nextval,'SEAM（JSF + EJB 3.0）','JSF、SEAM、EJB 3.0',80.2,15) ;
-- 事务提交
COMMIT ;
```

程序开发要求如下：

（1）后台可以进行商品的添加、修改、删除等操作，所有的商品在增加时可以进行图片的显示。

（2）前台用户浏览商品时，可以直接从商品列表选择将商品添加到购物车，也可以通过查看商品的详细信息页进行添加购物车的操作。

（3）添加商品图片时要求可以预览上传图片。

第 11 章　Tomcat 数据源

通过本章的学习可以达到以下目标：

☑　掌握数据源的作用及操作原理。

☑　掌握 Tomcat 中数据源的配置。

☑　掌握数据源的查找及使用。

动态 Web 开发的最大特点就是可以进行数据库的操作，传统的 JDBC 操作由于操作步骤的重复性会造成程序性能的下降，此时就可以通过数据源提升与数据库的操作性能。

11.1　数据源操作原理

在讲解数据源的基本操作原理之前，先来回顾一下 JDBC 操作原理：

（1）加载数据库驱动程序，数据库驱动程序通过 classpath 配置。

（2）通过 DriverManager 类取得数据库连接对象。

（3）通过 Connection 实例化 PreparedStatement 对象，编写 SQL 命令操作数据库。

（4）数据库属于资源操作，操作完成后要关闭数据库以释放资源。

这个过程如图 11-1 所示。

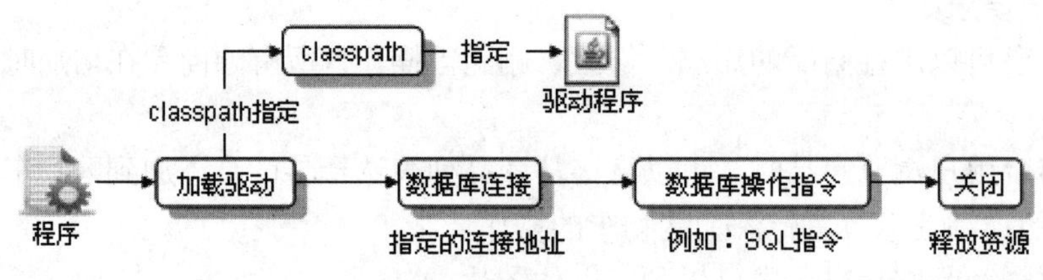

图 11-1　JDBC 操作原理

提示

数据库连接时需要建立多次连接。

在使用 JDBC 连接数据库时，程序会进行多个 Socket 连接操作，所以这种传统的数据库操作性能是很低的。

这时读者应该可以发现问题了，由于每一个用户进行数据库操作时都需要经过相同的 3 个步骤（步骤（1）、步骤（2）、步骤（4）），但是每个用户对于数据库的操作却是不同的，例如，有的是更新数据库，有的是查询数据库，所以在进行数据库操作时，如果可以将重复的 3 个步骤去掉，而只保留步骤（3）的话，那么性能肯定会有所提高，这实际上就是数据源产生的原因。

数据源操作的核心原理就是，在一个对象池中保存多个数据库的连接（也称为数据库连接池，Connection Pool），这样以后再进行数据库操作时，直接从连接池中取出一个数据库连接，当数据库操作完成后，再将此连接放回到数据库连接池中，等待其他用户继续使用。

但是在这之中也会存在以下几个问题。

（1）最小连接数：如果一个程序在使用时没有一个用户连接，则数据库最小应该维持的数据库连接数。

（2）最大连接数：在一个程序中一个数据库最多可以打开的数据库连接数。

（3）最大等待时间：当一个数据库连接池中已经没有更多的数据库连接提供给用户使用时，其他用户等待的最大时间，如果在等待时间内有连接放回，则可以继续使用；如果超过了最大等待时间，则用户无法取得数据库连接。

这样的程序可以使用 Java 应用程序实现，先在一个类集对象中保存多个数据库连接对象，之后通过控制类集达到连接池功能的实现，但是这种实现要考虑多线程的问题，而且以上的 3 种问题也需要考虑，实现起来比较困难，而幸运的是在 Tomcat 4.1.x 版本之后已经支持了此操作，所以，在 Web 开发中可以直接通过 Tomcat 即可实现数据库连接池的功能。

提示

数据库连接池组件。

如果不使用 Tomcat 实现数据库连接池，也可以从网上搜索各种数据库连接池的组件进行程序功能的实现，如 Apache 组织的 C3P0 组件。

11.2　在 Tomcat 中使用数据库连接池

在 Web 容器中，数据库的连接池都是通过数据源（javax.sql.DataSource）访问的，即可以通过 javax.sql.DataSource 类取得一个 Connection 对象，但是要想得到一个 DataSource 对象需要使用 JNDI 进行查找，如图 11-2 所示。

提示

JNDI 服务。

JNDI（Java Naming and Directory Interface，Java 命名及目录接口）是 Java EE 提供的一个服务，其服务的主要功能就是通过一个名称的“key”查找到对应的一个对象“value”，这一设计也体现出了 Java 程序的设计理念，通过 key 对应 value，只要 key 不改变，则 value 可以随意修改。

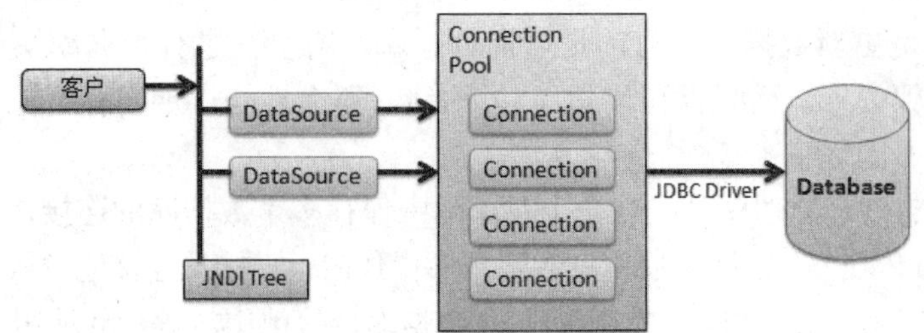

图 11-2　Tomcat 中的数据源操作

从图 11-2 中可以发现，客户端通过查询 JNDI 上所绑定的名称取得一个 DataSource 对象，并且通过 DataSource 取得 Connection Pool 中保存的一个数据库连接。

注意

一定要配置数据库驱动程序。

此时数据源连接池是在 Tomcat 上进行配置的，所以一定要将数据库的驱动程序复制到%TOMCAT_HOME%\common\lib 文件夹中。

【例 11.1】在 server.xml 文件中配置数据库连接池——%TOMCAT_HOME%\conf\server.xml

```
<Context path="/mldn" docBase="D:\mldnwebdemo" reloadable="true">
    <Resource name="jdbc/mldn"                     →  配置一个连接池资源，名称为 jdbc/mldn
        auth="Container"                           →  容器负责资源的连接
        type="javax.sql.DataSource"                →  此数据源名称对应的类型是 DataSource
        maxActive="100"                            →  可以打开的最大连接数
        maxIdle="30"                               →  维持的最小连接数
        maxWait="10000"                            →  用户等待的最大时间
        username="root"                            →  数据库用户名
        password="mysqladmin"                      →  数据库密码
        driverClassName="org.gjt.mm.mysql.Driver"→ 数据库驱动程序
        url="jdbc:mysql://localhost:3306/mldn"/>   →  数据库名称
</Context>
```

以上的配置在<Context>节点中增加了一个<Resource>的节点，用来表示配置的连接池选项，其中 name 属性指定的是此数据源的名称，此处为“jdbc/mldn”，这个名称也是以后程序中访问数据库资源时要查找到的名称。

在<Resource>节点中的 auth 选项表示的是连接数据库的方法，可以有以下两种选择。

☑　Container：容器将代表应用程序登录到资源管理器，一般使用此方式。

☑　Application：应用程序必须程序化地登录到资源管理器。

提示

关于数据源名称的命名规范。

在开发中由于可以使用 JNDI 查询多种资源，为了清晰，在操作用于访问数据库的数据源中，可以使用 jdbc/XXX 的命名形式，这样可以直接从命名上知道这是一个操作数据库的命名资源。

本次配置的是 MySQL 数据库的驱动程序，如果要使用 Oracle，则只需要替换相关的属性内容即可。

【例 11.2】 配置 Oracle 连接池

```
<Context path="/mldn" docBase="D:\mldnwebdemo" reloadable="true">
	<Resource
		name="jdbc/mldn"
		auth="Container"
		type="javax.sql.DataSource"
		maxActive="100"
		maxIdle="30"
		maxWait="10000"
		username="scott"
		password="tiger"
		driverClassName="oracle.jdbc.driver.OracleDriver"
		url="jdbc:oracle:thin:@localhost:1521:MLDN"/>
</Context>
```

server.xml 配置完成之后就需要在一个 Web 项目中配置 web.xml 文件，并在文件中指明要使用的数据源名称。

【例 11.3】 配置 web.xml

```
<resource-ref>
	<description>DB Connection</description>
	<res-ref-name>jdbc/mldn</res-ref-name>
	<res-type>javax.sql.DataSource</res-type>
	<res-auth>Container</res-auth>
</resource-ref>
```

11.3 查找数据源

数据源的操作使用的是 JNDI 方式进行查找的，所以如果使用数据源取得数据库连接，则必须按照如下步骤进行：

（1）初始化名称查找上下文：Context ctx = new InitialContext() ;。

（2）通过名称查找 DataSource 对象：DataSource ds = (DataSource)ctx.lookup(JNDI 名称);。

（3）通过 DataSource 取得一个数据库连接：Connection conn = ds.getConnection() ;。

【例 11.4】 通过数据源取得数据库连接——datasource.jsp

```
<%@ page contentType="text/html" pageEncoding="GBK"%>
<%@ page import="javax.naming.*" %>				<!-- 名称查找开发包 -->
<%@ page import="javax.sql.*" %>				<!-- DataSource 所在的包 -->
<%@ page import="java.sql.*" %>					<!-- Connection 所在的包 -->
<html>
```

```
<head><title>www.mldnjava.cn，MLDN 高端 Java 培训</title></head>
<body>
<%
    String DSNAME = "java:comp/env/jdbc/mldn" ;              // JNDI 名称
    Context ctx = new InitialContext() ;                     // 初始化名称查找上下文
    DataSource ds = (DataSource)ctx.lookup(DSNAME) ;         // 取得 DataSource 的实例
    Connection conn = ds.getConnection() ;                   // 取得数据库连接
%>
    <%=conn%>                                                <!-- 如果不为空，则已连接 -->
<%
    conn.close() ;                                           // 将数据库连接放回到池中去
%>
</body>
</html>
```

在本程序中可以发现，虽然真正在 server.xml 中配置的 DataSource 名称是“jdbc/mldn”，但是真正使用时却在前面加上了一个“java:comp/env/”的前缀，这实际上是 Java EE 规定的一个环境命名上下文（Environment Naming Context（ENC）），主要是为了解决 JNDI 查找时的冲突问题。

提示

java:comp/env 环境属性不一定到处都要使用。

对于一些高级的服务器（如 WebLogic、Websphere）由于本身已经设置好了此属性，所以在进行数据源查找时可以不用设置此属性，但是对于 Tomcat 必须设置，否则无法找到。

本程序将直接打印输出 Connection 的连接对象，如果可以取得连接，则会输出一个对象的信息；如果没有取得连接，则肯定打印为 null。程序的运行结果如图 11-3 所示。

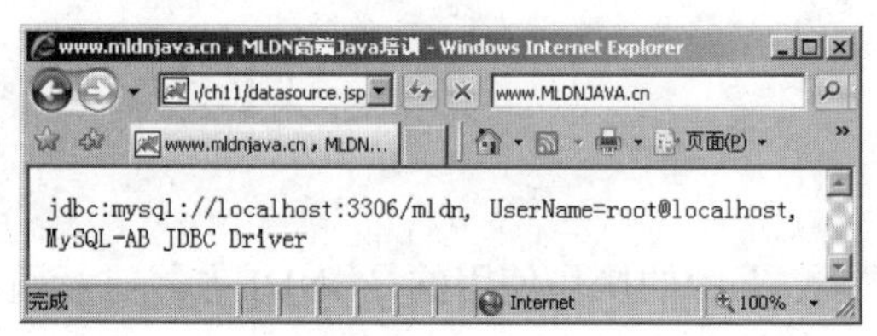

图 11-3　查找数据源

在以后的开发中，就可以直接将数据源应用到项目中，例如，在 DAO 开发中经常使用到的 DatabaseConnection 类，就可以将其替换成数据源连接。

【例 11.5】 修改 DAO 中的 DatabaseConnection.java

```
package org.lxh.mvcdemo.dbc;
import java.sql.Connection;
import javax.naming.Context;
import javax.naming.InitialContext;
import javax.sql.DataSource;
public class DatabaseConnection {
    // 定义 JNDI 的查找名称
    private static final String DSNAME = "java:comp/env/jdbc/mldn";
```

```
    private Connection conn = null;
    public DatabaseConnection() throws Exception {                  // 在构造方法中进行数据库连接
        try {
            Context ctx = new InitialContext() ;                     // 初始化名称查找上下文
            DataSource ds = (DataSource)ctx.lookup(DSNAME) ; // 取得 DataSource 的实例
            this.conn = ds.getConnection() ;                         // 取得数据库连接
        } catch (Exception e) {
            e.printStackTrace();
        }
    }
    public Connection getConnection() {                              // 取得数据库连接
        return this.conn;                                            // 取得数据库连接
    }
    public void close() throws Exception {                           // 数据库关闭操作
        if (this.conn != null) {                                     // 避免空指向异常
            try {
                this.conn.close();                                   // 数据库关闭
            } catch (Exception e) {                                  // 抛出异常
                throw e;
            }
        }
    }
}
```

从本程序中读者可以清楚地理解一点，现在的程序只要数据源的名称不变，则数据库可以任意更换，这也充分体现了 Java 的设计思想——可移植性。

提示

进行开发中要利用数据库连接池提升性能。

在 Java 开发中，都会使用数据库连接池进行数据库的连接操作，这样可以提升操作的性能。但是本程序只能运行在 Web 环境下，如果要想在 Java 应用程序中（使用 main() 方法执行）调用，则需要通过 Properties 设置环境属性，并通过 Properties 类实例化 Initial Context 对象。但是这种做法过于复杂，而且本身在 Web 开发中也非常少见，本书对此部分不做任何的描述。

11.4　本 章 摘 要

1．通过数据库连接池可以提升数据库的操作性能，可以避免类加载、数据库连接、数据库关闭等重复操作。

2．数据源操作时要使用 JNDI 进行查找，而且查找时需要指定“java:comp/env”的环境属性。

第 12 章　JSP 标签编程

通过本章的学习可以达到以下目标：

☑ 了解标签库的主要作用及标签的操作原理。

☑ 掌握标签的基本开发模式，并且可以通过 TagSupport 类完成迭代输出的功能。

☑ 理解体标签的使用及与 TagSupport 类的区别。

☑ 理解 TagExtraInfo 类和 VariableInfo 类的使用。

☑ 理解 JSP 2.0 新增的简单标签类的使用。

☑ 理解 DynamicAttributes 接口的使用。

从之前所编写的 JSP 页面中可以发现，即便使用了 MVC 设计模式，在一个 JSP 文件中也会存在大量的 Scriptlet 代码，而一个完善的 JSP 文件是不应该包含任何的 Scriptlet 代码的，那么就需要通过标签编程来解决此类问题。但是由于标签库的开发较难，在实际工作中也并不常见，而且在各种开源组件中已经提供了大量的可用标签供用户使用，读者只需要了解标签编程的基本原理即可。

12.1　标签编程简介

JSP 的开发是在 HTML 代码中嵌入大量的 Java 代码，但是这样使得 JSP 页面中充满了 Java 程序，修改或维护起来非常不方便，例如，下面的代码中就出现了大量的 Scriptlet 代码。

【例 12.1】 过多的 Scriptlet 代码会导致程序修改困难

```
<table border="1" width="100%">                    <!-- 输出表格开始标签 -->
<%
    int rows = 10;                                 // 表格的行数
    int cols = 10;                                 // 表格的列数
    for (int x = 0; x < rows; x++) {               // 循环输出行标签
%>
    <tr>                                           <!-- 输出行开始标签 -->
<%
        for (int y = 0; y < cols; y++) {           // 循环输出列标签
%>
            <td><%=(x * y)%></td>                  <!-- 输出列标签 -->
<%
        }
%>
    </tr>                                          <!-- 输出行结束标签 -->
```

```
<%
    }
%>
</table>
```

本程序是使用 JSP 完成表格的输出，但是可以发现里面存在过多的“<%...%>”(Scriptlet)代码，所以这种程序在阅读和修改起来都是非常麻烦的，而标签库编程的主要目的就是为了减少页面中的 Scriptlet 代码，使程序更加便于理解和修改。

JSP 标签库（也称自定义标签库），是使用 XML 语法格式完成程序操作的一种方法，其使用的形式类似于 JavaBean 的使用语法“<jsp:useBean>”。与 JavaBean 一样都可以将大量的复杂操作写在类中完成，而且最大的优势是按照 HTML 标签的形式表现，这样可以方便地处理 JSP 页面的数据显示。

12.2　定义一个简单的标签——空标签

下面通过一个简单的程序演示标签库编程，本程序的主要功能依然是在 JSP 页面上输出“Hello World!!!”的信息。

要想实现一个标签，可以直接继承 javax.servlet.jsp.tagext.TagSupport 类，如果要定义的标签内没有标签体，则直接覆写 TagSupport 类中的 doStartTag()方法即可。

提示

没有标签体的标签。

在之前学习过服务器端跳转语句，此语句如果不编写标签体，则语法是：

```
<jsp:forward page="跳转路径"/>
```

本例中的标签将采用与之类似的情况，所以称为没有标签体的标签。

【例 12.2】 定义标签的操作类——HelloTag.java

```java
package org.lxh.tagdemo;
import javax.servlet.jsp.JspException;
import javax.servlet.jsp.JspWriter;
import javax.servlet.jsp.tagext.TagSupport;
public class HelloTag extends TagSupport {
    @Override
    public int doStartTag() throws JspException {
        JspWriter out = super.pageContext.getOut();          // 取得页面输出流对象
        try {
            out.println("<h1>Hello World!!!</h1>");          // 进行页面输出
        } catch (Exception e) {                              // 此处产生异常，需要处理
            e.printStackTrace();
```

```
        }
        return TagSupport.SKIP_BODY;                    // 没有标签体
    }
}
```

在 HelloTag 类中，首先继承了 TagSupport 这个标签支持类，之后覆写了 doStartTag() 方法，此方法主要的作用是在标签起始时进行调用，之后通过 TagSupport 类中的 pageContext 属性，取得了当前页面的输出对象，进行页面的输出，由于此时开发的标签没有任何的标签体，所以在程序的最后返回的是一个 SKIP_BODY 的常量，表示不执行标签体的内容。

提示

关于 HelloTag.java 文件的编译问题。

如果使用 javac 命令对 HelloTag.java 进行编译，则有可能出现找不到软件包的问题，此时的做法与之前讲解的 Servlet 类似，直接将%TOMCAT_HOME%\lib\jsp-api.jar 文件配置在 CLASSPATH 中，或者将其复制到%JAVA_HOME%\jdk1.6.0_02\jre\lib\ext 目录中。

一个标签类定义完成之后，下面就需要编写标签描述文件（Tag Library Descriptor，TLD），在*.tld 文件中，可以描述标签的名称、简介、处理类和标签使用到的各个属性等。

【例 12.3】 定义标签描述文件——/WEB-INF/hellotag.tld

```
<?xml version="1.0" encoding="UTF-8"?>
<taglib xmlns="http://java.sun.com/xml/ns/j2ee"
    xmlns:xsi="http://www.w3.org/2001/XMLSchema-instance"
    xsi:schemaLocation="http://java.sun.com/xml/ns/j2ee
http://java.sun.com/xml/ns/j2ee/web-jsptaglibrary_2_1.xsd"
    version="2.1">
    <tlib-version>1.0</tlib-version>                <!-- 表示标签库的版本 -->
    <short-name>firsttag</short-name>               <!-- 表示标签库在 TLD 中的描述名称 -->
    <tag>
        <name>hello</name>                          <!-- 表示标签在 JSP 中的使用名称 -->
        <tag-class>
            org.lxh.tagdemo.HelloTag
        </tag-class>                                <!-- 表示这个标签所指向的 class 文件 -->
        <body-content>empty</body-content>          <!-- 表示标签体内容为空 -->
    </tag>
</taglib>
```

在 hellotag.tld 文件中，详细地描述出了此标签的版本和支持的 JSP 版本，其中最重要的是在<tag>元素中定义的<name>元素，表示的是标签中使用的名称，与<jsp:foward>标签中的 forward 作用类似，每个元素的具体作用如下。

☑ <taglib>：TLD 文件的根元素，其中可以定义多个<tag>元素。

☑ <tlib-version>：表示标签库的版本，用于开发和配置管理。

☑ <short-name>：一个标签的短名称，主要用于标签的编写工作。

☑ <tag>：描述标签库中的每一个标签。

☑ <name>：标签的名称。

☑　<tag-class>：标签处理类的路径。

☑　<body-content>：表示标签中是否包含标签体，如果是 empty 表示标签体为空。

编写完*.tld 文件之后，下面即可通过 JSP 访问此标签，JSP 中调用标签的语法如下。

【格式 12-1　JSP 中使用标签】

```
<%@ taglib prefix="标签前缀" uri="TLD 文件路径" %>
```

prefix 表示的是标签使用时的前缀，这一点与“<jsp:forward>”中的 jsp 作用类似，而 uri 表示的是此标签对应的*.tld 文件的路径。

【例 12.4】 编写 JSP 页面并调用标签——hellotag.jsp

```
<%@ page contentType="text/html;charset=GBK"%>
<%@ taglib prefix="mytag" uri="/WEB-INF/hellotag.tld"%>
<html>
    <head>
        <title> www.mldnjava.cn，MLDN 高端 Java 培训</title>
    </head>
    <body>
        <h1><mytag:hello/></h1>                                    <!-- 访问标签 -->
    </body>
</html>
```

在 hellotag.jsp 页面中，首先通过<%@taglib%>定义了一个标签的前缀名称“mytag”，之后通过此前缀名称调用了 hellotag.tld 文件中定义的标签的名称“hello”。程序的运行结果如图 12-1 所示。

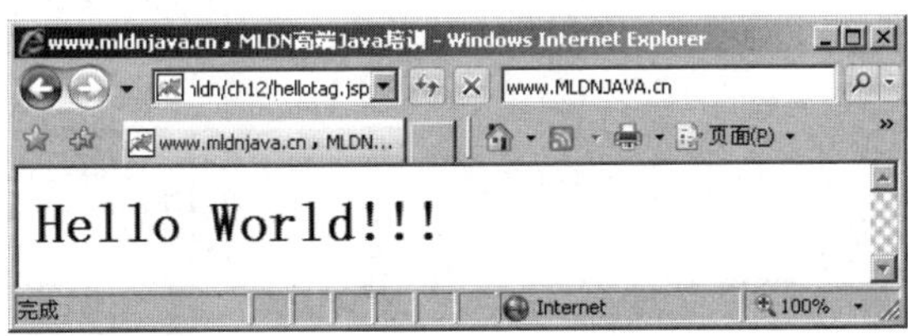

图 12-1　一个简单标签

此时，虽然完成了一个标签的开发，但是在这里也有一个问题，因为现在的程序是在 JSP 中直接找到了标签描述文件（hellotag.tld），而如果此标签文件的名称过长，则编写起来会很麻烦；若是突然更换标签描述文件的名称，则修改起来也非常麻烦，所以，一般可以在 web.xml 文件中对所有的*.tld 文件进行名称的映射，以后直接在 JSP 页面中使用映射名称即可访问标签描述文件。

【例 12.5】 修改 web.xml，映射 TLD 文件

```
<jsp-config>
    <taglib>
        <taglib-uri>mldn_hello</taglib-uri>
        <taglib-location>/WEB-INF/hellotag.tld</taglib-location>
    </taglib>
</jsp-config>
```

此处将“/WEB-INF/hellotag.tld”文件映射成了一个 mldn_hello 的名称，所以以后在 JSP 中直接通过 mldn_hello 即可访问此标签描述文件。

【例 12.6】 修改 hellotag.jsp 文件，使用映射名称访问

```
<%@ taglib prefix="mytag" uri="mldn_hello"%>
```

此时 JSP 通过映射名称访问到了标签描述文件，则以后维护时将更加容易，程序的运行结果与图 12-1 一致。

以上是一个简单的标签操作，在此标签的操作中可以发现，要想完成一个标签的开发需要具有以下几个部分。

☑ 标签处理类：HelloTag.java。

☑ 标签描述文件：hellotag.tld。

☑ JSP 页面：通过<%@taglib%>定义标签。

☑ （可选）在 web.xml 文件中配置映射名称。

标签的各个组成部分的执行流程如图 12-2 所示。

从以上流程可以发现，在一个标签的操作中*.tld 是一个最重要的文件，所有标签的具体信息都要通过此文件定义，而此文件在导入时也是分为两种情况的。当一个 JSP 页面第一次运行时，首先会根据 JSP 文件编写的<%taglib%>中的 uri 属性找到对应的*.tld 文件，并将其加载到 JVM 中；而如果是第二次运行此标签，由于 JVM 已经存在于此*.tld 文件，所以不会再重复加载，此流程如图 12-3 所示。

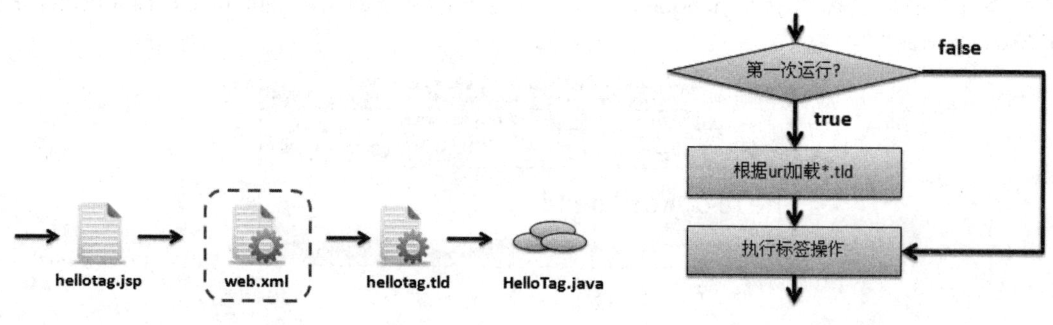

图 12-2 标签的各个组成部分及其执行流程　　图 12-3 标签库执行流程

12.3 定义有属性的标签

在<jsp:forward page="跳转路径">语句中可以通过 page 属性指定一个跳转路径，实际上在使用自定义标签时用户也可以定义属性，例如，现在要开发一个格式化日期显示的标签，则用户就需要通过属性指定格式化日期的格式。

【例 12.7】 格式化日期标签类——DateTag.java

```
package org.lxh.tagdemo;
import java.io.IOException;
```

```java
import java.text.SimpleDateFormat;
import java.util.Date;
import javax.servlet.jsp.JspException;
import javax.servlet.jsp.tagext.TagSupport;
public class DateTag extends TagSupport {
    private String format;                                  // 接收格式化模板
    public int doStartTag() throws JspException {
        SimpleDateFormat sdf = new SimpleDateFormat(this.format);
        try {       // 输出格式化后的日期
            super.pageContext.getOut().write(sdf.format(new Date()));
        } catch (IOException e) {
            e.printStackTrace();
        }
        return TagSupport.SKIP_BODY;
    }
    public String getFormat() {
        return format;
    }
    public void setFormat(String format) {
        this.format = format;
    }
}
```

在本类中定义了一个 format 属性，并且编写了 setter、getter 方法，当用户通过标签设置属性时，就会调用其中的 setter 方法完成属性的赋值。

【例 12.8】 定义标签描述文件——/WEB-INF/datetag.tld

```xml
<?xml version="1.0" encoding="UTF-8"?>
<taglib xmlns="http://java.sun.com/xml/ns/j2ee"
    xmlns:xsi="http://www.w3.org/2001/XMLSchema-instance"
    xsi:schemaLocation="http://java.sun.com/xml/ns/j2ee
http://java.sun.com/xml/ns/j2ee/web-jsptaglibrary_2_1.xsd"
    version="2.1">
    <tlib-version>1.0</tlib-version>                <!-- 表示标签库的版本 -->
    <short-name>datetag</short-name>                <!-- 为标签库在 TLD 中的描述名称 -->
    <tag>
        <name>date</name>                           <!-- 表示标签在 JSP 中的使用名称 -->
        <tag-class>
            org.lxh.tagdemo.DateTag
        </tag-class>                                <!-- 表示这个标签所指向的 class 文件 -->
        <body-content>empty</body-content>          <!-- 表示标签体内容为空 -->
        <attribute>
            <name>format</name>                     <!-- format 为属性名 -->
            <required>true</required>               <!-- 表示此值必须设置 -->
            <rtexprvalue>true</rtexprvalue>         <!-- 表示属性值是请求时表达式的结果 -->
        </attribute>
    </tag>
</taglib>
```

在此 TLD 文件中，在增加的 date 标签中定义了一个 format 属性，并且在使用该标签时

format 属性是必须设置的，而且可以直接通过表达式输出（EL 或<%=%>）的方式设置。该 TLD 文件中新增的主要元素作用如下。

- ☑ <attribute>：表示定义一个标签中所具备的属性，一个<tag>元素中可以定义多个<attribute>元素。
- ☑ <name>：标签属性的名称。
- ☑ <required>：此属性是否为必须设置，如果为 true，则表示必须设置；如果为 false，则表示可选。
- ☑ <rtexprvalue>：是否支持表达式输出，true 表示支持，false 表示不支持。

【例 12.9】 配置 web.xml

```
<taglib>
    <taglib-uri>mldn_date</taglib-uri>
    <taglib-location>/WEB-INF/datetag.tld</taglib-location>
</taglib>
```

在此处将 datetag.tld 文件的映射名称定义成 mldn_date，所以，以后在 JSP 中直接使用此映射名称即可使用标签。

【例 12.10】 格式化日期——datetag.jsp

```
<%@ page contentType="text/html;charset=GBK"%>
<%@ taglib prefix="mytag" uri="mldn_date"%>
<html>
    <head>
        <title>www.mldnjava.cn，MLDN 高端 Java 培训</title>
    </head>
    <body>
        <h1><mytag:date format="yyyy-MM-dd HH:mm:ss.SSS"/></h1>
    </body>
</html>
```

本程序通过<%@taglib%>定义了一个 mytag 的标签前缀，之后将当前的日期格式化后进行输出。程序的运行结果如图 12-4 所示。

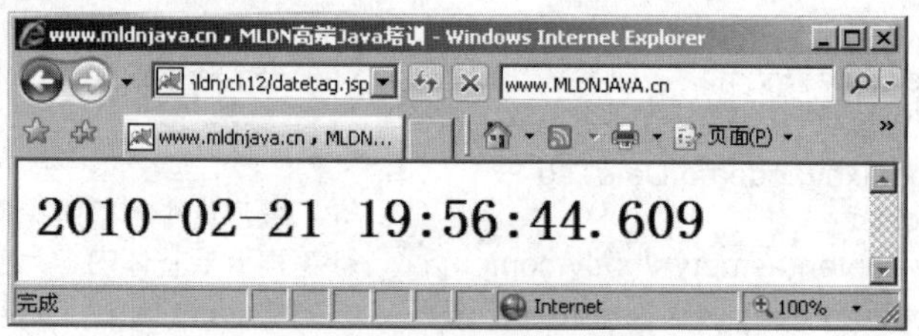

图 12-4 格式化日期显示

注意

关于 TLD 中的<rtexprvalue>元素。

<rtexprvalue>元素的主要功能是定义 format 属性是否支持表达式输出，如果设置成了 true，则可以通过如下的代码形式设置 format 属性的内容：

```
<%  pageContext.setAttribute("fm","yyyy-MM-dd HH:mm:ss.SSS");  %>
<mytag:date format="${fm}"/>
```

或者使用“<%=%>”的形式输出 format 属性的内容：

```
<%  String str = "yyyy-MM-dd HH:mm:ss.SSS" ;     %>
<mytag:date format="<%=str%>"/>
```

而如果将此属性设置成了 false，则是无法在此处使用表达式输出的，否则程序将出现异常。

12.4　TagSupport 类

基本的标签掌握后，可以发现标签的实现都需要继承 TagSupport 这个类，所以 TagSupport 类是整个标签编程的一个核心类，此类的定义如下：

```
public class TagSupport extends Object implements IterationTag, Serializable
```

TagSupport 类同时实现了 IterationTag 和 Serializable 两个接口。IterationTag 接口的定义如下：

```
public interface IterationTag extends Tag{
      public static final int EVAL_BODY_AGAIN ;
      public int doAfterBody() throws JspException ;
}
```

IterationTag 本身又是 Tag 接口的子接口，Tag 接口的定义如下：

```
public interface Tag extends JspTag {
      public static final int SKIP_BODY ;
      public static final int EVAL_BODY_INCLUDE ;
      public static final int SKIP_PAGE ;
      public static final int EVAL_PAGE ;
      public void setPageContext(PageContext pc) ;
      public void setParent(Tag t) ;
      public Tag getParent() ;
      public int doStartTag() throws JspException ;
      public int doEndTag() throws JspException ;
      public void release() ;
}
```

根据以上的继承关系可知，在 TagSupport 类中一定存在着许多的常量和方法，这些常量及方法如表 12-1 所示。

表 12-1　TagSupport 类中定义的常量及方法

No.	常量或方法	类　型	描　述
1	protected PageContext pageContext	属性	表示 PageContext 对象，可以操作 4 种属性范围
2	public static final int SKIP_BODY	常量	忽略标签体内容，将操作转交给 doEndTag()
3	public static final int EVAL_BODY_INCLUDE	常量	正常执行标签体操作，但不处理任何的运算
4	public static final int SKIP_PAGE	常量	所有在 JSP 上的操作都将停止，会将所有输出的内容立刻显示在浏览器上
5	public static final int EVAL_PAGE	常量	正常执行 JSP 页面
6	public static final int EVAL_BODY_AGAIN	常量	重复执行标签体内容，会再次调用 doAfterBody()，直到出现 SKIP_BODY 为止
7	public int doStartTag() throws JspException	方法	处理标签开始部分
8	public int doEndTag() throws JspException	方法	处理标签结束部分
9	public int doAfterBody() throws JspException	方法	处理标签主体部分
10	public void release()	方法	释放标签资源

表 12-1 中所列出的各个常量都与处理标签的方法有直接关系，在整个 TagSupport 类中，doStartTag()、doEndTag()、doAfterTag()和 release() 4 个方法是最重要的方法（这些方法都是从 IterationTag 接口和 Tag 接口中继承而来），下面分别进行介绍。

☑ doStartTag()：此方法在标签开始时执行，有如下两种返回值。
  - SKIP_BODY：表示忽略标签体的内容，而将执行权转交给 doEndTag()方法。
  - EVAL_BODY_INCLUDE：表示执行标签体的内容。

☑ doAfterBody()：此方法是 IterationTag 接口与 Tag 接口的差别所在，用来重复执行标签体的内容，有如下两种返回值。
  - SKIP_BODY：表示标签体内容会被忽略，并且将执行权转交给 doEndTag()方法。
  - EVAL_BODY_AGAIN：表示重复执行标签体的内容，会重复调用 doAfterBody()方法，一直循环执行下去，直到 doAfterBody()方法返回 SKIP_BODY 为止。

☑ doEndTag()：此方法在标签结束时执行，有如下两种返回值。
  - SKIP_PAGE：表示 JSP 页面应该立刻停止执行，并将所有的输出立刻回传到浏览器上。
  - EVAL_PAGE：表示 JSP 可以正常地运行完毕。

☑ release()：将标签处理类所产生或是获得的资源全部释放，并等待用户下次继续使用。

理解 4 个方法及各个常量的作用之后，读者也应该牢记 Tag 接口和 IterationTag 接口的执行区别，在讲解 doAfterBody()方法时提到过，两个接口的最大区别是在此方法上。下面通过流程图进行说明，Tag 接口的执行流程如图 12-5 所示，IterationTag 接口的执行流程如图 12-6 所示。

提示

IterationTag 接口是 JSP 1.2 时所引入的。

IterationTag 接口是在 JSP 1.2 之后所引入的操作接口，在 JSP 1.2 版本之前使用的都是 BodyTag 接口（体标签），关于 BodyTag 接口将在 12.7 节介绍。

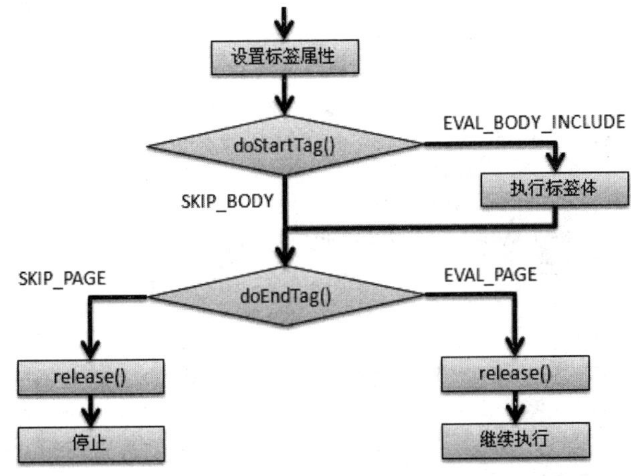

图 12-5　Tag 接口的执行流程

从图 12-5 中可以发现，当执行 doStartTag()方法时，如果返回的是 SKIP_BODY，则会执行 doEndTag()；如果返回的是 EVAL_BODY_INCLUDE，则执行标签体中的内容。

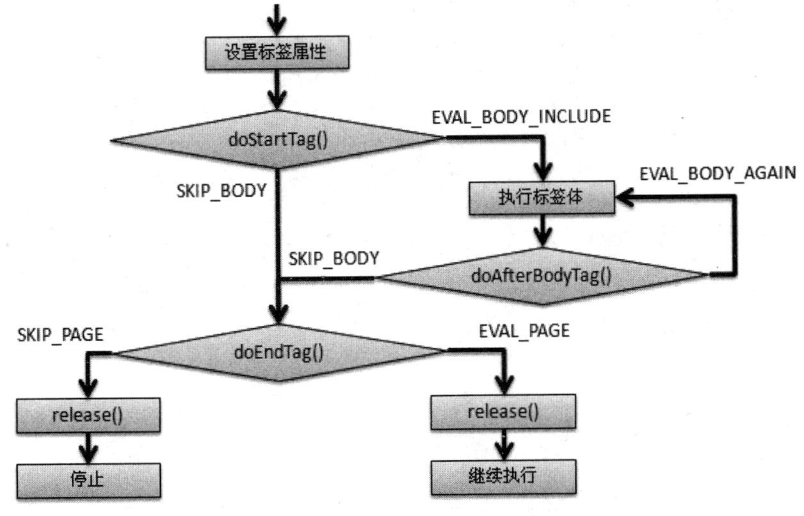

图 12-6　IterationTag 接口的执行流程

从图 12-6 中可以发现，当 doStartTag()方法返回 EVAL_BODY_INCLUDE 时，会执行标签体，标签体执行完后会自动调用 doAfterBodyTag()方法；如果 doAfterBodyTag()方法返回的是 EVAL_BODY_AGAIN，则继续执行标签体的内容。

12.5 定义有标签体的标签库

介绍了 TagSupport 类中的主要方法及常量的作用后，下面演示一个包含方法体标签的开发，本程序主要完成的功能是判断在某一属性范围中是否存在指定的属性，如果存在，则进行输出。

【例 12.11】 标签处理类——AttributeTag.java

```
package org.lxh.tagdemo;
import javax.servlet.jsp.JspException;
import javax.servlet.jsp.PageContext;
import javax.servlet.jsp.tagext.TagSupport;
public class AttributeTag extends TagSupport {
	private String name;                                        // 接收属性名称
	private String scope;                                       // 接收查找范围
	@Override
	public int doStartTag() throws JspException {
		Object value = null;
		if ("page".equals(this.scope)) {                        // 是否是 page 范围
			value = super.pageContext
					.getAttribute(name, PageContext.PAGE_SCOPE);
		} else if ("request".equals(this.scope)) {              // 是否是 request 范围
			value = super.pageContext.getAttribute(name,
					PageContext.REQUEST_SCOPE);
		} else if ("session".equals(this.scope)) {              // 是否是 session 范围
			value = super.pageContext.getAttribute(name,
					PageContext.SESSION_SCOPE);
		} else {                                                // 是否是 application 范围
			value = super.pageContext.getAttribute(name,
					PageContext.APPLICATION_SCOPE);
		}
		if (value == null) {                                    // 没有查找到属性
			return TagSupport.SKIP_BODY;                        // 不执行标签体内容
		} else {                                                // 找到属性
			return TagSupport.EVAL_BODY_INCLUDE;                // 执行标签体内容
		}
	}
	public String getName() {
		return name;
	}
	public void setName(String name) {
```

```
		this.name = name;
	}
	public String getScope() {
		return scope;
	}
	public void setScope(String scope) {
		this.scope = scope;
	}
}
```

在 AttributeTag.java 类中要接收 name（表示要判断的属性名称）和 scope（表示属性存在的范围）两个属性，之后在 doStartTag()方法中，从指定的属性范围中查找属性，如果属性存在，则返回 EVAL_BODY_INCLUDE，表示执行标签体内容；如果属性不存在，则返回 SKIP_BODY，表示不执行标签体内容。

【例 12.12】 定义标签描述文件——/WEB-INF/mldntag.tld

```
<?xml version="1.0" encoding="UTF-8"?>
<taglib xmlns="http://java.sun.com/xml/ns/j2ee"
    xmlns:xsi="http://www.w3.org/2001/XMLSchema-instance"
    xsi:schemaLocation="http://java.sun.com/xml/ns/j2ee
http://java.sun.com/xml/ns/j2ee/web-jsptaglibrary_2_1.xsd"
version="2.1">
	<tlib-version>1.0</tlib-version>			<!-- 表示标签库的版本 -->
	<short-name>mldntag</short-name>			<!-- 为标签库在 TLD 中的描述名称 -->
	<tag>
		<name>present</name>				<!-- 表示标签在 JSP 中的使用名称 -->
		<tag-class>
			org.lxh.tagdemo.AttributeTag
		</tag-class>					<!-- 表示这个标签所指向的 class 文件 -->
		<body-content>JSP</body-content>		<!-- 表示标签体内容 -->
		<attribute>
			<name>name</name>			<!-- name 为属性名 -->
			<required>true</required>		<!-- 表示此值必须设置 -->
			<rtexprvalue>true</rtexprvalue>		<!-- 可以通过表达式设置 -->
		</attribute>
		<attribute>
			<name>scope</name>			<!-- name 为属性名 -->
			<required>true</required>		<!-- 表示此值必须设置 -->
			<rtexprvalue>true</rtexprvalue>		<!-- 可以通过表达式设置 -->
		</attribute>
	</tag>
</taglib>
```

在 mldntag.tld 文件中，首先定义了标签的名称为 present，由于此标签中需要编写标签体，所以设置<body-content>元素中的内容是 JSP，并在 present 标签中定义了 name 和 scope 两个属性，这两个属性都是必须设置的，且都允许通过表达式输出设置。

【例 12.13】 配置 web.xml，设置映射名称

```
<jsp-config>
    <taglib>
        <taglib-uri>mldn</taglib-uri>
        <taglib-location>/WEB-INF/mldntag.tld</taglib-location>
    </taglib>
</jsp-config>
```

此时将此标签库的映射名称定义成了 mldn，则以后在访问此标签库时的标签路径直接输入 mldn 即可。

【例 12.14】 调用标签，完成判断——presenttag.jsp

```
<%@ page contentType="text/html;charset=GB2312"%>
<%@ taglib prefix="mytag" uri="mldn"%>
<html>
    <head><title>www.mldnjava.cn，MLDN 高端 Java 培训</title></head>
    <body>
        <%
            String scope = "session";                       // 定义一个变量，表示查找范围
            session.setAttribute("username", "李兴华");     // 设置一个 session 属性
        %>
        <mytag:present name="username" scope="<%=scope%>">
            <h2><%=scope%>范围存在属性，内容是："${sessionScope.username}"</h2>
        </mytag:present>
        <mytag:present name="allusers" scope="request">
            <h2>request 范围存在属性，内容是："${requestScope.allusers}"</h2>
        </mytag:present>
    </body>
</html>
```

在 presenttag.jsp 文件中，首先设置了一个 session 范围的属性，之后利用<mytag:present>标签判断属性是否存在，如果存在，则执行标签体的语句。程序的运行结果如图 12-7 所示。

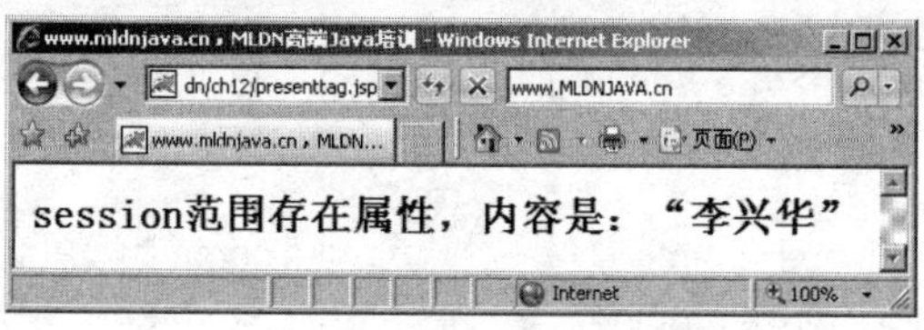

图 12-7　查找到属性，则输出属性内容

本程序通过标签完成了一个简单的属性判断，当然，通过修改 AttributeTag.java 类中 doStartTag()方法的返回值，也可以完成属性不存在的判断，这一点读者可以自己动手完成。

提示

以后直接在 mldntag.tld 中编写标签库。

为了编写方便，本章之后的所有代码的标签描述文件都直接在 mldntag.tld 文件中定义，也不再重复配置 web.xml 文件。

12.6　开发迭代标签

在程序开发中迭代输出是较为常见的一种输出形式，在之前的 MVC 开发中曾经强调过，JSP 的一个主要的功能就是输出，而且在 JSP 中，应该尽可能地避免 Scriptlet 代码的出现，为了达到这种页面的编写效果，可以通过迭代标签的编写实现。

【例 12.15】 开发迭代标签处理类——IterateTag.jsp

```
package org.lxh.tagdemo;
import java.util.Iterator;
import java.util.List;
import javax.servlet.jsp.JspException;
import javax.servlet.jsp.PageContext;
import javax.servlet.jsp.tagext.TagSupport;
public class IterateTag extends TagSupport {
    private String name;                                    // 属性名称
    private String scope;                                   // 属性保存范围
    private String id;                                      // 每次迭代的对象
    private Iterator<?> iter;                               // 所有接收到的数据
    public int doStartTag() throws JspException {
        Object value = null;
        if ("page".equals(this.scope)) {                    // 是否是 page 范围
            value = super.pageContext
                    .getAttribute(name, PageContext.PAGE_SCOPE);
        } else if ("request".equals(this.scope)) {          // 是否是 request 范围
            value = super.pageContext.getAttribute(name,
                    PageContext.REQUEST_SCOPE);
        } else if ("session".equals(this.scope)) {          // 是否是 session 范围
            value = super.pageContext.getAttribute(name,
                    PageContext.SESSION_SCOPE);
        } else {                                            // 是否是 application 范围
            value = super.pageContext.getAttribute(name,
                    PageContext.APPLICATION_SCOPE);
        }
        if (value != null && value instanceof List<?>) {    // 如果是 List 接口实例
            this.iter = ((List<?>) value).iterator();       // 向 List 接口进行向下转型
            if (iter.hasNext()) {
                super.pageContext.setAttribute(id, iter.next());
                return TagSupport.EVAL_BODY_INCLUDE;        // 执行标签体内容
            } else {
                return TagSupport.SKIP_BODY;                // 退出标签执行
            }
        } else {                                            // 不是 List 接口实例，不处理
            return TagSupport.SKIP_BODY;                    // 退出标签执行
        }
    }
```

```
    public int doAfterBody() throws JspException {
        if (iter.hasNext()) {                                         // 判断是否还有内容
            super.pageContext.setAttribute(id, iter.next());
            return TagSupport.EVAL_BODY_AGAIN;                        // 重复执行标签体
        } else {
            return TagSupport.SKIP_BODY;                              // 退出标签执行
        }
    }
    public String getName() {
        return name;
    }
    public void setName(String name) {
        this.name = name;
    }
    public String getScope() {
        return scope;
    }
    public void setScope(String scope) {
        this.scope = scope;
    }
    public String getId() {
        return id;
    }
    public void setId(String id) {
        this.id = id;
    }
}
```

在本类中分别接收了 3 个属性，即 id（表示集合中的每一个对象名称）、name（属性的名字）和 scope（属性保存范围），而且由于迭代标签中的标签体应该被反复执行，所以在 IterateTag.java 中覆写了 doAfterTag()方法，当集合中还有内容没有输出时（iter.hasNext()返回 true），则在 doAfterTag()标签中返回 EVAL_BODY_AGAIN，表示重复执行此方法；而如果当集合中的内容已经输出完毕，则返回 SKIP_BODY，表示退出标签。另外必须提醒读者的是，由于在执行完 doStartTag()方法后要执行一次标签体的输出，所以在 doStartTag()方法中，先判断了一次集合是否还有内容。

提示

读者可以自行扩展。

本程序只编写了 List 集合的输出，读者也可以在本程序上继续扩展，将其扩展成可以支持 Map、Set、对象数组等集合的迭代输出功能。

【例 12.16】 修改标签描述文件，增加迭代标签配置——mldntag.tld

```
<tag>
    <name>iterate</name>                              <!-- 表示标签在 JSP 中的使用名称 -->
    <tag-class>
```

```
        org.lxh.tagdemo.IterateTag
    </tag-class>                                <!-- 表示这个标签所指向的 class 文件 -->
    <body-content>JSP</body-content>            <!-- 表示标签体内容 -->
    <attribute>
    <name>id</name>                             <!-- id 为属性名 -->
    <required>true</required>                   <!-- 表示此值必须设置 -->
    <rtexprvalue>true</rtexprvalue>             <!-- 可以通过表达式设置 -->
    </attribute>
        <attribute>
        <name>name</name>                       <!-- name 为属性名 -->
        <required>true</required>               <!-- 表示此值必须设置 -->
        <rtexprvalue>true</rtexprvalue>         <!-- 可以通过表达式设置 -->
    </attribute>
    <attribute>
        <name>scope</name>                      <!-- name 为属性名 -->
        <required>true</required>               <!-- 表示此值必须设置 -->
        <rtexprvalue>true</rtexprvalue>         <!-- 可以通过表达式设置 -->
    </attribute>
</tag>
```

在 iterate 标签中，由于需要执行标签体的内容，所以在<body-content>处设置为 JSP，之后配置了 3 个属性，即 id、name 和 scope，这 3 个属性必须设置，而且可以通过表达式输出完成。

提示

所有的标签描述都直接在 mldntag.tld 文件中编写。

考虑到读者的学习方便，本书随后开发的所有标签的描述文件都直接在 mldntag.tld 中编写，不再单独设置新的 tld 文件，所有的代码只列出了增加的部分，在 web.xml 中配置的 TLD 的映射名称依然是 mldntag。

【例 12.17】 编写 JSP 执行标签——iteratetag.jsp

```
<%@ page contentType="text/html;charset=GB2312"%>
<%@ page import="java.util.*"%>
<%@ taglib prefix="mytag" uri="mldn"%>
<html>
<head><title>www.mldnjava.cn，MLDN 高端 Java 培训</title></head>
<body>
    <%
        List<String> all = new ArrayList<String>() ;            // 定义 List 集合
        all.add("www.MLDN.cn") ;                                // 向集合中增加内容
        all.add("www.MLDNJAVA.cn") ;                            // 向集合中增加内容
        all.add("www.JIANGKER.com") ;                           // 向集合中增加内容
        request.setAttribute("all",all) ;                       // 设置在 request 属性范围
    %>
    <mytag:present name="all" scope="request">                  <!-- 是否存在属性 -->
    <mytag:iterate id="url" name="all" scope="request">         <!-- 迭代输出 -->
```

```
                <h3>网站：${url}</h3>
            </mytag:iterate>
        </mytag:present>
</body>
</html>
```

本程序首先在 request 属性范围中保存了一个 List 集合，之后使用<mytag:present>标签判断在 request 范围中是否存在此属性，如果存在，则使用迭代标签输出全部的内容。在迭代标签中，会将集合中的每一个对象都保存在了 page 属性范围中，并且属性名称就是 id 所指定的，所以，在输出时直接使用表达式输出即可。程序的运行结果如图 12-8 所示。

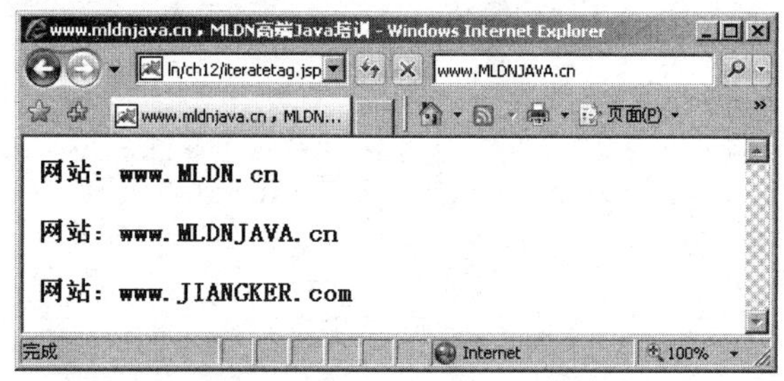

图 12-8　迭代标签输出

提示

从 MVC 设计模式上考虑此标签的应用。

考虑到本书的代码过多，所以本例所编写的程序是直接在 JSP 中向 request 属性范围中保存了集合，而在 MVC 设计模式中，这种集合肯定是在 Servlet 中保存之后再传递给 JSP 页面的。

12.7　BodyTagSupport 类

BodyTagSupport 是 TagSupport 类的子类，通过继承 BodyTagSupport 类实现的标签可以直接处理标签体内容的数据。BodyTagSupport 类的定义如下：

```
public class BodyTagSupport extends TagSupport implements BodyTag
```

可以发现，BodyTagSupport 类实现了 BodyTag 接口，BodyTag 接口的定义如下：

```
public interface BodyTag extends IterationTag{
    public static final int EVAL_BODY_BUFFERED ;
    public static final int EVAL_BODY_TAG ;
    public void setBodyContent(BodyContent b) ;
    public void doInitBody() throws JspException ;
}
```

BodyTagSupport 类扩充的主要方法及常量如表 12-2 所示。

表 12-2　BodyTagSupport 类扩充的主要方法及常量

No.	常量或方法	类　型	描　述
1	public static final int EVAL_BODY_BUFFERED	常量	表示标签体的内容应该被处理，所有的处理结果都将保存在 BodyContent 类中
2	protected BodyContent bodyContent	属性	存放处理结果
3	public JspWriter getPreviousOut()	普通	取得 JspWriter 的输出流对象

在 BodTagSupport 类中定义了一个 bodyContent 的受保护的属性，而 bodyContent 是 BodyContent 类的对象，此类定义如下：

```
public abstract class BodyContent extends JspWriter
```

可以发现，BodyContent 是 JspWriter 类的子类，可以直接打印和输出基本类型与对象值，但是 BodyContent 类与 JspWriter 类的区别在于，BodyContent 类的任何写入内容并不自动向页面输出，此类中的主要方法如表 12-3 所示。

表 12-3　BodyContent 类的主要方法

No.	方　法	类　型	描　述
1	public abstract Reader getReader()	普通	将所有的内容变为 Reader 对象
2	public abstract String getString()	普通	将所有的内容变为 String 对象
3	public abstract void writeOut(Writer out) throws IOException	普通	指定 BodyContent 内容的输出流对象，并进行内容的输出

而要想清楚 BodyTagSupport 类是如何将内容设置到 BodyContent 类中的，则必须先了解 BodyTag 接口的执行流程。BodyTag 接口的执行流程如图 12-9 所示。

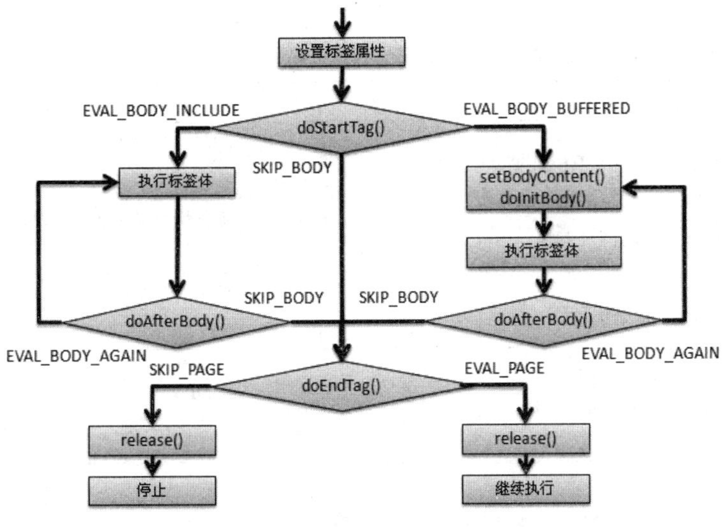

图 12-9　BodyTag 接口的执行流程

从图 12-9 中可以清楚地发现，当执行了 doStartTag()方法时，如果返回的是 EVAL_BODY_BUFFERED，则会将所有的处理内容都保存在 BodyContent 类中，并且可以返回执行 doAfterBody()方法；而如果 doStartTag()方法返回的是 EVAL_BODY_INCLUDE，是无法将所有的内容都保存在 BodyContent 类中的。

12.8 TagExtraInfo 类和 VariableInfo 类

在讲解 TagExtraInfo 类和 VariableInfo 类之前，先来看下面的一段程序片段。

【例 12.18】 程序中使用 JavaBean

```
<jsp:useBean id="simple" scope="page" class="cn.mldn.lxh.demo.SimpleBean"/>
<%
    simple.setName("李兴华") ;                              // 设置 name 属性
    simple.setAge(30) ;                                     // 设置 age 属性
%>
```

在本程序中，使用<jsp:useBean>标签定义了一个 simple 的属性名称，但是这个 simple 却可以像对象一样，直接在 Scriptlet 代码中访问，而如果用户自己定义的标签也想实现同样的效果，那么就需要通过 TagExtraInfo 类和 VariableInfo 类来完成。

TagExtraInfo 类中的主要方法如表 12-4 所示。

表 12-4 TagExtraInfo 类的主要方法

No.	方　法	类　型	描　述
1	public VariableInfo[] getVariableInfo(TagData data)	普通	取得一组 VariableInfo 类的对象

VariableInfo 类的主要常量及方法如表 12-5 所示。

表 12-5 VariableInfo 类的主要常量及方法

No.	常量及方法	类　型	描　述
1	public static final int AT_BEGIN	常量	表示变量范围从开始标签（<mytag:bodyiterate>）一直到 JSP 页面结束
2	public static final int AT_END	常量	表示变量范围从结束标签（</mytag:bodyiterate>）开始到 JSP 页面结束
3	public static final int NESTED	常量	表示变量范围从开始标签（<mytag:bodyiterate>）开始到结束标签（</mytag:bodyiterate>）结束
4	public VariableInfo(String varName, String className,Boolean declare, int scope)	构造	实例化 VariableInfo 对象，传入定义的变量名称、变量类型、是否声明此变量、变量范围

VariableInfo 类中的 3 个变量的保存范围如图 12-10 所示。

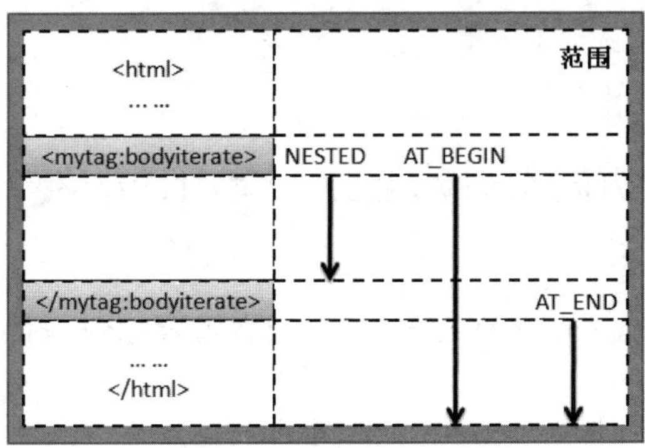

图 12-10　VariableInfo 类中的 3 个变量保存范围

下面使用 TagExtraInfo 类在 JSP 中引入一个变量。

【例 12.19】 在 JSP 中定义一个变量——BodyIterateTagExtraInfo.java

```
package org.lxh.tagdemo;
import javax.servlet.jsp.tagext.TagData;
import javax.servlet.jsp.tagext.TagExtraInfo;
import javax.servlet.jsp.tagext.VariableInfo;
public class BodyIterateTagExtraInfo extends TagExtraInfo {
	public VariableInfo[] getVariableInfo(TagData data) {
		return new VariableInfo[] { new VariableInfo(data.getId(),
				"java.lang.String", true, VariableInfo.NESTED) };
	}
}
```

本程序表示的是定义一个脚本变量，在 getVariableInfo()方法中定义了一个 TagData 对象，通过此对象的 getId()方法，可以找到标签中定义的 id 属性的内容。由于现在需要定义的变量只有一个，所以只返回了一个 VariableInfo 类的对象，根据 id 指定的名称定义变量，变量的类型是 String，而且此处选择的是声明一个新的变量（true），变量的有效期是在标签之中（标签开始和标签结束有效）。

定义完类之后，如果想在标签中真正起作用，还需要在*.tld 文件中增加如下配置：

```
<tei-class>
	org.lxh.tagdemo.BodyIterateTagExtraInfo
</tei-class>
```

随后，就可以将在标签中编写的 id 属性定义成变量。例如，现在有如下的标签：

```
<mytag:bodyiterate id="url" name="all" scope="request">		<!-- 迭代输出 -->
	<h3>网站：<%=url%></h3>
</mytag:bodyiterate>
```

在本标签中将 id 属性定义成了 url，由于有了 TagExtraInfo 类的支持，所以可以直接在标签中当成一个普通的变量去使用。

了解了 BodyTagSupport、BodyContent、TagExtraInfo、VariableInfo 这几个类之后，下面就使用这些类修改之前的迭代标签程序，本程序继续使用之前定义好的 BodyIterateTag

ExtraInfo 类完成操作。

12.9 使用 BodyTagSupport 开发迭代输出

下面使用 BodyTagSupport 类完成一个与之前迭代标签同样的功能，读者可以自己观察两种实现的区别。

【例 12.20】 定义标签处理类——BodyIterateTag.java

```
package org.lxh.tagdemo;
import java.io.IOException;
import java.util.Iterator;
import java.util.List;
import javax.servlet.jsp.JspException;
import javax.servlet.jsp.PageContext;
import javax.servlet.jsp.tagext.BodyTagSupport;
public class BodyIterateTag extends BodyTagSupport   {
    private String name;                                        // 属性名称
    private String scope;                                       // 属性保存范围
    private String id;                                          // 每次迭代的对象
    private Iterator<?> iter;                                   // 所有接收到的数据
    public int doStartTag() throws JspException {
        Object value = null;
        if ("page".equals(this.scope)) {                        // 是否是 page 范围
            value = super.pageContext
                    .getAttribute(name, PageContext.PAGE_SCOPE);
        } else if ("request".equals(this.scope)) {              // 是否是 request 范围
            value = super.pageContext.getAttribute(name,
                    PageContext.REQUEST_SCOPE);
        } else if ("session".equals(this.scope)) {              // 是否是 session 范围
            value = super.pageContext.getAttribute(name,
                    PageContext.SESSION_SCOPE);
        } else {                                                // 是否是 application 范围
            value = super.pageContext.getAttribute(name,
                    PageContext.APPLICATION_SCOPE);
        }
        if (value != null && value instanceof List<?>) {        // 如果是 List 接口实例
            this.iter = ((List<?>) value).iterator();           // 进行向下转型
            if (iter.hasNext()) {
                super.pageContext.setAttribute(id, iter.next());
                return BodyTagSupport.EVAL_BODY_BUFFERED; // 执行标签体内容
            } else {
                return BodyTagSupport.SKIP_BODY;                // 退出标签执行
            }
        } else {                                                // 不是 List 接口实例，不处理
            return BodyTagSupport.SKIP_BODY;                    // 退出标签执行
        }
```

```
    }
    public int doAfterBody() throws JspException {
        if (iter.hasNext()) {                                   // 判断是否还有内容
            super.pageContext.setAttribute(id, iter.next());
            return BodyTagSupport.EVAL_BODY_AGAIN; // 重复执行标签体
        } else {
            return BodyTagSupport.SKIP_BODY;            // 退出标签执行
        }
    }
    @Override
    public int doEndTag() throws JspException {           // 如果不写此方法，无法输出
        if(super.bodyContent != null){
            try {                                               // 将生成的内容通过输出流输出
                super.bodyContent.writeOut(super.getPreviousOut()) ;
            } catch (IOException e) {
                e.printStackTrace();
            }
        }
        return BodyTagSupport.EVAL_PAGE ;                  // 正常执行完毕
    }
    public String getName() {
        return name;
    }
    public void setName(String name) {
        this.name = name;
    }
    public String getScope() {
        return scope;
    }
    public void setScope(String scope) {
        this.scope = scope;
    }
    public String getId() {
        return id;
    }
    public void setId(String id) {
        this.id = id;
    }
}
```

可以发现，通过继承 BodyTagSupport 类实现的标签明显要比通过继承 TagSupport 类实现的复杂许多。在覆写 doStartTag()方法时，如果有迭代内容，则返回 EVAL_BODY_BUFFERED，表示要将每一次的内容都保存在 BodyContent 对象中，之后通过循环执行 doAfterBody()方法循环设置 BodyContent 对象的内容，一直到最后调用 doEndTag()方法后，才使用 writeOut()方法将所有的内容输出到页面上。

【例 12.21】 定义标签描述文件——mldntag.tld（修改部分）

```
<tag>
    <name>bodyiterate</name>                       <!-- 表示标签在 JSP 中的使用名称 -->
```

```
        <tag-class>
            org.lxh.tagdemo.BodyIterateTag
        </tag-class>                              <!--  表示这个标签所指向的class文件  -->
        <tei-class>
            org.lxh.tagdemo.BodyIterateTagExtraInfo
        </tei-class>                              <!-- 定义 TagExtraInfo 处理类 -->
        <body-content>JSP</body-content>          <!-- 表示标签体内容 -->
        <attribute>
            <name>id</name>                       <!-- id 为属性名 -->
            <required>true</required>             <!-- 表示此值必须设置 -->
            <rtexprvalue>true</rtexprvalue>       <!-- 可以通过表达式设置 -->
        </attribute>
        <attribute>
            <name>name</name>                     <!-- name 为属性名 -->
            <required>true</required>             <!-- 表示此值必须设置 -->
            <rtexprvalue>true</rtexprvalue>       <!-- 可以通过表达式设置 -->
        </attribute>
        <attribute>
        <name>scope</name>                        <!-- name 为属性名 -->
        <required>true</required>                 <!-- 表示此值必须设置 -->
        <rtexprvalue>true</rtexprvalue>           <!-- 可以通过表达式设置 -->
        </attribute>
    </tag>
```

本标签的配置与之前类似，唯一的区别是在其中增加了一个<tei-class>元素的配置，这就表示将标签中声明的 id 属性定义成一个变量，之后可以直接使用。

【例 12.22】 使用体标签执行操作——bodyiteratetag.jsp

```
<%@ page contentType="text/html;charset=GB2312"%>
<%@ page import="java.util.*"%>
<%@ taglib prefix="mytag" uri="mldn"%>
<html>
<head><title>www.mldnjava.cn，MLDN 高端 Java 培训</title></head>
<body>
    <%
        List<String> all = new ArrayList<String>() ;          // 定义 List 集合
        all.add("www.MLDN.cn") ;                             // 向集合中增加内容
        all.add("www.MLDNJAVA.cn") ;                         // 向集合中增加内容
        all.add("www.JIANGKER.com") ;                        // 向集合中增加内容
        request.setAttribute("all",all) ;                    // 设置在 request 属性范围
    %>
    <mytag:present name="all" scope="request">               <!-- 判断是否存在此属性 -->
        <mytag:bodyiterate id="url" name="all" scope="request">
            <h3>网站：<%=url%></h3>
        </mytag:bodyiterate>
    </mytag:present>
</body>
</html>
```

本程序将标签中定义的 id 属性转成了一个变量，之后可以使用变量 url 输出内容。程序的运行结果如图 12-11 所示。

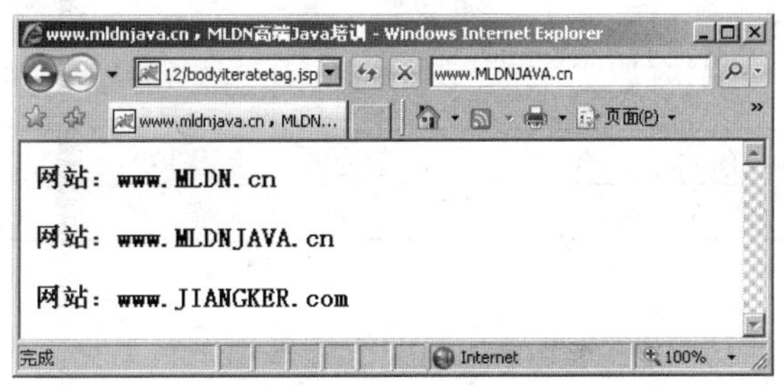

图 12-11　使用体标签输出

提示

不建议用户开发标签库。

读者可以发现，进行标签库的开发非常麻烦，而且用户自己开发标签库本身也无法带来广泛的应用，所以建议读者只需明白标签库的操作基本原理即可，以后会介绍其他第三方的标签库中标签的使用，如 JSTL 或 Struts 标签。

12.10　简 单 标 签

在 JSP 1.2 之前如果要想进行标签库的开发，要么选择继承 TagSupport 类，要么就是继承 BodyTagSupport 类，而且必须覆写其中的 doStartTag()、doAfterBody()、doEndTag()方法，还必须非常清楚这些方法的返回值类型，如 SKIP_BODY、EVAL_BODY_INCLUDE 等，这对于用户的开发而言实在是太麻烦了。所以到了 JSP 2.0 之后，为了简化标签开发的复杂度，专门增加了一个制作简单标签库的 SimpleTagSupport 类，直接覆写其中的 doTag()方法即可完成。SimpleTagSupport 类的定义如下：

```
public class SimpleTagSupport extends Object implements SimpleTag
```

此类实现了 SimpleTag 接口，SimpleTag 接口的定义如下：

```
public interface SimpleTag extends JspTag{
	public void doTag() throws JspException,IOException ;
	public void setParent(JspTag parent) ;
	public JspTag getParent() ;
	public void setJspContext(JspContext pc) ;
	public void setJspBody(JspFragment jspBody) ;
}
```

SimpleTagSupport 类的主要方法如表 12-6 所示。

表 12-6　SimpleTagSupport 类的主要方法

No.	方　法	类　型	描　述
1	public void doTag() throws JspException, IOException	普通	完成具体标签功能的编写
2	public JspContext getJspContext()	普通	取得 JSP 上下文，主要用于输出
3	protected JspFragment getJspBody()	普通	取得 JspFragment 对象，主要用于迭代输出

下面使用 SimpleTagSupport 类实现之前的日期格式化显示的操作。

【例 12.23】 定义标签处理类——SimpleDateTag.java

```
package org.lxh.tagdemo;
import java.io.IOException;
import java.text.SimpleDateFormat;
import java.util.Date;
import javax.servlet.jsp.JspException;
import javax.servlet.jsp.tagext.SimpleTagSupport;
public class SimpleDateTag extends SimpleTagSupport {
	private String format;						// 接收格式化模板
	@Override
	public void doTag() throws JspException, IOException {
		SimpleDateFormat sdf = new SimpleDateFormat(this.format);	//日期格式化
		try {							// 输出格式化后的日期
			super.getJspContext().getOut().write(sdf.format(new Date()));
		} catch (IOException e) {
			e.printStackTrace();
		}
	}
	public String getFormat() {
		return format;
	}
	public void setFormat(String format) {
		this.format = format;
	}
}
```

在本标签处理类中覆写了 doTag()方法，之后根据用户设置的 format 属性对当前的日期时间进行格式化，并在 JSP 页面中进行输出。

【例 12.24】 修改标签描述文件——mldntag.tld

```
	<tag>
		<name>simpledate</name>			<!-- 表示标签在 JSP 中的使用名称 -->
		<tag-class>
			org.lxh.tagdemo.SimpleDateTag
		</tag-class>				<!-- 表示这个标签所指向的 class 文件 -->
		<body-content>empty</body-content>	<!-- 表示标签体内容为空 -->
		<attribute>
		<name>format</name>			<!-- format 为属性名 -->
```

```
            <required>true</required>          <!-- 表示此值必须设置 -->
            <rtexprvalue>true</rtexprvalue>    <!-- 表示属性值是请求时表达式的结果 -->
        </attribute>
    </tag>
```

由于在本标签中没有任何的标签体内容，所以在<body-content>元素中设置的内容是 empty，在此标签中需要设置一个 format 属性，用于指定日期时间格式化模板。

【例 12.25】 在 JSP 中使用此标签——simpledatetag.jsp

```
<%@ page contentType="text/html;charset=GB2312"%>
<%@ taglib prefix="mytag" uri="mldn"%>
<html>
    <head>
        <title>www.mldnjava.cn，MLDN 高端 Java 培训</title>
    </head>
    <body>
        <h1>
            <mytag:simpledate format="yyyy-MM-dd HH:mm:ss.SSS"/>
        </h1>
    </body>
</html>
```

本页面的使用与之前的程序一样，在调用 simpledate 标签时传入了一个 format 属性。程序的运行结果如图 12-12 所示。

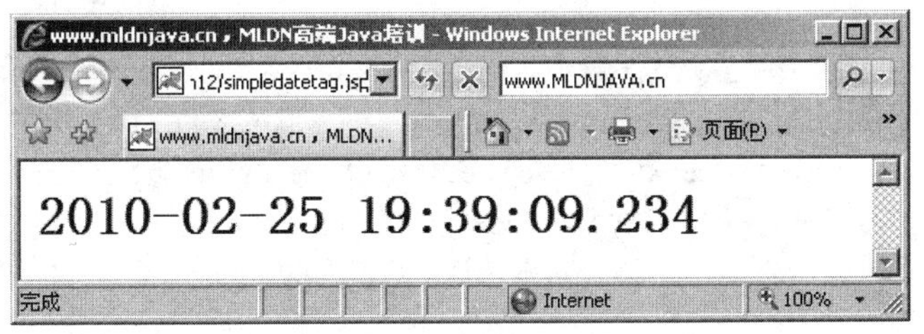

图 12-12　简单标签的运行效果

从本程序中可以发现，使用 SimpleTagSupportod 类实现标签明显要比使用 TagSupport 及 BodyTagSupportod 类实现简单很多，也不需要再处理各种复杂的返回值问题。下面再使用 SimpleTagSupport 类完成一个迭代标签的开发。

但是，如果直接使用 SimpleTagSupport 类完成迭代标签的开发，也有一个困难。在之前讲解过，如果现在是通过 TagSupport 类实现的迭代操作，则可以通过控制返回值的方式，让程序循环执行 doAfterBody()方法，但是现在通过 SimpleTagSupport 类实现的 doTag()方法本身并没有返回值，如果要想达到循环的效果，就必须通过 JspFragment 类完成控制。在 SimpleTagSupport 类中存在一个 getJspBody()方法，此方法返回的就是一个 Fragment 对象，利用此对象中的 invoke()方法即可完成标签体内容的输出。

【例 12.26】 定义迭代标签处理类——SimpleIterateTag.java

```
package org.lxh.tagdemo;
import java.io.IOException;
```

```
import java.util.Iterator;
import java.util.List;
import javax.servlet.jsp.JspException;
import javax.servlet.jsp.PageContext;
import javax.servlet.jsp.tagext.SimpleTagSupport;
public class SimpleIterateTag extends SimpleTagSupport {
    private String id;                                          // 属性名称
    private String name ;                                       // 属性内容
    private String scope ;                                      // 属性范围
    @Override
    public void doTag() throws JspException, IOException {
        Object value = null;
        if ("page".equals(this.scope)) {                        // 是否是 page 范围
            value = super.getJspContext().getAttribute(name,
                    PageContext.PAGE_SCOPE);
        } else if ("request".equals(this.scope)) {              // 是否是 request 范围
            value = super.getJspContext().getAttribute(name,
                    PageContext.REQUEST_SCOPE);
        } else if ("session".equals(this.scope)) {              // 是否是 session 范围
            value = super.getJspContext().getAttribute(name,
                    PageContext.SESSION_SCOPE);
        } else {                                                // 是否是 application 范围
            value = super.getJspContext().getAttribute(name,
                    PageContext.APPLICATION_SCOPE);
        }
        if (value != null && value instanceof List<?>) {        // 如果是 List 接口实例
            Iterator<?> iter = ((List<?>) value).iterator();    // 向下转型
            while (iter.hasNext()) {                            // 取出每一个集合内容
                super.getJspContext().setAttribute(id, iter.next());
                super.getJspBody().invoke(null) ;               // 显示内容
            }
        }
    }
    public String getId() {
        return id;
    }
    public void setId(String id) {
        this.id = id;
    }
    public String getName() {
        return name;
    }
    public void setName(String name) {
        this.name = name;
    }
    public String getScope() {
        return scope;
    }
    public void setScope(String scope) {
```

```
            this.scope = scope;
      }
}
```

在 SimpleIterateTag.java 类中最关键的部分就是 doTag()方法，由于集合的内容要进行迭代输出，所以此处将所有的集合变为 Iterator 对象，之后进行输出，每次输出时，先调用"super.getJspContext().setAttribute(id, iter.next());"操作，将定义的 id 属性作为属性名称，并将每一个具体的对象设置在 page 属性范围中，随后再使用"super.getJspBody().Invoke (null) ;"方法将标签体的内容输出。

【例 12.27】 修改标签描述文件，增加新的标签配置——mldntag.tld

```
<tag>
      <name>simpleiterate</name>                          <!-- 表示标签在 JSP 中的使用名称 -->
      <tag-class>
      org.lxh.tagdemo.SimpleIterateTag
      </tag-class>                                        <!-- 表示这个标签所指向的 class 文件 -->
      <body-content>scriptless</body-content>             <!-- 表示标签体内容 -->
      <attribute>
            <name>id</name>                               <!-- id 为属性名 -->
            <required>true</required>                     <!-- 表示此值必须设置 -->
            <rtexprvalue>true</rtexprvalue>               <!-- 可以通过表达式设置 -->
      </attribute>
            <attribute>
            <name>name</name>                             <!-- name 为属性名 -->
            <required>true</required>                     <!-- 表示此值必须设置 -->
            <rtexprvalue>true</rtexprvalue>               <!-- 可以通过表达式设置 -->
      </attribute>
      <attribute>
            <name>scope</name>                            <!-- name 为属性名 -->
            <required>true</required>                     <!-- 表示此值必须设置 -->
            <rtexprvalue>true</rtexprvalue>               <!-- 可以通过表达式设置 -->
      </attribute>
</tag>
```

在此配置中，在<body-content>元素中设置的内容是 scriptless，表示标签体的内容可以是文本、EL 和 JSP 语法。

提示

<body-content>元素可以设置的内容有 3 种。

<body-content>元素主要的功能是指定标签体的类型，可能的取值有以下 4 种。

☑ empty：没有标签体。

☑ JSP：标签体可以包含文本、EL 表达式或 JSP 标签，但对于简单标签无效。

☑ scriptless：标签体可以包含文本、EL 表达式、JSP 标签，但不能包含 JSP 的脚本元素。

☑ tagdependent：表示标签体交由标签本身去解析处理。若指定 tagdependent，在标签体中的所有代码都会原封不动地交给标签处理器，而不是将执行结果传递给标签处理器。

【例 12.28】 在 JSP 中使用标签——simpleiteratetag.jsp

```
<%@ page contentType="text/html;charset=GB2312"%>
<%@ page import="java.util.*"%>
<%@ taglib prefix="mytag" uri="mldn"%>
<html>
    <head>
        <title>www.mldnjava.cn，MLDN 高端 Java 培训</title>
    </head>
    <body>
        <h1>
        <%
            List<String> all = new ArrayList<String>() ;          // 定义 List 集合
            all.add("www.MLDN.cn") ;                              // 向集合中增加内容
            all.add("www.MLDNJAVA.cn") ;                          // 向集合中增加内容
            all.add("www.JIANGKER.com") ;                         // 向集合中增加内容
            request.setAttribute("all",all) ;                     // 设置在 request 属性范围
        %>
            <mytag:simpleiterate id="url" name="all" scope="request">
                <h2>网站：${url}</h2>
            </mytag:simpleiterate>
        </h1>
    </body>
</html>
```

本标签的使用与之前完全一样，依然是在 JSP 中设置了一个集合，之后采用迭代标签进行输出。程序的运行结果如图 12-13 所示。

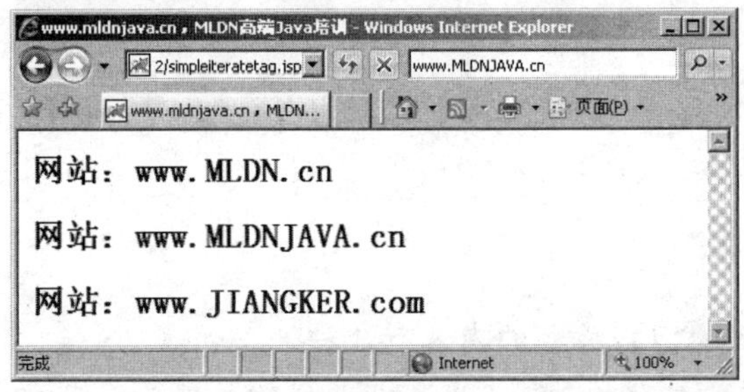

图 12-13 使用简单标签完成迭代输出

简单标签的开发比起之前的标签开发从语法上来讲已经简化了很多，而且更加直观，读者可以比较这 3 种迭代标签，即可发现这些不同实现类的区别。

12.11　DynamicAttributes 接口

通过之前的标签可以发现，每一个标签都可以定义属性，当使用一个标签时，只能编写指定个数及名称的属性。而在 JSP 2.0 之后专门增加了一个 DynamicAttributes 接口，此接口的主要功能是用于完成动态属性的设置，即用户在使用一个标签时可以根据自己的需要，任意设置多个属性。DynamicAttributes 接口的定义如下：

```
public interface DynamicAttributes{
    public void setDynamicAttribute(String uri,String localName,Object value) throws JspException ;
}
```

在 DynamicAttributes 接口中只定义了一个 setDynamicAttribute()方法，在此方法中读者只需要关心 localName（表示动态设置的属性名称）和 value（动态设置的属性内容）这两个参数。

下面使用动态属性完成一个动态的加法操作，用户可以直接在加法的标签中设置任意多个参数，并通过标签将计算的结果输出。

【例 12.29】 完成一个动态的加法操作

```
package org.lxh.tagdemo;
import java.io.IOException;
import java.util.HashMap;
import java.util.Iterator;
import java.util.Map;
import javax.servlet.jsp.JspException;
import javax.servlet.jsp.tagext.DynamicAttributes;
import javax.servlet.jsp.tagext.SimpleTagSupport;
public class DynamicAddTag extends SimpleTagSupport implements
        DynamicAttributes {                                    // 实现动态属性接口
    private Map<String, Float> num = new HashMap<String, Float>();
    @Override
    public void doTag() throws JspException, IOException {
        Float sum = 0.0f;                                      // 定义变量，保存相加的结果
        Iterator<Map.Entry<String, Float>> iter = this.num.entrySet()
                .iterator();                                   // 迭代输出
        while (iter.hasNext()) {
            Map.Entry<String, Float> value = iter.next();      // 取出每一个 Map.Entry
            sum += value.getValue();                           // 执行累加操作
        }
        super.getJspContext().getOut().write(sum + "");        // 输出计算结果
    }
    public void setDynamicAttribute(String uri, String localName, Object value)
            throws JspException {
        // 取出设置的动态属性的内容
```

```
            num.put(localName, Float.parseFloat(value.toString()));
        }
}
```

在本标签处理类中实现了 DynamicAttributes 接口，所以可以动态地设置标签中的属性，每一个设置到标签中的动态属性都通过循环调用 setDynamicAttribute()方法保存在 Map 集合中，最后在 doTag()方法中完成累加操作，并直接输出。

提示

动态装箱及拆箱问题。

在本程序中是直接使用包装类 Float 完成数据的保存及累加结果保存的，这完全利用的是 JDK 1.5 之后增加的新特性——自动装箱、拆箱功能。如果不清楚的读者，可以参考《Java 开发实战经典》一书的第 6 章。

但是，如果要想实现动态属性，仅靠一个 DynamicAttributes 接口是不够的，还需要配置标签描述文件，在其中增加设置动态属性的操作。

【例 12.30】 编写标签描述文件，增加动态属性设置——修改 mldntag.tld

```
<tag>
    <name>add</name>                                    <!-- 表示标签在 JSP 中的使用名称 -->
    <tag-class>
        org.lxh.tagdemo.DynamicAddTag
    </tag-class>                                        <!-- 标签所指向的 class 文件 -->
    <body-content>empty</body-content>                  <!-- 表示标签体内容 -->
    <dynamic-attributes>true</dynamic-attributes>       <!-- 接收动态属性 -->
</tag>
```

在本配置文件中，最重要的一个配置就是增加了<dynamic-attributes>元素，其中的内容设置为 true，表示可以设置动态属性。

【例 12.31】 调用标签，设置动态属性——addtag.jsp

```
<%@ page contentType="text/html;charset=GB2312"%>
<%@ taglib prefix="mytag" uri="mldn"%>
<html>
    <head>
        <title> www.mldnjava.cn，MLDN 高端 Java 培训</title>
    </head>
    <body>
        <h2>计算结果：
            <mytag:add num1="11.2" num2="12.3" num3="13.5"/></h2>
    </body>
</html>
```

本程序通过动态属性设置了 3 项内容，并将计算结果输出。程序的运行结果如图 12-14 所示。

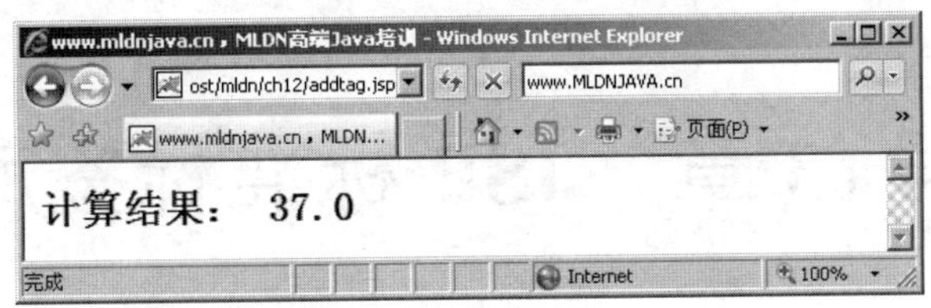

图 12-14　通过动态属性完成数字相加操作

12.12　本 章 摘 要

1．标签编程可以让一个 JSP 页面完全摆脱掉 Scriptlet 的困扰，使开发的 JSP 页面更加美观。

2．要想实现标签，需要编写标签处理类、标签描述文件，如果需要可以在 web.xml 中进行标签库的配置。

3．在 JSP 中要想使用标签，可以通过“<%@taglib%>”完成导入，通过 prefix 指定一个标记，通过 URI 指定 tld 的文件路径，或者是通过 web.xml 配置映射路径。

4．标签处理类可以通过继承 TagSupport 和 BodyTagSupport 类实现。

5．在 JSP 2.0 之后为了方便标签处理类的开发，提供了 SimpleTagSupport 类，用户开发时可以避免处理各个方法的返回值问题，而直接在 doTag()方法中编写标签处理即可。

第 13 章　JSP 标准标签库

通过本章的学习可以达到以下目标：

☑　了解 JSTL 的主要作用及配置。

☑　掌握 JSTL 中 Core 标签的使用。

☑　了解 format 和 sql 标签的使用。

☑　可以在实际开发中使用 JSTL 标签。

使用标签库可以避免过多的 Scriptlet 代码，但是如果采用自定义的标签库做法，会非常的繁琐且不通用，所以此时可以借助于一些开源工具使用一些公共的标签来完成代码的开发，本章所要讲解的 JSTL 就是这种使用广泛的通用标签。

13.1　JSTL 简介

JSTL（JSP Standard Tag Library，JSP 标准标签库）是一个开放源代码的标签组件，由 Apache 的 Jakarta 小组开发，可以直接从 http://tomcat.apache.org/taglibs/上下载，如图 13-1 所示。

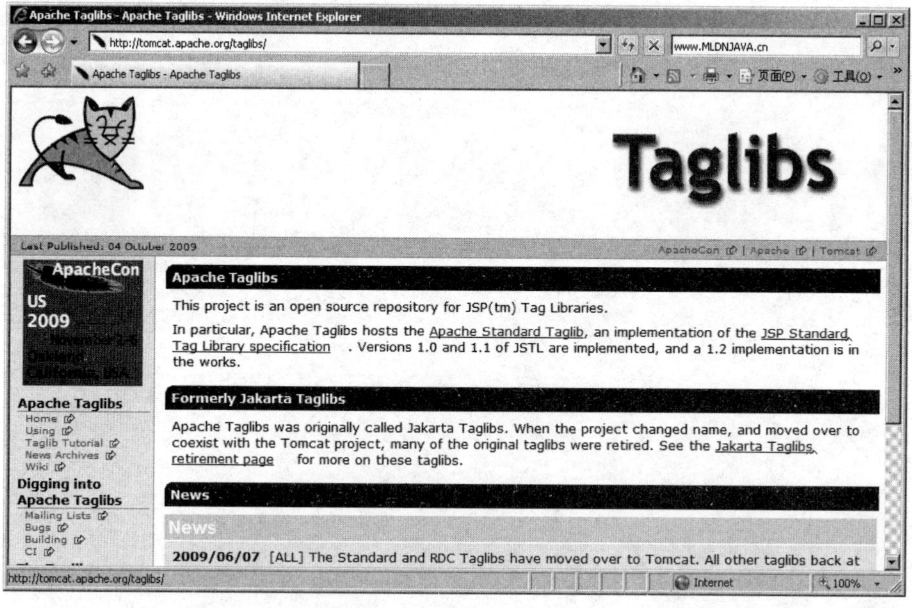

图 13-1　JSTL 下载页

注意

JSTL 1.2 的开发包暂时还不可用。

到本书完成时，JSTL 1.2 始终没有提供完全版的开发包，所以本书使用的开发包是从 MyEclipse 6.0 建立 Java EE 5.0 项目后复制出来的。

本章使用的是 JSTL 1.2 版本，在 JSTL 1.2 版本中主要有如下几个标签库支持，如表 13-1 所示。

表 13-1　JSTL 中主要的标签库

No.	JSTL	标 记 名 称	标签配置文件	描　述
1	核心标签库	c	c.tld	定义了属性管理、迭代、判断、输出
2	SQL 标签库	sql	sql.tld	定义了查询数据库操作
3	XML 标签库	xml	x.tld	用于操作 XML 数据
4	函数标签库	fn	fn.tld	提供了一些常用的操作函数，如字符串函数
5	I18N 格式标签库	fmt	fmt.tld	格式化数据

13.2　安装 JSTL 1.2

下载的 JSTL 是以 jar 包的形式存在的，直接将此 jar 包保存在 WEB-INF\lib 目录中，之后可以直接通过 WINRAR 工具打开此 jar 包，并且将其中 META-INF 文件夹中的几个主要标签配置文件（c.tld、fmt.tld、fn.tld、sql.tld、x.tld）保存在 WEB-INF 文件夹中，如图 13-2 和图 13-3 所示。

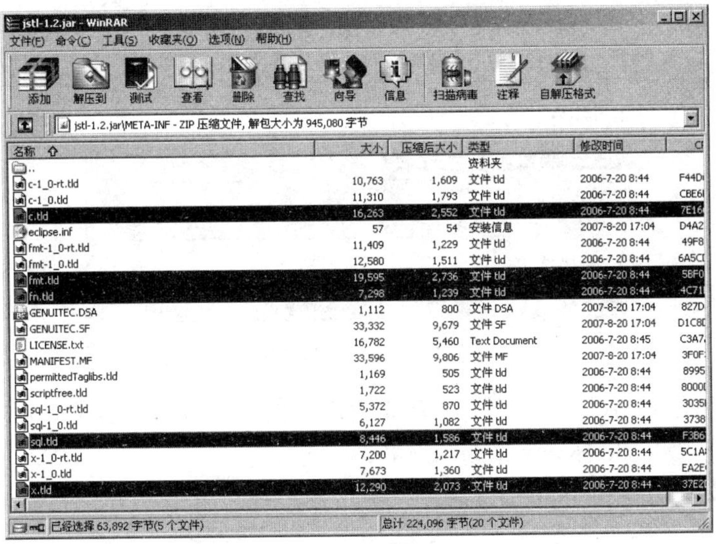

图 13-2　JSTL 的主要配置文件

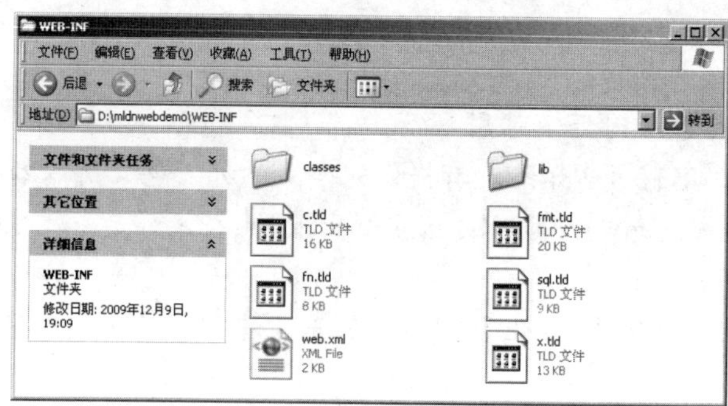

图 13-3　配置 JSTL 1.2

此时，即可使用 JSTL 进行项目的开发。

提示

配置完成后 Tomcat 要重新启动。

配置 JSTL 开发包时，如果 Tomcat 服务器已经启动，则只有在重新启动之后才能够加载 JSTL 的开发包。

JSTL 配置完成后，下面通过一段代码进行测试。

【例 13.1】 第 1 个 JSTL 程序——hello_jstl.jsp

```
<%@ page contentType="text/html" pageEncoding="GBK"%>
<%@ taglib uri="/WEB-INF/c.tld" prefix="c"%>
<html>
<head><title>www.mldnjava.cn，MLDN 高端 Java 培训</title></head>
<body>
	<h3><c:out value="Hello MLDN !!!"></c:out></h3>
</body>
</html>
```

本程序通过标签命令导入了 c.tld 文件，之后利用 JSTL 提供的<c:out>输出了一个字符串。程序的运行结果如图 13-4 所示。

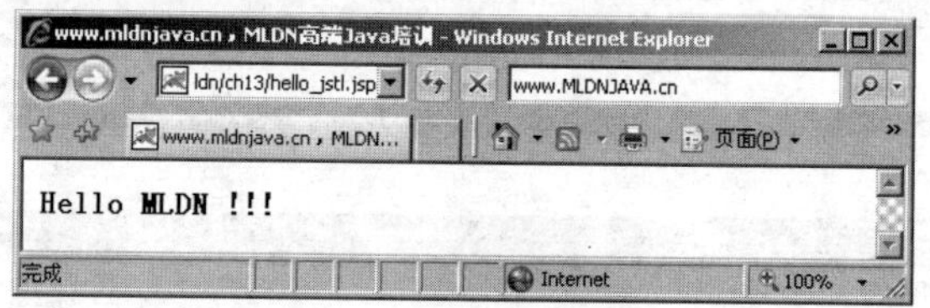

图 13-4　使用 JSTL 输出

本程序直接通过 uri 引入了配置在 WEB-INF 中的 c.tld 文件，如果觉得麻烦，也可以通过 web.xml 文件设置一个标签文件的映射名称。

【例 13.2】 配置 web.xml

```
<jsp-config>
	<taglib>
```

```
        <taglib-uri>http://www.mldn.cn/jstl/core</taglib-uri>
        <taglib-location>/WEB-INF/c.tld</taglib-location>
    </taglib>
    <taglib>
        <taglib-uri>http://www.mldn.cn/jstl/fmt</taglib-uri>
        <taglib-location>/WEB-INF/fmt.tld</taglib-location>
    </taglib>
    <taglib>
        <taglib-uri>http://www.mldn.cn/jstl/fn</taglib-uri>
        <taglib-location>/WEB-INF/fn.tld</taglib-location>
    </taglib>
    <taglib>
        <taglib-uri>http://www.mldn.cn/jstl/sql</taglib-uri>
        <taglib-location>/WEB-INF/sql.tld</taglib-location>
    </taglib>
    <taglib>
        <taglib-uri>http://www.mldn.cn/jstl/x</taglib-uri>
        <taglib-location>/WEB-INF/x.tld</taglib-location>
    </taglib>
</jsp-config>
```

之后，在 JSP 页面中即可通过以下的语句引入标签库配置文件。

```
<%@ taglib uri="http://www.mldn.cn/jstl/core" prefix="c"%>
<%@ taglib uri="http://www.mldn.cn/jstl/fmt" prefix="fmt"%>
```

13.3　核心标签库

核心标签库是 JSTL 中最重要的部分，也是在开发中最常使用到的部分，在核心标签库中主要完成的就是流程控制、迭代输出等操作。核心标签库中主要标签的名称如表 13-2 所示。

表 13-2　核心标签库中的主要标签

No.	功 能 分 类	标 签 名 称	描　　述
1	基本标签	<c:out>	输出属性内容
2		<c:set>	设置属性内容
3		<c:remove>	删除指定属性
4		<c:catch>	异常处理
5	流程控制标签	<c:if>	条件判断
6		<c:choose>	多条件判断，可以设置<c:when>和<c:otherwise>标签
7	迭代标签	<c:forEach>	输出数组、集合
8		<c:forTokens>	字符串拆分及输出操作
9	包含标签	<c:import>	将一个指定的路径包含到当前页进行显示
10	生成 URL 标签	<c:url>	根据路径和参数生成一个新的 URL
11	客户端跳转	<c:redirect>	客户端跳转

下面通过实例依次讲解各个标签的使用。

13.3.1 <c:out>标签

<c:out>标签主要用于输出内容，这点与表达式语言或表达式输出的 Scriptlet 是一样的。<c:out>标签的语法如下：

【语法 13-1 <c:out>输出——没有标签体】

```
<c:out value="打印的内容" [escapeXml="[true | false]"] [default="默认值"]/>
```

【语法 13-2 <c:out>输出——有标签体】

```
<c:out value="打印的内容" [escapeXml="[true | false]"]>
    默认值
</c:out>
```

本标签的属性如表 13-3 所示。

表 13-3 <c:out>标签的属性

No.	属性名称	EL 支持	描　　述
1	value	√	设置要显示的内容
2	default	√	如果要显示的 value 内容为 null，则显示 default 定义的内容
3	escapeXml	√	是否转换字符串，例如将“>”转换成“>”，默认为 true

【例 13.3】 使用<c:out 输出>——out_demo.jsp

```
<%@ page contentType="text/html" pageEncoding="GBK"%>
<%@ taglib uri="http://www.mldn.cn/jstl/core" prefix="c"%>
<html>
<head><title>www.mldnjava.cn，MLDN 高端 Java 培训</title></head>
<body>
    <%
        pageContext.setAttribute("info","<www.MLDN.cn>") ;
    %>
    <h3>属性存在：<c:out value="${info}"/></h3>
    <h3>属性不存在：<c:out value="${ref}" default="没有此内容！"/></h3>
    <h3>属性不存在：<c:out value="${ref}">没有此内容！</c:out></h3>
</body>
</html>
```

本程序首先设置了一个 page 范围的属性 info，之后利用<c:out>进行输出，可以发现，如果要输出的属性存在，则输出具体的属性内容；如果属性不存在，则显示默认值，默认值可以设置在 default 中，也可以设置在标签主体中。程序的运行结果如图 13-5 所示。

在本程序输出时，所有的特殊字符都已经自动转换成了相应的实体参照进行显示，如图 13-6 所示。

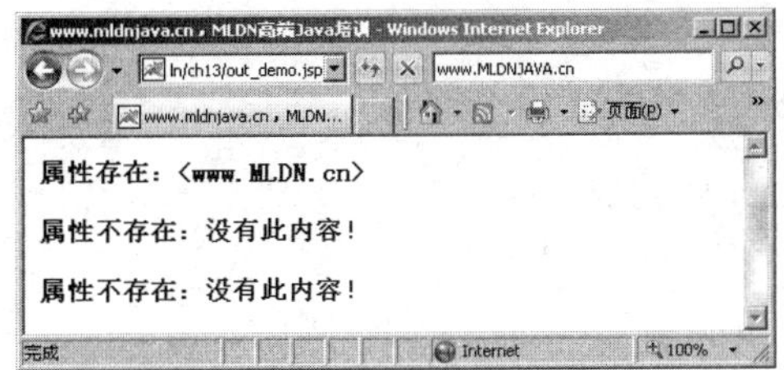

图 13-5　使用<c:out>输出

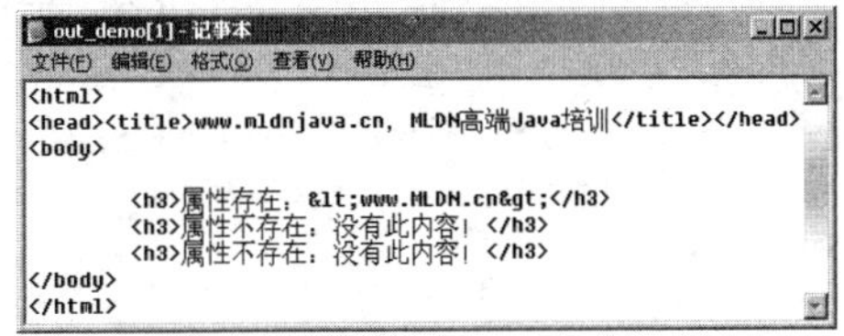

图 13-6　输出结果

13.3.2　<c:set>标签

<c:set>标签主要用来将属性保存在 4 种属性范围中，与 setAttribute()方法的作用类似，语法如下：

【语法 13-3　<c:set>设置——没有标签体】

```
<c:set var="属性名称" value="属性内容" [scope="[page | request | session | application]"]/>
```

【语法 13-4　<c:set>设置——有标签体】

```
<c:set var="属性名称" [scope="[page | request | session | application]"]>
    属性内容
</c:set>
```

【语法 13-5　<c:set>设置内容到对象——没有标签体】

```
<c:set value="属性内容" target="属性名称" property="属性名称"/>
```

【语法 13-6　<c:set>设置内容到对象——有标签体】

```
<c:set target="属性名称" property="属性名称">
    属性内容
</c:set>
```

本标签的属性如表 13-4 所示。

表 13-4　<c:set>标签的属性

No.	属性名称	EL 支持	描　　述
1	value	√	设置属性的内容，如果为 null 则表示删除属性
2	var	×	设置属性名称
3	scope	×	设置属性的保存范围，默认保存在 page 范围中
4	target	√	存储的目标属性
5	property	√	指定的 target 属性

【例 13.4】 通过<c:set>设置属性——set_demo.jsp

```
<%@ page contentType="text/html" pageEncoding="GBK"%>
<%@ taglib uri="http://www.mldn.cn/jstl/core" prefix="c"%>
```

```
<html>
<head><title>www.mldnjava.cn，MLDN 高端 Java 培训</title></head>
<body>
	<c:set var="info" value="Hello MLDN !!!" scope="request"/>
	<h3>属性内容：${info}</h3>
</body>
</html>
```

本程序通过<c:set>标签设置了一个 request 范围的属性，之后使用表达式语言输出。程序的运行结果如图 13-7 所示。

图 13-7　设置属性并输出

还可以将指定的内容设置到一个 JavaBean 的属性中，此时就需要通过 target 和 property 进行操作。

【例 13.5】 定义 JavaBean——SimpleInfo.java

```
package org.lxh.jstldemo.vo;
public class SimpleInfo {
	private String content ;
	public String getContent() {
		return content;
	}
	public void setContent(String content) {
		this.content = content;
	}
}
```

之后在一个 JSP 页面中引入此 JavaBean，并且将此 JavaBean 保存在 page 范围中。

【例 13.6】 设置属性——set_bean.jsp

```
<%@ page contentType="text/html" pageEncoding="GBK"%>
<%@ page import="org.lxh.jstldemo.vo.*"%>
<%@ taglib uri="http://www.mldn.cn/jstl/core" prefix="c"%>
<html>
<head><title>www.mldnjava.cn，MLDN 高端 Java 培训</title></head>
<body>
	<%	// 定义一个 JavaBean
		SimpleInfo sim = new SimpleInfo() ;			// 实例化 SimpleInfo 对象
		request.setAttribute("simple",sim) ;			// 设置属性
	%>
	<!-- 将 value 的内容设置到 simple 对象的 content 属性中 -->
	<c:set value="Hello MLDN !!!" target="${simple}" property="content"/>
```

```
	<h3>属性内容：${simple.content}</h3>
</body>
</html>
```

本程序首先在 request 范围中保存了一个 simple 的属性，之后通过<c:set>标签将 value 设置的内容设置到 content 属性中。程序的运行结果如图 13-8 所示。

图 13-8　使用<c:set>设置属性内容

13.3.3　<c:remove>标签

<c:remove>标签在程序中的主要作用是删除指定范围中的属性，功能与 removeAttribute()方法类似，语法如下：

【语法 13-7　<c:remove>删除属性】

```
<c:remove var="属性名称" [scope="[page | request | session | application]"]/>
```

本标签的属性如表 13-5 所示。

表 13-5　<c:remove>标签的属性

No.	属性名称	EL 支持	描　述
1	var	×	要删除属性的名称，必须指定此名称
2	scope	×	删除属性的保存范围，默认保存在 page 范围中

【例 13.7】 删除属性——remove.jsp

```
<%@ page contentType="text/html" pageEncoding="GBK"%>
<%@ taglib uri="http://www.mldn.cn/jstl/core" prefix="c"%>
<html>
<head><title>www.mldnjava.cn，MLDN 高端 Java 培训</title></head>
<body>
	<c:set var="info" value="Hello MLDN !!!" scope="request"/>
	<c:remove var="info" scope="request"/>
	<h3>属性内容：${info}</h3>
</body>
</html>
```

本程序首先通过<c:set>标签设置了一个 request 范围的属性，属性的名称为 info，之后使用<c:remove>标签删除了此属性，所以当使用表达式输出 info 属性内容时即无法显示。

程序的运行结果如图 13-9 所示。

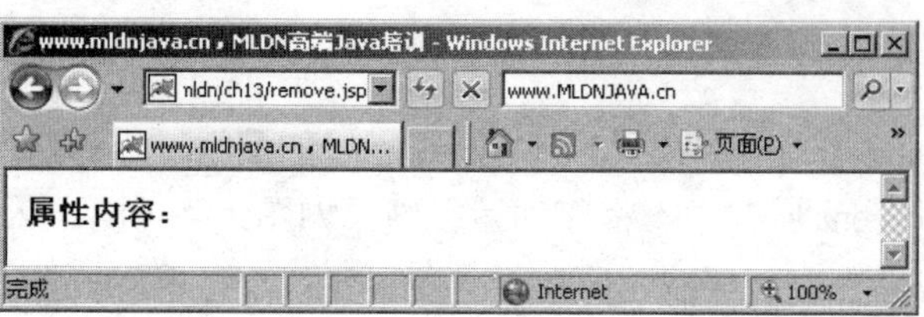

图 13-9　删除属性

13.3.4　<c:catch>标签

<c:catch>标签主要用来处理程序中产生的异常，并进行相关的异常处理，语法如下：

【语法 13-8　<c:catch>处理异常】

```
<c:catch [var="保存异常信息的属性名称"]>
     有可能发生异常的语句
</c:catch>
```

本标签的属性如表 13-6 所示。

表 13-6　<c:catch>标签的属性

No.	属性名称	EL 支持	描　述
1	var	×	用来保存异常信息的属性名称

【例 13.8】 使用 JSTL 进行异常处理——catch.jsp

```
<%@ page contentType="text/html" pageEncoding="GBK"%>
<%@ taglib uri="http://www.mldn.cn/jstl/core" prefix="c"%>
<html>
<head><title>www.mldnjava.cn，MLDN 高端 Java 培训</title></head>
<body>
     <c:catch var="errmsg">
          <%  // 在此处产生异常
               int result = 10 / 0 ;          // 被除数为 0 产生异常
          %>
     </c:catch>
     <h3>异常信息：${errmsg}</h3>
</body>
</html>
```

本程序在<c:catch>标签中执行了计算操作，由于被除数为 0，所以程序肯定产生异常，所有的异常信息都保存在了 errmsg 属性之后，最后通过表达式语言进行 errmsg 的内容输出。程序的运行结果如图 13-10 所示。

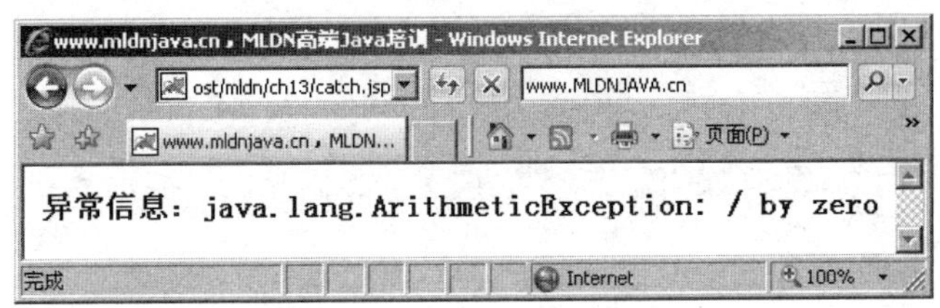

图 13-10　处理异常

13.3.5　<c:if>标签

<c:if>标签主要用来完成分支语句的实现，功能与在程序中使用的 if 语法一样，语法如下：

【语法 13-9　<c:if>判断——没有标签体】

```
<c:if test="判断条件" var="储存判断结果" [scope="[page | request | session | application]"]/>
```

【语法 13-10　<c:if>判断 ——有标签体】

```
<c:if test="判断条件" var="储存判断结果" [scope="[page | request | session | application]"]>
    满足条件时执行的语句
</c:if>
```

本标签的属性如表 13-7 所示。

表 13-7　<c:if>标签的属性

No.	属性名称	EL 支持	描　　述
1	test	√	用于判断条件，如果条件为 true，则执行标签体的内容
2	var	×	保存判断的结果
3	scope	×	指定判断结果的保存范围，默认是 page 范围

【例 13.9】 判断操作——if_demo.jsp

```
<%@ page contentType="text/html" pageEncoding="GBK"%>
<%@ taglib uri="http://www.mldn.cn/jstl/core" prefix="c"%>
<html>
<head><title>www.mldnjava.cn，MLDN 高端 Java 培训</title></head>
<body>
    <c:if test="${param.ref=='mldn'}" var="res1" scope="page">
        <h3>欢迎${param.ref}光临！</h3>
    </c:if>
    <c:if test="${10<30}" var="res2">
        <h3>10 比 30 小！</h3>
    </c:if>
</body>
</html>
```

本程序中的第一个<c:if>标签通过表单发送的请求参数进行判断，如果传递 ref 参数的内容是“mldn”，则显示欢迎光临的信息；在第二个<c:if>标签中通过一个“10<30”的语句进行判断，如果满足则打印信息。程序的运行结果如图 13-11 所示。

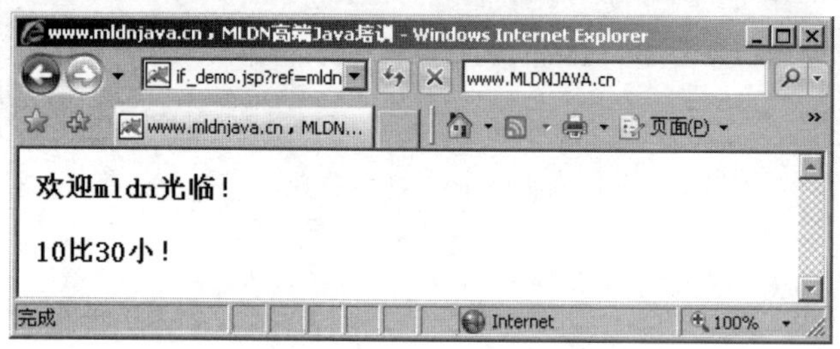

图 13-11　判断语句

13.3.6　<c:choose>、<c:when>、<c:otherwise>标签

<c:if>标签可以提供的功能只是针对于一个条件的判断，如果现在要同时判断多个条件，可以使用<c:choose>标签，但是<c:choose>标签只能作为<c:when>和<c:otherwise>的父标签出现。<c:choose>标签的语法如下：

【语法 13-11　<c:choose>条件选择】

```
<c:choose>
    标签体内容（<c:when>、<c:otherwise>）
</c:choose>
```

在本标签中没有任何的属性，而且本标签中的内容只能有以下的内容。

☑　<c:when>标签：可以出现一次或多次，用于进行条件判断。

☑　<c:otherwise>标签：可以出现 0 次或一次，用于所有条件都不满足时操作。

<c:when>标签与<c:if>标签类似，都需要通过 test 进行条件的判断，此标签的语法如下：

【语法 13-12　<c:when>条件判断】

```
<c:when test="判断条件">
    满足条件时执行的语句
</c:when>
```

本标签的属性如表 13-8 所示。

表 13-8　<c:when>标签的属性

No.	属 性 名 称	EL 支持	描　　述
1	test	√	用于判断条件，如果条件为 true，则执行标签体的内容

<c:otherwise>标签的功能与 switch 语句中的 default 语句的功能类似，当所有的<c:when>定义的条件都不能满足时，使用<c:otherwise>标签，此标签的语法如下：

【语法 13-13　<c:otherwise>】

```
<c:otherwise>
    当所有<c:when>不满足时，执行本标签体内容
</c:otherwise>
```

【例 13.10】　多条件判断——choose.jsp

```
<%@ page contentType="text/html" pageEncoding="GBK"%>
<%@ taglib uri="http://www.mldn.cn/jstl/core" prefix="c"%>
<html>
<head><title>www.mldnjava.cn，MLDN 高端 Java 培训</title></head>
<body>
    <%
        pageContext.setAttribute("num",10) ;
    %>
    <c:choose>
        <c:when test="${num==10}">
            <h3>num1 属性的内容是 10！</h3>
        </c:when>
        <c:when test="${num==20}">
            <h3>num1 属性的内容是 20！</h3>
        </c:when>
        <c:otherwise>
            <h3>没有一个条件满足！</h3>
        </c:otherwise>
    </c:choose>
</body>
</html>
```

本程序通过 page 范围保存了一个数字的属性内容，之后在<c:choose>中通过不同的<c:when>标签进行判断，如果满足条件则执行，如果没有一个条件满足则执行<c:otherwise>标签的内容。程序的运行结果如图 13-12 所示。

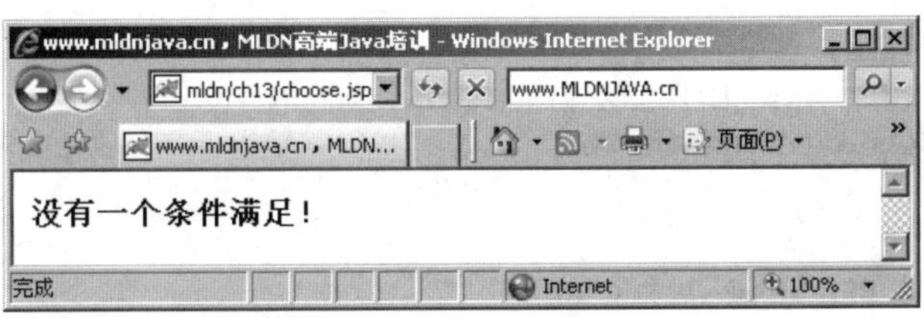

图 13-12　多条件判断

注意

<c:otherwise>要写在<c:when>之后。

<c:otherwise>标签是当所有的<c:when>都不满足时执行的，所以此标签在编写时一定要放在所有<c:when>标签的最后。

13.3.7 <c:forEach>标签

<c:forEach>标签的主要功能为循环控制，可以将集合中的成员进行迭代输出，功能与 Iterator 接口类似。<c:forEach>标签的语法如下：

【语法 13-14 <c:forEach>输出标签】

```
<c:forEach [var="每一个对象的属性名称"] items="集合" [varStatus="保存相关成员信息"] [begin="集合的开始输出位置"] [end="集合的结束输出位置"] [step="每次增长的步长"]>
        标签体
<c:forEach>
```

本标签的属性如表 13-9 所示。

表 13-9 <c:forEach>标签的属性

No.	属性名称	EL 支持	描 述
1	var	×	用来存放集合中的每一个对象
2	items	√	保存所有的集合，主要是数组、Collection（List、Set）及 Map
3	varStatus	×	用于存放当前对象的成员信息
4	begin	√	集合的开始位置，默认从 0 开始
5	end	√	集合的结束位置，默认为集合的最后一个元素
6	step	√	每次迭代的间隔数，默认为 1

【例 13.11】 输出数组——print_arrays.jsp

```
<%@ page contentType="text/html" pageEncoding="GBK"%>
<%@ taglib uri="http://www.mldn.cn/jstl/core" prefix="c"%>
<html>
<head><title>www.mldnjava.cn，MLDN 高端 Java 培训</title></head>
<body>
    <%  // 定义数组
        String info[] = {"MLDN","LiXingHua","www.MLDNJAVA.cn"} ;
        pageContext.setAttribute("ref",info) ;      // 将数组保存在 page 范围之中
    %>
    <h3>输出全部：
    <c:forEach items="${ref}" var="mem">
        ${mem}、
    </c:forEach></h3>
    <h3>输出全部（间隔为 2）：
    <c:forEach items="${ref}" var="mem" step="2">
        ${mem}、
    </c:forEach></h3>
    <h3>输出前两个：
    <c:forEach items="${ref}" var="mem" begin="0" end="1">
        ${mem}、
    </c:forEach></h3>
```

```
</body>
</html>
```

本程序在 page 范围中保存了一个数组的信息，之后采用<c:forEach>进行输出。程序的运行结果如图 13-13 所示。

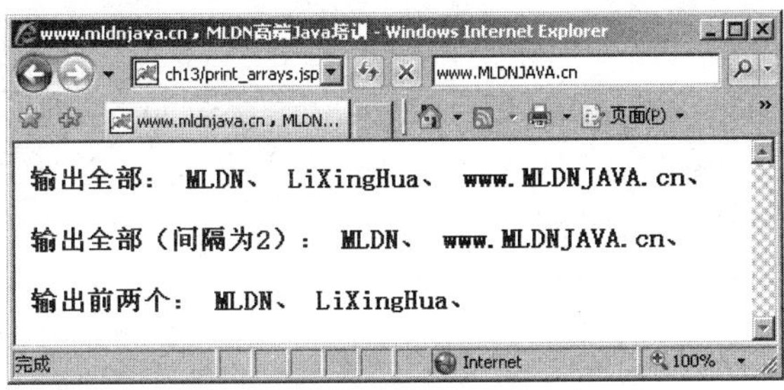

图 13-13　输出数组

【例 13.12】 输出集合——print_list.jsp

```
<%@ page contentType="text/html" pageEncoding="GBK"%>
<%@ page import="java.util.*"%>
<%@ taglib uri="http://www.mldn.cn/jstl/core" prefix="c"%>
<html>
<head><title>www.mldnjava.cn，MLDN 高端 Java 培训</title></head>
<body>
	<%	// 定义集合
		List all = new ArrayList() ;				// 实例化集合对象
		all.add("MLDN") ;					// 向集合中加入内容
		all.add("LiXingHua") ;					// 向集合中加入内容
		all.add("www.MLDNJAVA.cn") ;				// 向集合中加入内容
		pageContext.setAttribute("ref",all) ;			// 将数组保存在 page 范围中
	%>
	<h3>输出全部：
	<c:forEach items="${ref}" var="mem">
		${mem}、
	</c:forEach></h3>
</body>
</html>
```

本程序定义了一个 List 集合，之后通过 add()方法向 List 集合中增加了 3 个内容，并将 List 保存在了 page 属性范围中，最后采用<c:forEach>进行输出。程序的运行结果如图 13-14 所示。

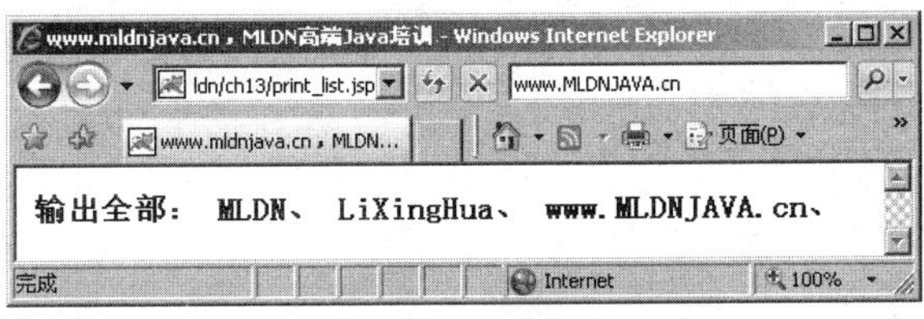

图 13-14　输出 List 集合

也可以输出 Set 和 Collection。

在使用<c:forEach>输出时，不仅可以输出 List，也可以输出 Set，即只要是 Collection 接口的子接口或类都可以输出。

也可以使用<c:forEach>输出 Map 集合，但是在输出 Map 集合时需要注意一点，所有保存在 Map 集合中的对象都是通过 Map.Entry 的形式保存的，所以要想分离出 key 和 value，则需要通过 Map.Entry 提供的 getKey()和 getValue()方法。

Map 输出操作。

在《Java 开发实战经典》一书中曾讲解过，如果要输出 Map 集合则需要先将集合变为 Set 集合，之后采用 Iterator 迭代输出，并通过 Map.Entry 分离其中的 key 和 value。

【例 13.13】 输出 Map 集合——print_map.jsp

```
<%@ page contentType="text/html" pageEncoding="GBK"%>
<%@ page import="java.util.*"%>
<%@ taglib uri="http://www.mldn.cn/jstl/core" prefix="c"%>
<html>
<head><title>www.mldnjava.cn，MLDN 高端 Java 培训</title></head>
<body>
    <%  // 定义集合
        Map map = new HashMap() ;                          // 实例化集合对象
        map.put("mldn","www.MLDNJAVA.cn") ;                // 向集合中加入内容
        map.put("lxh","LiXingHua") ;                       // 向集合中加入内容
        pageContext.setAttribute("ref",map) ;              // 将数组保存在 page 范围中
    %>
    <c:forEach items="${ref}" var="mem">
        <h3>${mem.key} --> ${mem.value}</h3>
    </c:forEach>
</body>
</html>
```

本程序通过 Map 保存了两组数据，之后采用<c:forEach>进行输出。程序的运行结果如图 13-15 所示。

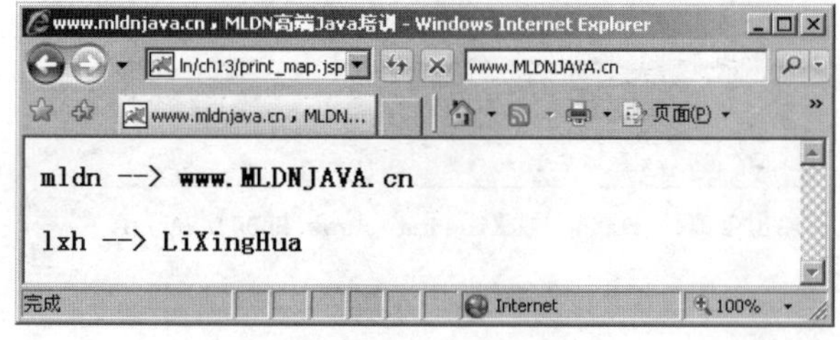

图 13-15　输出 Map

13.3.8　<c:forTokens>标签

<c:forTokens>标签也是用于输出操作的，它更像是 String 类中的 split()方法和循环输出的一种集合。<c:forTokens>标签的语法如下：

【语法 13-15　<c:forTokens>输出标签】

```
<c:forTokens items="输出的字符串" delims="字符串分割符" [var="存放每一个字符串变量"]
[varStatus="存放当前对象的相关信息"] [begin="输出位置"] [end="结束位置"] [step="输出间隔"]>
     标签体内容
</c:forTokens>
```

本标签的属性如表 13-10 所示。

表 13-10　<c:forTokens>标签的属性

No.	属 性 名 称	EL 支持	描　　述
1	var	×	用来存放集合中的每一个对象
2	items	√	要输出的字符串
3	delims	×	定义分隔字符串的内容
4	varStatus	×	存放当前对象的相关信息
5	begin	√	开始的输出位置，默认从 0 开始
6	end	√	结束的输出位置，默认为最后一个成员
7	step	√	迭代输出的间隔

【例 13.14】 使用<c:forTokens>进行输出——print_tokens.jsp

```
<%@ page contentType="text/html" pageEncoding="GBK"%>
<%@ taglib uri="http://www.mldn.cn/jstl/core" prefix="c"%>
<html>
<head><title>www.mldnjava.cn，MLDN 高端 Java 培训</title></head>
<body>
     <%
          String info = "www.MLDNJAVA.cn" ;          // 定义字符串，按照“.”拆分
          pageContext.setAttribute("ref",info) ;     // 保存在 page 范围中
     %>
     <h3>拆分的结果是：
     <c:forTokens items="${ref}" delims="." var="con">
          ${con}、
     </c:forTokens></h3>
     <h3>拆分的结果是：
     <c:forTokens items="Li:Xing:Hua" delims=":" var="con">
          ${con}、
     </c:forTokens></h3>
</body>
</html>
```

本程序通过设置两种内容验证了<c:forTokens>标签的使用，一个是通过属性范围设置 items，另一个是将一个字符串直接设置到 items 中，并分别通过 delims 指定了分隔的字符串。程序的运行结果如图 13-16 所示。

图 13-16　使用<c:forTokens>输出

13.3.9　<c:import>标签

<c:import>标签可以将其他页面的内容包含进来一起显示，这一点与<jsp:include>标签的功能类似，但是与<jsp:include>标签不同的是，<c:import>可以包含外部的页面。<c:import>标签的语法如下：

【语法 13-16　<c:import>导入标签】

```
<c:import url="包含地址的 URL" [context="上下文路径"] [var="保存内容的属性名称"]
    [scope="[page | request | session | application]"] [charEncoding="字符编码"]
    [varReader="以 Reader 方式读取内容"]>
    标签体内容
    [<c:param name="参数名称" value="参数内容"/>]
</c:import>
```

本标签的属性如表 13-11 所示。

表 13-11　<c:import>标签的属性

No.	属 性 名 称	EL 支持	描　　述
1	url	√	指定要包含的文件路径
2	context	√	如果要访问在同一个 Web 容器下的其他资源时设置，必须以“/”开头
3	var	×	储存导入的文件内容
4	scope	×	定义 var 的保存范围，默认为 page 范围
5	charEncoding	√	定义的字符编码
6	varReader	×	储存导入的文件内容，以 Reader 类型存入

在设置 url 时要注意的是，不能设置成 null，否则页面将出现 JasperException 异常。

【例 13.15】 导入 http://www.mldn.cn 站点——import_url.jsp

```
<%@ page contentType="text/html" pageEncoding="GBK"%>
<%@ taglib uri="http://www.mldn.cn/jstl/core" prefix="c"%>
<html>
```

```
<head><title>www.mldnjava.cn，MLDN 高端 Java 培训</title></head>
<body>
	<c:import url="http://www.mldn.cn" charEncoding="UTF-8"/>
</body>
</html>
```

本程序通过<c:import>将 http://www.mldn.cn 站点的内容导入进来进行显示，程序的运行结果如图 13-17 所示。

需要注意的是，在导入时只是将站点的 HTML 代码导入进来，而相关的图片显示会存在问题，如果现在要向导入的页面传递参数，则可以使用<c:import>标签中的<c:param>子标签进行传递。

【例 13.16】 接收参数的页面——param.jsp

```
<%@ page contentType="text/html" pageEncoding="GBK"%>
<h3>name 参数：${param.name}</h3>
<h3>url 参数：${param.url}</h3>
```

【例 13.17】 传递参数——import_param.jsp

```
<%@ page contentType="text/html" pageEncoding="GBK"%>
<%@ taglib uri="http://www.mldn.cn/jstl/core" prefix="c"%>
<html>
<head><title>www.mldnjava.cn，MLDN 高端 Java 培训</title></head>
<body>
	<c:import url="param.jsp" charEncoding="GBK">
		<c:param name="name" value="LiXingHua"/>
		<c:param name="url" value="www.MLDNJAVA.cn"/>
	</c:import>
</body>
</html>
```

本程序通过<c:import>标签向 param.jsp 页面中传递了两个参数，程序的运行结果如图 13-18 所示。

图 13-17　<c:import>导入页面

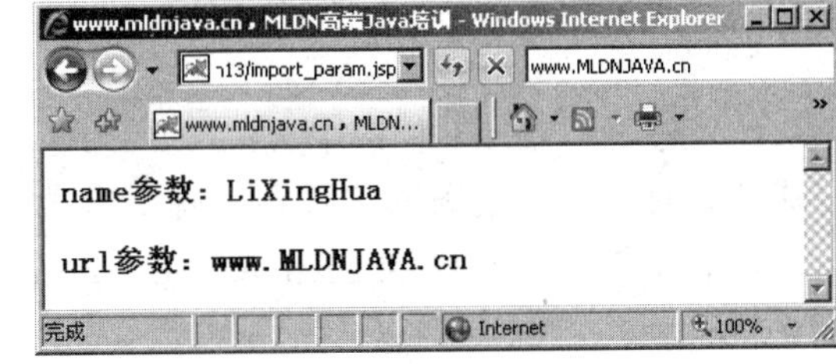

图 13-18　参数传递

13.3.10　<c:url>标签

<c:url>标签可以直接再产生一个 URL 地址，语法如下：

【语法 13-17　<c:url>URL 标签——没有标签体】

```
<c:url value="操作的 url" [context="上下文路径"] [var="保存的属性名称"]
      [scope="[page | request | session | application]"]/>
```

【语法 13-18　<c:url>URL 标签——有标签体】

```
<c:url value="操作的 url" [context="上下文路径"] [var="保存的属性名称"]
      [scope="[page | request | session | application]"]>
      <c:param name="参数名称" value="参数内容"/>
</c:url>
```

本标签的属性如表 13-12 所示。

表 13-12　<c:url>标签的属性

No.	属性名称	EL 支持	描　　述
1	value	√	要执行的 URL
2	context	√	如果要访问在同一个 Web 容器下的其他资源时设置，必须以“/”开头
3	var	×	储存导入的文件内容
4	scope	×	定义 var 的保存范围，默认为 page 范围

【例 13.18】　产生 URL 地址——create_url.jsp

```
<%@ page contentType="text/html" pageEncoding="GBK"%>
<%@ taglib uri="http://www.mldn.cn/jstl/core" prefix="c"%>
<html>
<head><title>www.mldnjava.cn，MLDN 高端 Java 培训</title></head>
<body>
      <c:url value="http://www.mldnjava.cn" var="urlinfo">
            <c:param name="author" value="LiXingHua"/>
            <c:param name="logo" value="mldn"/>
      </c:url>
      <a href="${urlinfo}">新的地址</a>
</body>
</html>
```

本程序通过<c:url>标签生成了一个地址，并且保存在了 urlinfo 属性之后，生成的地址将采用地址栏重写的方式将设置的两个参数加在地址后面，生成的新地址是“http://www.mldnjava.cn/**?author=LiXingHua&logo=mldn**”。

13.3.11　<c:redirect>标签

在学习 JSP 内置对象时讲解过可以通过 response.sendRedirect()操作进行客户端跳转，在 JSTL 中提供了一个与之类似的标签<c:redirect>，语法如下：

【语法 13-19　<c:redirect>客户端跳转标签——没有标签体】

```
<c:redirect url="跳转的地址" context="上下文路径"/>
```

【语法 13-20　<c:redirect>客户端跳转——有标签体】

```
<c:redirect url="跳转的地址" context="上下文路径">
    <c:param name="参数名称" value="参数内容"/>
</c:redirect>
```

本标签的属性如表 13-13 所示。

表 13-13　<c:redirect>标签的属性

No.	属 性 名 称	EL 支持	描　　述
1	url	√	跳转的地址
2	context	√	如果要访问在同一个 Web 容器下的其他资源时设置，必须以“/”开头

【例 13.19】　客户端跳转到 param.jsp 文件中——redirect.jsp

```
<%@ page contentType="text/html" pageEncoding="GBK"%>
<%@ taglib uri="http://www.mldn.cn/jstl/core" prefix="c"%>
<html>
<head><title>www.mldnjava.cn，MLDN 高端 Java 培训</title></head>
<body>
    <c:redirect url="param.jsp">
        <c:param name="name" value="LiXingHua"/>
        <c:param name="url" value="www.MLDNJAVA.cn"/>
    </c:redirect>
</body>
</html>
```

本程序通过<c:redirect>标签完成客户端跳转，并且传递了两个参数，由于是客户端跳转，所以跳转之后地址栏的地址是会改变的。程序的运行结果如图 13-19 所示。

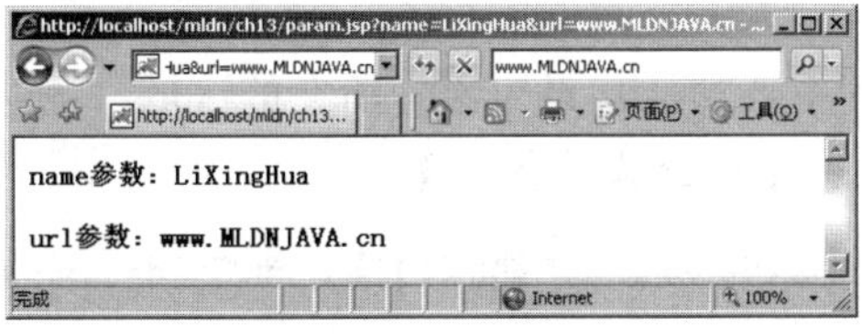

图 13-19　客户端跳转

提示

param.jsp 与例 13.16 代码一致，故不再重复列出。

13.4　国际化标签库

国际化是程序的重要组成部分，一个程序可以根据所在区域进行相应信息的显示，例

如，各个地区的数字、日期显示风格都是不同的，在 JSTL 中使用 fmt.tld 作为格式化标签库的定义文件。

提示

关于国际化操作。

如果读者对国际化操作的流程及概念不清楚，可以参考《Java 开发实战经典》一书的第 11 章。

格式化标签库中主要包含的标签如表 13-14 所示。

表 13-14　格式化标签库中包含的标签

No.	功能分类	标签名称	描述
1	国际化标签	<fmt:setLocale>	设置一个全局的地区代码
2		<fmt:requestEncoding>	设置统一的请求编码
3	信息显示标签	<fmt:bundle>	设置临时的要读取资源文件的名称
4		<fmt:message>	通过 key 取得 value，通过<fmt:param>向动态文本中设置内容
5		<fmt:setBundle>	设置一个全局的要读取资源文件的名称
6	数字及日期格式化	<fmt:formatNumber>	格式化数字
7		<fmt:parseNumber>	反格式化数字
8		<fmt:formatDate>	格式化日期，将日期变为字符串
9		<fmt:parseDate>	反格式化日期，将字符串变为日期
10		<fmt:setTimeZone>	设置一个全局的时区
11		<fmt:timeZone>	设置一个临时的时区

13.4.1　<fmt:setLocale>标签

<fmt:setLocale>标签的主要功能是设定用户所在的区域，语法如下：

【语法 13-21　<fmt:setLocale>设置区域】

```
<fmt:setLocale value="区域编码" [variant="浏览器"] [scope="[page | request | session | application]"]/>
```

本标签的属性如表 13-15 所示。

表 13-15　<fmt:setLocale>标签的属性

No.	属性名称	EL 支持	描述
1	value	√	设置地区的编码，表示一个 java.util.Locale 类
2	variant	√	如果要访问在同一个 Web 容器下的其他资源时设置，必须以“/”开头
3	scope	×	地区设置的范围

使用<fmt:setLocale>设置时一定要有 value 属性，主要的功能是设置地区编码，如果是

中文环境，则使用 zh_CN 标记。

【例 13.20】 设置 Locale 显示——locale.jsp

```
<%@ page contentType="text/html" pageEncoding="GBK"%>
<%@ page import="java.util.*"%>
<%@ taglib uri="http://www.mldn.cn/jstl/fmt" prefix="fmt"%>
<html>
<head><title>www.mldnjava.cn，MLDN 高端 Java 培训</title></head>
<body>
	<%	// 设置一个 page 范围的属性
		pageContext.setAttribute("date",new Date()) ;
	%>
	<h3>中文日期显示：
	<fmt:setLocale value="zh_CN"/>
		<fmt:formatDate value="${date}"/></h3>
	<h3>英文日期显示：
	<fmt:setLocale value="en_US"/>
		<fmt:formatDate value="${date}"/></h3>
</body>
</html>
```

本程序通过<fmt:setLocale>标签分别设置了中文和英语两种区域编号，之后通过<fmt:formatDate>标签对日期进行格式化。程序的运行结果如图 13-20 所示。

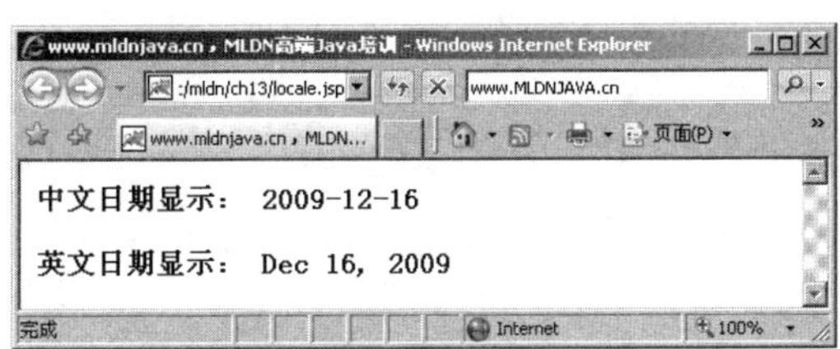

图 13-20　格式化日期

13.4.2　<fmt:requestEncoding>标签

<fmt:requestEncoding>标签的主要功能是设置所有的请求编码，与 setCharacterEncoding()方法的功能一样，语法如下：

【语法 13-22　<fmt:requestEncoding>设置区域】

```
<fmt:requestEncoding [value="字符集"]/>
```

本标签的属性如表 13-16 所示。

表 13-16　<fmt:requestEncoding>标签的属性

No.	属性名称	EL 支持	描　述
1	value	√	设置字符编码

如果现在要将所有的请求编码都设置成 GBK，直接编写以下的语句即可。

【例 13.21】 设置统一编码

```
<fmt:requestEncoding value="GBK"/>
```

13.4.3 读取资源文件

在国际化中最重要的组成部分就是资源文件的读取，在 JSTL 中提供了 4 个标签用于资源的读取和操作，分别是<fmt:message>、<fmt:param>、<fmt:bundle>和<fmt:setBundle>。

所有的资源文件都是以*.properties 为后缀，所有的内容要按照"key=value"的格式进行编写，在 Web 中，资源文件要保存在/WEB-INF/classes 文件夹中。

注意

资源文件名称的命名规范。

在《Java 开发实战经典》一书的第 11 章讲解国际化程序时曾经讲解过，一个资源文件也可以通过一个资源类来代替，所以对于资源的命名要求与类是一样的，所有单词的首字母大写。

【例 13.22】 定义资源文件——/WEB-INF/classes/Message.properties

```
name = LiXingHua
# info = 欢迎{0}光临！
info = \u6b22\u8fce{0}\u5149\u4e34\uff01
```

资源文件定义完成之后，即可利用<fmt:bundle>标签在一个 JSP 页面中指定资源文件的名称，语法如下：

【语法 13-23 <fmt:bundle>设置要读取的资源文件名称】

```
<fmt:bundle basename="资源文件名称" [prefix="前置标记"]>
    标签体内容
</fmt:bundle>
```

本标签的属性如表 13-17 所示。

表 13-17 <fmt:bundle>标签的属性

No.	属 性 名 称	EL 支持	描 述
1	basename	√	设置资源文件的名称，如 Message
2	prefix	√	设置前置标记

注意

读取资源文件时不需要加入后缀。

在使用<fmt:bundle>设置读取的资源文件时，不需要加上文件的后缀，因为 Java 程序会自动将后缀为*.properties 的文件读取进来。

当通过<fmt:bundle>标签指定好资源文件名称后，即可使用<fmt:message>标签按照 key 读取 value，语法如下：

【语法 13-24　<fmt:message>读取资源文件——没有标签体】

```
<fmt:message key="资源文件的指定 key" [bundle="资源文件名称"]
      [var="存储内容的属性名称"] [scope="[page | request | session | application]"]/>
```

【语法 13-25　<fmt:message>读取资源文件——有标签体】

```
<fmt:message key="资源文件的指定 key" [bundle="资源文件名称"]
      [var="存储内容的属性名称"] [scope="[page | request | session | application]"]>
      <fmt:param value="设置占位符内容"/>
</fmt:message>
```

本标签的属性如表 13-18 所示。

表 13-18　<fmt:message>标签的属性

No.	属 性 名 称	EL 支持	描　　述
1	key	√	设置要读取资源文件的 key
2	bundle	√	设置要读取资源文件的名称
3	var	×	存储信息的属性名称
4	scope	×	var 的保存范围，默认为 page 范围

在<fmt:message>标签中还存在着<fmt:param>子标签，<fmt:param>标签的属性如表 13-19 所示。

表 13-19　<fmt:param>标签的属性

No.	属 性 名 称	EL 支持	描　　述
1	value	√	要设置的参数内容

【例 13.23】 读取资源文件——message.jsp

```
<%@ page contentType="text/html" pageEncoding="GBK"%>
<%@ taglib uri="http://www.mldn.cn/jstl/fmt" prefix="fmt"%>
<html>
<head><title>www.mldnjava.cn，MLDN 高端 Java 培训</title></head>
<body>
<fmt:bundle basename="Message">
      <fmt:message key="name" var="nameref"/>
</fmt:bundle>
<h3>姓名：${nameref}</h3>
<fmt:bundle basename="Message">
      <fmt:message key="info" var="inforef">
            <fmt:param value="MLDN"/>
      </fmt:message>
</fmt:bundle>
```

```
<h3>信息：${inforef}</h3>
</body>
</html>
```

本程序通过<fmt:message>标签读取了 Message.properties 属性文件中的内容，对于动态文本的资源，将通过<fmt:param>标签设置动态内容。程序的运行结果如图 13-21 所示。

图 13-21　读取资源文件

注意

资源文件不存在。

当资源文件不存在，或者相应的 key 为 null 时，读取的信息将成为“??????”。

在进行资源文件读取时也可以通过<fmt:setBundle>标签设置一个默认的读取资源名称，这样每次在使用<fmt:message>标签进行信息读取时，直接通过 bundle 设置要读取资源的属性即可。<fmt:setBundle>标签的语法如下：

【语法 13-26　<fmt:setBundle>设置读取的资源文件】

```
<fmt:setBundle basename="资源文件名称" [var="保存资源文件内容的属性名称"]
    [scope="[page | request | session | application]"]/>
```

本标签的属性如表 13-20 所示。

表 13-20　<fmt:setBundle>标签的属性

No.	属 性 名 称	EL 支持	描　　述
1	basename	√	设置要使用的资源文件名称
2	var	×	保存资源文件的属性名称
3	scope	×	var 的保存范围，默认为 page 范围

【例 13.24】 设置要读取的资源文件——bundle_message.jsp

```
<%@ page contentType="text/html" pageEncoding="GBK"%>
<%@ taglib uri="http://www.mldn.cn/jstl/fmt" prefix="fmt"%>
<html>
<head><title>www.mldnjava.cn，MLDN 高端 Java 培训</title></head>
<body>
<fmt:setBundle basename="Message" var="msg"/>
```

```
<fmt:message key="name" var="nameref" bundle="${msg}"/>
<h3>姓名：${nameref}</h3>
<fmt:message key="info" var="inforef" bundle="${msg}">
    <fmt:param value="MLDN"/>
</fmt:message>
<h3>信息：${inforef}</h3>
</body>
</html>
```

本程序首先通过<fmt:setBundle>标签设置了要读取的资源文件的属性，之后再使用<fmt:message>标签读取时，直接通过 bundle 属性指定要读取的资源文件的属性名称即可，程序的运行效果和图 13-21 相同。

另外，在国际化的程序开发中往往要建立许多不同的属性文件，例如：

☑ 中文的资源文件：Message_zh_CN.properties。

☑ 英文的资源文件：Message_en_US.properties。

此时，可以通过<fmt:setLocale>标签来指定所要读取的区域资源文件。

```
<fmt:setLocale value="zh_CN"/>
<fmt:setBundle basename="Message" var="msg"/>
```

由于现在的环境是中文语言环境，所以将读取 Message_zh_CN.properties 资源文件。

13.4.4　数字格式化标签

在 JSTL 中要进行数字格式化的操作，可以使用<fmt:formatNumber>和<fmt:parseNumber>两个标签完成。<fmt:formatNumber>标签会根据所设置的区域将一个数字进行格式化，语法如下：

【语法 13-27　<fmt:formatNumber>数字格式化——没有标签体】

```
<fmt:formatNumber value="数字" [type="[number | currency | percent]"]
    [pattern="格式化格式"] [currencyCode="货币的 ISO 代码"] [currencySymbol="货币符号"]
    [groupingUsed="[true | false]"] [maxIntegerDigits="整数位的最大显示长度"]
    [minIntegerDigits="整数位的最小显示长度"]
    [maxFractionDigits="小数位的最大显示长度"]
    [minFractionDigits="小数位的最小显示长度"] [var="格式化数字的保存属性"]
    [scope="[page | request | session | application]"]/>
```

【语法 13-28　<fmt:formatNumber>数字格式化——有标签体】

```
<fmt:formatNumber [type="[number | currency | percent]"]
    [pattern="格式化格式"] [currencyCode="货币的 ISO 代码"] [currencySymbol="货币符号"]
    [groupingUsed="[true | false]"] [maxIntegerDigits="整数位的最大显示长度"]
    [minIntegerDigits="整数位的最小显示长度"]
    [maxFractionDigits="小数位的最大显示长度"]
    [minFractionDigits="小数位的最小显示长度"] [var="格式化数字的保存属性"]
    [scope="[page | request | session | application]"]>
```

```
    要格式化的数字
</fmt:formatNumber>
```

本标签的属性如表 13-21 所示。

表 13-21 <fmt:formatNumber>标签的属性

No.	属性名称	EL 支持	描述
1	value	√	要格式化的数字
2	type	√	指定格式化的形式，如数字、货币、百分比，默认为数字
3	pattern	√	要格式化数字的格式
4	currencyCode	√	货币编码（ISO 4217 编码），如人民币（CNY）、美元（USD）
5	currencySymbol	√	显示的货币符号，如￥或$
6	groupingUsed	√	是否在数字中加“,”
7	maxIntegerDigits	√	可以显示的最大整数位
8	minIntegerDigits	√	可以显示的最小整数位
9	maxFractionDigits	√	可以显示的最大小数位
10	minFractionDigits	√	可以显示的最小小数位
11	var	×	保存已格式化完的数字的属性名称
12	scope	×	var 变量的保存范围，默认是 page 范围

【例 13.25】 格式化数字显示——format_number.jsp

```
<%@ page contentType="text/html" pageEncoding="GBK"%>
<%@ taglib uri="http://www.mldn.cn/jstl/fmt" prefix="fmt"%>
<html>
<head><title>www.mldnjava.cn，MLDN 高端 Java 培训</title></head>
<body>
<fmt:formatNumber value="3531989.356789" maxIntegerDigits="7" maxFractionDigits="3" groupingUsed
="true" var="num"/>
<h3>格式化数字：${num}</h3>
<fmt:formatNumber value="3531989.356789" pattern="##.###E0" var="num"/>
<h3>科学计数法：${num}</h3>
</body>
</html>
```

本程序通过<fmt:formatNumber>标签对两个数字进行格式化显示，程序的运行结果如图 13-22 所示。

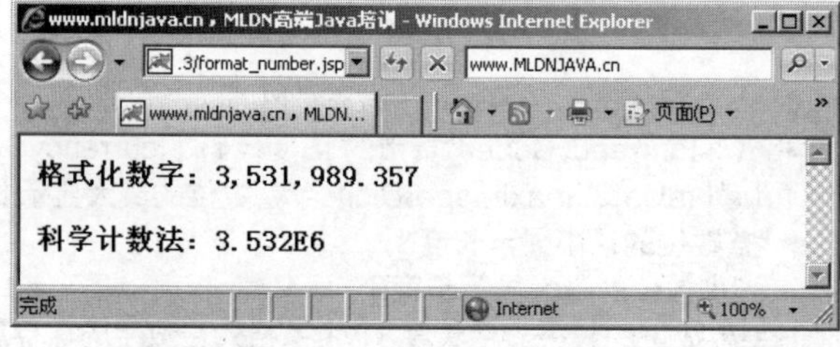

图 13-22 数字格式化

<fmt:formatNumber>标签的作用是将一个数字进行格式化，而使用<fmt:parseNumber>标签可以将一个被格式化的数字进行还原，语法如下：

【语法 13-29　<fmt:parseNumber>数字反格式化——没有标签体】

```
<fmt:parseNumber value="格式化好的数字" [type="[number | currency | percent]"]
      [pattern="格式化样式"] [parseLocale="区域编码"] [integerOnly="[true | false]"]
      [var="存储结果的属性名称"] [scope="[page | request | session | application]"]/>
```

【语法 13-30　<fmt:parseNumber>数字反格式化——有标签体】

```
<fmt:parseNumber value="格式化好的数字" [type="[number | currency | percent]"]
      [pattern="格式化样式"] [parseLocale="区域编码"] [integerOnly="[true | false]"]
      [var="存储结果的属性名称"] [scope="[page | request | session | application]"]>
      已格式化好的数字
</fmt:parseNumber>
```

本标签的属性如表 13-22 所示。

表 13-22　<fmt:parseNumber>标签的属性

No.	属性名称	EL 支持	描　述
1	value	√	要格式化的数字
2	type	√	指定格式化的形式，如数字、货币、百分比，默认为数字
3	pattern	√	要格式化数字的格式
4	parseLocale	√	设置文字的区域编码
5	integerOnly	√	是否只显示整数部分
6	var	×	保存已格式化完的数字的属性名称
7	scope	×	var 变量的保存范围，默认为 page 范围

【例 13.26】　数字的反格式化——parse_number.jsp

```
<%@ page contentType="text/html" pageEncoding="GBK"%>
<%@ taglib uri="http://www.mldn.cn/jstl/fmt" prefix="fmt"%>
<html>
<head><title>www.mldnjava.cn，MLDN 高端 Java 培训</title></head>
<body>
<fmt:parseNumber value="3,531,989.357" var="num"/>
<h3>反格式化数字：${num}</h3>
<fmt:parseNumber value="3.532E6" pattern="##.###E0" var="num"/>
<h3>反科学计数法：${num}</h3>
<fmt:parseNumber value="3.5%" pattern="00%" var="num"/>
<h3>反百分比：${num}</h3>
</body>
</html>
```

本程序将两个已经格式化好的数字通过<fmt:parseNumber>标签进行反格式化，程序的运行结果如图 13-23 所示。

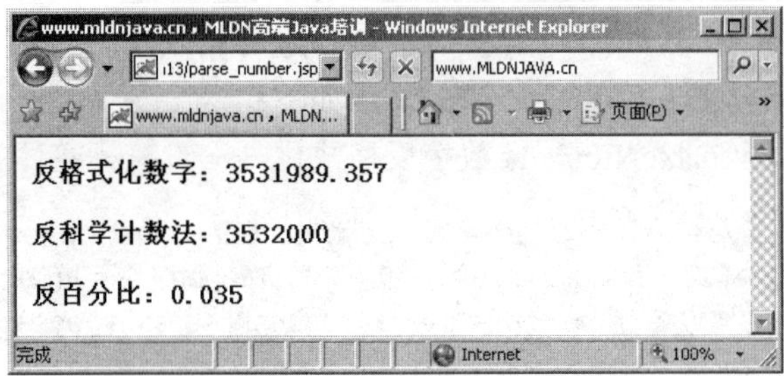

图 13-23　数字反格式化

13.4.5　日期时间格式化标签

<fmt:formatDate>标签的主要功能是用于日期时间的格式化显示，语法如下：

【语法 13-31　<fmt:formatDate>日期格式化】

```
<fmt:formatDate value="date" [type="[time | date | both]"] [pattern="格式化样式"]
    [dateStyle="[default | short | medium | long | full]"]
    [timeStyle="[default | short | medium | long | full]"]
    [timeZone="时区"] [var="存储结果的属性名称"]
    [scope="[page | request | session | application]"]/>
```

本标签的属性如表 13-23 所示。

表 13-23　<fmt:formatDate>标签的属性

No.	属 性 名 称	EL 支持	描　　述
1	value	√	要格式化的日期时间
2	type	√	指定格式化的形式，如日期、时间、日期时间，默认为 date
3	pattern	√	要格式化数字的格式
4	dateStyle	√	设置日期的显示格式，默认为 default
5	timeStyle	√	设置时间的显示格式，默认为 default
6	timeZone	√	设置时区
7	var	×	存储结果的属性名称
8	scope	×	var 变量的保存范围，默认为 page 范围

【例 13.27】 格式化日期时间——format_date.jsp

```
<%@ page contentType="text/html" pageEncoding="GBK"%>
<%@ taglib uri="http://www.mldn.cn/jstl/fmt" prefix="fmt"%>
<html>
<head><title>www.mldnjava.cn，MLDN 高端 Java 培训</title></head>
<body>
    <%  // 在 page 属性范围中保存一个日期
        pageContext.setAttribute("dateref",new java.util.Date()) ;
    %>
    <fmt:formatDate value="${dateref}" type="both" dateStyle="default"
```

```
        timeStyle="default" var="date"/>
    <h3>default 显示日期时间：${date}</h3>
    <fmt:formatDate value="${dateref}" type="both" dateStyle="short"
        timeStyle="short" var="date"/>
    <h3>short 显示日期时间：${date}</h3>
    <fmt:formatDate value="${dateref}" type="both" dateStyle="medium"
        timeStyle="medium" var="date"/>
    <h3>medium 显示日期时间：${date}</h3>
    <fmt:formatDate value="${dateref}" type="both" dateStyle="long"
        timeStyle="long" var="date"/>
    <h3>long 显示日期时间：${date}</h3>
    <fmt:formatDate value="${dateref}" type="both" dateStyle="full"
        timeStyle="full" var="date"/>
    <h3>full 显示日期时间：${date}</h3>
    <fmt:formatDate value="${dateref}" type="both"
        pattern="yyyy 年 MM 月 dd 日  HH 时 mm 分 ss 秒 SSS 毫秒" var="date"/>
    <h3>自定义格式显示日期时间：${date}</h3>
</body>
</html>
```

本程序分别采用不同的方式对日期时间进行格式化的显示，程序的运行结果如图 13-24 所示。

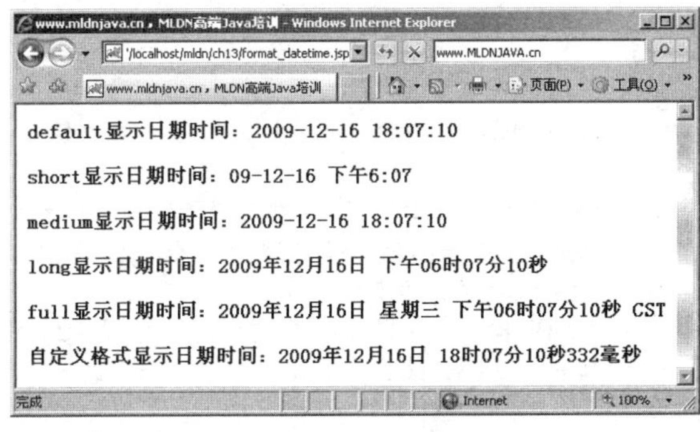

图 13-24　格式化日期

提示

关于日期格式化标记的编写。

对于日期格式化中的各种标记，如果读者不是很熟悉，可以参考《Java 开发实战经典》一书的第 11 章。

<fmt:formatDate>标签的功能是将一个日期型的对象变为字符串，而<fmt:parseDate>标签是将一个字符串的数据变回日期型数据，语法如下：

【语法 13-32　<fmt:parseDate>反日期格式化】

```
<fmt:parseDate value="date" [type="[time | date | both]"] [pattern="格式化样式"]
    [dateStyle="[default | short | medium | long | full]"]
```

```
[timeStyle="[default | short | medium | long | full]"]
[timeZone="时区"] [var="存储结果的属性名称"]
[scope="[page | request | session | application]"]/>
```

本标签的属性如表 13-24 所示。

表 13-24　<fmt:parseDate>标签的属性

No.	属 性 名 称	EL 支持	描　　述
1	value	√	要转换成日期的字符串
2	type	√	指定格式化的形式，如日期、时间、日期时间，默认为 date
3	pattern	√	要格式化数字的格式
4	dateStyle	√	设置日期的显示格式，默认为 default
5	timeStyle	√	设置时间的显示格式，默认为 default
6	timeZone	√	设置时区
7	var	×	存储结果的属性名称
8	scope	×	var 变量的保存范围，默认为 page 范围

【例 13.28】 日期的反格式化——parse_datetime.jsp

```
<%@ page contentType="text/html" pageEncoding="GBK"%>
<%@ taglib uri="http://www.mldn.cn/jstl/fmt" prefix="fmt"%>
<html>
<head><title>www.mldnjava.cn，MLDN 高端 Java 培训</title></head>
<body>
	<fmt:parseDate value="2009 年 12 月 16 日 星期三 下午 06 时 15 分 24 秒 CST"
		type="both" dateStyle="full" timeStyle="full" var="date"/>
		<h3>字符串变为日期：${date}</h3>
	<fmt:parseDate value="2009 年 12 月 16 日 18 时 45 分 34 秒 129 毫秒"
		pattern="yyyy 年 MM 月 dd 日 HH 时 mm 分 ss 秒 SSS 毫秒" var="date"/>
		<h3>字符串变为日期：${date}</h3>
</body>
</html>
```

本程序按照提供的日期时间格式及自定义的日期时间格式对一个字符串进行转换，将其变为 Date 型数据显示。程序的运行结果如图 13-25 所示。

图 13-25　字符串变为日期

13.4.6　设置时区

<fmt:setTimeZone>标签可以设置显示的时区或者将设置的时区储存到一个属性范围中，语法如下：

【语法 13-33　<fmt:setTimeZone>设置时区】

```
<fmt:setTimeZone value="设置的时区" [var="存储时区的属性名称"]
    [scope="[page | request | session | application]"]/>
```

本标签的属性如表 13-25 所示。

表 13-25　<fmt:setTimeZone>标签的属性

No.	属 性 名 称	EL 支持	描　述
1	value	√	要设置的时区，默认为 GMT 时区（格林威治标准时间）
2	var	×	存储时区的属性名称
3	scope	×	var 的保存范围，默认为 page 范围

value 为设定时区，可以设置成 CCT（中国沿海时间）、HST（夏威夷标准时间）等。

【例 13.29】 设置 CCT 时区——timezone_set.jsp

```
    <fmt:setTimeZone value="CCT" var="tz"/>
```

还可以使用<fmt:timeZone>标签设定一个暂时的时区，语法如下：

【语法 13-34　<fmt:timeZone>设置临时时区】

```
<fmt:timeZone value="设置的时区">
    标签体内容
</fmt:timeZone>
```

本标签的属性如表 13-26 所示。

表 13-26　<fmt:timeZone>标签的属性

No.	属 性 名 称	EL 支持	描　述
1	value	√	要设置的时区，默认为 GMT 时区（格林威治标准时间）

【例 13.30】 设置时区显示——timezone.jsp

```
<%@ page contentType="text/html" pageEncoding="GBK"%>
<%@ taglib uri="http://www.mldn.cn/jstl/fmt" prefix="fmt"%>
<html>
<head><title>www.mldnjava.cn，MLDN 高端 Java 培训</title></head>
<body>
    <%  // 在 page 属性范围中保存一个日期
        pageContext.setAttribute("dateref",new java.util.Date()) ;
    %>
```

```
    <fmt:timeZone value="HST">
        <fmt:formatDate value="${dateref}" type="both" dateStyle="full"
            timeStyle="full" var="date"/>
    </fmt:timeZone>
    <h3>full 显示日期时间：${date}</h3>
</body>
</html>
```

本程序将时区设置成 HST，程序的运行结果如图 13-26 所示。

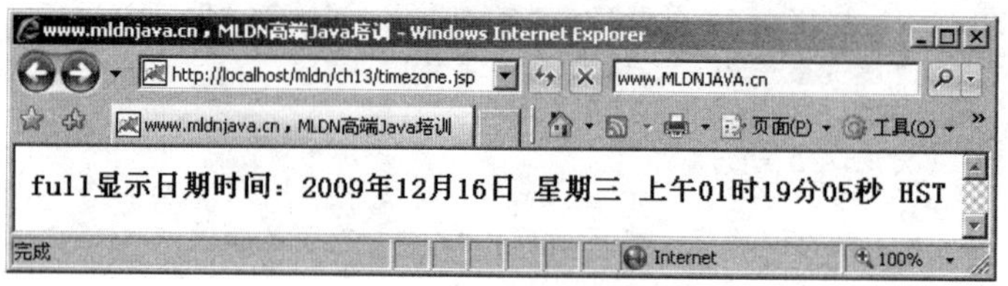

图 13-26　设置时区显示日期时间

13.5　SQL 标签库

在 JSTL 中也提供了与数据库操作有关的标签，可以使用这些标签轻松地进行数据库的更新及查询操作，SQL 标签库主要包含如表 13-27 所示的标签。

表 13-27　SQL 标签库主要包含的标签

No.	功 能 分 类	标 签 名 称	描　　述
1	数据源标签	<sql:setDataSource>	设置要使用的数据源名称
2	数据库操作标签	<sql:query>	执行查询操作
3		<sql:update>	执行更新操作
4	事务处理标签	<sql:transaction>	执行事务的处理操作，并设置操作的安全级别

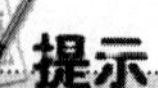提示

不建议通过 JSTL 操作数据库。

从 MVC 设计模式中读者可以清楚地了解到，对于 Web 的开发一定要是分层的，所以所有的数据库操作都要放在 JavaBean（DAO）中完成，而 JSTL 是直接在 JSP 上操作数据库的，这种做法在开发中并不推荐。

13.5.1　<sql:setDataSource>标签

进行 SQL 操作，可以通过<sql:setDateSource>标签来设定数据源（DataSource），语法如下：

【语法 13-35　<sql:setDataSource>设置数据源】

```
<sql:setDataSource dataSource="数据源名称" [var="保存的属性名称"]
      [scope="[page | request | session | application]"]/>
```

【语法 13-36　<sql:setDataSource>设置 JDBC】

```
<sql:setDataSource driver="数据库驱动程序" url="数据库连接地址"
      user="用户名" password="密码" [var="保存的属性名称"]
      [scope="[page | request | session | application]"]/>
```

本标签的属性如表 13-28 所示。

表 13-28　<sql:setDataSource>标签的属性

No.	属性名称	EL 支持	描　述
1	dataSource	√	数据源名称
2	driver	√	JDBC 数据库驱动程序
3	url	√	数据库连接的 URL 地址
4	user	√	数据库的用户名
5	password	√	数据库的密码
6	var	×	储存数据库连接的属性名称
7	scope	×	var 属性的保存范围，默认为 page 范围

【例 13.31】　使用配置好的数据源（jdbc/mldn）——datasource.jsp

```
<%@ taglib uri="http://www.mldn.cn/jstl/sql" prefix="sql"%>
<sql:setDataSource dataSource="jdbc/mldn" var="mldnds"/>
```

本程序直接使用了第 11 章配置好的 jdbc/mldn 数据源进行连接，取得之后数据库连接的对象就保存在 mldnds 属性名称中。

13.5.2　数据库操作标签

数据库的主要操作就是查询、更新及事务处理，所以在 JSTL 中主要提供了<sql:query>、<sql:update>和<sql:transaction>3 个操作标签。

<sql:query>标签的主要功能是执行查询命令，语法如下：

【语法 13-37　<sql:query>查询——没有标签体】

```
<sql:query sql="SQL 语句" var="保存查询结果的属性名称"
      [scope="[page | request | session | application]"]
      [dataSource="数据源的名称"] maxRows="最多显示的记录数" startRow="记录的开始行数"/>
```

【语法 13-38　<sql:query>查询——有标签体】

```
<sql:query var="保存查询结果的属性名称"
      [scope="[page | request | session | application]"]
```

```
    [dataSource="数据源的名称"] maxRows="最多显示的记录数" startRow="记录的开始行数">
    SQL 查询语句
</sql:query>
```

本标签的属性如表 13-29 所示。

表 13-29　<sql:query>标签的属性

No.	属 性 名 称	EL 支持	描　　述
1	sql	√	编写要执行的查询语句
2	dataSource	√	本查询要使用的数据源名称
3	maxRows	√	最多可以显示的数据记录数
4	startRow	√	数据的开始行数，默认在第 0 行
5	var	×	保存查询结果
6	scope	×	var 变量的保存范围，默认为 page 范围

例如，在 mldn 数据库的 emp 表中有如图 13-27 所示的数据，下面通过<sql:query>标签进行查询。

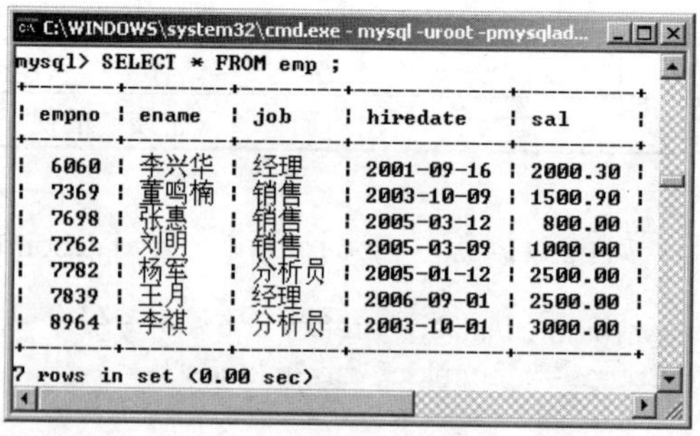

```
C:\WINDOWS\system32\cmd.exe - mysql -uroot -pmysqlad...
mysql> SELECT * FROM emp ;
+-------+--------+--------+------------+---------+
| empno | ename  | job    | hiredate   | sal     |
+-------+--------+--------+------------+---------+
|  6060 | 李兴华 | 经理   | 2001-09-16 | 2000.30 |
|  7369 | 董鸣楠 | 销售   | 2003-10-09 | 1500.90 |
|  7698 | 张惠   | 销售   | 2005-03-12 |  800.00 |
|  7762 | 刘明   | 销售   | 2005-03-09 | 1000.00 |
|  7782 | 杨军   | 分析员 | 2005-01-12 | 2500.00 |
|  7839 | 王月   | 经理   | 2006-09-01 | 2500.00 |
|  8964 | 李祺   | 分析员 | 2003-10-01 | 3000.00 |
+-------+--------+--------+------------+---------+
7 rows in set (0.00 sec)
```

图 13-27　emp 数据

【例 13.32】 使用<sql:query>标签查询 emp 表——query_emp.jsp

```
<sql:setDataSource dataSource="java:comp/env/jdbc/mldn" var="mldnds"/>
<sql:query var="result">
    SELECT empno,ename,job,hiredate,sal FROM emp ;
</sql:query>
```

此时将 SQL 语句中的内容都保存在了 result 属性中，但是如果要想取出数据表的具体信息，可以通过如表 13-30 所示的 5 种属性来实现。

图 13-30　查询结果的 5 个属性

No.	属 性 名 称	描　　述
1	rows	根据字段名称取出列的内容
2	rowsByIndex	根据字段索引取出列的内容
3	columnNames	取得字段的名称
4	rowCount	取得全部的记录数
5	limitedByMaxRows	取出最大的数据长度

【例 13.33】 输出全部的内容——query_emp_show.jsp

```
<%@ page contentType="text/html" pageEncoding="GBK"%>
<%@ taglib uri="http://www.mldn.cn/jstl/core" prefix="c"%>
<%@ taglib uri="http://www.mldn.cn/jstl/sql" prefix="sql"%>
<html>
<head><title>www.mldnjava.cn，MLDN 高端 Java 培训</title></head>
<body>
    <sql:setDataSource dataSource="jdbc/mldn" var="mldnds"/>
    <sql:query var="result" dataSource="${mldnds}">
        SELECT empno,ename,job,hiredate,sal FROM emp ;
    </sql:query>
    <h3>一共有${result.rowCount}条记录！</h3>
    <table border="1" width="100%">            <!-- 输出表格，边框为 1，宽度为页面的 80% -->
        <tr>                                   <!-- 输出表格的行显示 -->
            <td>雇员编号</td>                  <!-- 输出表格的行显示信息 -->
            <td>雇员姓名</td>
            <td>雇员工作</td>
            <td>雇员工资</td>
            <td>雇佣日期</td>
        </tr>
            <c:forEach items="${result.rows}" var="row">
                <tr>                           <!-- 循环输出雇员的信息 -->
                    <td>${row.empno}</td>
                    <td>${row.ename}</td>
                    <td>${row.job}</td>
                    <td>${row.sal}</td>
                    <td>${row.hiredate}</td>
                </tr>
            </c:forEach>
    </table>                                   <!-- 表格输出完毕 -->
</body>
</html>
```

本程序是通过查询结果的 rows 属性取出了全部的内容，并通过<c:forEach>进行输出。程序的运行结果如图 13-28 所示。

一共有7条记录！

雇员编号	雇员姓名	雇员工作	雇员工资	雇佣日期
6060	李兴华	经理	2000.3	2001-09-16
7369	董鸣楠	销售	1500.9	2003-10-09
7698	张惠	销售	800.0	2005-03-12
7762	刘明	销售	1000.0	2005-03-09
7782	杨军	分析员	2500.0	2005-01-12
7839	王月	经理	2500.0	2006-09-01
8964	李祺	分析员	3000.0	2003-10-01

图 13-28　显示 emp 表的全部数据

在使用<sql:query>标签时最大的好处是已经提供好了分页的显示功能，所以直接使用maxRows 和 startRow 这两个属性即可完成，代码如下：

```
<sql:query var="result" dataSource="${mldnds}" maxRows="2" startRow="2">
    SELECT empno,ename,job,hiredate,sal FROM emp ;
</sql:query>
```

本程序表示的是从第 3 条记录开始显示，显示两条记录。

更新操作可以使用<sql:update>标签进行操作，语法如下：

【语法 13-39 <sql:update>更新——没有标签体】

```
<sql:update sql="SQL 语句" var="保存更新的记录数" [scope="[page | request | session |
application]"]
    [dataSource="数据源的名称"]/>
```

【语法 13-40 <sql:update>更新——有标签体】

```
<sql:update var="保存更新的记录数" [scope="[page | request | session | application]"]
    [dataSource="数据源的名称"]>
    更新的 SQL 语句
</sql:update>
```

本标签的属性如表 13-31 所示。

表 13-31 <sql:update>标签的属性

No.	属 性 名 称	EL 支持	描 述
1	sql	√	编写要执行的更新语句
2	dataSource	√	更新要使用的数据源名称
3	var	×	保存更新的记录数
4	scope	×	var 变量的保存范围，默认为 page 范围

【例 13.34】 向 emp 表增加新数据——insert_emp.jsp

```
<%@ page contentType="text/html" pageEncoding="GBK"%>
<%@ taglib uri="http://www.mldn.cn/jstl/sql" prefix="sql"%>
<html>
<head><title>www.mldnjava.cn，MLDN 高端 Java 培训</title></head>
<body>
    <sql:setDataSource dataSource="jdbc/mldn" var="mldnds"/>
    <sql:update var="result" dataSource="${mldnds}">
        INSERT INTO emp (empno,ename,job,hiredate,sal) VALUES ('6878','周军','经理',
'2003-03-14',9000) ;
    </sql:update>
</body>
</html>
```

本页面执行完之后通过以下的 SQL 语句，验证数据是否正确加入，执行结果如图 13-29 所示。

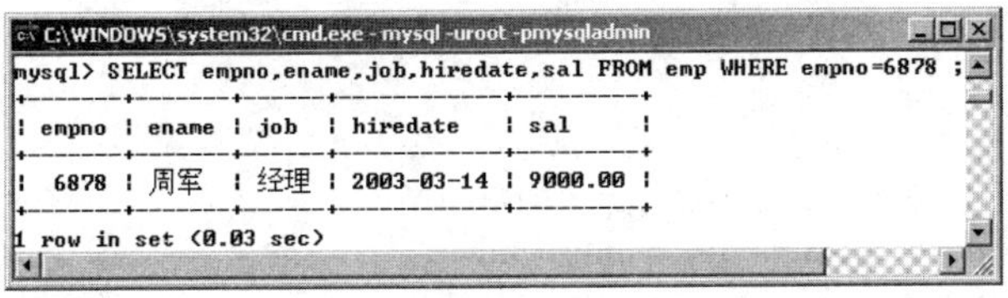

```
C:\WINDOWS\system32\cmd.exe - mysql -uroot -pmysqladmin
mysql> SELECT empno,ename,job,hiredate,sal FROM emp WHERE empno=6878 ;
+-------+-------+------+------------+---------+
| empno | ename | job  | hiredate   | sal     |
+-------+-------+------+------------+---------+
|  6878 | 周军  | 经理 | 2003-03-14 | 9000.00 |
+-------+-------+------+------------+---------+
1 row in set (0.03 sec)
```

图 13-29　查询雇员信息

【例 13.35】 查询雇员编号是 6878 的雇员信息

```
SELECT empno,ename,job,hiredate,sal FROM emp WHERE empno=6878 ;
```

如果是删除操作，直接在<sql:update>标签中编写删除的 SQL 语句即可，如下所示：

```
<sql:setDataSource dataSource="jdbc/mldn" var="mldnds"/>
<sql:update var="result" dataSource="${mldnds}">
    DELETE FROM emp WHERE empno=6878 ;
</sql:update>
```

在<sql:update>语句中所有的更新记录数都保存在了 result 属性中。

在 JDBC 的操作中可以通过 PreparedStatement 完成预处理的操作，所有要设置的内容都通过“?”进行占位，之后使用 setXxx()方法设置每一个占位符的具体数据。在 JSTL 中也可以使用这种预处理的方式，只需要在<sql:query>或<sql:update>标签中使用“?”，但是所有的内容要通过<sql:param>和<sql:dateParam>标签设置，这两个标签的语法如下：

【语法 13-41　<sql:param>设置参数内容】

```
<sql:param value="参数内容"/>
```

【语法 13-42　<sql:dateParam>设置参数内容】

```
<sql:dateParam type="date 种类" value="参数内容"/>
```

这两个标签的属性分别如表 13-32 和表 13-33 所示。

表 13-32　<sql:param>标签的属性

No.	属性名称	EL 支持	描　　述
1	value	√	要设置的内容

表 13-33　<sql:dateParam>标签的属性

No.	属性名称	EL 支持	描　　述
1	type	√	设置的日期时间类型，可以是 timestamp、time 或 date
2	value	√	表示日期时间的字符串

【例 13.36】 使用预处理执行更新操作——preupdate_emp.jsp

```
<%@ page contentType="text/html" pageEncoding="GBK"%>
<%@ taglib uri="http://www.mldn.cn/jstl/sql" prefix="sql"%>
<html>
```

```
<head><title>www.mldnjava.cn，MLDN 高端 Java 培训</title></head>
<body>
	<%
		pageContext.setAttribute("empno",6878) ;
		pageContext.setAttribute("ename","李军") ;
		pageContext.setAttribute("job","分析员") ;
		pageContext.setAttribute("date",new java.util.Date()) ;
	%>
	<sql:setDataSource dataSource="jdbc/mldn" var="mldnds"/>
	<sql:update var="result" dataSource="${mldnds}">
		UPDATE emp SET ename=?,job=?,hiredate=? WHERE empno=? ;
		<sql:param value="${ename}"/>
		<sql:param value="${job}"/>
		<sql:dateParam value="${date}" type="date"/>
		<sql:param value="${empno}"/>
	</sql:update>
</body>
</html>
```

本程序通过预处理的方式设置了 4 个占位符，之后采用<sql:param>和<sql:dateParam>标签分别设置了这些占位符的内容。程序的运行结果如图 13-30 所示。

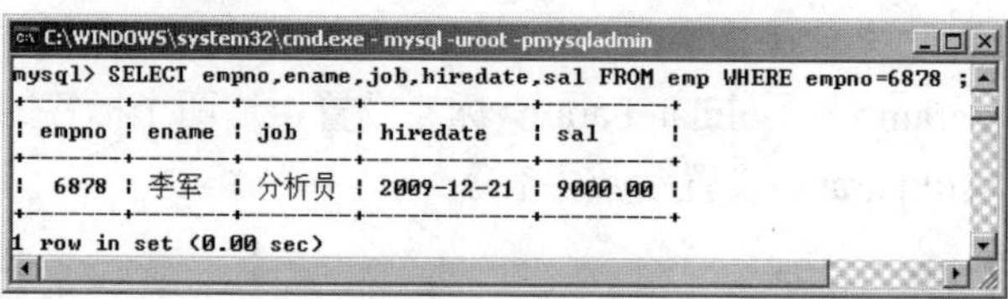

图 13-30　更新数据

13.5.3　事务处理

事务处理可以保证数据库更新操作的完整性，在 JSTL 中通过<sql:transaction>标签控制事务的处理，语法如下：

【语法 13-43　<sql:transaction>事务处理】

```
<sql:transaction [dataSource="数据源名称"]
	[isolation="[read_committed | read_uncommitted | repeatable | serializable]"]>
	<sql:update>或者<sql:query>
</sql:transaction>
```

本标签的属性如表 13-34 所示。

表 13-34　<sql:transaction>标签的属性

No.	属 性 名 称	EL 支持	描　　述
1	dataSource	√	要使用的数据源名称
2	isolation	√	定义事务的安全级别

其中对于 isolation 定义了 4 种安全级别，事务的 4 种安全级别如表 13-35 所示。

表 13-35　事务的 4 种安全级别

No.	安 全 级 别	脏　　读	不可重复读	幻　象　读
1	read_committed			
2	read_uncommitted	√		
3	repeatable	√	√	
4	serializable	√	√	√

在使用<sql:transaction>标签时，其中往往嵌套多个<sql:query>或<sql:update>子标签。

【例 13.37】 使用<sql:transaction>标签——transaction.jsp

```
<%@ page contentType="text/html" pageEncoding="GBK"%>
<%@ taglib uri="http://www.mldn.cn/jstl/sql" prefix="sql"%>
<html>
<head><title>www.mldnjava.cn，MLDN 高端 Java 培训</title></head>
<body>
	<sql:setDataSource dataSource="jdbc/mldn" var="mldnds"/>
	<sql:transaction isolation="serializable" dataSource="${mldnds}">
		<sql:update var="result">
			INSERT INTO emp (empno,ename,job,hiredate,sal) VALUES ('6879','李彦','经理',
'2003-03-14',3000) ;
		</sql:update>
	</sql:transaction>
</body>
</html>
```

本程序在使用<sql:update>标签进行数据库更新时，使用了<sql:transaction>标签进行事务处理。

13.6　XML 标签库

在开发中 XML 解析的操作是非常繁琐的，幸运的是在 JSTL 中专门提供了用于 XML 解析的操作，这样用户就可以不费力地去研究 SAX 或 DOM 等操作的使用，且可以轻松地进行 XML 文件的解析处理。

在 JSTL 中 XML 标签主要分为以下几种，如表 13-36 所示。

表 13-36　XML 标签

No.	功 能 分 类	标 签 名 称	描　　述
1	核心操作	<x:out>	输出 XPath 指定的内容
2		<x:parse>	进行 XML 解析
3		<x:set>	将内容保存在属性范围中

续表

No.	功 能 分 类	标 签 名 称	描 述
4	流程控制	<x:if>	判断 XPath 指定的内容是否满足条件
5		<x:choose>	多条件判断，相当于 switch 语句
6		<x:when>	判断条件，相当于 case 语句
7		<x:otherwise>	条件出口，相当于 default
8		<x:forEach>	循环输出节点

13.6.1 XPath 简介

XPath 的主要功能是在 XML 文档中能够准确地找到某一个节点元素，可以通过 XPath 找到一个 XML 文档中定义的节点内容或属性等，表 13-37 列出了几个主要的路径标记。

表 13-37 XPath 路径标记

No.	路 径 标 记	描 述
1	根元素	/
2	父节点	../
3	任何路径下的节点	//
4	属性	@属性名称
5	通配符	*

下面通过一段 XML 代码详细解释这些路径标记的使用。

【例 13.38】 定义一个 xml 文件——address.xml

```
<?xml version="1.0" encoding="GBK"?>
<addresslist>
	<linkman>
		<name id="lxh">李兴华</name>
		<email>mldnqa@163.com</email>
	</linkman>
</addresslist>
```

可以通过表 13-38 列出的路径查找方式找到指定的内容。

表 13-38 查找范例

No.	路 径 标 记	描 述
1	找到 name 元素	/addresslist/linkman/name
2	直接找到 name 元素	//name
3	找到 id 属性	//name/@id

13.6.2　<x:parse>标签

<x:parse>标签的主要作用是进行 XML 解析的操作，语法如下：

【语法 13-44　<x:parse>解析处理——没有标签体】

```
<x:parse [doc="XML 文件内容"] [var="保存名称"] [scope="[page | request | session | application]"]
[varDom="DOM 解析后的 XML 对象"] [scopeDom="varDom 范围"] [systemId="XML 文件的 URI"]/>
```

【语法 13-45　<x:parse>解析处理——有标签体】

```
<x:parse [var="保存名称"] [scope="[page | request | session | application]"] [varDom="DOM 解析后
的 XML 对象"] [scopeDom="varDom 范围"] [systemId="XML 文件的 URI"]>
      要解析的 XML 文件
<x:parse/>
```

本标签的属性如表 13-39 所示。

表 13-39　<x:parse >标签的属性

No.	属 性 名 称	EL 支持	描　　述
1	var	×	保存解析后的 XML 文件的对象
2	scope	×	var 变量的保存范围，默认为 page 范围
3	varDom	×	使用 DOM 解析后的 XML 文件对象
4	scopeDom	×	varDom 属性的保存范围
5	systemId	√	文件的 URI

使用<x:parse>标签进行 XML 文件解析之后，即可使用<x:out>标签进行输出。

13.6.3　<x:out>标签

<x:out>标签的主要功能是输出 XML 文件的内容，输出时要通过 XPath 进行路径的指定，此标签的语法如下：

【语法 13-46　<x:out>输出】

```
<x:out select="XPath 路径" [escapeXml="[true | false]"]/>
```

本标签的属性如表 13-40 所示。

表 13-40　<x:out>标签的属性

No.	属 性 名 称	EL 支持	描　　述
1	select	×	XPath 路径
2	escapeXml	√	是否转换字符串，如将“>”转换成“>”，默认设置为 true

下面使用<x:out>标签并结合 XPath 进行内容的输出，现在有如下一个 XML 文件。

【例 13.39】 定义要解析的 XML 文件——/ch13/address.xml

```
<?xml version="1.0" encoding="GBK"?>
<addresslist>
	<linkman>
		<name id="lxh">李兴华</name>
		<email>mldnqa@163.com</email>
	</linkman>
</addresslist>
```

【例 13.40】 输出 name 和 email 元素的内容——xml_out.jsp

```
<%@ page contentType="text/html" pageEncoding="GBK"%>
<%@ taglib uri="http://www.mldn.cn/jstl/core" prefix="c"%>
<%@ taglib uri="http://www.mldn.cn/jstl/x" prefix="x"%>
<html>
<head><title>www.mldnjava.cn，MLDN 高端 Java 培训</title></head>
<body>
	<c:import var="add" url="/ch13/address.xml" charEncoding="GBK"/>
	<x:parse var="addressXml" doc="${add}"/>
	<h3>姓名：<x:out select="$addressXml/addresslist/linkman/name"/>（编号：
		<x:out select="$addressXml/addresslist/linkman/name/@id"/>
	）</h3>
	<h3>邮箱：<x:out select="$addressXml/addresslist/linkman/email"/></h3>
</body>
</html>
```

在本程序中，首先通过<c:import>标签导入了/ch13/address.xml 文件，同时将 XML 文件的编码指定为 GBK，之后使用<x:parse>标签进行 XML 文档的解析，最后通过<x:out>标签，根据设置的 XPath 进行内容的输出。程序的运行结果如图 13-31 所示。

图 13-31　XML 解析输出

13.6.4　<x:set>标签

使用<x:set>标签可以将从 XML 文件取出的内容保存在指定的属性范围中，语法如下：

【语法 13-47　<x:set>设置】

```
<x:set select="XPath 路径" var="属性保存名称" [scope="[page | request | session | application]"]/>
```

本标签的属性如表 13-41 所示。

表 13-41　<x:set>标签的属性

No.	属性名称	EL 支持	描　述
1	select	×	XPath 路径
2	var	×	将从 XML 解析的内容保存在 var 指定的属性中
3	scope	×	var 的保存范围，默认为 page 范围

【例 13.41】 使用<x:set>标签保存解析的结果——xml_set.jsp

```
<%@ page contentType="text/html" pageEncoding="GBK"%>
<%@ taglib uri="http://www.mldn.cn/jstl/core" prefix="c"%>
<%@ taglib uri="http://www.mldn.cn/jstl/x" prefix="x"%>
<html>
<head><title>www.mldnjava.cn，MLDN 高端 Java 培训</title></head>
<body>
	<c:import var="add" url="/ch13/address.xml" charEncoding="GBK"/>
	<x:parse var="addressXml" doc="${add}"/>
	<x:set var="nameXml" scope="page" select="$addressXml/addresslist/linkman"/>
	<h3>姓名：<x:out select="$nameXml/name"/></h3>
</body>
</html>
```

本程序将解析完的 XML 文件对象，通过<x:set>标签保存在 nameXml 属性中，之后再从 nameXml 属性中取出 address.xml 文件中设置的 name 元素的内容。程序的运行结果如图 13-32 所示。

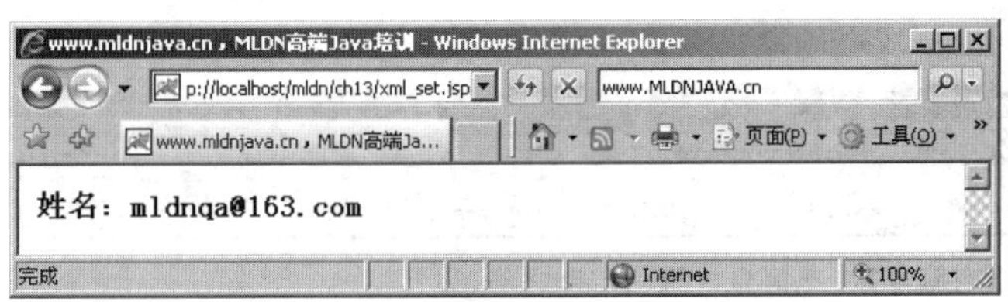

图 13-32　使用<x:set>标签保存后输出

13.6.5　<x:if>标签

<x:if>标签的主要功能是判断 XPath 指定的内容是否符合判断的条件，语法如下：

【语法 13-48　<x:if>判断——没有标签体】

```
<x:if select="XPath 路径" var="存放判断结果" [scope="[page | request | session | application]"]/>
```

【语法 13-49　<x:if>判断——有标签体】

```
<x:if select="XPath 路径" var="存放判断结果" [scope="[page | request | session | application]"]>
	条件满足时的执行语句
</x:if>
```

本标签的属性如表 13-42 所示。

表 13-42　<x:if>标签的属性

No.	属 性 名 称	EL 支持	描　　述
1	select	×	XPath 路径
2	var	×	储存判断的结果
3	scope	×	var 的保存范围，默认为 page 范围

【例 13.42】 使用<x:if>判断输出——xml_if.jsp

```
<%@ page contentType="text/html" pageEncoding="GBK"%>
<%@ taglib uri="http://www.mldn.cn/jstl/core" prefix="c"%>
<%@ taglib uri="http://www.mldn.cn/jstl/x" prefix="x"%>
<html>
<head><title>www.mldnjava.cn，MLDN 高端 Java 培训</title></head>
<body>
    <c:import var="add" url="/ch13/address.xml" charEncoding="GBK"/>
    <x:parse var="addressXml" doc="${add}"/>
    <x:if select="$addressXml//name/@id='lxh'">           <!-- 判断 id 属性是否是 lxh -->
        <h3>存在编号是 lxh 信息，姓名：<x:out select="$addressXml/addresslist/linkman/name"/>
</h3>
    </x:if>
</body>
</html>
```

本程序通过<x:if>标签判断 name 元素中的 id 属性是否是 lxh，如果是，则执行输出。程序的运行结果如图 13-33 所示。

图 13-33　<x:if>判断输出

13.6.6　<x:choose>、<x:when>、<x:otherwise>标签

在核心标签库中曾经学习过<c:choose>、<c:when>和<c:otherwise>标签用于执行多条件判断，而在 XML 标签中也提供了一种类似的标签，主要功能也是对 XML 中的数据进行多条件判断。

在一个<x:choose>标签中可以包含多个<x:when>以及一个<x:otherwise>标签，<x:choose>标签的语法如下：

【语法 13-50　<x:choose>多条件选择】

```
<x:choose>
    编写<x:when>或<x:otherwise>
</x:choose>
```

<x:when>标签用于判断每一个条件，此标签的语法如下所示。

【语法 13-51　<x:when>判断条件】

```
<x:when select="XPath 路径">
    标签体
</x:when>
```

<x:otherwise>标签是在所有的<x:when>标签都不满足时执行，语法如下：

【语法 13-52　<x:otherwise>标签】

```
<x:otherwise>
    标签体
</x:otherwise>
```

【例 13.43】 使用<x:choose>进行判断——xml_choose.jsp

```
<%@ page contentType="text/html" pageEncoding="GBK"%>
<%@ taglib uri="http://www.mldn.cn/jstl/core" prefix="c"%>
<%@ taglib uri="http://www.mldn.cn/jstl/x" prefix="x"%>
<html>
<head><title>www.mldnjava.cn，MLDN 高端 Java 培训</title></head>
<body>
    <c:import var="add" url="/ch13/address.xml" charEncoding="GBK"/>
    <x:parse var="addressXml" doc="${add}"/>
    <x:choose>
        <x:when select="$addressXml//name/@id='lxh'">
            <h3>编号是 lxh 的名称：<x:out
select="$addressXml/addresslist/linkman/name"/> </h3>
        </x:when>
        <x:otherwise>
            <h3>啥也不是了！</h3>
        </x:otherwise>
    </x:choose>
</body>
</html>
```

本程序在进行判断时，使用的是<x:choose>多条件判断语句，当 address.xml 文件中的 name 元素的 id 属性为 lxh 时，就表示符合要求，则执行输出。程序的运行结果如图 13-34 所示。

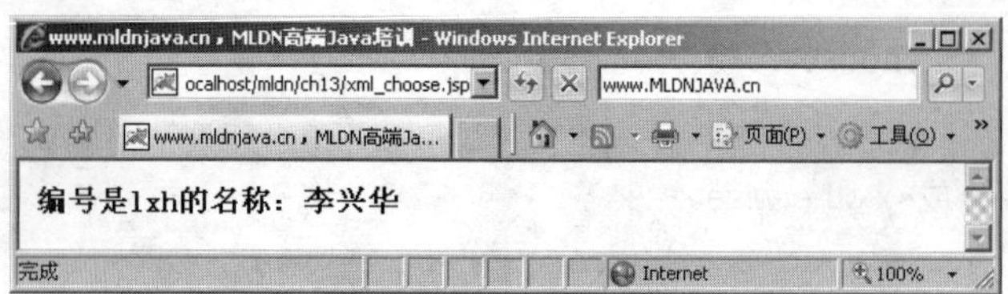

图 13-34　<x:choose>多条件判断

13.6.7　<x:forEach>标签

<x:forEach>标签的功能与<c:forEach>类似，唯一不同的是<x:forEach>标签的功能是迭代 xml 文件，此标签的语法如下：

【语法 13-53　<x:forEach>标签】

```
<x:forEach select="XPath 路径" [var="存储的变量名称"] [varStatus="存放变量信息"] [begin="开始的位置"] [end="结束的位置"] [step="步长"]>
      标签体内容
</x:forEach>
```

本标签的属性如表 13-43 所示。

表 13-43　<x:forEach>标签的属性

No.	属 性 名 称	EL 支持	描　　述
1	select	×	XPath 路径
2	var	×	储存当前浏览的节点对象
3	varStatus	×	存放当前浏览的节点对象的相关信息
4	begin	√	浏览的开始位置
5	end	√	浏览的结束位置
6	step	√	每次的间隔步长

下面定义一个简单的 XML 文件，其中将定义多个 linkman/name 节点。

【例 13.44】 定义 XML 文件——alladdress.xml

```
<?xml version="1.0" encoding="GBK"?>
<addresslist>
      <linkman>
            <name id="lxh">李兴华</name>
            <email>mldnqa@163.com</email>
      </linkman>
      <linkman>
            <name id="kf">客服中心</name>
            <email>mldnkf@163.com</email>
      </linkman>
      <linkman>
            <name id="hr">招聘中心</name>
            <email>mldnhr@163.com</email>
```

```
    </linkman>
</addresslist>
```

【例 13.45】 使用<x:forEach>输出全部<name>节点的内容——xml_foreach.jsp

```
<%@ page contentType="text/html" pageEncoding="GBK"%>
<%@ taglib uri="http://www.mldn.cn/jstl/core" prefix="c"%>
<%@ taglib uri="http://www.mldn.cn/jstl/x" prefix="x"%>
<html>
<head><title>www.mldnjava.cn，MLDN 高端 Java 培训</title></head>
<body>
    <c:import var="add" url="/ch13/alladdress.xml" charEncoding="GBK"/>
    <x:parse var="addressXml" doc="${add}"/>
    <x:forEach select="$addressXml//linkman" var="linkman">
        <h3>姓名：<x:out select="name"/>
        （编号：<x:out select="name/@id"/>）</h3>
    </x:forEach>
</body>
</html>
```

本程序由于要输出所有的<name>节点的 id 属性和内容，所以在<x:forEach>标签中定义了 var 属性，用于保存每一个节点的内容，之后直接通过<x:out>输出了 name 和 id 属性的内容。程序的运行结果如图 13-35 所示。

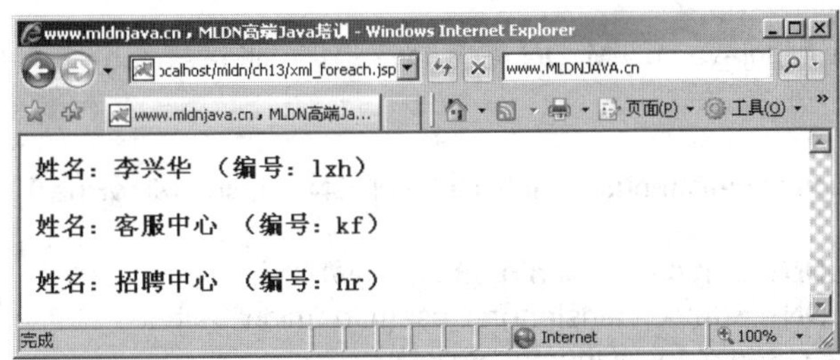

图 13-35　使用<x:forEach>输出全部的<name>节点

13.7　函数标签库

函数标签库大部分的操作都是用来处理字符串的，这一点类似于 String 类中提供的各个方法，表 13-44 中列出了函数标签库的主要操作函数。

表 13-44　函数标签库的主要操作函数

No.	函数标签名称	描　述
1	${fn:contains()}	查询某字符串是否存在，区分大小写
2	${fn:containsIgnoreCase()}	查询某字符串是否存在，忽略大小写
3	${fn:startsWith()}	判断是否以指定的字符串开头
4	${fn:endsWith()}	判断是否以指定的字符串结尾

续表

No.	函数标签名称	描　述
5	${fn:toUpperCase()}	全部转为大写显示
6	${fn:toLowerCase()}	全部转为小写显示
7	${fn:substring()}	字符串截取
8	${fn:split()}	字符串拆分
9	${fn:join()}	字符串连接
10	${fn:escapeXml()}	将<、>、"、'等替换成转义字符
11	${fn:trim()}	去掉左右空格
12	${fn:replace()}	字符串替换操作
13	${fn:indexOf()}	查找指定的字符串位置
14	${fn:substringBefore()}	截取指定字符串之前的内容
15	${fn:substringAfter()}	截取指定字符串之后的内容

由于这些函数都属于字符串的操作，而且使用的方式与 String 类中的方法也是相同的，下面就通过一些简单的例子说明部分函数的使用。

【例 13.46】 字符串判断操作——string_demo01.jsp

```
<%@ page contentType="text/html" pageEncoding="GBK"%>
<%@ taglib uri="http://www.mldn.cn/jstl/fn" prefix="fn"%> <!-- 定义函数标记 -->
<html>
<head><title>www.mldnjava.cn，MLDN 高端 Java 培训</title></head>
<body>
    <%
        pageContext.setAttribute("info","Hello MLDN , Hello LiXingHua") ;
    %>
    <h3>查找 MLDN：${fn:contains(info,"MLDN")}</h3>
    <h3>查找 MLDN：${fn:containsIgnoreCase(info,"mldn")}</h3>
    <h3>判断开头：${fn:startsWith(info,"Hello")}</h3>
    <h3>判断结尾：${fn:startsWith(info,"LiXingHua")}</h3>
    <h3>查找位置：${fn:indexOf(info,",")}</h3>
</body>
</html>
```

程序的运行结果如图 13-36 所示。

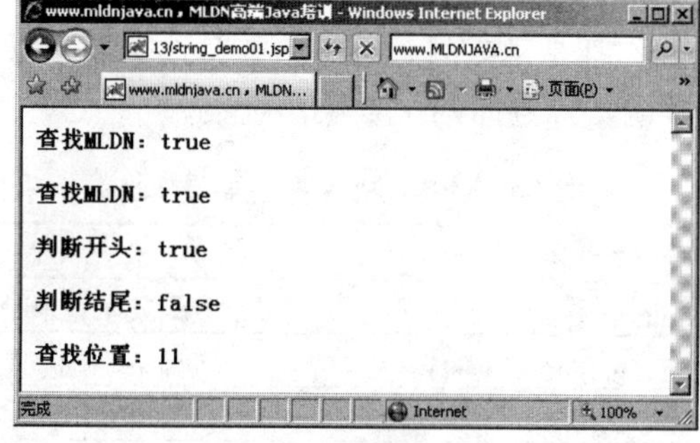

图 13-36　字符串操作

【例 13.47】 字符串操作——string_demo02.jsp

```
<%@ page contentType="text/html" pageEncoding="GBK"%>
<%@ taglib uri="http://www.mldn.cn/jstl/fn" prefix="fn"%> <!-- 定义函数标记 -->
<html>
<head><title>www.mldnjava.cn，MLDN 高端 Java 培训</title></head>
<body>
	<%
		pageContext.setAttribute("info","Hello MLDN , Hello LiXingHua") ;
	%>
	<h3>替换：${fn:replace(info,"MLDN","www.MLDNJAVA.cn")}</h3>
	<h3>截取：${fn:substring(info,0,10)}</h3>
	<h3>拆分：${fn:split(info," ")[0]}</h3>
</body>
</html>
```

程序的运行结果如图 13-37 所示。

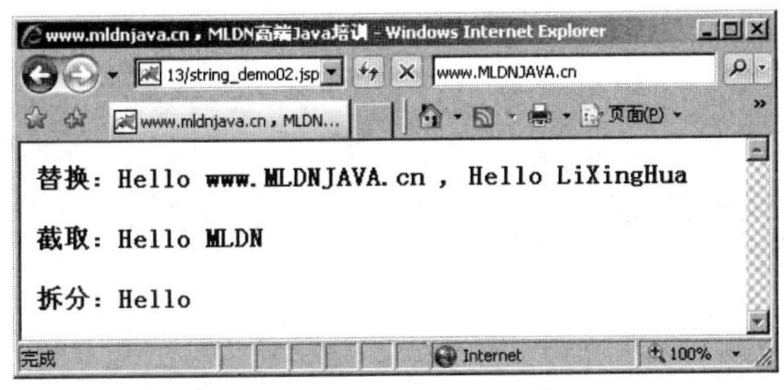

图 13-37　字符串操作

13.8　本 章 摘 要

1．JSTL 是一个开源的标签库组件，可以直接用于 JSP 页面的编写。
2．标签库的核心操作原理依然是利用了 4 种属性范围。
3．使用核心标签库可以完成一些基本的程序判断、迭代输出功能。
4．通过 I18N 标签库可以对显示进行格式化的操作。
5．SQL 标签库的主要功能是进行数据库的操作。

13.9　开发实战练习（基于 Oracle 数据库）

使用 JSTL 修改新闻管理程序，让所有的 JSP 页面中不再出现任何的 Scriptlet 代码。本程序使用的 news 表的结构如表 13-45 所示。

表 13-45　news 表的结构

news		
nid	NUMBER	<pk>
title	VARCHAR2(200)	
author	VARCHAR2(50)	
pubdate	DATE	
content	CLOB	
lockflag	NUMBER	

新闻表		
No.	列名称	描述
1	nid	新闻编号，自动增长
2	title	新闻标题
3	author	新闻作者
4	pubdate	发布日期
5	content	新闻内容
6	lockflag	锁定标记，活动：lockflag=0，锁定：lockflag=1

程序中要求有分页技术的实现。

数据库创建脚本：

```
-- 删除 news 表
DROP TABLE news ;
-- 删除序列
DROP SEQUENCE newsseq ;
-- 创建序列
CREATE SEQUENCE newsseq ;
-- 清空回收站
PURGE RECYCLEBIN ;
-- 创建表
CREATE TABLE news(
        nid             NUMBER              PRIMARY KEY ,
        title           VARCHAR2(200)       NOT NULL ,
        author          VARCHAR2(200)       NOT NULL ,
        pubdate         DATE                DEFAULT sysdate ,
        content         CLOB                NOT NULL ,
        lockflag        NUMBER              DEFAULT 1
) ;
-- 事务提交
COMMIT ;
```

程序开发要求如下。

（1）添加新闻：添加新闻时写清楚新闻的标题、作者、内容，默认情况下刚添加的新闻需要经过管理员审核，新闻发布时间为新闻的提交时间。

（2）修改新闻：将已有的信息进行显示，如果是管理员修改新闻，则可以控制新闻的锁定状态。

（3）前台用户只能看见所有未锁定的新闻。

第 14 章　Ajax 开发技术

通过本章的学习可以达到以下的目标：

☑　掌握 Ajax 技术的主要作用。

☑　掌握 XMLHttpRequest 对象的作用，并可以使用 XMLHttpRequest 对象进行操作。

☑　可以使用 XML+Ajax 实现页面的局部刷新功能。

Ajax（中文读音：“阿贾克斯”）技术主要完成页面的局部刷新，通过 Ajax 技术可以使之前的应用程序在每次提交时不用进行页面的整体刷新，从而提升操作的性能，在 Ajax 中主要是依靠 XMLHttpRequest 对象完成操作，本章将对 Ajax 技术的特点及使用进行讲解。

提示

Ajax 技术的最早使用者。

Ajax 技术的最早使用者是 Google（谷歌），例如，Google Maps 就大量地应用了 Ajax 技术。随后的 Yahoo（雅虎）、Amazon（亚马逊）也陆续开始应用此技术。

14.1　Ajax 技术简介

Ajax（Asynchronous JavaScript and XML，异步 JavaScript 和 XML）并不是一项新的技术，它产生的主要目的是用于页面的局部刷新。从之前的代码开发中可以发现，每当用户向服务器端发出请求时，哪怕需要的只是简单地更新一点点的局部内容，服务器端都会将一个整体的页面进行刷新，并重新生成代码，这样一来程序的性能肯定会有所降低的。而如果采用 Ajax 技术，就可以实现局部的内容变更，从而使处理的性能要比前者高很多，这种处理方式如图 14-1 所示。

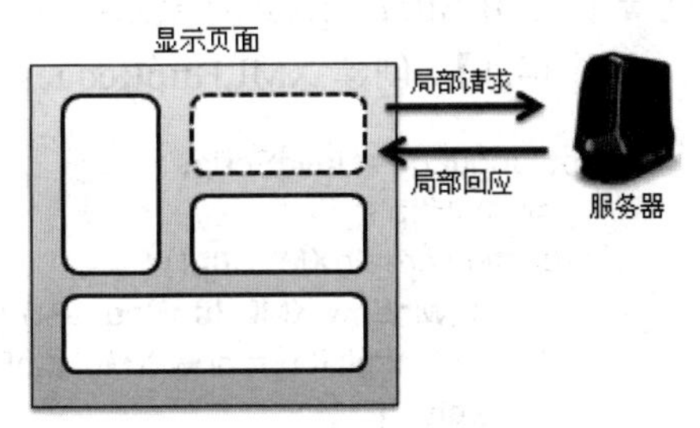

图 14-1　Ajax 的局部刷新

从图 14-1 可以发现，因为采用的是局部刷新技术，所以整体页面并不会随着用户的每次请求而整体变化，只会在局部的位置上有所改变，这样的实现方式会使程序的性能更高。

提示

关于 Ajax 技术作用的解释。

如果看不明白图 14-1，也可以按照以下思路理解 Ajax 技术的作用。

读者在宴请朋友时往往会选择去饭店聚餐，大家一起点菜吃饭，等所有的菜都已经上桌时发现有一盘菜出现了问题（可能出现了某些类似小强的物种在菜中），那么现在宾客们就有两种选择了：第一种全桌的菜换掉，第二种只换掉有问题的菜。很明显，大部分人都会采用只换一盘菜的做法，因为如果要全桌的菜都换掉，则肯定需要重新进入漫长的等待，而如果只换掉一盘菜，那么等待的时间就相对较少，而且在等待时可以先吃其他的菜。

这实际上就是局部刷新的操作原理，Ajax 完成的就是这种局部的刷新功能。

Ajax 本身是一门综合性的技术，其主要应用包含了 HTML、JavaScript、XML、DOM、XMLHttpRequest 等页面技术，但是在这之中最重要的就是 XMLHttpRequest 对象。

提示

Ajax 技术并不只依赖于 Java。

Ajax 技术并不是只能在 Java 中使用，现在的各个动态 Web 实现技术，如 PHP、ASP.NET 都已经很好地支持了 Ajax 技术。

14.2　XMLHttpRequest 对象

在 Ajax 中主要是通过 XMLHttpRequest 对象处理发送异步请求和回应的，此对象最早是在 IE 5 中以 ActiveX 组件的形式出现的，一直到 2005 年之后才被广泛地使用。而如果要创建一个 XMLHttpRequest 对象则必须使用 JavaScript，创建的语句如下：

【例 14.1】 创建 XMLHttpRequest 对象——create_ajax.htm

```
<script language="JavaScript">
	var xmlHttp ;						// Ajax 核心对象名称
	function createXMLHttp() {				// 创建 XMLHttpRequest 核心对象
		if (window.XMLHttpRequest) {			// 判断当前使用的浏览器类型
			xmlHttp = new XMLHttpRequest();		// 表示使用的是 FireFox 内核的浏览器
		} else {					// 表示使用的是 IE 内核的浏览器
			xmlHttp = new ActiveXObject("Microsoft.XMLHTTP");
		}
	}
</script>
```

本程序创建了一个 XMLHttpRequest 的对象，但是在创建之前必须首先确定出用户当前使用的浏览器类型，之后根据浏览器类型创建合适的 XMLHttpRequest 对象，如果为普通的 FireFox（火狐浏览器），则直接使用 new XMLHttpRequest()的方式创建；而如果为 IE 浏览器，则通过 new ActiveXObject()的方式进行创建。

在 XMLHttpRequest 对象中定义了许多属性，要想使用此对象就需要首先了解这些属性的作用，如表 14-1 所示。

表 14-1　XMLHttpRequest 对象的属性

No.	属　性	描　述
1	onreadystatechange	指定当 readState 状态改变时使用的操作，一般用于指定具体的回调函数
2	readyState	返回当前请求的状态，只读
3	responseBody	将回应信息正文以 unsigned byte 数组形式返回，只读
4	responseStream	以 Ado Stream 对象的形式返回响应信息，只读
5	responseText	接收以普通文本返回的数据，只读
6	responseXML	接收以 XML 文档形式回应的数据，只读
7	status	返回当前请求的 http 状态码，只读
8	statusText	返回当前请求的响应行状态，只读

readyState 一共有 5 种取值，分别介绍如下。

☑ 0：请求没有发出（在调用 open()函数之前）。

☑ 1：请求已经建立但还没有发出（在调用 send()函数之前）。

☑ 2：请求已经发出正在处理之中（这里通常可以从响应得到内容头部）。

☑ 3：请求已经处理，正在接收服务器的信息，响应中通常有部分数据可用，但是服务器还没有完成响应。

☑ 4：响应已完成，可以访问服务器响应并使用它。

在使用 XMLHttpRequest 对象进行操作时也要使用到此对象中的方法，其方法如表 14-2 所示。

表 14-2　XMLHttpRequest 对象的方法

No.	方　法	描　述
1	abort()	取消当前所发出的请求
2	getAllResponseHeaders()	取得所有的 HTTP 头信息
3	getResponseHeader()	取得一个指定的 HTTP 头信息
4	open()	创建一个 HTTP 请求，并指定请求模式，如 GET 请求或 POST 请求
5	send()	将创建的请求发送到服务器端，并接收回应信息
6	setRequestHeader()	设置一个指定请求的 HTTP 头信息

XMLHttpRequest 对象的 open()和 send()方法在回调函数中出现较多，一般都会用 open()方法设置一个提交的路径，并通过地址重写的方式设置一些请求的参数，而真正的发出请求操作可以通过 send()方法完成。下面通过具体的实例来讲解这些操作的使用。

14.3 第一个 Ajax 程序

掌握了 XMLHttpRequest 对象的主要属性及方法的作用后，下面通过一段代码来让读者完整地理解一个 Ajax 的应用。为了操作简单，本程序在返回数据时只是简单返回一个普通的文本数据。

【例 14.2】 返回数据的页面——content.htm

```
Hello World!!!
```

可以发现在本页面中没有任何的 HTML 元素的修饰，只是简单的一行输出，这是因为在回应时，如果存在过多的 HTML 代码会给操作带来麻烦。

【例 14.3】 使用异步处理——ajax_receive_content.htm

```
<html>
<head><title>www.mldnjava.cn，MLDN 高端 Java 培训</title></head>
<body>
<script language="JavaScript">
    var xmlHttp ;                                   // Ajax 核心对象名称
    function createXMLHttp() {                      // 创建 XMLHttpRequest 核心对象
        if (window.XMLHttpRequest) {                // 判断当前使用的浏览器类型
            xmlHttp = new XMLHttpRequest();         // 表示使用的是 FireFox 内核的浏览器
        } else {                                    // 表示使用的是 IE 内核的浏览器
            xmlHttp = new ActiveXObject("Microsoft.XMLHTTP") ;
        }
    }
    function showMsg(){
        createXMLHttp() ;                           // 建立 xmlHttp 核心对象
        xmlHttp.open("POST","content.htm");         // 设置一个请求
        // 设置请求完成之后处理的回调函数
        xmlHttp.onreadystatechange = showMsgCallback ;
        xmlHttp.send(null) ;                        // 发送请求，不传递任何参数
    }
    function showMsgCallback(){                     // 定义回调函数
        if (xmlHttp.readyState == 4) {              // 数据返回完毕
            if (xmlHttp.status == 200) {            // HTTP 操作正常
                var text = xmlHttp.responseText ;   // 接收返回的内容
                // 设置要使用的 CSS 样式表
                // document.getElementById("msg").className = "样式表名称" ;
                // 设置 msg 标签元素中要显示的内容为 Ajax 接收的返回值内容
                document.getElementById("msg").innerHTML = text ;
            }
        }
    }
</script>
```

```
<input type="button" onclick="showMsg()" value="调用 Ajax 显示内容">
<span id="msg"></span>
</body>
</html>
```

在本程序中，当单击按钮操作时会调用 showMsg()函数，在 showMsg()函数中首先调用 createXMLHttp()函数创建 xmlHttp 对象，之后 showMsgCallback()函数完成内容的接收，在接收时，分别通过 readState==4（判断是否发送完毕）和 status==200（200 的 HTTP 状态码表示操作正确）判断操作是否正确完成，最后通过 responseText 接收返回的内容，并将其设置到 msg 元素中进行显示。程序的运行结果如图 14-2 所示。

（a）提交请求之前

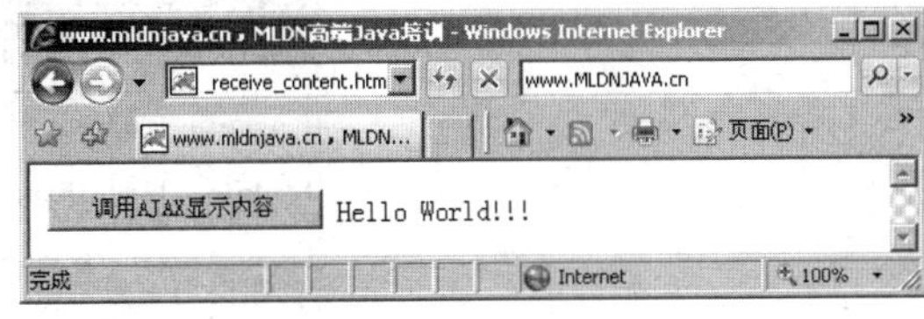

（b）提交请求之后

图 14-2　使用 Ajax 进行操作

通过本程序可以清楚地发现，Ajax 完成的就是局部的内容刷新，并通过 JavaScript 将内容设置到指定的显示区域。

14.4　异 步 验 证

通过第一个 Ajax 程序读者应该已经清楚 Ajax 的主要用法，当然，第一个程序本身非常简单，因为异步请求的是一个静态页面，也可以将其定义成一个动态页，进行一些更复杂的操作。

登录注册的程序读者应该不陌生，但是如果要注册，则首先必须保证的是一个用户的 ID 不能重复，那么这种用于检测用户 ID 的操作就可以通过 Ajax 完成，如图 14-3 所示。

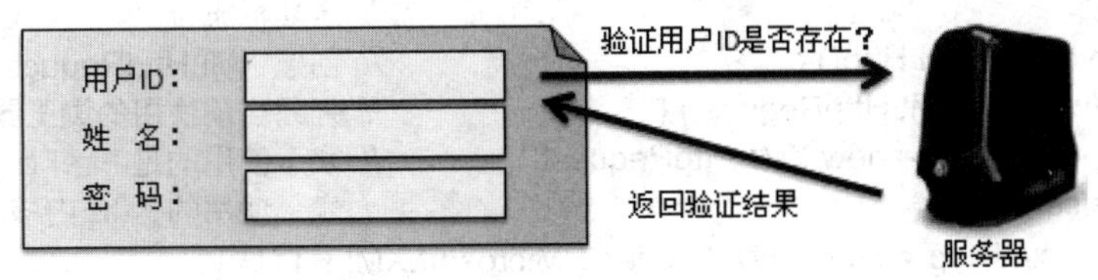

图 14-3　Ajax 验证用户 ID

从图 14-3 中可以发现，当用户输入 ID 之后，会使用 Ajax 将信息提交到服务器上进行验证，如果此 ID 没有被人使用，则提示正确；如果有人使用，则提示错误信息。本程序使用的 user 表的结构如表 14-3 所示。

表 14-3　user 表的结构

用　户　表			
user	No.	列　名　称	描　　述
userid VARCHAR(30) <pk>	1	userid	保存用户的登录 id 号
name VARCHAR(30)	2	name	用户的真实姓名
password VARCHAR(32)	3	password	用户密码

user 表中的数据如图 14-4 所示。

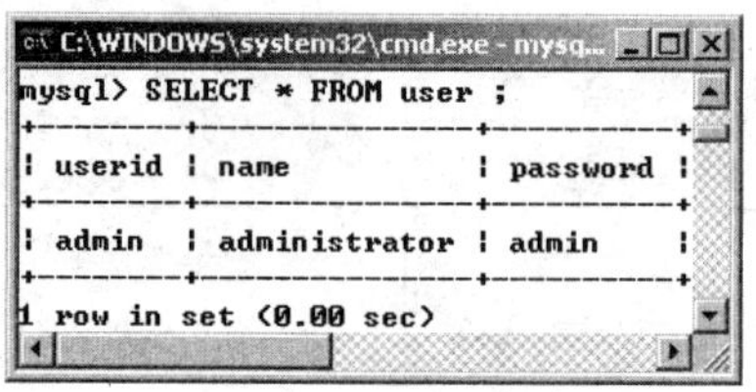

图 14-4　user 表中的数据

提示

异步验证时要执行用 JavaScript 操作。

在本程序中，当用户输入完 ID 之后肯定要选择其他的控件来执行下一步的操作，那么此时就可以利用 onblur()（丢失焦点）的事件，将用户 ID 通过 Ajax 提交到服务器上完成数据验证。

【例 14.4】 编写注册表单页——regist.htm

```
<html>
<head><title>www.mldnjava.cn，MLDN 高端 Java 培训</title></head>
<body>
<script language="JavaScript">
    var xmlHttp ;                                    // Ajax 核心对象名称
    var flag ;                                       // 定义标志位
    function createXMLHttp() {                       // 创建 XMLHttpRequest 核心对象
        if (window.XMLHttpRequest) {                 // 判断当前使用的浏览器类型
            xmlHttp = new XMLHttpRequest();          // 表示使用的是 FireFox 内核的浏览器
        } else {                                     // 表示使用的是 IE 内核的浏览器
            xmlHttp = new ActiveXObject("Microsoft.XMLHTTP") ;
        }
    }
    function checkUserid(userid){
        createXMLHttp() ;                            // 建立 xmlHttp 核心对象
        // 设置一个请求，通过地址重写的方式将 userid 传递到 JSP 中
        xmlHttp.open("POST","CheckServlet?userid="+userid);
        // 设置请求完成之后处理的回调函数
        xmlHttp.onreadystatechange = checkUseridCallback ;
```

```
            xmlHttp.send(null) ;                          // 发送请求，不传递任何参数
            document.getElementById("msg").innerHTML = "正在验证..." ;
      }
      function checkUseridCallback(){                     // 定义回调函数
            if (xmlHttp.readyState == 4) {                // 数据返回完毕
                  if (xmlHttp.status == 200) {            // HTTP 操作正常
                        var text = xmlHttp.responseText ; // 接收返回的内容
                        if(text == "true") {
                              flag = false ;              // 无法提交表单
                              document.getElementById("msg").innerHTML = "用户 ID 重复,无法使用！
" ;
                        } else {
                              flag = true ;               // 可以提交表单
                              document.getElementById("msg").innerHTML = "此用户 ID 可以注册！" ;
                        }
                  }
            }
      }
      function checkForm(){
            return flag ;
      }
</script>
<form action="regist.jsp" method="post" onsubmit="return checkForm()">
      用户 ID：<input type="text" name="userid" onblur="checkUserid(this.value)"><span id="msg">
</span><br>
      姓  名：<input type="text" name="name"><br>
      密  码：<input type="password" name="password"><br>
      <input type="submit" value="注册">
      <input type="reset" value="重置">
</form>
</body>
</html>
```

在本页面中使用了 Ajax 验证用户 ID 是否重复，当用户输入完 userid 的内容之后，会触发失去焦点（onblue）事件，调用 checkUserid()函数，将输入的用户 ID 传递到服务器上进行验证，如果服务器返回的内容是 true，则表示此 ID 可以使用；如果为 false，则表示此 ID 无法使用，同时表单也无法进行提交。

【例 14.5】 验证用户名是否存在——CheckServlet.java

```
package org.lxh.ajaxdemo;
import java.io.IOException;
import java.io.PrintWriter;
import java.sql.Connection;
import java.sql.DriverManager;
import java.sql.PreparedStatement;
import java.sql.ResultSet;
import java.sql.SQLException;
import javax.servlet.ServletException;
import javax.servlet.http.HttpServlet;
```

```
import javax.servlet.http.HttpServletRequest;
import javax.servlet.http.HttpServletResponse;
public class CheckServlet extends HttpServlet {
    public static final String DBDRIVER = "org.gjt.mm.mysql.Driver" ;  // 数据库驱动程序
    public static final String DBURL = "jdbc:mysql://localhost:3306/mldn" ;//连接地址
    public static final String DBUSER = "root" ;                      // 数据库连接用户名
    public static final String DBPASS = "mysqladmin" ;                // 数据库连接密码
    public void doGet(HttpServletRequest request, HttpServletResponse response)
            throws ServletException, IOException {
        this.doPost(request, response);
    }
    public void doPost(HttpServletRequest request, HttpServletResponse response)
            throws ServletException, IOException {
        request.setCharacterEncoding("GBK");
        response.setContentType("text/html");                        // 设置回应的 MIME
        Connection conn = null ;                                     // 声明数据库连接对象
        PreparedStatement pstmt = null ;                             // 声明数据库操作
        ResultSet rs = null ;                                        // 声明数据库结果集
        PrintWriter out = response.getWriter();
        String userid = request.getParameter("userid") ;             // 接收验证的 userid
        try {
            Class.forName(DBDRIVER) ;                                // 数据库驱动程序加载
            conn = DriverManager.getConnection(DBURL,DBUSER,DBPASS) ;
                                                                     // 取得数据库连接
            String sql = "SELECT COUNT(userid) FROM user WHERE userid=?" ;
            pstmt = conn.prepareStatement(sql) ;                    // 实例化 PreparedStatement
            pstmt.setString(1,userid) ;                             // 设置查询参数
            rs = pstmt.executeQuery() ;                             // 执行查询操作
            if(rs.next()){
                if(rs.getInt(1)>0) {
                    out.print("true") ;                             // 输出信息
                } else {
                    out.print("false") ;                            // 输出信息
                }
            }
            out.close() ;                                           // 关闭输出流
        } catch (Exception e) {
            e.printStackTrace();
        } finally {
            try {
                conn.close();                                       // 关闭数据库连接
            } catch (SQLException e) {
                e.printStackTrace();
            }
        }
    }
}
```

【例 14.6】 配置 web.xml

```
<servlet>
    <servlet-name>CheckServlet</servlet-name>
    <servlet-class>org.lxh.ajaxdemo.CheckServlet</servlet-class>
</servlet>
<servlet-mapping>
    <servlet-name>CheckServlet</servlet-name>
    <url-pattern>/ch14/CheckServlet</url-pattern>
</servlet-mapping>
```

在 CheckServlet.java 中首先接收了发送过来的 userid 参数，之后在数据库中验证此数据是否存在，如果存在则返回 true，否则返回 false。程序的运行结果如图 14-5 所示。

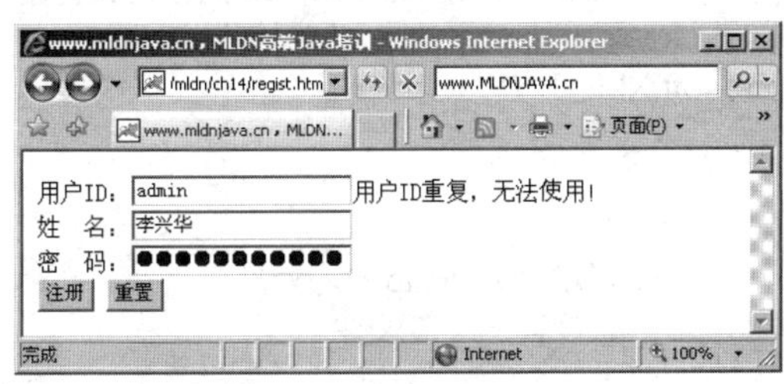

（a）用户 ID 重复

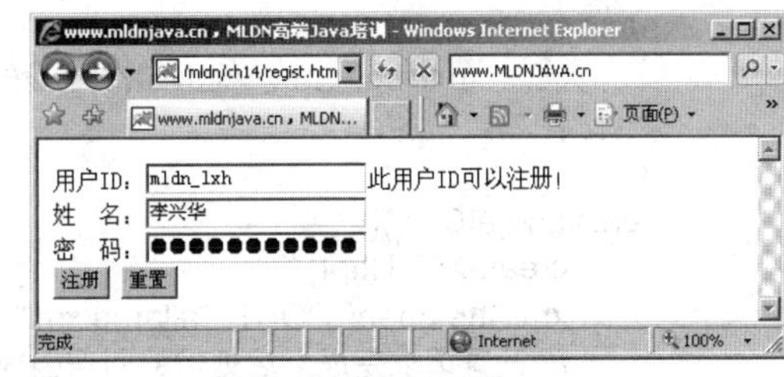

（b）用户 ID 不重复

图 14-5　使用 Ajax 验证

14.5　返回 XML 数据

在 XMLHttpRequest 对象中可以使用 responseXML()方法接收一组返回的 XML 数据，这些返回的 XML 数据可以动态生成（利用 JDOM 工具将数据库中的数据变为 XML 文件），也可以直接读取一个 XML 文件，当客户端接收到读取的 XML 文件之后，可以通过 DOM 解析的方式对数据进行操作。下面通过实例详细说明如何利用 Ajax 接收服务器返回的 XML 文件，并采用 DOM 解析的方式动态生成下拉列表框。

【例 14.7】 要返回 XML 文件——allarea.xml

```
<?xml version="1.0" encoding="GBK"?>
<allarea>
    <area>
        <id>1</id>
        <title>北京</title>
    </area>
    <area>
        <id>2</id>
        <title>天津</title>
    </area>
    <area>
```

```
        <id>3</id>
        <title>南京</title>
    </area>
</allarea>
```

【例 14.8】 使用 Ajax 解析 XML，并生成下拉列表框——ajax_select.htm

```
<html>
<head><title>www.mldnjava.cn，MLDN 高端 Java 培训</title></head>
<script language="JavaScript">
    var xmlHttp ;                                       // Ajax 核心对象名称
    function createXMLHttp() {                          // 创建 XMLHttpRequest 核心对象
        if (window.XMLHttpRequest) {                    // 判断当前使用的浏览器类型
            xmlHttp = new XMLHttpRequest();             // 表示使用的是 FireFox 内核的浏览器
        } else {                                        // 表示使用的是 IE 内核的浏览器
            xmlHttp = new ActiveXObject("Microsoft.XMLHTTP") ;
        }
    }
    function getCity(){
        createXMLHttp() ;                               // 建立 xmlHttp 核心对象
        xmlHttp.open("POST","allarea.xml");             // 设置一个请求
        // 设置请求完成之后处理的回调函数
        xmlHttp.onreadystatechange = getCityCallback ;
        xmlHttp.send(null) ;                            // 发送请求，不传递任何参数
    }
    function getCityCallback(){                         // 定义回调函数
        if (xmlHttp.readyState == 4) {                  // 数据返回完毕
            if (xmlHttp.status == 200) {                // HTTP 操作正常
                // 取得 allarea 节点下的全部节点
                var allarea =

    xmlHttp.responseXML.getElementsByTagName("allarea")[0].childNodes;
                // 取得下拉列表框 city 的对象
                var select = document.getElementById("city") ;
                select.length = 1;                      // 显示一个内容
                select.options[0].selected = true ;     // 设置第一个为选中状态
                // 循环 all 下的子节点
                for (var i = 0; i < allarea.length ;i++) {
                    var area = allarea[i];              // 取得每一个<area>
                    // 创建 option 元素
                    var option = document.createElement("option");
                    // 取得每一个<area>中的<id>元素内容
                    var id = area.getElementsByTagName("id")[0].firstChild.nodeValue ;
                    // 取得每一个<area>中的<id>元素内容
                    var title =
                        area.getElementsByTagName("title")[0].firstChild.nodeValue ;
                    // 在 option 元素中设置显示的内容
                    option.setAttribute("value" , id) ;
                    // 在 option 中添加显示的文本内容
                    option.appendChild(document.createTextNode(title)) ;
                    // 在下拉列表框中加入 option 属性
```

```
                    select.appendChild(option);
                }
            }
        }
    }
</script>
<body onload="getCity()">                              <!-- 页面加载时调用 -->
<form action="" method="post">
    请选择喜欢的城市：
        <select name="city">
            <option value="0">  -请选择城市-   </option>
        </select>
</form>
</body>
</html>
```

本程序在页面加载时调用了 getCity()函数，之后通过 Ajax 将 XML 数据接收回来（利用 responseXML 属性），并利用 DOM 解析动态地生成了下拉列表框的内容。程序的运行结果如图 14-6 所示。

通过本程序可以发现，现在前台页面接收的数据不再像使用传统 MVC 那样需要编写 Java 代码了，只需要将所需的 XML 数据传回到页面中即可，而后台的开发语言可以任意选择，如选择 PHP 或 ASP.NET 等，这样，一个前台页面在各种开发平台下均可通用，如图 14-7 所示。

图 14-6　使用 Ajax 接收 XML 数据

图 14-7　使用 XML 进行数据交换

提示

不要局限于平台。

从对 Ajax+XML 操作中相信读者已经明白，在程序的开发中使用何种平台并不是关键性的问题，因为只要按照标准进行开发的介绍前台程序是可以适应于任何情况的，但是这种操作复杂度较高，所以开发中没有明确要求的话并不完全推荐这种做法。

14.6　本 章 摘 要

1．Ajax 属于异步刷新功能，可以对页面的指定内容进行局部刷新。
2．Ajax 的核心对象是 XMLHttpRequest。
3．使用 Ajax 可以完成各种丰富的功能，如级联操作、异步验证等。

14.7　开发实战练习（基于 Oracle 数据库）

1．完成用户注册功能的实现。在用户注册时，如果发现输入的用户名已经存在，则通过 Ajax 进行提示。本程序使用的 member 表的结构如表 14-4 所示。

表 14-4　member 表的结构

成　员　表

member		
mid	VARCHAR2(50)	<pk>
password	VARCHAR2(32)	
name	VARCHAR2(30)	
address	VARCHAR2(200)	
telephone	VARCHAR2(100)	
zipcode	VARCHAR2(6)	
lastdate	DATE	
lockflag	NUMBER	

No.	列　名　称	描　　述
1	mid	用户登录 id
2	password	用户登录密码
3	name	真实姓名
4	address	用户的住址
5	telephone	联系电话
6	zipcode	邮政编码
7	lastdate	最后一次登录时间
8	lockflag	用户锁定标记，活动：lockflag=0，锁定：lockflag=1

在密码处要使用 MD5 进行加密，用户可以通过 lockflag 设置锁定或活动的标记。

数据库创建脚本：

```
-- 删除 member 表
DROP TABLE member ;
-- 清空回收站
PURGE RECYCLEBIN ;
-- 创建表
CREATE TABLE member(
    mid          VARCHAR2(50)       PRIMARY KEY ,
    password     VARCHAR2(32)       NOT NULL ,
    name         VARCHAR2(30)       NOT NULL ,
    address      VARCHAR2(200)      NOT NULL ,
    telephone    VARCHAR2(100)      NOT NULL ,
    zipcode      VARCHAR2(6)        NOT NULL ,
    lastdate     DATE               DEFAULT sysdate ,
    lockflag     NUMBER(6)          DEFAULT 1
) ;
-- 插入测试数据
INSERT INTO member(mid,password,name,address,telephone,zipcode,lockflag) VALUES
    ('admin','21232F297A57A5A743894A0E4A801FC3','管理员','北京魔乐科技软件学院
（www.MLDNJAVA.cn）', '01051283346', '100088','0') ;
INSERT INTO member(mid,password,name,address,telephone,zipcode,lockflag) VALUES
    ('guest','084E0343A0486FF05530DF6C705C8BB4','游客','北京魔乐科技软件学院
（www.MLDNJAVA.cn）','01051283346','100088','0') ;
```

```
INSERT INTO member(mid,password,name,address,telephone,zipcode,lockflag) VALUES
      ('lixinghua','BF13B866C3FA6751004A4ED599FAFC49','李兴华','北京魔乐科技软件学院（www.MLDNJAVA.cn）','01051283346','100088','0') ;
-- 事务提交
COMMIT ;
```

程序开发要求如下：

在用户注册填写注册 ID 时，要求通过 Ajax 异步验证此 ID 是否存在，如果存在，则不能让用户提交；如果不存在，则用户可以进行表单提交。

2．使用 Ajax 修改雇员管理程序。dept 表和 emp 表之间的关系如图 14-8 所示。这两个表的结构分别如表 14-5 和表 14-6 所示。

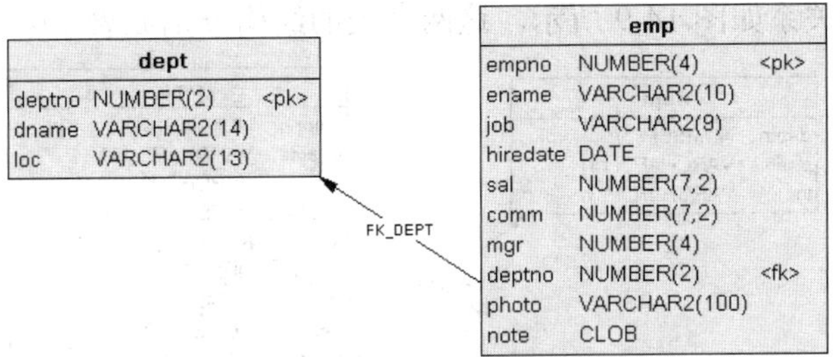

图 14-8　dept 表和 emp 表之间的关系

表 14-5　dept 表的结构

部门表			
dept deptno NUMBER(2) <pk> dname VARCHAR2(14) loc VARCHAR2(13)	No.	列名称	描述
	1	deptno	部门编号，使用数字表示，长度是 2 位数字
	2	dname	部门名称，使用字符串表示，长度是 14 位字符串
	3	loc	部门位置，使用字符串表示，长度是 13 位字符串

表 14-6　emp 表的结构

雇员表			
emp empno NUMBER(4) <pk> ename VARCHAR2(10) job VARCHAR2(9) hiredate DATE sal NUMBER(7,2) comm NUMBER(7,2) mgr NUMBER(4) deptno NUMBER(2) <fk> photo VARCHAR2(100) note CLOB	No.	列名称	描述
	1	empno	雇员编号，使用数字表示，长度是 4 位数字
	2	ename	雇员姓名，使用字符串表示，长度是 10 位字符串
	3	job	雇员工作
	4	hiredate	雇佣日期，使用日期形式表示
	5	sal	基本工资
	6	comm	奖金，使用小数表示
	7	mgr	雇员对应的领导编号
	8	deptno	一个雇员对应的部门编号
	9	photo	保存雇员的照片路径
	10	note	雇员简介

在增加雇员选择领导或部门时通过 Ajax 完成异步读取。

数据库创建脚本：

```
ALTER TABLE emp ADD (photo VARCHAR2(100)  DEFAULT 'nophoto.jpg') ;
ALTER TABLE emp ADD (note CLOB            DEFAULT '暂无介绍') ;
```

程序开发要求如下：

由于在增加和修改雇员时要从多张表中同时查询数据，则性能上肯定会有所降低，所以现在利用 Ajax 技术，当需要选择雇员领导或部门时，可以通过单击事件进行下拉列表框的异步更新，然后直接从后台取出数据形成 XML 文件发送给客户端页面进行显示。

3．使用 Ajax 修改雇员管理程序，在雇员表中增加一个 lockflag 字段，用于表示雇员是否处于锁定状态，如果 lockflag=0，表示活动状态；如果 lockflag=1，表示锁定状态。dept 表和 emp 表之间的关系如图 14-9 所示。这两个表的结构分别如表 14-7 和表 14-8 所示。

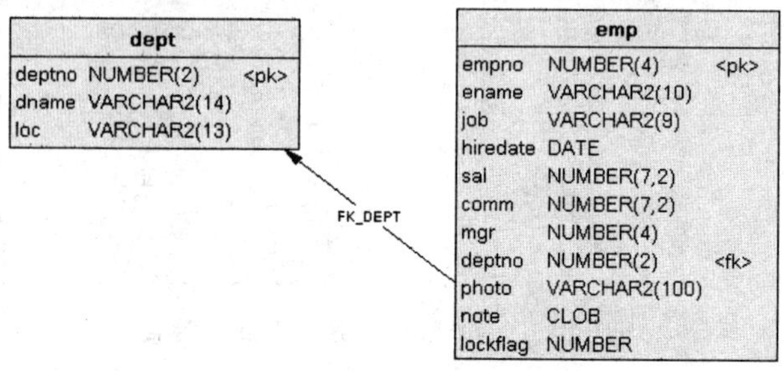

图 14-9　dept 表和 emp 表之间的关系

表 14-7　dept 表的结构

部　门　表			
	No.	列　名　称	描　　述
dept deptno NUMBER(2) <pk> dname VARCHAR2(14) loc VARCHAR2(13)	1	deptno	部门编号，使用数字表示，长度是 2 位数字
	2	dname	部门名称，使用字符串表示，长度是 14 位字符串
	3	loc	部门位置，使用字符串表示，长度是 13 位字符串

表 14-8　emp 表的结构

雇　员　表			
	No.	列　名　称	描　　述
emp empno NUMBER(4) <pk> ename VARCHAR2(10) job VARCHAR2(9) hiredate DATE sal NUMBER(7,2) comm NUMBER(7,2) mgr NUMBER(4) deptno NUMBER(2) <fk> photo VARCHAR2(100) note CLOB lockflag NUMBER	1	empno	雇员编号，使用数字表示，长度是 4 位数字
	2	ename	雇员姓名，使用字符串表示，长度是 10 位字符串
	3	job	雇员工作
	4	hiredate	雇佣日期，使用日期形式表示
	5	sal	基本工资
	6	comm	奖金，使用小数表示
	7	mgr	雇员对应的领导编号
	8	deptno	一个雇员对应的部门编号
	9	photo	保存雇员的照片路径
	10	note	雇员简介
	11	lockflag	雇员锁定标记，活动：lockflag=0，锁定：lockflag=1

数据库创建脚本：

```
ALTER TABLE emp ADD (lockflag   NUMBER DEFAULT 1);
```

程序开发要求如下：

（1）后台管理员可以直接通过 lockflag 控制前台信息的显示，前台不能显示锁定用户。

（2）管理员可以通过 Ajax 技术异步更新用户的锁定状态。

（3）管理员可以直接删除一个部门的信息，删除时，要通过 Ajax 进行局部的刷新操作。

（4）在商品表中增加商品所属的类别和子类别的字段，并通过级联菜单完成操作。本程序使用到的 types 表、subtypes 表和 product 表之间的关系如图 14-10 所示。这 3 个表的结构分别如表 14-9、表 14-10 和表 14-11 所示。

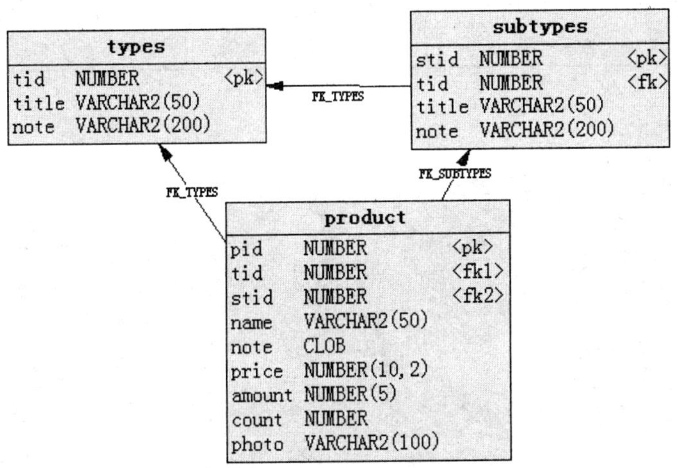

图 14-10　types 表、subtypes 表和 product 表之间的关系

表 14-9　types 表的结构

商品类别表			
types tid NUMBER <pk> title VARCHAR2(50) note VARCHAR2(200)	No.	列　名　称	描　　述
	1	tid	商品类别编号，自动增长
	2	title	商品类别名称
	3	note	商品类别简介

表 14-10　subtypes 表的结构

商品子类别表			
subtypes stid NUMBER <pk> tid NUMBER <fk> title VARCHAR2(50) note VARCHAR2(200)	No.	列　名　称	描　　述
	1	stid	子类别编号，自动增长
	2	tid	对应的父类别编号
	3	title	子类别名称
	4	note	子类别简介

表 14-11　product 表的结构

产品表			
	No.	**列　名　称**	**描　　述**
product pid NUMBER <pk> tid NUMBER <fk1> stid NUMBER <fk2> name VARCHAR2(50) note CLOB price NUMBER(10,2) amount NUMBER(5) count NUMBER photo VARCHAR2(100)	1	pid	产品编号，自动增长
	2	tid	商品所属的类别编号
	3	stid	商品所属的子类别编号
	4	name	产品名称
	5	note	产品简介
	6	price	产品单价
	7	amount	产品数量
	8	count	产品点击量
	9	photo	产品图片

数据库创建脚本：

```
-- 删除 product 表
DROP TABLE product ;
DROP TABLE subtypes ;
DROP TABLE types ;
-- 删除序列
DROP SEQUENCE proseq ;
DROP SEQUENCE tidseq ;
DROP SEQUENCE stidseq ;
-- 清空回收站
PURGE RECYCLEBIN ;
CREATE SEQUENCE proseq ;
CREATE SEQUENCE tidseq ;
CREATE SEQUENCE stidseq ;
-- 创建表
CREATE TABLE types(
	tid		NUMBER		PRIMARY KEY ,
	title		VARCHAR2(50)	NOT NULL ,
	note		VARCHAR2(200)
) ;
CREATE TABLE subtypes(
	stid		NUMBER		PRIMARY KEY ,
	tid		NUMBER		REFERENCES types(tid) ON DELETE CASCADE ,
	title		VARCHAR2(50)	NOT NULL ,
	note		VARCHAR2(200)
) ;
CREATE TABLE product(
	pid		NUMBER		PRIMARY KEY ,
	tid		NUMBER		REFERENCES types(tid) ON DELETE CASCADE ,
	stid		NUMBER		REFERENCES subtypes(stid) ON DELETE CASCADE ,
	name		VARCHAR2(50)	NOT NULL ,
	note		CLOB ,
```

```
    price           NUMBER              NOT NULL ,
    amount          NUMBER ,
    count           NUMBER              DEFAULT 0 ,
    photo           VARCHAR2(100)       DEFAULT 'nophoto.jpg'
) ;
-- 插入测试数据——类别
INSERT INTO types(tid,title,note) VALUES (tidseq.nextval,'图书','-') ;
INSERT INTO types(tid,title,note) VALUES (tidseq.nextval,'影音','-') ;
-- 插入测试数据——子类别
INSERT INTO subtypes(stid,tid,title,note) VALUES (stidseq.nextval,1,'编程图书','-') ;
INSERT INTO subtypes(stid,tid,title,note) VALUES (stidseq.nextval,1,'图像处理','-') ;
INSERT INTO subtypes(stid,tid,title,note) VALUES (stidseq.nextval,1,'企业管理','-') ;
INSERT INTO subtypes(stid,tid,title,note) VALUES (stidseq.nextval,2,'电影','-') ;
INSERT INTO subtypes(stid,tid,title,note) VALUES (stidseq.nextval,2,'音乐','-') ;
-- 插入测试数据——产品
INSERT INTO product(pid,tid,stid,name,note,price,amount) VALUES
    (proseq.nextval,1,1,'Oracle 数据库开发','基本 SQL、DBA 入门',69.8,30) ;
INSERT INTO product(pid,tid,stid,name,note,price,amount) VALUES
    (proseq.nextval,1,1,'Java 开发实战经典','一本最好的 Java 入门书籍',79.8,30) ;
INSERT INTO product(pid,tid,stid,name,note,price,amount) VALUES
    (proseq.nextval,1,1,'Java Web 开发实战经典','JSP、Servlet、Ajax、Struts',99.8,20) ;
INSERT INTO product(pid,tid,stid,name,note,price,amount) VALUES
    (proseq.nextval,1,1,'Spring 开发手册','Spring、MVC、标签',57.9,20) ;
INSERT INTO product(pid,tid,stid,name,note,price,amount) VALUES
    (proseq.nextval,1,1,'Hibernate 实战精讲','ORMapping',87.3,10) ;
INSERT INTO product(pid,tid,stid,name,note,price,amount) VALUES
    (proseq.nextval,1,1,'Struts 2.0 权威开发','WebWork、Struts 2.0',70.3,23) ;
INSERT INTO product(pid,tid,stid,name,note,price,amount) VALUES
    (proseq.nextval,1,1,'SQL Server 指南','SQL Server 数据库',29.8,11) ;
INSERT INTO product(pid,tid,stid,name,note,price,amount) VALUES
    (proseq.nextval,1,1,'Windows 指南','基本使用',23.2,20) ;
INSERT INTO product(pid,tid,stid,name,note,price,amount) VALUES
    (proseq.nextval,1,1,'Linux 操作系统','原理、内核、基本命令',37.9,10) ;
INSERT INTO product(pid,tid,stid,name,note,price,amount) VALUES
    (proseq.nextval,1,1,'企业开发架构','企业开发原理、成本、分析',109.5,20) ;
INSERT INTO product(pid,tid,stid,name,note,price,amount) VALUES
    (proseq.nextval,1,1,'分布式开发','RMI、EJB、Web 服务',200.8,10) ;
INSERT INTO product(pid,tid,stid,name,note,price,amount) VALUES
    (proseq.nextval,1,1,'SEAM（JSF + EJB 3.0）','JSF、SEAM、EJB 3.0',80.2,15) ;
-- 事务提交
COMMIT ;
```

程序开发要求如下：

在对商品进行添加或修改时，可以通过 Ajax 制作级联菜单，每个商品一定要有所属的类别及子类别。

第 4 部分

框架开发

- Struts 基础开发
- Struts 常用标签库
- Struts 高级开发

第 15 章　Struts 基础开发

通过本章的学习可以达到以下目标：

☑　掌握 Struts 与 MVC 的关系。

☑　掌握 Struts 的基本配置。

☑　掌握 Struts 的核心工作原理及配置文件的使用。

Struts 是一种开源（Open Source）框架技术，使用 Struts 框架可以使代码的开发更加规范化，能够节约开发人员的设计时间。由于 Struts 出现的时间较早，所以已经逐步形成了一个 Java Web 开发的行业标准，本章将讲解 Struts 的基本作用及核心工作原理。

15.1　Struts 简介

在第 9 章中曾经讲解过 MVC 设计模式，在 MVC 设计模式中，所有的请求都要先交给 Servlet 处理，之后由 Servlet 调用 JavaBean，并将结果交给 JSP 中进行显示，如图 15-1 所示。

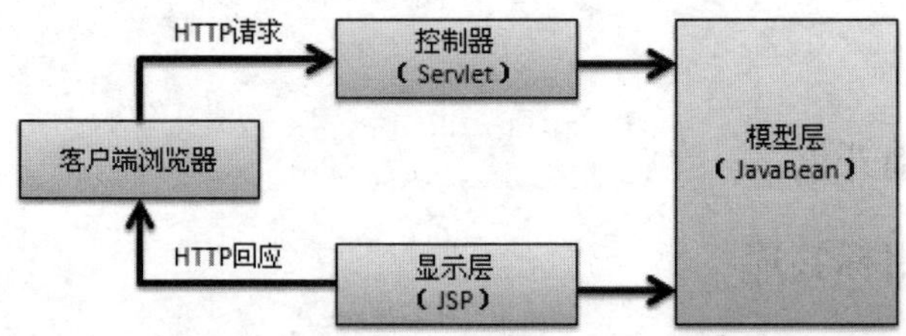

图 15-1　传统 MVC 开发

使用 MVC 设计模式开发的程序，可以使 JSP、JavaBean 和 Servlet 3 层的分工明确，适合于多人开发。但是这种开发模式要花费大量的设计时间，为了解决这种问题，往往会使用一些已经成型的开发框架进行程序的开发，而 Struts 就是这其中较为著名的一个 MVC 实现框架。

Struts 是 Apache 基金组织中的一个开源（Open Source）项目，主要实现 MVC 设计模式，在 Struts 中有自己的控制器（ActionServlet），同时也提供了各种常用的页面标签库以减少 JSP 页面中的 Scriptlet 代码。Struts 实际上就属于在传统技术上发展起来的一种新的应用模式，其操作的本质依然还是 JSP、Servlet、JavaBean 等技术的应用。Struts 的体系结构如图 15-2 所示。

从图 15-2 中可以发现，在 Struts 中依然存在 Servlet（ActionServlet），而且此 Servlet 需要由 struts-config.xml 进行控制，而在 Struts 中的 Action 就相当于在基本 MVC 设计模式

中一个个独立的 Servlet，并且由 Action 调用模型层（JavaBean）完成一个个具体的业务功能，整个体系结构与传统 MVC 的组成是非常类似的，下面通过表 15-1 详细分析 MVC 与 Struts 中各个组件的对应关系。

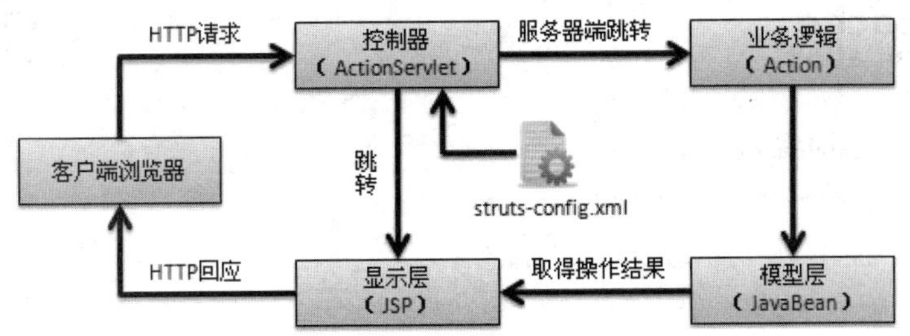

图 15-2　Struts 的体系结构

表 15-1　MVC 与 Struts 中各个组件的对应关系

No.	组 成 部 分	传统 MVC	Struts
1	视图（View）	JSP（可以加入 JSTL 减少页面代码）	在传统页面中提供了标签库的支持
2	控制器（Controller）	Servlet	Action
3	模型（Model）	JavaBean	ActionForm、JavaBean

通过表 15-1 可以清楚地发现，在整个 Struts 中实际上就是比传统的 MVC 多增加了 3 个主要组件，即 Struts 标签库、ActionForm 和 Action。当然，除了这 3 个组件之外，Struts 还有许多的其他功能，如分发 Action、验证框架等，这些功能都将在以后讲解。

说明

提问：Struts 和 MVC 属于什么样的关系？

Struts 的组成中依然有 Servlet、JSP、JavaBean 等，那么 Struts 和 MVC 之间的关系该怎样理解更好呢？

回答：MVC 是标准，Struts 是实现。

在笔者教学的过程中有很多学生在刚接触到 Struts 时都问过同样的问题，为了更好地帮助读者区分两者的关系，下面换一种更直观的理解方式：MVC 就相当于一个接口（定义标准），而 Struts 只是实现了此接口（具体实现）而已，当然实现 MVC 标准的框架还有很多，如 Webwork、JSF 等。

15.2　配置 Struts 开发环境

Struts 属于一套单独的开发包，所以首先要从 Apache 的 Jakart 项目（http://jakarta.apache.org/）上下载最新的 Struts 开发包（http://struts.apache.org/），本书使用的是 Struts 1.3 的开

发包，下载 struts-1.3.10-all.zip 即可，如图 15-3 所示。

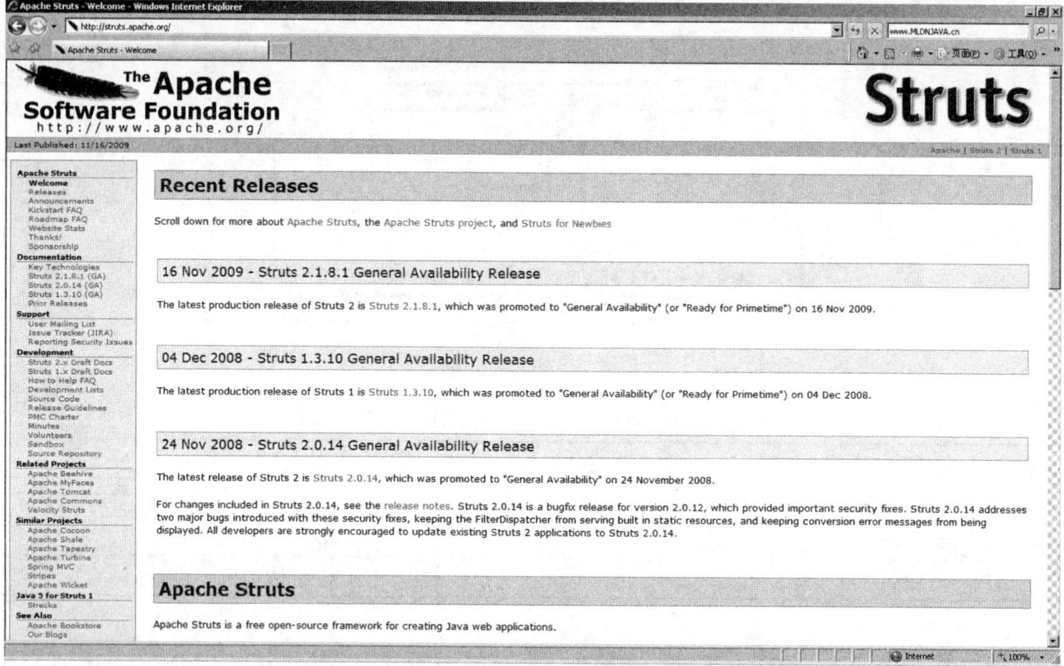

图 15-3　下载 Struts 开发包

提示

关于 Struts 2.x 的说明。

Struts 的发展较为特殊，实际上最早出现的就是 Struts 1.x，但是由于此种开发框架中存在一些小的问题（以后会讲解），而且 Struts 1.x 也被广泛地使用，所以 Struts 的开发小组就重新包装了 WebWork（一种 Web 开源项目，因 JIVE 论坛而成名）形成了 Struts 2.x，但是 Struts 1.x 和 Struts 2.x 两者的实现形式完全不一样，关于 Struts 2.x 的内容读者可以继续关注本系列后续推出的其他书籍。

将下载下来的 Struts 1.3 开发包直接解压缩，解压缩之后的目录结构如图 15-4 所示。

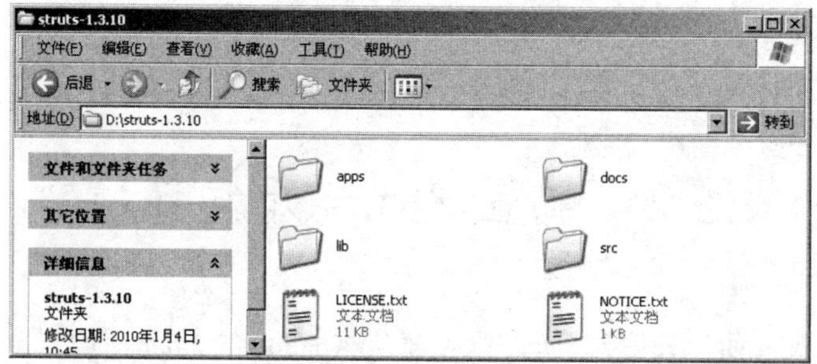

图 15-4　解压缩 Struts 1.3 开发包

将 Struts 开发包中 lib 目录下的全部*.jar 包复制到%TOMCAT_HOME%\lib 目录中，如图 15-5 所示。

图 15-5　配置 Struts 开发包

开发包配置完成之后，下面就需要在工作目录的 WEB-INF 文件夹中建立 struts-config.xml 文件，此文件为 Struts 的核心配置文件，其内容如下所示。

【例 15.1】 配置 struts-config.xml 文件内容——WEB-INF/struts-config.xml

```
<?xml version="1.0" encoding="UTF-8"?>
<!DOCTYPE struts-config PUBLIC "-//Apache Software Foundation//DTD Struts Configuration 1.3//EN" "http://struts.apache.org/dtds/struts-config_1_3.dtd">
<struts-config>
    <form-beans />
    <global-exceptions />
    <global-forwards />
    <action-mappings />
    <message-resources parameter="org.lxh.struts.ApplicationResources" />
</struts-config>
```

struts-config.xml 文件中首先需要配置<struts-config>这个节点，在此节点下有如下的子节点。

☑ <form-beans>：用于配置 ActionForm。

☑ <global-exceptions>：用于配置全局异常。

☑ <global-forwards>：用于配置全局跳转。

☑ <action-mappings>：用于配置 Action。

☑ <message-resources>：用于配置资源文件路径，资源文件保存在 WEB-INF\classes 文件夹中，通过 parameter 属性指定路径及文件名称，文件名称的后缀是*.properties。

建立完 struts-config.xml 文件之后，下面需要在项目的 web.xml 中指定此文件的路径，配置如下所示。

【例 15.2】 配置 web.xml 文件

```
<servlet>
	<servlet-name>action</servlet-name>
	<servlet-class>org.apache.struts.action.ActionServlet</servlet-class>
	<load-on-startup>0</load-on-startup>
</servlet>
<servlet-mapping>
	<servlet-name>action</servlet-name>
	<url-pattern>*.do</url-pattern>
</servlet-mapping>
```

此处实际上配置的是一个 ActionServlet，此映射路径为*.do。

提示

***.do 是一个著名的标志。**

在 Struts 中配置的*.do 的映射路径已经是 Struts 的一个著名的标志，一般当看到提交路径是以此种形式表示的基本上都属于 Struts 开发的项目。

在 web.xml 文件中除了配置 ActionServlet 之外，还需要将所需要的标签库（*.tld）文件做映射配置，在 web.xml 中增加如下的代码。

提示

Struts 中的*.tld 存放位置。

在 Struts 中所有的 TLD 文件都保存在了 WEB-INF\lib\struts-taglib-1.3.10.jar 文件中。

【例 15.3】 配置 web.xml 文件，增加标签库配置

```
<jsp-config>
	<taglib>
		<taglib-uri>http://www.mldn.cn/struts/bean</taglib-uri>
		<taglib-location>/WEB-INF/struts-bean.tld</taglib-location>
	</taglib>
	<taglib>
		<taglib-uri>http://www.mldn.cn/struts/logic</taglib-uri>
		<taglib-location>/WEB-INF/struts-logic.tld</taglib-location>
	</taglib>
	<taglib>
		<taglib-uri>http://www.mldn.cn/struts/html</taglib-uri>
		<taglib-location>/WEB-INF/struts-html.tld</taglib-location>
	</taglib>
</jsp-config>
```

Struts 一共提供了五大类的标签库，即 bean、logic、html、nested 和 tiles，其中 nested、tiles 标签库使用较少，所以本书重点使用的是 bean、logic 和 html 这 3 个标签库。

提示

使用 MyEclipse 开发更为方便。

如果读者觉得以上的配置步骤过于复杂，可以使用 MyEclipse 开发工具，这样可以直接为用户增加 Struts 开发的支持，在本章对应的讲解视频中使用的就是 MyEclipse 工具进行开发的。

15.3　开发第一个 Struts 程序

Struts 配置完成之后，下面通过代码演示第一个 Struts 程序的开发。本程序将通过 Struts 完成一个提交及返回操作，用户可以通过文本框输入要显示的内容，之后提交给 Struts，如果提交的内容为空，则会出现错误提示；如果提交的内容不为空，则 Struts 将此信息在页面上进行显示。程序运行流程图如图 15-6 所示。

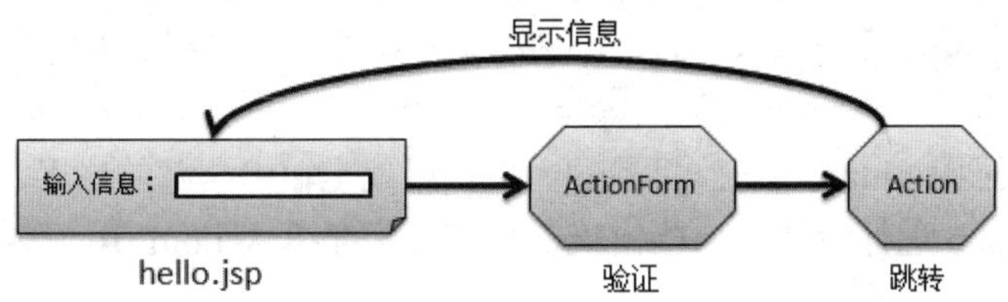

图 15-6　程序运行流程图

【例 15.4】　建立页面——ch15/hello.jsp

```
<%@ page language="java" pageEncoding="GBK"%>
<%@ taglib uri="http://www.mldn.cn/struts/bean" prefix="bean"%>
<%@ taglib uri="http://www.mldn.cn/struts/html" prefix="html"%>
<%@ taglib uri="http://www.mldn.cn/struts/logic" prefix="logic"%>
<html:html lang="true">
<head>
	<title>www.mldnjava.cn，MLDN 高端 Java 培训</title>
</head>
<body>
	<html:errors/>
	<logic:present name="msg" scope="request">
		<h2>${msg}</h2>
	</logic:present>
	<html:form action="/ch15/hello.do" method="post">
		请输入信息：<html:text property="info"></html:text>
		<html:submit value="显示"></html:submit>
	</html:form>
</body>
</html:html>
```

在 hello.jsp 页面中使用了 Struts 所提供的标签库，所以开头先使用<%@taglib%>定义了这些标签，之后使用<logic:present>标签判断在 request 属性范围中是否存在 msg 属性，如果存在则使用表达式输出内容。定义表单时使用了 HTML 标签，并通过<html:text>设置了一个文本框，此文本框的名称是 info，这个名称也是之后建立 ActionForm 类所需要定义的属性名称。

提示

也可以使用普通的 HTML 标签操作。

在使用 Struts 开发页面时如果不想使用<html:form>、<html:text>之类的标签作为表单显示，也可以使用普通的 HTML 标签，使用 HTML 标签就可以直接定义相对路径进行提交，如<form action="hello.do">。

注意

使用 html 标签必须配置好 Action。

如果使用了 HTML 标签显示的表单，一定要定义及配置好 Action（<html:form>的 action 中要填写 action 属性）及 ActionForm 后才能运行，否则页面会产生异常。

在 hello.jsp 页面中<html:errors>标签的主要作用就是输出全部的错误，所有的错误信息由 ActionForm 或 Action 进行设置，这些错误信息都是保存在 ActionErrors（或 ActionMessages）对象中的。

需要特别注意的是，此时表单提交的路径是 hello.do，这个路径需要在 struts-config.xml 文件中进行配置。

【例 15.5】 建立 ActionForm——HelloForm.java

```
package org.lxh.struts.form;
import javax.servlet.http.HttpServletRequest;
import org.apache.struts.action.ActionErrors;
import org.apache.struts.action.ActionForm;
import org.apache.struts.action.ActionMapping;
import org.apache.struts.action.ActionMessage;
public class HelloForm extends ActionForm {
    private String info;                                            // 接收 info 提交参数
    public ActionErrors validate(ActionMapping mapping,
            HttpServletRequest request) {                           // 验证输入数据
        ActionErrors errors = new ActionErrors() ;                  // 建立 ActionErrors
        if (this.info == null || "".equals(this.info)) {
            errors.add("info", new ActionMessage("error.info")) ;   // 设置错误信息
        }
        return errors;
    }
    public void reset(ActionMapping mapping, HttpServletRequest request) {
```

```
        }
        public String getInfo() {
                return info;
        }
        public void setInfo(String info) {
                this.info = info;
        }
}
```

HelloForm 类的主要功能是用于验证，此类继承自 ActionForm 类，ActionForm 类中的方法如表 15-2 所示。在 HelloForm 类中定义的 info 属性名称与表单提交的参数名称一致，并且设置了对应的 setter 及 getter 操作，而 ActionForm 类中的 validate()方法的主要功能是真正执行验证，即当用户提交表单时，首先会将所有的请求交给 ActionForm 类并调用 validate()方法进行验证，在 validate()方法中返回的是一个 ActionErrors 对象，此对象中保存了全部的错误信息，在一个 ActionErrors 中可以增加多个 ActionMessage，而 ActionMessage 类的构造方法中需要传递一个指定的错误信息的 key，这些错误信息是在 ApplicationResource.properties 文件中定义的。ActionErrors 类中的方法如表 15-3 所示。ActionMessage 类中的方法如表 15-4 所示。

表 15-2　ActionForm 类中的方法

No.	方　　法	类　　型	描　　述
1	public ActionErrors validate(ActionMapping mapping,HttpServletRequest request)	普通	输入数据验证，返回 ActionErrors 对象，根据 input 指定的路径跳转到错误显示页
2	public void reset(ActionMapping mapping, HttpServletRequest request)	普通	重置操作

表 15-3　ActionErrors 类中的方法

No.	方　　法	类　　型	描　　述
1	public void add(String property,ActionMessage message)	普通	增加一个错误信息，第一个参数一般与参数的名称一致

表 15-4　ActionMessage 类中的方法

No.	方　　法	类　　型	描　　述
1	public ActionMessage(String key)	构造	设置此错误信息的内容

【例 15.6】　定义资源信息——ApplicationResource.properties

```
# 输入的信息不能为空！
error.info = \u8f93\u5165\u7684\u4fe1\u606f\u4e0d\u80fd\u4e3a\u7a7a\uff01
```

由于资源文件（*.properties）中不支持中文，所以此处需要将中文变为 UNICODE 编码。

提示

编码转换。

要想完成编码转换可以直接使用 native2ascii.exe 命令完成，如果不熟悉此命令，可参考《Java 开发实战经典》一书的第 11 章。

【例 15.7】 定义 Action——HelloAction.java

```
package org.lxh.struts.action;
import javax.servlet.http.HttpServletRequest;
import javax.servlet.http.HttpServletResponse;
import org.apache.struts.action.Action;
import org.apache.struts.action.ActionForm;
import org.apache.struts.action.ActionForward;
import org.apache.struts.action.ActionMapping;
import org.lxh.struts.form.HelloForm;
public class HelloAction extends Action {
    public ActionForward execute(ActionMapping mapping, ActionForm form,
            HttpServletRequest request, HttpServletResponse response) {
        HelloForm helloForm = (HelloForm) form;              // HelloForm 对象
        String info = helloForm.getInfo() ;                  // 接收提交参数
        request.setAttribute("msg", info);                   // 设置属性范围
        return mapping.findForward("show");                  // 进行页面跳转
    }
}
```

在 Struts 中实际上每一个 Action 都相当于一个 Servlet，HelloAction 类要继承 Action 类，此类中的方法如表 15-5 所示。在 Action 中可以通过 ActionForm 取得用户输入的参数，并将此参数放在 request 属性范围中，最后使用 ActionMapping 类中的 findForward()方法进行跳转。ActionMapping 类中的方法如表 15-6 所示。

表 15-5 Action 类中的方法

No.	方 法	类 型	描 述
1	public ActionForward execute(ActionMapping mapping, ActionForm form,HttpServletRequest request,HttpServletResponse response) throws Exception	普通	调用 Action 执行具体的业务操作，此方法接收 ActionForm（由 struts-config.xml 配置），返回 ActionForward 实例，跳转路径在 struts-config.xml 中配置
2	protected void saveErrors(HttpServletRequest request, ActionMessages errors)	普通	保存错误信息，与 ActionForm 中的 validate()方法的功能类似
3	protected void saveMessages(HttpServletRequest request, ActionMessages messages)	普通	保存错误信息，与 ActionForm 中的 validate()方法的功能类似

表 15-6　ActionMapping 类中的方法

No.	方　法	类　型	描　述
1	public ActionForward findForward(String forwardName)	普通	取得<action>节点中<forward>指定的路径
2	public ActionForward getInputForward()	普通	取得<action>节点中 input 指定的路径

【例 15.8】 配置 struts-config.xml

```
<?xml version="1.0" encoding="UTF-8"?>
<!DOCTYPE struts-config PUBLIC "-//Apache Software Foundation//DTD Struts Configuration 1.3//EN" "http://struts.apache.org/dtds/struts-config_1_3.dtd">
<struts-config>
      <form-beans>
            <form-bean name="helloForm"
                  type="org.lxh.struts.form.HelloForm" />
      </form-beans>
      <global-exceptions />
      <global-forwards />
      <action-mappings>
            <action attribute="helloForm" input="/ch15/hello.jsp"
                  name="helloForm" path="/ch15/hello" scope="request"
                  type="org.lxh.struts.action.HelloAction">
                  <forward name="show" path="/ch15/hello.jsp"></forward>
            </action>
      </action-mappings>
      <message-resources parameter="org.lxh.struts.ApplicationResources" />
</struts-config>
```

本文件为核心配置文件，之前编写的 ActionForm 和 Action 都需要在此文件中配置才能起作用，配置说明如下。

- ☑ <form-bean>：表示配置的每一个 ActionForm，在此节点中定义了 name 属性指定此 ActionForm 的名称，type 属性表示的是此 ActionForm 对应的包.类名称。
- ☑ <action>：表示配置的每一个 Action，此节点的属性如下。
  - ➢ attribute、name：指定此 Action 要使用的 ActionForm 名称，此名称在<form-bean>标签中配置。
  - ➢ input：表示当验证出错（ActionErrors 不为空）时跳转的错误显示页。
  - ➢ path：此 Action 对应的路径，此时为 hello.do。
  - ➢ scope：此 Action 的作用范围，有 request 和 session 两种设置。
  - ➢ type：此 Action 对应的包.类名称。

在<action>节点中可以同时定义多个<forward>节点，每一个<forward>节点都表示一个映射的跳转路径，通过 ActionMapping 类的 findForward()方法返回的就是一个映射的路径。

本程序的运行结果如图 15-7 所示。

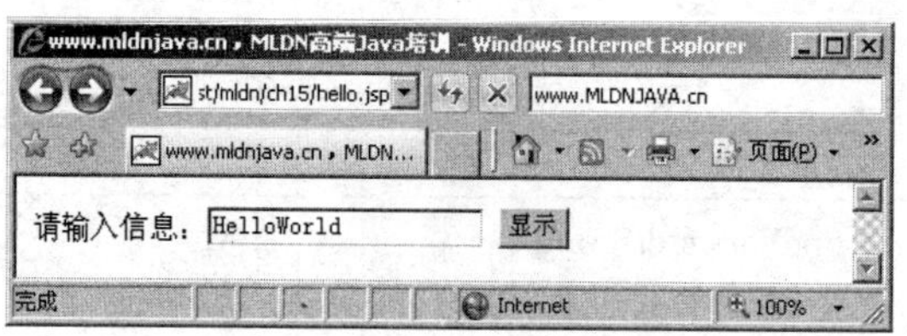

（a）输入正确的数据

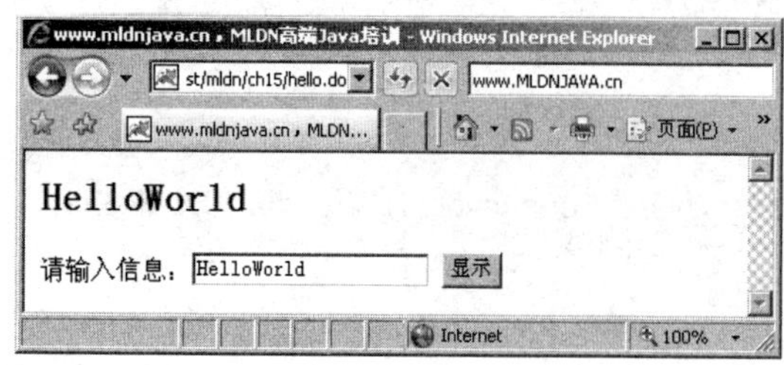

（b）正常进行显示

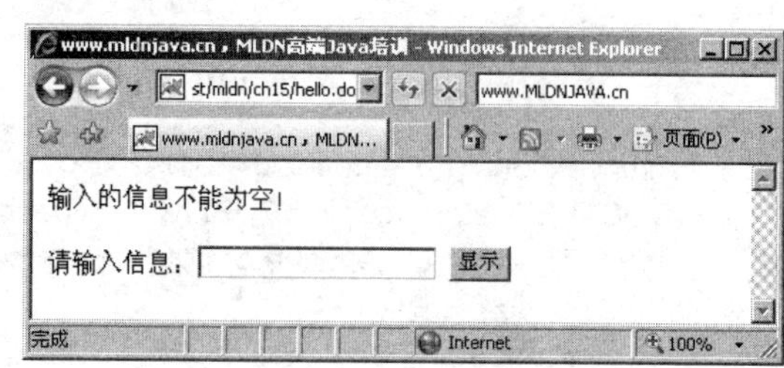

（c）没有输入内容，则进行错误提示

图 15-7　第一个 Struts 程序运行

通过本程序可以发现，Struts 开发框架有如下的优点：

（1）所有的错误信息都是通过 ApplicationResource.properties 文件进行配置的，所以当需要更换错误信息时直接修改资源文件即可。

（2）所有的跳转路径都是通过 struts-config.xml 进行配置的，以后通过此文件可以直接改变跳转路径。

（3）在 Struts 中专门提供了用户输入验证的操作类（ActionForm），这样 Action 可以专注于业务的处理。

提示

Struts 的问题。

在 Struts 中几乎每一个 Action 都对应着一个 ActionForm，这样一来，肯定会让程序中出现过多的 ActionForm，所以 Struts 的最大问题就是 ActionForm 过多。

15.4　Struts 工作原理

第一个 Struts 程序编写完成后，相信读者应该已经了解了 ActionForm、Action 和 JSP 页面之间的关系及主要作用。下面针对 Struts 的完整工作流程进行详细的说明。

（1）在 web.xml 中为 ActionServlet 配置一个映射路径，一般都为*.do。

（2）当一个 JSP 页面执行时，如果使用的是 HTML 标签定义的表单，则会根据 action 指定的路径与 struts-config.xml 文件中的路径相匹配，如果匹配失败，则程序报错。

（3）在运行一个 JSP 页面前，会调用指定 ActionForm 中的 reset()方法，进行表单元素

的初始化操作。

（4）用户提交表单时会将所有的操作都提交到 ActionServlet（由*.do 指定）中，之后由 ActionServlet 根据 struts-config.xml 文件中的配置调用指定的 ActionForm 和 Action 进行处理。

（5）表单提交的数据首先会交给 ActionForm 处理，并自动调用其中的 validate()方法进行验证，如果验证成功（validate()方法返回为 null 或者 ActionErrors 中没有任何内容），则交给相应的 Action 进行处理；如果验证失败，则跳转到提交 Action 中配置的 input 属性中指定的页面路径，此时可以通过<html:errors>标签显示所有的错误信息。

（6）Action 负责完成具体的业务操作（如调用 DAO 操作），并根据操作的结果通过 ActionMapping 进行跳转，ActionMapping 的 findForward()方法返回一个 ActionForward 对象以完成跳转。

以上的工作原理可以使用图 15-8 进行表示。

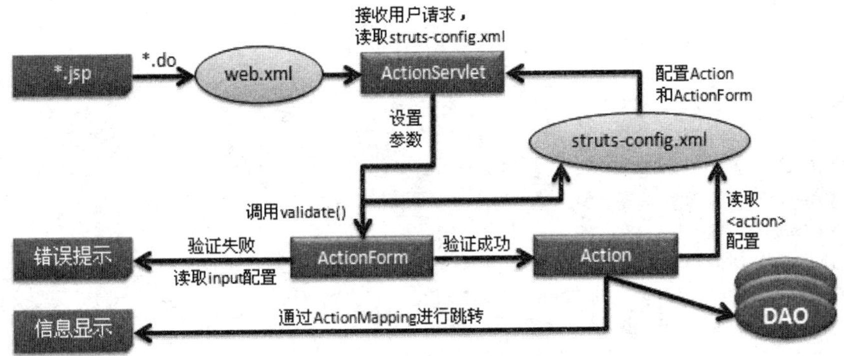

图 15-8　Struts 工作原理

可以发现，在 Struts 中最主要的有 5 种类。

☑ ActionServlet：处理用户请求的 Servlet，并根据请求加载对应的 Action。

☑ ActionErrors、ActionMessages、ActionMessage：保存所有错误信息，可以通过<html:errors>标签进行输出。

☑ ActionForm：接收所有请求参数，并执行请求参数的验证。

☑ ActionMapping：通过此类的 findForward()方法找到 struts-config.xml 文件中配置的跳转路径（<forward>）。

☑ ActionForward：执行 Action 跳转的操作类，通过 ActionMapping 类的 findForward()方法实例化。

15.5　深入 Struts 应用

掌握了第一个 Struts 程序实际上整个 Struts 的核心就已经掌握了，再结合之前的 MVC 程序的实现思路完全可以上手进行开发，但是在此处有必要对错误显示进行深入的说明。

在正常情况下，如果一个 ActionForm 中的 validate()方法返回了错误信息，则肯定要跳转到 input 属性所指定的路径，并通过<html:errors/>标签进行全部错误的显示。在 Action 中也可以通过 ActionMappings 类中的 getInputForward()方法手工跳转到错误页，但是在跳转之前需要使用 Action 类提供的 saveErrors()（或 saveMessages()）方法进行错误的保存。

之前的程序中用户输入哪些信息，则显示哪些信息，但是现在要求有一些变更，如果用户输入的信息超过了 15 个字符长度，则显示“您输入的数据过长，请重新输入！”的信息。

【例 15.9】 修改资源文件——ApplicationResource.properties

```
# 输入的信息不能为空!
error.info = \u8f93\u5165\u7684\u4fe1\u606f\u4e0d\u80fd\u4e3a\u7a7a\uff01
# 您输入的数据过长，请重新输入!
msg.info = \u60a8\u8f93\u5165\u7684\u6570\u636e\u8fc7\u957f
\uff0c\u8bf7\u91cd\u65b0\u8f93\u5165\uff01
```

【例 15.10】 修改 HelloAction.java，增加判断

```
package org.lxh.struts.action;
import javax.servlet.http.HttpServletRequest;
import javax.servlet.http.HttpServletResponse;
import org.apache.struts.action.Action;
import org.apache.struts.action.ActionForm;
import org.apache.struts.action.ActionForward;
import org.apache.struts.action.ActionMapping;
import org.apache.struts.action.ActionMessage;
import org.apache.struts.action.ActionMessages;
import org.lxh.struts.form.HelloForm;
public class HelloAction extends Action {
	public ActionForward execute(ActionMapping mapping, ActionForm form,
			HttpServletRequest request, HttpServletResponse response) {
		HelloForm helloForm = (HelloForm) form;				// HelloForm 对象
		String info = helloForm.getInfo();					// 接收提交参数
		if (info.length() > 15) {						// 输入的内容过长
			ActionMessages errors = new ActionMessages();		// 定义错误集合
			errors.add("info", new ActionMessage("msg.info"));	// 增加一个新的错误
			super.saveMessages(request, errors);			// 保存错误
			return mapping.getInputForward();				// 跳转到 input 指定页面
		} else {
			request.setAttribute("msg", info);				// 设置属性范围
		}
		return mapping.findForward("show");				// 进行页面跳转
	}
}
```

本程序使用 saveMessages()方法保存数据，所以前台输出时将使用<html:messages>标签输出全部的错误信息。但是需要提醒读者的是，此处也可以使用 saveErrors()方法存储所有的错误信息，输出错误时，只需要使用<html:errors>标签即可。

说明

提问：saveErrors()和 saveMessages()方法有什么区别？

在 Action 中提供了两个保存错误对象的方法，即 saveErrors()和 saveMessages()，这两个方法有什么区别，在实际中该使用哪个？

回答：两种方式均可以使用，但是 saveErrors()已经过时了。

这两种方法分别对应着两组不同的错误处理。

☑　saveErrors()：ActionErrors 和 ActionError（已经替换成 ActionMessage）。

☑　saveMessages()：ActionMessages 和 ActionMessage。

ActionErrors 是 Struts 1.0 时就已经推出的，但是 ActionMessages 是 Struts 1.1 时增加的，并且成为了 ActionErrors 的父类，如下所示：

```
public class ActionErrors extends ActionMessages implements Serializable
```

现在 ActionErrors 类不建议使用，一般 saveErrors()方法用于保存 ActionErrors 或 ActionMessages 的错误信息，而 saveMessages()方法用于保存 ActionMessages 的错误信息。而且随着 Struts 技术的发展，saveErrors()方法也已经不再建议使用。此外，两者在标签的支持上也有区别。

（1）ActionErrors 的错误信息一般使用<html:errors>标签输出，例如：

```
<html:errors/>
```

或指定要输出的 key（当调用 add()方法时设置的 key）

```
<html:errors property="info"/>
```

（2）ActionMessages 的错误信息一般使用<html:messages>标签输出，例如：

```
<html:messages id="info" message="true">
    ${info}
</html:messages>
```

使用<html:meesages>标签可以使输出的信息更加清晰，但是相比较<html:errors>标签来讲，输出会麻烦许多。如果开发中没有严格要求，用户可以自己决定使用何种方式。

【例 15.11】　修改 hello.jsp

```
<%@ page language="java" pageEncoding="GBK"%>
<%@ taglib uri="http://www.mldn.cn/struts/bean" prefix="bean"%>
<%@ taglib uri="http://www.mldn.cn/struts/html" prefix="html"%>
<%@ taglib uri="http://www.mldn.cn/struts/logic" prefix="logic"%>
<html:html lang="true">
<head>
```

```
        <title>www.mldnjava.cn，MLDN 高端 Java 培训</title>
</head>
<body>
        <html:messages id="info" message="true">
                ${info}
        </html:messages>
        <html:errors/>
        <logic:present name="msg" scope="request">
                <h2>${msg}</h2>
        </logic:present>
        <html:form action="/ch15/hello.do" method="post">
                请输入信息：<html:text property="info"></html:text>
                <html:submit value="显示"></html:submit>
        </html:form>
</body>
</html:html>
```

在 hello.jsp 页面中使用<html:messages>标签输出了保存的错误信息，程序的运行结果如图 15-9 所示。

（a）输入数据过长

（b）错误提示

图 15-9　设置参数过长

提示

可以在登录中使用此类程序。

登录时为了防止机器人程序破解，一般都要通过验证码进行操作，此时验证码的判断属于业务处理，应该交给 Action 完成，而一旦出现错误之后，即可通过此方式进行错误信息的显示。

15.6　本 章 摘 要

1．Struts 是 MVC 框架的一种实现，通过 Struts 的 ActionForm 可以完成数据的验证，通过 Action 可以完成与 Servlet 一样的功能。

2．Struts 的所有请求都是通过*.do 的路径提交到相应的 Action 上去的，所有的 Action

都需要在 struts-config.xml 文件中进行配置。

3．在 Struts 中所有的资源信息都是通过 ApplicationResource.properties 文件进行配置的。

15.7　开发实战练习（基于 Oracle 数据库）

使用 Struts 修改登录及注册程序。程序使用的 member 表的结构如表 15-7 所示。

表 15-7　member 表的结构

member	No.	列 名 称	描　　述
mid VARCHAR2(50) <pk>	1	mid	用户登录 id
password VARCHAR2(32)	2	password	用户登录密码
name VARCHAR2(30)	3	name	真实姓名
address VARCHAR2(200)	4	address	用户的住址
telephone VARCHAR2(100)	5	telephone	联系电话
zipcode VARCHAR2(6)	6	zipcode	邮政编码
lastdate DATE	7	lastdate	最后一次登录时间
lockflag NUMBER	8	lockflag	用户锁定标记，活动：lockflag=0，锁定：lockflag=1

数据库创建脚本：

```
-- 删除 member 表
DROP TABLE member ;
-- 清空回收站
PURGE RECYCLEBIN ;
-- 创建表
CREATE TABLE member(
	mid		VARCHAR2(50)		PRIMARY KEY ,
	password	VARCHAR2(32)		NOT NULL ,
	name		VARCHAR2(30)		NOT NULL ,
	address		VARCHAR2(200)		NOT NULL ,
	telephone	VARCHAR2(100)		NOT NULL ,
	zipcode		VARCHAR2(6)		NOT NULL ,
	lastdate	DATE			DEFAULT sysdate
) ;
-- 插入测试数据
INSERT INTO member(mid,password,name,address,telephone,zipcode) VALUES
	('admin','21232F297A57A5A743894A0E4A801FC3','管理员','北京魔乐科技软件学院（www.MLDNJAVA.cn）','01051283346','100088') ;
INSERT INTO member(mid,password,name,address,telephone,zipcode) VALUES
	('guest','084E0343A0486FF05530DF6C705C8BB4','游客','北京魔乐科技软件学院（www.MLDNJAVA.cn）','01051283346','100088') ;
```

```
INSERT INTO member(mid,password,name,address,telephone,zipcode) VALUES
    ('lixinghua','BF13B866C3FA6751004A4ED599FAFC49','李兴华','北京魔乐科技软件学院
（www.MLDNJAVA.cn）','01051283346','100088') ;
-- 事务提交
COMMIT ;
```

程序开发要求如下：

使用 Struts 完成开发，所有的验证信息要求通过 ActionForm 进行验证，如果登录成功，则设置一个 session，保存 mid。

第 16 章　Struts 常用标签库

通过本章的学习可以达到以下的目标：

☑　理解 Bean 标签的作用。

☑　理解 Logic 标签的作用。

☑　理解 Html 标签的作用。

在 Struts 中为了方便用户的开发依然提供了很多成型的标签库（如第 15 章中使用的 <logic:present>等），通过这些标签库可以使页面的开发更加容易，避免过多的 Scriptlet 代码。

提问：使用哪种标签库？

之前学习过了 JSTL 标签库，现在又有了 Struts 标签库，那么在开发中到底该使用哪种标签库呢？

回答：根据具体情况选择。

首先读者必须明白一点，无论是哪种标签库实际上都是与 4 种属性范围有关的操作，所以 JSTL 和 Struts 标签库是完全可以混合使用的。但是一般这种情况出现较少，因为 Struts 标签库也已经具备了完全的功能，直接使用即可，一般在不使用 Web 框架（Struts 就是一个 Web 框架）时都会使用 JSTL。

16.1　Struts 标签库简介

在 Struts 中一共提供了 4 种标签库，如表 16-1 所示。

表 16-1　Struts 标签库

No.	标　签　库	描　　述
1	Bean 标签	管理 JSP 页面中的 Bean 操作
2	Logic 标签	完成各种逻辑控制操作
3	Html 标签	显示标签，主要是生成 HTML 标记
4	TILES 标签	使用动态模板构造显示页面
5	NESTED	使用嵌套标签进行复杂的页面显示

这些标签在使用时直接通过<%@taglib%>指定即可，如下所示：

```
<%@ taglib uri="http://www.mldn.cn/struts/bean" prefix="bean"%>
<%@ taglib uri="http://www.mldn.cn/struts/html" prefix="html"%>
<%@ taglib uri="http://www.mldn.cn/struts/logic" prefix="logic"%>
```

另外，需要提醒读者的是，由于 Struts 中的标签较多，所以本章还是以讲解核心标签库（Bean、Html、Logic）为主。

16.2 Bean 标签

Bean 标签库的主要作用是定义和访问 JavaBean，在 Struts 中提供了多种标签用于处理 JavaBean，这些标签都定义在 struts-bean.tld 文件中。

16.2.1 <bean:define>标签

<bean:define>标签的主要功能是定义新的 JavaBean 对象或复制现有的 JavaBean 对象，语法如下：

【语法 16-1 <bean:define>标签——没有标签体】

```
<bean:define id="Bean 的名称" [type="定义类型"] value="设置的内容" [name="要访问的 Bean 名称"] [property="Bean 中的属性"] [scope="[page | request | session | application]"] [toScope="[page | request | session | application]"]/>
```

【语法 16-2 <bean:define>标签——有标签体】

```
<bean:define id="Bean 的名称" [type="定义类型"] [name="要访问的 Bean 名称"] [property="Bean 中的属性"] [scope="[page | request | session | application]"] [toScope="[page | request | session | application]"]>
      设置的内容
</bean:define>
```

本标签的各属性作用如表 16-2 所示。

表 16-2 <bean:define>标签的属性

No.	属性名称	EL 支持	描 述
1	id	×	定义 Bean 的名称
2	type	×	定义 Bean 的类型，默认是 Object
3	value	√	Bean 设置的内容
4	name	√	要复制的 Bean 名称
5	property	×	要复制的 Bean 中的属性
6	scope	√	定义新的 Bean 的保存范围，默认为 page 范围
7	toScope	√	要复制的 Bean 的范围，默认为 page 范围

【例 16.1】　定义新的 Bean——bean_define.jsp

```
<%@ page language="java" pageEncoding="GBK"%>
<%@ taglib uri="http://www.mldn.cn/struts/bean" prefix="bean"%>
<%@ taglib uri="http://www.mldn.cn/struts/html" prefix="html"%>
<%@ taglib uri="http://www.mldn.cn/struts/logic" prefix="logic"%>
<html:html lang="true">
<head>
	<title>www.mldnjava.cn，MLDN 高端 Java 培训</title>
</head>
<body>
	<bean:define id="info" scope="page">
		Hello MLDN!!!
	</bean:define>
	<bean:define id="teacher" value="李兴华"/>
	<h3>定义内容：${info}</h3>
	<h3>老师：${pageScope.teacher}</h3>
</body>
</html:html>
```

本程序使用<bean:define>标签分别定义了 info 和 teacher 两个 page 范围的属性，之后采用 EL 进行输出。程序的运行结果如图 16-1 所示。

图 16-1　<bean:define>定义

此外，使用<bean:define>标签还可以复制已有的 Bean 对象中的内容，如下所示：

【例 16.2】　定义一个 JavaBean——CopyBean.java

```
package org.lxh.struts.vo;
public class CopyBean {
	private String msg ;
	public String getMsg() {
		return msg;
	}
	public void setMsg(String msg) {
		this.msg = msg;
	}
}
```

【例 16.3】　在 JSP 中定义并复制此 JavaBean——bean_copy.jsp

```
<%@ page language="java" pageEncoding="GBK"%>
<%@ taglib uri="http://www.mldn.cn/struts/bean" prefix="bean"%>
```

```
<%@ taglib uri="http://www.mldn.cn/struts/html" prefix="html"%>
<%@ taglib uri="http://www.mldn.cn/struts/logic" prefix="logic"%>
<html:html lang="true">
<head>
    <title>www.mldnjava.cn，MLDN 高端 Java 培训</title>
</head>
<body>
    <jsp:useBean id="copybean" class="org.lxh.struts.vo.CopyBean" scope="page"/>
    <jsp:setProperty name="copybean" property="msg" value="Hello MLDN"/>
    <bean:define id="info" name="copybean" property="msg"/>
    <h3>拷贝 Bean：${info}</h3>
</body>
</html:html>
```

本程序首先使用<jsp:useBean>标签定义了一个 copybean 的 JavaBean 对象，之后采用<jsp:setProperty>标签设置了 copybean 中的 msg 属性的内容，最后使用<bean:define>标签将此 JavaBean 中的 msg 属性复制到 info 中。程序的运行结果如图 16-2 所示。

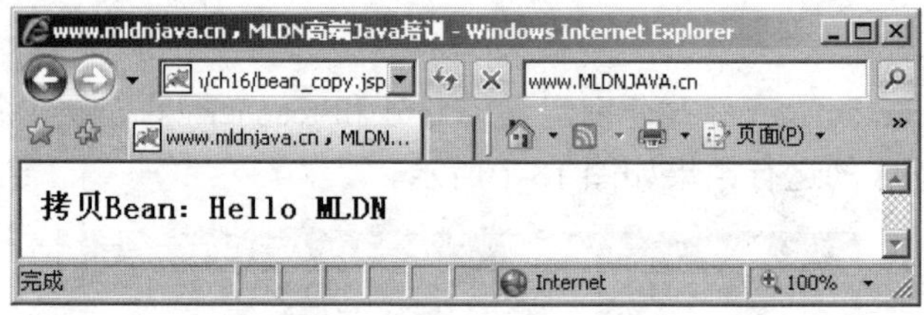

图 16-2　复制 Bean 属性

提示

注意 Struts 标签的规律。

读者可以发现 Struts 标签与 JSP 中的 useBean 标签在属性名称的定义上有以下作用是一样的。

☑ id：表示的是一个保存在属性范围中的 Bean 对象名称。

☑ name：访问定义的 Bean 对象，一般访问的就是 id 定义的。

☑ property：表示 Bean 中的属性。

☑ scope：Bean 的属性范围。

读者只要掌握了这 4 个属性的作用，那么大部分 Struts 标签就都可以方便使用了。

16.2.2 <bean:size>标签

<bean:size>标签的主要作用是获得数组、Collection、Map 的长度，语法如下：

【语法 16-3　<bean:size>标签——没有标签体】

```
<bean:size id="保存长度的属性名称" name="集合名称" [property="属性"] [scope="[page | request | session | application]"]>
```

本标签的各属性作用如表 16-3 所示。

表 16-3　<bean:size>标签的属性

No.	属 性 名 称	EL 支持	描　　述
1	id	×	定义 Bean 的名称
2	name	√	要访问的 Bean 名称
3	property	√	要访问的 Bean 中的属性
4	scope	√	Bean 的保存范围，默认为 page 范围

【例 16.4】 计算集合长度——bean_size.jsp

```
<%@ page language="java" pageEncoding="GBK"%>
<%@ taglib uri="http://www.mldn.cn/struts/bean" prefix="bean"%>
<%@ taglib uri="http://www.mldn.cn/struts/html" prefix="html"%>
<%@ taglib uri="http://www.mldn.cn/struts/logic" prefix="logic"%>
<html:html lang="true">
<head>
	<title>www.mldnjava.cn，MLDN 高端 Java 培训</title>
</head>
<body>
	<%
		java.util.List all = new java.util.ArrayList() ;		// 定义集合对象
		all.add("Hello") ;					// 增加内容
		all.add("MLDN") ;					// 增加内容
		all.add("李兴华") ;					// 增加内容
		pageContext.setAttribute("alllist",all) ;		// 向 page 范围中保存属性
	%>
	<bean:size id="len" name="alllist" scope="page"/>
	<h3>集合的长度是：${len}</h3>
</body>
</html:html>
```

本程序在 page 属性范围中设置了一个集合，之后使用<bean:size>标签将集合的长度取出并保存在 len 属性中。程序的运行结果如图 16-3 所示。

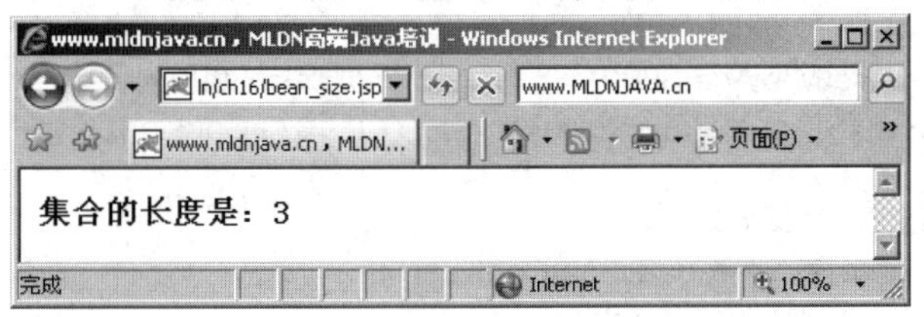

图 16-3　取得集合长度

16.2.3　资源访问标签

Struts 的标签可以访问多种资源，如 Cookie、HTTP 头信息、请求参数等，这些标签的

语法如下：

【语法 16-4 <bean:cookie>标签——没有标签体】

```
<bean:cookie id="属性名称" name="创建的 Cookie 名称" value="Cookie 的内容" [multiple="保存多个 Cookie"]/>
```

【语法 16-5 <bean:header>标签——没有标签体】

```
<bean:header id="属性名称" name="创建的头信息名称" value="头信息的内容" [multiple="保存多个头信息"]/>
```

【语法 16-6 <bean:parameter>标签——没有标签体】

```
<bean:parameter id="属性名称" name="参数名称" value="参数的内容" [multiple="保存多个参数"]/>
```

以上 3 个标签的各属性作用如表 16-4 所示。

表 16-4 <bean:cookie>、<bean:header>和<bean:parameter>标签的属性

No.	属 性 名 称	EL 支持	描　　述
1	id	×	定义 Bean 的名称
2	name	√	要设置的 cookie、header、parameter 的名称
3	value	√	要设置的 cookie、header、parameter 的内容
4	multiple	√	如果设置了此属性，则表示将存放一组的 cookie、header 或 parameter

【例 16.5】 设置 Cookie——cookie.jsp

```
<%@ page language="java" pageEncoding="GBK"%>
<%@ taglib uri="http://www.mldn.cn/struts/bean" prefix="bean"%>
<%@ taglib uri="http://www.mldn.cn/struts/html" prefix="html"%>
<%@ taglib uri="http://www.mldn.cn/struts/logic" prefix="logic"%>
<html:html lang="true">
<head>
    <title>www.mldnjava.cn，MLDN 高端 Java 培训</title>
</head>
<body>
    <bean:cookie id="mycookie" name="username" value="MLDN"/>
    <%
        mycookie.setMaxAge(3000) ;                    // 保存 3000 秒
        response.addCookie(mycookie) ;               // 增加 Cookie
    %>
    <%  // 取得全部 Cookie
        Cookie cookies[] = request.getCookies() ;
        for(int x=0;x<cookies.length;x++){
    %>
            <h3><%=cookies[x].getName()%> --> <%=cookies[x].getValue()%></h3>
    <%
        }
    %>
</body>
</html:html>
```

本程序首先使用<bean:cookie>标签定义了一个 Cookie，之后通过 response 将此 Cookie 加入到了客户端，并通过 request 内置对象取出全部的 Cookie 进行显示。程序的运行结果如图 16-4 所示。

【例 16.6】 设置头信息——header.jsp

```
<%@ page language="java" pageEncoding="GBK"%>
<%@ taglib uri="http://www.mldn.cn/struts/bean" prefix="bean"%>
<%@ taglib uri="http://www.mldn.cn/struts/html" prefix="html"%>
<%@ taglib uri="http://www.mldn.cn/struts/logic" prefix="logic"%>
<html:html lang="true">
<head>
    <title>www.mldnjava.cn，MLDN 高端 Java 培训</title>
</head>
<body>
    <bean:header id="myheader" name="Accept-Language"/>
    <h3>Accept-Language 头信息的内容：${myheader}</h3>
</body>
</html:html>
```

本程序通过<bean:header>标签取得了 Accept-Language 头信息的内容，并将其保存在 myheader 属性之后进行输出。程序的运行结果如图 16-5 所示。

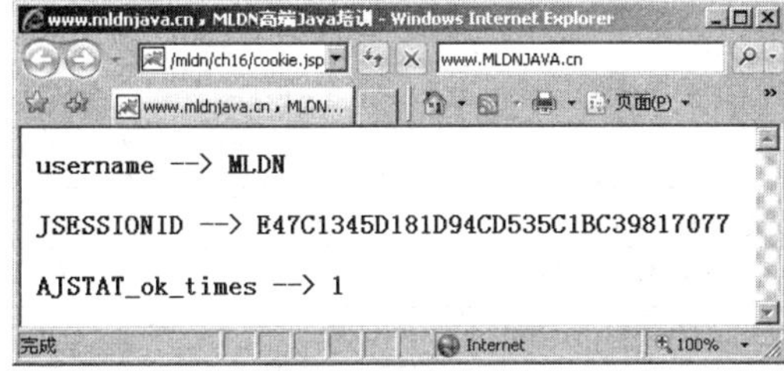

图 16-4　设置 Cookie

图 16-5　取得头信息

【例 16.7】 设置参数——parameter.jsp

```
<%@ page language="java" pageEncoding="GBK"%>
<%@ taglib uri="http://www.mldn.cn/struts/bean" prefix="bean"%>
<%@ taglib uri="http://www.mldn.cn/struts/html" prefix="html"%>
<%@ taglib uri="http://www.mldn.cn/struts/logic" prefix="logic"%>
<html:html lang="true">
<head>
    <title>www.mldnjava.cn，MLDN 高端 Java 培训</title>
</head>
<body>
    <bean:parameter id="myparam" name="msg"/>
    <h3>myheader 的内容：${myparam}</h3>
</body>
</html:html>
```

本程序通过<bean:parameter>标签接收了请求参数 msg，并将参数的内容保存在 myparam

的属性中，在地址栏中采用地址重写的方式设置参数“http://localhost/mldn/ch16/parameter.jsp?**msg=hellomldn**”。程序的运行结果如图 16-6 所示。

图 16-6　接收请求参数

16.2.4　<bean:write>标签

<bean:write>标签与<jsp:getProperty>标签的功能类似，主要是用于输出 Bean 的内容，语法如下：

【语法 16-7　<bean:write>标签——没有标签体】

```
<bean:write name="属性名称" [property="属性"] [scope="[page | request | session | application]"]
[ignore="[true | false]"] [filter="[true | false]"]/>
```

本标签的各属性作用如表 16-5 所示。

表 16-5　<bean:write>标签的属性

No.	属性名称	EL 支持	描　　述
1	id	×	定义 Bean 的名称
2	name	√	要复制的 Bean 名称
3	property	√	要复制的 Bean 中的属性
4	scope	√	Bean 的保存范围，默认为 page 范围
5	ignore	√	是否忽略错误，默认为 false
6	filter	√	将所有的标记替换成实体参照，默认为 true

【例 16.8】　使用<bean:write>输出——bean_write.jsp

```
<%@ page language="java" pageEncoding="GBK"%>
<%@ taglib uri="http://www.mldn.cn/struts/bean" prefix="bean"%>
<%@ taglib uri="http://www.mldn.cn/struts/html" prefix="html"%>
<%@ taglib uri="http://www.mldn.cn/struts/logic" prefix="logic"%>
<html:html lang="true">
<head>
    <title>www.mldnjava.cn，MLDN 高端 Java 培训</title>
</head>
<body>
    <bean:define id="info" scope="page">
        <h3>Hello MLDN!!!</h3>
    </bean:define>
```

```
        <bean:write name="info"/>
</body>
</html:html>
```

本程序直接使用<bean:write>输出了属性的内容，程序的运行结果如图 16-7 所示。

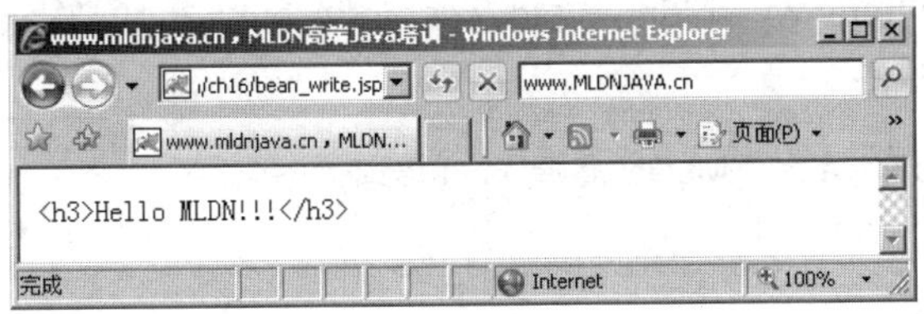

图 16-7　使用<bean:write>输出

提示

输出使用表达式语言更方便。

实际上在 JSP 2.0 之后 Struts 提供的<bean:write>标签的作用已经并不明显了，同样的功能使用表达式语言可以更加轻松地实现。包括 Struts 的 Bean 标签提供的操作 Cookie 的<bean:cookie>标签、操作头信息的<bean:header>标签以及操作参数的<bean:parameter>标签等，这些标签的功能与表达式语言中提供的操作功能是完全一样的，这里建议读者尽量使用表达式语言完成信息输出的操作。

16.2.5　<bean:include>标签

<bean:include>标签的作用是将一个资源包含到本页面中，语法如下：

【语法 16-8　<bean:include>标签——没有标签体】

```
<bean:include id="资源名称" [page="页面路径"] [forward="ActionForword"] [href="资源 URL"]/>
```

本标签的各属性作用如表 16-6 所示。

表 16-6　<bean:include>标签的属性

No.	属 性 名 称	EL 支持	描　述
1	id	×	保存资源的属性名称
2	page	√	一个内部资源的页面名称
3	forward	√	一个 ActionForward
4	href	√	要包含资源的完整 URL

【例 16.9】 定义被包含页面——ch16/content.jsp

```
<%@ page language="java" pageEncoding="GBK"%>
<h1>HELLO MLDN!!!</h1>
```

【例 16.10】 使用<bean:include>标签包含页面——include.jsp

```
<%@ page language="java" pageEncoding="GBK"%>
<%@ taglib uri="http://www.mldn.cn/struts/bean" prefix="bean"%>
<%@ taglib uri="http://www.mldn.cn/struts/html" prefix="html"%>
<%@ taglib uri="http://www.mldn.cn/struts/logic" prefix="logic"%>
<html:html lang="true">
<head>
    <title>www.mldnjava.cn，MLDN 高端 Java 培训</title>
</head>
<body>
    <bean:include id="inc" page="/ch16/content.jsp"/>
    ${inc}
</body>
</html:html>
```

本程序使用<bean:include>标签包含了 content.jsp 页面，所有包含的内容都保存在 inc 属性名称中，最后使用表达式语言输出了包含的内容。程序的运行结果如图 16-8 所示。

图 16-8 包含页面

提示

尽量使用<jsp:include>标签。

在 Struts 中提供了许多功能重复的标签，如<bean:include>，所以对于包含页面的操作，还是建议读者尽可能使用<jsp:include>标签完成。

16.2.6 <bean:resource>标签

使用<bean:resource>标签可以将需要的 Web 资源引入，语法如下：

【语法 16-9 <bean:resource>标签——没有标签体】

```
<bean:resource id="保存资源的名称" name="资源路径" [input="是否以 InputStream 形式保存"]/>
```

本标签的各属性作用如表 16-7 所示。

表 16-7　<bean:resource>标签的属性

No.	属 性 名 称	EL 支持	描　　述
1	id	×	保存资源的属性名称
2	name	√	资源路径
3	input	√	如果指定了此属性，则按照 InputStream 的方式进行处理

【例 16.11】 被包含页面——content.xml

```
<?xml version="1.0" encoding="GBK"?>
<book>
    <author>李兴华</author>
    <title>Java 开发实战经典</title>
</book>
```

【例 16.12】 使用<bean:resource>包含文件——resource.jsp

```
<%@ page language="java" pageEncoding="GBK"%>
<%@ taglib uri="http://www.mldn.cn/struts/bean" prefix="bean"%>
<%@ taglib uri="http://www.mldn.cn/struts/html" prefix="html"%>
<%@ taglib uri="http://www.mldn.cn/struts/logic" prefix="logic"%>
<html:html lang="true">
<head>
    <title>www.midnjava.cn，MLDN 高端 Java 培训</title>
</head>
<body>
    <bean:resource id="source" name="/ch16/content.xml"/>
    <bean:write name="source"/>
</body>
</html:html>
```

本程序使用<bean:resource>读取了 content.xml 资源，之后使用<bean:write>输出信息。程序的运行结果如图 16-9 所示。

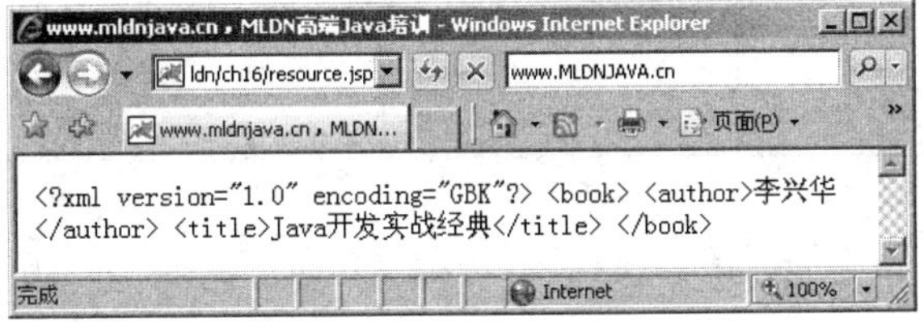

图 16-9　导入资源

16.2.7　国际化与<bean:message>标签

Struts 本身就支持国际化程序的开发操作，用户只需要根据区域的不同配置不同语言的资源文件（资源文件是通过 struts-config.xml 指定的，此处为 ApplicationResource. properties），即可显示不同的区域。

提示

简化的国际化显示操作。

在《Java 开发实战经典》一书的第 11 章曾经讲解过，如果纯粹地由用户实现国际化操作，肯定需要使用 Local 和 ResourceBundle 两个类来完成，但是在 Struts 中已经不用这么复杂，直接配置资源文件和<bean:message>标签即可完成操作。

【例 16.13】 定义中文资源文件——ApplicationResource_zh_CN.properties

```
# {0}您好，欢迎{1}的光临！
hello.info = <h3>{0}\u60a8\u597d\uff0c\u6b22\u8fce{1}\u7684\u5149\u4e34\uff01</h3>
```

【例 16.14】 定义英文资源文件——ApplicationResource_en_US.properties

```
hello.info = <h3>{0}Hello,Welcome{1}!</h3>
```

读取资源文件需要使用<bean:message>标签，语法如下：

【语法 16-10　<bean:message>标签】

```
<bean:message [key="资源文件中的 key"] [locale="区域名称"] [bundle="存储资源对象的属性名称"]
[arg0="替换参数"] [arg1="替换参数"] [arg2="替换参数"] [arg3="替换参数"] [arg4="替换参数"]/>
```

本标签的各属性作用如表 16-8 所示。

表 16-8　<bean:message>标签的属性

No.	属性名称	EL 支持	描　述
1	key	√	读取资源文件的 key
2	locale	√	设置语言区域
3	bundle	√	存储资源对象的属性名称
4	arg0	√	替换参数 0
5	arg1	√	替换参数 1
6	arg2	√	替换参数 2
7	arg3	√	替换参数 3

【例 16.15】 使用<bean:message>读取资源文件——message.jsp

```
<%@ page language="java" pageEncoding="GBK"%>
<%@ taglib uri="http://www.mldn.cn/struts/bean" prefix="bean"%>
<%@ taglib uri="http://www.mldn.cn/struts/html" prefix="html"%>
<%@ taglib uri="http://www.mldn.cn/struts/logic" prefix="logic"%>
<html:html lang="true">
<head>
    <title>www.mldnjava.cn，MLDN 高端 Java 培训</title>
</head>
```

```
<body>
    <bean:message key="hello.info" arg0="MLDN " arg1="XingHuaLi"/>
</body>
</html:html>
```

本程序在不同的语言环境中，可以有不同的显示结果，如图 16-10 所示。

（a）中文语言环境

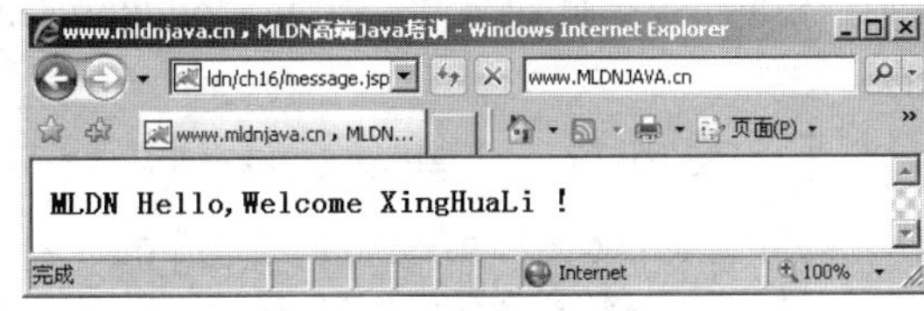

（b）英文语言环境

图 16-10　读取资源文件

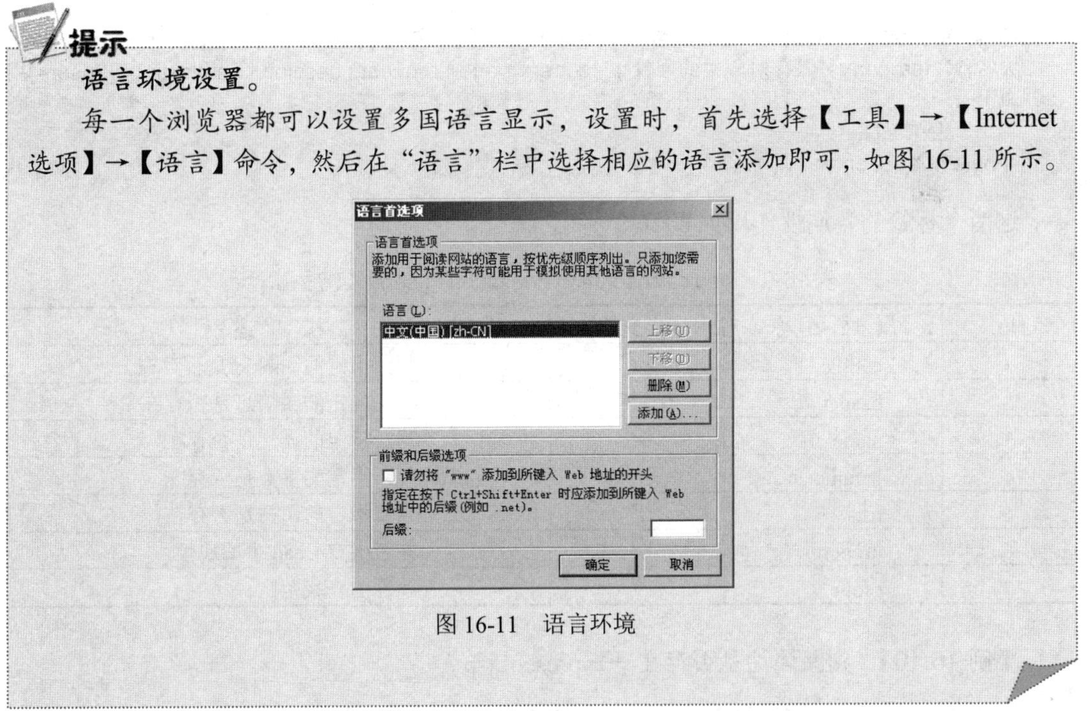

提示

语言环境设置。

每一个浏览器都可以设置多国语言显示，设置时，首先选择【工具】→【Internet 选项】→【语言】命令，然后在“语言”栏中选择相应的语言添加即可，如图 16-11 所示。

图 16-11　语言环境

16.3　Logic 标签

Logic 标签的主要作用是进行各种逻辑处理，如执行分支语句、迭代、比较等操作，所有的 Logic 标签都定义在 struts-logic.tld 文件中。

16.3.1 <logic:present>和<logic:notPresent>标签

在一个 JSP 页面中经常要判断很多的数据是否存在，如属性是否存在、传递的参数是否存在等，那么此时就可以通过<logic:present>和<logic:notPresent>标签完成，这两个标签的语法如下：

【语法 16-11 <logic:present>标签——判断存在**】**

```
<logc:present [cookie="cookie 名称"] [header="头信息名称"] [name="属性名称"] [parameter="参数名称"] [property="保存对象中的属性"] [scope="[page | request | session | application]"] [user="用户"]>
    标签体内容
</logic:present>
```

【语法 16-12 <logic:notPresent>标签——判断不存在**】**

```
<logc:notPresent [cookie="cookie 名称"] [header="头信息名称"] [name="属性名称"] [parameter="参数名称"] [property="保存对象中的属性"] [scope="[page | request | session | application]"] [user="用户"]>
    标签体内容
</logic:notPresent>
```

这两个标签的各属性作用如表 16-9 所示。

表 16-9 <logic:present>和<logic:notPresent>标签的属性

No.	属 性 名 称	EL 支持	描 述
1	cookie	√	判断指定的 cookie 是否存在
2	header	√	判断指定的头信息是否存在
3	name	√	判断指定的属性是否存在
4	parameter	√	判断指定的参数是否存在
5	user	√	判断指定的用户是否存在
6	property	√	判断指定 Bean 中的属性
7	scope	√	属性的查找范围

【例 16.16】 判断属性是否存在——present.jsp

```
<%@ page language="java" pageEncoding="GBK"%>
<%@ taglib uri="http://www.mldn.cn/struts/bean" prefix="bean"%>
<%@ taglib uri="http://www.mldn.cn/struts/html" prefix="html"%>
<%@ taglib uri="http://www.mldn.cn/struts/logic" prefix="logic"%>
<html:html lang="true">
<head>
    <title>www.mldnjava.cn，MLDN 高端 Java 培训</title>
</head>
<body>
    <%  // 设置一个 request 范围的属性
        request.setAttribute("author","李兴华") ;
    %>
```

```
        <logic:present name="author" scope="request">        <!-- 判断属性是否存在 -->
            <h3>author 属性存在，内容是：${author}</h3>
        </logic:present>
        <logic:notPresent name="url" scope="request">        <!-- 判断属性是否存在 -->
            <h3>url 属性不存在！</h3>
        </logic:notPresent>
</body>
</html:html>
```

本程序首先设置了一个 request 属性范围，之后使用<logic:present>和<logic:notPresent>两个标签判断是否有属性存在。如果存在，则输出属性的内容；如果不存在，则输出属性不存在的信息。程序的运行效果如图 16-12 所示。

图 16-12 判断属性是否存在

提示

在以后接收属性输出时都要判断。

在本书讲解 MVC 时曾经明确地要求过，JSP 中的代码最好只包含接收内容、判断、输出等操作，所以，在以后进行内容输出时，建议先使用<logic:present>判断，确定有属性存在了之后再进行输出。

16.3.2 <logic:empty>和<logic:notEmpty>标签

在 logic 标签库中，可以通过<logic:empty>和<logic:notEmpty>标签判断一个属性是否为 null，或者判断一个集合的长度是否为 0，这两个标签的语法如下：

【语法 16-13 <logic:empty>标签——判断存在】

```
<logc:empty  [name="属性名称"] [property="保存对象中的属性"] [scope="[page | request | session
| application]"]>
    标签体内容
</logic:empty>
```

【语法 16-14 <logic:notEmpty>标签——判断不存在】

```
<logc:notEmpty  [name="属性名称"] [property="保存对象中的属性"] [scope="[page | request |
session | application]"] >
    标签体内容
</logic:notEmpty>
```

这两个标签的各属性作用如表 16-10 所示。

表 16-10　<logic:empty>和<logic:notEmpty>标签的属性

No.	属 性 名 称	EL 支持	描　述
1	name	√	判断的属性名称
2	property	√	判断 Bean 中的指定属性
3	scope	√	属性的保存范围

【例 16.17】 判断内容是否为空——empty.jsp

```
<%@ page language="java" pageEncoding="GBK"%>
<%@ page import="java.util.*"%>
<%@ taglib uri="http://www.mldn.cn/struts/bean" prefix="bean"%>
<%@ taglib uri="http://www.mldn.cn/struts/html" prefix="html"%>
<%@ taglib uri="http://www.mldn.cn/struts/logic" prefix="logic"%>
<html:html lang="true">
<head>
	<title>www.mldnjava.cn，MLDN 高端 Java 培训</title>
</head>
<body>
	<%	// 设置一个 request 范围的属性
		List<String> all = new ArrayList<String>() ;		// 定义集合，里面不设置内容
		request.setAttribute("all",all) ;
	%>
	<logic:empty name="all" scope="request">			<!-- 判断属性是否为空 -->
		<h3>集合的内容为空（长度为 0）！</h3>
	</logic:empty>
	<logic:empty name="author" scope="request">		<!-- 判断属性是否为空 -->
		<h3>没有发现 author 属性！</h3>
	</logic:empty>
</body>
</html:html>
```

本程序首先将一个没有内容的集合保存在了 request 属性范围中，之后通过<logic:empty>和<logic:notEmpty>标签进行判断。程序的运行结果如图 16-13 所示。

图 16-13　程序运行结果

16.3.3　关系运算标签

在关系运算符中可以进行大小的比较，而在 Struts 中也专门提供了进行关系比较的各种

标签，可用于比较常数、cookie、头信息、Bean 等，如表 16-11 所示为关系运算标签。

表 16-11　关系运算标签

No.	关系运算标签	描　　述
1	<equal>	判断是否相等
2	<notEqual>	判断是否不等
3	<greaterEqual>	判断大于等于
4	<lessEqual>	判断小于等于
5	<lessThan>	判断小于
6	<greaterThan>	判断大于

其标签属性作用如表 16-12 所示。

表 16-12　关系运算标签的属性

No.	属 性 名 称	EL 支持	描　　述
1	cookie	√	比较 cookie 内容
2	header	√	比较头信息内容
3	name	√	比较属性内容
4	parameter	√	比较参数
5	property	√	比较指定 Bean 中的属性
6	scope	√	属性的查找范围
7	value	√	要比较的具体内容

【例 16.18】 关系运算标签的使用——rel.jsp

```
<%@ page language="java" pageEncoding="GBK"%>
<%@ taglib uri="http://www.mldn.cn/struts/bean" prefix="bean"%>
<%@ taglib uri="http://www.mldn.cn/struts/html" prefix="html"%>
<%@ taglib uri="http://www.mldn.cn/struts/logic" prefix="logic"%>
<html:html lang="true">
<head>
    <title>www.mldnjava.cn，MLDN 高端 Java 培训</title>
</head>
<body>
    <%  // 设置两个 request 范围的属性
        request.setAttribute("author","李兴华") ;
        request.setAttribute("num",30) ;
    %>
    <logic:equal name="author" value="李兴华" scope="request">
        equal 条件满足！<br>
    </logic:equal>
    <logic:notEqual name="author" value="MLDN" scope="request">
        notEqual 条件满足！<br>
    </logic:notEqual>
    <logic:lessThan name="num" value="50" scope="request">
        数字小于 50！<br>
```

```
    </logic:lessThan>
    <logic:greaterThan name="num" value="20" scope="request">
        数字大于 20！<br>
    </logic:greaterThan>
    <logic:lessEqual name="num" value="30" scope="request">
        数字小于等于 30！<br>
    </logic:lessEqual>
    <logic:greaterThan name="num" value="30" scope="request">
        数字大于等于 30！<br>
    </logic:greaterThan>
</body>
</html:html>
```

本程序使用关系运算符进行了属性内容的大小判断，程序的运行结果如图 16-14 所示。

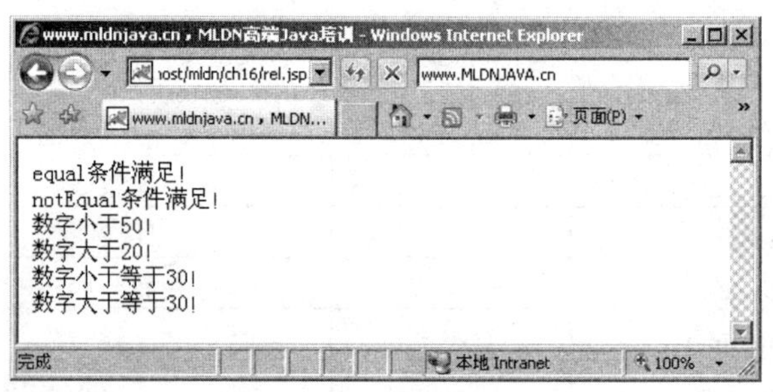

图 16-14　关系运算符

16.3.4　<logic:iterate>标签

迭代输出是 JSP 中的主要功能，在 Struts 中也专门为此功能提供了<logic:iterate>标签，可用于输出对象数组、Collection 集合、Map 集合等，此标签的语法如下：

【语法 16-15　<logic:iterate>标签】

```
<logic:iterate [collection="集合对象"] [id="集合里的每个对象"] [indexId="集合索引"] [length="循环次数"]
    [name="属性名称"] [scope=[page | request | session | application]] [offset="集合开始下标"]
    [property="Bean 中的属性"] [type="BEAN 的类型"]>
    标签体
</logic:iterate>
```

本标签的各属性作用如表 16-13 所示。

表 16-13　< logic:iterate>标签的属性

No.	属 性 名 称	EL 支持	描　述
1	collection	√	直接设置一个集合对象
2	id	×	表示集合中的每一个元素
3	indexId	×	索引编号
4	length	√	循环次数

续表

No.	属性名称	EL 支持	描　述
5	name	√	属性的名称
6	scope	√	属性的保存范围
7	offset	√	输出的开始下标
8	property	√	Bean 中的属性
9	type	√	集合中元素的类型

【例 16.19】 输出集合对象——iterate.jsp

```
<%@ page language="java" pageEncoding="GBK"%>
<%@ page import="java.util.*"%>
<%@ taglib uri="http://www.mldn.cn/struts/bean" prefix="bean"%>
<%@ taglib uri="http://www.mldn.cn/struts/html" prefix="html"%>
<%@ taglib uri="http://www.mldn.cn/struts/logic" prefix="logic"%>
<html:html lang="true">
<head>
    <title>www.mldnjava.cn，MLDN 高端 Java 培训</title>
</head>
<body>
    <%  // 在 request 属性范围中设置一个对象数组
        String allArr[] = {"www.MLDN.cn","www.MLDNJAVA.cn","www.JIANGKER.com"} ;
        request.setAttribute("allArr",allArr) ;
    %>
    <h3>输出对象数组</h3><ol>
    <logic:iterate id="arr" name="allArr" scope="request">
        <li>网站：${arr}</li>
    </logic:iterate></ol>
    <%  // 在 request 属性范围中设置一个 List 集合
        List<String> allList = new ArrayList<String>() ;
        allList.add("www.MLDN.cn") ;
        allList.add("www.MLDNJAVA.cn") ;
        allList.add("www.JIANGKER.com") ;
        request.setAttribute("allList",allList) ;
    %>
    <h3>输出 List 集合</h3><ol>
    <logic:iterate id="list" name="allList" scope="request">
        <li>网站：${list}</li>
    </logic:iterate></ol>
    <%  // 在 request 属性范围中设置一个 Map 集合
        Map<String,String> allMap = new HashMap<String,String>() ;
        allMap.put("url1","www.MLDN.cn") ;
        allMap.put("url2","www.MLDNJAVA.cn") ;
        allMap.put("url3","www.JIANGKER.com") ;
        request.setAttribute("allMap",allMap) ;
    %>
    <h3>输出 Map 集合</h3><ol>
    <logic:iterate id="map" name="allMap" scope="request">
```

```
        <li>${map.key} --> ${map.value}</li>
    </logic:iterate></ol>
</body>
</html:html>
```

本程序分别向 request 范围中设置了对象数组、List 集合和 Map 集合，之后分别使用<logic:iterate>标签进行输出。程序的运行结果如图 16-15 所示。

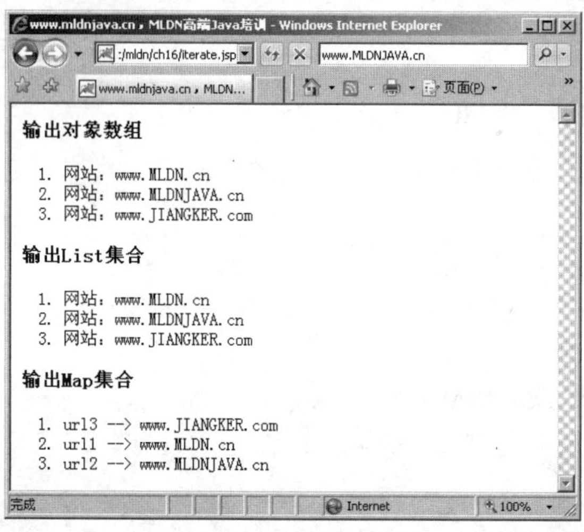

图 16-15　迭代输出

提示

输出 Map 集合时依靠的是 Map.Entry。

Map 中的所有数据都是通过 Map.Entry 对象保存的，要想进行 key 和 value 的分离依然需要使用 Map.Entry，在 Map.Entry 接口中定义了 getKey()和 getValue()两个方法，所以，此处输出的 key 和 value 属性实际上是通过反射调用了这两个方法完成的，如果不明白可以参考《Java 开发实战经典》一书的第 13 章。

在实际的开发中<logic:iterate>标签使用较多，读者应该作为重点掌握。

16.3.5　重定向标签：<logic:redirect>

使用<logic:redirect>标签可以完成页面的重定向操作，根据指定不同的属性，可以完成不同方式的重定向操作，还可以指定重定向页面的参数，此标签的语法如下：

【语法 16-16　<logic:redirect>标签语法】

```
<logic:redirect [forward="跳转的 ActionForward"] [href="资源的 URL"] [name="属性名称"] [page="相对路径"] [paramId="查询参数的名字"] [paramName="属性名称"] [paramProperty="Bean 属性的名称"] [paramScope="paramName 属性的查找范围"] [property="Bean 中的属性"] [scope=[page | request | session | application]]/>
```

本标签的各属性作用如表 16-14 所示。

表 16-14　<logic:redirect>标签的属性

No.	属 性 名 称	EL 支持	描　　述
1	forward	√	配置在 struts-config 中的 ActionForward
2	href	√	一个访问资源的完整 URL
3	name	√	属性的名称
4	page	√	访问资源的相对路径
5	paramId	√	定义参数的名称
6	paramName	√	包含了参数内容的属性名称
7	paramProperty	√	传递参数 Bean 中的属性名称
8	paramScope	√	参数 Bean 的查找范围
9	property	√	Bean 中的属性
10	scope	√	Bean 属性的保存范围

使用此标签时一定要指定具体的跳转路径，例如，可以在 struts-config.xml 文件中配置一个全局跳转路径。

【例 16.20】 修改 struts-config.xml 文件，增加全局跳转，修改<global-forward>元素

```
<global-forwards>
	<forward name="hello" path="/ch16/hello.jsp"/>
</global-forwards>
```

在本配置中，表示增加了一个全局跳转页，并且将此页面的映射名称定义为 hello，跳转页面的内容如下：

【例 16.21】 跳转后的显示页面——/ch16/hello.jsp

```
<%@ page language="java" pageEncoding="GBK"%>
<%@ taglib uri="http://www.mldn.cn/struts/bean" prefix="bean"%>
<%@ taglib uri="http://www.mldn.cn/struts/html" prefix="html"%>
<%@ taglib uri="http://www.mldn.cn/struts/logic" prefix="logic"%>
<html:html lang="true">
<head>
	<title>www.mldnjava.cn，MLDN 高端 Java 培训</title>
</head>
<body>
	<bean:define id="teacher" value="李兴华"/>
	<h3>老师：${pageScope.teacher}</h3>
</body>
</html:html>
```

【例 16.22】 使用<logic:redirect>进行跳转——redirect.jsp

```
<%@ page language="java" pageEncoding="GBK"%>
<%@ taglib uri="http://www.mldn.cn/struts/bean" prefix="bean"%>
<%@ taglib uri="http://www.mldn.cn/struts/html" prefix="html"%>
<%@ taglib uri="http://www.mldn.cn/struts/logic" prefix="logic"%>
```

```
<html:html lang="true">
<head>
    <title>www.mldnjava.cn，MLDN 高端 Java 培训</title>
</head>
<body>
    <logic:redirect forward="hello"/>
</body>
</html:html>
```

本程序使用<logic:redirect>跳转到了映射的全局跳转页上，程序的运行结果如图 16-16 所示。

图 16-16　页面跳转

16.4　Html 标签

Html 标签主要用于页面的显示，如之前的<html:text>、<html:password>等都属于页面显示，这些标签都与 ActionForm 紧密绑定，所有的 Html 标签都定义在 struts-html.tld 文件中。

提示

读者先认识 Html 标签中的几个主要标签后，再进行实际代码讲解。

Html 标签直接负责显示，考虑到 Html 标签中的内容很多，所以本节将首先介绍这些显示标签的基本语法，再通过实例进行讲解。

16.4.1　<html:form>标签

<html:form>标签的功能与<form>元素是一样的，在此标签中可以包含多个<html:text>、<html:password>、<html:select>等标签，在编写<html:form>标签时必须与一个 ActionForm 及 Action 相对应，此标签的核心语法如下：

【语法 16-17　<html:form>标签核心语法】

```
<html:form action="要提交的 Action 路径" [method="[POST | GET]"] [enctype="表单封装"]
    [onsubmit="表单提交时的 JavaScript 事件"] [focus="指定获得焦点的元素"]>
    其他表单元素
</html:form>
```

由于<html:form>标签中的属性过多，所以在此处只列出了最常用的几个，如表 16-15 所示。其他的属性读者可直接参考 struts-html.tld 文件。

表 16-15　<html:form>标签的常用属性

No.	属性名称	EL 支持	描　　述
1	action	√	对应的 Action 路径，此路径在 struts-config.xml 中配置
2	method	√	表单的提交方式，主要分为 GET 和 POST 两种
3	enctype	√	表单的封装形式，如果上传文件则使用 multipart/form-data
4	onsubmit	√	JavaScript 的事件处理，在表单提交时使用
5	focus	√	设置表单中的指定元素为默认获得焦点

<html:form>标签不能直接使用，其中要嵌套子标签，而且这些子标签依然可以像之前的 JavaScript 那样使用各种事件处理，如 onblur、onclick、onfocus、onchange、onkeydown、onselect 等事件，也可以为元素使用 style、styleClass 等属性进行 CSS 的显示指定等。

提示

只列出核心标签语法讲解。

由于 Html 标签中的各个显示元素的属性都非常类似，所以在随后的讲解中，只会为读者列出核心的语法，而像之前介绍的事件或与 CSS 有关的标签属性，将不再重复介绍，如果需要更详细的信息，读者可以直接读取 struts-html.tld 文件。

16.4.2　<html:text>与<html:password>标签

<html:text>标签的主要功能与<input type="text">元素是一样的，表示的是一个文本输入框；而<html:password>标签与<input type="password">元素的功能一样，表示的是一个密码输入框，这两个标签的核心语法如下：

【语法 16-18　<html:text>标签核心语法】

```
<html:text property="对应的 ActionForm 中的属性名称" [maxlength="最大输入长度"]
        [size="显示长度"] [value="默认值"]/>
```

【语法 16-19　<html:password>标签核心语法】

```
<html:password property="对应的 ActionForm 中的属性名称" [maxlength="最大输入长度"]
        [size="显示长度"] [value="默认值"]/>
```

这两个标签的各属性作用如表 16-16 所示。

表 16-16　<html:text>和<html:password>标签的属性

No.	属 性 名 称	EL 支持	描　　述
1	property	√	与对应的 ActionForm 中的属性名称一致
2	maxlength	√	文本框中允许输入的最大长度
3	size	√	显示的长度
4	value	√	默认值

16.4.3　<html:radio>标签

<html:radio>标签与<input type="radio">元素一样，用于表示一个单选按钮，其核心语法如下：

【语法 16-20　<html:radio>标签核心语法】

```
<html:radio property="与 ActionForm 属性对应" value="默认值"/>
```

本标签的属性作用如表 16-17 所示。

表 16-17　<html:radio>标签的属性

No.	属 性 名 称	EL 支持	描　　述
1	property	√	与对应的 ActionForm 中的属性名称一致
2	value	√	默认值

16.4.4　<html:textarea>标签

<html:textarea>标签的主要功能与<textarea>元素一样，用于进行大文本的输入，其核心语法如下：

【语法 16-21　<html:textarea>标签核心语法】

```
<html:textarea [cols="列数"] [rows="行数"] value="默认值" property="与 ActionForm 属性对应"/.>
```

本标签的属性作用如表 16-18 所示。

表 16-18　<html:textarea>标签的属性

No.	属 性 名 称	EL 支持	描　　述
1	property	√	与对应的 ActionForm 中的属性名称一致
2	value	√	默认值
3	cols	√	文本域显示的列宽
4	rows	√	文本域显示的行高

16.4.5　<html:hidden>标签

<html:hidden>标签的功能与 HTML 中的<input type="hidden">元素的功能一样，其核心语法如下：

【语法 16-22　<html:hidden>标签核心语法】

```
<html:hidden property="对应的 ActionForm 属性" value="默认值"/>
```

本标签的属性作用如表 16-19 所示。

表 16-19　<html:hidden>标签的属性

No.	属 性 名 称	EL 支持	描　　述
1	property	√	与对应的 ActionForm 中的属性名称一致
2	value	√	默认值

16.4.6　按钮标签

Struts 的 Html 标签中同样提供了各个按钮操作标签，如<html:submit>、<html:reset>和<html:button>，它们的核心语法如下：

【语法 16-23　<html:submit>标签核心语法】

```
<html:submit [disabled="true | false"] value="默认值">
```

【语法 16-24　<html:button>标签核心语法】

```
<html:button [disabled="true | false"] value="默认值">
```

【语法 16-25　<html:reset>标签核心语法】

```
<html:reset [disabled="true | false"] value="默认值">
```

这 3 个标签的属性作用如表 16-20 所示。

表 16-20　<html:submit>、<html:reset>和<html:button>标签的属性

No.	属 性 名 称	EL 支持	描　　述
1	disable	√	按钮是否可用
2	value	√	默认值

16.4.7　实例：编写基本表单

下面使用之前学习过的几个标签，完成基本表单的编写操作。这里将使用一个完整的

程序进行说明，首先在表单页中填写内容，之后在 Tomcat 中直接将输入的内容进行输出显示。

【例 16.23】 定义输入表单——input_simple.jsp

```
<%@ page language="java" pageEncoding="GBK"%>
<%@ taglib uri="http://www.mldn.cn/struts/bean" prefix="bean"%>
<%@ taglib uri="http://www.mldn.cn/struts/html" prefix="html"%>
<%@ taglib uri="http://www.mldn.cn/struts/logic" prefix="logic"%>
<html:html lang="true">
<head>
    <title>www.mldnjava.cn，MLDN 高端 Java 培训</title>
</head>
<body>
    <%  request.setCharacterEncoding("GBK");    %>
    <html:form action="/ch16/simple.do" method="post">
        姓名：    <html:text property="name"/><br>
        密码：    <html:password property="password"/><br>
        性别：    <html:radio property="sex" value="男"/>男
                  <html:radio property="sex" value="女"/>女<br>
        简介：    <html:textarea property="note" cols="30" rows="3"/><br>
        <html:hidden property="id" value="30"/>
        <html:submit value="提交"/>
        <html:reset value="重置"/>
    </html:form>
</body>
</html:html>
```

本表单中分别定义了普通文本、密码、单选按钮、文本域、隐藏域、提交按钮、重置按钮，然后将其提交到 simple.do 上进行输出。

【例 16.24】 定义 ActionForm——SimpleForm.java

```
package org.lxh.struts.form;
import javax.servlet.http.HttpServletRequest;
import org.apache.struts.action.ActionErrors;
import org.apache.struts.action.ActionForm;
import org.apache.struts.action.ActionMapping;
public class SimpleForm extends ActionForm {
    private String sex;
    private String password;
    private String note;
    private String name;
    private int id;
    public ActionErrors validate(ActionMapping mapping,
            HttpServletRequest request) {
        return null;                                    // 此处暂不验证
    }
    public void reset(ActionMapping mapping, HttpServletRequest request) {
        this.sex = "男";                                // 默认选中
```

```
    }
    // getter、setter
}
```

由于本程序只是演示表单的操作，所以在 SimpleForm 类中并没有编写具体的验证方法，而且所有通过 Struts 标签实现的表单页在执行前都会先调用 reset()方法，所以程序在 reset()方法中将 sex 的内容设置成了“男”，这就表示单选按钮中默认选中的就是“value="男"”的按钮。

【例 16.25】 定义 Action——SimpleAction.java

```
package org.lxh.struts.action;
import java.io.UnsupportedEncodingException;
import javax.servlet.http.HttpServletRequest;
import javax.servlet.http.HttpServletResponse;
import org.apache.struts.action.Action;
import org.apache.struts.action.ActionForm;
import org.apache.struts.action.ActionForward;
import org.apache.struts.action.ActionMapping;
import org.lxh.struts.form.SimpleForm;
public class SimpleAction extends Action {
    public ActionForward execute(ActionMapping mapping, ActionForm form,
            HttpServletRequest request, HttpServletResponse response) {
        try {
            request.setCharacterEncoding("GBK");
        } catch (UnsupportedEncodingException e) {
            e.printStackTrace();
        }
        SimpleForm simpleForm = (SimpleForm) form;
        System.out.println("编号：" + simpleForm.getId());
        System.out.println("姓名：" + simpleForm.getName());
        System.out.println("密码：" + simpleForm.getPassword());
        System.out.println("性别：" + simpleForm.getSex());
        System.out.println("简介：" + simpleForm.getNote());
        return null;
    }
}
```

本例为了节省时间，直接在 SimpleAction 类中将所有的表单信息进行输出。

【例 16.26】 配置 struts-config.xml 文件

```
<form-beans>
    <form-bean name="simpleForm"
        type="org.lxh.struts.form.SimpleForm" />
</form-beans>
<action-mappings>
    <action attribute="simpleForm" input="/ch16/input_simple.jsp"
        name="simpleForm" path="/simple" scope="request"
        type="org.lxh.struts.action.SimpleAction"/>
</action-mappings>
```

程序由于没有设置任何的跳转页面，所以直接配置<action>节点即可。程序的运行结果如图 16-17 所示。

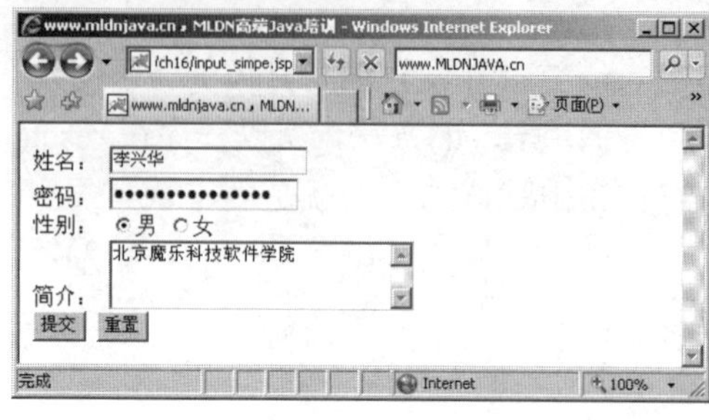

（a）运行表单页

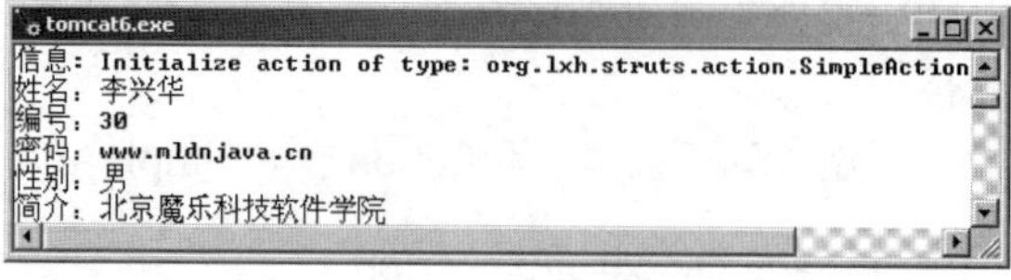

（b）Tomcat 后台输出

图 16-17 运行结果

提示

是否使用 Html 标签由用户自己决定。

使用 Struts 中的 Html 标签最大的好处就是自动对内容进行回填，但是有时使用 Struts 的 Html 标签也会使页面变得复杂，而纯粹使用 Html 的表单元素也可以完成类似的功能，所以，是否使用 Html 标签完全由用户决定，并不是必须的。

16.4.8 复选框标签

<html:checkbox>标签主要功能是完成复选框的操作，语法如下：

【语法 16-26 <html:checkbox>标签核心语法】

```
<html:checkbox property="对应 ActionForm 中的属性名称" value="默认值"/>
```

本标签的属性作用如表 16-21 所示。

表 16-21 <html:checkbox>标签的属性

No.	属性名称	EL 支持	描 述
1	property	√	对应 ActionForm 中的属性
2	value	√	默认值

但是，本标签与之前的标签不同在于，由于它属于复选的操作，所以在传递时会传递一组数据进去，那么在 ActionForm 中就必须使用数组进行接收，如下面的代码所示：

【例 16.27】 定义复选框表单

```
兴趣：	<html:checkbox property="inst" value="唱歌"/>唱歌
	<html:checkbox property="inst" value="游泳"/>游泳
	<html:checkbox property="inst" value="跳舞"/>跳舞
```

```
<html:checkbox property="inst" value="看书"/>看书
<html:checkbox property="inst" value="运动"/>运动<br>
```

【例 16.28】 ActionForm 接收

```
private String inst[] ;        // 接收复选框内容
public void setInst(String inst[]){
    this.inst = inst ;
}
public String[] getInst(){
    return this.inst ;
}
```

这里需要注意的是，在之前讲解<html.radio>标签时，是通过 ActionForm 指定默认值之后才出现的默认选中状态，但是这种操作在<html:checkbox>标签中就不可以使用了，只能依靠<html:multibox>标签完成，此标签的核心语法如下：

【语法 16-27　<html: multibox >标签核心语法】

```
<html:multibox property="与 ActionForm 属性对应" value="默认值"/>
```

本标签的属性作用如表 16-22 所示。

表 16-22　<html: multibox>标签的属性

No.	属 性 名 称	EL 支持	描　　述
1	property	√	对应 ActionForm 中的属性
2	value	√	默认值

【例 16.29】 定义表单——input_box.jsp

```
<%@ page language="java" pageEncoding="GBK"%>
<%@ taglib uri="http://www.mldn.cn/struts/bean" prefix="bean"%>
<%@ taglib uri="http://www.mldn.cn/struts/html" prefix="html"%>
<%@ taglib uri="http://www.mldn.cn/struts/logic" prefix="logic"%>
<html:html lang="true">
<head>
    <title>www.mldnjava.cn，MLDN 高端 Java 培训</title>
</head>
<body>
    <%  request.setCharacterEncoding("GBK");    %>
    <html:form action="/ch16/box.do" method="post">
        兴趣：    <html:checkbox property="inst" value="唱歌"/>唱歌
                  <html:checkbox property="inst" value="游泳"/>游泳
                  <html:checkbox property="inst" value="跳舞"/>跳舞
                  <html:checkbox property="inst" value="看书"/>看书
                  <html:checkbox property="inst" value="运动"/>运动<br>
        地区：    <html:multibox property="area" value="北京"/>北京
                  <html:multibox property="area" value="上海"/>上海
                  <html:multibox property="area" value="南京"/>南京
```

```
                    <html:multibox property="area" value="天津"/>天津
                    <html:multibox property="area" value="广州"/>广州<br>
            <html:submit value="提交"/>
            <html:reset value="重置"/>
        </html:form>
</body>
</html:html>
```

本程序分别使用<html:checkbox>和<html:multibox>两个标签定义了复选框的操作，由于是复选框，所以在 ActionForm 中必须使用数组进行接收，但是由于<html:multibox>实现的复选框是可以指定默认选中的，所以在 ActionForm 编写时，还需要为其设置默认值。

【例 16.30】 编写 ActionForm——BoxForm.java

```
package org.lxh.struts.form;
import javax.servlet.http.HttpServletRequest;
import org.apache.struts.action.ActionErrors;
import org.apache.struts.action.ActionForm;
import org.apache.struts.action.ActionMapping;
public class BoxForm extends ActionForm {
    private String area[] = { "北京", "上海", "天津" };
    private String inst[]; // 接收复选框内容
    public ActionErrors validate(ActionMapping mapping,
            HttpServletRequest request) {
        return null; // 此处暂不验证
    }
    public void reset(ActionMapping mapping, HttpServletRequest request) {
    }
    public void setInst(String inst[]) {
        this.inst = inst;
    }
    public String[] getInst() {
        return this.inst;
    }
    public String[] getArea() {
        return area;
    }
    public void setArea(String[] area) {
        this.area = area;
    }
}
```

本程序使用了两个字符串数组接收传递过来的复选框的内容。

【例 16.31】 定义 Action 输出内容——BoxAction.java

```
package org.lxh.struts.action;
import java.io.UnsupportedEncodingException;
import javax.servlet.http.HttpServletRequest;
import javax.servlet.http.HttpServletResponse;
import org.apache.struts.action.Action;
```

```
import org.apache.struts.action.ActionForm;
import org.apache.struts.action.ActionForward;
import org.apache.struts.action.ActionMapping;
import org.lxh.struts.form.BoxForm;
public class BoxAction extends Action {
    public ActionForward execute(ActionMapping mapping, ActionForm form,
            HttpServletRequest request, HttpServletResponse response) {
        try {
            request.setCharacterEncoding("GBK");
        } catch (UnsupportedEncodingException e) {
            e.printStackTrace();
        }
        BoxForm boxForm = (BoxForm) form;
        System.out.print("兴趣：");
        for (int x = 0; x < boxForm.getInst().length; x++) {
            System.out.print(boxForm.getInst()[x] + "、");
        }
        System.out.println("\n-------------------------");
        System.out.print("地区：");
        for (int x = 0; x < boxForm.getArea().length; x++) {
            System.out.print(boxForm.getArea()[x] + "、");
        }
        return null;
    }
}
```

本程序从 Action 的 BoxForm 中取得用户输入的内容，之后直接在 Tomcat 后台打印。

【例 16.32】 配置 struts-config.xml

```
    <form-beans>
        <form-bean name="boxForm"
            type="org.lxh.struts.form.BoxForm" />
    </form-beans>
    <action-mappings>
        <action attribute="boxForm" input="/ch16/input_box.jsp"
            name="boxForm" path="/ch16/box" scope="request"
            type="org.lxh.struts.action.BoxAction"/>
    </action-mappings>
```

程序的运行结果如图 16-18 所示。

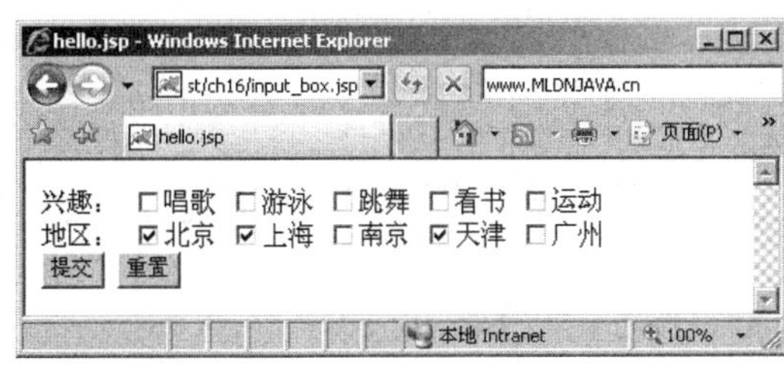

（a）页面运行

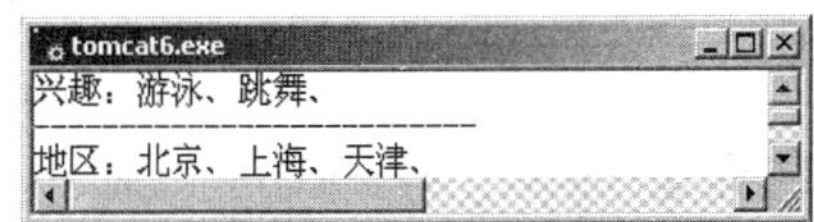

（b）Tomcat 后台输出

图 16-18　程序运行结果

16.4.9 下拉列表框

在 Html 标签中，制作下拉列表框可以直接通过<html:select>完成，但是对于下拉列表框的内容，则有<html:option>、<html:options>和<html:optionsCollection>3 种形式的标签支持，这些标签的核心语法如下：

【语法 16-28 <html: select>标签核心语法】

```
<html:select property="与 ActionForm 属性对应">
    包含若干个 option 选项
</html:select>
```

本标签的属性作用如表 16-23 所示。

表 16-23 <html: select>标签的属性

No.	属 性 名 称	EL 支持	描 述
1	property	√	对应 ActionForm 中的属性

【语法 16-29 <html: option>标签核心语法】

```
<html:option value="默认值">显示值</html:option>
```

本标签的属性作用如表 16-24 所示。

表 16-24 <html: option>标签的属性

No.	属 性 名 称	EL 支持	描 述
1	value	√	默认值

【语法 16-30 <html: options>标签核心语法】

```
<html:options collection="集合属性" labelProperty="显示内容" property="默认值"/>
```

本标签的属性作用如表 16-25 所示。

表 16-25 <html: options>标签的属性

No.	属 性 名 称	EL 支持	描 述
1	collection	√	集合的名称
2	labelProperty	√	从集合中取出对应的一个 VO 中的属性内容作为显示标签
3	property	√	从集合中取出对应的一个 VO 中的属性内容作为默认值

【语法 16-31 <html: optionsCollection>标签核心语法】

```
<html:optionsCollection name="属性名称" property="集合属性" label="显示标签" value="默认值"/>
```

本标签的属性作用如表 16-26 所示。

表 16-26　<html: optionsCollection>标签的属性

No.	属 性 名 称	EL 支持	描　　述
1	name	√	属性名称
2	property	√	指定属性范围中包含的集合属性的名称
3	label	√	显示的标签内容
4	value	√	默认值

特别需要注意的是，如果要使用<html:optionsCollection>标签，则一定要使用 Struts 本身提供的 org.apache.struts.util.LabelValueBean 类完成，通过此类的构造方法传递所需要的标签显示内容和默认值。

提示

本部分只编写表单。

由于现在只是为了演示下拉列表框标签的使用，所以为了减少重复性的代码，本部分只编写 JSP 页面，而其他相关的 Action 及 ActionForm 不再列出，但本部分对应的视频会有相关的讲解。

下面使用<html:select>标签实现下拉列表框的功能，但是在操作之前，需要先定义一个 City 的操作类，其中存放 id 和 title 两个属性，此类定义如下：

【例 16.33】 定义 vo 类——City.java

```
package org.lxh.struts.vo;
public class City {
	private int id ;
	private String name ;
	public int getId() {
		return id;
	}
	public void setId(int id) {
		this.id = id;
	}
	public String getName() {
		return name;
	}
	public void setName(String name) {
		this.name = name;
	}
}
```

【例 16.34】 使用 3 种不同的方式完成下拉列表框的操作——input_select.jsp

```
<%@ page language="java" pageEncoding="GBK"%>
```

```
<%@ taglib uri="http://www.mldn.cn/struts/bean" prefix="bean"%>
<%@ taglib uri="http://www.mldn.cn/struts/html" prefix="html"%>
<%@ taglib uri="http://www.mldn.cn/struts/logic" prefix="logic"%>
<%@ page import="java.util.*"%>
<%@ page import="org.lxh.struts.vo.City"%>
<html:html lang="true">
<head>
    <title>www.mldnjava.cn，MLDN 高端 Java 培训</title>
</head>
<body>
    <%  request.setCharacterEncoding("GBK");    %>
    <%  // 此处为了便于读懂，直接通过页面操作
        List all = new ArrayList() ;              // 实例化 List 对象
        City city = new City() ;
        city.setId(1) ;
        city.setName("北京") ;
        all.add(city) ;
        city = new City() ;
        city.setId(2) ;
        city.setName("天津") ;
        all.add(city) ;
        request.setAttribute("allcity",all) ;     // 保存 city 在 request 属性中
    %>
    <%
        all = new ArrayList() ;
        all.add(new org.apache.struts.util.LabelValueBean("管理员","admin")) ;
        all.add(new org.apache.struts.util.LabelValueBean("游客","guest")) ;
        request.setAttribute("alluser",all) ;
    %>
    <html:form action="/ch16/select.do" method="post">
        水果：    <html:select property="fruit">
                    <html:option value="XG">西瓜</html:option>
                    <html:option value="PG">苹果</html:option>
                </html:select>
        城市：    <html:select property="city">
                    <html:options collection="allcity" labelProperty="name" property="id"/>
                </html:select>
        用户：    <html:select property="user">
                    <html:optionsCollection name="alluser" label="label" value="value"/>
                </html:select>
        <html:submit value="提交"/>
        <html:reset value="重置"/>
    </html:form>
</body>
</html:html>
```

本程序使用<html:select>完成了一个下拉列表框的开发，并且通过<html:option>、<html:options>和<html:optionsCollection>3 种子标签完成了内容的设置。程序的运行结果如图 16-19 所示。

图 16-19　完成下拉列表框

提示

Html 标签要在应用中才可以发现其优点。

在开发中是否使用 Html 标签并没有绝对的要求，但是使用 Html 标签最大的好处就在于可以自动地对内容进行回填，要想清楚地发现这些好处，必须结合实际开发才能有所体会。

16.5　本 章 摘 要

1．Struts 为了方便用户的开发，提供了专门的标签库，常用的标签库是 Bean、Logic 和 html。

2．Bean 标签库可以进行 JavaBean 或者是资源的操作。

3．Logic 标签主要完成的是判断、比较等功能的实现。

4．Html 标签库中定义了许多与显示有关的标签，但是这些标签要运行则依赖于 ActionForm。

16.6　开发实战练习（基于 Oracle 数据库）

对商品类别和子类别进行管理。本程序使用的 types 表和 subtypes 表之间的关系如图 16-20 所示。这两个表的结构分别如表 16-27 和表 16-28 所示。

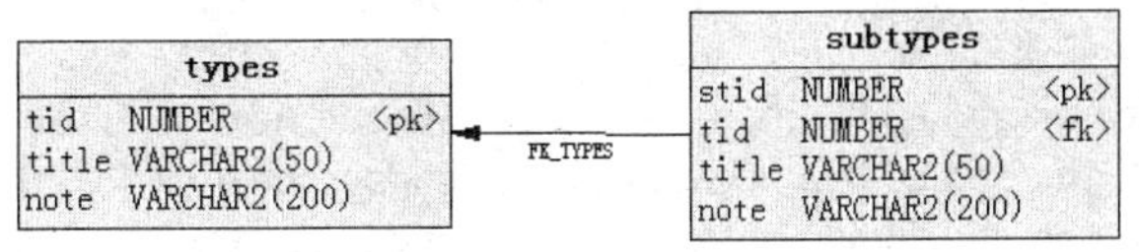

图 16-20　types 表和 subtypes 表之间的关系

表 16-27　types 表的结构

商品类别表			
types tid NUMBER <pk> title VARCHAR2(50) note VARCHAR2(200)	No.	列 名 称	描　　述
	1	tid	商品类别编号，自动增长
	2	title	商品类别名称
	3	note	商品类别简介

表 16-28　subtypes 表的结构

<table>
<tr><td colspan="4">商品子类别表</td></tr>
<tr><td rowspan="5">subtypes
stid NUMBER <pk>
tid NUMBER <fk>
title VARCHAR2(50)
note VARCHAR2(200)</td><td>No.</td><td>列　名　称</td><td>描　　述</td></tr>
<tr><td>1</td><td>stid</td><td>子类别编号，自动增长</td></tr>
<tr><td>2</td><td>tid</td><td>对应的父类别编号</td></tr>
<tr><td>3</td><td>title</td><td>子类别名称</td></tr>
<tr><td>4</td><td>note</td><td>子类别简介</td></tr>
</table>

数据库创建脚本：

```
-- 删除 product 表
DROP TABLE subtypes ;
DROP TABLE types ;
-- 删除序列
DROP SEQUENCE tidseq ;
DROP SEQUENCE stidseq ;
-- 清空回收站
PURGE RECYCLEBIN ;
CREATE SEQUENCE tidseq ;
CREATE SEQUENCE stidseq ;
-- 创建表
CREATE TABLE types(
	tid			NUMBER			PRIMARY KEY ,
	title			VARCHAR2(50)		NOT NULL ,
	note			VARCHAR2(200)
) ;
CREATE TABLE subtypes(
	stid			NUMBER			PRIMARY KEY ,
	tid			NUMBER			REFERENCES types(tid) ON DELETE CASCADE ,
	title			VARCHAR2(50)		NOT NULL ,
	note			VARCHAR2(200)
) ;
-- 插入测试数据——类别
INSERT INTO types(tid,title,note) VALUES (tidseq.nextval,'图书','-') ;
INSERT INTO types(tid,title,note) VALUES (tidseq.nextval,'影音','-') ;
-- 插入测试数据——子类别
INSERT INTO subtypes(stid,tid,title,note) VALUES (stidseq.nextval,1,'编程图书','-') ;
INSERT INTO subtypes(stid,tid,title,note) VALUES (stidseq.nextval,1,'图像处理','-') ;
INSERT INTO subtypes(stid,tid,title,note) VALUES (stidseq.nextval,1,'企业管理','-') ;
INSERT INTO subtypes(stid,tid,title,note) VALUES (stidseq.nextval,2,'电影','-') ;
INSERT INTO subtypes(stid,tid,title,note) VALUES (stidseq.nextval,2,'音乐','-') ;
-- 事务提交
COMMIT ;
```

程序开发要求如下：

（1）分别完成各自表的增加、修改、删除等操作。

（2）在添加子类别时一定要选择所属的父类别。

第 17 章　Struts 高级开发

通过本章的学习可以达到以下的目标：

☑ 掌握 Struts 中动态 ActionForm 的使用。

☑ 掌握 Struts 中提供的各种 Action，并可以使用分发 Action 进行程序的开发。

☑ 可以通过 Struts 完成文件的上传操作。

☑ 可以使用 Token 解决重复提交的问题。

☑ 可以使用 Struts 提供的动态验证框架完成页面的验证操作。

Struts 本身除了实现 MVC 和标签库的功能之外，还提供了各种实用工具，如 Token、分发 Action、验证框架等，使用这些工具可以让程序的开发变得更加灵活、更加方便。

17.1　Struts 多人开发

在实际的工作中，是由众多开发人员一起协作完成项目开发的。为了便于管理，Struts 本身也对多人开发有所支持，即每一个开发人员都可以有自己的 struts-config.xml 配置文件，如图 17-1 所示。

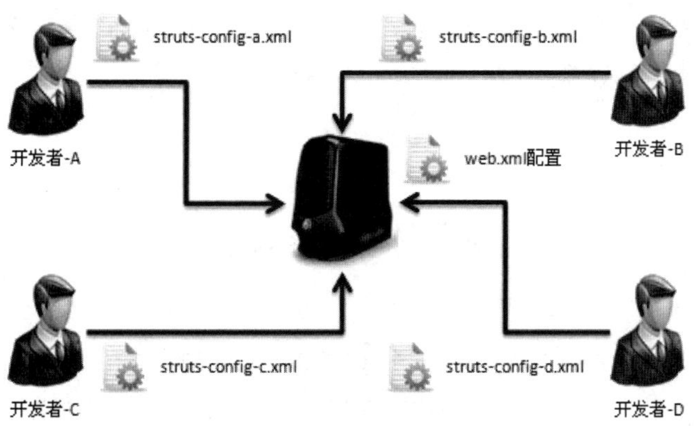

图 17-1　多人开发

从图 17-1 中可以发现，每一个开发者都有一个属于自己的配置文件“struts-config-*.xml”，这样在提交到服务器上之后，需要让这些配置文件都起作用，则此时即可通过配置 web.xml 文件完成。假设这 4 个文件都保存在了/WEB-INF/config 文件夹中，则 web.xml 中的代码修改如下：

【例 17.1】 修改 web.xml 文件，增加多个配置文件

```
<servlet>
    <servlet-name>action</servlet-name>
    <servlet-class>
        org.apache.struts.action.ActionServlet
    </servlet-class>
    <init-param>
        <param-name>config</param-name>
        <param-value>
            /WEB-INF/struts-config-core.xml,
            /WEB-INF/config/struts-config-a.xml,
            /WEB-INF/config/struts-config-b.xml,
            /WEB-INF/config/struts-config-c.xml,
            /WEB-INF/config/struts-config-d.xml
        </param-value>
    </init-param>
</servlet>
<servlet-mapping>
    <servlet-name>action</servlet-name>
    <url-pattern>*.do</url-pattern>
</servlet-mapping>
```

本配置在映射 ActionServlet 时增加了若干个配置文件信息，通过初始化参数的方式设置到 ActionServlet 中，每个配置文件中间都使用“,”分割。

注意

多个配置文件映射的 action 不能重复。

如果现在定义了多个 struts 的配置文件，则配置的<Action>节点的路径不能重复，否则服务器启动将出现异常。

17.2 Token

Token 主要是以一种指令牌的形式进行重复提交处理的，在很多情况下，如果用户对同一个表单进行了多次提交，则有可能造成数据的混乱，此时，Web 服务器必须可以对这种重复提交的行为作出处理。例如，如果现在是一个用户注册的操作，如果用户已经提交了表单，而且服务器端已经对这次操作进行了成功的处理，而此时的用户通过浏览器执行了后退操作，并且重复进行表单提交时，服务器端就应该及时地识别出这些用户的错误操作，并进行错误处理，防止用户的重复提交。

如果现在纯粹地使用基本的 JSP 进行开发，则 Token 的原理就是在进入到注册页之前，先通过 session 设置一个属性（假设设置的属性是 flag，内容是 true），当用户进行用户注

册时，首先判断这个 session 中的属性是否合法（如 flag=true 表示合法），如果合法，则进行正确的注册操作，操作完成后，将 session 的相应属性修改（如 flag=false），这样用户就无法再次进行提交；如果 session 中的属性非法，则要进行相应的错误提示，并且不再执行注册的具体操作，其过程如图 17-2 所示。

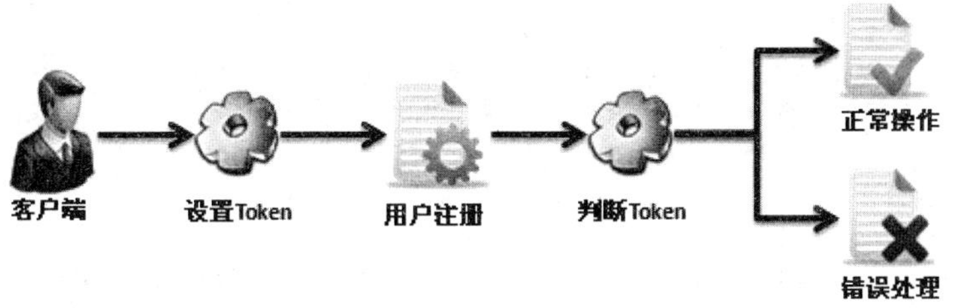

图 17-2　Token 操作原理

在图 17-2 中，设置 Token 就是向 session 中保存一个属性，而判断 Token 就是从 session 中取出属性对内容进行验证，如果验证成功，则正常操作；如果验证失败，则进行错误处理。但是，这种纯粹地依靠手工的方式进行验证非常的麻烦，所以在 Struts 中专门提供了 Token 的支持，在 org.apache.struts.action.Action 类中提供了表 17-1 所示的操作 Token 的方法。

表 17-1　Token 操作的相关方法

No.	方　　法	类　　型	描　　述
1	protected boolean isTokenValid(HttpServletRequest request)	普通	判断 Token 是否存在，如果存在则返回 true，如果不存在则返回 false
2	protected void saveToken(HttpServletRequest request)	普通	设置 Token
3	protected void resetToken(HttpServletRequest request)	普通	删除 Token

下面使用 Token 完成一个用户输入数据的操作，以加深读者对 Token 的理解。

【例 17.2】 编写首页，给出链接，并获得 Token——index.jsp

```
<%@ page language="java" pageEncoding="GBK"%>
<html>
<head>
	<title>www.mldnjava.cn，MLDN 高端 Java 培训</title>
</head>
<body>
	<h3><a href="tokenforward.do">获取 Token，输入数据</a></h3>
</body>
</html>
```

index.jsp 页面只是给出了一个可以设置 Token 的超链接路径，之后通过此路径跳转到输入数据页面（input.jsp）上。

【例 17.3】 编写 ActionForm——TokenforwardForm.java

```
package org.lxh.struts.form;
import javax.servlet.http.HttpServletRequest;
import org.apache.struts.action.ActionErrors;
import org.apache.struts.action.ActionForm;
import org.apache.struts.action.ActionMapping;
public class TokenforwardForm extends ActionForm {
    public ActionErrors validate(ActionMapping mapping,
            HttpServletRequest request) {
        return null;
    }
    public void reset(ActionMapping mapping, HttpServletRequest request) {
    }
}
```

由于此时的 Action 中并不需要接收任何的属性，所以 ActionForm 只是简单地设置了一个样子，没有具体的实用代码。

说明

提问：这里设置的 TokenforwardForm.java 感觉有些多余？

既然在 TokenforwardForm.java 中没有编写任何的实用代码，那么写在这里不是浪费吗？这样做有必要吗？可不可以不写呢？

回答：ActionForm 是 Struts 1.x 的最大问题。

不可以不写此 ActionForm，因为在 Struts 的标准开发中规定，一个 Action 必须对应一个 ActionForm，所以即使现在 Action 不需要接收参数，也必须编写一个与之对应的 ActionForm，而这一点也就成为了 Struts 最大的败笔，可以利用本章后面讲解的动态 ActionForm 来解决这类问题

另外，需要提醒读者的是，Struts 2.x 已经很好地解决了 ActionForm 的问题，而且比 Struts 1.x 更加好学，关于 Struts 2.x 的内容可参考木系列随后的书籍。

【例 17.4】 编写 Action——TokenforwardAction.java

```
package org.lxh.struts.action;
import javax.servlet.http.HttpServletRequest;
import javax.servlet.http.HttpServletResponse;
import org.apache.struts.action.Action;
import org.apache.struts.action.ActionForm;
import org.apache.struts.action.ActionForward;
import org.apache.struts.action.ActionMapping;
public class TokenforwardAction extends Action {
    public ActionForward execute(ActionMapping mapping, ActionForm form,
            HttpServletRequest request, HttpServletResponse response) {
```

```
		super.saveToken(request);						// 设置 Token
		return mapping.findForward("input");
	}
}
```

在此 Action 类中，只是设置了一个 Token 的指令牌，随后跳转到了 input 所指定的页面上（input 所指定的路径就是 input.jsp）。

【例 17.5】 编写输入数据页面——input.jsp

```
<%@ page language="java" pageEncoding="GBK"%>
<%@ taglib uri="http://www.mldn.cn/struts/bean" prefix="bean"%>
<%@ taglib uri="http://www.mldn.cn/struts/html" prefix="html"%>
<%@ taglib uri="http://www.mldn.cn/struts/logic" prefix="logic"%>
<html:html lang="true">
<head>
	<title>www.mldnjava.cn，MLDN 高端 Java 培训</title>
</head>
<body>
	<html:errors/>
		<html:form action="/ch17/input.do" method="post">
		请输入信息：<html:text property="info"></html:text>
		<html:submit value="显示"></html:submit>
	</html:form>
</body>
</html:html>
```

【例 17.6】 编写输入数据的 ActionForm——InputForm.java

```
package org.lxh.struts.form;
import javax.servlet.http.HttpServletRequest;
import org.apache.struts.action.ActionErrors;
import org.apache.struts.action.ActionForm;
import org.apache.struts.action.ActionMapping;
public class InputForm extends ActionForm {
	private String info;
	public ActionErrors validate(ActionMapping mapping,
			HttpServletRequest request) {
		return null;
	}
	public void reset(ActionMapping mapping, HttpServletRequest request) {
	}
	public String getInfo() {
		return info;
	}
	public void setInfo(String info) {
		this.info = info;
	}
}
```

在 InputForm.java 类中，为了方便没有在 validate()方法中编写具体的验证操作，而只是定义了 info 属性，及对应的 setter、getter 方法。

【例 17.7】 定义接收输入数据的 Action——InputAction.java

```
package org.lxh.struts.action;
import javax.servlet.http.HttpServletRequest;
import javax.servlet.http.HttpServletResponse;
import org.apache.struts.action.Action;
import org.apache.struts.action.ActionForm;
import org.apache.struts.action.ActionForward;
import org.apache.struts.action.ActionMapping;
import org.apache.struts.action.ActionMessage;
import org.apache.struts.action.ActionMessages;
import org.lxh.struts.form.InputForm;
public class InputAction extends Action {
    public ActionForward execute(ActionMapping mapping, ActionForm form,
            HttpServletRequest request, HttpServletResponse response) {
        InputForm inputForm = (InputForm) form;
        if (super.isTokenValid(request)) {              // 如果设置的 Token 正确，则输出内容
            System.out.println("输入内容：" + inputForm.getInfo());
            super.resetToken(request);                  // 取消设置的 Token
        } else {                                        // 没有 Token，应该进行错误显示
            ActionMessages errors = new ActionMessages();   // 设置错误信息保存
            errors.add("token", new ActionMessage("error.token")); // 设置错误内容
            this.saveErrors(request, errors);           // 保存错误信息
            return mapping.getInputForward();           // 返回到错误页
        }
        return null;
    }
}
```

在 InputAction.java 类中，首先通过 isTokenValid()方法验证了 Token 是否正确，如果正确，则显示输入的数据，并且将设置的 Token 取消；如果不正确，则利用 ActionMessages 保存错误信息，并返回错误页上进行显示。

【例 17.8】 修改 struts-config.xml 配置文件

```
<form-beans>
    <form-bean name="tokenforwardForm"
        type="org.lxh.struts.form.TokenforwardForm" />
    <form-bean name="inputForm"
        type="org.lxh.struts.form.InputForm" />
</form-beans>
<action-mappings>
    <action attribute="tokenforwardForm" input="/ch17/input.jsp"
        name="tokenforwardForm" path="/ch17/tokenforward" scope="request"
        type="org.lxh.struts.action.TokenforwardAction">
        <forward name="input" path="/ch17/input.jsp"></forward>
    </action>
```

```
        <action attribute="inputForm" input="/ch17/input.jsp"
            name="inputForm" path="/ch17/input" scope="request"
            type="org.lxh.struts.action.InputAction" />
    </action-mappings>
```

【例 17.9】 编写资源文件，添加错误信息——ApplicationResources.properties

```
# 请不要重复提交！
error.token = \u8bf7\u4e0d\u8981\u91cd\u590d\u63d0\u4ea4\uff01
```

下面通过运行程序来观察 Token 的操作效果，程序的运行结果如图 17-3 所示。

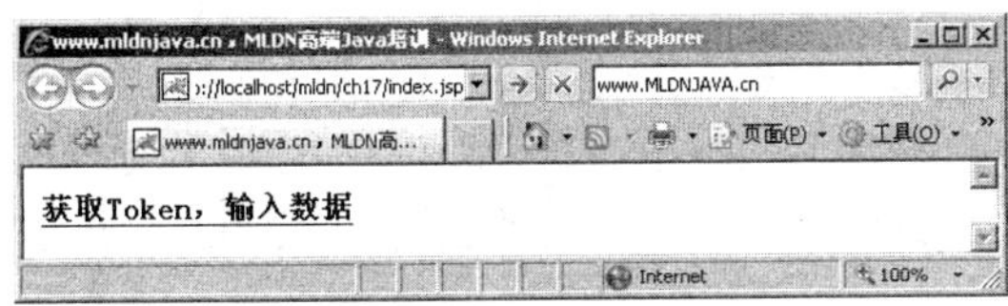

（a）运行首页，得到设置 Token 的链接

（b）正确设置 Token，输入数据

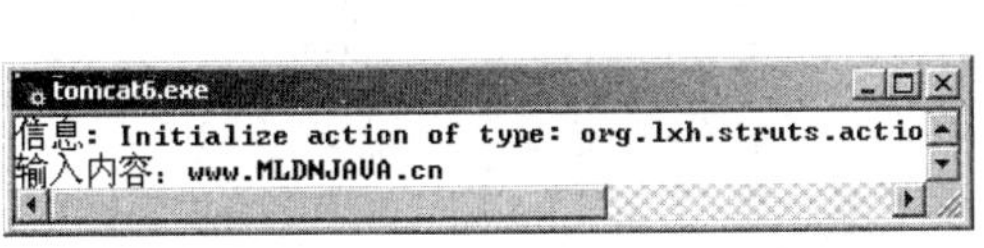

（c）在 Tomcat 服务器后台显示输入数据

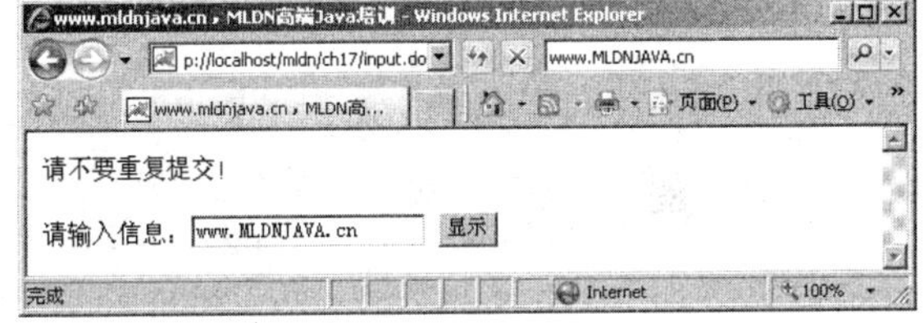

（d）如果后退后重新提交，则出现错误提示信息

图 17-3　Token 操作

从本例中可以发现，使用 Token 可以有效地减少重复提交的操作，能够保证程序运行的正确性，所以在实际项目中，只要涉及输入数据的操作，建议读者尽可能使用 Token 进行验证操作。

17.3　文件上传

在 Web 项目中文件上传是一个必不可少的操作，本书第 8 章也已经介绍过两种上传组件的使用，分别是 SmartUpload 和 FileUpload，这两种组件相比较起来 SmartUpload 更加的容易，而 FileUpload 却较为复杂，幸运的是在 Struts 中也对文件上传有所支持，而且上传使用的组件就是 FileUpload，但是此时的使用比起直接使用 FileUpload 要方便许多。

要想正确地使用 FileUpload 组件完成操作，还需要依靠<html:file>标签完成，此标签的核心语法如下：

【语法 17-1　<html:file>标签核心语法】

```
<html:file property="对应 ActionForm 中的属性名称"/>
```

在此标签中最重要的就是 property 属性，其中保存的是上传文件的具体内容，而如果要想接收此内容，则必须依靠 org.apache.struts.upload.FormFile 接口完成，此接口的常用方法如表 17-2 所示。

表 17-2　org.apache.struts.upload.FormFile 接口的常用方法

No.	方　法	类　型	描　述
1	public byte[] getFileData() throws FileNotFoundException, IOException	普通	取得上传文件大小
2	public InputStream getInputStream() throws FileNotFoundException, IOException	普通	取得上传文件的输入流
3	public int getFileSize()	普通	取得上传文件的大小
4	public String getFileName()	普通	取得上传文件的名称
5	public String getContentType()	普通	取得上传文件的类型

下面通过一个文件的上传操作进行演示，本程序依然使用了第 8 章的 IPTimeStamp 类自动为上传文件进行重命名的操作。

【例 17.10】 定义表单——upload.jsp

```
<%@ page language="java" pageEncoding="GBK"%>
<%@ taglib uri="http://www.mldn.cn/struts/bean" prefix="bean"%>
<%@ taglib uri="http://www.mldn.cn/struts/html" prefix="html"%>
<%@ taglib uri="http://www.mldn.cn/struts/logic" prefix="logic"%>
<html:html lang="true">
<head>
	<title>www.mldnjava.cn，MLDN 高端 Java 培训</title>
</head>
<body>
	<html:form action="/ch17/upload.do" method="post" enctype="multipart/form-data">
		请选择要上传的文件：<html:file property="photo"/>
		<html:submit value="上传"></html:submit>
	</html:form>
</body>
</html:html>
```

在 upload.jsp 文件中，使用<html:file>定义了一个文件选择框，由于是上传操作，所以表单必须进行封装。

【例 17.11】 定义 ActionForm，接收上传文件——UploadForm.java

```
package org.lxh.struts.form;
import javax.servlet.http.HttpServletRequest;
import org.apache.struts.action.ActionErrors;
import org.apache.struts.action.ActionForm;
import org.apache.struts.action.ActionMapping;
import org.apache.struts.upload.FormFile;
public class UploadForm extends ActionForm {
	private FormFile photo ;						// 接收上传文件
```

```
    public ActionErrors validate(ActionMapping mapping,
            HttpServletRequest request) {                    // 暂不验证
        return null;
    }
    public void reset(ActionMapping mapping, HttpServletRequest request) {
    }
    public FormFile getPhoto() {
        return photo;
    }
    public void setPhoto(FormFile photo) {
        this.photo = photo;
    }
}
```

【例 17.12】 定义 Action——UploadAction.java

```
package org.lxh.struts.action;
import java.io.File;
import java.io.FileOutputStream;
import java.io.OutputStream;
import javax.servlet.http.HttpServletRequest;
import javax.servlet.http.HttpServletResponse;
import org.apache.struts.action.Action;
import org.apache.struts.action.ActionForm;
import org.apache.struts.action.ActionForward;
import org.apache.struts.action.ActionMapping;
import org.lxh.struts.form.UploadForm;
import cn.mldn.lxh.util.IPTimeStamp;
public class UploadAction extends Action {
    public ActionForward execute(ActionMapping mapping, ActionForm form,
            HttpServletRequest request, HttpServletResponse response) {
        UploadForm uploadForm = (UploadForm) form;
        IPTimeStamp its = new IPTimeStamp(request.getRemoteAddr());    // 自动生成文件名
        String fileName = its.getIPTimeRand()
                + "."
                + uploadForm.getPhoto().getFileName().split("\\.")[uploadForm
                        .getPhoto().getFileName().split("\\.").length - 1];// 生成文件名
        File outFile = new File(super.getServlet().getServletContext()
                .getRealPath("/")
                + "upload"
                + File.separator
                + uploadForm.getPhoto().getFileName().split("\\."));       // 输出文件路径
        try{
            InputStream input = uploadForm.getPhoto().getInputStream() ;
            OutputStream output = new FileOutputStream(outFile) ;          // 文件输出
            byte data[] = new byte[1024] ;                                 // 接收文件
            int temp = 0 ;                                                 // 结束判断
            while ((temp = input.read(data, 0, 1024)) != -1) {             // 分块保存
                output.write(data) ;                                       // 保存文件
            }
            output.close() ;                                               // 关闭输出
        }catch(Exception e){
```

```
                e.printStackTrace() ;                                      // 错误输出
            }
            return null;
        }
}
```

在 UploadAction.java 类中，首先从 UploadForm 中取出 photo 的 FormFile 类对象，之后通过 IP 地址和时间戳自动生成一个新的文件名称，并采用分块的方式进行保存。

【例 17.13】 配置 struts-config.xml 文件

```
<struts-config>
    <form-beans>
        <form-bean name="uploadForm" type="org.lxh.struts.form.UploadForm" />
    </form-beans>
    <action-mappings>
        <action attribute="uploadForm" input="/ch17/upload.jsp"
            name="uploadForm" path="/ch17/upload" scope="request"
            type="org.lxh.struts.action.UploadAction" />
    </action-mappings>
</struts-config>
```

程序的运行结果如图 17-4 所示。

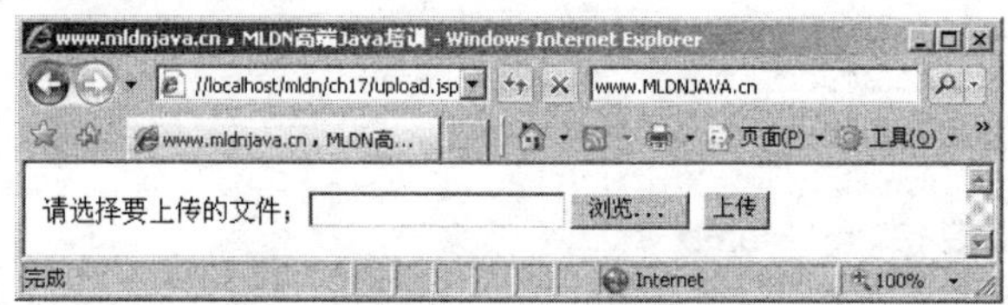

图 17-4　上传文件

图片上传后，即可在 upload 文件夹中看到所上传的文件。读者可以发现，虽然 Struts 中也使用了 FileUpload 组件，但是上传的操作明显要比直接使用 FileUpload 组件要容易得多。

17.4　动态 ActionForm

在正常操作中，每一个 Action 必须对应一个 ActionForm，但是这样一来就会造成 ActionForm 过多，所以为了解决此类问题，在 Struts 中专门提供了动态 ActionForm，以解决 ActionForm 过多的问题。

动态 ActionForm 对应的操作类是 org.apache.struts.action.DynaActionForm，使用此类时，不需要定义具体的类，只需要在 struts-config.xml 文件中配置即可。

【例 17.14】 配置一个动态 ActionForm，包含两个属性——struts-config.xml

```
<struts-config>
    <form-beans>
        <form-bean name="newsForm"
```

```
                    type="org.apache.struts.action.DynaActionForm">
                    <form-property name="title" type="java.lang.String">
                    </form-property>
                    <form-property name="content" type="java.lang.String">
                    </form-property>
          </form-bean>
     </form-beans>
     <action-mappings>
          <action attribute="newsForm" input="/ch17/news.jsp"
                    name="newsForm" path="/ch17/news" scope="request"
                    type="org.lxh.struts.action.NewsAction" />
     </action-mappings>
</struts-config>
```

在本配置中配置了一个 newsForm 的动态 ActionForm，其中包含 title 和 content 两个要接收的参数，而且类型都是 java.lang.String，而在 Action 中引用此 ActionForm 与之前没有任何区别。

【例 17.15】 定义输入表单——news.jsp

```
<%@ page language="java" pageEncoding="GBK"%>
<%@ taglib uri="http://www.mldn.cn/struts/bean" prefix="bean"%>
<%@ taglib uri="http://www.mldn.cn/struts/html" prefix="html"%>
<%@ taglib uri="http://www.mldn.cn/struts/logic" prefix="logic"%>
<html:html lang="true">
<head>
     <title>www.mldnjava.cn，MLDN 高端 Java 培训</title>
</head>
<body>
     <html:form action="/ch17/news.do" method="post">
          标题：<html:text property="title"/><br>
          内容：<html:text property="content"/><br>
          <html:submit value="提交"/><html:reset value="重置"/>
     </html:form>
</body>
</html:html>
```

不管是使用何种 ActionForm，在前台的表单中依然不会有太大的变化，输入标题（info）和内容（content）并进行显示，但是这里的 Action 就不可能像之前一样接收参数了，必须使用动态 ActionForm 提供的参数接收方法。

【例 17.16】 接收参数——NewsAction.java

```
package org.lxh.struts.action;
import javax.servlet.http.HttpServletRequest;
import javax.servlet.http.HttpServletResponse;
import org.apache.struts.action.Action;
import org.apache.struts.action.ActionForm;
import org.apache.struts.action.ActionForward;
import org.apache.struts.action.ActionMapping;
import org.apache.struts.action.DynaActionForm;
public class NewsAction extends Action {
```

```
    public ActionForward execute(ActionMapping mapping, ActionForm form,
            HttpServletRequest request, HttpServletResponse response) {
        DynaActionForm dynaForm = (DynaActionForm) form ;
        String title = dynaForm.getString("title") ;            // 取得 title 输入内容
        String content = dynaForm.getString("content") ;        // 取得 content 输入内容
        System.out.println("title --> " + title) ;              // 输出 title 内容
        System.out.println("content --> " + content);           // 输出 content 内容
        return null;
    }
}
```

在 NewsAction 中，通过 DynaActionForm 取得了输入的 title 和 content 参数的内容，程序的运行结果如图 17-5 所示。

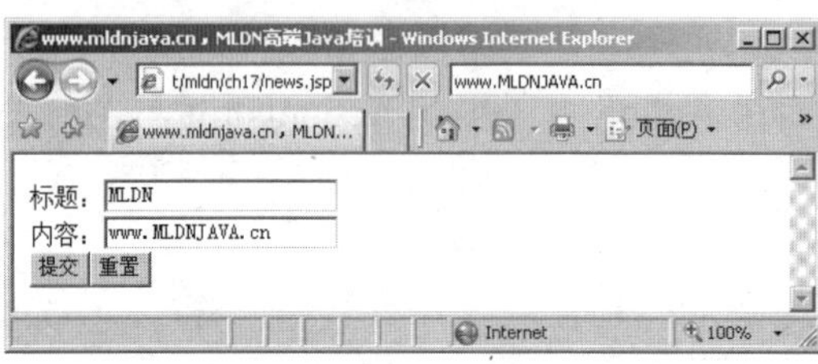

（a）运行输入表单

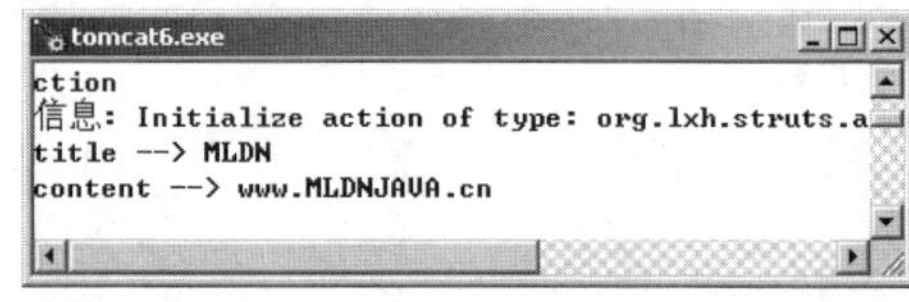

（b）服务器后台输出

图 17-5　动态 ActionForm 使用

17.5　Action 深入

在 Struts 中 Action 属于一个核心的功能操作类，但是在 Struts 中并不只是定义了一个普通的 Action，还包含了 IncludeAction、ForwardAction、DispatchAction 等各种常见的 Action。

17.5.1　ForwardAction

在 Struts 中通过 org.apache.struts.actions.ForwardAction 类可以将一个 JSP 页面作为一个 Action 进行映射，通过配置 struts-config.xml 文件即可。

【例 17.17】 定义一个跳转页——/ch17/hello.jsp

```
<%@ page language="java" pageEncoding="GBK"%>
<html>
<head>
    <title>www.mldnjava.cn，MLDN 高端 Java 培训</title>
</head>
<body>
    <h2>HELLO MLDN !!!</h2>
</body>
</html>
```

【例 17.18】 配置 struts-config.xml 文件

```
<action-mappings>
      <action path="/ch17/hello" type="org.apache.struts.actions.ForwardAction"
                  parameter="/ch17/hello.jsp"/>
</action-mappings>
```

在以上的配置中有 3 个属性，其作用分别如下。

☑ path：为访问此 Action 的跳转路径。

☑ type：对应的 Action 类型，此处配置的是 ForwardAction。

☑ parameter：为此 Action 配置的 JSP 页面，此处为 hello.jsp。

以后可以直接通过“/ch17/hello.do”访问到 hello.jsp 页面，下面再定义一个超链接显示页。

【例 17.19】 通过超链接访问 hello.do——forindex.jsp

```
<%@ page language="java" pageEncoding="GBK"%>
<html>
<head>
      <title>www.mldnjava.cn，MLDN 高端 Java 培训</title>
</head>
<body>
      <h2><a href="hello.do">连接到 hello.do 页面</a></h2>
</body>
</html>
```

在此页面中编写的超链接路径是 hello.do，则以后表示从此路径直接访问 hello.jsp。程序的运行结果如图 17-6 所示。

（a）提供超链接的页面

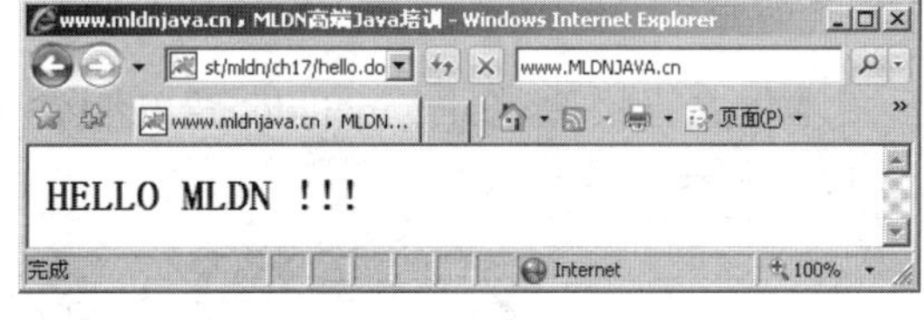

（b）跳转到 Action 之后的页面

图 17-6 ForwardAction 跳转

提问：为什么不直接跳转到 hello.jsp?

在本程序中，如果直接通过 forindex.jsp 跳转到 hello.jsp 页面不是更好吗？为什么还非要设置一个 ForwardAction 呢？

回答：标准开发中，JSP 页面不要直接跳到 JSP 页面。

在标准的 MVC 设计模式中，所有的 JSP 都应该通过 Servlet（Struts 中为 Action）跳转到另外一个 JSP 页面，所以在 Struts 中为了提倡这种概念，而引入了 ForwardAction 做一个中间跳转的 Action。

17.5.2 IncludeAction

在 Struts 中也为引入资源提供了一个 org.apache.struts.actions.IncludeAction 类，通过此 Action 的配置，可以将一个页面进行导入。此 Action 也需要通过配置完成，配置如下：

【例 17.20】 将 hello.jsp 配置到 IncludeAction 中——修改 struts-config.xml

```
<action-mappings>
    <action path="/ch17/inc" type="org.apache.struts.actions.IncludeAction"
            parameter="/ch17/hello.jsp"/>
</action-mappings>
```

IncludeAction 的配置形式与 ForwardAction 完全类似，只是对应的 Action 类型不一样而已，此处配置的名称为“/ch17/inc”，下面通过<jsp:include>语法包含此页面。

【例 17.21】 包含配置的 IncludeAction——/ch17/incindex.jsp

```
<%@ page language="java" pageEncoding="GBK"%>
<html>
<head>
    <title>www.mldnjava.cn，MLDN 高端 Java 培训</title>
</head>
<body>
    <h2>你好，李兴华！</h2>
    <jsp:include page="inc.do"/>
</body>
</html>
```

本程序直接通过<jsp:include>语法包含了 inc.do 所指向的页面，程序的运行结果如图 17-7 所示。

图 17-7 IncludeAction 包含页面

17.5.3 DispatchAction

在原始的 Struts 开发中，一个 Action 中只包含一个 execute()方法，但是如果此时的项目很大，则会有多个业务类似的 Action 出现（例如，一个雇员的增加、修改、删除、查询就是多个相关业务，按照之前的做法需要编写 4 个 Action），会造成后期的维护困难，所

以在 Struts 中为了解决这样的问题，专门增加了一个 DispatchAction 类，此类继承 Action 类，并且完成分发的处理操作。

分发 Action 的使用与普通的 Action 类似，仍然要被一个类所继承，并且根据要求覆写方法，唯一不同的是，此时的方法可以有多个，而且这多个方法分别表示着不同的操作。

【例 17.22】　定义一个分发 Action——EmpAction.java

```
package org.lxh.struts.action;
import javax.servlet.http.HttpServletRequest;
import javax.servlet.http.HttpServletResponse;
import org.apache.struts.action.ActionForm;
import org.apache.struts.action.ActionForward;
import org.apache.struts.action.ActionMapping;
import org.apache.struts.actions.DispatchAction;
public class EmpAction extends DispatchAction {
    public ActionForward insert(ActionMapping mapping, ActionForm form,
            HttpServletRequest request, HttpServletResponse response) {
        return null;
    }
    public ActionForward update(ActionMapping mapping, ActionForm form,
            HttpServletRequest request, HttpServletResponse response) {
        return null;
    }
}
```

在此 Action 中继承了 DispatchAction 类，并且定义了 insert()和 update()两个方法，以后直接通过传递的参数就可以控制这些方法的调用。当然，如果要想正确地调用这些方法，还需要在相应的<action>节点中增加一些额外的配置。

【例 17.23】　配置分发 Action——修改 struts-config.xml

```
<action attribute="empForm" input="/ch17/error.jsp"
    name="empForm" parameter="status" path="/ch17/emp" scope="request"
    type="org.lxh.struts.action.EmpAction" />
```

在分发 Action 操作中一个决定性的参数就是 parameter，以后在传递时根据 status 的内容会调用 EmpAction 中的指定方法，例如：

☑　调用 insert()方法：/ch17/emp.do?**status=insert**。

☑　调用 update()方法：/ch17/emp.do?**status=update**。

注意

分发 Action 不能编写 execute()方法。

如果一个类继承了 DispatchAction 类，则在此类中一定不能编写 execute()方法，否则像 insert()和 update()方法都将无法正确调用。

分发 Action 在 Struts 的开发中非常有用，在本章随后的开发实战练习中，将全部采用分发 Action 进行程序的开发，读者对此一定要重点掌握。

17.6 验 证 框 架

在项目的开发中，对于输入数据的验证是一个重要且繁琐的过程，但是如果使用了 Struts 框架，则可以通过 ActionForm 中的 validate()方法对用户的输入数据进行验证。这种验证的方式存在以下两个局限：

☑ 必须通过程序代码来实现验证逻辑，如果验证逻辑发生变化，必须重新编写和编译程序代码。

☑ 当系统中存在多个 ActionForm 且验证逻辑相同时，会出现代码的重复操作。

为了解决这类问题，在 Struts 中提供了 Validator 框架以完成对于输入数据的验证功能。Validator 框架是随 Struts 一起提供的，所以要想启动验证框架，只需要在 struts-config.xml 文件中编写以下的配置即可。

```
<plug-in className="org.apache.struts.validator.ValidatorPlugIn">
	<set-property property="pathnames"
		value="/WEB-INF/validator-rules.xml,/WEB-INF/validation.xml" />
</plug-in>
```

在此配置中，通过<plug-in>元素定义了一个 Struts 验证框架的支持类 org.apache.struts.validator.ValidatorPlugIn，之后设置了此类所需要的属性（pathnames），此属性用于配置两个验证框架的支持文件，即 validator-rules.xml 和 validation.xml，这两个文件都保存在了 WEB-INF 文件夹中。

> **提示**
>
> **验证框架是一种第三方的组件。**
>
> 验证框架在 Struts 中属于一种补救的措施，在较早的时候 Struts 所有的验证都是由 ActionForm 完成的，但是这样一来就造成了 ActionForm 过多以及代码的重用性降低，所以为 Struts 专门引入了一个验证框架，可以发现，在配置时也是以插件（<plug-in>）的形式来配置验证框架的。

validator-rules.xml 文件属于验证规则的描述文件，其中定义了一些基本的验证规则，如验证不能为空（required）、验证是否是数字（integer）、验证是否是日期（date）、验证 E-mail（email）等，这个文件可以直接从 Struts 开发包中的 src 目录中搜索到，路径是 Struts 开发包\src\core\src\main\resources\org\apache\struts\validator\valdator-rules.xml。

在 validator-rules.xml 文件中定义了一些基本的验证规则，主要规则如表 17-3 所示。

表 17-3　validator-rules.xml 文件中定义的主要规则

No.	规 则 标 记	错误 key	描　述
1	required	errors.required	被验证的字段不能为空
2	minlength	errors.minlength	被验证的字段的最小长度
3	maxlength	errors.maxlength	被验证的字段的最大长度
4	integer	errors.integer	被验证的字段必须是整数
5	double	errors.float	被验证的字段必须是小数
6	date	errors.date	被验证的字段必须是日期型，需要通过 datePatternStrict 设置日期模板
7	email	errors.email	被验证的字段必须是 email 格式
8	url	errors.url	被验证的字段必须是 url 格式

由于所有的错误信息都是通过 ApplicationResources.properties 文件保存的，所以表 17-3 中所列出的错误 key 是指在 ApplicationResources.properties 中配置的 key 信息，这一点可以从 validator-rules.xml 文件中发现，例如，下面即为 validator-rules.xml 中 required 的配置信息。

【例 17.24】 validator-rules.xml 中 required 的配置信息

```
<validator name="required"
        classname="org.apache.struts.validator.FieldChecks"
        method="validateRequired"
        methodParams="java.lang.Object,
            org.apache.commons.validator.ValidatorAction,
            org.apache.commons.validator.Field,
            org.apache.struts.action.ActionMessages,
            org.apache.commons.validator.Validator,
            javax.servlet.http.HttpServletRequest"
        msg="errors.required"/>
```

在此配置中的 msg 属性表示的就是对应的错误 key 的名称，每一个验证规则的错误信息，都会通过 msg 属性指定。

validator-rules.xml 提供的是一个验证规则的标准，而 validation.xml 文件为用户针对于每一个 ActionForm 编写的验证规则文件，这个文件要依靠与用户输入的表单来编写，例如，下面定义了一个 validation.xml 文件，用于验证用户输入的 ID、年龄、生日、email 是否正确。

【例 17.25】 编写 validation.xml 文件——/WEB-INF/validation.xml

```
<?xml version="1.0" encoding="GBK"?>
<!DOCTYPE form-validation PUBLIC
        "-//Apache Software Foundation//DTD Commons Validator Rules Configuration
1.3.0//EN" "http://jakarta.apache.org/commons/dtds/validator_1_3_0.dtd">
<form-validation>
    <formset>
        <!-- 表示要验证的 ActionForm -->
        <form name="memberForm">
            <field property="mid"
                depends="maxlength,minlength,required">          <!-- 验证 mid -->
```

```
                <arg key="err.mid" resource="true" />
                <arg name="minlength" key="${var:minlength}"
                    resource="false" position="1" />
                <arg name="minlength" key="${var:maxlength}"
                    resource="false" position="2" />
                <arg name="maxlength" key="${var:minlength}"
                    resource="false" position="1" />
                <arg name="maxlength" key="${var:maxlength}"
                    resource="false" position="2" />
                <var>
                    <var-name>minlength</var-name>             <!-- 最大长度 -->
                    <var-value>6</var-value>
                </var>
                <var>
                    <var-name>maxlength</var-name>             <!-- 最小长度 -->
                    <var-value>15</var-value>
                </var>
            </field>
            <field property="age" depends="required,integer">      <!-- 验证 age -->
                <arg key="err.age" resource="true" />
            </field>
            <field property="birthday" depends="required,date">    <!-- 验证 birthday -->
                <arg key="err.birthday" resource="true" />
                <var>
                    <var-name>datePatternStrict</var-name>     <!-- 验证模式 -->
                    <var-value>yyyy-MM-dd</var-value>
                </var>
            </field>
            <field property="email" depends="required,email">      <!-- 验证 email -->
                <arg key="err.email" resource="true" />
            </field>
        </form>
    </formset>
</form-validation>
```

本配置通过<field>节点分别为 mid、age、birthday 和 email 4 个属性进行了验证规则的配置，所有的属性都必须填写，而且在 mid 处设置了其长度范围为 6～15 位，age 必须是数字，date 通过 datePatternStrict 指定了一个验证的模板，email 通过 email 格式的验证规则进行验证。在每一个<field>节点中都配置了一个<arg>元素，用于从资源文件（ApplicationResource.properties）中取出资源信息，例如，mid 的<arg>如下：

```
<arg key="err.mid" resource="true" />
```

此配置中的两个属性介绍如下。

- ☑ key：表示从 ApplicationResource.properties 文件中读取信息，并且通过资源文件中的占位符进行内容设置。
- ☑ resource：为 true 表示使用资源文件。

但是在 mid 的验证信息中，由于要设置数据的长度范围，所以增加了以下的几个配置：

```
    <arg name="minlength" key="${var:minlength}" resource="false" position="1" />
    <arg name="minlength" key="${var:maxlength}" resource="false" position="2" />
    <arg name="maxlength" key="${var:minlength}" resource="false" position="1" />
    <arg name="maxlength" key="${var:maxlength}" resource="false" position="2" />
```

本配置表示的是配置输入数据长度范围，minlength 表示的是最小长度，maxlength 表示的是最大长度，但是这两个长度分别由以下两个配置决定，所以在 key 属性处使用了“${var:minlength}”形式，position 表示的是占位符的位置。

```
    <var>
        <var-name>minlength</var-name>                    <!-- 最大长度 -->
        <var-value>6</var-value>
    </var>
    <var>
        <var-name>maxlength</var-name>                    <!-- 最小长度 -->
        <var-value>15</var-value>
    </var>
```

使用以上的验证规则时，还需要在 ApplicationResource.properties 文件中编写具体的资源信息。

【例 17.26】 编写 ApplicationResource.properties 文件

```
# 用户 ID
err.mid = \u7528\u6237ID
# 用户年龄
err.age = \u7528\u6237\u5e74\u9f84
# 生日
err.birthday = \u751f\u65e5
# 邮箱
err.email = \u90ae\u7bb1
# {0}不能为空！
errors.required = {0}\u4e0d\u80fd\u4e3a\u7a7a\uff01
# {0}必须是数字！
errors.integer = {0}\u5fc5\u987b\u662f\u6570\u5b57\uff01
# {0}格式不正确！
errors.date = {0}\u683c\u5f0f\u4e0d\u6b63\u786e\uff01
# 邮箱格式不正确！
errors.email = \u90ae\u7bb1\u683c\u5f0f\u4e0d\u6b63\u786e\uff01
```

资源文件和验证规则编写完成之后，下面就需要定义一个可以使用验证规则的 ActionForm 类，即 DynaValidatorForm，此类与 DynaActionForm 类似也属于动态 ActionForm，但是通过此类配置的动态 ActionForm 可以使用验证框架对输入数据进行验证。

【例 17.27】 修改 struts-config.xml 文件，增加 DynaValidatorForm 的配置

```
<form-beans>
    <form-bean name="memberForm" type="org.apache.struts.validator.DynaValidatorForm">
        <form-property name="mid" type="java.lang.String"/>
        <form-property name="age" type="java.lang.Integer"/>
```

```
        <form-property name="birthday" type="java.lang.String"/>
        <form-property name="email" type="java.lang.String"/>
    </form-bean>
</form-beans>
```

以上一共配置了 mid、age、birthday 和 email 4 个 ActionForm 属性，这 4 个属性分别与 validation.xml 文件中要验证的属性名称一致，下面定义一个 Action 用于输出这些属性的内容。

【例 17.28】 定义 MemberAction，输出表单参数——MemberAction.java

```java
package org.lxh.struts.action;
import javax.servlet.http.HttpServletRequest;
import javax.servlet.http.HttpServletResponse;
import org.apache.struts.action.ActionForm;
import org.apache.struts.action.ActionForward;
import org.apache.struts.action.ActionMapping;
import org.apache.struts.actions.DispatchAction;
import org.apache.struts.validator.DynaValidatorForm;
public class MemberAction extends DispatchAction {
    public ActionForward insert(ActionMapping mapping, ActionForm form,
            HttpServletRequest request, HttpServletResponse response) {
        DynaValidatorForm dyna = (DynaValidatorForm) form;
        System.out.println("ID --> " + dyna.getString("mid"));
        System.out.println("AGE --> " + dyna.get("age"));
        System.out.println("BIRTHDAY --> " + dyna.getString("birthday"));
        System.out.println("EMAIL --> " + dyna.getString("email"));
        return null;
    }
}
```

此处使用的是分发 Action，而且操作的方法名称为 insert()，这就意味着在以后进行表单提交时，必须传递一个参数，而且这个参数的内容必须是 insert。

下面最重要的就是在 struts-config.xml 文件中配置此 Action，但是这里需要注意的是，由于此处是分发 Action，所以必须配置 parameter 参数。另外，由于此时使用了验证框架，所以必须将 validate 参数配置为 true，表示使用验证框架。

【例 17.29】 配置 struts-config.xml 文件

```
    <action-mappings>
        <action parameter="status" path="/ch17/member"
            type="org.lxh.struts.action.MemberAction" attribute="memberForm"
            input="/ch17/member.jsp" name="memberForm" scope="request" validate="true"/>
    </action-mappings>
```

配置完 struts-config.xml 文件后就需要在 JSP 页面中编写表单，并且使用验证框架进行验证。

【例 17.30】 编写 JSP 文件，使用验证框架——member.jsp

```
<%@ page language="java" pageEncoding="GBK"%>
<%@ taglib uri="http://www.mldn.cn/struts/bean" prefix="bean"%>
```

```
<%@ taglib uri="http://www.mldn.cn/struts/html" prefix="html"%>
<%@ taglib uri="http://www.mldn.cn/struts/logic" prefix="logic"%>
<html:html lang="true">
<head>
    <title>www.mldnjava.cn，MLDN 高端 Java 培训</title>
</head>
<body>
    <html:form action="/ch17/member.do" method="post" onsubmit="return validateMemberForm(this)">
        ID：<html:text property="mid"/><br>
        年龄：<html:text property="age"/><br>
        生日：<html:text property="birthday"/><br>
        邮箱：<html:text property="email"/><br>
        <html:hidden property="status" value="insert"/>      <!-- 分发 Action 使用 -->
        <html:submit value="提交"/><html:reset value="重置"/>
    </html:form>
    <html:javascript formName="memberForm"/>
</body>
</html:html>
```

本页面使用了<html:javascript>标签表示将按照 JavaScript 的方式进行验证，之后又在<html:form>标签上使用了 onsubmit 事件进行表单验证，此时表单验证的函数就是通过<javascript>标签生成，可以直接通过页面源代码查找，如图 17-8 所示。

程序的运行结果如图 17-9 所示，此时如果输入的数据有错误将会出现错误信息，如图 17-10 所示。

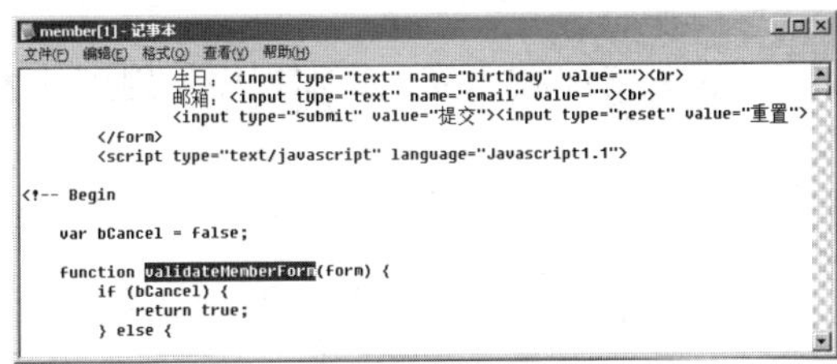

图 17-8　查找生成后的源文件

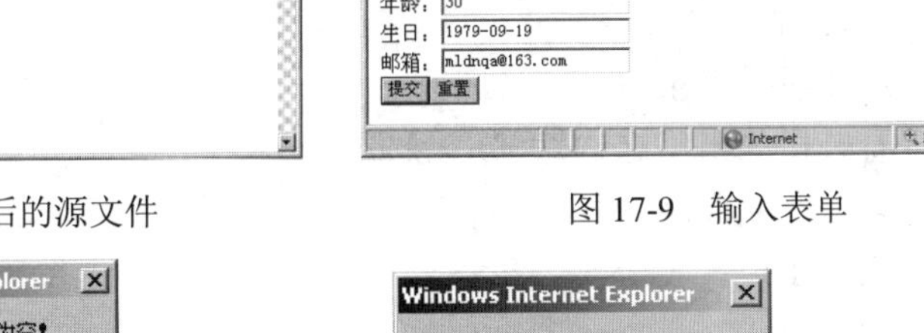

图 17-9　输入表单

（a）没有输入数据

（b）年龄输入错误

图 17-10　验证出错

提示

验证框架只要了解其原理即可。

验证框架看起来很方便，但实际上却非常的不实用，而且有时规定的过于死板，而导致程序开发困难，所以建议读者只了解验证框架的使用即可。

17.7 本 章 摘 要

1．如果多人同时进行 Struts 开发，可以通过 web.xml 配置多个 struts 配置文件。

2．使用 Token 可以解决重复提交的问题，Token 的运行原理就是根据设置 session 属性范围来操作的。

3．在 Struts 中使用 FileUpload 组件完成文件上传，通过<html:file>标签可以指定上传文件，而通过 FormFile 类可以接收上传文件。

4．通过配置动态 ActionForm 可以避免由于 ActionForm 过多所造成的问题，动态 ActionForm 是通过配置完成的。

5．通过分发 Action 可以让一个 Action 处理更多的功能，但是要想实现分发，则还必须在对应的 action 元素中指定 parameter 属性，用于指定方法的名称。

6．通过验证框架可以轻松地完成表单数据验证的功能，但是由于其配置较多，而且限制较多，所以在开发中并不常用。

17.8 开发实战练习（基于 Oracle 数据库）

综合实战开发：购物网站整体实现，使用 Struts + Ajax 技术完成。本程序使用到的表之间的关系如图 17-11 所示。

（1）前台用户功能

① 用户注册及登录。

② 查看公司的组织结构，部门-雇员。

③ 查看所有的商品。

④ 购物车实现。

⑤ 新闻浏览。

（2）后台管理员功能

① 管理员信息维护。

② 雇员-部门信息维护。

③ 商品类别维护。

④ 商品信息维护。

⑤ 新闻信息维护。

⑥ 用户订单维护。

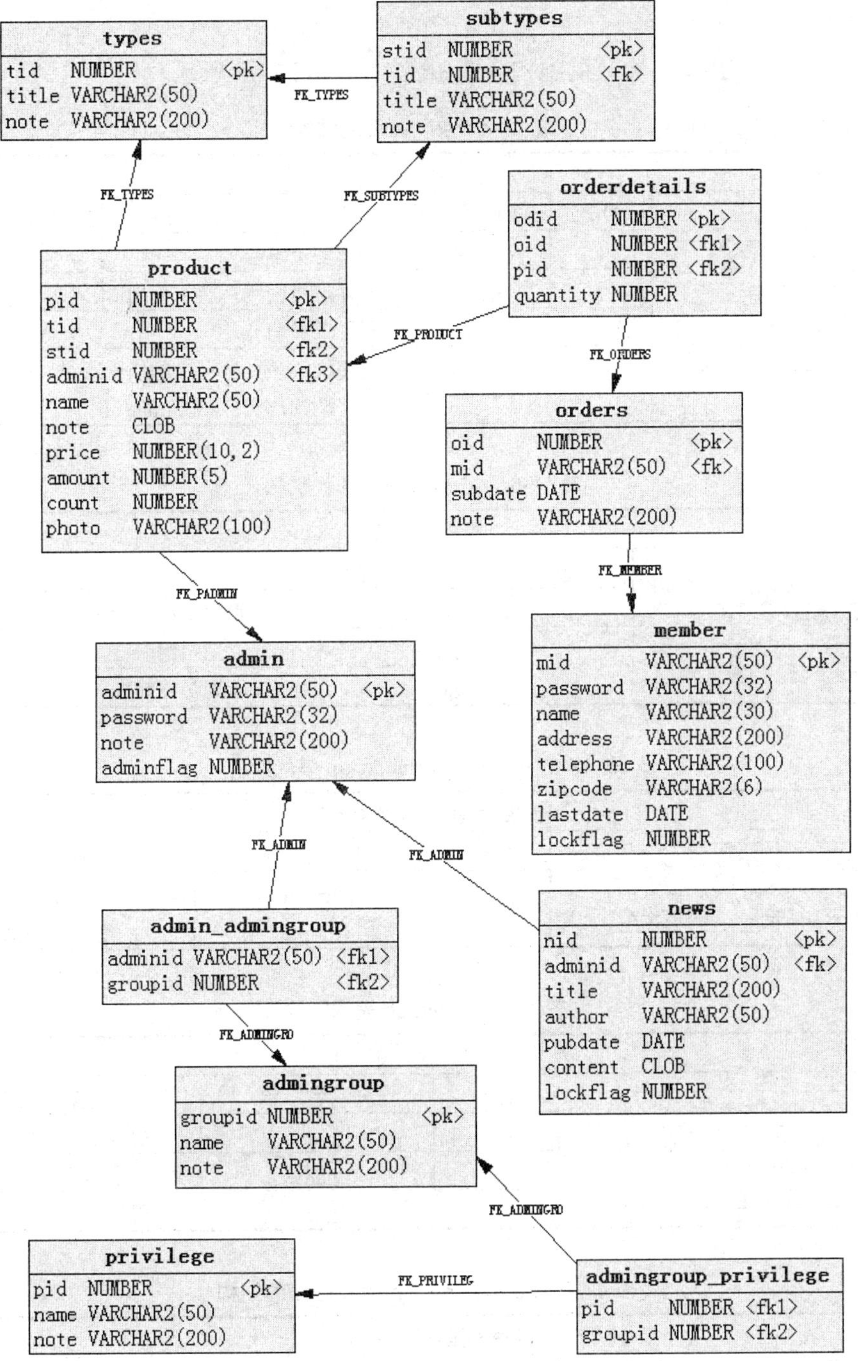

图 17-11　各表之间的关系

由于本程序将涉及之前所有的表结构，除以上的几张表外，还将包括之前的 dept-emp 表，所以下面按照功能进行程序的详细说明。

1．管理员权限管理

（1）本模块使用的 5 个表的结构分别如表 17-4～表 17-8 所示。

表 17-4　admin 表的结构

管 理 员 表

```
admin
adminid    VARCHAR2(50)   <pk>
password   VARCHAR2(32)
note       VARCHAR2(200)
adminflag  NUMBER
```

No.	列 名 称	描 述
1	adminid	管理员编号
2	password	管理员密码，要求使用 MD5 加密
3	note	管理员简介
4	adminflag	超级管理员标记，超级管理员：adminflag=0，普通管理员：adminflag=1

表 17-5　admingroup 表的结构

管理员组表

```
admingroup
groupid  NUMBER          <pk>
name     VARCHAR2(50)
note     VARCHAR2(200)
```

No.	列 名 称	描 述
1	groupid	管理员组编号，序列生成
2	name	管理员组名称
3	note	管理员组简介

表 17-6　admin_admingroup 表的结构

管理员-管理员组关系表

```
admin_admingroup
adminid VARCHAR2(50)  <fk1>
groupid NUMBER        <fk2>
```

No.	列 名 称	描 述
1	adminid	管理员编号
2	groupid	管理员组编号

表 17-7　privilege 表的结构

权 限 表

```
privilege
pid   NUMBER          <pk>
name  VARCHAR2(50)
note  VARCHAR2(200)
```

No.	列 名 称	描 述
1	pid	权限编号，序列生成
2	name	权限名称
3	note	权限简介

表 17-8　admingroup_privilege 表的结构

管理员组-权限关系表

```
admingroup_privilege
pid      NUMBER  <fk1>
groupid  NUMBER  <fk2>
```

No.	列 名 称	描 述
1	pid	权限编号
2	groupid	组编号

（2）本模块的主要业务。本模块使用到的表之间的关系分别如图 17-12 和图 17-13 所示。

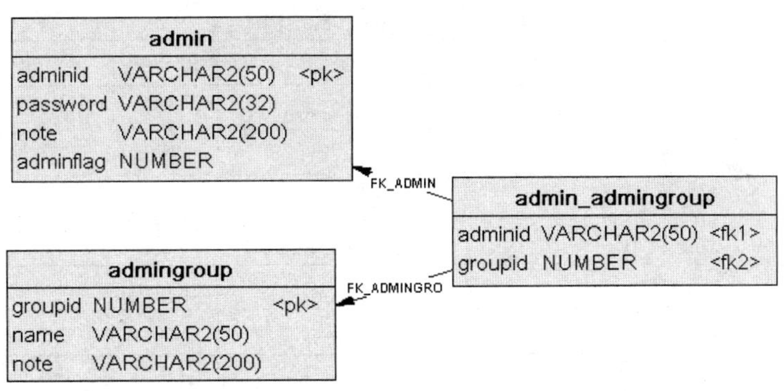

图 17-12　各表之间的关系

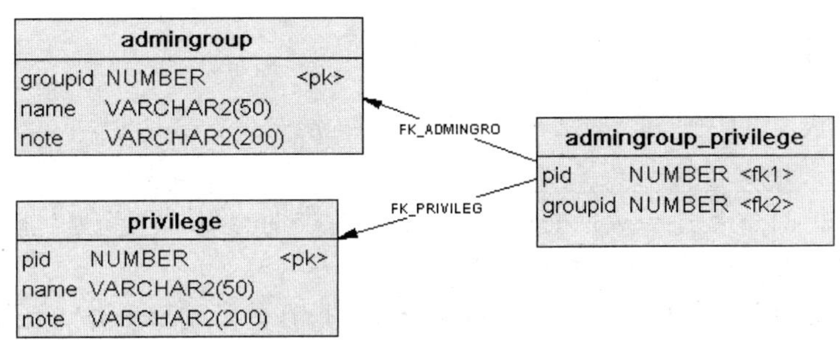

图 17-13　各表之间的关系

① 在本系统中只允许有一个超级管理员，超级管理员可以修改自己的登录密码，在修改之前需要先输入原始密码，之后才允许更新，也可以更新其他各个管理员的密码，并且超级管理员不允许删除。

② 一个管理员可以在不同的管理员组中，每个管理员组有不同的权限，当添加或修改管理员信息时，可以分配其所在的管理员组，也可以查看这个管理员组所具有的权限。

③ 超级管理员可以添加管理员组，添加管理员组时可以为其分配该组所具备的权限。

2. 用户管理

（1）本模块使用的 member 表的结构如表 17-9 所示。

（2）本模块的主要业务。

① 用户通过前台进行注册，已锁定的用户无法登录。

② 后台管理员可以查看一个用户的基本信息，也可以查看一个用户所有的订单，且可以控制一个用户的锁定状态。

表 17-9　member 表的结构

成 员 表			
member	No.	列 名 称	描　　述
mid VARCHAR2(50) <pk>	1	mid	用户登录 id
password VARCHAR2(32)	2	password	用户登录密码
name VARCHAR2(30)	3	name	真实姓名
address VARCHAR2(200)	4	address	用户的住址
telephone VARCHAR2(100)	5	telephone	联系电话
zipcode VARCHAR2(6)	6	zipcode	邮政编码
lastdate DATE	7	lastdate	最后一次登录时间
lockflag NUMBER	8	lockflag	用户锁定标记，活动：lockflag=0，锁定：lockflag=1

3．产品管理

（1）本模块所使用到的表的结构分别如表 17-10～表 17-12 所示。

（2）本模块业务。

① 具有维护商品类别-子类别的管理员可以进行类别的添加、修改、删除等操作。

② 一个商品类别可以包含许多的子类别信息。

③ 添加商品时要有相应的权限，必须选择商品所在的类别及子类别信息。

④ 前台用户在每次浏览商品信息时，应该在浏览次数上加 1。

表 17-10　types 表的结构

商品类别表			
types	No.	列 名 称	描　　述
tid NUMBER <pk>	1	tid	商品类别编号，自动增长
title VARCHAR2(50)	2	title	商品类别名称
note VARCHAR2(200)	3	note	商品类别简介

表 17-11　subtypes 表的结构

商品子类别表			
subtypes	No.	列 名 称	描　　述
stid NUMBER <pk>	1	stid	子类别编号，自动增长
tid NUMBER <fk>	2	tid	对应的父类别编号
title VARCHAR2(50)	3	title	子类别名称
note VARCHAR2(200)	4	note	子类别简介

表 17-12　product 表的结构

产　品　表

product		
pid	NUMBER	<pk>
tid	NUMBER	<fk1>
stid	NUMBER	<fk2>
adminid	VARCHAR2(50)	<fk3>
name	VARCHAR2(50)	
note	CLOB	
price	NUMBER(10,2)	
amount	NUMBER(5)	
count	NUMBER	
photo	VARCHAR2(100)	

No.	列　名　称	描　　述
1	pid	产品编号，自动增长
2	tid	商品所属的类别编号
3	stid	商品所属的子类别编号
4	name	产品名称
5	note	产品简介
6	price	产品单价
7	amount	产品数量
8	count	产品点击量
9	photo	产品图片
10	adminid	添加此产品的管理员

4．订单管理

（1）本模块所使用到的表之间的关系如图 17-14 所示。orders 表和 orderdetails 表的结构分别如表 17-13 和表 17-14 所示。

（2）本模块业务。

① 用户登录后可以对购买的商品进行订单的提交。

② 在后台订单可以由专门负责订单的管理员进行查询操作。

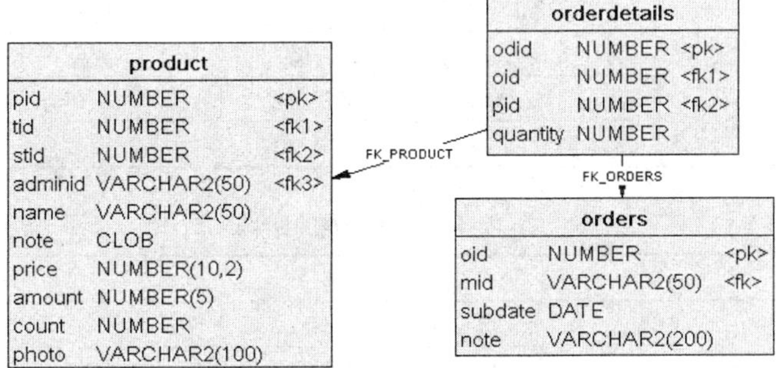

图 17-14　各表之间的关系

表 17-13　orders 表的结构

订　单　表

orders		
oid	NUMBER	<pk>
mid	VARCHAR2(50)	<fk>
subdate	DATE	
note	VARCHAR2(200)	

No.	列　名　称	描　　述
1	oid	订单编号，自动生成
2	mid	用户编号
3	subdate	订单提交日期
4	note	订单留言

表 17-14　orderdetails 表的结构

订 单 表

orderdetails
odid NUMBER <pk>
oid NUMBER <fk1>
pid NUMBER <fk2>
quantity NUMBER

No.	列 名 称	描 述
1	odid	订单详情编号，自动生成
2	oid	订单编号
3	pid	购买商品编号
4	quantity	购买数量

5．组织列表

（1）本模块所使用的 dept 表和 emp 表之间的关系如图 17-15 所示。这两个表的结构分别如表 17-15 和表 17-16 所示。

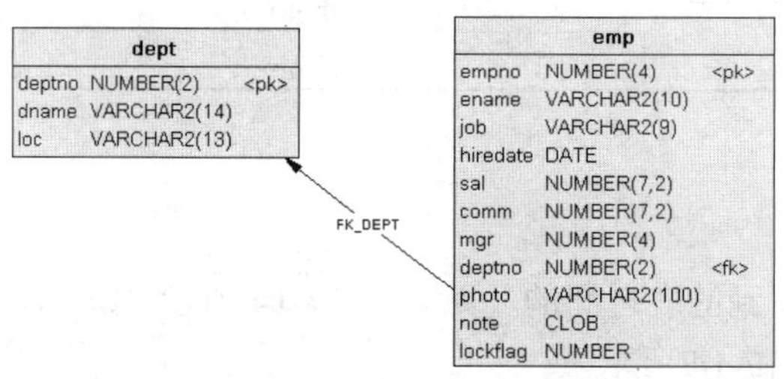

图 17-15　dept 表和 emp 表之间的关系

表 17-15　dept 表的结构

部 门 表

dept
deptno NUMBER(2) <pk>
dname VARCHAR2(14)
loc VARCHAR2(13)

No.	列 名 称	描 述
1	deptno	部门编号，使用数字表示，长度是 4 位数字
2	dname	部门名称，使用字符串表示，长度是 14 位字符串
3	loc	部门位置，使用字符串表示，长度是 13 位字符串

表 17-16　emp 表的结构

雇 员 表

emp
empno NUMBER(4) <pk>
ename VARCHAR2(10)
job VARCHAR2(9)
hiredate DATE
sal NUMBER(7,2)
comm NUMBER(7,2)
mgr NUMBER(4)
deptno NUMBER(2) <fk>
photo VARCHAR2(100)
note CLOB
lockflag NUMBER

No.	列 名 称	描 述
1	empno	雇员编号，使用数字表示，长度是 4 位数字
2	ename	雇员姓名，使用字符串表示，长度是 10 位字符串
3	job	雇员工作
4	hiredate	雇佣日期，使用日期形式表示
5	sal	基本工资
6	comm	奖金，使用小数表示
7	mgr	雇员对应的领导编号
8	deptno	一个雇员对应的部门编号
9	photo	保存雇员的照片路径
10	note	雇员简介
11	lockflag	雇员锁定标记，活动：lockflag=0、锁定：lockflag=1

（2）本模块业务。

① 管理员在后台可以进行部门及雇员的维护，但是需要有相关的访问权限。

② 前台用户可以通过组织列表查看所有的部门，并可以通过部门找到本部门所有雇员的信息。

数据库创建脚本：

```
-- 删除表
DROP TABLE ordersdetail ;
DROP TABLE orders ;
DROP TABLE news ;
DROP TABLE product ;
DROP TABLE admin_admingroup ;
DROP TABLE admingroup_privilege ;
DROP TABLE admin ;
DROP TABLE admingroup ;
DROP TABLE privilege ;
DROP TABLE subtypes ;
DROP TABLE types ;
DROP TABLE member ;
-- 清空回收站
PURGE RECYCLEBIN ;
-- 删除序列
DROP SEQUENCE groseq ;
DROP SEQUENCE priseq ;
DROP SEQUENCE proseq ;
DROP SEQUENCE tidseq ;
DROP SEQUENCE stidseq ;
DROP SEQUENCE ordseq ;
DROP SEQUENCE odseq ;
DROP SEQUENCE newsseq ;
-- 创建序列
CREATE SEQUENCE groseq ;
CREATE SEQUENCE priseq ;
CREATE SEQUENCE proseq ;
CREATE SEQUENCE tidseq ;
CREATE SEQUENCE stidseq ;
CREATE SEQUENCE ordseq ;
CREATE SEQUENCE odseq ;
CREATE SEQUENCE newsseq ;
-- 创建表
CREATE TABLE member(
      mid            VARCHAR2(50)          PRIMARY KEY ,
      password       VARCHAR2(32)          NOT NULL ,
      name           VARCHAR2(30)          NOT NULL ,
      address        VARCHAR2(200)         NOT NULL ,
      telephone      VARCHAR2(100)         NOT NULL ,
      zipcode        VARCHAR2(6)           NOT NULL ,
      lastdate       DATE                  DEFAULT sysdate ,
```

```
    lockflag        NUMBER                  DEFAULT 1
) ;
-- 创建表
CREATE TABLE admin(
    adminid         VARCHAR2(50)            PRIMARY KEY ,
    password        VARCHAR2(32)            NOT NULL ,
    note            VARCHAR2(200)           NOT NULL ,
    adminflag       NUMBER                  DEFAULT 1
) ;
CREATE TABLE admingroup(
    groupid         NUMBER                  PRIMARY KEY ,
    name            VARCHAR2(50)            NOT NULL ,
    note            VARCHAR2(200)
) ;
CREATE TABLE privilege(
    pid             NUMBER                  PRIMARY KEY ,
    name            VARCHAR2(50)            NOT NULL ,
    note            VARCHAR2(200)
) ;
CREATE TABLE admin_admingroup(
    adminid     VARCHAR2(50)        REFERENCES admin(adminid) ON DELETE CASCADE ,
    groupid     NUMBER              REFERENCES admingroup(groupid) ON DELETE CASCADE
) ;
CREATE TABLE admingroup_privilege(
    pid             NUMBER              REFERENCES privilege(pid) ON DELETE CASCADE ,
    groupid         NUMBER              REFERENCES admingroup(groupid) ON DELETE CASCADE
) ;
CREATE TABLE types(
    tid         NUMBER                  PRIMARY KEY ,
    title       VARCHAR2(50)            NOT NULL ,
    note        VARCHAR2(200)
) ;
CREATE TABLE subtypes(
    stid        NUMBER                  PRIMARY KEY ,
    tid         NUMBER                  REFERENCES types(tid) ON DELETE CASCADE ,
    title       VARCHAR2(50)            NOT NULL ,
    note        VARCHAR2(200)
) ;
CREATE TABLE news(
    nid             NUMBER              PRIMARY KEY ,
    adminid         VARCHAR2(50)        REFERENCES admin(adminid) ,
    title           VARCHAR2(200)       NOT NULL ,
    author          VARCHAR2(200)       NOT NULL ,
    pubdate         DATE                DEFAULT sysdate ,
    content         CLOB                NOT NULL ,
    lockflag        NUMBER              DEFAULT 1
) ;
CREATE TABLE product(
    pid             NUMBER              PRIMARY KEY ,
```

```
    tid             NUMBER              REFERENCES types(tid) ON DELETE CASCADE ,
    stid            NUMBER              REFERENCES subtypes(stid) ON DELETE CASCADE ,
    adminid         VARCHAR2(50)        REFERENCES admin(adminid) ,
    name            VARCHAR2(50)        NOT NULL ,
    note            CLOB                ,
    price           NUMBER              NOT NULL ,
    amount          NUMBER ,
    count           NUMBER              DEFAULT 0 ,
    photo           VARCHAR2(100)       DEFAULT 'nophoto.jpg'
) ;
CREATE TABLE orders(
    oid             NUMBER              PRIMARY KEY ,
    mid             VARCHAR2(50)        REFERENCES member(mid) ON DELETE CASCADE ,
    subdate         DATE                DEFAULT sysdate ,
    note            VARCHAR2(200)
) ;
CREATE TABLE ordersdetail(
    odid            NUMBER              PRIMARY KEY ,
    pid             NUMBER              REFERENCES product(pid) ON DELETE CASCADE ,
    oid             NUMBER              REFERENCES orders(oid) ON DELETE CASCADE ,
    quantity        NUMBER
) ;
-- 插入测试数据
INSERT INTO member(mid,password,name,address,telephone,zipcode) VALUES
    ('admin','21232F297A57A5A743894A0E4A801FC3','管理员','北京魔乐科技软件学院
（www.MLDNJAVA.cn）','01051283346','100088') ;
INSERT INTO member(mid,password,name,address,telephone,zipcode) VALUES
    ('guest','084E0343A0486FF05530DF6C705C8BB4','游客','北京魔乐科技软件学院
（www.MLDNJAVA.cn）','01051283346','100088') ;
INSERT INTO member(mid,password,name,address,telephone,zipcode) VALUES
    ('lixinghua','BF13B866C3FA6751004A4ED599FAFC49','李兴华','北京魔乐科技软件学院
（www.MLDNJAVA.cn）','01051283346','100088') ;
-- 插入测试数据——管理员
INSERT INTO admin(adminid,password,note,adminflag) VALUES ('mldnadmin','8BF7CCC368F11
D26C686D727BE882C13','超级管理员',0) ;
INSERT INTO admin(adminid,password,note,adminflag) VALUES ('admin','21232F297A57A5
A743894A0E4A801FC3','普通管理员',1) ;
-- 插入测试数据——管理权限
INSERT INTO privilege(pid,name,note) VALUES (priseq.nextval,'增加管理员','-') ;
INSERT INTO privilege(pid,name,note) VALUES (priseq.nextval,'更新管理员','-') ;
INSERT INTO privilege(pid,name,note) VALUES (priseq.nextval,'删除管理员','-') ;
INSERT INTO privilege(pid,name,note) VALUES (priseq.nextval,'查看管理员','-') ;
INSERT INTO privilege(pid,name,note) VALUES (priseq.nextval,'添加商品','-') ;
INSERT INTO privilege(pid,name,note) VALUES (priseq.nextval,'查看商品','-') ;
INSERT INTO privilege(pid,name,note) VALUES (priseq.nextval,'修改商品','-') ;
INSERT INTO privilege(pid,name,note) VALUES (priseq.nextval,'更新商品','-') ;
INSERT INTO privilege(pid,name,note) VALUES (priseq.nextval,'添加新闻','-') ;
INSERT INTO privilege(pid,name,note) VALUES (priseq.nextval,'更新新闻','-') ;
INSERT INTO privilege(pid,name,note) VALUES (priseq.nextval,'查看新闻','-') ;
```

```
INSERT INTO privilege(pid,name,note) VALUES (priseq.nextval,'删除新闻','-') ;
INSERT INTO privilege(pid,name,note) VALUES (priseq.nextval,'增加部门','-') ;
INSERT INTO privilege(pid,name,note) VALUES (priseq.nextval,'删除部门','-') ;
INSERT INTO privilege(pid,name,note) VALUES (priseq.nextval,'查看部门','-') ;
INSERT INTO privilege(pid,name,note) VALUES (priseq.nextval,'修改部门','-') ;
INSERT INTO privilege(pid,name,note) VALUES (priseq.nextval,'增加雇员','-') ;
INSERT INTO privilege(pid,name,note) VALUES (priseq.nextval,'查看雇员','-') ;
INSERT INTO privilege(pid,name,note) VALUES (priseq.nextval,'删除雇员','-') ;
INSERT INTO privilege(pid,name,note) VALUES (priseq.nextval,'修改雇员','-') ;
-- 插入测试数据——管理员组
INSERT INTO admingroup(groupid,name,note) VALUES (groseq.nextval,'系统管理员组','-') ;
INSERT INTO admingroup(groupid,name,note) VALUES (groseq.nextval,'信息管理员组','-') ;
-- 插入测试数据——管理员-管理员组
INSERT INTO admin_admingroup(adminid,groupid) VALUES ('mldnadmin',1) ;
INSERT INTO admin_admingroup(adminid,groupid) VALUES ('mldnadmin',2) ;
INSERT INTO admin_admingroup(adminid,groupid) VALUES ('admin',2) ;
-- 插入测试数据——管理员-权限
INSERT INTO admingroup_privilege(pid,groupid) VALUES (1,1) ;
INSERT INTO admingroup_privilege(pid,groupid) VALUES (2,1) ;
INSERT INTO admingroup_privilege(pid,groupid) VALUES (3,1) ;
INSERT INTO admingroup_privilege(pid,groupid) VALUES (4,1) ;
INSERT INTO admingroup_privilege(pid,groupid) VALUES (5,2) ;
INSERT INTO admingroup_privilege(pid,groupid) VALUES (6,2) ;
INSERT INTO admingroup_privilege(pid,groupid) VALUES (7,2) ;
INSERT INTO admingroup_privilege(pid,groupid) VALUES (8,2) ;
INSERT INTO admingroup_privilege(pid,groupid) VALUES (9,2) ;
INSERT INTO admingroup_privilege(pid,groupid) VALUES (10,2) ;
INSERT INTO admingroup_privilege(pid,groupid) VALUES (11,2) ;
INSERT INTO admingroup_privilege(pid,groupid) VALUES (12,2) ;
INSERT INTO admingroup_privilege(pid,groupid) VALUES (13,2) ;
INSERT INTO admingroup_privilege(pid,groupid) VALUES (14,2) ;
INSERT INTO admingroup_privilege(pid,groupid) VALUES (15,2) ;
INSERT INTO admingroup_privilege(pid,groupid) VALUES (16,2) ;
INSERT INTO admingroup_privilege(pid,groupid) VALUES (17,2) ;
INSERT INTO admingroup_privilege(pid,groupid) VALUES (18,2) ;
INSERT INTO admingroup_privilege(pid,groupid) VALUES (19,2) ;
INSERT INTO admingroup_privilege(pid,groupid) VALUES (20,2) ;
-- 插入测试数据——类别
INSERT INTO types(tid,title,note) VALUES (tidseq.nextval,'图书','-') ;
INSERT INTO types(tid,title,note) VALUES (tidseq.nextval,'影音','-') ;
-- 插入测试数据——子类别
INSERT INTO subtypes(stid,tid,title,note) VALUES (stidseq.nextval,1,'编程图书','-') ;
INSERT INTO subtypes(stid,tid,title,note) VALUES (stidseq.nextval,1,'图像处理','-') ;
INSERT INTO subtypes(stid,tid,title,note) VALUES (stidseq.nextval,1,'企业管理','-') ;
INSERT INTO subtypes(stid,tid,title,note) VALUES (stidseq.nextval,2,'电影','-') ;
INSERT INTO subtypes(stid,tid,title,note) VALUES (stidseq.nextval,2,'音乐','-') ;
-- 插入测试数据——产品
INSERT INTO product(pid,tid,stid,adminid,name,note,price,amount) VALUES
    (proseq.nextval,1,1,'mldnadmin','Oracle 数据库开发','基本 SQL、DBA 入门',69.8,30) ;
```

```
INSERT INTO product(pid,tid,stid,adminid,name,note,price,amount) VALUES
      (proseq.nextval,1,1,'mldnadmin','Java 开发实战经典','一本最好的 Java 入门书籍',79.8,30) ;
INSERT INTO product(pid,tid,stid,adminid,name,note,price,amount) VALUES
      (proseq.nextval,1,1,'mldnadmin','Java Web 开发实战经典','JSP、Servlet、Ajax、Struts',99.8,20) ;
INSERT INTO product(pid,tid,stid,adminid,name,note,price,amount) VALUES
      (proseq.nextval,1,1,'mldnadmin','Spring 开发手册','Spring、MVC、标签',57.9,20) ;
INSERT INTO product(pid,tid,stid,adminid,name,note,price,amount) VALUES
      (proseq.nextval,1,1,'mldnadmin','Hibernate 实战精讲','ORMapping',87.3,10) ;
INSERT INTO product(pid,tid,stid,adminid,name,note,price,amount) VALUES
      (proseq.nextval,1,1,'mldnadmin','Struts 2.0 权威开发','WebWork、Struts 2.0',70.3,23) ;
INSERT INTO product(pid,tid,stid,adminid,name,note,price,amount) VALUES
      (proseq.nextval,1,1,'mldnadmin','SQL Server 指南','SQL Server 数据库',29.8,11) ;
INSERT INTO product(pid,tid,stid,adminid,name,note,price,amount) VALUES
      (proseq.nextval,1,1,'mldnadmin','Windows 指南','基本使用',23.2,20) ;
INSERT INTO product(pid,tid,stid,adminid,name,note,price,amount) VALUES
      (proseq.nextval,1,1,'mldnadmin','Linux 操作系统','原理、内核、基本命令',37.9,10) ;
INSERT INTO product(pid,tid,stid,adminid,name,note,price,amount) VALUES
      (proseq.nextval,1,1,'mldnadmin','企业开发架构','企业开发原理、成本、分析',109.5,20) ;
INSERT INTO product(pid,tid,stid,adminid,name,note,price,amount) VALUES
      (proseq.nextval,1,1,'mldnadmin','分布式开发','RMI、EJB、Web 服务',200.8,10) ;
INSERT INTO product(pid,tid,stid,adminid,name,note,price,amount) VALUES
      (proseq.nextval,1,1,'mldnadmin','SEAM（JSF + EJB 3.0）','JSF、SEAM、EJB 3.0',80.2,15) ;
-- 事务提交
COMMIT ;
```

第5部分

附录

- JavaMail
- 使用Java操作Excel
- MyEclipse开发工具
- HTTP状态码及头信息

附录A　实 用 工 具

通过本章的学习可以达到以下的目标：

☑　掌握一些常见的第三方组件及相关技术的使用。

☑　可以使用 JavaMail 进行邮件的处理。

☑　可以使用 JExcelAPI 进行 Excel 表格的操作。

在 Java 行业中由于其受到众多公司及组织的支持，所以有许多的其他开源项目出现。本章将介绍一些较为常用的组件，可以让读者更好地去面对各种问题的开发，但是学习这些开源项目不是关键，重点是读者必须要明白，现在的 Java 行业，“只有想不到的，没有不提供的”。

A.1　JavaMail

A.1.1　James 邮件服务器的下载及配置

在进行 Web 程序开发时需要使用 Tomcat 服务器，但是 Tomcat 服务器并不支持邮件的处理操作，所以要想进行邮件的发送，还需要配置一个单独的 JavaMail 服务器，James 就是一个企业级的邮件服务器，它完全实现了 SMTP（Simple Mail Transfer Protocol，简单邮件传输协议）和 POP3（Post Office Protocol 3，邮局协议的第三个版本）以及 NNTP（Network News Transport Protocol，网络新闻传输协议）协议。同时，James 服务器又是一个邮件应用程序平台。它可以让用户轻松地实现很强大的邮件应用程序。读者可以使用 Apache 的 James 服务器，直接登录 http://james.apache.org/，下载 James 服务器，如图 A-1 所示。

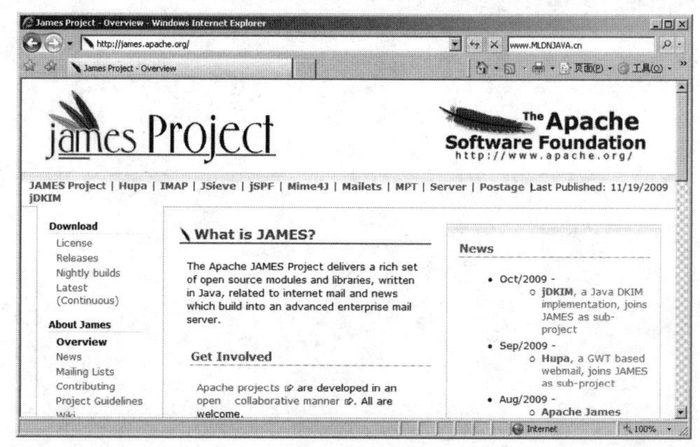

图 A-1　James 服务器下载首页

本书使用的 James 服务器的版本是 2.3.2，所以直接下载 james-binary-2.3.2.zip 即可，下载之后进行解压缩，解压缩后的目录结构如图 A-2 所示。

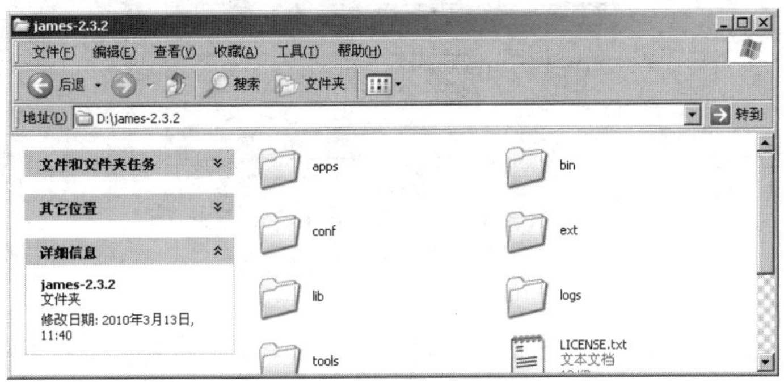

图 A-2 James 服务器目录

在 James 中的目录很多，其中几个重要的目录如表 A-1 所示。

表 A-1 James 服务器的目录结构

No.	目 录	描 述
1	apps	James 的主要工作目录
2	bin	服务器的启动命令，如 run.bat
3	conf	服务器的相关配置文件
4	ext	第三方 JAR 包的存放目录
5	lib	服务器所需要的 JAR 文件
6	logs	存放所有的日志文件
7	tools	一些工具类（*.jar）

下面通过 bin/run.bat 文件启动服务器，启动后的效果如图 A-3 所示。

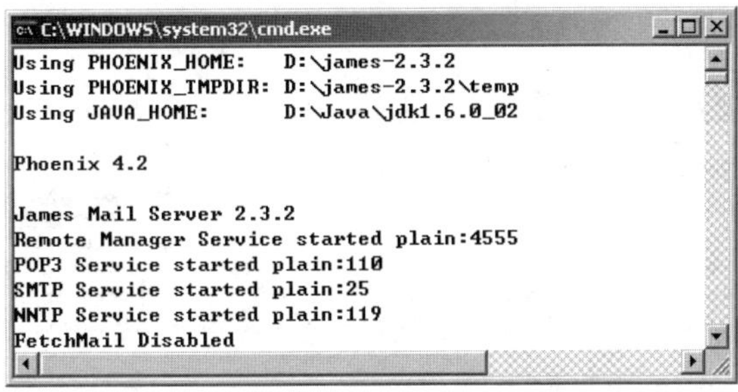

图 A-3 启动 James 服务器

注意

启动 James 服务器时需要配置 JAVA_HOME。

James 服务器运行时需要 JAVA_HOME 的配置，如果没有配置的读者，可以执行【我的电脑】→【属性】→【高级】→【环境】→【新建用户变量】命令，在打开的“新建用户变量”对话框中进行配置，如图 A-4 所示。

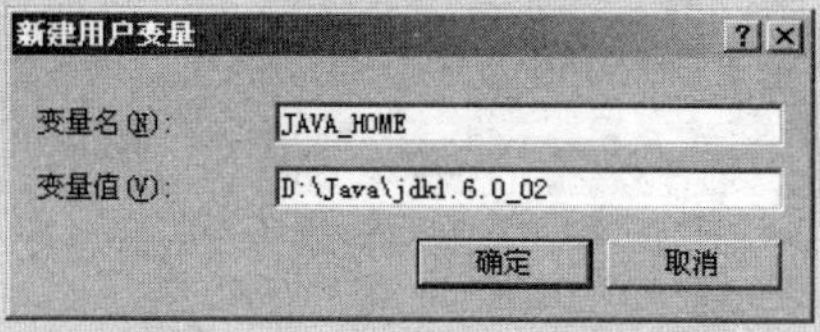

图 A-4　配置 JAVA_HOME

服务器启动之后，会在 apps 目录中生成一个 james 的文件夹，这个文件夹是整个 James 服务器的核心，此文件夹中的\apps\james\SAR-INF\config.xml 是整个 James 的核心配置文件。

提示

apps/james 文件夹只有在服务器启动之后才会生成。

刚解压缩完的 James 服务器本身并不包含 apps/james 文件夹，此文件夹只有在服务器启动之后才会生成。

服务器启动之后可以通过配置用户，来进行收发邮件的测试，创建用户的步骤如下：

（1）启动 James 服务器。

（2）通过 telnet 进行 James 服务器的登录，在命令行方式下输入“telnet localhost 4555”。

（3）输入用户名和密码，用户名为 root，密码也为 root，此时的登录窗口如图 A-5 所示。

（4）添加用户 lxh，密码是 mldnjava，在窗口中输入“adduser lxh mldnjava”。

（5）查看注册用户，在窗口中输入“listusers”，出现如图 A-6 所示的界面，表示增加用户成功。

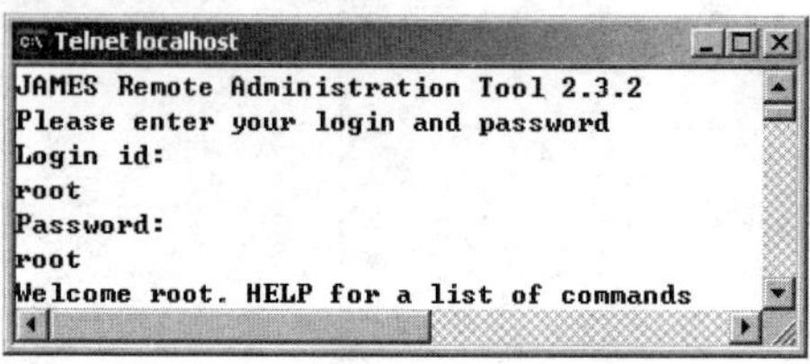

图 A-5　登录 James 服务器

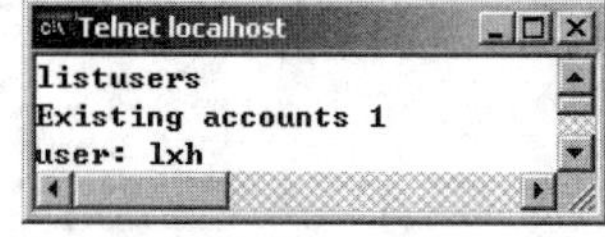

图 A-6　查看所有增加的用户

提示

James 默认管理员的用户名和密码可以通过 apps\james\SAR-INF\config.xml 文件找到。

在 apps\james\SAR-INF\config.xml 中保存了 James 服务器管理员的用户名和密码信息，直接从 config.xml 文件中找到如下的配置即可。

```
<administrator_accounts>
    <account login="root" password="root" />
</administrator_accounts>
```

如果用户需要更改，则直接修改 conf 文件夹即可。

用户增加完成之后，还需要进行 James 服务器的网络配置，配置步骤如下：

（1）修改 apps\james\SAR-INF\config.xml 文件的配置信息。先找到如下的配置信息：

```
<servernames autodetect="true" autodetectIP="true">
    <servername>localhost</servername>
</servernames>
```

<servername>表示的是服务器的主机地址，元素中的两个属性介绍如下。

☑ autodetect：有 true 和 false 两种取值，设为 true 会自动侦测主机名称，设为 false 会用用户指定的服务器名称。

☑ autodetectIP：有 true 和 false 两种取值，设为 true 会在用户的服务器名称前加上 IP 地址。

将以上的配置修改为：

```
<servernames autodetect="false" autodetectIP="false">
    <servername>localhost</servername>
</servernames>
```

（2）将<servername>元素中的 localhost 修改为用户自己的名称，如 mldn.cn，修改如下：

```
<servernames autodetect="false" autodetectIP="false">
    <servername>mldn.cn</servername>
</servernames>
```

（3）打开 C:\WINDOWS\system32\drivers\etc\hosts 文件，在文件的最后添加 mldn.cn 的配置。

```
127.0.0.1          mldn.cn
```

（4）由于现在使用 SMTP 协议作为验证，所以必须将 config.xml 中的以下内容注释掉。

```
<!--
    <mailet match="RemoteAddrNotInNetwork=127.0.0.1" class="ToProcessor">
        <processor>relay-denied</processor>
        <notice>550 - Requested action not taken: relaying denied</notice>
    </mailet>
-->
```

（5）在 apps\james\SAR-INF\config.xml 文件中配置 DNS Server，如本机的 DNS Server 为 192.168.1.1，配置如下：

```
<dnsserver>
    <servers>
```

```
        <server>192.168.1.1</server>
    </servers>
    ...
```

（6）重新启动 James 服务器。

关于 Mailet 的解释。

在进行配置时，将 config.xml 文件中<mailet>的配置进行了注释，实际上 Mailet 主要是用于创建邮件处理的简单 API，主要是在服务器端配置执行的。

配置完成之后就可以通过 Outlook 对配置的邮件服务器进行配置。首先启动 Outlook 的配置，此时会让用户输入邮件的显示名称，如图 A-7 所示。

随后配置上发送的 E-mail 地址，此时在 James 服务器中配置的用户是 lxh，而且服务器的名称是 mldn.cn，所以，现在的邮件地址是 lxh@mldn.cn，如图 A-8 所示。

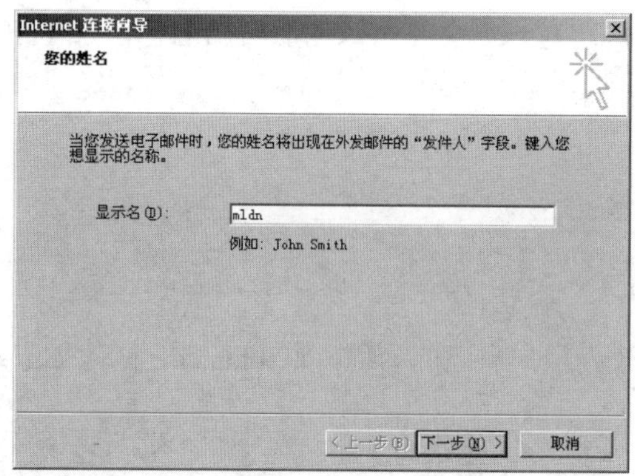

图 A-7　配置一个新用户的姓名

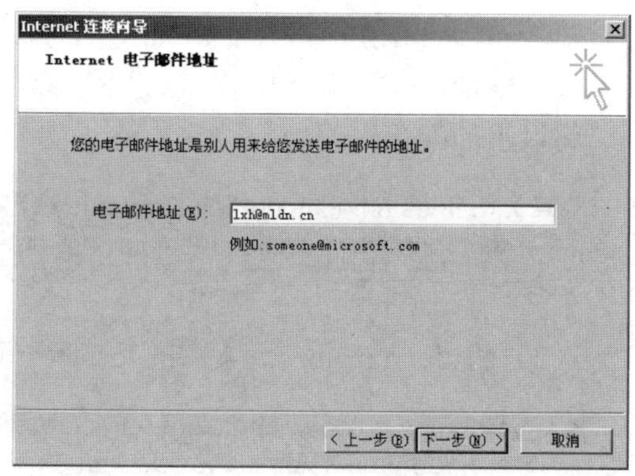

图 A-8　配置发送的邮箱地址

进行配置时，还需要配置接收邮件和发送邮件的服务器地址，此时的地址为 mldn.cn，如图 A-9 所示。

最后输入配置的账户名“lxh”，密码“mldnjava”，如图 A-10 所示。

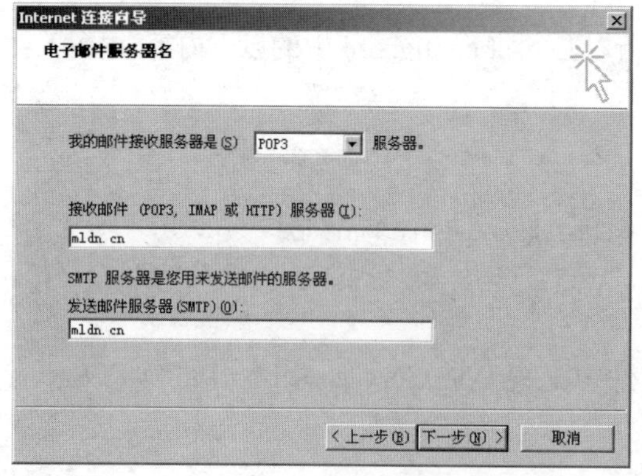

图 A-9　邮件的收件及发件地址

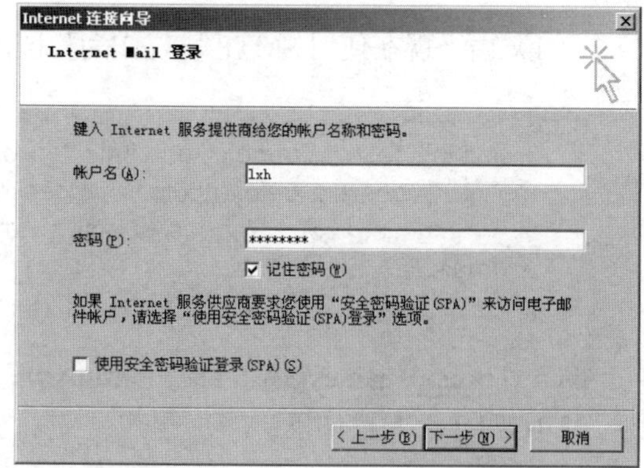

图 A-10　输入邮箱的账户名和密码

全部配置完成之后，单击“完成”按钮，如图 A-11 所示。

配置完成之后，即可通过 Outlook 进行邮件的发送。新建一封新的邮件，输入要接收的邮箱“mldnqa@sina.com”、邮件的主题及邮件的内容，如图 A-12 所示。

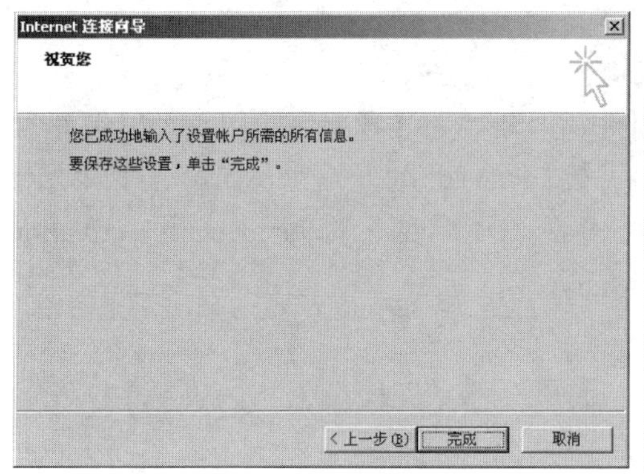

图 A-11　配置完成界面

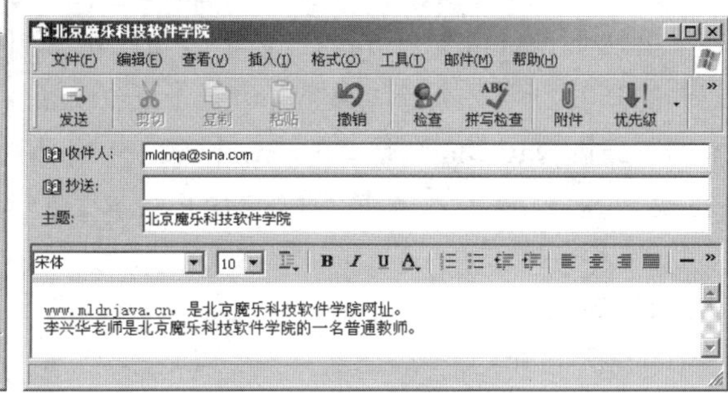

图 A-12　发送邮件界面

邮件发送成功后，可以登录发送的邮箱，在收件箱中可以发现刚发出的邮件，如图 A-13 所示。

图 A-13　接收邮件

此时已经完成了邮件的发送功能，但这个时候的邮件发送是通过 Outlook 完成的，而在 Java 程序中要想完成此操作，就需要通过 JavaMail 编写程序。

A.1.2　JavaMail 简介及配置

JavaMail 是 Java 中专门用来处理电子邮件一套规范，使用它可以方便地进行 mail 的发送，也可以使用 JavaMail 开发出类似于 Microsoft Outlook 的应用程序。

JavaMail 本身提供的是一些标准的邮件管理接口，在整个 JavaMail 类中有如下几个核心组件。

☑ javax.mail.Session：表示整个邮件的会话，所有的类都要通过 session 才可以使用。

☑ javax.mail.Message：Message 类表示的是邮件传递的内容。

☑ javax.mail.Address：当确定好 Session 和 Message 之后，就可以通过 Address 进行发送地址的指定。

☑ javax.mail. Authenticator：使用此类可以通过用户名和密码保护资源。

☑ javax.mail.Transport：在消息发送的最后一步使用此类，此类的功能是使用指定的语言发送消息。

☑ javax.mail.Store：此类主要是进行信息的读、写等操作，也可以通过此类读取文件夹中的邮件。

☑ javax.mail.Folder：用于对邮件进行分级管理。

虽然 JavaMail 是在 Java EE 中定义的标准组件，但是如果读者要想使用 JavaMail 进行邮件的开发，则必须首先从 http://java.sun.com/上下载 JavaMail 的开发包，如图 A-14 所示。本书下载的 JavaMail 版本是 JavaMail 1.4.3，除此之外，还需要下载 JavaBeans Activation Framework（JAF），本书下载的 JAF 版本是 JAF 1.1.1。

提示

JAF 简介。

JAF（JavaBeans Activation Framework），JavaMail API 的所有版本都需要 JavaBeans Activation Framework 来支持任意数据块的输入及相应处理。

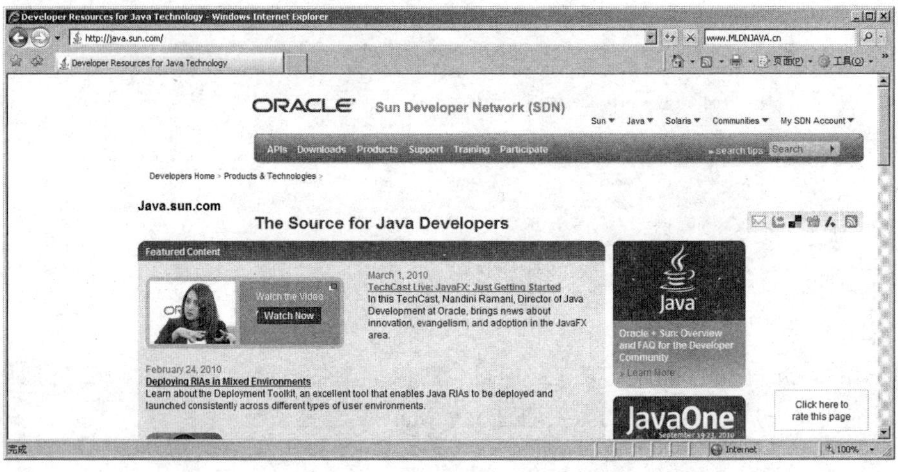

图 A-14　SUN（Oracle）首页

提问：不是 SUN 公司的地址吗？怎么变到了 Oracle 公司的地址了？

在浏览器中输入的是 http://java.sun.com/，为什么现在出现了 Oracle 公司的 LOGO？而且直接输入 www.sun.com，也自动跳转到了 Oracle 公司的首页？

回答：SUN 已经被 Oracle 收购。

SUN 公司在 2009 年时已经被 Oracle 收购，所以 SUN 公司的首页已经链接到了 Oracle 公司的首页上。这样一来，Oracle 将具备编程语言的市场，而且可以形成“数据库+中间件+开发语言”的完整商业体系，更加适合于现在的市场竞争需求。

下载下来的 JavaMail 1.4.3 解压缩之后的目录结构如图 A-15 所示。

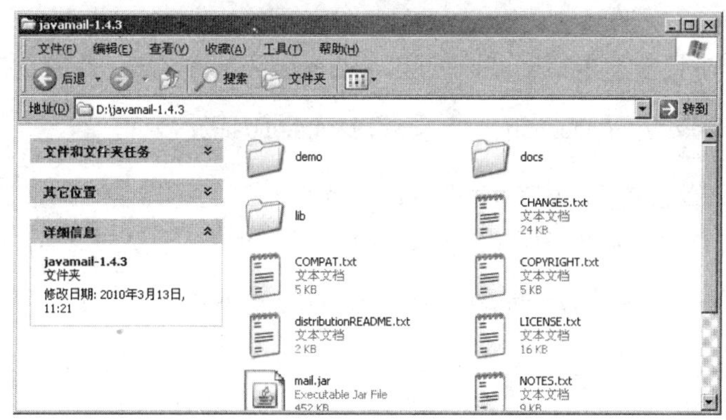

图 A-15　JavaMail 开发包解压缩之后的目录结构

JAF 解压缩之后的目录结构如图 A-16 所示。

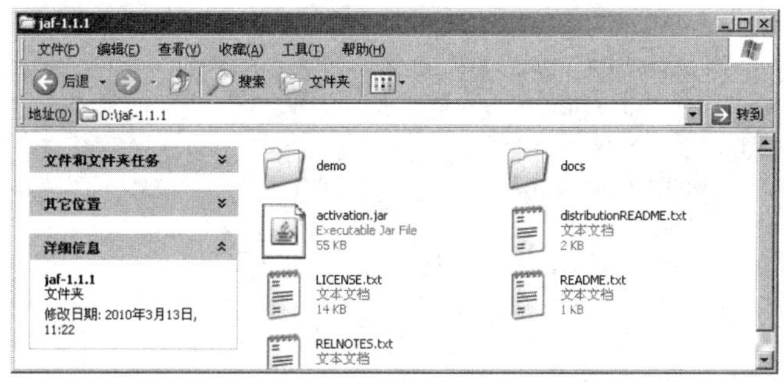

图 A-16　JAF 开发包解压缩之后的目录结构

现在要想在 Web 项目中使用 JavaMail，则需要将 JavaMail 中的 mail.jar 和 JAF 中的 activation.jar 两个开发包配置到 Tomcat 6.0\lib 目录中，如图 A-17 所示。

图 A-17　配置 JavaMail 开发包

而如果现在直接在 Java 应用程序中编写，只需要将以上的两个包配置到 CLASSPATH 中即可。

A.1.3　发送普通邮件

发送邮件依靠之前配置过的 James 服务器和 JavaMail（JAF）类完成，但是在进行邮件

发送时，一定要注意的是，由于现在所有的邮箱用户都保存在 James 服务器上，所以一定要首先编写一个可以用于服务器验证用户名和密码的操作类，此类必须继承 javax.mail.Authenticator 类，而且必须覆写 getPasswordAuthentication()方法，此方法的定义如下：

```
protected PasswordAuthentication getPasswordAuthentication()
```

此方法返回的是一个 PasswordAuthentication 类的实例，这个实例的主要作用是对输入的用户名和密码进行验证。PasswordAuthentication 类的构造方法定义如下：

```
public PasswordAuthentication(String userName,String password)
```

【例 A.1】 编写验证邮箱用户登录验证信息的操作类——MySecurity.java

```
package org.lxh.maildemo;
import javax.mail.Authenticator;
import javax.mail.PasswordAuthentication;
public class MySecurity extends Authenticator {
    private String name;              // 接收用户名
    private String password;          // 接收密码
    public MySecurity(String name, String password) {
        this.name = name;
        this.password = password;
    }
    public String getName() {
        return name;
    }
    public void setName(String name) {
        this.name = name;
    }
    public String getPassword() {
        return password;
    }
    public void setPassword(String password) {
        this.password = password;
    }
    protected PasswordAuthentication getPasswordAuthentication() {// 返回验证信息
        return new PasswordAuthentication(this.name, this.password);
    }
}
```

要想进行邮件的发送，则必须使用 javax.mail.Session 类对用户名和密码进行验证。Session 类的主要方法如表 A-2 所示。

表 A-2 Session 类的主要方法

No.	方　法	类　型	描　述
1	public static Session getDefaultInstance (Properties props,Authenticator authenticator)	普通	取得 Session 对象实例，同时需要传入 SMTP 协议的相关属性及用户验证对象
2	public void setDebug(boolean debug)	普通	设置是否是调试状态，一般为 false

Session 类的主要功能是使用注册的用户名和密码建立服务器的会话，但是真正的邮件内容的编写则必须要使用 javax.mail.Message 类完成，此类的定义如下：

```
public abstract class Message extends Object implements Part
```

通过定义可以发现，此类是一个抽象类，所以使用时必须依靠其子类 MimeMessage 进行对象的实例化。Message 类的主要方法如表 A-3 所示。

表 A-3　Message 类的主要方法

No.	方　　法	类　　型	描　　述
1	protected Message(Session session)	构造	设置 Session 对象实例化 Message 对象
2	public void setFrom(Address address) throws MessagingException	普通	设置发送邮件的地址对象
3	public void setRecipients(Message. RecipientType type,Address[] addresses) throws MessagingException	普通	设置邮件发送方式，一般 Message. RecipientType 的类型都会设置为 TO
4	public void setSubject(String subject) throws MessagingException	普通	设置邮件的标题
5	public void setSentDate(Date date) throws MessagingException	普通	设置邮件的发送时间
6	public void setText(String text) throws MessagingException	普通	设置发送邮件的内容
7	public void setContent(Multipart mp) throws MessagingException	普通	设置邮件的附件
8	public Address[] getAllRecipients() throws MessagingException	普通	返回设置的全部发送地址

当邮件的内容编写完成之后，就需要使用 javax.mail.Transport 类完成邮件的发送工作。Transport 类的常用方法如表 A-4 所示。

表 A-4　Transport 类的常用方法

No.	方　　法	类　　型	描　　述
1	public static void send(Message msg,Address[] addresses) throws MessagingException	普通	发送指定的 Message 内容

【例 A.2】 发送简单邮件——SendSimpleMail.java

```
package org.lxh.maildemo;
import java.util.Date;
import javax.mail.Message;
import javax.mail.Session;
import javax.mail.Transport;
import javax.mail.internet.InternetAddress;
import javax.mail.internet.MimeMessage;
```

```
public class SendSimpleMail {
    public static void main(String[] args) throws Exception {
        InternetAddress[] address = null;                              // 定义绑定地址
        String mailserver = "mldn.cn";                                 // 邮件服务器名称
        String from = "lxh@mldn.cn";                                   // 发件人 E-mail
        String to = "mldnqa@sina.com";                                 // 收件人 E-mail
        String subject = "北京魔乐科技软件学院";                          // 邮件标题
        String messageText = "www.mldnjava.cn，" +
                        "北京魔乐科技软件学院。";                          // 邮件内容
        java.util.Properties props = null ;
        props = System.getProperties();                   // 设定 Mail 服务器和所使用的传输协议
        props.put("mail.smtp.host", mailserver);
        props.put("mail.smtp.auth", "true");
        MySecurity msec = new MySecurity("lxh", "mldnjava");     // 创建验证用户对象
        Session mailSession = Session
                .getDefaultInstance(props, msec);         // 产生新的 Session
        mailSession.setDebug(false);                      // 不需要调试
        Message msg = new MimeMessage(mailSession);       // 创建新的邮件信息
        msg.setFrom(new InternetAddress(from));           // 设定传送邮件的发信人
        address = InternetAddress.parse(to, false);       // 设定传送邮件至收信人的信箱
        msg.setRecipients(Message.RecipientType.TO, address);// 设定邮件发送方式
        msg.setSubject(subject);                                 // 设定邮件的标题
        msg.setSentDate(new Date());                             // 设定发送时间
        msg.setText(messageText);                                // 设置文字信息
        Transport.send(msg, msg.getAllRecipients());             // 发送邮件
    }
}
```

本程序首先定义了若干个变量，分别表示服务器的名称（mailserver）、发件人的地址（from）、收件人的地址（to）、邮件标题（subject）、邮件内容（messageText），随后又通过 Properties 对象设置 SMTP 的相关属性，并将此对象与服务器的用户验证对象一起进行 Session 对象的取得，随后又分别设置了邮件的标题、内容、发送时间等，最后通过 Transport 类的 send()方法发送所有的邮件信息。

本程序运行完之后，打开 mldnqa@sina.com 邮箱可以发现收到的邮件，如图 A-18 所示。邮件内容如图 A-19 所示。

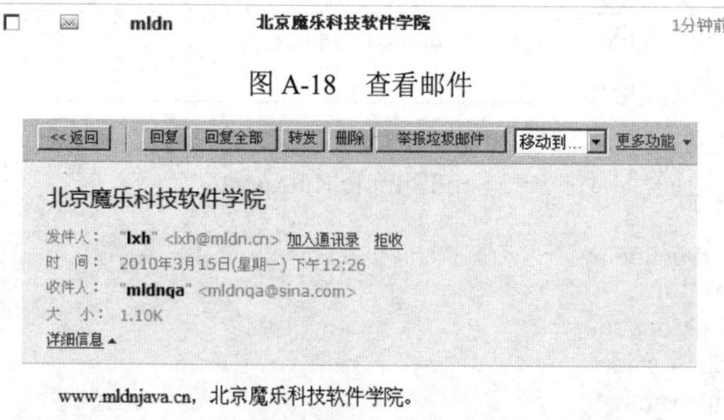

图 A-18　查看邮件

图 A-19　接收的邮件内容

A.1.4 发送带附件的 HTML 风格邮件

A.1.3 小节只是演示了一个简单邮件的发送，但是在现在的邮件中往往都会附带若干个附件，如果想要在邮件中进行附件的处理并且使用 HTML 格式显示，则要使用 javax.mail. Multipart 类、javax.mail.internet.BodyPart 类和 javax.activation.DataSource 类完成功能。

javax.mail.Multipart 类的定义如下：

```
public abstract class Multipart extends Object
```

此类是一个抽象类，所以要想使用，则必须依靠 MimeMultipart 子类进行对象的实例化操作。Multipart 类的主要方法如表 A-5 所示。

表 A-5 Multipart 类的主要方法

No.	方 法	类 型	描 述
1	public void addBodyPart(BodyPart part) throws MessagingException	普通	设置要使用的附件或者是 HTML 风格的邮件内容的对象

从表 A-5 中可以发现，如果要设置邮件的其他内容，则必须依靠 BodyPart 类，此类的定义如下：

```
public abstract class BodyPart extends Object implements Part
```

BodyPart 依然是一个抽象类，所以要进行对象实例化，就要使用 MimeBodyPart 子类完成。BodyPart 类的主要方法如表 A-6 所示。

表 A-6 BodyPart 类的主要方法

No.	方 法	类 型	描 述
1	public void setDataHandler(DataHandler dh) throws MessagingException	普通	设置邮件中的上传文件
2	public void setFileName(String filename) throws MessagingException	普通	设置上传文件的显示名称
3	public void setContent(Object obj,String type) throws MessagingException	普通	设置（HTML 风格的）邮件内容，并且指定 MIME 类型

但是，如果要想进行文件的传递，还必须使用 DataSource 类指定要上传的文件路径，例如，如下代码就使用 DataSource 类的子类 FileDataSource 指定一个要上传文件的路径。

```
DataSource source = new FileDataSource("D:" + File.separator
        + "mldn.gif");                                    // 配置附件文件
```

实例化 DataSource 对象后还需要将此对象通过 DataHandler 类进行包装，之后才可以使用 BodyPart 类中的 setDataHandler()方法进行上传附件的设置。

提示

DataSource 是在 JAF 包中定义的。

在配置 mail 开发包时曾经讲解过，发送 mail 除了要使用 mail.jar 还需要使用 activation.jar，而 DataSource 类就是 activation.jar 定义的类。

【例 A.3】 发送带附件的 HTML 风格的邮件——SendAccessoriesMail.java

```
package org.lxh.maildemo;
import java.io.File;
import java.util.Date;
import javax.activation.DataHandler;
import javax.activation.DataSource;
import javax.activation.FileDataSource;
import javax.mail.BodyPart;
import javax.mail.Message;
import javax.mail.Multipart;
import javax.mail.Session;
import javax.mail.Transport;
import javax.mail.internet.InternetAddress;
import javax.mail.internet.MimeBodyPart;
import javax.mail.internet.MimeMessage;
import javax.mail.internet.MimeMultipart;
public class SendAccessoriesMail {
	public static void main(String[] args) throws Exception {
		InternetAddress[] address = null;						// 定义绑定地址
		String mailserver = "mldn.cn";						// 邮件服务器名称
		String from = "lxh@mldn.cn";						// 发件人 email
		String to = "mldnqa@sina.com";						// 收件人 email
		String subject = "北京魔乐科技软件学院";					// 邮件标题
		String messageText = "<h1>"
				+ "<a href=\"http://www.mldnjava.cn\">www.mldnjava.cn</a>"
				+ "北京魔乐科技软件学院。" + "</h1>";				// 邮件内容
		java.util.Properties props = null ;
		props = System.getProperties();				// 设定 Mail 服务器和所使用的传输协议
		props.put("mail.smtp.host", mailserver);
		props.put("mail.smtp.auth", "true");
		MySecurity msec = new MySecurity("lxh", "mldnjava");		// 创建验证用户对象
		Session mailSession = Session.getDefaultInstance(props, msec);// 产生新的 Session
		mailSession.setDebug(false);						// 不需要调试
		Message msg = new MimeMessage(mailSession);			// 创建新的邮件信息
		msg.setFrom(new InternetAddress(from));				// 设定传送邮件的发信人
		address = InternetAddress.parse(to, false);			// 设定传送邮件至收信人的信箱
		msg.setRecipients(Message.RecipientType.TO, address);// 设定邮件发送方式
		msg.setSubject(subject);						// 设定信的标题
		msg.setText(messageText) ;						// 设置文字信息
		msg.setSentDate(new Date());						// 设定发送时间
		Multipart multipart = new MimeMultipart();			// 设置邮件内容（包含附件）
```

```
        BodyPart messageBodyPart = new MimeBodyPart();          // 添加附件
        DataSource source = new FileDataSource("D:" + File.separator
                + "mldn.gif");                                  // 配置附件文件
        messageBodyPart.setDataHandler(new DataHandler(source));
        messageBodyPart.setFileName("mldn.gif");
        multipart.addBodyPart(messageBodyPart);                 // 将附件加入到邮件内容中
        // 添加邮件内容信息，传输 html 页面，以便使用文本编辑器
        messageBodyPart = new MimeBodyPart();
        // 设置邮件具体内容，并设置编码防止出现乱码
        messageBodyPart.setContent(messageText, "text/html;charset=GBK");
        multipart.addBodyPart(messageBodyPart);
        msg.setContent(multipart);                              // 将邮件内容添加到邮件中
        Transport.send(msg, msg.getAllRecipients());            // 发送邮件
    }
}
```

本程序与发送简单邮件不同之处在于处理附件上，处理附件使用的是 BodyPart 类完成，而且要处理文件，所以需要使用 DataSource 类指定文件的路径，并且通过 DataHandler 类封装才可以将附件上传。尤其是在最后设置 HTML 显示风格时，一定要注意设置 MIME 类型，以防止乱码的产生。邮件发送后登录 mldnqa@sina.com 邮箱，可以发现发送的邮件，邮件内容如图 A-20 所示。

图 A-20 接收 HTML 风格的邮件及附件

提示

关于接收邮件操作。

由于在实际中发送邮件的操作比较常用，所以本书基本上是围绕邮件发送的操作讲解的，但是如果想要完成接收操作则需要编写大量的代码，为了保证本书的简洁性，在光盘中已经留出了此操作的类——ReceiverMail.java。如果读者想了解如何接收邮件，可以自行研究，本书不再对此做过多介绍。

A.2 操作 Excel 文件

A.2.1 JExcelAPI 简介

在实际的工作中经常会使用 Excel 进行数据的表格统计，所以在进行数据列表操作时为了方便用户使用，往往会将所有的数据按照指定的格式导出成 Excel 表格，而要想完成这种操作，可以使用 JExcelAPI 组件。

JExcelAPI 是一套纯粹使用 Java 开发出来的 Excel 表格操作组件，本身并不与特定的操作系统进行绑定，可以在不同的操作系统上对 Excel 文件进行操作，JXL 的下载地址是 http://www.andykhan.com/jexcelapi/，如图 A-21 所示，本书使用的是 jexcelapi_2_6_12.tar.gz。

提示

现在暂时不支持 Excel 2007 格式。

现在的 JExcelAPI 只支持 Excel 97～Excel 2003 格式的 xls 文件，而对于 Excel 2007 暂时还不支持。

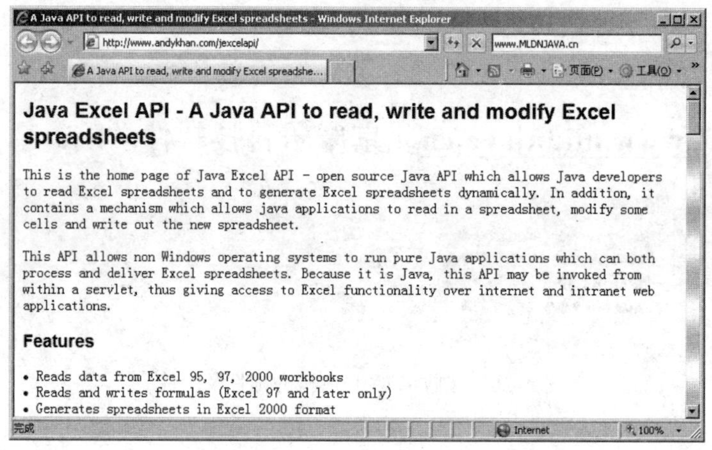

图 A-21　JExcelAPI 下载

将下载后的 jexcelapi_2_6_12.tar.gz 进行解压缩，如图 A-22 所示。

在 JExcelAPI 中最重要的一个包就是 jxl.jar 文件，其中包含了所有的主要操作类，使用时要将此类配置到 CLASSPATH 路径上。

在 JExcelAPI 开发包中有如下几个重要的类。

☑ Workbook：表示一个完整的 Excel 文件，可以创建新的 Workbook，也可以打开已有的 Workbook，此类的常用方法如表 A-7 所示。

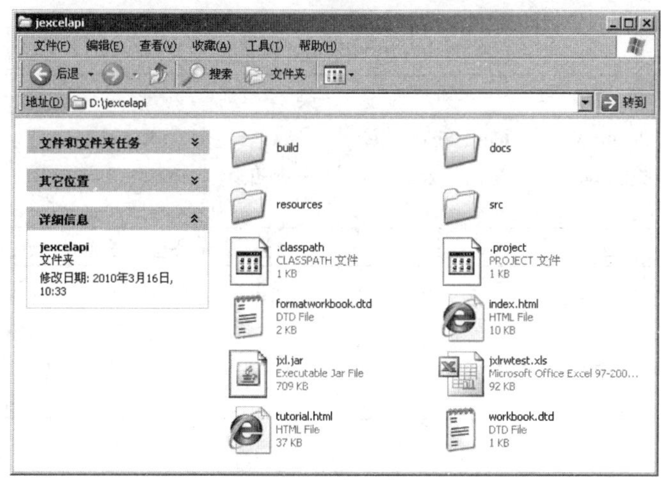

图 A-22 解压缩 JExcelAPI

☑ WritableWorkbook：定义一个要输出的空白 Excel 文件，但是要想取得此对象则需要使用 Workbook 类的 createWorkbook()方法完成，之后取得此类对象后，才可以创建 Sheet，此类的常用方法如表 A-8 所示。

☑ WritableSheet：表示的是每一个 Excel 的 Sheet，用于保存多个 Cell，此类的常用方法如表 A-9 所示。

☑ Cell：表示每一个具体的单元格，可以设置具体的内容或者进行文字的格式仪显示。

这 4 个类的关系如图 A-23 所示。

表 A-7 Workbook 类的常用方法

No.	方　法	类　型	描　述
1	public static WritableWorkbook createWorkbook (java.io.File file) throws java.io.IOException	普通	向文件中输出生成的 Excel 文件，并且返回一个 Workbook 类的实例
2	public static WritableWorkbook create Workbook (java.io.OutputStream os) throws java.io. IOException	普通	向指定的输出流中输出生成的 Excel 文件，并且返回一个 Workbook 类的实例
3	public abstract Sheet getSheet(int index) throws java.lang.IndexOutOfBoundsException	普通	取得一个指定编号 Sheet 对象
4	public abstract Sheet[] getSheets()	普通	取得全部的 Sheet 对象

表 A-8 WritableWorkbook 类的常用方法

No.	方　法	类　型	描　述
1	public WritableSheet createSheet(java.lang.String name,int index)	普通	在 Excel 文件中创建一个新的 Sheet，并且指定 Sheet 的索引
2	public void write() throws java.io.IOException	普通	将生成的 Excel 文件输出
3	public void close() throws java.io.IOException, WriteException	普通	关闭输出流

表 A-9　WritableSheet 类的常用方法

No.	方　法	类　型	描　述
1	public void addCell(WritableCell cell) throws WriteException,jxl.write.biff.RowsExceeded Exception	普通	增加一个单元格
2	public int getRows()	普通	得到全部的行数
3	public int getColumns()	普通	得到全部的列数
4	public Cell getCell(int column,int row)	普通	得到指定行和列的表格，可以通过 Cell 类的 getContents()方法取得内容，此方法返回 String 型的数据

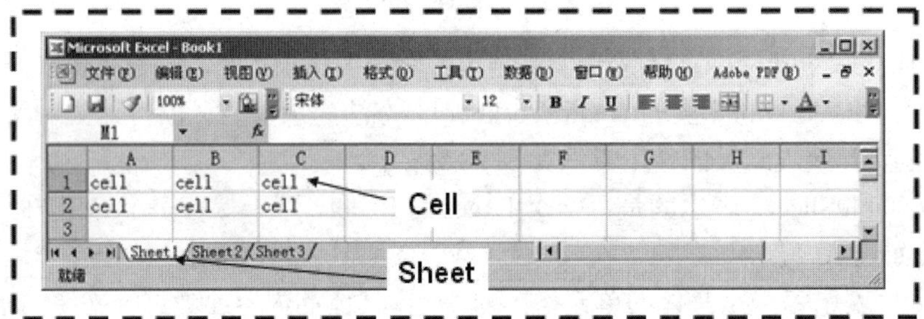

图 A-23　JExcelAPI 类之间的关系

特别需要注意的是，WritableSheet 类是 Sheet 接口的子类，所以在以后进行操作时，也会使用到 Sheet 接口的方法。

A.2.2　创建一个 Excel 文件

下面通过代码演示一个创建 Excel 文件的操作，要创建的 Excel 文件的内容如图 A-24 所示。

	A	B	C
1	李兴华	LiXingHua	30岁
2	魔乐科技	mldn	www.mldnjava.cn

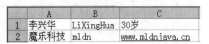

图 A-24　要生成的 Excel 文件

【例 A.4】 生成 Excel 文件——CreateSimpleExcel.java

```
package org.lxh.exceldemo;
import java.io.File;
import jxl.Workbook;
import jxl.write.Label;
import jxl.write.WritableSheet;
import jxl.write.WritableWorkbook;
public class CreateSimpleExcel {
    public static void main(String[] args) throws Exception {
        String data[][] = { { "李兴华", "LiXingHua", "30 岁" },
                        { "魔乐科技", "mldn", "www.mldnjava.cn" } };      // 定义要输出的数据
```

```
            // 定义输出文件路径为 D:\mldn.xls
            File outFile = new File("D:" + File.separator + "mldn.xls");
            // 建立输出文件对象，通过 Workbook 类完成
            WritableWorkbook workbook = Workbook.createWorkbook(outFile);
            // 建立一个表格区，由于只有一个 Sheet，所以将索引设置为 0
            WritableSheet sheet = workbook.createSheet("MLDN 资料", 0);
            Label lab = null ;                                        // 定义表格标签
            for (int x = 0; x < data.length; x++) {                   // 循环设置内容
                for (int y = 0; y < data[x].length; y++) {
                    lab = new Label(y, x, data[x][y]);                // 实例化标签
                    sheet.addCell(lab);                               // 向工作表中增加表格
                }
            }
            workbook.write() ;                                        // 输出内容
            workbook.close() ;                                        // 关闭输出
    }
}
```

本程序将所有要输出的数据定义在一个二维数组中，之后采用循环的方式将数组的每一个内容设置到 Label 对象中，再使用 WritableSheet 类的 addCell()方法将标签设置到每一个表格中，最后通过 WritableWorkbook 类的 write()方法将所有的内容输出到 D:\mldn.xls 文件中。程序的运行结果如图 A-25 所示。

图 A-25 输出后的 mldn.xls 文件

A.2.3 读取 Excel 文件

既然已经可以通过程序操作 Excel 文件，那么下面就可以利用 JExcelAPI 进行 Excel 文件的读取操作。

【例 A.5】 读取 Excel 文件——LoadExcel.java

```
package org.lxh.exceldemo;
import java.io.File;
import jxl.Sheet;
import jxl.Workbook;
public class LoadExcel {
    public static void main(String[] args) throws Exception {
        // 定义输入文件路径
        File inFile = new File("D:" + File.separator + "mldn.xls");
```

```
            Workbook workbook = Workbook.getWorkbook(inFile);       // 取得 Excel 文件
            Sheet sheet[] = workbook.getSheets();                   // 取得全部的 Sheet
            for (int x = 0; x < sheet.length; x++) {                // 输出全部 Sheet
                for (int y = 0; y < sheet[x].getRows(); y++) {      // 取得全部的行数
                    for (int z = 0; z < sheet[x].getColumns(); z++) { // 取得全部的列数
                        String content = sheet[x].getCell(z, y).getContents(); // 取得内容
                        System.out.print(content + "\t\t");
                    }
                    System.out.println();                           // 换行
                }
            }
        }
}
```

程序运行结果：

```
李兴华        LiXingHua       30 岁
魔乐科技      mldn     www.mldnjava.cn
```

在本程序中首先通过 Workbook 类取得了一个 Workbook 对象，之后通过此对象取出全部的 Sheet 对象，由于在 mldn.xls 文件中只包含了一个 Sheet，所以此处只能取得一个 Sheet 对象，之后通过行数和列数将每一个 Cell 的内容取出并进行输出。

A.2.4 格式化文本

在之前操作的 Excel 所有的文本内容都是通过 Label 加入到每一个 Cell 中的，但是其使用的是默认的显示风格，如果想要更换显示的字体或者大小，可以使用 WritableCellFormat 类进行格式化；如果想要加入数字内容，则要使用 Number，而要对数字格式进行格式化可以使用 NumberFormat 类。同样，日期也可以进行格式化，需要通过 DateFormat 类完成。

【例 A.6】 完成格式化的输出——CreateFormatExcel.java

```
package org.lxh.exceldemo;
import java.io.File;
import java.util.Date;
import jxl.Workbook;
import jxl.write.DateFormat;
import jxl.write.DateTime;
import jxl.write.Label;
import jxl.write.NumberFormat;
import jxl.write.NumberFormats;
import jxl.write.WritableCellFormat;
import jxl.write.WritableFont;
import jxl.write.WritableSheet;
import jxl.write.WritableWorkbook;
public class CreateFormatExcel {
    public static void main(String[] args) throws Exception {
```

```
        File outFile = new File("D:" + File.separator + "mldn.xls"); // 定义输出文件路径
        WritableWorkbook workbook = Workbook.createWorkbook(outFile); // 建立输出文件对象
        WritableSheet sheet = workbook.createSheet("MLDN 学习日志", 0); // 建立一个表格区
        WritableFont font = new WritableFont(WritableFont.TAHOMA, 20); // 设置字体
        WritableCellFormat cellFormat = new WritableCellFormat(font);       // 格式化字体
        Label lab = new Label(0, 0, "魔乐科技", cellFormat);                 // 格式化标签
        sheet.addCell(lab);                                                  // 增加 Cell
        jxl.write.Number num = null ;
        num = new jxl.write.Number(1, 0, 9876543210.9876);                   // 加入数字处理
        sheet.addCell(num);                                                  // 增加 Cell
        cellFormat = new WritableCellFormat(NumberFormats.FLOAT);
        num = new jxl.write.Number(2, 0, 9876543210.9876, cellFormat);
        sheet.addCell(num);                                                  // 增加数字
        NumberFormat numFormat = new NumberFormat("#,##0.00");              // 格式化模板
        cellFormat = new WritableCellFormat(numFormat);
        num = new jxl.write.Number(3, 0, 9876543210.9876, cellFormat);      // 格式化数字
        sheet.addCell(num);                                                // 增加格式化后的数字
        DateTime dateTime = new DateTime(4, 0, new Date());                  // 定义普通日期
        sheet.addCell(dateTime);                                             // 普通日期数据
        DateFormat dateFormat = new DateFormat("yyyy-MM-dd HH:mm:ss"); // 日期格式化模板
        cellFormat = new WritableCellFormat(dateFormat);                     // 使用模板
        dateTime = new DateTime(5, 0, new Date(), cellFormat);               // 模板格式化日期
        sheet.addCell(dateTime);                                           // 格式化后的单元格
        workbook.write();                                                    // 输出表格
        workbook.close();                                                    // 关闭输出
    }
}
```

本程序操作时分别将各个输出的数据进行了格式化的显示，一共输出了以下几种数据。

☑ 格式化的文本数据，通过“WritableFont font = **new** WritableFont(WritableFont. *TAHOMA*, 20);”设置要显示的字体，之后使用“WritableCellFormat cellFormat = **new** WritableCellFormat(font);”进行了输出字体的格式化显示。

☑ 通过 Number 类增加了一个数字，之后又使用“cellFormat=new WritableCellFormat (NumberFormats.FLOAT);”将显示的数字设置成 Float 型的数据，随后又通过 NumberFormat 进行了数字格式化的显示。

☑ 通过 DateTime 类输出当前的日期，之后又使用 DateFormat 类对日期进行了格式化的操作。

本程序运行后，生成的 mldn.xls 文件内容如图 A-26 所示。

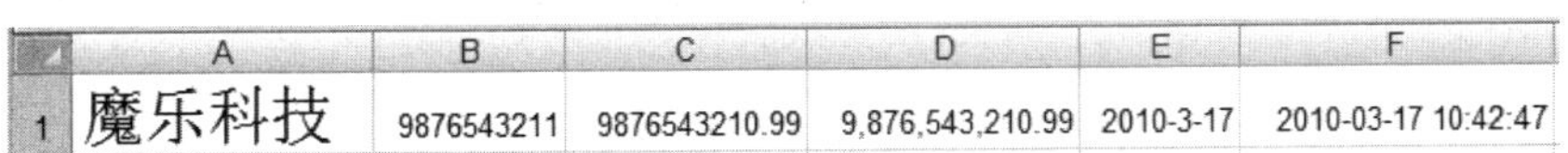

	A	B	C	D	E	F
1	魔乐科技	9876543211	9876543210.99	9,876,543,210.99	2010-3-17	2010-03-17 10:42:47

图 A-26 生成的 mldn.xls 文件内容

提示

要在 Web 中显示 Excel，则可以通过设置 MIME 类型完成。

在讲解 page 指令时曾经讲解过，如果要将一个 JSP 页面显示成指定的格式，可以通过设置 MIME 类型完成，那么如果在 Web 中使用 JExcelAPI，则也可以改变一个 JSP 页面的 MIME 类型，并且通过 response 设置下载的头信息名称，代码如下所示：

```
<%@ page contentType="application/x-msdownload" pageEncoding="GBK"%>
<%  // 定义下载头信息
    response.setHeader("Content-Disposition","attachment; filename=mldn.xls");
%>
```

详细内容可参考本书第 5 章。

A.3 本章摘要

1．JavaMail 是一个专门负责邮件发送的 Java EE 服务，本身需要单独配置开发包。

2．要进行邮件的发送必须配置邮件服务器，可以使用 Apache 提供的 James 服务器完成。

3．在 Web 中如果要想操作 Excel 文件，可以使用 JExcelAPI 组件，这是一个第三方的开源项目。

附录 B　MyEclipse 开发工具

通过本章的学习可以达到以下的目标：

☑　掌握 MyEclipse 与 Eclipse 之间的关系。

☑　使用 MyEclipse 进行 Web 程序的开发。

☑　在 MyEclipse 中配置 Tomcat 服务器。

Java 的开发可以通过 Eclipse 开发工具进行程序的快速开发，但是如果要将 Eclipse 用于 Web 项目上，则必须使用其他的插件完成，而 MyEclipse 就是这样一个插件，本章将介绍 MyEclipse 插件的使用，并使用此插件进行 Web 项目的开发及部署。

B.1　MyEclipse 简介

MyEclipse 企业级开发平台（MyEclipse Enterprise Workbench），是为 Eclipse 开发平台准备出来的一个插件，通过此插件可以帮助用户完成 Java EE 程序的开发、调试、部署等操作，从而大大地提高了工作效率。

在 MyEclipse 组件中，方便地提供了 JSP、Servlet、HTML、XML、Struts、Hibernate、Spring 等框架的开发支持，而且随着新技术的不断推出，MyEclipse 也在不断地发展。

提问：MyEclipse 和 Eclipse 是何种关系？

MyEclipse 是一个 Eclipse 的插件，只有在 Eclipse 中配置了此插件才可以具备 Java EE 的开发能力，但是安装了 MyEclipse 之后发现即使不安装 Eclipse 也可以使用，那么这两项是何种关系呢？

回答：MyEclipse 依然是插件，只是现在已经将 Eclipse 吸收了。

MyEclipse 最早是以插件的形式推出的，这种插件需要用户进行一些手工配置，但是后来随着 MyEclipse 的发展，已经直接在 MyEclipse 中逐步包含了 Eclipse，所以现在感觉上 MyEclipse 和 Eclipse 已经没有什么区别了。

用户可以直接从 http://www.myeclipseide.com/站点下载 MyEclipse 的最新版本，考虑到 MyEclipse 的稳定性，本书使用的是 MyEclipse 6.0 开发平台。

提示

MyEclipse 尽量使用稳定版本。

MyEclipse 近几年发展较快，但是由于其发展速度太快，网上下载的很多 MyEclipse 版本或多或少都存在着 bug（笔者曾经就深受其害）。为了让开发方便同时也为了满足本书的技术要求，本书决定使用 MyEclipse 6.0 版本，但是不管何种版本，工具始终是工具，掌握程序的核心语法才是最为重要的。

B.2　MyEclipse 的安装

下载完 MyEclipse，直接选择安装即可启动安装界面，在安装的过程中，会提示用户此版本的 MyEclipse 所支持的功能，如图 B-1 所示。

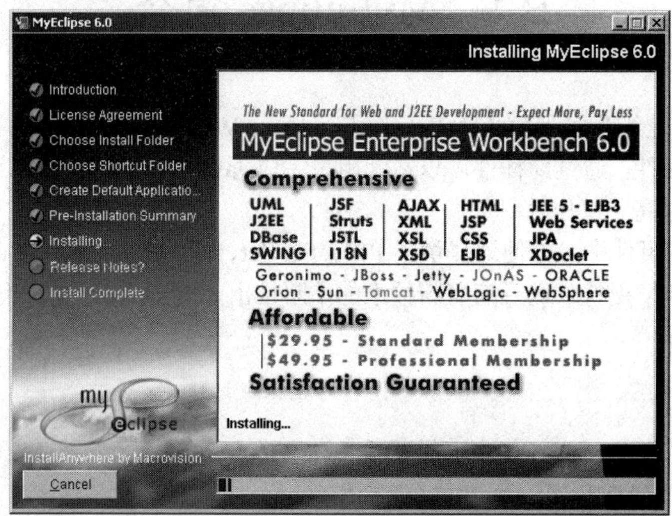

图 B-1　MyEclipse 安装

从图 B-1 中可以发现，在 MyEclipse 中支持 Ajax、HTML、JSP、EJB、Servlet 等开发，同时也支持 Tomcat、JBoss 等服务器的快速配置。

B.3　MyEclipse 的使用

MyEclipse 安装完成之后，就可以像 Eclipse 那样启动，启动后会让用户选择自己所需要的工作区，如图 B-2 和图 B-3 所示。

图 B-2　MyEclipse 启动标志

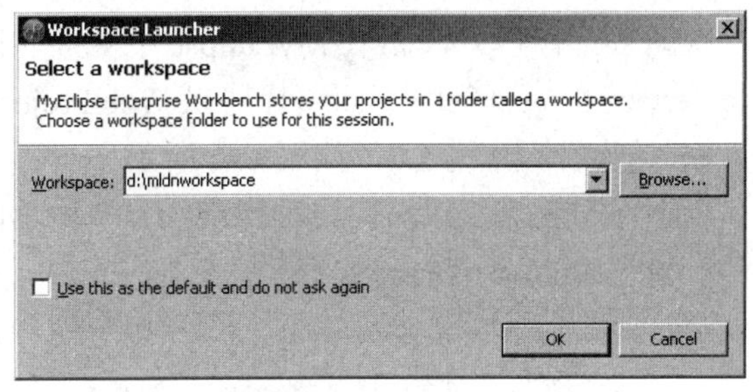

图 B-3　选择工作区

进入工作区之后的界面如图 B-4 所示。

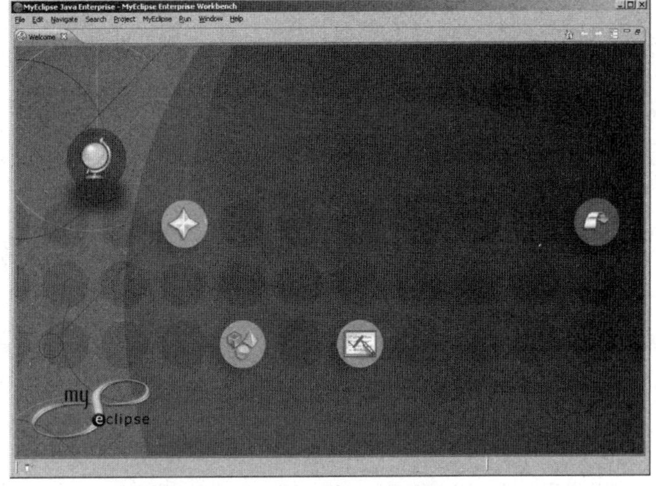

图 B-4　进入工作区之后的界面

MyEclipse 启动之后，即可在此工作区中建立项目，通过选择【File】→【New】→【Project】命令，可以进入到建立项目的视图，如图 B-5 所示。

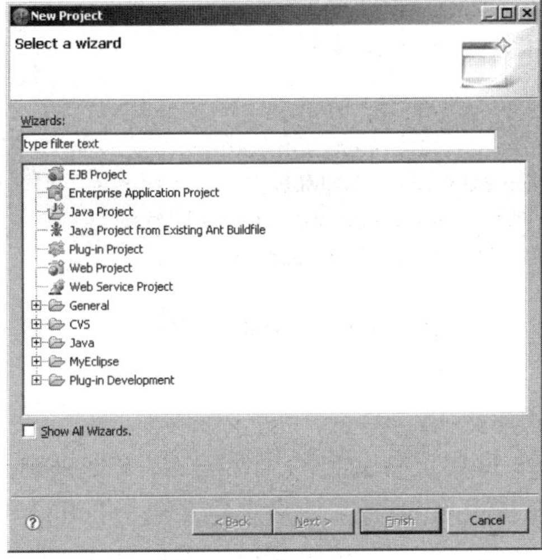

图 B-5　建立项目视图

从图 B-5 中可以发现，在 MyEclipse 中支持多种项目的建立，如 EJB Project、Web Project、Web Service Project 等。下面选择建立 Web Project，输入项目的名称为 MLDNWebProject，Java EE 的支持版本为 5.0，如图 B-6 所示。

Web 项目建立完成后会自动出现图 B-7 所示的工作区。

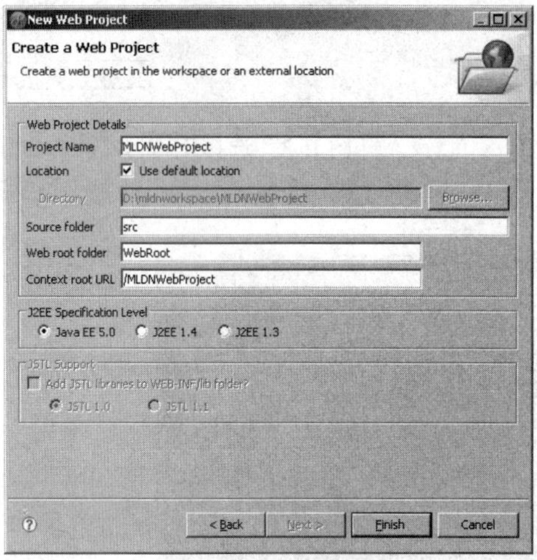

图 B-6　建立 Java EE Web 项目

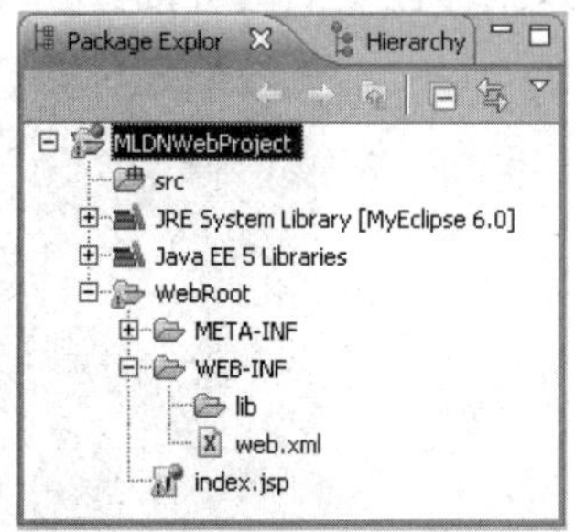

图 B-7　建立后的 Web 工作区

可以发现，通过 MyEclipse 建立的项目会自动建立好 WEB-INF/lib 文件夹、WEB-INF/classes 文件夹，而且同时会在 WEB-INF/web.xml 文件中配置好默认的首页是 index.jsp。

提示

建立的 Servlet 会自动为用户配置好 web.xml。

如果用户现在建立的是一个 Servlet，则自动会为用户在 web.xml 中进行映射路径的配置，读者可以自己观察。

【例 B.1】 自动配置好的 web.xml 文件

```
<?xml version="1.0" encoding="UTF-8"?>
<web-app version="2.5" xmlns="http://java.sun.com/xml/ns/javaee"
    xmlns:xsi="http://www.w3.org/2001/XMLSchema-instance"
    xsi:schemaLocation="http://java.sun.com/xml/ns/javaee
    http://java.sun.com/xml/ns/javaee/web-app_2_5.xsd">
    <welcome-file-list>
        <welcome-file>index.jsp</welcome-file>
    </welcome-file-list>
</web-app>
```

以后在此项目中建立的 Java 文件会自动保存在 src 文件夹中，建立的 JSP 文件将根据位置自动选择，例如，现在在 WebRoot 文件夹中建立一个 hello.jsp 的文件，如图 B-8 所示。

建立完 hello.jsp 之后会直接进入到编辑窗口，用户只需要在其中编写相应的 JSP 代码即可。

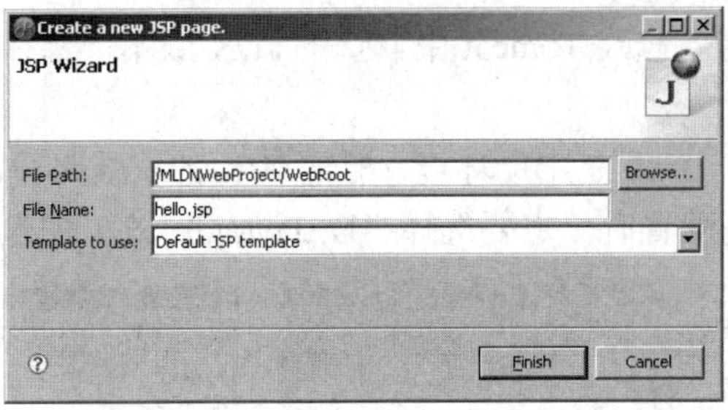

图 B-8　建立 hello.jsp 文件

【例 B.2】　一个简单的程序——hello.jsp

```
<%@ page language="java" import="java.util.*" pageEncoding="GBK"%>
<html>
	<head>
		<title> www.mldnjava.cn，MLDN 高端 Java 培训</title>
	</head>
	<body>
		<%
			out.println("<h1>李兴华（北京魔乐科技软件学院）</h1>");
		%>
	</body>
</html>
```

用户也可以直接建立 JavaBean 进行编译，JavaBean 建立完成之后会自动保存在 src 文件夹中。

B.4　配置 Tomcat 服务器

在 MyEclipse 中可以通过配置，直接将 Tomcat 服务器配置到项目中，以后即可通过 MyEclipse 进行服务器的启动和关闭。

用户选择【Window】→【Preferences】→【MyEclipse】→【Application Servers】→【Tomcat】→【Tomcat 6.x】命令，并将 Tomcat 的目录配置到 MyEclipse 中，如图 B-9 所示。

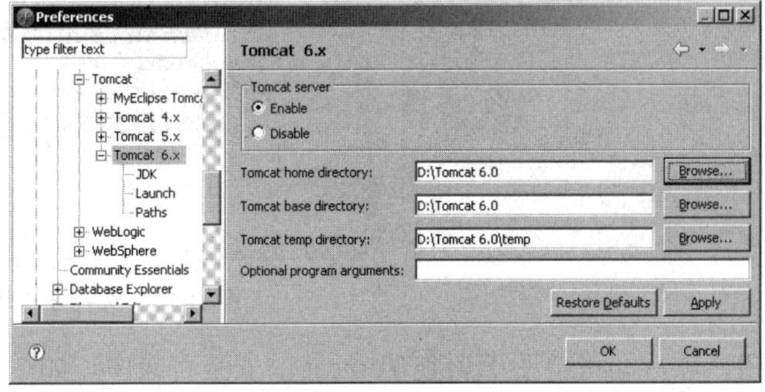

图 B-9　配置 Tomcat

配置完成之后，还需要修改 Tomcat 中默认的 JDK 版本，选择 Tomcat 6.x 中的 JDK，如图 B-10 所示。

单击 Add 按钮增加一个新的 JDK 环境，配置 JDK 的安装路径。一定要记住的是，此时虽然选择的是 JRE，但是配置时一定要选择“D:\Java\jdk1.6.0_02”目录，如图 B-11 所示。

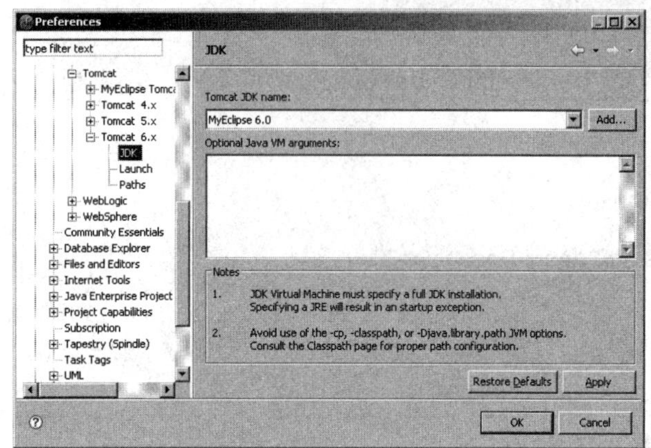

图 B-10　配置 Tomcat 使用的 JDK

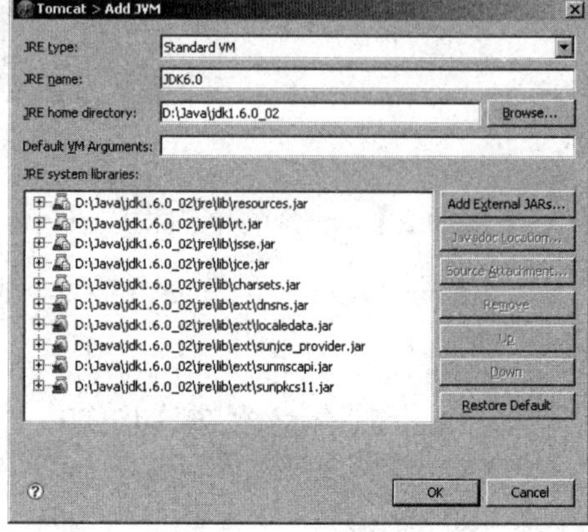

图 B-11　配置 JDK

配置完成之后，即可直接通过 MyEclipse 进行服务器的启动，但是在启动之前还需要将项目部署到 Tomcat，在主界面中有项目部署和 Tomcat 启动的快捷按钮，如图 B-12 所示。

选择好要发布的项目，同时选择部署，会出现如图 B-13 所示的界面。

之后单击 Add 按钮，选择要将项目部署到指定的服务器上，如图 B-14 所示。

图 B-12　项目部署和 Tomcat 启动的快捷按钮

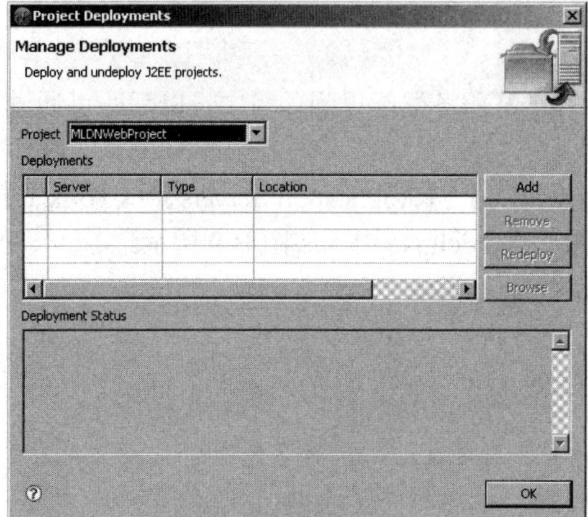

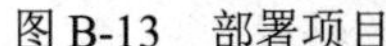
图 B-13　部署项目

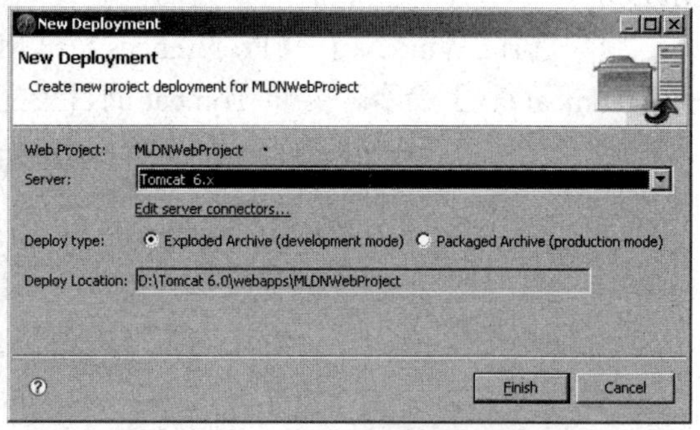

图 B-14　选择要部署的服务器

单击 Finish 按钮，项目即可自动部署到 Tomcat 的安装目录中，如图 B-15 所示。

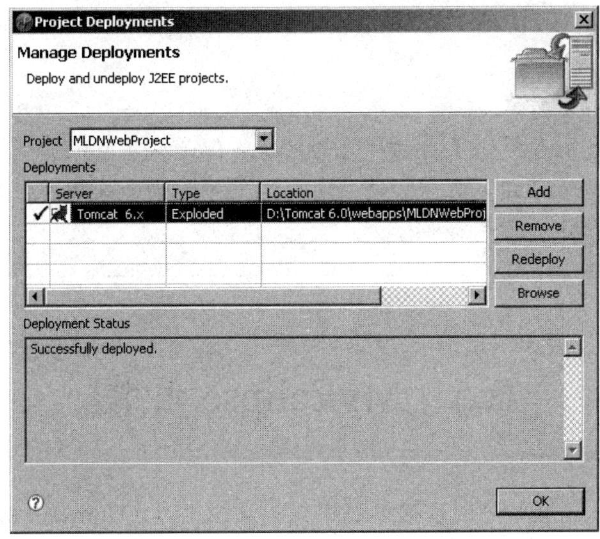

图 B-15　在 Tomcat 上部署项目

在讲解 Tomcat 时曾经讲解过，在 Tomcat 目录中存在一个 webapps 的文件夹，实际上此文件夹中保存的就是所有直接部署的项目，打开 Tomcat 6.0\webapps 可以发现之前所部署的项目，如图 B-16 所示。

此时，可以通过 MyEclipse 提供的 Tomcat 启动的快捷按钮启动 Tomcat，如图 B-17 所示。

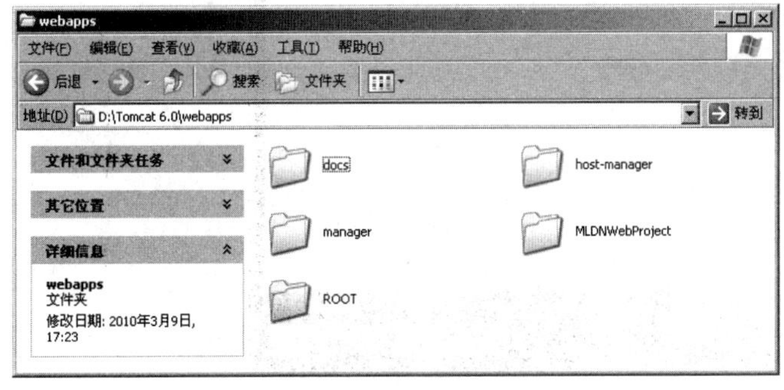

图 B-16　自动部署目录

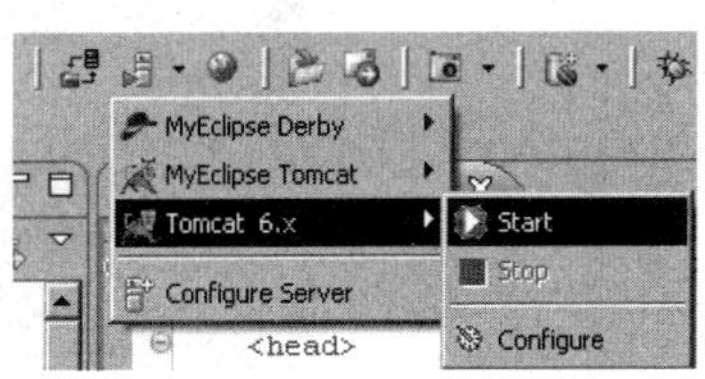

图 B-17　启动 Tomcat

服务器启动后，在浏览器的地址栏中输入“http://localhost/MLDNWebProject/ hello.jsp”，即可访问自动部署后的项目，访问结果如图 B-18 所示。

图 B-18　运行 JSP 页面

提示

建议使用手工部署方式。

虽然 MyEclipse 本身提供了自动部署的功能，但是从实际的开发来看，使用手工部署（配置虚拟目录）的方式会比较方便，所以这里建议读者采用手工部署的方式，而只是将 MyEclipse 作为一个开发的平台。

B.5　MyEclipse 卸载

如果要卸载 MyEclipse，可以直接通过提供的卸载工具（Uninstall MyEclipse 6.0）完成，启动后根据提示即可完成卸载，如图 B-19 所示。

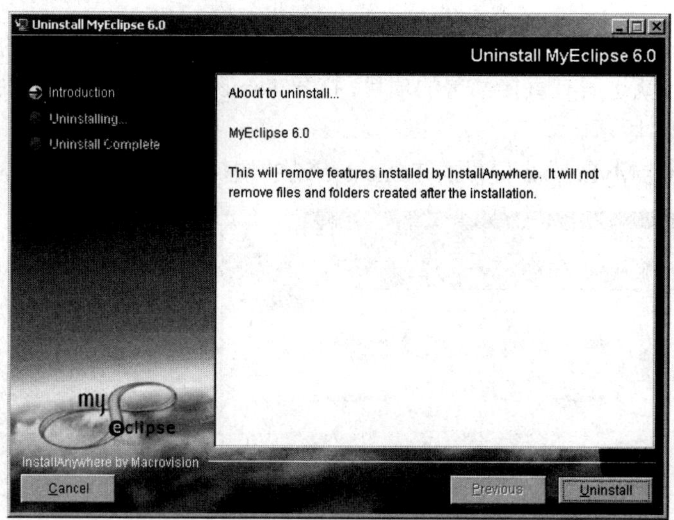

图 B-19　MyEclipse 卸载

B.6　本 章 摘 要

1．MyEclipse 是 Eclipse 的一个插件，专门用于完成 Java EE 的开发。

2．在 MyEclipse 中可以直接进行服务器的配置，也可以自动进行项目的部署及服务器的启动。

3．建议 MyEclipse 尽量使用稳定版本，只要满足当前项目使用即可。

附录 C　HTTP 状态码及头信息

通过本章的学习可以达到以下的目标：

☑　了解 HTTP 状态码的分类及常见状态码的含义。

☑　了解常用头信息的主要作用。

当浏览器向 Web 服务器发出一个请求时，服务器会向客户端发回 HTML 代码、图形等响应信息供浏览器显示。但是，除了这些显示内容之外，HTTP 头的控制信息及响应的 HTTP 状态码也是一个重要的回应内容。

C.1　HTTP 状态码

HTTP 状态码的主要功能是体现了 Web 服务器对浏览器请求的页面通信状态，所有的状态码都是定义在 HTTP 规范中，状态码分为以下几类。

☑　1XX：请求已发出。

☑　2XX：处理成功。

☑　3XX：重定向。

☑　4XX：客户端中出现的错误。

☑　5XX：服务器中出现的错误。

每种状态码都有一些较为常见的具体编码，如表 C-1 所示。

表 C-1　状态码举例

No.	分　类	举　例	描　述
1	1XX	100	Web 服务器已经正确地接收到请求
2	2XX	200	正常，请求已完成
		201	正常，紧接 POST 命令
		202	正常，已接受用于处理，但处理尚未完成
		203	正常，部分信息——返回的信息只是一部分
		204	正常，无响应——已接收请求，但不存在要回送的信息
3	3XX	301	已移动——请求的数据具有新的位置且更改是永久的
		302	已找到——请求的数据临时具有不同的 URI
		303	可在另一 URI 下找到对请求的响应，且应使用 GET 方法检索此响应
		304	未修改——未按预期修改文档
		305	使用代理——必须通过位置字段中提供的代理来访问请求的资源
		306	未使用——不再使用；保留此代码以便将来使用

续表

No.	分　类	举　例	描　述
4	4XX	400	错误请求——请求中有语法问题，或不能满足请求
		401	未授权——未授权客户机访问数据
		402	需要付款——表示计费系统已有效
		403	禁止——即使有授权也不需要访问
		404	找不到——服务器找不到给定的资源；文档不存在
		407	代理认证请求——客户机首先必须使用代理认证自身
5	5XX	500	内部错误——因为意外情况，服务器不能完成请求
		501	未执行——服务器不支持请求的工具
		502	错误网关——服务器接收到来自上游服务器的无效响应
		503	无法获得服务——由于临时过载或维护，服务器无法处理请求

C.2　HTTP 头信息

HTTP 头信息是在浏览器和 Web 服务器之间传递控制信息。它们提供了诸如发出请求的浏览器类型（IE、FireFox 等）、发送的字节数和响应中包含的数据类型（text/html 等）。

HTTP 头分为HTTP 请求头信息和HTTP 响应头信息，两者的区别在于一个是发出HTTP 请求时发送，一个是在服务器返回响应时发送，这些常见的请求信息如表 C-2 所示。

表 C-2　常见的请求头信息

No.	请 求 头	描　述
1	Accept	浏览器可接收的 MIME 类型
2	Accept-Charset	浏览器可接收的字符集
3	Accept-Encoding	浏览器能够进行解码的数据编码方式
4	Accept-Language	浏览器所希望的语言种类，当服务器能够提供一种以上的语言版本时要用到
5	Authorization	授权信息，通常出现在对服务器发送的 WWW-Authenticate 头的应答中
6	Connection	表示是否需要持久连接。如果 Servlet 看到这里的值为 Keep-Alive，或者看到请求使用的是 HTTP 1.1（HTTP 1.1 默认进行持久连接），它就可以利用持久连接的优点，当页面包含多个元素时（如 Applet、图片），显著地减少下载所需要的时间。要实现这一点，Servlet 需要在应答中发送一个 Content-Length 头，最简单的实现方法是，先把内容写入 ByteArrayOutputStream，然后在正式写出内容之前计算其大小
7	Content-Length	表示请求消息正文的长度
8	Cookie	这是最重要的请求头信息之一，保存所有的 Cookie 数据
9	From	请求发送者的 E-mail 地址，由一些特殊的 Web 客户程序使用，浏览器不会用到它
10	Host	初始 URL 中的主机和端口

续表

No.	请 求 头	描 述
11	If-Modified-Since	只有当所请求的内容在指定的日期之后又经过修改才返回它，否则返回 304“Not Modified”应答
12	Pragma	指定 no-cache 值表示服务器必须返回一个刷新后的文档，即使它是代理服务器而且已经有了页面的本地复制
13	Referer	包含一个 URL，用户从该 URL 代表的页面出发访问当前请求的页面
14	User-Agent	浏览器类型，如果 Servlet 返回的内容与浏览器类型有关，则该值非常有用
15	UA-Pixels，UA-Color，UA-OS，UA-CPU	由某些版本的 IE 浏览器所发送的非标准的请求头，表示屏幕大小、颜色深度、操作系统和 CPU 类型

有关 HTTP 头完整、详细的说明，请参见 http://www.w3.org/Protocols/的 HTTP 规范。